INSTALAÇÕES
HIDRÁULICAS E SANITÁRIAS

Grupo
Editorial
Nacional

O GEN | Grupo Editorial Nacional – maior plataforma editorial brasileira no segmento científico, técnico e profissional – publica conteúdos nas áreas de ciências exatas, humanas, jurídicas, da saúde e sociais aplicadas, além de prover serviços direcionados à educação continuada e à preparação para concursos.

As editoras que integram o GEN, das mais respeitadas no mercado editorial, construíram catálogos inigualáveis, com obras decisivas para a formação acadêmica e o aperfeiçoamento de várias gerações de profissionais e estudantes, tendo se tornado sinônimo de qualidade e seriedade.

A missão do GEN e dos núcleos de conteúdo que o compõem é prover a melhor informação científica e distribuí-la de maneira flexível e conveniente, a preços justos, gerando benefícios e servindo a autores, docentes, livreiros, funcionários, colaboradores e acionistas.

Nosso comportamento ético incondicional e nossa responsabilidade social e ambiental são reforçados pela natureza educacional de nossa atividade e dão sustentabilidade ao crescimento contínuo e à rentabilidade do grupo.

INSTALAÇÕES HIDRÁULICAS E SANITÁRIAS

6.ª Edição

HÉLIO CREDER

Engenheiro Eletricista
MSc em Engenharia Mecânica – UFRJ
Membro da ABRAVA
Diploma do Mérito Profissional Conferido pelo CONFCA

Direitos exclusivos para a língua portuguesa
Copyright © 2006 by Hélio Creder
LTC — Livros Técnicos e Científicos Editora Ltda.
Uma editora integrante do GEN | Grupo Editorial Nacional

Travessa do Ouvidor, 11
Rio de Janeiro, RJ — CEP 20040-040
Tels.: 21-3543-0770 / 11-5080-0770
Fax: 21-3543-0896
ltc@grupogen.com.br
www.grupogen.com.br

CIP-BRASIL. CATALOGAÇÃO-NA-FONTE
SINDICATO NACIONAL DOS EDITORES DE LIVROS, RJ.

C935i
6.ed.

Creder, Hélio, 1926-2005
Instalações hidráulicas e sanitárias / Hélio Creder. - 6.ed. - [Reimpr.]. - Rio de Janeiro : LTC, 2018.
il.

Contém exercícios e respectivas respostas
Anexos
Inclui bibliografia
ISBN 978-85-216-1489-0

1. Estruturas hidráulicas - Projetos e construção. 2. Esgotos - Projetos e construção. 3. Engenharia hidráulica. 4. Engenharia sanitária. 5. Instalações hidráulicas e sanitárias. I. Título.

06-0242.   CDD 627
                                         CDU 626/628

Ao meu querido e inesquecível filho
IVAN

Prefácio

A primeira edição de *Instalações Hidráulicas e Sanitárias*, de 1962, veio a público condicionada por uma orientação férrea, imutável nessas quatro décadas de sucesso editorial: o Autor não abre mão de adotar uma conceituação teórica simples dos fundamentos dos fenômenos físicos envolvidos nas instalações hidráulicas e sanitárias, além de usar uma linguagem acessível a leitores de todos os níveis de escolaridade que atuam no mercado profissional, abrangendo de engenheiros a técnicos, projetistas e instaladores.

A par dessa filosofia, este livro mantém-se rigorosamente atualizado com as normas brasileiras vigentes na área, destacando-se, por outro lado, pelo pioneirismo na introdução de padrões de qualidade adotados internacionalmente e que regulam a utilização de materiais e procedimentos específicos visando à segurança, à simplicidade e à facilidade de manutenção das instalações. Exemplos dessa preocupação são o detalhamento de instalações especiais para deficientes físicos segundo normas internacionais (Suíça) e a incorporação de novos conceitos, como o Dry-Wall, visando à manutenção facilitada das instalações prediais, inovações trazidas por esta obra.

Durante essa jornada, que culmina nesta sexta edição de *Instalações Hidráulicas e Sanitárias,* o Autor demonstrou ainda a preocupação em acompanhar a evolução arquitetônica e ocupacional de edifícios mais sofisticados, atendendo a novas necessidades como, por exemplo, a pressurização de água quente e fria de apartamentos de cobertura, sendo pioneiro na orientação de pregar a supressão das onerosas instalações de ferro fundido, viáveis apenas em casos muito especiais.

Dentro desse escopo, esta nova edição traz a atualização do capítulo sobre Tecnologia dos Materiais de Instalações Hidráulicas e Sanitárias, basicamente com a substituição de tubos e conexões de fibrocimento por PVC. Também foi ampliada a abrangência do tratamento de temas como as instalações de saunas e piscinas, cada dia mais comuns em edifícios residenciais e áreas de lazer de condomínios. Importante, também, é a transcrição comentada com exemplos do Código de Segurança contra Incêndio e Pânico, com Esquemas de Pressurização em função da classe de riscos, voltada para a prevenção de sinistros e a proteção dos residentes e usuários dessas instalações.

Para comodidade do leitor, as figuras que representam detalhes e plantas de projeto foram ampliadas e inseridas como encarte no Capítulo 1 e em um folheto anexo, que acompanha o livro.

Todas essas atualizações e modificações visaram sempre, em última análise, a oferecer aos estudantes e profissionais da área o que de melhor existe em termos de conhecimento técnico sobre instalações hidráulicas e sanitárias. O autor espera que esse esforço tenha mantido este livro útil e vivo, cumprindo o papel que lhe cabe, e coloca-se à disposição dos prezados leitores no que se refere a críticas e sugestões, que serão recebidas com satisfação.

O Autor

Nota do Editor

O Prof. Hélio Creder, a quem as comunidades acadêmica e de Engenharia muito devem, é um desses líderes eternos que, mesmo quando nos privam do seu convívio, permanecem conosco através de sua obra.

A ele nossa homenagem póstuma e nosso reconhecimento pela contribuição pioneira à cultura técnica profissional do Brasil.

Sumário

3 *Instalações Prediais de Esgotos Sanitários e de Águas Pluviais, 220*

1 Instalações Prediais de Água Potável

1.1 INSTALAÇÕES PREDIAIS DE ÁGUA FRIA (NBR-5626/1998)

1.1.1 Introdução

O abastecimento de água para o consumo humano foi sempre preocupação de todos os povos em todas as épocas.

As civilizações, desde a mais remota Antigüidade, sempre se desenvolveram próximas de cursos d'água; é fato conhecido que, sem água, não pode existir vida humana, pois 70% do nosso corpo é constituído de água, exigindo constante renovação através da ingestão oral.

Vários documentos históricos atestam a preocupação do homem em abastecer de água os agrupamentos humanos, desde a Antigüidade. No tempo da Roma dos Césares, foram construídas várias obras de hidráulica, com o objetivo de abastecimento d'água para o consumo humano e também para lazer, como por exemplo as famosas piscinas romanas.

Na cidade de Segóvia, na Espanha, ainda está em funcionamento um tradicional aqueduto com mais de 10 km de extensão e construído na época de Cristo.

Próximo a Roma, ainda existem em pleno funcionamento as famosas Fontes de Tívoli, atração turística daquela cidade, verdadeiras obras-primas de hidráulica, onde inúmeras fontes jorram água a grandes alturas, utilizando a pressão hidrostática de reservatórios construídos nas montanhas próximas e canalizados em canais e manilhas feitas com materiais da época.

O grande gênio que foi Leonardo da Vinci (1452-1519) chegou a projetar a "cidade ideal", a qual era circundada por canais, tendo em vista o abastecimento de água e as redes de esgotos.

Na época moderna, qualquer grupamento humano não prescinde de abastecimento de água canalizada e tratada, assim como de redes de esgotos que permitem melhorar os índices sanitários das coletividades.

A fim de que o projetista de instalações possa ter uma visão global de um sistema de abastecimento d'água, com tratamento, apresentamos a Fig. 1.1 na qual vemos as diferentes etapas por que passa a água que possa se dizer potável, ou seja, apta a ser bebida sem riscos de contaminação.

Para ser considerada potável, a água deve ter, entre outras, as seguintes características:

— incolor, inodora e insípida;
— turbidez máxima: 5 mg/l de SiO_2;
— dureza total: 200 mg/l de Ca CO_3;
— pH e alcalinidade máxima: pH = 6 e isenção de alcalinidade;
— sólidos totais: máximo de 1000 mg/l.

Na Fig. 1.1, temos as seguintes etapas:

— captação da água bruta de rios, lagos, nascentes etc., em quantidade suficiente ao consumo;
— bombeamento até os tanques de coagulação, onde recebe sulfato de alumínio, formando a floculação;
— decantação, onde os flocos tornam-se pesados e se depositam no fundo;

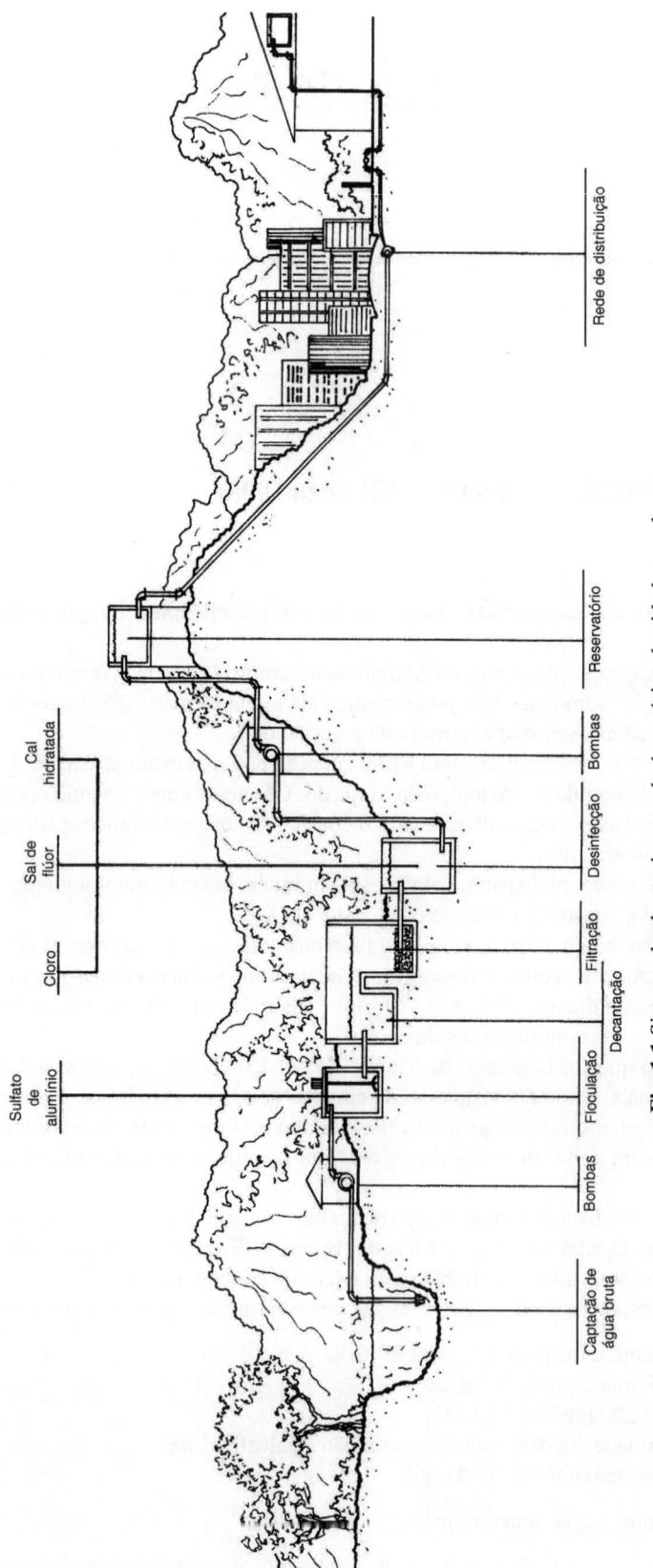

Fig. 1.1 Sistema de abastecimento de água típico de cidades modernas.

— filtração, onde os flocos não-decantados e outras impurezas da água passam por diversas camadas de pedra e areia;

— desinfecção, que é a última etapa do tratamento na qual são adicionados o cloro, para combater as bactérias, sal de flúor, para combater as cáries dentárias, e cal hidratada para corrigir o pH (acidez), cujo máximo tolerado deve ser igual a 6.

1.1.1.1 Generalidades

As presentes instruções serão baseadas na Norma de Instalações Prediais de Água Fria NB-92/80, NBR-5626, que estabelece as exigências técnicas mínimas quanto a higiene, segurança, economia e conforto a que devem obedecer as instalações prediais de água fria.

Na elaboração dos projetos de instalações hidráulicas, o projetista deve estudar a interdependência das diversas partes do conjunto, visando ao abastecimento nos pontos de consumo dentro da melhor técnica e economia. De maneira geral, um projeto completo de instalações hidráulicas compreende:

a) planta, cortes, detalhes e vistas isométricas (perspectiva a cavaleira), com dimensionamento e traçado dos condutores;

b) memórias descritivas, justificativas e de cálculo;

c) especificações do material e normas para a sua aplicação;

d) orçamento, compreendendo o levantamento das quantidades e dos preços unitário e global da obra.

Para a elaboração do projeto, são imprescindíveis as plantas completas de arquitetura de prédio, bem como entendimentos indispensáveis com o autor do projeto e o calculista estrutural, a fim de se conseguir a solução mais estética dentro da melhor técnica e economia.

Deve ficar clara a localização das caixas-d'água, da rede de abastecimento do prédio, das bombas e dos diversos pontos de consumo.

A escala de projeto mais usual é a de 1/50, podendo, em alguns casos, ser de 1/100; porém, os detalhes devem ser feitos em escalas de 1/20 ou 1/25.

De acordo com a Norma, as instalações de água fria devem ser projetadas e construídas de modo a:

a) "garantir o fornecimento de água de forma contínua, em quantidade suficiente, com pressões e velocidades adequadas ao perfeito funcionamento das peças de utilização e dos sistemas de tubulações";

b) "preservar rigorosamente a quantidade de água do sistema de abastecimento";

c) "preservar o máximo conforto dos usuários, incluindo-se a redução dos níveis de ruído".

1.1.1.2 Terminologia

Alimentador predial

Tubulação compreendida entre o ramal predial e a primeira derivação ou válvula de flutuador de reservatório.

Aparelho sanitário

Aparelho destinado ao uso de água para fins higiênicos ou para receber dejetos e/ou águas servidas.

Automático de bóia

Dispositivo instalado no interior de um reservatório para permitir o funcionamento automático da instalação elevatória entre seus níveis operacionais extremos.

Barrilete

Conjunto de tubulações que se origina no reservatório e do qual derivam as colunas de distribuição.

Caixa de descarga

Dispositivo colocado acima, acoplado ou integrado às bacias sanitárias ou mictórios, destinados à reservação de água para suas limpezas.

Caixa de quebra-pressão

Caixa destinada a reduzir a pressão nas colunas de distribuição.

Coluna de distribuição

Tubulação derivada do barrilete e destinada a alimentar ramais.

Conjunto elevatório
Sistema para elevação de água.

Consumo diário
Valor médio de água consumida num período de 24 horas em decorrência de todos os usos do edifício no período.

Dispositivo antivibratório
Dispositivo instalado em conjuntos elevatórios para reduzir vibrações e ruídos e evitar sua transmissão.

Extravasor
Tubulação destinada a escoar os eventuais excessos de água dos reservatórios e das caixas de descarga.

Inspeção
Qualquer meio de acesso aos reservatórios, equipamentos e tubulações.

Instalação elevatória
Conjunto de tubulações, equipamentos e dispositivos destinados a elevar a água para o reservatório de distribuição.

Instalação hidropneumática
Conjunto de tubulações, equipamentos, instalações elevatórias, reservatórios hidropneumáticos e dispositivos destinados a manter sob pressão a rede de distribuição predial.

Instalação predial de água fria
Conjunto de tubulações, equipamentos, reservatórios e dispositivos, existentes a partir do ramal predial, destinado ao abastecimento dos pontos de utilização de água do prédio, em quantidade suficiente, mantendo a qualidade da água fornecida pelo sistema de abastecimento.

Interconexão
Ligação, permanente ou eventual, que torna possível a comunicação entre dois sistemas de abastecimento.

Ligação de aparelho sanitário
Tubulação compreendida entre o ponto de utilização e o dispositivo de entrada de água no aparelho sanitário.

Limitador de vazão
Dispositivo utilizado para limitar a vazão em uma peça de utilização.

Nível de transbordamento
Nível atingido pela água ao verter pela borda do aparelho sanitário, ou do extravasor no caso de caixa de descarga e reservatório.

Nível operacional
Nível atingido pela água no interior da caixa de descarga, quando o dispositivo da torneira de bóia se apresenta na posição fechada e em repouso.

Quebrador de vácuo
Dispositivo destinado a evitar o refluxo por sucção da água nas tubulações.

Peça de utilização
Dispositivo ligado a um sub-ramal para permitir a utilização da água.

Ponto de utilização
Extremidade de jusante do sub-ramal.

Pressão de serviço
É a pressão máxima a que se pode submeter um tubo, conexão, válvula, registro ou outro dispositivo, quando em uso normal.

Pressão total de fechamento

Valor máximo de pressão atingido pela água na seção logo a montante de uma peça de utilização em seguida a seu fechamento, equivalendo à soma da sobrepressão de fechamento com a pressão estática na seção considerada.

Ramal

Tubulação derivada da coluna de distribuição e destinada a alimentar os sub-ramais.

Ramal predial

Tubulação compreendida entre a rede pública de abastecimento e a instalação predial. O limite entre o ramal predial deve ser definido pelo regulamento da companhia concessionária de água local.

Rede predial de distribuição

Conjunto de tubulações constituído de barriletes, colunas de distribuição, ramais e sub-ramais, ou de alguns desses elementos.

Refluxo

Retorno eventual e não-previsto de fluidos, misturas ou substâncias para o sistema de distribuição predial de água.

Registro de fecho

Registro instalado em uma tubulação para permitir a interrupção da passagem de água.

Registro de utilização

Registro instalado no sub-ramal, ou no ponto de utilização, destinado ao fechamento ou à regulagem da vazão da água a ser utilizada.

Regulador de vazão

Aparelho intercalado numa tubulação para manter constante sua vazão, qualquer que seja a pressão a montante.

Reservatório hidropneumático

Reservatório para ar e água destinado a manter sob pressão a rede de distribuição predial.

Reservatório inferior

Reservatório intercalado entre o alimentador predial e a instalação elevatória, destinado a reservar água e a funcionar como poço de sucção da instalação elevatória.

Reservatório superior

Reservatório ligado ao alimentador predial ou à tubulação de recalque, destinado a alimentar a rede predial de distribuição.

Retrossifonagem

Refluxo de águas servidas, poluídas ou contaminadas, para o sistema de consumo, em decorrência de pressões negativas.

Separação atmosférica

Distância vertical, sem obstáculos e através da atmosfera, entre a saída da água da peça de utilização e o nível de transbordamento dos aparelhos sanitários, caixas de descarga e reservatórios.

Sistema de abastecimento

Rede pública ou qualquer sistema particular de água que abasteça a instalação predial.

Sobrepressão de fechamento

Maior acréscimo de pressão que se verifica na pressão estática durante e logo após o fechamento de uma peça de utilização.

Subpressão de abertura

Maior decréscimo de pressão que se verifica na pressão estática logo após a abertura de uma peça de utilização.

Sub-ramal
Tubulação que liga o ramal à peça de utilização ou à ligação do aparelho sanitário.

Torneira de bóia
Válvula com bóia destinada a interromper a entrada de água nos reservatórios e caixas de descarga quando se atinge o nível operacional máximo previsto.

Trecho
Comprimento de tubulação entre duas derivações ou entre uma derivação e a última conexão da coluna de distribuição.

Tubo de descarga
Tubo que liga a válvula ou caixa de descarga à bacia sanitária ou mictório.

Tubo de ventilador
Tubulação destinada à entrada de ar em tubulações para evitar subpressões nesses condutos.

Tubulação de limpeza
Tubulação destinada ao esvaziamento do reservatório para permitir a sua manutenção e limpeza.

Tubulação de recalque
Tubulação compreendida entre o orifício de saída da bomba e o ponto de descarga no reservatório de distribuição.

Tubulação de sucção
Tubulação compreendida entre o ponto de tomada no reservatório inferior e o orifício de entrada da bomba.

Válvula de descarga
Válvula de acionamento manual ou automático, instalada no sub-ramal de alimentação de bacias sanitárias ou de mictórios, destinada a permitir a utilização da água para sua limpeza.

Válvula de escoamento unidirecional
Válvula que permite o escoamento em uma única direção.

Válvula redutora de pressão
Válvula que mantém a jusante uma pressão estabelecida, qualquer que seja a pressão dinâmica a montante.

Vazão de regime
Vazão obtida em uma peça de utilização quando instalada e regulada para as condições normais de operação.

Volume de descarga
Volume que uma válvula ou caixa de descarga deve fornecer para promover a perfeita limpeza de uma bacia sanitária ou mictório.

1.1.2 Dados para o Projeto

1.1.2.1 Sistemas de Abastecimento

É mais usual ser a rede de distribuição predial alimentada por distribuidor público, porém poderá ser feita por fonte particular (nascentes, poços etc.), desde que garantida a sua potabilidade por exame de laboratório.

Há casos de distribuição mista, ou seja, feita por distribuidor público e fonte particular.

1.1.2.2 Sistemas de Distribuição

a) Sistema Direto de Distribuição

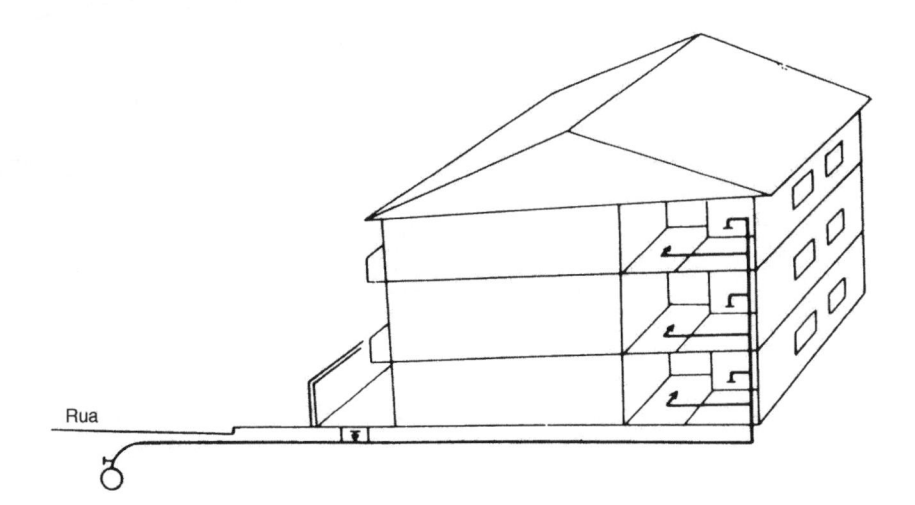

Fig. 1.2 Sistema direto (ascendente).

Quando a pressão da rede pública é suficiente, usa-se o sistema direto de distribuição (ascendente), sem necessidade do reservatório, desde que haja continuidade do abastecimento.

b) Sistema Indireto de Distribuição, sem Bombeamento

Quando a pressão é suficiente, mas sem continuidade, há necessidade de prevermos um reservatório superior, e a alimentação do prédio será descendente (Fig. 1.3). É o caso comum em residências de até dois pavimentos.

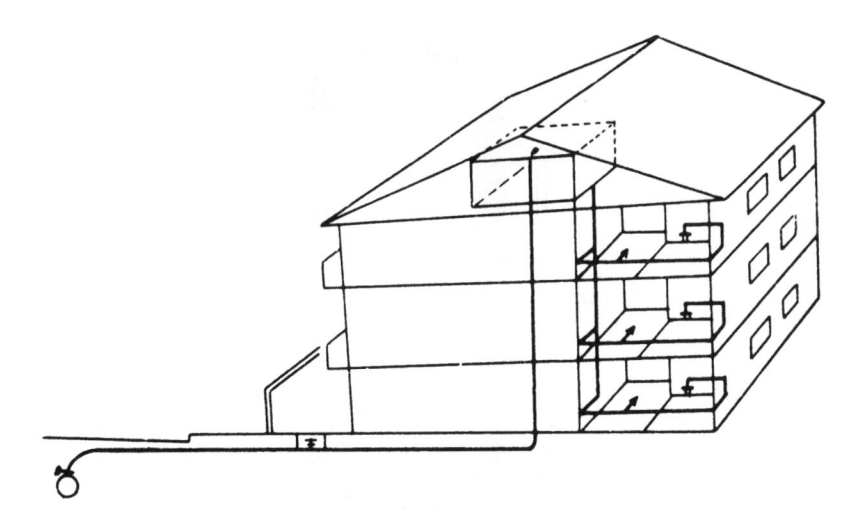

Fig. 1.3 Sistema indireto (descendente, sem bombeamento).

c) Sistema Indireto de Distribuição, com Bombeamento

Quando, além de a pressão ser insuficiente, há descontinuidade, somos forçados a ter dois reservatórios, um inferior e outro superior, além da necessidade do bombeamento. A distribuição será descendente (Fig. 1.4). É o caso mais usual nos grandes edifícios, nos quais se exigem grandes reservatórios de acumulação (cisternas), sendo imprescindíveis as bombas de recalque.

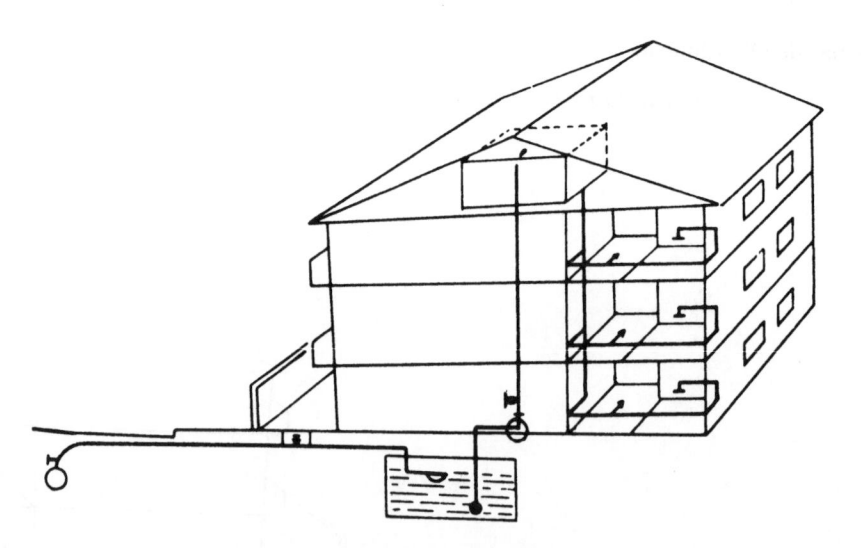

Fig. 1.4 Sistema indireto (com bombeamento).

d) Sistema Hidropneumático de Distribuição

Há ainda o sistema hidropneumático de abastecimento, que dispensa o reservatório superior, mas sua instalação é cara, só sendo recomendada em casos especiais (gabarito crítico ou para aliviar a estrutura) (Fig. 1.5). Ver detalhes na Seção 1.1.7.

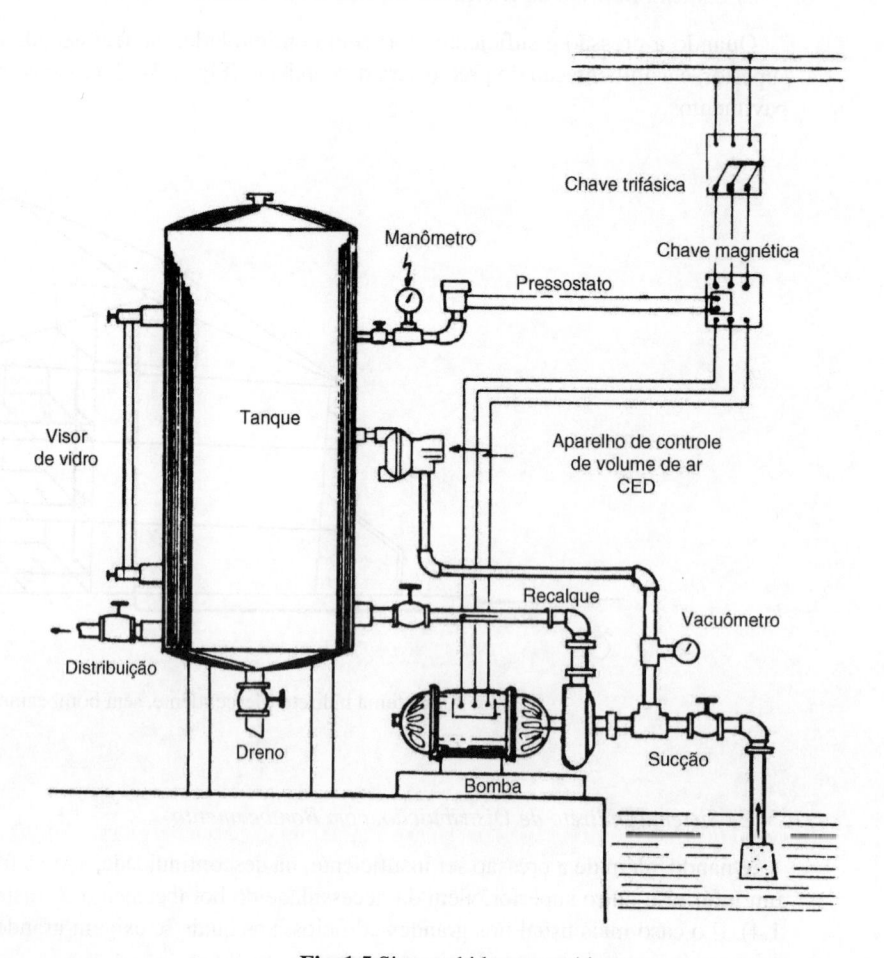

Fig. 1.5 Sistema hidropneumático.

1.1.2.3 Consumo Predial

Para fins de cálculo do consumo residencial diário, estimamos cada quarto social ocupado por duas pessoas e cada quarto de serviço, por uma pessoa.

Na falta de outra indicação, consideramos a seguinte taxa de ocupação para os prédios públicos ou comerciais.

TABELA 1.1

Local	Taxa de Ocupação
Bancos	Uma pessoa por 5,00 m² de área
Escritórios	Uma pessoa por 6,00 m² de área
Pavimentos térreos	Uma pessoa por 2,50 m² de área
Lojas-pavimentos superiores	Uma pessoa por 5,00 m² de área
Museus e bibliotecas	Uma pessoa por 5,50 m² de área
Salas de hotéis	Uma pessoa por 5,50 m² de área
Restaurantes	Uma pessoa por 1,40 m² de área
Salas de operação (hospital)	Oito pessoas
Teatros, cinemas e auditórios	Uma cadeira para cada 0,70 m² de área

Conhecida a população do prédio, podemos calcular o consumo, utilizando a seguinte tabela:

TABELA 1.2

Prédio	Consumo (litros)	
Alojamentos provisórios	80	per capita
Casas populares ou rurais	120	per capita
Residências	150	per capita
Apartamentos	200	per capita
Hotéis (s/cozinha e s/lavanderia)	120	por hóspede
Hospitais	250	por leito
Escolas – internatos	150	per capita
Escolas – externatos	50	per capita
Quartéis	150	per capita
Edifícios públicos ou comerciais	50	per capita
Escritórios	50	per capita
Cinemas e teatros	2	por lugar
Templos	2	por lugar
Restaurantes e similares	25	por refeição
Garagens	50	por automóvel
Lavanderias	30	por kg de roupa seca
Mercados	5	por m² de área
Matadouros – animais de grande porte	300	por cabeça abatida
Matadouros – animais de pequeno porte	150	por cabeça abatida
Fábricas em geral (uso pessoal)	70	por operário
Postos de serviço p/automóvel	150	por veículo
Cavalariças	100	por cavalo
Jardins	1,5 por m²	

1.1.2.4 Capacidade dos Reservatórios

Como em quase todas as localidades brasileiras há deficiência no abastecimento público de água, é pouco usual a distribuição direta, ou seja, com pressão do distribuidor público (ascensional); então, somos levados a construir reservatórios superiores. É de boa norma prevermos reservatórios com capacidade suficiente para uns dois dias de consumo diário, tendo em vista a intermitência do abastecimento da rede pública; o reservatório inferior deve armazenar 3/5 e o superior, 2/5 do consumo. Devemos prever também a reserva de incêndio, estimada em 15 a 20% do consumo diário (ver Seção 1.4).

EXEMPLO

Edifício de apartamentos de 10 pavimentos, com quatro apartamentos por pavimento, tendo cada apartamento três quartos sociais e um de empregada, mais o apartamento do zelador.

Qual a capacidade dos reservatórios superior e inferior?

Cada apartamento	7 pessoas
Cada pavimento	28 pessoas
Zelador	4 pessoas
População do prédio	284 pessoas

De acordo com a tabela, devemos computar 200 litros por pessoa:

— consumo diário: $200 \times 284 = 56.800$ litros

— reserva de incêndio: 20% $= 11.360$ litros

Total $\overline{68.160 \text{ litros}}$

Se quisermos armazenar o consumo de dois dias, pelo menos, o reservatório inferior deverá ter capacidade aproximada de 85.000 litros e o superior, 50.000 litros.

1.1.2.5 Vazão das Peças de Utilização

As peças de utilização são projetadas para funcionar mediante certa vazão, que não deverá ser inferior à seguinte:

TABELA 1.3

Peça de Utilização	Vazão (l/s)	Peso
Bacia sanitária com caixa de descarga	0,15	0,30
Bacia sanitária com válvula de descarga	1,90	40,0
Banheira	0,30	1,0
Bebedouro	0,05	0,1
Bidê	0,10	0,1
Chuveiro	0,20	0,5
Lavatório	0,20	0,5
Máquina de lavar prato ou roupa	0,30	1,0
Mictório auto-aspirante	0,50	2,8
Mictório de descarga contínua, por metro ou por aparelho	0,075	0,2
Mictório de descarga descontínua	0,15	0,3
Pia de despejo	0,30	1,0
Pia de cozinha	0,25	0,7
Tanque de lavar roupa	0,30	1,0

Na terceira coluna, temos o peso correspondente a cada peça, necessário à aplicação do método de Hunter, que veremos adiante.

1.1.2.6 Consumo Máximo Provável

Como é fácil de imaginar, salvo em instalações cujos horários de funcionamento são rígidos, como quartéis, colégios etc., nunca há o caso de se utilizarem todas as peças ao mesmo tempo. Há uma diversificação, que representa economia no dimensionamento das canalizações. Assim, por exemplo, se uma pessoa utiliza um quarto de banho, poderá haver consumo de água na banheira, enquanto outra pessoa utiliza o vaso sanitário, o bidê ou o lavatório, mas nunca todas as peças simultaneamente.

A expressão seguinte, extraída da Norma NBR-5626 dá uma idéia da vazão provável em função dos "pesos" atribuídos às peças de utilização:

$Q = C\sqrt{\Sigma P}$

Q = vazão em l/s

C = coeficiente de descarga = 0,30 l/s

ΣP = soma dos pesos de todas as peças de utilização alimentada através do trecho considerado.

De posse desses dados, podemos organizar um ábaco que forneça as vazões em função dos pesos. Conhecidas as vazões, podemos fazer um pré-dimensionamento dos encanamentos pela "capacidade de descarga dos canos", de acordo com o ábaco, de modo semelhante ao que se faz em instalações elétricas (capacidade de corrente dos condutores) (ver Fig. 1.6).

EXEMPLO

Queremos dimensionar um encanamento (ramal) que alimenta um banheiro, com as seguintes peças: vaso sanitário, um lavatório, um bidê, uma banheira e um chuveiro.

Os pesos correspondentes às peças são:

Vaso sanitário (com válvula)	40,0
Lavatório	0,5
Bidê	0,1
Banheira	1,0
Chuveiro	0,5
Soma	42,1

Entrando com esses dados no ábaco, temos:

Q = 1,95 l/s, o que corresponde ao cano de 1 ¼″ (32 mm)

Devemos levar em conta, também, que a descarga do vaso sanitário com válvula é de uns poucos segundos de jato, o que pouco afetará a descarga de outros aparelhos.

Quando queremos dimensionar um encanamento que vai atender a muitas peças de utilização, devemos utilizar a Tabela 1.4, transcrita de *Mechanical and electrical equipment for building*, de Gay e Fawcet.

TABELA 1.4

Probabilidade do Uso Simultâneo dos Aparelhos Sanitários sob Condições Normais		
	Fator de Uso	
Número de Aparelhos	*Aparelhos Comuns (%)*	*Aparelhos com Válvulas (%)*
2	100	100
3	80	65
4	68	50
5	62	42
6	58	38
7	56	35
8	53	31
9	51	29
10	50	27
20	42	16

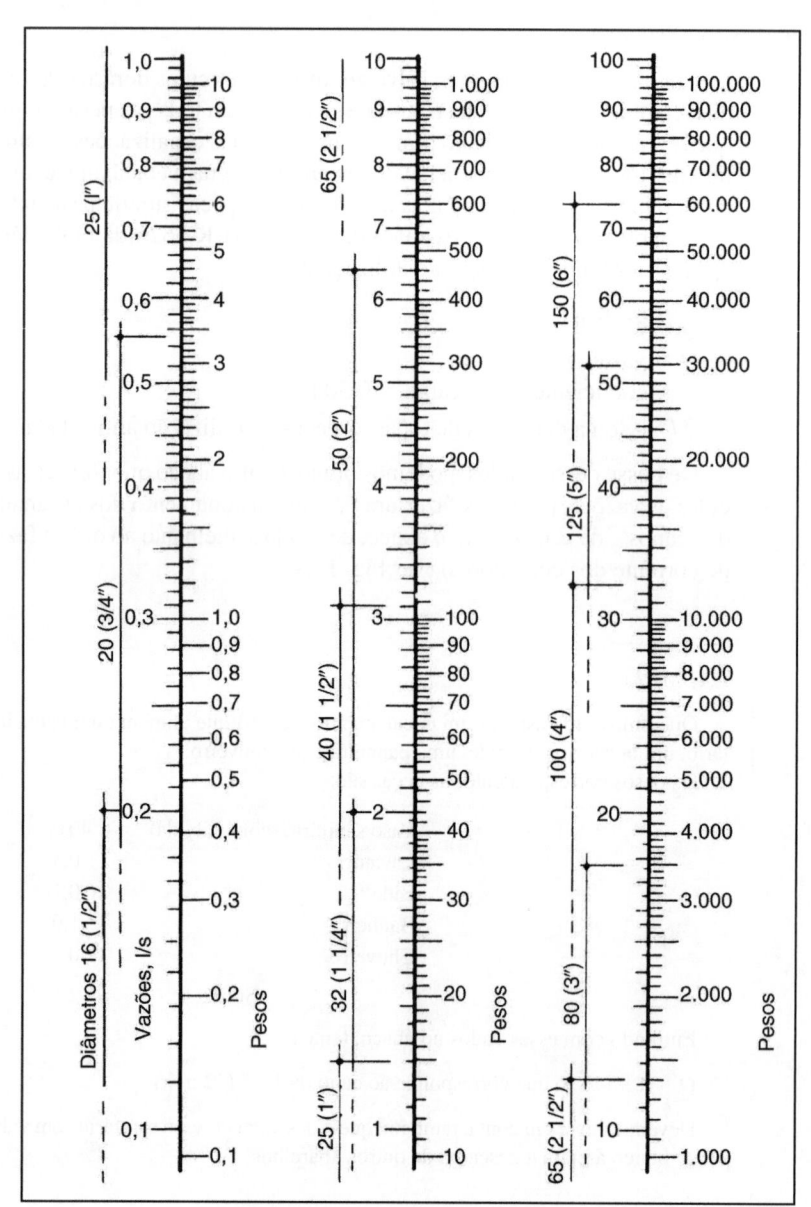

Vazões e diâmetros em função dos pesos

Fig. 1.6 Instalações de água fria. Ábaco para cálculo das tubulações.

EXEMPLO

Se quisermos dimensionar a coluna que vai alimentar 20 banheiros semelhantes ao do exemplo anterior — vaso sanitário 1,9 l/s; banheira 0,30 l/s —, a vazão total será:

$$1,9 \times 20 \times 0,16 = 6,08 \text{ l/s}$$
$$0,3 \times 20 \times 0,42 = \underline{2,52 \text{ l/s}}$$
$$\text{Total} = \overline{8,60 \text{ l/s,}}$$

que corresponde ao diâmetro de 2 ½″ (Fig. 1.6).

Em vez da tabela, podemos também usar figuras para determinar o consumo máximo provável em função do consumo máximo possível (ver Fig. 1.7).

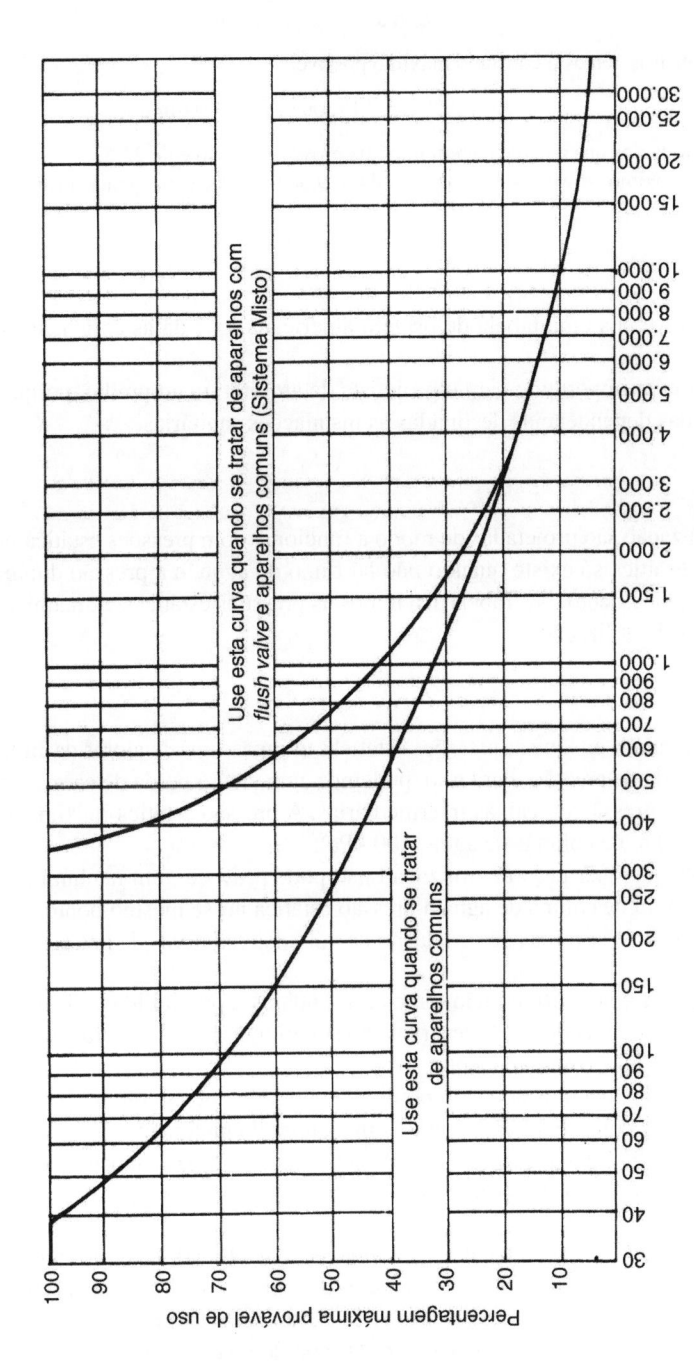

Consumo máximo possível em litros por minuto

Consumo máximo possível é o débito global de todos os aparelhos de uma instalação.

Consumo máximo provável é o débito máximo simultâneo dos aparelhos de uma instalação.

Fig. 1.7 Curvas das percentagens prováveis, em função dos consumos máximos possíveis.

EXEMPLO

Vamos considerar o mesmo banheiro do exemplo anterior:

Consumo dos aparelhos (Tabela 1.3)

Banheira	0,30 l/s
Vaso sanitário	1,90 l/s
Soma	2,20 l/s

Como são 20 banheiros, temos o consumo máximo possível:

$$20 \times 2,20 = 44 \text{ l/s, ou seja, } 2.640 \text{ l/min.}$$

Pela Fig. 1.7, verificamos que a percentagem máxima provável de uso é de 22%.

Então, o consumo máximo provável será de $0,22 \times 44 = 9,68$ l/s, o que corresponde ao diâmetro de 2 ½″ (65 mm).

1.1.2.7 Instalações Mínimas

A seguir, transcrevemos uma tabela de origem americana, que dá as exigências mínimas das peças de utilização.

A Tabela 1.5 é muito importante para o projetista da arquitetura do prédio, porque fornece dados para o dimensionamento das dependências destinadas às instalações sanitárias.

1.1.2.8 Pressão de Serviço

As peças de utilização são projetadas de modo a funcionar com pressões estática ou dinâmica preestabelecidas. A pressão estática só existe quando não há fluxo de água, e a pressão dinâmica resulta quando as peças estão em funcionamento. Na Tabela 1.6 temos as pressões estáticas e dinâmicas máximas e mínimas das principais peças de utilização.

1.1.2.9 Pressões Máximas e Mínimas

Em edifícios mais altos, em que as pressões estáticas ultrapassam os valores da Tabela 1.6, há necessidade de provocar uma queda de pressão. Para isso, podemos aumentar a perda de carga, introduzindo no sistema válvulas redutoras de pressão ou caixas intermediárias. A pressão estática máxima admissível pela NB-92 ou NBR-5626 é de 40 m de colunas de água (400 kPa).

O fechamento de qualquer peça de utilização não pode provocar, em nenhum ponto, sobrepressão que supere em mais de 20 m de coluna de água a pressão estática nesse mesmo ponto.

Na Fig. 1.8, vemos três sistemas de instalação de válvulas redutoras de pressão:

Sistema A — quando, no edifício, não temos nos andares a possibilidade de acesso às válvulas e, sim, somente no subsolo. A coluna desce do reservatório superior, vem ao subsolo e se ramifica em duas outras colunas, a partir de um barrilete ascendente;

Sistema B — quando podemos zonear o prédio de tal modo que as colunas partam de barriletes descendentes, com as pressões controladas de acordo com a altura do pavimento;

Sistema C — quando fazemos a redução da pressão na própria coluna de alimentação. Devemos instalar sempre as válvulas redutoras de pressão em locais de fácil acesso e de serventia comum (corredores, escadas etc.).

O tipo de válvula da Fig. 1.9 (JOGOFE) tem que ser especificado para a redução de pressão desejada, como por exemplo 2:1, 3:1 etc., pois não possui meios de regulagem, depois de instalada. Cuidados especiais também devem ser tomados, de modo que a pressão dinâmica esteja nos limites da Tabela 1.6. A pressão dinâmica mínima admissível em qualquer ponto da rede de distribuição é de 0,5 m de coluna de água (5 kPa), para evitar pressões negativas que possibilitem a contaminação da água. Em geral, o ponto crítico de uma rede de distribuição predial é o encontro do barrilete com as colunas.

1.1.2.10 Velocidade Máxima

As velocidades máximas nas tubulações não devem ultrapassar 3,0 m/s (de acordo com a NBR 5626/1998), nem os valores resultantes da fórmula

$$V = 14\,D$$

TABELA 1.5

Tipo de Edifício ou de Ocupação	Bacias Sanitárias		Mictórios		Lavatórios		Banheiras ou Chuveiros	Bebedouros**
Instalações Mínimas*								
Residência ou apartamento***	1 para cada residência ou apart. + 1 para serviço				1 para cada residência		1 para cada residência ou apart. + 1 ch. para serviço	—
Escolas primárias	Meninos : 1 para cada 100 Meninas : 1 para cada 35		1 para cada 30 meninos		1 para cada 60 pessoas		—	1 para cada 75 pessoas
Escolas secundárias	Meninos : 1 para cada 100 Meninas : 1 para cada 45		1 para cada 30 meninos		1 para cada 100 pessoas		1 para cada 20 alunos (caso haja educação física)	
Edifícios públicos ou de escritórios	Número de pessoas	Número de aparelhos	Quando há mictórios, instalar 1 WC a menos para cada mictório, contando que o número de WC não seja reduzido a menos de 2/3 do especificado		Número de pessoas	Número de aparelhos	—	1 para cada 75 pessoas
	1-15	1			1-15	1		
	16-35	2			16-35	2		
	36-55	3			36-60	3		
	56-80	4			61-90	4		
	81-110	5			91-125	5		
	111-150	6			acima de 125, adicionar 1 aparelho para cada 45 pessoas			
	acima de 150, adicionar 1 aparelho para cada 40 pessoas							
Estabelecimentos industriais	Número de pessoas	Número de aparelhos	Mesma especificação feita para escritórios		Número de pessoas	Número de aparelhos	1 chuveiro para cada 15 pessoas expostas a calor excessivo ou contaminação da pele com substâncias venenosas ou irritantes	1 para cada 75 pessoas
	1-9	1			1-100	1 para cada 10 pessoas		
	10-24	2			> 100	1 para cada 15 pessoas****		
	25-29	3						
	30-74	4						
	75-100	5						
	acima de 100, 1 aparelho a mais para cada 30 empregados							
Teatros, auditórios e locais de reunião	Número de pessoas	Número de aparelhos H M	Número de pessoas H	Número de aparelhos	Número de pessoas	Número de aparelhos		1 para cada 100 pessoas
	1-100	1 1	1-100	1	1-200	1		
	101-200	2 2	101-200	2	201-400	2		
	201-400	3 3	201-600	3	401-750	3		
	acima de 400, 1 aparelho para cada 500 H ou 300 M		acima de 600, 1 aparelho para cada 300 H adicionais		acima de 750, 1 para cada 500 pessoas			
Dormitórios	Número de pessoas	Número de aparelhos H M	1 para cada 25 homens acima de 150, adicionar 1 aparelho para cada 50 homens		1 para cada 12 pessoas. (Prever lavatórios para higiene dental na razão de 1:50 pessoas.) Adicionar 1 lavatório para cada 20 homens, 1 para cada 15 mulheres		1 para cada 8 pessoas. No caso de dormitório de mulheres, adicionar banheiras na razão de 1:30 pessoas	1 para cada 75 pessoas
	1-10	1						
	1-8	1						
	Acima de 10	1 para 25 H ad.						
	Acima de 8	1 para 20 M ad.						

*Do *Uniform Plumbing Code* — 1955.
**Bebedouros não devem ser instalados em compartimentos sanitários.
***1 tanque para cada residência ou 2 para cada 10 apartamentos.
   1 pia de cozinha para cada residência ou apartamento.
****Onde houver contaminação da pele com germes ou matérias irritantes, prever 1 lavatório para cada 5 pessoas.

Observações:
1. A aplicação deste quadro em bases puramente numéricas pode resultar em umea instalação inadequada às necessidades individuais da ocupação. Devem-se prever, também, as facilidades de acesso aos aparelhos.
2. Nas instalações provisórias, prever: 1 bacia sanitária e 1 mictório para cada 30 operários.
3. Para instalações regulamentadas, consultar as posturas municipais que regulam o assunto.

TABELA 1.6

Pressões Estáticas e Dinâmicas Máximas e Mínimas nos Pontos de Utilização, em Metros de Coluna de Água				
Aparelho	*Pressão Máxima*		*Pressão Mínima*	
	Estática	*Dinâmica*	*Estática*	*Dinâmica*
Aquecedor elétrico de alta pressão	40,0	40,0	1,0	0,5
Aquecedor elétrico de baixa pressão	5,0	4,0	1,0	0,5
Aquecedor a gás (baixa pressão)*	—	5,0	—	1,0
Aquecedor a gás (alta pressão)*	—	40,0	—	1,0
Bebedouro	—	40,0	—	2,0
Chuveiro de 1/2″ (15 mm)	—	40,0	—	2,0
Chuveiro de 3/4″ (20 mm)	—	40,0	—	1,0
Torneira	—	40,0	—	0,5
Torneira-bóia de caixa de descarga de 1/2″ (15 mm)	—	40,0	—	1,5
Torneira-bóia de caixa de descarga de 3/4″ (20 mm)	—	40,0	—	0,5
Torneira-bóia para reservatório	—	40,0	—	0,5
Válvula de descarga 1 1/2″ (38 mm)*	—	6,0	2,0	1,2
Válvula de descarga de 1 1/4″ (32 mm)*	—	15,0	—	3,0
Válvula de descarga de 1″ (25 mm)*	—	40,0	—	10,0

Ref.: Tabela 3 da NBR-5626.

*Consultar os dados do fabricante.

Observação: Caso queiramos exprimir as pressões em quilopascal (kPa), multiplicamos os valores da tabela por 10:

$$10 \text{ m col. de água} = 100 \text{ kPa} = 1 \text{ kgf/cm}^2.$$

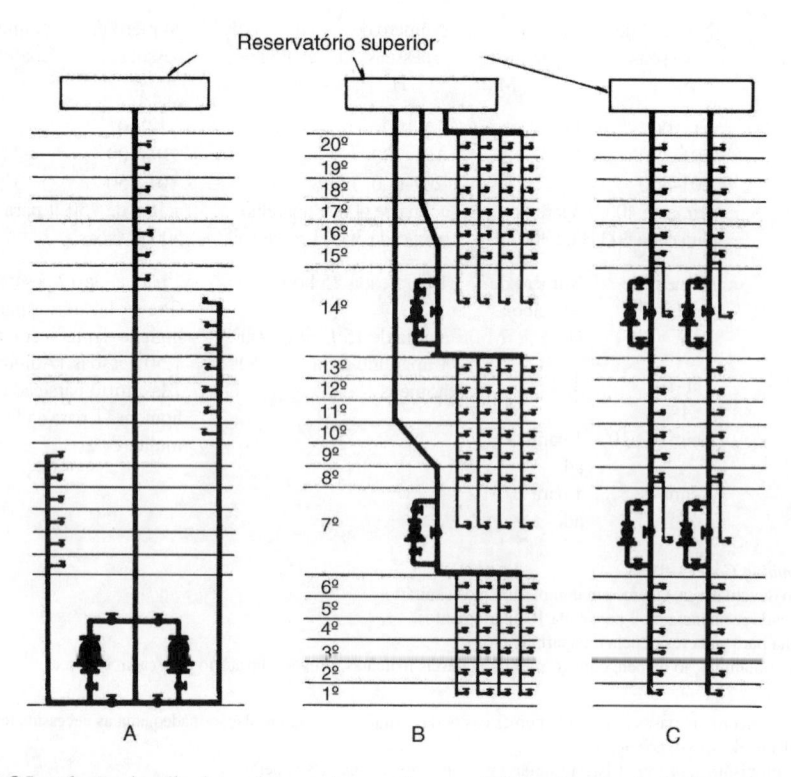

Fig. 1.8 Instalação de válvulas redutoras de pressão em edifícios altos (mais de 12 pavimentos).

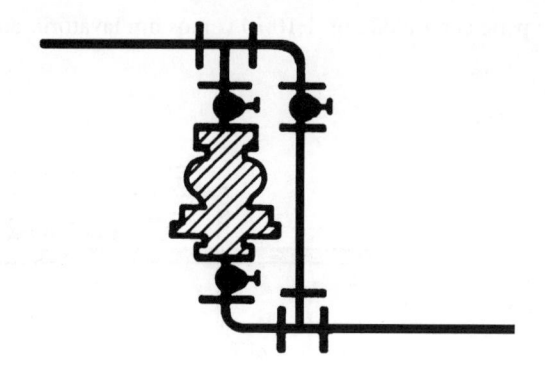

Fig. 1.9 Modo de ligação de uma válvula redutora de pressão à coluna (JOGOFE).

em que:

V = velocidade, em m/s
D = diâmetro nominal, em m.

As velocidades mínimas não são consideradas na NBR-5626, pois não trazem problemas à rede.

TABELA 1.7

Diâmetro (mm e pol.)		Velocidade Máxima (m/s)	Vazão Máxima (l/s)
13	(1/2)	1,60	0,20
19	(3/4)	1,95	0,6
25	(1)	2,25	1,2
32	(1 1/4)	2,50	2,5
38	(1 1/2)	2,50	4,0
50	(2)	2,50	5,7
63	(2 1/2)	2,50	8,9
75	(3)	2,50	12
100	(4)	2,50	18
125	(5)	2,50	31
150	(6)	2,50	40

1.1.2.11 Separação Atmosférica

A NBR-5626 exige que haja uma separação atmosférica, computada na vertical entre a saída d'água da peça de utilização e o nível de transbordamento dos aparelhos sanitários, caixas de descarga e reservatórios. Essa separação mínima deve ser de duas vezes o diâmetro da peça de utilização, conforme Fig. 1.10. Nessa figura, vemos exemplos de possibilidade de contaminação da água, pelo fenômeno da "retrossifonagem", que pode se verificar no abastecimento direto ou ascendente. Na parte superior da Fig. 1.10(*a*), vemos uma banheira abastecida de baixo para cima; se houver uma queda de pressão no abastecimento no momento em que o nível da banheira ultrapassar a torneira de abastecimento e a torneira inferior estiver aberta, poderá haver retrossifonagem e a água usada sair por essa torneira. Essa queda de pressão pode ser ocasionada por um acidente como mostrado na parte inferior da Fig. 1.10(*c*), que resulta de uma pressão negativa em conseqüência do refluxo d'água.

Na parte central da Fig. 1.10(*b*) vemos um lavatório corretamente instalado.

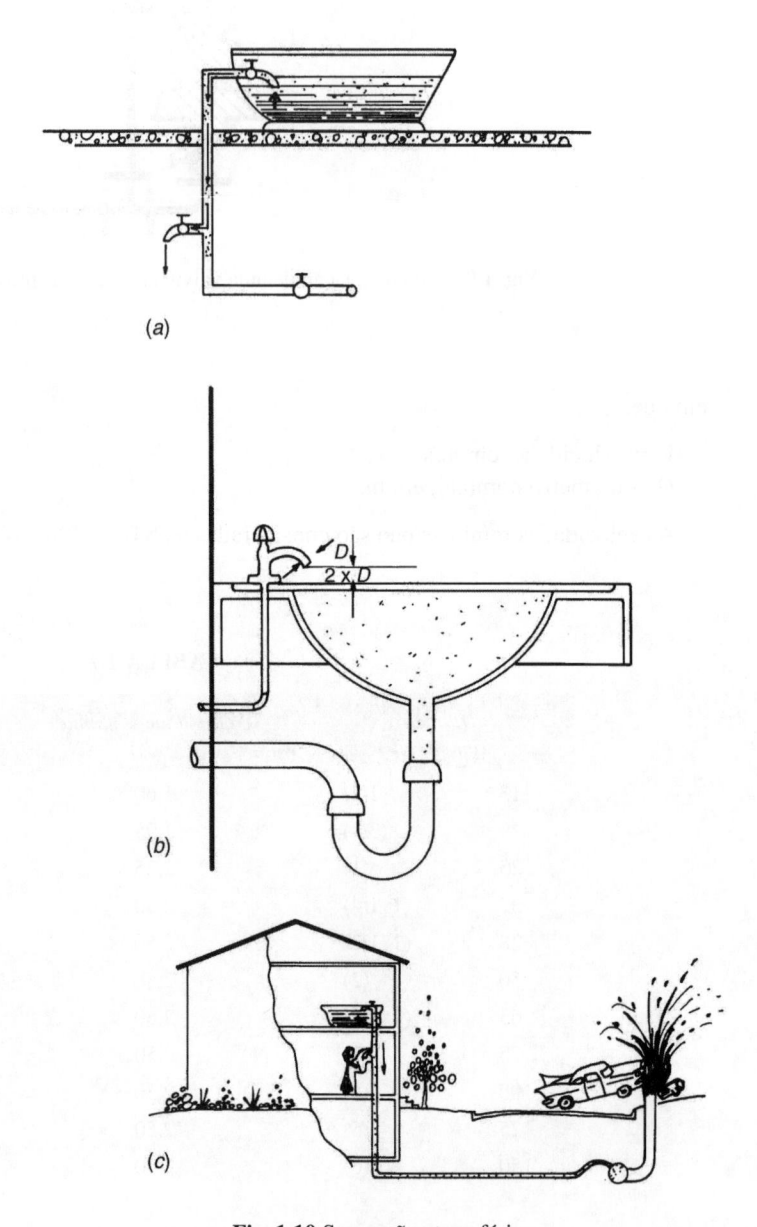

(*a*)

(*b*)

(*c*)

Fig. 1.10 Separação atmosférica.

1.1.3 Dimensionamento dos Encanamentos

Todas as tubulações das instalações prediais de água fria são direcionadas para funcionar como condutos forçados.

1.1.3.1 Diâmetro dos Sub-ramais

A tabela da NBR-5626 transcrita a seguir dá os diâmetros mínimos dos sub-ramais.

TABELA 1.8

Diâmetros dos Sub-Ramais (Mínimos)		
Peças de Utilização	*Diâmetro (mm e pol.)*	
Aquecedor de baixa pressão	20	(3/4)
Aquecedor de alta pressão	15	(1/2)
Bacia sanitária com caixa de descarga	15	(1/2)
Bacia sanitária com válvula de descarga	32	(1 1/4)
Banheira	15	(1/2)
Bebedouro	15	(1/2)
Bidê	15	(1/2)
Chuveiro	15	(1/2)
Filtro de pressão	15	(1/2)
Lavatório	15	(1/2)
Máquina de lavar pratos ou roupa	20	(3/4)
Mictório auto-aspirante	25	(1)
Mictório de descarga descontínua	15	(1/2)
Pia de despejo	20	(3/4)
Pia de cozinha	15	(1/2)
Tanque de lavar roupa	20	(3/4)

1.1.3.2 Diâmetro dos Ramais

Como vimos anteriormente, há dois processos pelos quais podemos dimensionar um ramal: *a*) pelo consumo máximo possível; *b*) pelo consumo máximo provável. (Ver Fig. 1.7.)

Pelo consumo máximo possível, usamos o método das seções equivalentes, em que todos os diâmetros são expressos em função da vazão obtida com 1/2 polegada.

TABELA 1.9

Seções Equivalentes								
Diâmetro dos canos (pol.)	1/2	3/4	1	1 1/4	1 1/2	2	2 1/2	3	4
N.º de canos de 1/2 com a mesma capacidade	1	2,9	6,2	10,9	17,4	37,8	65,5	110,5	189

EXEMPLO

Queremos dimensionar um ramal para atender às seguintes peças, imaginando que são de uso simultâneo, em instalação de serviço de residência:

pia de cozinha (½″), vaso sanitário (1 ¼″), lavatório (½″) e tanque (¾″).

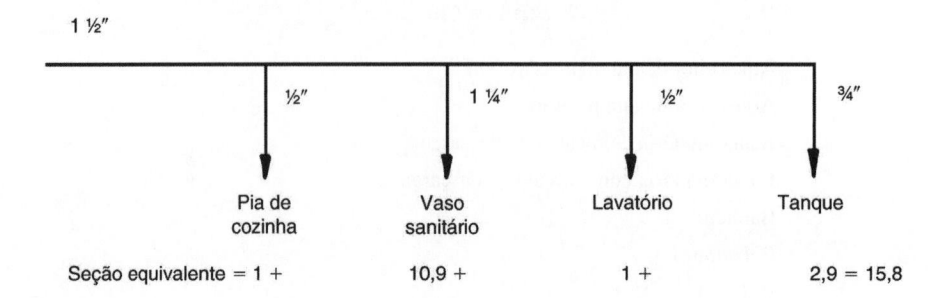

Pela Tabela 1.9, constatamos que um ramal de 1 ½″ satisfaz.

Este é o método mais usado nas instalações comuns.

Pelo consumo máximo provável, teríamos que fazer um estudo das peças que poderão ser usadas simultaneamente, como foi dito na Seção 1.1.2.6. Normalmente, porém, em instalações prediais, usamos o primeiro método, por conduzir a resultados aceitáveis.

1.1.3.3 Dimensionamento das Colunas (Método de Hunter)

As colunas são dimensionadas trecho por trecho, e, para isso, será útil já dispormos do esquema vertical da instalação, com as peças que serão atendidas em cada coluna.

É bom lembrar que, em vez de ramais longos, é preferível criar novas colunas. Devemos evitar colocar em uma mesma coluna vasos sanitários com válvulas de descarga e aquecedores, pois, devido ao golpe de aríete,* eles ficarão avariados em pouco tempo, além do inconveniente de o piloto apagar por queda de pressão.

Será sempre recomendável projetar, nos banheiros, uma coluna atendendo somente as válvulas e outra para atender as demais peças.

A NBR-5626 sugere uma planilha de cálculo das colunas que facilita o dimensionamento, além da constatação das velocidades e vazões máximas e a pressão dinâmica a jusante.

Devemos observar a seguinte marcha de cálculo:

a) numerar a coluna;
b) marcar com letras os trechos em que haverá derivações para os ramais;
c) somar os pesos de todas as peças de utilização (Tabela 1.3);
d) juntar os pesos acumulados no trecho;
e) determinar a vazão, em litros por segundo, usando a Fig. 1.6;
f) arbitrar um diâmetro D (mm);

---

*O golpe de aríete é o fenômeno que se observa no escoamento de qualquer fluido em conduto forçado, quando o escoamento é bruscamente interrompido. Nas instalações prediais, cuidados especiais devem ser observados com as válvulas de descarga, pois já foram registrados vários casos de rompimento das tubulações e barulhos excessivos devidos ao golpe de aríete, do qual resulta uma elevação rápida de pressão. As seguintes medidas devem ser tomadas, para evitar o golpe:

— regular as válvulas de descarga para fechamento lento;

— limitar a velocidade do líquido aos valores recomendados pelas normas;

— instalar, em casos especiais, válvulas de alívio que permitam a descarga da água quando a pressão da tubulação ultrapassar 20% dos valores recomendados;

— empregar válvulas redutoras de pressão ou "caixa de quebra-pressão" todas as vezes em que a pressão estática máxima ultrapassar 40 m de coluna de água ou 4 kg/cm² (ver Fig. 4.24(*e*).)

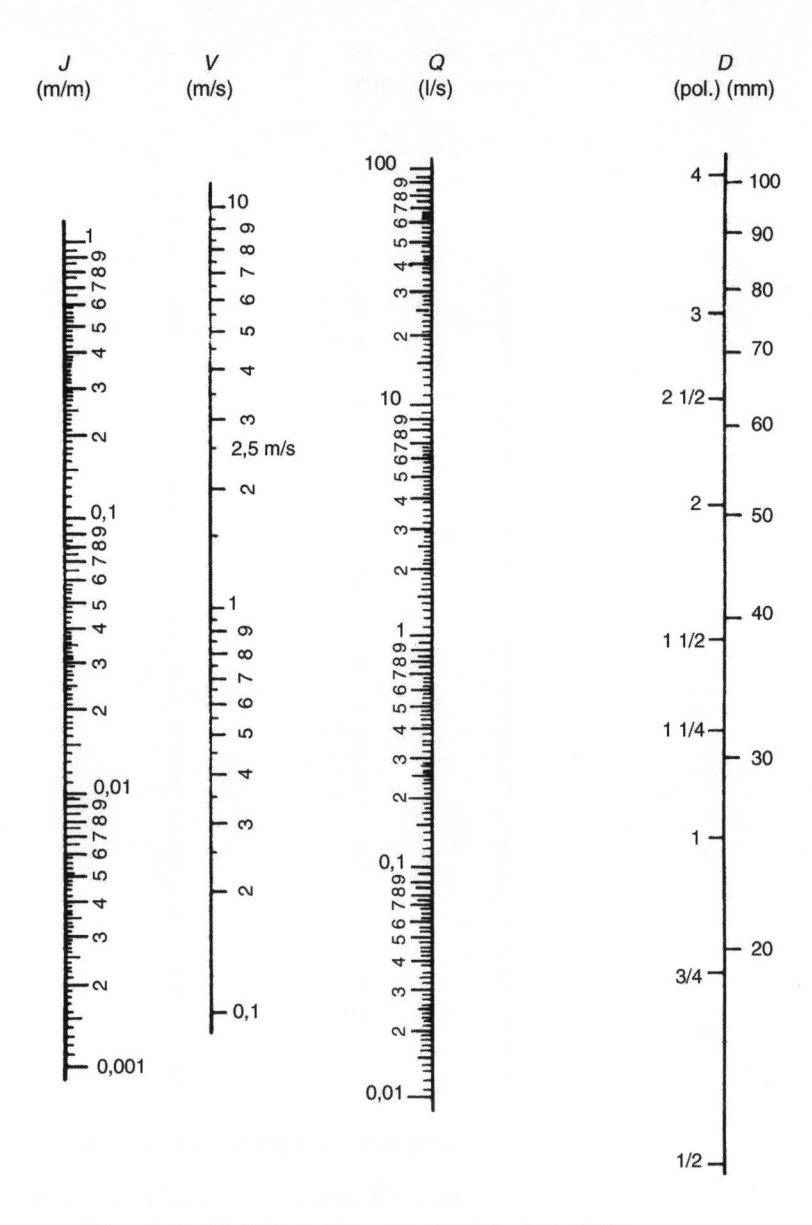

Fórmula de Fair-Whipple-Hsiao ($Q = 27,113 \cdot J^{0,632} \cdot D^{2,596}$)

Fig. 1.11 Ábaco para encanamentos de aço galvanizado e ferro fundido. (NBR-5626 – Figura 2.)

g) obter os outros parâmetros hidráulicos, ou seja, velocidade V, em m/s, e a perda de carga J, em m/m (Figs. 1.11, 1.12, 1.13 ou 1.14), conhecidos o diâmetro e a vazão; caso a velocidade seja superior a 2,5 m/s, devemos escolher um diâmetro maior;

h) para saber o comprimento real L da tubulação, basta medirmos na planta, indicando o comprimento em m;

i) o comprimento equivalente é resultante das perdas localizadas nas conexões, nos registros, nas válvulas etc., e representa um acréscimo ao comprimento real (Figs. 1.16(a), (b) e (c));

j) o comprimento total Lt é a soma do comprimento real com o equivalente;

l) a pressão disponível no ponto considerado representa a diferença de nível entre o meio do reservatório e esse ponto. É medida em metros de coluna de água (mca);

m) a perda de carga unitária, em mca, é obtida do modo indicado no item g;

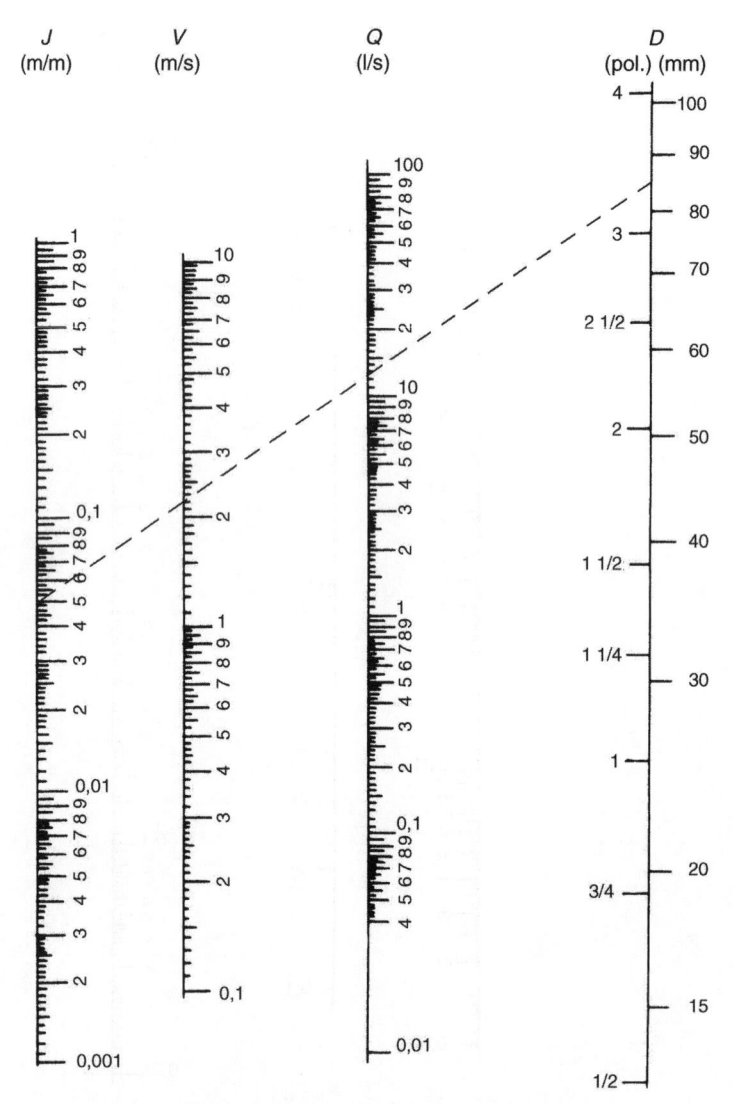

Fórmula de Fair-Whipple-Hsiao ($Q = 55{,}934 \cdot J^{0,571} \cdot D^{2,714}$)

Fig. 1.12 Ábaco para encanamentos de cobre e PVC. (NBR-5626.)

n) a perda de carga total, em mca, é obtida, multiplicando-se o comprimento total (item *j*) pela perda de carga unitária (item *m*), ou seja:

$$J = \frac{Hp}{Lt} \quad \text{ou} \quad \boxed{Hp = J \times Lt};$$

o) de posse da pressão disponível (item *l*), subtraindo a perda de carga total (item *n*), temos a pressão dinâmica a jusante, em mca. Essa pressão deve ser verificada para cada peça, para ver se está dentro dos limites especificados na Tabela 1.6.

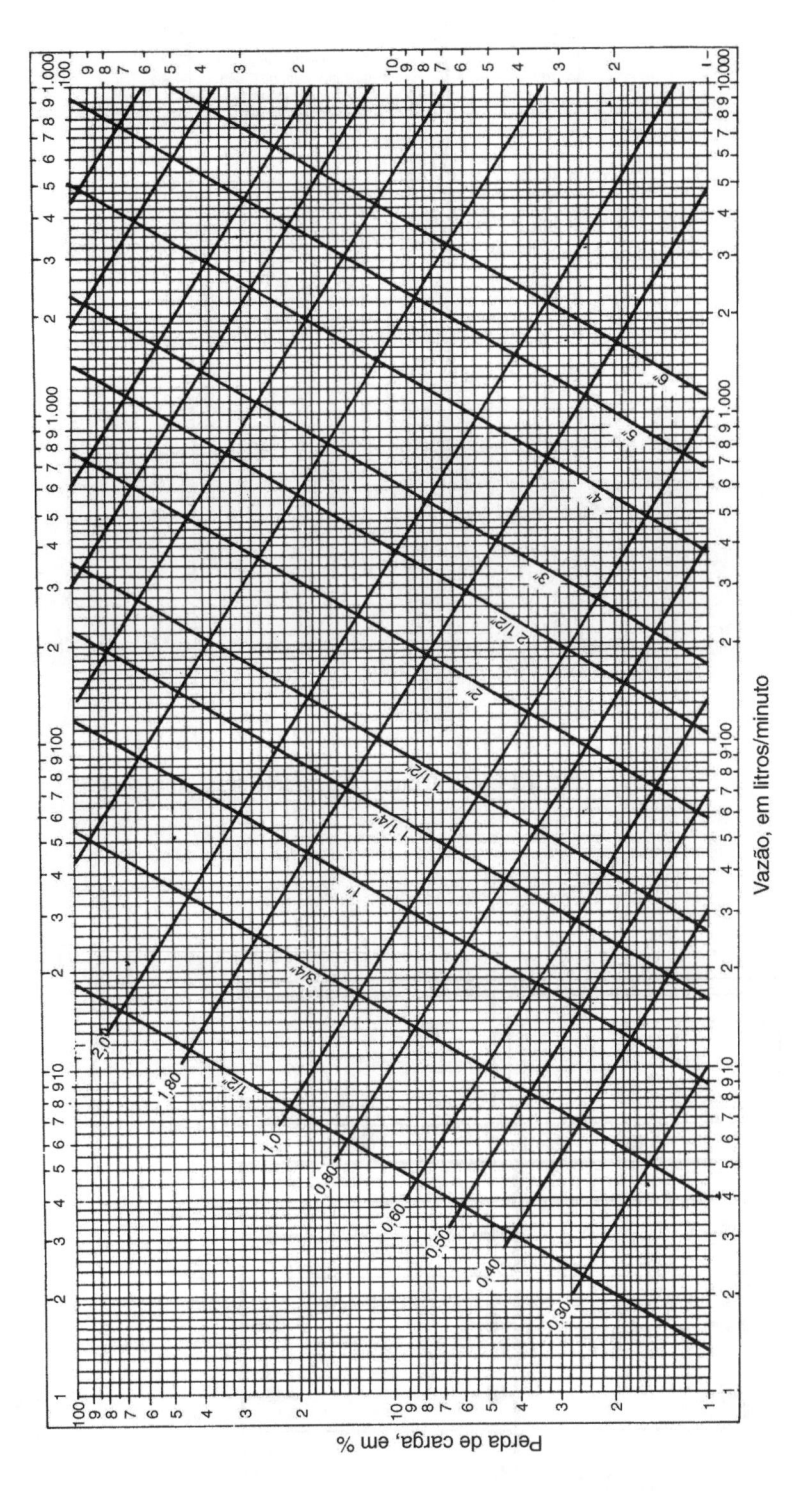

Fig. 1.13 Ábaco para cálculo de encanamentos, construído pela fórmula de Flamant.

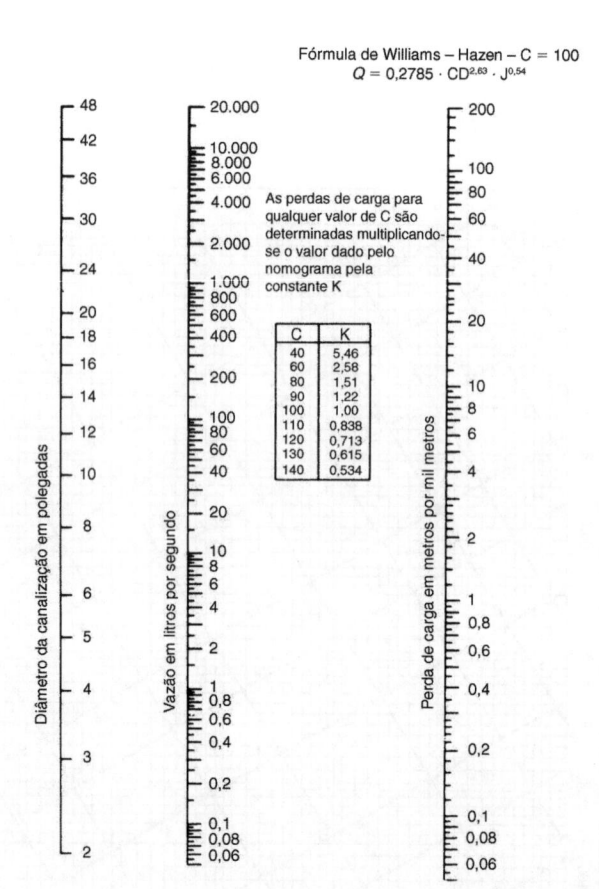

Fig. 1.14 Nomograma para cálculo de canalizações.

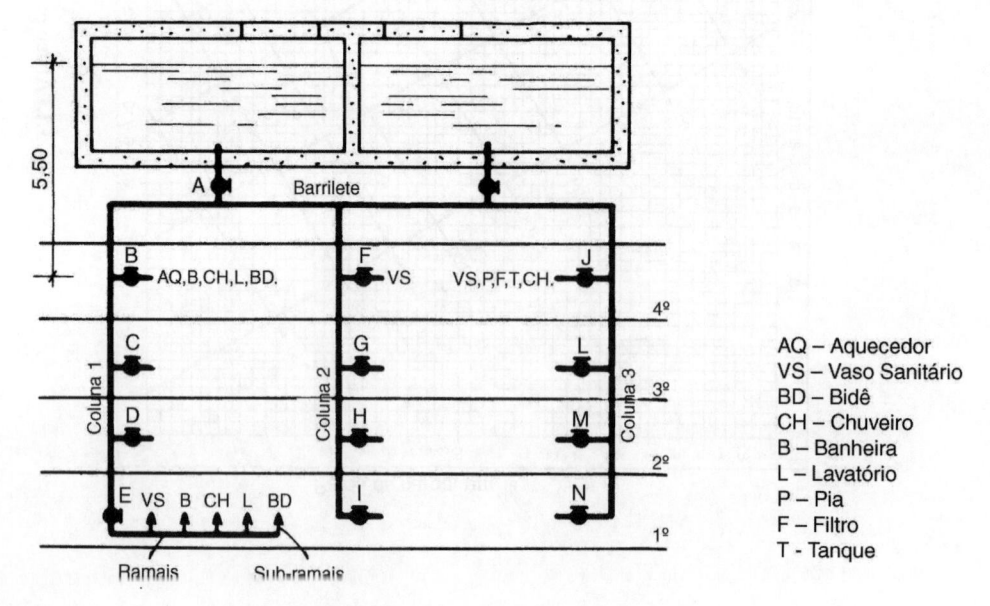

Fig. 1.15 Dimensionamento das colunas.

Ø Nominal		Cotovelos				Curvas						Tês					Cruzetas		Tês de curva dupla		Luvas	Uniões	
mm	pol.		redução	45°	com saída lateral	fêmea	macho-fêmea	macho	45° m/f	retorno	transposição				45°	45°							c/ flanges ovais
	1/4	0,23	0,22				0,16		0,10			0,04	0,34	0,42			0,05	0,34			0,01	0,01	
	3/8	0,35	0,33	0,16	0,61		0,24	0,25	0,15			0,06	0,51	0,62			0,08	0,50			0,01	0,01	
13	1/2	0,47	0,44	0,22	0,81	0,27	0,32	0,34	0,20	0,43	0,87	0,08	0,69	0,83	0,09	0,44	0,10	0,67	0,28	0,30	0,01	0,01	
19	3/4	0,70	0,67	0,32	1,22	0,41	0,48	0,50	0,30	0,65		0,12	1,03	1,25	0,13	0,66	0,15	1,01			0,01	0,01	0,01
25	1	0,94	0,89	0,43	1,63	0,55	0,64	0,67	0,41	0,86		0,17	1,37	1,66	0,18	0,88	0,20	1,35			0,01	0,01	
32	1 1/4	1,17	1,11	0,54	2,03	0,68	0,79	0,84	0,51	1,08		0,21	1,71	2,08	0,22	1,10	0,25	1,68			0,01	0,01	
38	1 1/2	1,41	1,33	0,65	2,44	0,82	0,95	1,01	0,61	1,30		0,25	2,06	2,50	0,27	1,31	0,30	2,02			0,01	0,01	
50	2	1,88	1,78	0,86	3,25	1,04	1,27	1,35	0,81	1,73		0,33	2,74	3,33	0,36	1,75	0,41	2,69			0,01	0,01	
63	2 1/2	2,35		1,08		1,37	1,59	1,68	1,02			0,41	3,43	4,16	0,44	2,19					0,01	0,01	
75	3	2,82		1,30		1,64	1,91	2,02	1,22			0,50	4,11	4,99							0,01	0,01	
100	4	3,76		1,73		2,18	2,54	2,69				0,66	5,49	6,65							0,02	0,01	
125	5	4,70		2,16								0,83	6,86	8,32							0,02		
150	6	5,64		2,59				4,04				0,99	8,23	9,98							0,03		

Tê de redução

Ø Nominal pol.	3/8 × 1/4	1/2 × 1/4	1/2 × 3/8	3/4 × 3/8	3/4 × 1/2	1 × 1/2	1 × 3/4	1 1/4 × 1/2	1 1/4 × 3/4	1 1/4 × 1	1 1/2 × 3/4	1 1/2 × 1	1 1/2 × 1 1/4	2 × 1	2 × 1 1/4	2 × 1 1/2	2 1/2 × 1 1/4	2 1/2 × 1 1/2	2 1/2 × 2	3 × 1 1/2	3 × 2	3 × 2 1/2	4 × 2	4 × 3
	0,05	0,06	0,07	0,09	0,10	0,11	0,14	0,13	0,14	0,17	0,15	0,17	0,21	0,20	0,23	0,28	0,25	0,29	0,35	0,30	0,34	0,42	0,46	0,56

Fig. 1.16 (*a*) Perdas de carga localizadas: Comprimentos equivalentes em metros de canalização de aço galvanizado, conexões de ferro maleável classe 10. (NB-92 ou NBR-5626.)

Ø Nominal pol.	Saída de Canalização	Entrada		Registro de			Válvula de pé e crivo	Válvula de retenção	
		normal	de borda	gaveta aberto	globo aberto	ângulo aberto		Tipo leve	Tipo pesado
1/2	0,4	0,2	0,4	0,1	4,9	2,6	3,6	1,1	1,6
3/4	0,5	0,2	0,5	0,1	6,7	3,6	5,6	1,6	2,4
1	0,7	0,3	0,7	0,2	8,2	4,6	7,3	2,1	3,2
1 1/4	0,9	0,4	0,9	0,2	11,3	5,6	10,0	2,7	4,0
1 1/2	1,0	0,5	1,0	0,3	13,4	6,7	11,6	3,2	4,8
2	1,5	0,7	1,5	0,4	17,4	8,5	14,0	4,2	6,4
2 1/2	1,9	0,9	1,9	0,4	21,0	10,0	17,0	5,2	8,1
3	2,2	1,1	2,2	0,5	26,0	13,0	20,0	6,3	9,7
4	3,2	1,6	3,2	0,7	34,0	17,0	23,0	8,4	12,9
5	4,0	2,0	4,0	0,9	43,0	21,0	30,0	10,4	16,1
6	5,0	2,5	5,0	1,1	51,0	26,0	39,0	12,5	19,3

Fig. 1.16 (*b*) Comprimentos equivalentes em metros para bocais e válvulas. (NB-92 ou NBR-5626 — Tabela 5.)

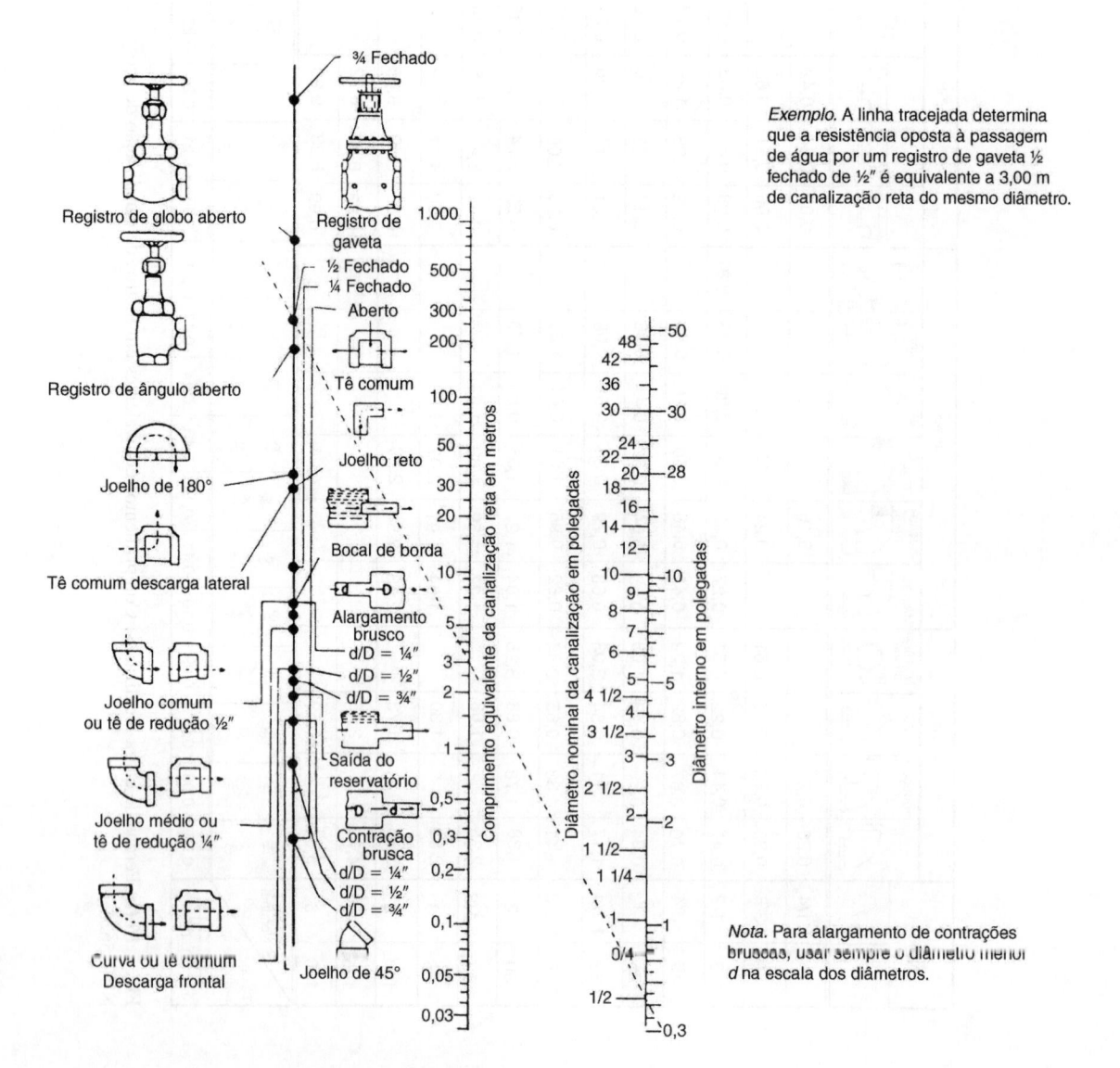

Fig. 1.16 (*c*) Comprimentos virtuais de registros e conexões.

Diâmetro nominal		Joelho 90°	Joelho 45°	Curva 90°	Curva 45°	Tê 90° passag. direta	Tê 90° saída de lado	Tê 90° saída bilat.	Entrada normal	Entrada de borda	Saída de Canaliz.	Válvula de pé e crivo	Válv. de retenção		Registro de globo aberto	Registro de gaveta aberto	Registro de ângulo aberto
													Tipo leve	Tipo pesado			
DN	(Ref.) (–)																
15	(1/2)	1,1	0,4	0,4	0,2	0,7	2,3	2,3	0,3	0,9	0,8	8,1	2,5	3,6	11,1	0,1	5,9
20	(3/4)	1,2	0,5	0,5	0,3	0,8	2,4	2,4	0,4	1,0	0,9	9,5	2,7	4,1	11,4	0,2	6,1
25	(1)	1,5	0,7	0,6	0,4	0,9	3,1	3,1	0,5	1,2	1,3	13,3	3,8	5,8	15,0	0,3	8,4
32	(1,1/4)	2,0	1,0	0,7	0,5	1,5	4,6	4,5	0,6	1,8	1,4	15,5	4,9	7,4	22,0	0,4	10,5
40	(1,1/2)	3,2	1,3	1,2	0,6	2,2	7,3	7,3	1,0	2,3	3,2	18,3	6,8	9,1	35,8	0,7	17,0
50	(2)	3,4	1,5	1,3	0,7	2,3	7,6	7,6	1,5	2,8	3,3	23,7	7,1	10,8	37,9	0,8	18,5
60	(2,1/2)	3,7	1,7	1,4	0,8	2,4	7,8	7,8	1,6	3,3	3,5	25,0	8,2	12,5	38,0	0,9	19,0
75	(3)	3,9	1,8	1,5	0,9	2,5	8,0	8,0	2,0	3,7	3,7	26,8	9,3	14,2	40,0	0,9	20,0
100	(4)	4,3	1,9	1,6	1,0	2,6	8,3	8,3	2,2	4,0	3,9	28,6	10,4	16,0	42,3	1,0	22,1
125	(5)	4,9	2,4	1,9	1,1	3,3	10,0	10,0	2,5	5,0	4,9	37,4	12,5	19,2	50,9	1,1	26,2
150	(6)	5,4	2,6	2,1	1,2	3,8	11,1	11,1	2,8	5,6	5,5	43,4	13,9	21,4	56,7	1,2	28,9

Fig. 1.16 (*d*) Perdas de cargas localizadas — sua equivalência em metros de tubulação de PVC rígido ou cobre.

> *EXEMPLO*
>
> Ver Fig. 1.15.

Queremos dimensionar as colunas 1, 2 e 3 de um edifício residencial de quatro pavimentos, que atendam às seguintes peças por pavimento:

Coluna 1: aquecedor, banheira, chuveiro, lavatório e bidê, no 2.º, 3.º e 4.º pavimentos, e vaso sanitário (com caixa de descarga), banheira, chuveiro, lavatório e bidê, no 1.º pavimento.
Coluna 2: vaso sanitário com válvula de descarga.
Coluna 3: vaso sanitário com válvula de descarga, pia, filtro, tanque e chuveiro.

Pé direito: 3 m.

A tubulação será de ferro galvanizado.
A pressão disponível na derivação do 4.º pavimento é igual a 5,5 mca. O comprimento real da tubulação até a derivação, no 4.º pavimento, é igual a 10,50 m.
Supomos que, entre os pontos *A* e *B*, existam as seguintes peças: registro de gaveta de 2 ½″ (63 mm), tê de 2 ½″ (63 mm), curva de raio longo 1 ¼″ (32 mm) e tê de 1 ¼″ (32 mm).

Solução:

Coluna 1: na Planilha *A* preenchemos os itens *a*, *b*, *c* e *d* da marcha de cálculo sugerida. Temos os seguintes pesos no 2.º, 3.º e 4.º pavimentos:

AQ   2,1 (consideramos o aquecedor alimentando *B*, *CH*, *L* e *BD*)
B   1,0
CH   0,5
L   0,5
BD   0,1
      ———————————
      4,2 × 3 = 12,60

No 1.º pavimento, temos:

VS (com caixa de descarga) 0,3
B   1,0
L   0,5
CH   0,5
BD   0,5
                            ———
                            2,8

Total da coluna = 15,4.

Prosseguindo a marcha de cálculo sugerida, obtemos os seguintes resultados, em cada item.

— Entrando com esse valor na Fig. 1.6, temos vazão igual a 1,17 l/s (item *e*).
— Arbitramos o diâmetro em 32 mm (1 ¼″) (item *f*).
— Velocidade = 1,5 m/s (item *g*).
— *L* = 10,5 m (dado do problema) (item *h*).
— Temos as seguintes perdas localizadas (item *i*):

Registro de gaveta 2 ½″ (63 mm)	0,4
Tê de 2 ½″ (63 mm)	4,16
Curva de raio longo de 1 ¼″ (32 mm)	0,79
Tê de redução de 1 ¼″ (32 mm)	2,08
Total	7,43 m

— Comprimento total = 10,5 + 7,43 = 17,9 m (item *j*).
— Pressão disponível = 5,50 mca (dado do problema) (item *l*).
— Perda de carga unitária = 0,13 mca/m (item *m*).
— Perda de carga total = 0,13 × 17,9 = 2,37 mca (item *n*).
— Pressão a jusante = 5,5 − 2,37 = mca (item *o*).

Com essa pressão, todas as peças ligadas ao ramal funcionarão satisfatoriamente. Para dimensionar os demais trechos da coluna 1, procedemos de modo análogo, considerando que a pressão disponível será a pressão a jusante no trecho anterior mais o desnível entre esse trecho e o ponto considerado.

Coluna 2: seguindo a marcha de cálculo sugerida, obtemos os seguintes resultados, em cada item.

— Trecho *A-F* (item *b*).
— Peso unitário = 40,0 (item *c*).
— Peso acumulado = 160,0 (item *d*).
— Vazão = 3,8 litros/s (item *e*).
— Diâmetro = 50 mm ou 2″ (arbitrado) (item *f*)
— Velocidade = 1,9 m/s (item *g*).
— Comprimento real = 7,5 m (tirado da planta) (item *h*).
— Perdas localizadas (comprimentos equivalentes) (item *i*):

Registro de gaveta de 2 ½″ (63 mm)	0,4
Tê de 2 ½ ″ (63 mm)	4,3
Tê de redução de 2″ (50 mm)	3,5
Registro de 2″ (50 mm)	0,4
Total	8,6 m

— Comprimento total = 16,1 m (item *j*).
— Pressão disponível = 5,5 (item *l*).
— Perda de carga unitária = 0,12 mca/m (item *m*).
— Perda de carga total = 16,1 × 0,12 = 1,93 (item *n*).
— Pressão a jusante = 5,50 − 1,93 = 3,57 m (item *o*).

Para os demais trechos, procedemos de modo semelhante.

Coluna 3: seguindo a marcha de cálculo sugerida, obtemos os seguintes resultados, em cada item.

— Pesos unitários (item *c*):

VS	40,0
P	0,7
F	0,1
T	1,0
CH	0,5
Total	42,3

— Pesos acumulados = 42,3 × 4 = 169,2 (item *d*).
— Vazão = 3,91 l/s (item *e*).
— Diâmetro = 50 mm (item *f*).
— Velocidade = 1,8 m/s (item *g*).
— Comprimento real = 8,5 m (item *h*).
— Comprimento equivalente = 7,6 m (item *i*).
— Comprimento total = 16,1 m (item *j*).
— Pressão disponível = 5,50 m (item *l*).

PLANILHA A

Coluna (a)	Trecho (b)	PESOS		Vazão (e)	Diâmetro (f)	Velocidade (g)	COMPRIMENTOS			Pressão Disponível (l)	Perda de Carga		Pressão a Jusante (o)	Observações
		Unitário (c)	Acumulado (d)				Real (h)	Equivalente (i)	Total (j)		Unitário (m)	Total (n)		
				l/s	mm	m/s	m	m	m	mca	mca	mca	mca	
1	A – B	4,2	15,4	1,17	32	1,5	10,5	7,43	17,9	5,50	0,13	2,37	3,13	
	B – C	4,2	11,2	0,98	25	1,8	3,0	1,9	4,9	6,13	0,27	1,32	4,81	
	C – D	4,2	7,0	0,78	25	1,5	3,0	1,9	4,9	7,81	0,18	0,88	6,93	
	D – E	2,8	2,8	0,47	20	1,6	3,0	1,9	4,9	9,93	0,24	1,17	8,76	
2	A – F	40,0	160,0	3,8	50	1,9	7,5	8,6	16,1	5,50	0,12	1,93	3,57	VD de 32 mm
	F – G	40,0	120,0	3,3	50	1,7	3,0	0,4	3,4	6,57	0,10	0,34	6,23	
	G – H	40,0	80,0	2,7	40	2,0	3,0	0,4	3,4	9,23	0,18	0,61	8,62	
	H – I	40,0	40,0	1,9	40	1,5	3,0	0,4	3,4	11,62	0,10	0,34	11,28	VD de 25 mm
3	A – J	42,3	169,2	3,9	50	1,8	8,5	7,6	16,1	5,50	0,12	1,93	3,57	
	J – K	42,3	126,9	3,4	50	1,6	3,0	0,3	3,3	6,57	0,09	0,30	6,27	
	K – L	42,3	84,6	2,7	40	2,0	3,0	0,3	3,3	9,27	0,18	0,60	8,67	
	L – M	42,3	42,3	2,0	40	1,6	3,0	0,3	3,3	11,67	0,11	0,36	11,31	

Verificação:

Pressão disponível em E, I e N = 9,00 + 5,50 = 14,50 m
Soma das perdas até (E) = 2,37 + 1,32 + 0,88 + 1,17 = 5,74 m
Soma das perdas até (I) = 1,93 + 0,34 + 0,61 + 0,34 = 3,22 m
Soma das perdas até (N) = 1,93 + 0,30 + 0,60 + 0,36 = 3,19 m
Pressão a jusante em (E) = 8,76 + 5,74 = 14,50 m
Pressão a jusante em (I) = 11,28 + 3,22 = 14,50 m
Pressão a jusante em (N) = 11,31 + 3,19 = 14,50 m

Observação: Para exprimir a pressão a jusante em kPa, multiplicar por 10 o resultado em mca.
   Exemplo: 3,13 mca = 31,3 kPa.

— Perda de carga localizada = 0,12 mca/m (item *m*).
— Perda de carga total = 16,1 × 0,12 = 1,93 mca (item *n*).
— Pressão a jusante = 5,50 − 1,93 = 3,57 m (item *o*).

Para os demais trechos, procedemos de modo semelhante.

1.1.3.4 Dimensionamento do Barrilete

Chama-se *barrilete* o cano que interliga as duas metades da caixa-d'água e de onde partem as colunas de água. Podem ser do tipo ramificado (Fig. 1.17 (*a*) e do tipo concentrado (Fig. 1.17(*b*)).

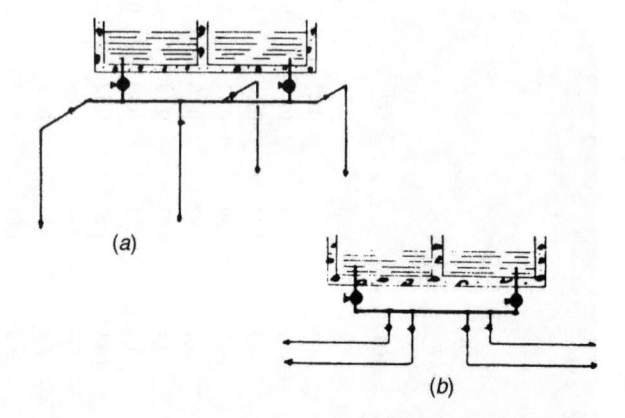

Fig. 1.17 (*a*) Barrilete ramificado. (*b*) Barrilete concentrado.

O segundo tipo tem a vantagem de concentrar o registro de todas as colunas em uma única região (em geral, na cobertura ou no *playground*), porém exige espaço amplo. Normalmente, os barriletes concentrados são fechados por porta com chave, e só uma pessoa credenciada tem acesso a eles (porteiro, zelador etc.). O tipo ramificado tem o inconveniente de espalhar muito os registros das colunas, porém é uma solução muito mais econômica.

O barrilete pode ser dimensionado segundo dois métodos: 1.°) método de Hunter, pelo qual fixamos a perda de carga em 8% e calculamos a vazão como se cada metade da caixa atendesse à metade das colunas. Conhecemos J e Q, entramos no ábaco de Fair-Whipple-Hsiao, calculando o diâmetro D; 2.°) método das seções equivalentes, pelo qual consideramos os diâmetros encontrados para as colunas de modo que a metade seja atendida pela metade da caixa. Esse segundo método, às vezes, conduz a diâmetros um pouco exagerados.

EXEMPLO

Imaginemos o exemplo da Fig. 1.18.

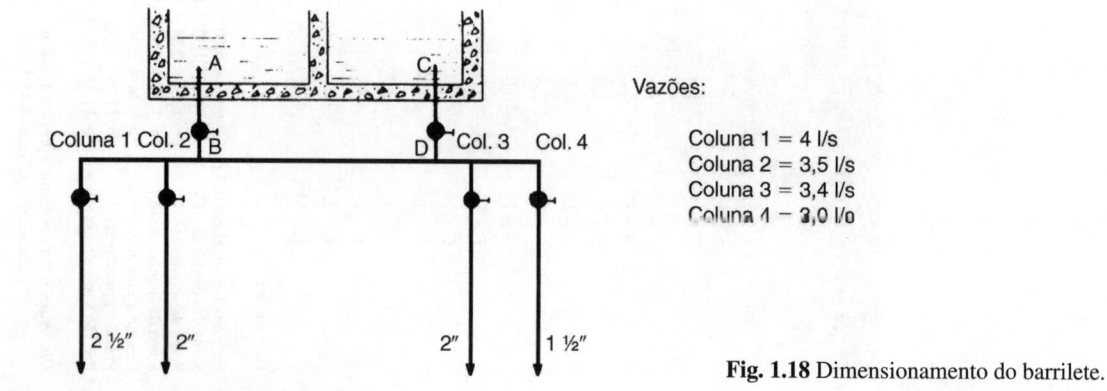

Vazões:

Coluna 1 = 4 l/s
Coluna 2 = 3,5 l/s
Coluna 3 = 3,4 l/s
Coluna 4 = 3,0 l/s

Fig. 1.18 Dimensionamento do barrilete.

1.º Método. Consideremos o barrilete *A-B* atendendo as colunas 1 e 2 e o barrilete *CD* atendendo as colunas 3 e 4:

Vazão em *A-B* = 7,5 l/s
Vazão em *C-D* = 6,4 l/s.

Com $Q = 7,5$ l/s e $J = 0,08$ no ábaco de Fair-Whipple-Hsiao, calculamos $D = 3''$.
Com $Q = 6,4$ l/s e $J = 0,08$, achamos $D = 3''$.

2.º Método. Barrilete A-B: atende as colunas 1 e 2, que são de 2 ½" e 2"; então, pelas seções equivalentes (Tabela 1.9), temos:

Para 2 ½"	65,5
Para 2"	37,8
Soma	103,3

Temos, então, o barrilete de 3":
Barrilete C-D: atende as colunas 3 e 4, que são de 2" e 1 ½"; então, pelas seções equivalentes (Tabela 1.9), temos:

Para 2"	37,8
Para 1 ½"	17,4
Soma	55,2

Temos, então, o barrilete de 2 ½" (inferior ao achado pelo método de Hunter).

1.1.3.5 Dimensionamento de Encanamentos de Recalque

Chama-se recalque o encanamento que vai da bomba ao reservatório superior.
Pela NB-92/80, NBR-5626, a capacidade horária mínima de bomba é de 15% do consumo diário. Como dado prático, podemos tomar 20%, o que obriga a bomba a funcionar durante 5 horas, para recalcar o consumo diário.
O dimensionamento do recalque baseia-se na fórmula de Forchheimer:

$$D = 1,3 \sqrt{Q} \ \sqrt[4]{X}$$

D = diâmetro, em metros
Q = vazão, em m³/s

$$X = \frac{\text{horas de funcionamento}}{24 \text{ horas}}$$

Esta fórmula originou o ábaco da Fig. 1.19.

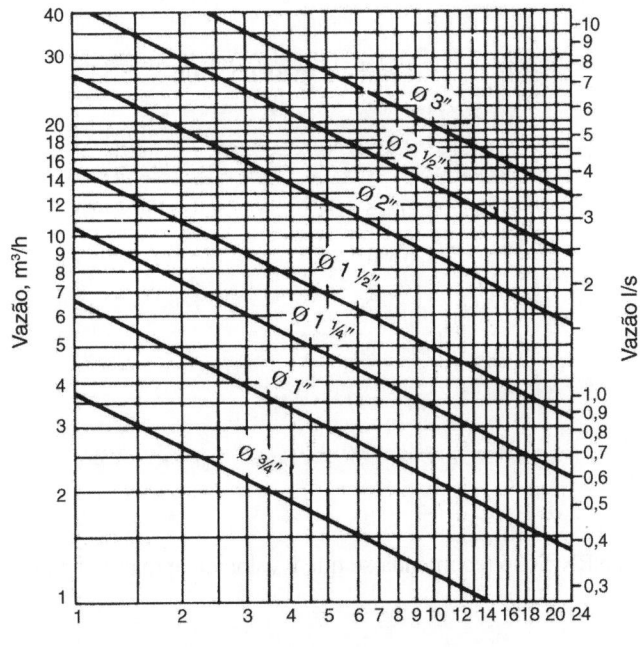

Horas de funcionamento diário da bomba

Fig. 1.19 Ábaco para a determinação do diâmetro econômico (Forchheimer). $D = 1,3 \sqrt{Q} \ \sqrt[4]{X}$

EXEMPLO

Vamos supor que desejamos dimensionar o recalque para o reservatório estudado na Seção 1.1.2.4, onde seria bombeado o consumo diário de 68.160 litros.

Vazão horária: 20% de 68.160 litros = 13,7 m³/h.
Horas de funcionamento diário: 5 horas.

Como esses dados, entrando no ábaco da Fig. 1.19, achamos o diâmetro de 2″ por falta, o que significa que a vazão será pouco menor que a fixada.
Usando a fórmula de Forchheimer, temos:

$$D = 1,3 \times \sqrt{0,0038} \ \sqrt[4]{5/24} = 0,054 \text{ m ou } 54 \text{ mm}$$

1.1.3.6 Dimensionamento de Encanamento de Sucção

Dado prático: escolhemos um furo comercial a mais do que o do recalque.
No exemplo anterior, teríamos:

recalque: 2″
sucção: 2 ½″.

1.1.3.7 Dimensionamento do Ramal Predial (de Entrada)

O diâmetro mínimo do ramal predial é de ¾″.
A vazão mínima dos sistemas de distribuição direta é calculada do mesmo modo que o dimensionamento das colunas.
A vazão mínima para os sistemas de distribuição indireta é calculada pela fórmula

$$Q = \frac{C}{86.400}$$

em que:

Q = vazão mínima, em l/s
C = consumo diário, em litros.

A título de orientação, damos a Tabela 1.10, em uso na Cedae (Rio de Janeiro), que fornece o diâmetro do ramal de entrada em função do número de ligações (economias).

TABELA 1.10

N.º de Ligações	Diâmetro do Ramal (pol. e mm)	
1 a 5	¾″	20
6 a 10	1″	25
11 a 20	1 ½″	40
21 a 80	2″	50
81 a 400	3″	75
401 a 600	4″	100

Pela NB-92 ou NBR-5626 recomenda-se que a velocidade máxima no ramal predial seja de 1 m/s.

EXEMPLO

Queremos saber qual o diâmetro do ramal predial para abastecer a residência do exemplo da Seção 1.1.2.4, cujo consumo diário é de 68.160 litros.

Solução:

$$Q = \frac{C}{86.400} = \frac{68.160}{86.400} = 0,788 \text{ litros/segundo}$$

Para essa vazão e velocidade de 1 m/s, usando o ábaco de Fair-Whipple-Hsiao, encontramos o diâmetro de 1 ¼″ (32 mm).

1.1.4 Pena-d'água, Caixas Piezométricas e Hidrômetros

Chama-se *pena-d'água* um dispositivo limitador de vazão nos ramais prediais. Ela nada mais é do que um estrangulador de seção do tubo, isto é, um registro com orifício graduado, o que resulta em uma grande perda de carga (ver Tabela 1.11).

Na Tabela 1.11 vemos as alturas de perdas e vazões em função dos diâmetros dos orifícios, baseados na fórmula do escoamento d'água através de orifícios.

Caixa piezométrica é uma caixa reguladora do nível piezométrico do distribuidor público, limitando a vazão do ramal de entrada.

A caixa piezométrica é utilizada quando o nível do reservatório inferior (cisterna) se encontra a menos de 3 m acima do meio-fio da rua; visa a equalizar a distribuição pelos diversos consumidores.

A capacidade das caixas piezométricas varia de 200 a 300 l; devem ser instaladas a 3 m de altura em relação ao piso (ver Fig. 1.20).

TABELA 1.11

Cálculo dos Registros de Pena-d'água — Vazão em l/h						
Diâmetro do Orifício da Pena (*mm*)	*Perdas, em Metros*					
	2,5	5	6	7	8	9
2	50	70	77	83	88	92
3	112	157	173	187	198	207
4	200	280	308	332	352	368
5	312	437	480	520	550	573
6	450	630	693	712	747	828
7	612	847	953	1.078	1.078	1.130
8	800	1.120	1.230	1.330	1.410	1.480
9	1.012	1.420	1.560	1.680	1.780	1.860
10	1.250	1.750	1.925	2.075	2.200	2.300
11	1.510	2.120	2.330	2.510	2.660	2.780
12	1.800	2.520	2.770	2.990	3.170	3.310
13	2.110	2.956	3.274	3.530	3.800	4.000
14	2.450	3.430	3.790	4.090	4.410	4.655
15	2.800	3.940	4.360	4.670	5.660	5.340
16	3.200	4.480	4.960	5.244	5.760	6.080
17	3.625	5.075	5.620	6.054	6.525	6.890
18	4.050	5.670	6.280	6.680	7.290	7.695
19	4.525	6.335	7.014	7.560	8.145	8.600
20	5.000	7.000	7.700	8.300	9.000	9.500

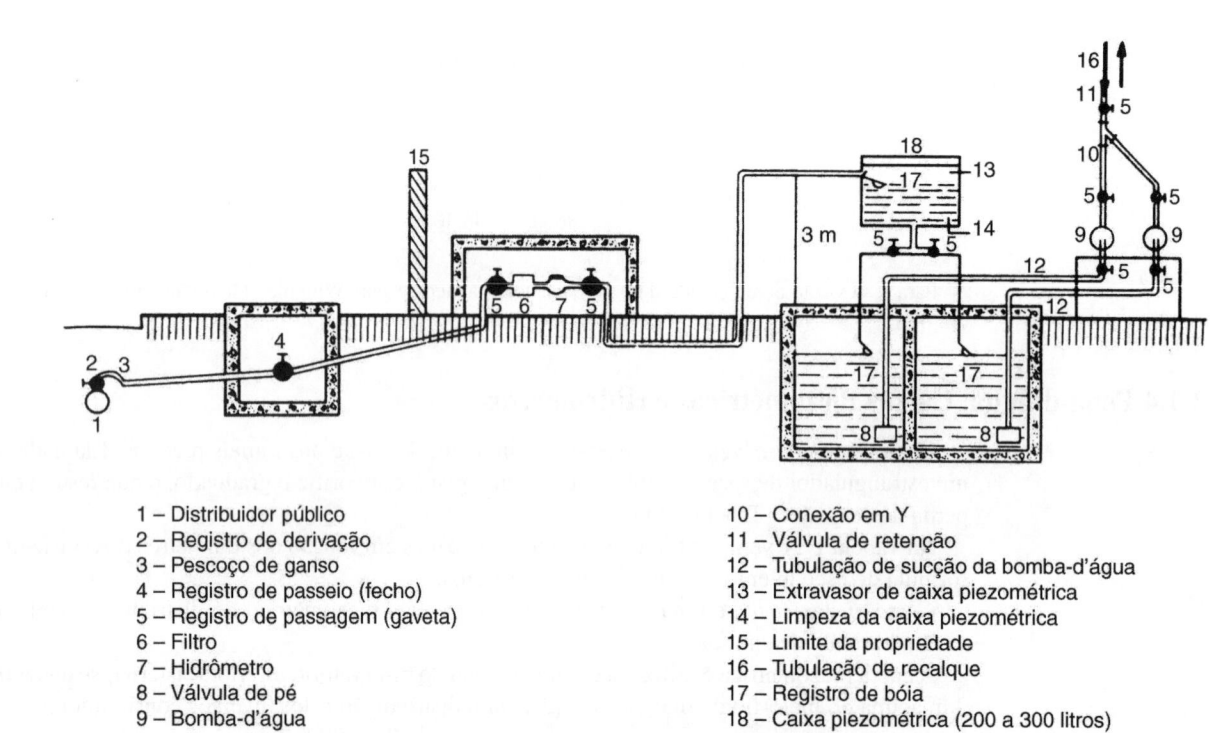

1 – Distribuidor público
2 – Registro de derivação
3 – Pescoço de ganso
4 – Registro de passeio (fecho)
5 – Registro de passagem (gaveta)
6 – Filtro
7 – Hidrômetro
8 – Válvula de pé
9 – Bomba-d'água

10 – Conexão em Y
11 – Válvula de retenção
12 – Tubulação de sucção da bomba-d'água
13 – Extravasor de caixa piezométrica
14 – Limpeza da caixa piezométrica
15 – Limite da propriedade
16 – Tubulação de recalque
17 – Registro de bóia
18 – Caixa piezométrica (200 a 300 litros)

Fig. 1.20 Esquema típico de entrada de água em edifícios.

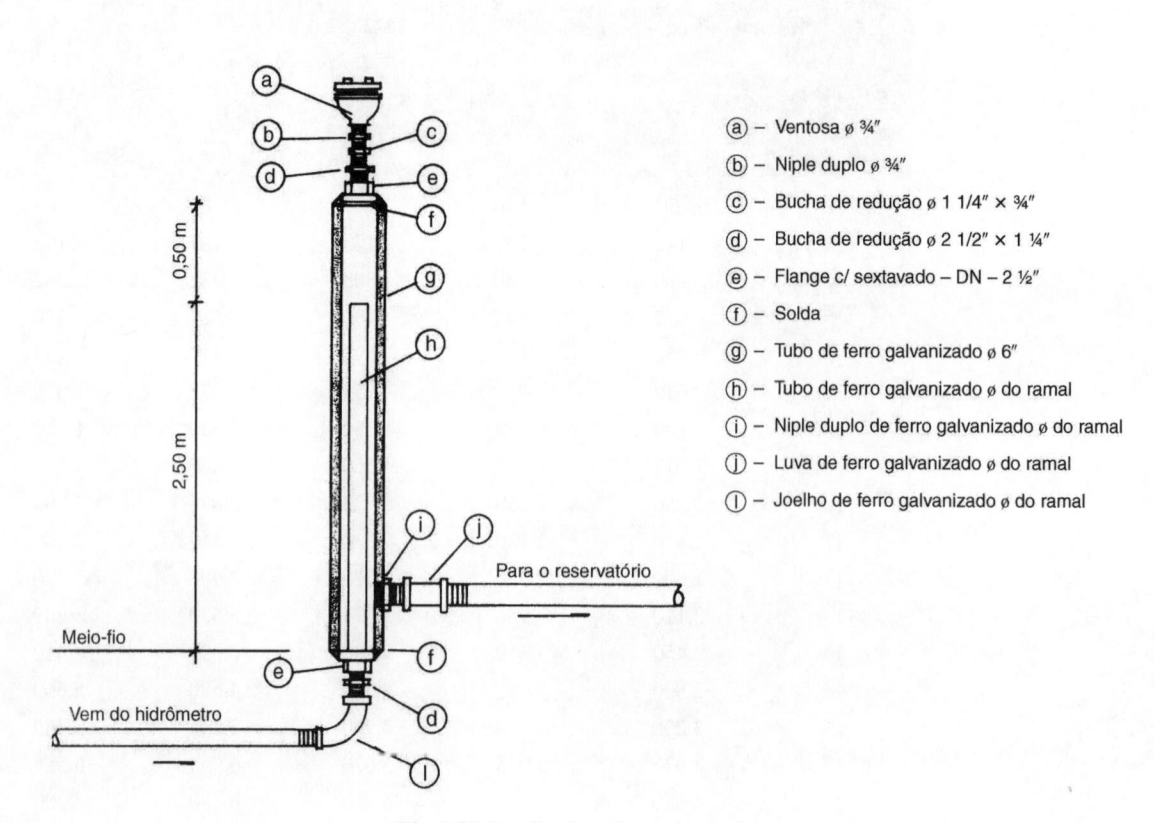

ⓐ – Ventosa ø ¾"

ⓑ – Niple duplo ø ¾"

ⓒ – Bucha de redução ø 1 1/4" × ¾"

ⓓ – Bucha de redução ø 2 1/2" × 1 ¼"

ⓔ – Flange c/ sextavado – DN – 2 ½"

ⓕ – Solda

ⓖ – Tubo de ferro galvanizado ø 6"

ⓗ – Tubo de ferro galvanizado ø do ramal

ⓘ – Niple duplo de ferro galvanizado ø do ramal

ⓙ – Luva de ferro galvanizado ø do ramal

ⓛ – Joelho de ferro galvanizado ø do ramal

Fig. 1.21 Detalhe da coluna piezométrica.

Em algumas cidades brasileiras, em vez de caixa piezométrica, é exigida a instalação da "coluna piezométrica", cujo emprego é muito discutido pois, além de onerar a obra, causa problemas tanto técnicos quanto estéticos. Na Fig. 1.21 vemos os detalhes de uma "coluna piezométrica" que é instalada em substituição à caixa piezométrica, isto é, entre o hidrômetro e o reservatório inferior.

Chama-se *hidrômetro* o aparelho que mede o gasto de água de um consumidor.

Os hidrômetros limitadores de consumo ou reguladores de vazão serão instalados em local adequado, a 1,50 m, no máximo, da testada do imóvel. Devem ficar abrigados em caixa ou nicho, de alvenaria ou concreto, de modo a permitir fácil remoção e leitura, e deverá ser construída pelo proprietário ou usuário.

Deve haver livre acesso do pessoal do Serviço de Águas ao local do hidrômetro limitador do consumo ou do aparelho regulador de vazão.

Os hidrômetros serão fornecidos, instalados e conservados pelo Departamento de Águas, podendo, a seu critério, ser fornecido pelo interessado, desde que aferido e instalado pelo Departamento, ficando incorporado ao patrimônio do estado ou da Prefeitura local.

Os hidrômetros podem ser:

— *volumétricos*, que se baseiam na medida do número de vezes em que uma câmara de volumes conhecidos se enche e se esvazia;

— *taquimétricos*, que se baseiam na medida da velocidade do fluxo da água através de uma seção de área conhecida.

Os hidrômetros volumétricos são indicados nas instalações de pequenas vazões e os taquimétricos, para as grandes vazões.

Os hidrômetros volumétricos são de maior sensibilidade e precisão, podendo ser de diferentes tipos:

— de êmbolo alternativo: pouco usados; ocasionam grandes perda de carga;

— de êmbolo rotativo: muito usados, por apresentarem grandes vantagens, como precisão, leveza e durabilidade;

— de disco oscilante: muito usados, porém de menor precisão que os de êmbolo rotativo.

Os hidrômetros taquimétricos são de fabricação mais simples e de menor custo, e podem ser dos seguintes tipos:

— de rodas de palhetas;

— de molinete horizontal: indicados para grandes vazões;

— de molinete vertical: são mais sensíveis e menos sujeitos ao desgaste pelo atrito.

Prescrições sobre instalação de hidrômetros:

1.ª) devem ser providos de filtro, para evitar a entrada de objetos sólidos capazes de danificar o mecanismo. Esses filtros devem ter grelhas removíveis, para limpeza;

2.ª) quando a pressão da rede pública de água é muito elevada, pode ser instalada, entre o filtro e o hidrômetro, uma válvula redutora de pressão adequada ao tipo de hidrômetro escolhido (Figs. 1.22 e 1.23).

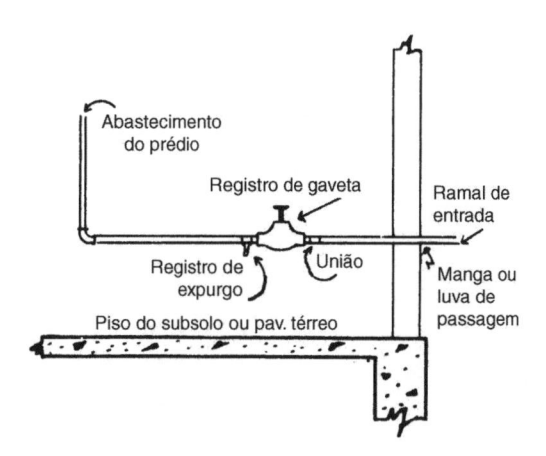

Fig. 1.22 Entrada livre.

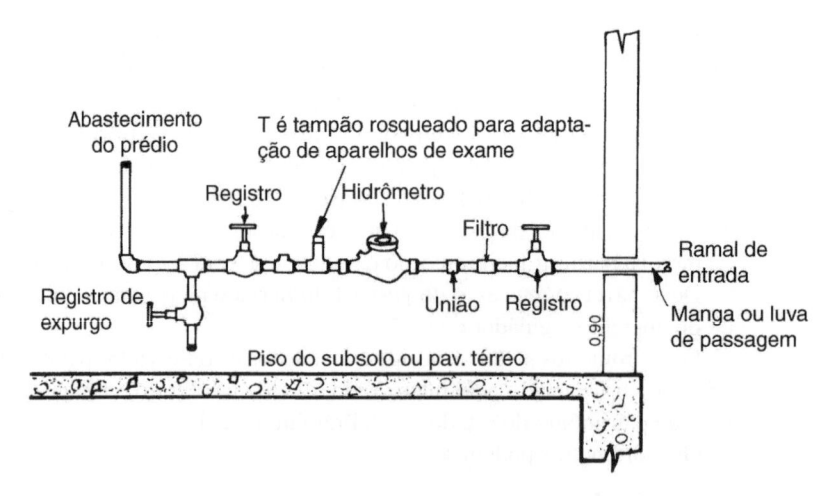

Fig. 1.23 Entrada com hidrômetro.

Os hidrômetros são especificados pelo diâmetro e pela descarga característicos (Tabela 1.12).

TABELA 1.12

Especificação de Hidrômetros*				
Hidrômetros — Calibre dos Medidores Comerciais, Descarga Característica, Fatores de Carga				
Diâmetro (mm)	$D_C\,(m^3/h)$	*Fatores de Carga*		
		Máx./h	*Máx./10 h*	*Máx./24 h*
15	3	0,5	2	3
20	5	0,5	2	3
25	7	0,5	2	3
30	10	0,5	2	3
40	20	0,5	2	3
50	30	0,5	3	4
65	45	0,5	3	4
80	65	0,5	3	4
100	100	0,5	3	4
125	120	0,5	3	4

*Dr. Ataulfo Coutinho. *Revista Municipal de Engenharia*. Normas para exame, recebimento e aprovação de hidrômetros.

Os fatores de carga são fatores que devem ser multiplicados pela descarga característica, para se obter a descarga efetiva. Esses fatores se justificam pela descontinuidade nas pressões do distribuidor público e pela variação da carga no prédio.

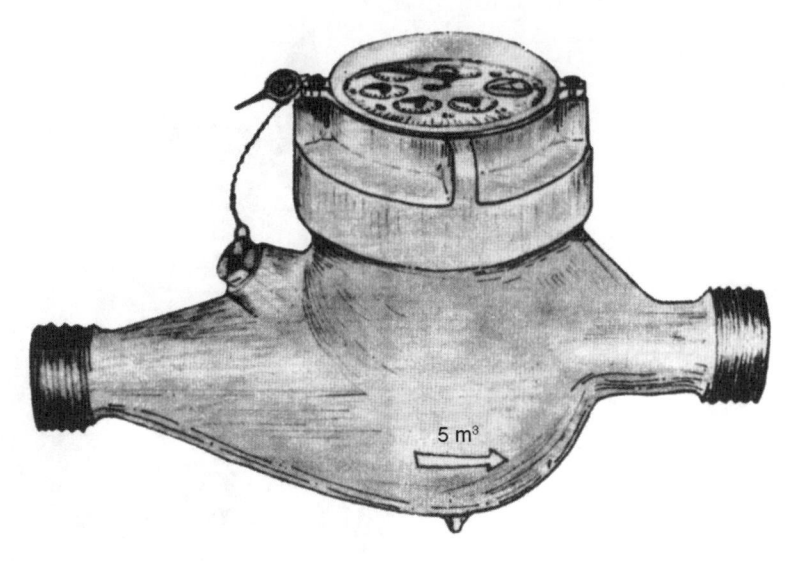

Fig. 1.24 Hidrômetro tipo KL (tampa de *plexiglass*), marca LAO.

TABELA 1.13

Características dos Hidrômetros LAO — Tipos K ou KL Sistema Velocidade							
Capacidade do Hidrômetro *(m³)*	3	5	7	10	20	30	120/dia
Diâmetro da união (mm)	13	19	20	25	25	40	50	50
Diâmetro da união (pol.)	½″	¾″	¾″	1″	1″	1 ½″	2″	2″
Comprim. sem uniões (mm)	165	190	190	260	260	300	275	275
Comprim. com uniões (mm)	245	288	288	378	378	438	340	340
Largura (mm)	100	100	100	105	105	135	170	195
Altura (mm)	125	130	130	145	150	165	220	304
Rosca de união do medidor (Whith worth — Rosca de cano de gás)	¾″	1″	1″	1 ¼	1 ¼	2″	Flanges	Flanges
Rosca de união da canalização (Whith worth — Rosca cônica de cano de gás)	½″	¾″	¾″	1″	1″	½″	2″	2″
Início de funcionamento (*l/h*)	18	18	22	30	45	70	80	80
Limite inferior de exatidão (*l/h*)	40	40	60	80	105	170	220	220
Campo sup. de tolerância	2%	2%	2%	2%	2%	2%	2%	2%
Capacidade de perda de pressão, 10 m de c.d.a. (m³/h)	3	3	5	7	10	20	30	30
Vazão admissível por mês (m³)	90	90	150	210	300	600	900	1.800
Vazão admissível por dia (m³)	6	6	10	14	20	40	60	120
Vazão admissível momentânea	0,8	0,8	1,4	1,9	2,8	5,5	8,5	17
Peso com união (kg)	2,35	2,69	2,69	3,7	3,8	7,6	20	35
Peso sem uniões (kg)	2,03	2,26	2,26	3,0	3,1	6,1	14	19
Indicações do mostrador: Mínima................................. Máxima.................................	1 litro ou 0,001 m³ 10.000 m³						10 l 1.000.000 m³

Observações:

1. Nos hidrômetros de 50 mm, a carcaça e os flanges são de ferro fundido especial.
2. As especificações acima são somente para hidrômetros de água fria. (Temp. máxima: 40°C.)
3. Os tipos KL ou K têm as mesmas características, diferenciando-se o KL do K (que é o convencional) pela tampa, que é de *plexiglass*.

Fig. 1.25 Hidrômetro vertical tipo WV, marca LAO.

EXEMPLOS

1. Hidrômetro de 15 mm de diâmetro e descarga característica de 3 m³/h. Se a vazão fosse contínua durante as 24 horas, teríamos 72 m³, mas como o fator de carga é 3, a descarga efetiva é 9 m³.

Fig. 1.26 Leitura do quadrante (hidrômetro marca LAO).

O ponteiro grande marca de 1 a 100 litros.
O quadrante n.º X0,1 marca de 100 a 1.000 litros.
O quadrante n.º X1 marca de 1.000 a 10.000 litros.
O quadrante n.º X10 marca de 10.000 a 100.000 litros.
O quadrante n.º X100 marca de 100.000 a 1.000.000 litros.
O quadrante n.º X1.000 marca de 1.000.000 a 10.000.000 litros.

Depois dessa última marcação, os ponteiros voltam todos a (0).

Nota. A leitura dos quadrantes pequenos deverá ser feita considerando-se sempre o número mais baixo, mesmo que o ponteiro esteja mais próximo do número mais alto.

2. Considerando a posição do quadrante acima, teremos 8.419.540 l.

1.1.5 Ligação à Rede Pública (Ligação Predial)

Acima do diâmetro de 1¼″, as ligações são indiretas, ou seja, utilizamos uma peça de bronze conhecida como *colar de luneta*, à qual é atarraxado o registro de derivação. A fixação do *colar de luneta* ao distribuidor público é feita por meio de parafusos e porcas, sendo utilizados arruelas de vedação de cano, asbesto, chumbo etc. Através do registro de derivação, é possível introduzirmos uma broca de perfuratriz especial, com a qual é feita a perfuração no registro geral, sem necessidade de fechar a água (ligação em carga) — (Fig. 1.27).

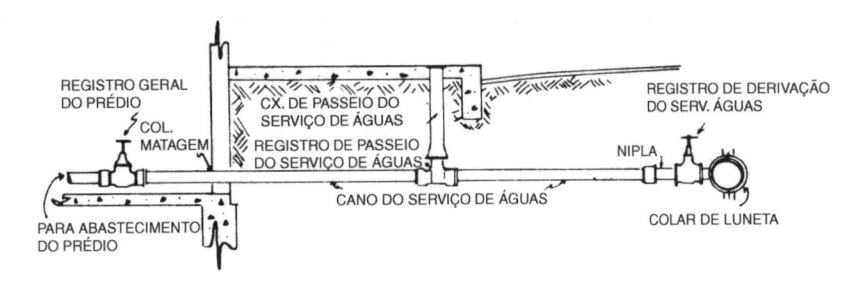

Fig. 1.27 Ligação rígida de grande diâmetro — tomada de água com a rede em carga.

Quando há possibilidade de se desligar a água para a ligação, o problema é mais simples, podendo-se fazer a ligação direta ou mesmo intercalar um T de derivação.

Além do *registro de derivação*, que fica junto ao distribuidor público, há o *registro de passeio* ou *registro de fecho*, que permite ao Serviço de Águas da municipalidade efetuar o corte de água para o edifício. Para isso, há uma *caixa de passeio*, com tampa, que permite acesso ao registro de passeio por meio de chave de haste e cruzeta. (Ver Tabela 1.14.)

TABELA 1.14

Dimensões das Caixas de Proteção dos Hidrômetros						
(Cedae)						
Hidrômetro DC ou φ	Caixa (m)				Porta	
	Tamanho	Comprimento	Profundidade	Altura	Largura	Altura
3 e 5 m³/h (1 a 5 economias)	A	0,75	0,25	0,50	0,60	0,40
7 e 10 m³/h (6 a 10 economias)	B	0,90	0,30	0,50	0,70	0,40
20 e 30 m³/h (11 a 20 economias)	C	1,10	0,50	0,60	0,80	0,50
Woltman Vertical, 50 mm (21 a 80 economias)	D	1,50	0,60	0,80	1,10	0,70
Woltman Vertical, 80 mm (81 a 400 economias)	E	2,00	0,70	1,00	1,20	0,70
Woltman Vertical, 100 mm (401 a 600 economias)	F	2,10	0,70	1,00	1,10	0,70
Woltman Vertical, 150 mm (mais de 600 economias)	G	1,30	0,50	0,80	1,10	0,70

Observações:

Modernamente, está sendo difundido o uso de PVC rígido na ligação predial, pelas vantagens de ser mais leve, resistente à corrosão, de manuseio mais fácil e mais econômico.

A Cia. Tubos e Conexões Tigre apresenta uma linha de colares de tomada (ou luneta) com os quais as ligações prediais são fixadas ao distribuidor público. Assim, temos:

a) "colar de tomada com travas", que pode ser utilizado em redes de PVC soldáveis nas bitolas de 32, 40 e 50 mm e em redes com tubos de PVC do tipo PBA, nas bitolas de 60 e 85 mm (Fig. 1.28);

b) colar de tomada com travas e bucha de latão, utilizado em redes de PBA, nas bitolas de 60 e 85 mm, especialmente quando se usa ferrule ou registro de bronze na derivação (Fig. 1.29);

c) colar de tomada com parafusos, só utilizado em tubos de 60 mm, com derivações de 20 mm, 25 mm, ½″ e ¾″ (Fig. 1.30).

Fig. 1.28 Colar de tomada com travas.

Fig. 1.29 Colar de tomada com travas e bucha de latão.

Fig. 1.30 Colar de tomada com parafusos.

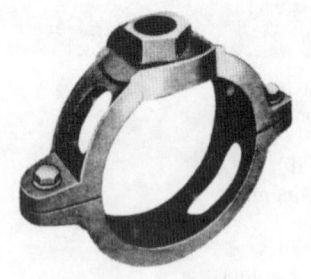

Fig. 1.31 Colar de tomada para vinilfer (tubos de PVC DEFOFO).

Há ainda o colar de tomada de ferro fundido para redes de PVC rígido, com aplicação nos ramais prediais de mais de 110 mm de bitola, pois nessa faixa, não são fabricadas peças em PVC. Esses colares são também aplicados em redes de vinilfer (tubos de PVC DEFOFO — de diâmetro externo equivalente ao ferro fundido), nas bitolas de 100 a 300 mm — Fig. 1.31).

Na Fig. 1.32, vemos os esquemas para as ligações dos ramais prediais em tubos de PVC rígido, de uso mais difundido.

Na Fig. 1.33, vemos uma indicação da Eluma Conexões S/A, para montagem de cavaletes de cobre, segundo os padrões de algumas companhias de saneamento de diferentes estados.

Para o dimensionamento do ramal predial, NBR-5626 prevê a vazão mínima, dividindo-se o consumo diário por 86.400 e considerando-se a velocidade máxima de 1 m/s.

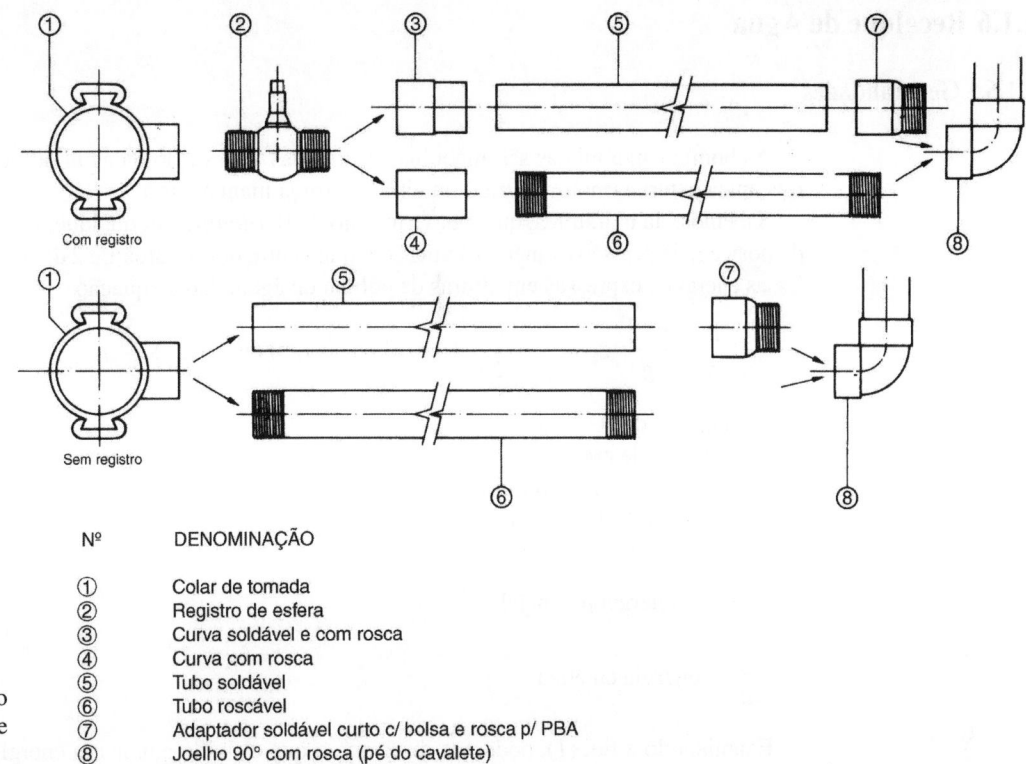

Nº   DENOMINAÇÃO

①   Colar de tomada
②   Registro de esfera
③   Curva soldável e com rosca
④   Curva com rosca
⑤   Tubo soldável
⑥   Tubo roscável
⑦   Adaptador soldável curto c/ bolsa e rosca p/ PBA
⑧   Joelho 90° com rosca (pé do cavalete)

Fig. 1.32 Esquemas de ligação dos ramais prediais em tubos de PVC rígido. (TIGRE.)

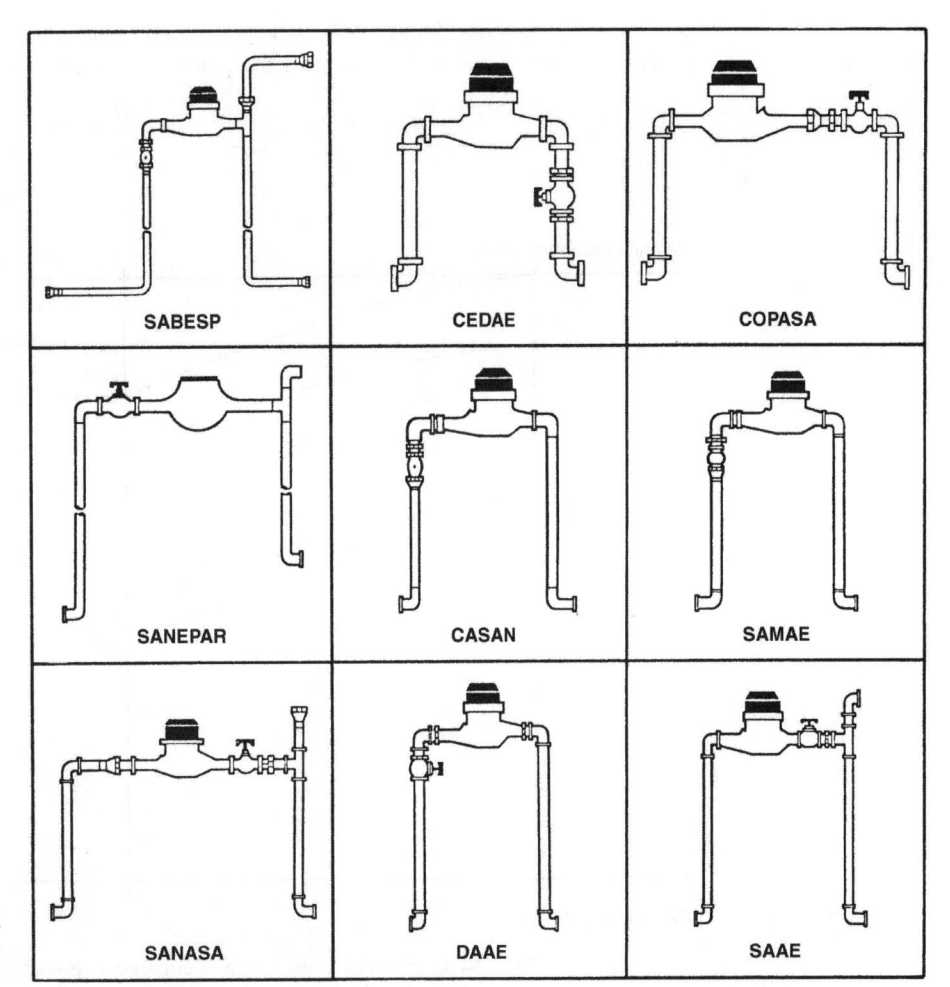

Fig. 1.33 Cavaletes de cobre, de acordo com os padrões de algumas concessionárias (fabricante: Eluma Conexões S/A).

1.1.6 Recalque de Água

1.1.6.1 Generalidades

As bombas hidráulicas são máquinas destinadas à elevação da água ou outro fluido, utilizando energia mecânica externa (motor elétrico ou térmico, força manual etc.).

Sabemos, da hidráulica, que, pelo trinômio de Bernouilli, em qualquer escoamento, a soma das energias de posição, de pressão e cinética é uma constante entre dois pontos 1 e 2 da tubulação, mais a perda de carga. Essas energias, expressas em alturas de coluna de água, dão a equação

$$z_1 + \frac{p_1}{\gamma} + \frac{v_1^2}{2g} = z_2 + \frac{p_2}{\gamma} + \frac{v_2^2}{2g} + \text{(perda de carga) (Ver Fig. 1.34.)} \qquad (1)$$

z = energia de posição
p = energia de pressão
γ = peso específico do fluido
v = velocidade de escoamento
g = aceleração da gravidade
$z + \dfrac{p}{\gamma}$ = energia potencial
$\dfrac{v^2}{2g}$ = energia cinética.

Examinando a Eq. (1), podemos dizer que o que o fluido ganha em energia potencial perde em energia cinética, e vice-versa. A bomba fornece pressão ao fluido, para conseguir velocidade e altura. A perda de carga, normalmente, é expressa pela letra J, e também significa a declividade da linha piezométrica. Essa linha é a representação gráfica da parcela $z + \dfrac{p}{\gamma}$, referida a uma linha-base, e sua inclinação decai no sentido do escoamento. Estas considerações são válidas para um escoamento uniforme em condutos forçados, em que podemos definir J como a relação entre a altura devida às perdas e o comprimento equivalente da tubulação:

$$J = \frac{H_p}{L_{eq}}.$$

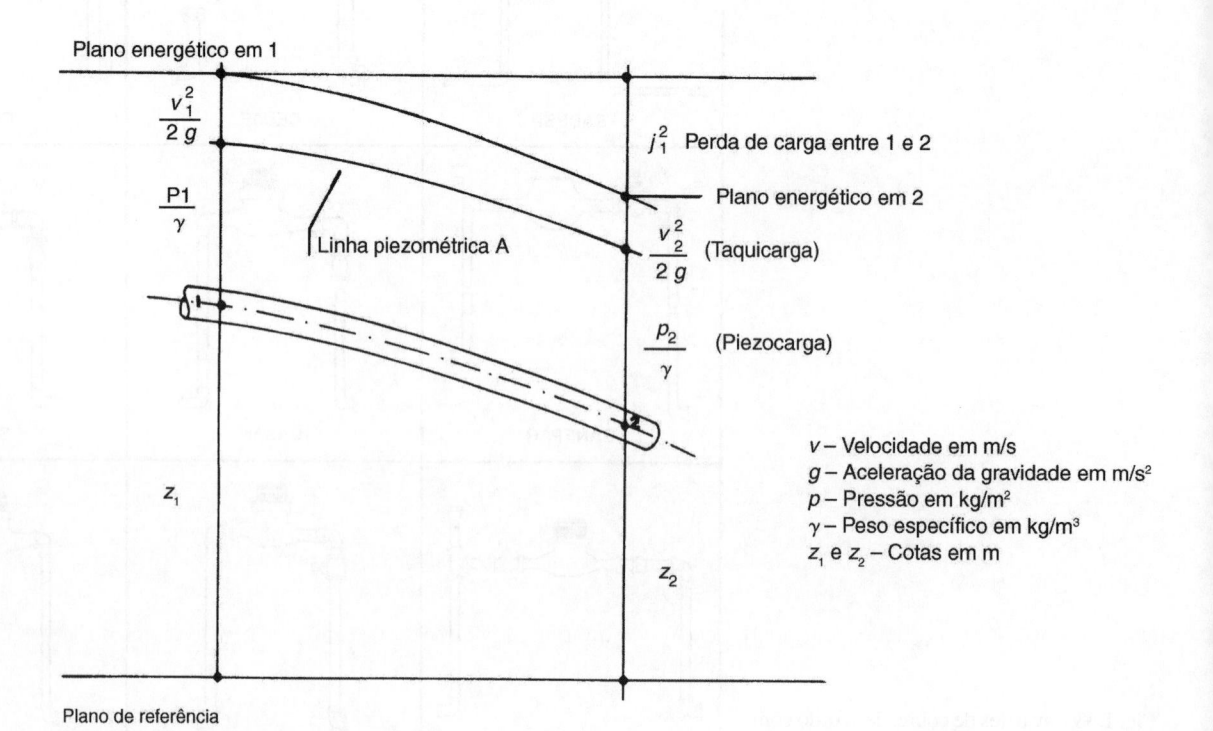

Fig. 1.34 Representação das energias em jogo no escoamento em condutos forçados.

Se aplicarmos o trinômio de Bernouilli, considerando o ponto 1 na bomba e o ponto 2 no reservatório superior, teremos as seguintes conclusões:

$z_1 = 0$
p_1 = pressão atmosférica + pressão de recalque
p_2 = pressão atmosférica
v_1 = velocidade de recalque
z_2 = altura estática do reservatório
$v_2 = 0$.

Assim, a equação ficará reduzida a:

Altura representativa da pressão de recalque + Altura representativa da velocidade de recalque = Altura estática do reservatório + Altura devida às perdas.

Para os cálculos usuais, despreza-se a parcela relativa à velocidade de recalque; então, temos

$$H_{\text{manométrica}} = H_{\text{estática}} + H_{\text{perdas}}$$

A altura devida às perdas é obtida por uma equação proporcional a $v^2/2g$, e o coeficiente de proporcionalidade é função dos diâmetros da tubulação, do coeficiente de atrito (variável com o número de Reynolds), do coeficiente de perdas dos acidentes (cotovelos, joelhos etc.) e do coeficiente da válvula de regulagem (válvula aberta = 0, válvula fechada = ∞).

Na Fig. 1.35 vemos um esquema em que está mostrado um arranjo vertical de uma instalação de recalque de água, com os principais termos hidráulicos:

a) nível estático: distância vertical da bomba ao nível estático da água sem bombeamento;

b) rebaixamento do nível: distância vertical entre o nível estático e o nível resultante quando há bombeamento. Este rebaixamento depende da capacidade do reservatório e da vazão requerida para o bombeamento;

c) nível dinâmico: distância vertical entre a bomba e o nível rebaixado:

$$c = a + b$$

d) perda de carga na sucção: altura devido às perdas relativas à resistência oposta ao líquido para entrar na tubulação e peças na sucção;

e) altura manométrica na sucção: a soma total das alturas necessárias à elevação da água na sucção:

$$e = a + b + d$$

f) altura estática do reservatório superior (descarga): altura vertical ou pressão requerida para a elevação da água a contar da tubulação de recalque da bomba;

g) perda de carga no recalque: altura devido às perdas relativas à resistência na tubulação e peças no recalque;

h) altura manométrica no recalque: a soma total das alturas necessárias à elevação da água no recalque:

$$h = f + g$$

i) altura água-água: distância vertical entre o nível dinâmico e o nível de descarga:

$$i = f + c$$

j) altura manométrica total: distância vertical total entre o nível dinâmico e o nível de descarga, incluindo as perdas de carga e os desníveis:

$$j = e + h \quad \text{ou} \quad j = a + b + d + f + g$$

k) colocação: distância da bomba à parte superior do ralo, injetor ou válvula de pé;

l) comprimento total na sucção: distância total entre a bomba ao fundo do ralo, injetor ou válvula de pé;

m) submergência: distância vertical do nível dinâmico à parte superior do ralo, injetor ou válvula de pé;

n) vazão: quantidade de líquido bombeado num determinado tempo: litro/segundo, litro/minuto, m^3/h etc.

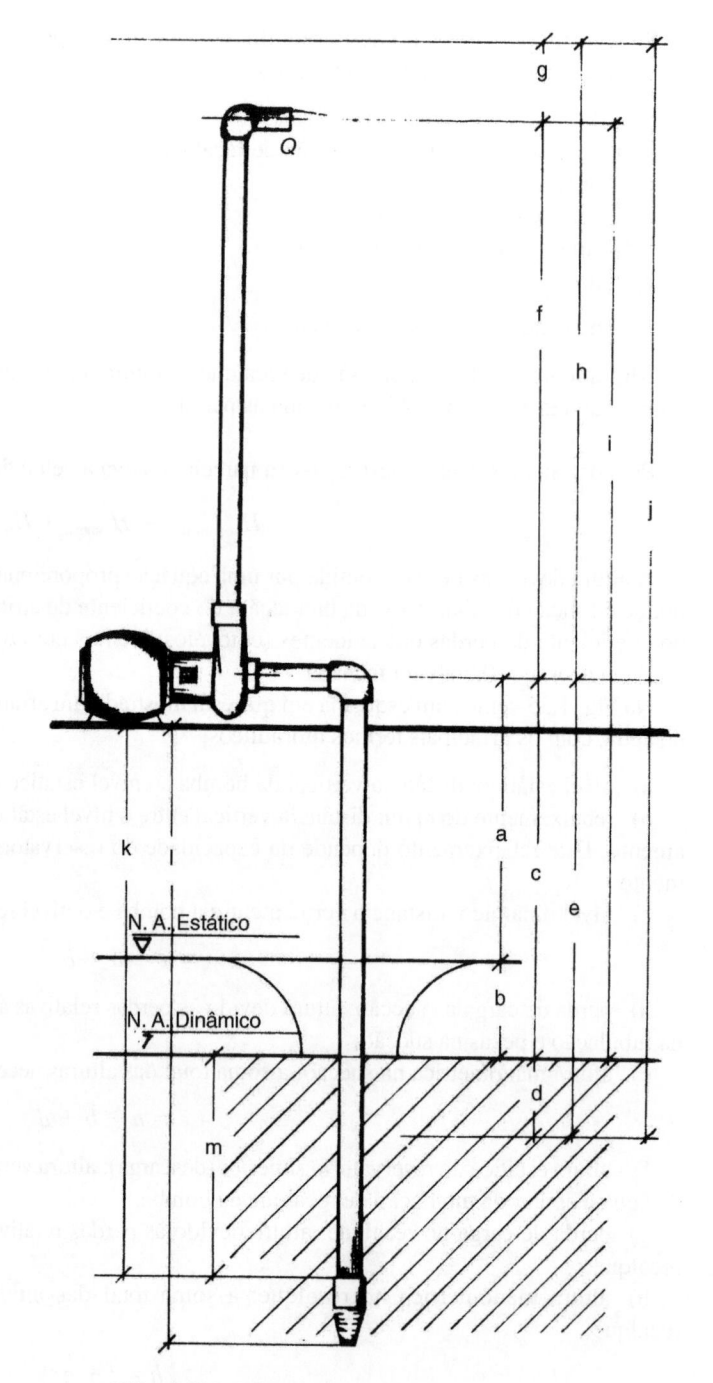

Fig. 1.35 Instalação de bombeamento — definições.

1.1.6.2 Classificação das Bombas

As bombas utilizadas no recalque de água ou outro fluido podem ser classificadas nos seguintes tipos:

a) volumétricas, subdivididas em:
   — de êmbolo ou pistão (alternativas)
   — rotativas: de engrenagem e de palhetas;

b) de escoamento, subdivididas em:
   — centrífugas
   — axiais;

c) diversas, podendo ser subdivididas em:
   — injetoras

— a ar comprimido

— carneiro hidráulico.

a) Nas bombas de êmbolo (Fig. 1.36), o volume de fluido aspirado é função das dimensões geométricas do cilindro e a vazão é proporcional à velocidade. A energia consumida na bomba é o produto da força aplicada às partes móveis pela velocidade.

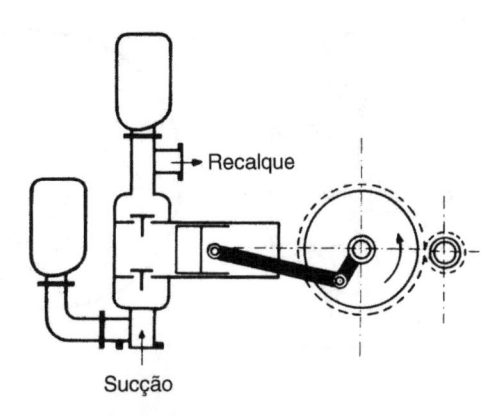

Fig. 1.36 Bomba alternativa.

Movendo-se o êmbolo por ação de energia mecânica externa, forma-se um vácuo, e a água, que está no reservatório inferior na pressão atmosférica, penetra no cilindro pela válvula de sucção, que se abre. Invertendo-se o movimento do êmbolo (pistão), fecha-se a válvula de sucção e abre-se a do recalque, e o fluido é impulsionado através da tubulação de recalque até o reservatório superior. Nesse tipo de bomba, o fluxo de fluido não é contínuo e, sim, em "pulsos" característicos de cada ciclo completo da bomba.

Quando a velocidade da bomba é muito alta e a tubulação de sucção é longa, a pressão do reservatório não é suficiente para impulsionar a água no vácuo formado; então, a subpressão dá origem à fervura da água, com a formação de vapores muito prejudiciais à bomba e às tubulações. Esse fenômeno denomina-se *cavitação* e manifesta-se por vibrações e corrosão do material, além de barulho excessivo (ver Seção. 1.1.6.4).

As bombas de êmbolo podem ser de um único cilindro, para pequenas vazões e alturas, e de cilindros duplos e triplos, para grandes vazões e alturas. Esses tipos são conhecidos como *bombas símplex, dúplex e tríplex* e podem ser de ação simples ou de ação dupla, conforme haja uma única propulsão ou dupla propulsão de fluido em um ciclo completo de deslocamento do pistão. Assim, nas bombas de ação simples, temos os seguintes impulsos por revolução: símplex — 1; dúplex — 2; tríplex — 3; nas de dupla ação: símplex — 2; dúplex — 4; tríplex — 6. Assim, quanto maior o número de cilindros, tanto mais contínuo será o fluxo do fluido.

Nas bombas rotativas, o aumento da pressão entre a entrada e a saída da água é feito pela passagem do espaço entre os dentes ou palhetas deslizantes (Figs. 1.37 e 1.38).

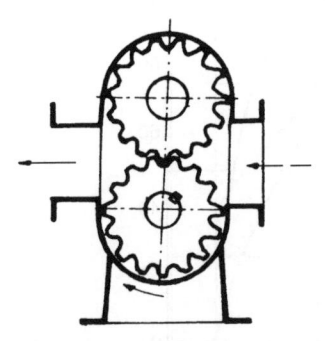

Fig. 1.37 Bomba de engrenagem.

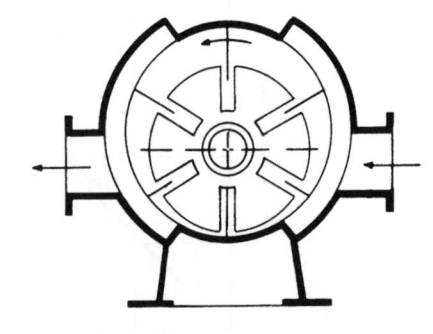

Fig. 1.38 Bomba de palhetas.

b) As bombas centrífugas impulsionam o fluido radialmente ao rotor (Fig. 1.39) e as axiais, na direção do deslocamento do rotor (Figs. 1.37 e 1.38). Em ambas, parte da energia cinética devida à velocidade do rotor é transformada em energia potencial de pressão. Podemos dizer que:

— as vazões são proporcionais à velocidade do rotor;
— as pressões são proporcionais ao quadrado da velocidade;
— as potências são proporcionais ao cubo da velocidade.

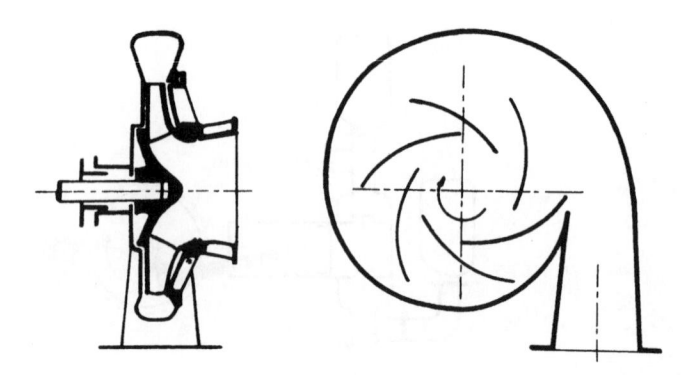

Fig. 1.39 Bomba centrífuga.

Nas Figs. 1.40, 1.41 e 1.42, podemos comparar as características das bombas centrífugas e axiais em função da vazão.

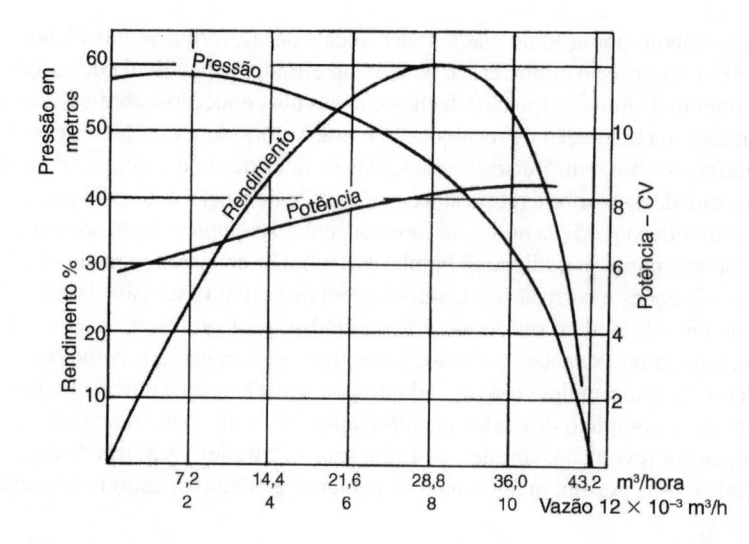

Fig. 1.40 Bomba centrífuga.

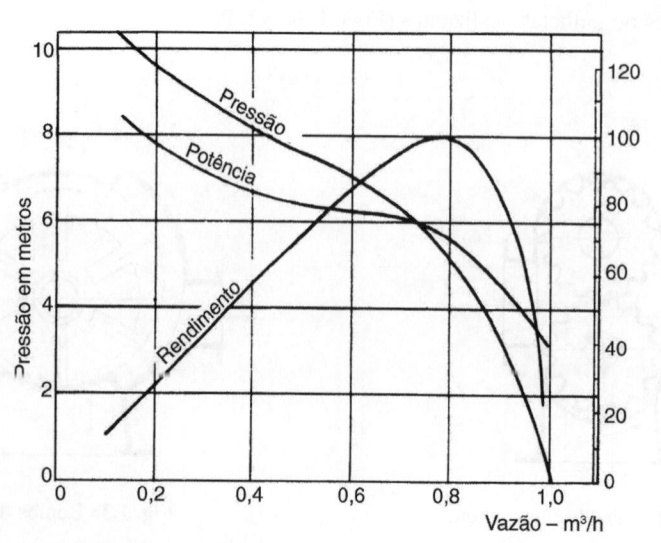

Fig. 1.41 Bomba axial.

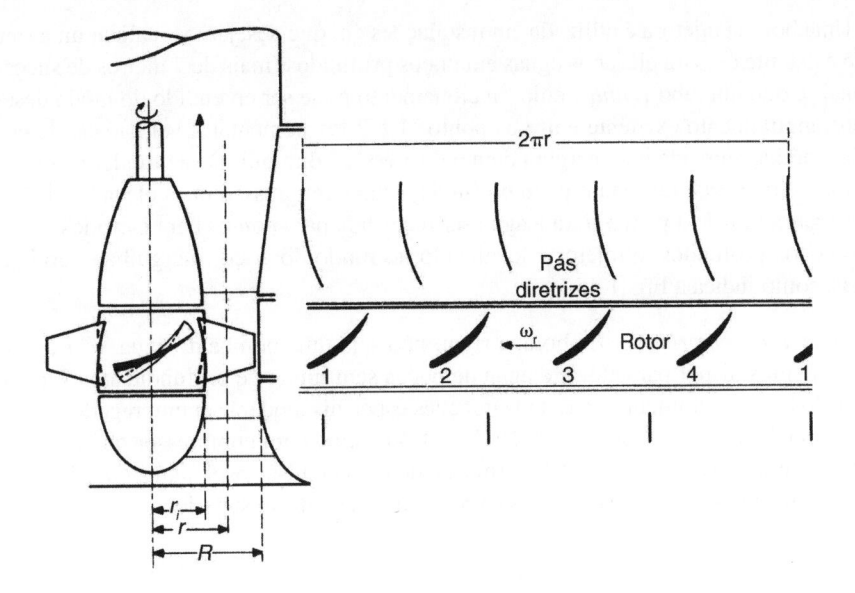

Fig. 1.42 Bomba axial.

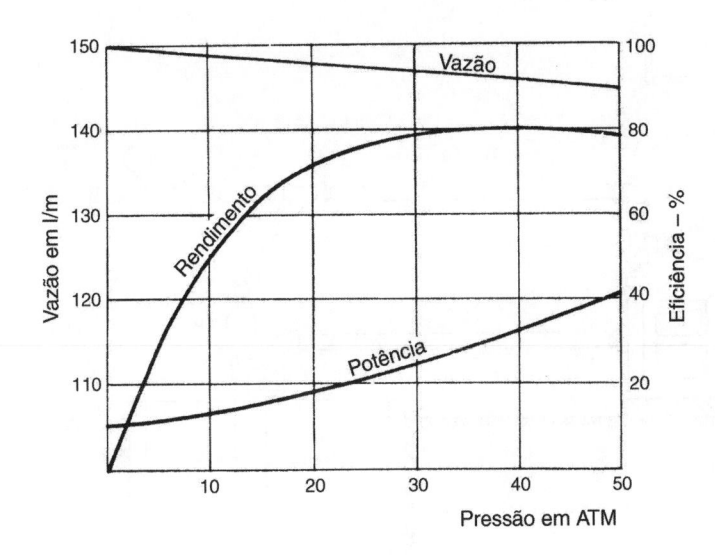

Fig. 1.43 Característica de uma bomba de deslocamento (volumétrica), com vazão, rendimento e potência em função da pressão.

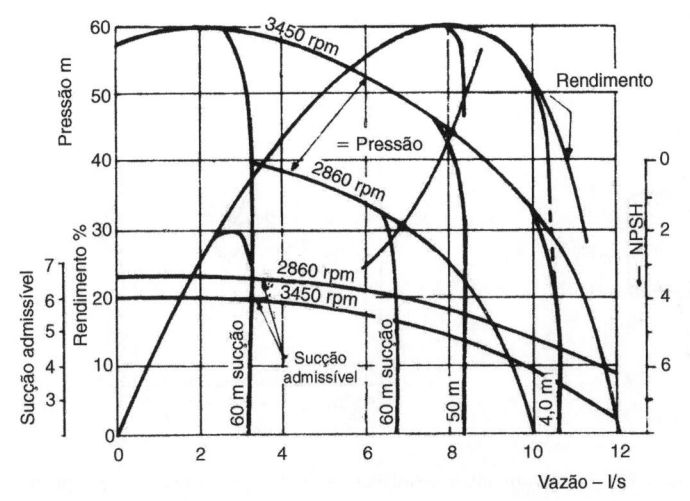

Fig. 1.44 Efeito hidráulico da cavitação

c) Uma bomba injetora é utilizada em instalações em que desejamos realizar uma sangria em uma canalização existente ou para elevar as águas em poços profundos (mais de 7 metros de sucção). Em resumo, ela nada mais é que um tubo *venturi,* cujo funcionamento pode ser entendido do modo descrito na Fig. 1.45.

O estrangulamento existente entre os pontos 1 e 2 faz aumentar a velocidade de escoamento; então, a energia cinética aumenta e a energia potencial (pressão) diminui. Deste modo, a água existente na canalização que se quer sangrar, ou no poço profundo, estará em pressão mais elevada; então, flui de 4 para 3; o novo alargamento, de 3 para 5, fará a água ser recalcada para pontos bem elevados.

Nos poços profundos, o injetor é localizado no fundo do poço (mergulhado no lençol de água) e nas sangrias, como indica a Fig. 1.45.

Bombas a ar comprimido. Embora, a rigor, não seja uma bomba de água, o ar comprimido é um meio de que podemos dispor para elevar a água de poços sem limite de profundidade. Não é um processo muito usado, pelo baixo rendimento, mas, em situações especiais, poderá ser empregado numa emergência, desde que se disponha de compressor de ar. Na Fig. 1.46, vemos um compressor que lança ar em alta pressão a um tubo em contato com a água. Pela formação de uma emulsão ar + água, cuja densidade é menor do que a da água, constatamos a elevação da água para um reservatório superior.

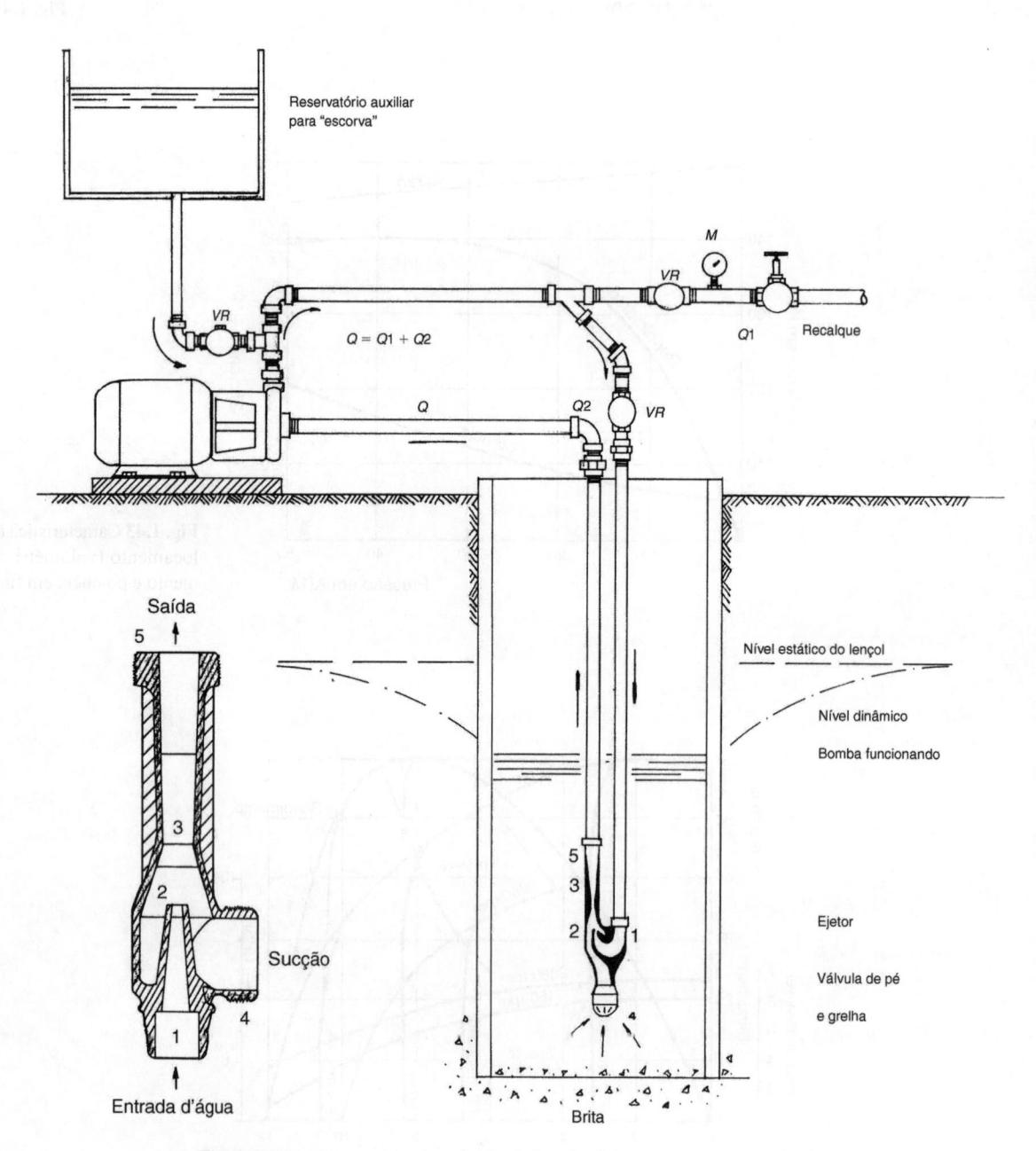

Fig. 1.45 Funcionamento e instalação de bomba injetora em poços profundos.

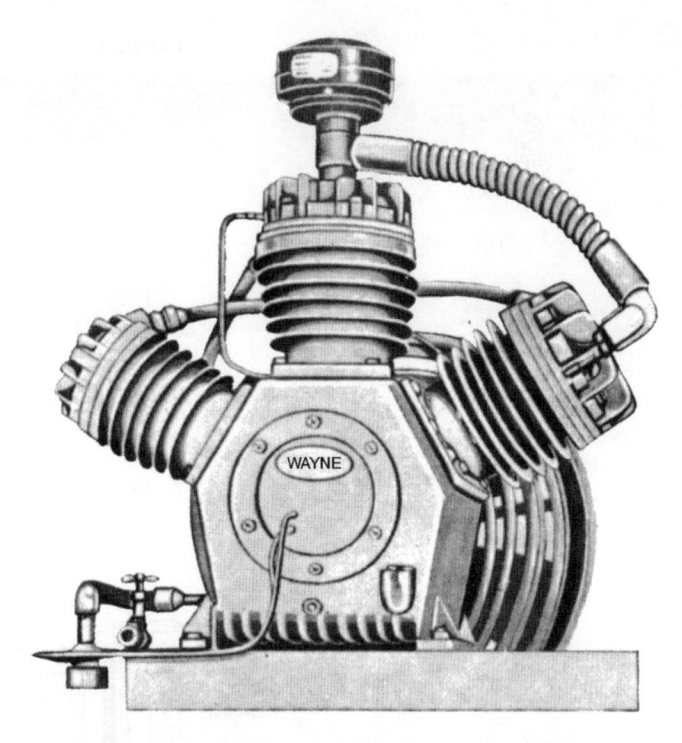

Fig. 1.46 Compressor de ar comprimido — marca Wayne.

Carneiro hidráulico. É um meio mecânico de elevação de água usado desde a Antigüidade, não necessitando de energia externa para se conseguir o recalque. Usa somente o *golpe de aríete*, que é uma onda de pressão resultante de uma súbita interrupção do escoamento de um fluido. Por ser máquina de rendimento baixíssimo (de 4 a 35%), o seu emprego só se justifica em fazendas ou localidades rurais onde não se dispõe de eletricidade ou de outro motor capaz de acionar uma bomba, além de exigir água em abundância.

Funcionamento:

Consideremos a Fig. 1.47, na qual dispomos de duas câmaras, 1 e 2, e duas válvulas, *a* e *b*, sendo a válvula *b* regulada por um sistema de pesos *P*. A água admitida pela tubulação de adução *A*, normalmente, vai saindo pelos furos 3 e, aos poucos, aumenta sua velocidade e sua pressão, até o suficiente para elevar os pesos *P* e obturar a válvula *b*. Assim, tem origem o golpe de aríete, uma onda de pressão que circula em sentido contrário ao escoamento, penetrando pela câmara 2, comprimindo o colchão de ar existente; este reage, impulsionando a água existente na câmara 2, através da única saída possível, que é a tubulação de recalque *R*, pois a válvula *a* não admite o retorno da água. As operações se manifestam como se fossem marteladas, fluindo a água no recalque como jatos sucessivos. A quantidade teórica de água a ser elevada é função da relação entre a altura de queda e a elevação vertical. Ver Exemplo da Instalação de Carneiro Hidráulico.

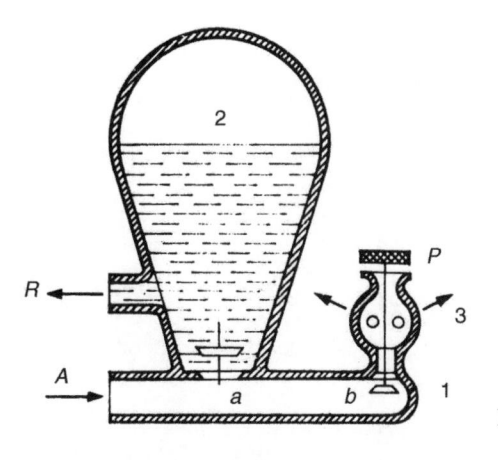

Fig. 1.47 Carneiro hidráulico.

TABELA 1.15

Volume de Água (m³/hora)	Diâmetro	
	Tubo de Água	Tubo de Ar
1–2	1″	½″
2–5	1 ½″	¾″
5–8	2″	1″
8–14	2 ½″	1″
14–20	3″	1 ¼″
20–27	3 ½″	1 ½″

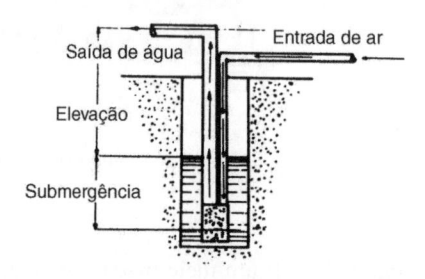

Nota: A submergência é calculada com base
no nível dinâmico.

EXEMPLO (Instalação de Carneiro Hidráulico)

Se uma vazão de 100 litros por minuto chegar ao carneiro, 2 metros abaixo do reservatório, este elevará a uma caixa 8 metros acima a vazão de

$$100 \times \frac{2}{8} = 25 \text{ litros por minuto (teóricos).}$$

A Tabela 1.16 dá resultados práticos da elevação de 100 litros de água por minuto, chegando ao carneiro.

TABELA 1.16

Se a relação entre a altura de queda e a altura de elevação (recalque) for...	100 l/min no carneiro chegarão à caixa:
1:2	35 l/min
1:3	19 l/min
1:4	12 l/min
1:5	8 l/min
1·6	6 l/min
1:7	5 l/min
1:8	4 l/min

Assim, no exemplo em foco, em vez de 25 litros por minuto, chegarão apenas 12.

TABELA 1.17

N.º	Volume de Adução da Água por Minuto	Diâmetro da Tubulação	
		de Adução	de Elevação
2	3–7,5 litros	¾″	⅜″
3	6–15 litros	1″	½″
4	11–26 litros	1 ¼″	½″
5	22–53 litros	2″	¾″
6	45–94 litros	2 ½″	1″

Observação. O comprimento mínimo da tubulação de adução, ou seja, a distância entre o reservatório e o carneiro, será de 5 metros (Fig. 1.48).

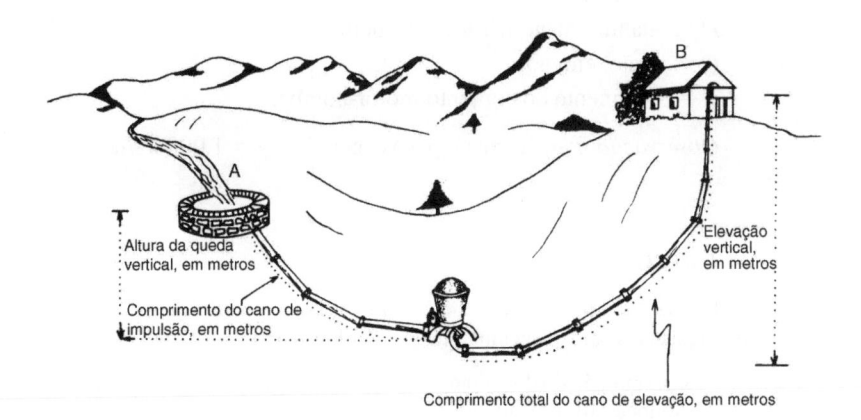

Fig. 1.48 Perspectiva de instalação de carneiro hidráulico.

1.1.6.3 Escolha da Bomba de Recalque da Água

O recalque da água em edifícios ou outras instalações é normalmente feito por bombas centrífugas acionadas por motores elétricos. Para dimensionarmos a bomba, precisamos conhecer a *altura manométrica*, a vazão e o rendimento do conjunto motor-bombas, que, para instalações prediais, é da ordem de 40%. Para bomba de grande potência, o rendimento é muito aumentado, podemos atingir 80%, para o conjunto.

Já vimos que a altura manométrica é igual à altura estática mais a altura devida às perdas:

$$H_{man} = H_{est} + H_{perdas}$$

Para calcularmos a altura devida às perdas, precisamos conhecer o comprimento virtual da tubulação:

Comprimento equivalente = Comprimento da tubulação + Comprimento devido às perdas acidentais (localizadas).

A Fig. 1.16(*a*) dá as perdas localizadas em metros:

$$L_v = L + L_{perdas}$$

De início, precisamos conhecer o diâmetro das tubulações de sucção e de recalque, a fim de podermos calcular as perdas localizadas. Para tal, precisamos conhecer o consumo diário de água do prédio. As normas de instalações hidráulicas fixam que a capacidade horária mínima da bomba deverá ser de 15% a 20% do consumo diário. Fixando o número de horas de funcionamento diário da bomba e dividindo o consumo diário pela vazão, teremos as horas de funcionamento diário. Conhecendo a vazão em m³/h e as horas de funcionamento diário, entramos no ábaco da Fig. 1.19 e encontraremos o diâmetro de recalque (ver Seção 1.1.3.5). Para a sucção, tomamos um furo comercial a mais para o diâmetro.

Conhecendo o diâmetro e a vazão, entramos no ábaco da Fig. 1.14 e obtemos *J*, declividade da linha piezométrica, que é a relação

$$ J = \frac{H_{perdas}}{L_v} $$

Assim, de posse de *J* e *L_v*, temos o *H_{perdas}*:

Potência do motor:

$$ P = \frac{1.000 \times H_{man} \times Q}{75 \times \eta} $$

P = potência, em CV
H_{man} = altura manométrica, em metros
Q = vazão, em m³/s
η = rendimento do conjunto motor-bomba.

Observação: Para a água o peso específico *γ* = 1.000 kg/m³.

EXEMPLO

Desejamos especificar um conjunto motor-bomba centrífuga de recalque de água, para um edifício residencial de 10 pavimentos com os seguintes dados (ver Fig. 1.49).

Consumo diário do prédio .... 60.000 litros
Altura estática da sucção .... 2,0 m
Comprimento desenvolvido da sucção .... 3,0 m
Altura estática de recalque .... 40,0 m
Comprimento desenvolvido no recalque .... 61,0 m

Peças da sucção

1 válvula de pé
1 curva de 90°
2 cotovelos curtos (joelhos)
1 tê de saída bilateral
2 registros de gaveta (aberto)

Peças de recalque

1 válvula de retenção (leve)
5 cotovelos curtos
1 saída de canalização

Toda a tubulação é de aço galvanizado, e as conexões são de ferro maleável classe 10.

Solução:

a) Cálculo dos diâmetros de recalque e sucção:

Vazão horária: 20% de 60.000 litros = 12 m³/h = 3,34 litros/segundo
Horas de funcionamento diário: 5 horas
Entrando no ábaco da Fig. 1.19, achamos:

recalque: 2″ (50 mm)
sucção: 2 ½″ (63 mm)

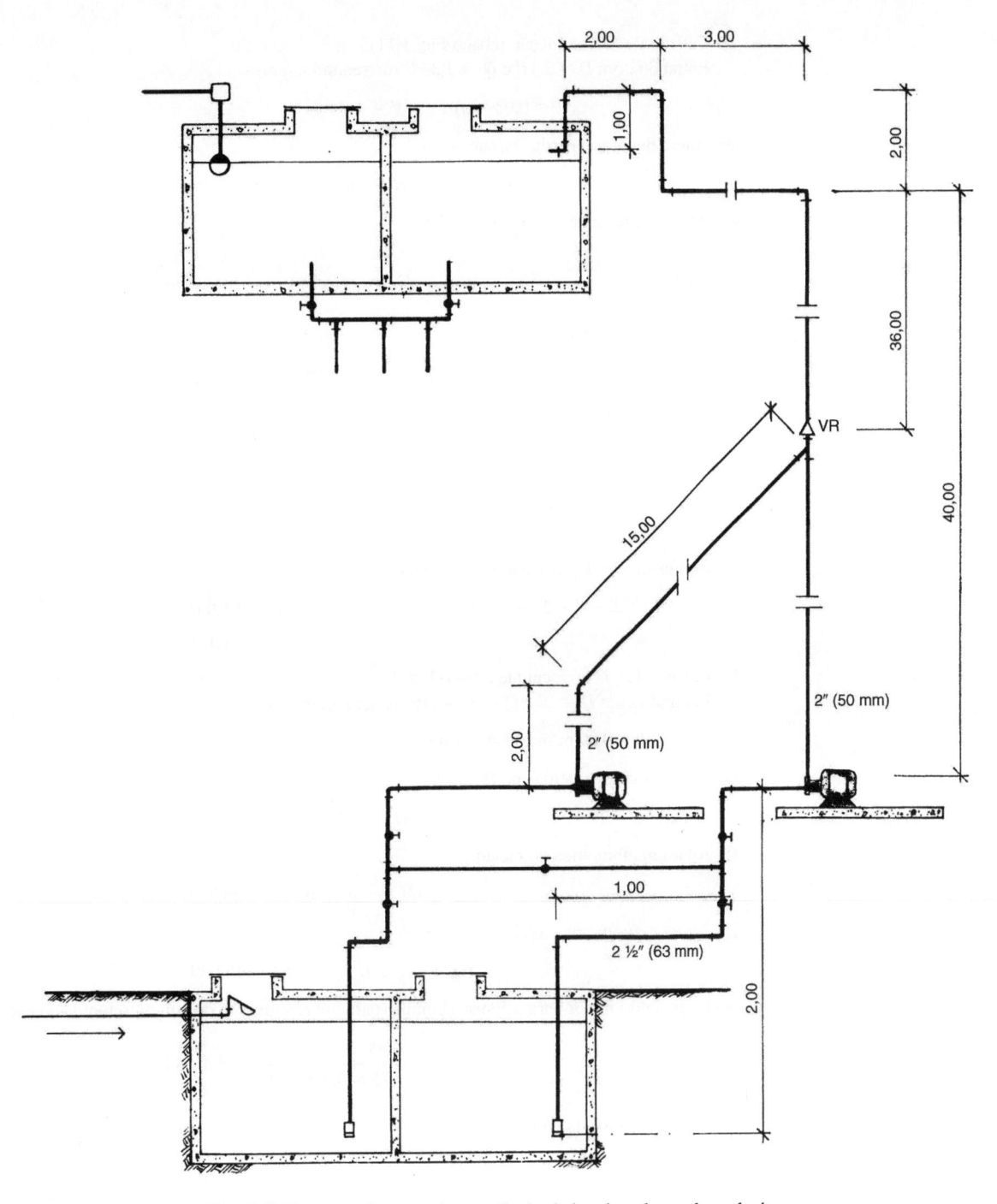

Fig. 1.49 Esquema do exemplo — cálculo de bombas de recalque de água.

b) Cálculo do comprimento equivalente na sucção — 2 1/2″ (63 mm)

1 válvula de pé	17,00 m
1 curva de 90°	1,68 m
2 cotovelos curtos 2 × 2,35	4,70 m
1 tê de saída bilateral	4,16
2 registros de gaveta abertos 2 × 0,40	0,80
	28,34 m
comprimento desenvolvido na sucção	3,00 m
	31,34 m

c) Cálculo de "J" na sucção (ábaco Fig. 1.11)

Entrando com $D = 2\ \frac{1}{2}''$ e $Q = 3,34$ litros/segundo, temos:

$$J = 0,029 \text{ m/m} \qquad V = 1,0 \text{ m/s}$$

d) Altura devida às perdas na sucção:

$$H_p = 0,029 \times 31,34 = 0,908$$

e) Altura representativa da velocidade:

$$H_v = \frac{v^2}{2g} = \frac{1}{2 \times 9,81} = 0,05 \text{m}$$

f) Altura manométrica na sucção:

$$H_{ms} = 2,0 + 0,908 + 0,05 = 2,958 \text{ m}$$

g) Comprimento equivalente para o recalque — 2" (50 mm)

1 válvula de retenção (leve) .... 5,2 m
5 cotovelos curtos $5 \times 1,88 =$ .... 9,4 m
1 saída de canalização .... 1,5 m
16,1 m

Comprimento desenvolvido no recalque:

$2 + 15 + 36 + 3 + 2 + 2 + 1 =$ .... 61,0 m
77,1 m

h) Cálculo de "J" no recalque (ábaco Fig. 1.11)

Entrando com $D = 2''$ e $Q = 3,34$ litros/segundo, temos:

$$J = 0,09 \text{ m/m e } V = 1,5 \text{ m/s}$$

i) Altura devida às perdas no recalque:

$$H_p = 0,09 \times 77,1 = 6,939 \text{ m}$$

j) Altura manométrica no recalque:

$$H_{mr} = 40 + 6,939 = 46,939 \text{ m}$$

l) Altura manométrica total:

$$H_m = H_{ms} + H_{mr} = 2,958 + 46,939 = 49,897$$

m) Potência do motor para acionar a bomba (para um rendimento do conjunto motor-bomba de 50%);

$$P = \frac{1.000 \times 49,897 \times 12}{75 \times 0,5 \times 3.600} = 4,43 \text{ CV}$$

Então, escolhemos o conjunto motor-bomba de 5 CV, que é o tipo comercial acima de 4 CV.

Observações:

1) Nos cálculos, podem ser omitidas as perdas devidas à velocidade, ou seja, as alturas representativas da velocidade $\frac{v^2}{2g}$, por serem desprezíveis, diante das demais perdas.

2) Para a escolha definitiva da bomba, com a altura manométrica total (49,897 m) e a vazão (12 m³/h), procuramos nos catálogos dos fabricantes a bomba que dá o maior rendimento. A título de exemplo, transcrevemos a Tabela 1.19 da KSB para a bomba de sua fabricação do tipo "monobloco", isto é, motor e bomba montados em um único conjunto, denominada "ETABLOC". Para o exemplo em foco, a bomba a ser especificada é do tipo 32-160.1, potência do motor 5 CV, diâmetro rotor 163 mm. Na Fig. 1.50 transcrevemos as curvas de rendimento, NPSH e potência em função da vazão para a bomba escolhida.

1.1.6.4 Escolha de Bomba para Combate a Incêndio

Nesse tipo de instalação, é comum a localização da bomba de pressurização dos hidrantes de incêndio, abaixo do reservatório superior, como vemos na Fig. 1.51. Há necessidade de maior pressão nos andares superiores, por isso alguns códigos de defesa contra incêndio das municipalidades exigem a instalação de bombas para manter a pressão mínima de 1 kg/cm² e máxima de 4 kg/cm².

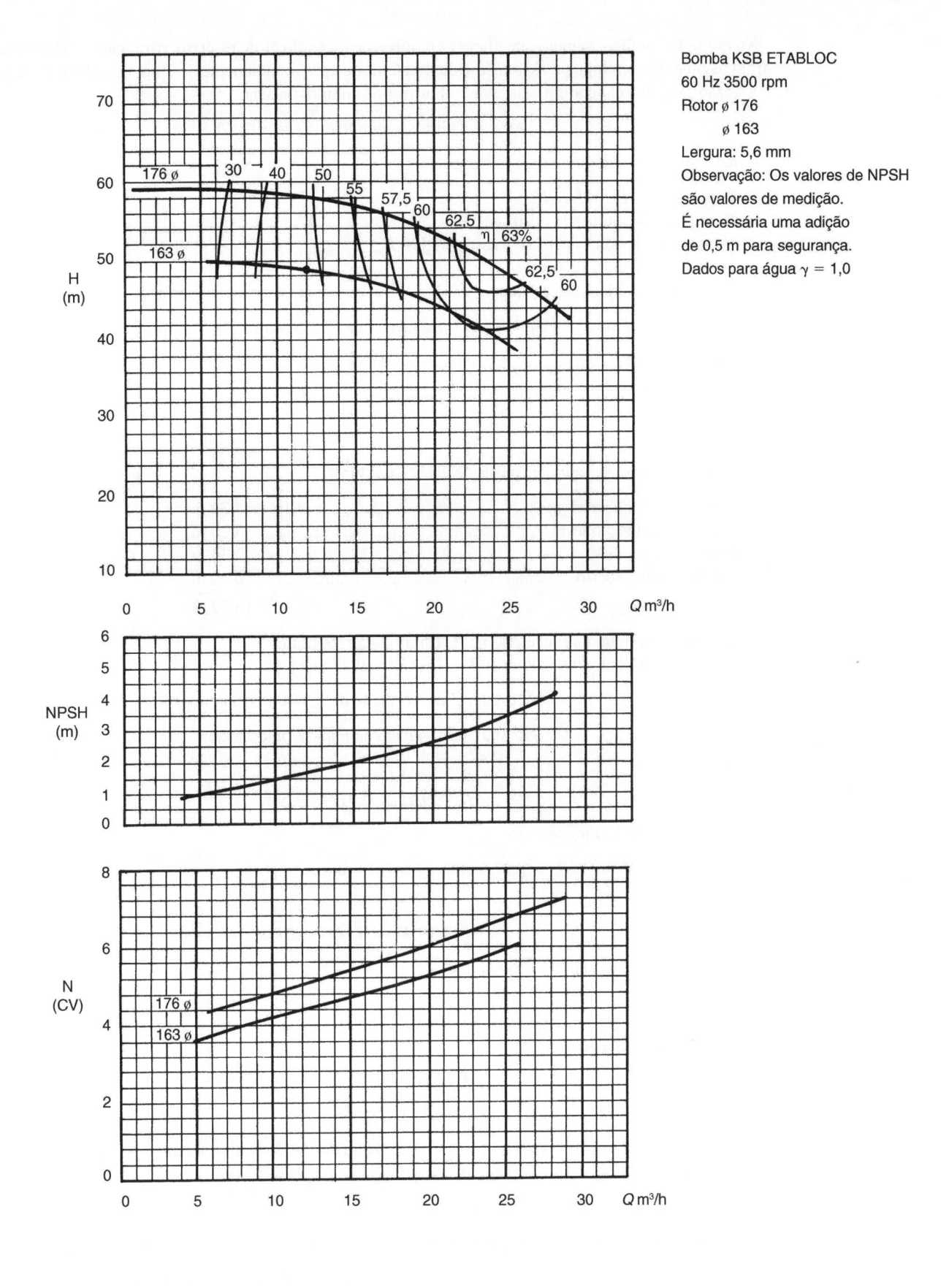

Bomba KSB ETABLOC
60 Hz 3500 rpm
Rotor ø 176
ø 163
Lergura: 5,6 mm
Observação: Os valores de NPSH
são valores de medição.
É necessária uma adição
de 0,5 m para segurança.
Dados para água $\gamma = 1,0$

Fig. 1.50 Curvas de seleção da bomba KSB – ETABLOC.

No exemplo em foco, vamos especificar as bombas de incêndio (1 de reserva), para manter o hidrante do último pavimento com uma pressão média de 2 kg/cm² ou aproximadamente de 20 m de coluna de água.

A vazão exigida pelo código é de 2 × 250 litros por minuto, ou seja:

$$Q = 8,33 \text{ litros/segundo ou } Q = 30 \text{ m}^3/\text{h}$$

Então a altura manométrica da bomba será:

$H_{man} = H_u + H_p - (H_s + H_r)$
H_u = pressão (altura) de utilização
H_p = altura devida às perdas (total) = $H_{ps} + H_{pr}$
H_s = altura estática de sucção
H_r = altura estática de recalque

Para o exemplo, temos as seguintes peças na sucção de 3″ (75 mm):

— entrada normal	1,1 m
— cotovelo curto	2,82 m
— registro gaveta aberto	0,5 m
	4,42 m

No recalque temos as seguintes peças de 2 1/2″ (63 mm):

— 2 tês de saída bilateral ..... 2 × 4,16 =	8,32 m
— válvula de retenção leve	5,20 m
— cotovelo curto	2,35 m
— registro gaveta aberto	0,40 m
	16,27 m

Comprimento total na sucção = 3,5 + 1,5 + 4,42 = 9,42 m
Comprimento total no recalque = 3 + 16,27 = 19,27 m

Na sucção temos para um diâmetro de 75 mm e vazão de 8,33 litros/segundo:

$$J = 0,07 \text{ m/m (ábaco de Fair-Wipple-Hsiao)}$$

Então:

$$H_{ps} = 9,42 \times 0,07 = 0,65 \text{ m}$$

No recalque, para 63 mm, temos:

$$J = 0,14 \text{ m/m}$$

Então:

$$H_{pr} = 19,27 \times 0,14 = 2,27 \text{ m}$$

Assim, a altura manométrica da bomba será:

$$H_{man} = 20 + 0,65 + 2,27 - (4,0 + 3,0) = 15,92 \text{ m}$$

A potência da bomba será:

$$P = \frac{1.000 \times 15,92 \times 30}{75 \times 0,5 \times 3.600} = 3,5 \text{ CV}$$

Se as bombas de incêndio fossem colocadas no subsolo do prédio, a altura manométrica seria calculada considerando-se uma carga adicional devido à altura estática do reservatório superior:

$$H_{est} = 12 + 0,5 + 4 = 16,5 \text{ m}$$

Assim, a altura manométrica seria, considerando-se, para efeito de comparação, as mesmas perdas:

$$H_{man} = H_u + H_p + H_{est} = 20 + 0,65 + 2,27 + 16,5 = 39,42 \text{ m}$$

A potência da bomba será:

$$P = \frac{1.000 \times 39,42 \times 30}{75 \times 0,6 \times 3.600} = 7,3 \text{ CV}$$

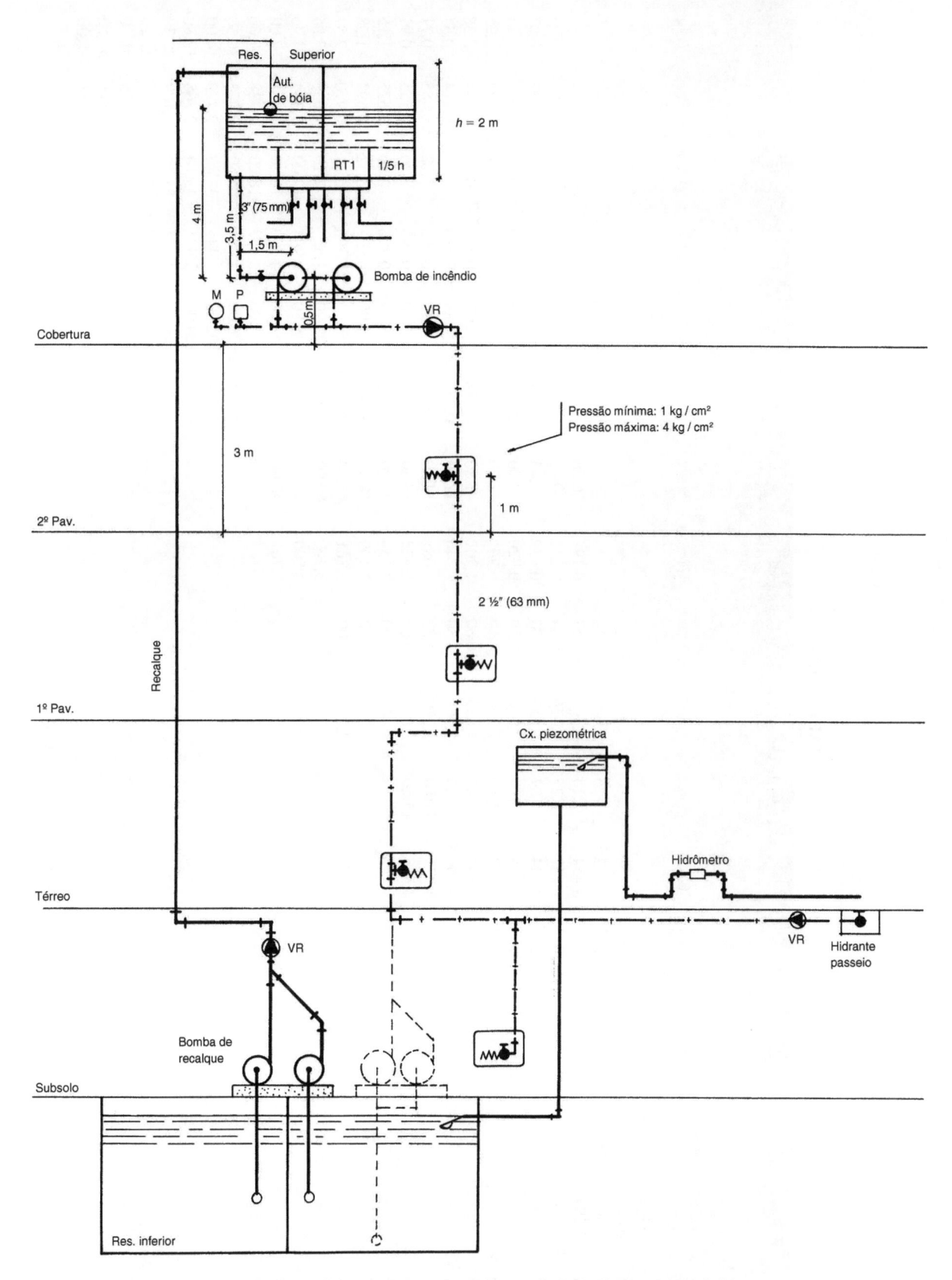

Fig. 1.51 Exemplo de cálculo de bomba de incêndio (Seção 1.1.6.4).

TABELA 1.18

Diâmetro do Encanamento		½"		¼"		1"		1 ¼"		1 ½"		2"		2 ½"		3"	
GPM **	l/hora	Veloc. **	Perda ***	Veloc.	Perda	Veloc.	Perda	Veloc.	Perda	Veloc.	Perda	Veloc. *	Perda	Veloc.	Perda	Veloc.	Perda
1	227	0,321	2,10														
2	454	0,641	7,40	0,366	1,90												
3	681	0,964	15,80	0,549	4,10	0,342	1,26										
4	908	1,284	27,00	0,735	7,00	0,454	2,14	0,262	0,57	0,192	0,26						
5	1.135	1,604	41,00	0,918	10,50	0,567	3,25	0,326	0,84	0,241	0,40						
10	2.270	3,209	147,00	1,836	38,00	1,134	11,7	0,653	3,05	0,479	1,43	0,311	0,50	0,198	0,17	0,137	0,07
15	3.405			2,751	80,00	1,708	25,0	0,976	6,50	0,720	3,00	0,467	1,08	0,299	0,36	0,207	0,15
20	4.540			3,669	136,00	2,269	42,0	1,308	11,10	0,961	5,20	0,622	1,82	0,399	0,61	0,277	0,25
25	5.675					2,837	64,0	1,635	16,60	1,202	7,80	0,778	2,73	0,497	0,92	0,344	0,38
30	6.810					3,400	89,0	1,961	23,50	1,440	11,00	0,933	3,84	0,598	1,29	0,414	0,54
35	7.945					3,971	119,0	2,290	31,20	1,681	14,70	1,089	5,10	0,698	1,72	0,485	0,71
40	9.080					4,538	152,0	2,617	40,00	1,922	18,80	1,244	6,60	0,796	2,20	0,555	0,91
45	10.215							2,943	50,00	2,159	23,20	1,403	8,20	0,896	2,80	0,625	1,15
50	11.350							3,269	60,00	2,400	28,40	1,560	9,90	0,997	3,32	0,692	1,38
70	15.890							4,578	113,00	3,361	53,00	2,181	18,40	1,396	6,21	0,970	2,57
75	17.025									3,560	60,00	2,336	20,90	1,527	7,10	1,036	3,05
100	22.700									4,800	102,00	3,114	35,80	1,994	12,00	1,384	4,96
120	27.240									5,761	143,00	3,736	50,00	2,390	16,80	1,661	7,00
125	28.375											3,889	54,00	2,487	18,20	1,728	7,60
150	34.050											4,673	76,00	2,988	25,50	2,073	10,50
175	39.725											5,444	102,00	3,445	33,80	2,420	14,00
200	45.400											6,222	129,00	3,985	43,10	2,768	17,80
225	51.075													4,485	54,30	3,109	22,30
250	56.750													4,969	66,00	3,451	27,20
270	61.290															3,735	31,30
275	62.425															3,811	32,50
300	68.100															4,153	38,00

*Galões por minuto   **Velocidade — Metros por segundo   ***Perda — Metros por 100 metros

| Vazão | | 4" | | 5" | | 6" | | 8" | | 10" | | 12" | | 14" | | 16" | |
GPM *	l/hora	Veloc. **	Perda ***	Veloc.	Perda	Veloc.	Perda	Veloc.	Perda	Veloc.	Perda	Veloc.	Perda	Veloc.	Perda	Veloc.	Perda
40	9.080	0,311	0,22														
45	10.215	0,357	0,28														
50	11.350	0,390	0,34														
70	15.890	0,546	0,63	0,347	0,21												
75	17.025	0,585	0,73	0,372	0,24												
100	22.700	0,777	1,22	0,497	0,41	0,347	0,14										
120	27.240	0,933	1,71	0,597	0,58	0,433	0,25										
125	28.375	0,972	1,86	0,622	0,64	0,451	0,28										
150	34.050	1,170	2,55	0,747	0,88	0,521	0,32										
175	39.725	1,356	3,44	0,872	1,18	0,610	0,48										
200	45.400	1,558	4,40	0,997	1,48	0,695	0,62										
225	51.075	1,759	5,45	1,119	1,86	0,783	0,74										
250	56.750	1,951	6,72	1,244	2,24	0,853	0,92	0,488	0,22								
270	61.290	2,103	7,70	1,347	2,60	0,924	1,13	0,518	0,25								
275	62.425	2,143	7,99	1,372	2,72	0,933	1,15	0,527	0,27								
300	68.100	2,335	9,30	1,494	3,14	1,036	1,29	0,579	0,32								
350	79.450	2,713	12,32	1,743	4,19	1,213	1,75	0,671	0,42								
400	90.800	3,112	16,00	1,993	5,40	1,384	2,21	0,674	0,54								
450	102.150	3,505	19,80	2,240	6,70	1,561	2,65	0,890	0,68	0,549	0,21						
470	106.690	3,688	22,40	2,347	7,22	1,673	2,90	0,936	0,75	0,585	0,24						
475	107.825	3,719	22,96	2,365	7,42	1,692	2,95	0,945	0,76	0,591	0,25						
500	113.500	3,892	24,00	2,490	8,12	1,707	3,30	0,975	0,82	0,622	0,28	0,433	0,11				
550	124.850			2,740	9,60	1,878	3,93	1,073	0,97	0,686	0,33	0,479	0,14				
600	136.200			2,987	11,30	2,048	4,70	1,170	1,14	0,750	0,39	0,521	0,15				
650	147.550			3,237	13,20	2,219	5,40	1,268	1,34	0,811	0,46	0,564	0,19	0,418	0,09		

*Galões por minuto   **Velocidade — Metros por segundo   ***Perda — Metros por 100 metros

Vazão		Diâmetro															
		4″		5″		6″		8″		10″		12″		14″		16″	
GPM *	L/hora	Veloc. **	Perda ***	Veloc.	Perda	Veloc.	Perda	Veloc.	Perda	Veloc.	Perda	Veloc.	Perda	Veloc.	Perda	Veloc.	Perda
700	158.900			3,489	15,10	2,390	6,20	1,359	1,54	0,872	0,52	0,610	0,22	0,448	0,10		
750	170.250			3,737	17,20	2,591	7,00	1,463	1,74	0,933	0,59	0,649	0,24	0,482	0,11		
800	181.600					2,768	8,00	1,561	1,97	1,000	0,67	0,692	0,27	0,512	0,13		
850	192.950					2,920	8,95	1,670	2,28	1,061	0,75	0,735	0,31	0,546	0,14		
900	204.300					3,134	10,11	1,753	2,46	1,122	0,83	0,780	0,34	0,576	0,16		
950	215.650					3,267	10,80	1,847	2,87	1,183	0,91	0,823	0,38	0,610	0,18		
1.000	227.000					3,450	12,04	1,951	3,02	1,244	1,01	0,866	0,41	0,640	0,19		
1.050	238.350					3,62`7	13,30	2,042	3,21	1,308	1,09	0,908	0,44	0,671	0,22		
1.100	249.700					3,810	14,31	2,143	3,51	1,392	1,20	0,954	0,49	0,704	0,23		
1.150	261.050					3,947	15,60	2,240	3,84	1,436	1,34	0,997	0,53	0,738	0,25		
1.200	272.400					4,121	16,69	2,338	4,15	1,496	1,46	1,039	0,57	0,768	0,26		
1.250	283.750					4,298	18,50	2,438	4,45	1,558	1,51	1,082	0,62	0,802	0,29		
1.500	340.500							2,926	6,27	1,859	2,09	1,280	0,85	0,960	0,39	0,607	0,15
2.000	454.000							3,871	10,71	2,469	3,65	1,707	1,43	1,280	0,66	0,728	0,21
2.500	567.500									3,078	5,33	2,134	2,28	1,600	1,01	0,972	0,39
3.000	681.000									3,688	7,80	2,560	3,15	1,920	1,47	1,216	0,56
3.500	794.500									4,298	10,08	2,987	4,10	2,240	1,81	1,460	0,80
4.000	908.000											3,459	5,32	2,560	2,47	1,704	1,04
4.200	953.400											3,636	6,00	2,668	2,80	1,945	1,34
4.500	1.021 500											3,895	6,90	2,880	3,22	2,048	1,45
5.000	1.135.000											4,328	8,40	3,200	3,92	2,195	1,65
5.500	1.248.500													3,520	4,65	2,426	2,02
6.000	1.362.000													3,840	5,50	2,676	2,39
6.500	1.475.500													4,161	6,45	2,914	2,60
7.000	1.589.000													4,481	7,15	3,158	3,32
7.200	1.634.000															3,389	3,68
7.500	1.702.500															3,505	3,96
																3,642	4,28

TABELA 1.19
Tabela de Seleção de Bombas ETABLOC

TAMANHO DA BOMBA	
POTÊNCIA DO MOTOR cv	DIÂMETRO DO RÓTOR (mm)

Cada célula: modelo / potência (cv) — diâmetro do rótor (mm).

Altura m (Vazão m³/h)	20	25	30	35	40	45	50	55	60	65	70	75	80	85	90	Altura m (Vazão m³/h)
6	32-125.1 / 2 120	32-125.1 / 2 120	32-125.1 / 2 134	32-125.1 / 3 144	32-125.1 / 3 144	32-160.1 / 4 163	32-160.1 / 4 163	32-160.1 / 5 176	32-160.1 / 5 176	32-200.1 / 7,5 194	32-200.1 / 7,5 194	32-200.1 / 7,5 203	32-200.1 / 7,5 203	32-200 / 10 209	32-200 / 10 209	6
8	32-125.1 / 2 120	32-125.1 / 2 120	32-125.1 / 2 134	32-125.1 / 3 144	32-125.1 / 3 144	32-160.1 / 4 163	32-160.1 / 4 163	32-160.1 / 5 176	32-160.1 / 5 176	32-200.1 / 7,5 194	32-200.1 / 7,5 194	32-200.1 / 10 203	32-200.1 / 10 203	32-200 / 10 209	32-200 / 10 209	8
10	32-125.1 / 2 120	32-125.1 / 2 120	32-125.1 / 3 134	32-125.1 / 3 144	32-125.1 / 3 144	32-160.1 / 5 163	32-160.1 / 5 163	32-160.1 / 5 176	32-160 / 7,5 176	32-200.1 / 7,5 194	32-200.1 / 7,5 194	32-200.1 / 10 203	32-200.1 / 10 203	32-200 / 10 209	32-200 / 10 209	10
12	32-125.1 / 2 120	32-125.1 / 2 120	32-125.1 / 3 134	32-125.1 / 3 144	32-125.1 / 3 144	32-160.1 / 5 163	32-160.1 / 5 163	32-160.1 / 5 176	32-160 / 7,5 176	32-200.1 / 7,5 194	32-200.1 / 7,5 194	32-200.1 / 10 203	32-200 / 10 202	32-200 / 10 209	32-200 / 10 209	12
14	32-125.1 / 2 120	32-125.1 / 2 120	32-125.1 / 3 134	32-125.1 / 4 144	32-125.1 / 4 144	32-160.1 / 5 163	32-160.1 / 7,5 176	32-160.1 / 7,5 176	32-160 / 7,5 176	32-200.1 / 10 194	32-200.1 / 10 203	32-200.1 / 10 203	32-200 / 10 202	32-200 / 12,5 209	32-200 / 12,5 209	14
16	32-125.1 / 3 120	32-125.1 / 3 134	32-125.1 / 4 144	32-125.1 / 4 144	32-125.1 / 4 144	32-160.1 / 5 163	32-160.1 / 7,5 176	32-160.1 / 7,5 176	32-160 / 7,5 176	32-200.1 / 10 194	32-200.1 / 10 203	32-200.1 / 10 203	32-200 / 12,5 202	32-200 / 12,5 209	32-200 / 12,5 209	16
18	32-125.1 / 3 120	32-125.1 / 3 134	32-125.1 / 4 144	32-125.1 / 4 144	32-125 / 5 139	32-160.1 / 5 163	32-160.1 / 7,5 176	32-160.1 / 7,5 176	32-160 / 7,5 176	32-200.1 / 10 194	32-200.1 / 10 203	32-200 / 12,5 202	32-200 / 12,5 202	32-200 / 12,5 209	40-200 / 20 209	18
20	32-125.1 / 3 120	32-125.1 / 3 134	32-125.1 / 4 144	32-125.1 / 4 144	32-125 / 5 139	32-160.1 / 7,5 176	32-160.1 / 7,5 176	32-160 / 7,5 176	32-160 / 7,5 176	32-200.1 / 10 203	32-200.1 / 10 203	32-200 / 12,5 202	32-200 / 12,5 202	32-200 / 15 209	40-200 / 20 209	20
22	32-125.1 / 3 120	32-125.1 / 4 134	32-125.1 / 5 144	32-125.1 / 5 144	32-160.1 / 7,5 163	32-160.1 / 7,5 176	32-160.1 / 7,5 176	32-160 / 7,5 176	32-200 / 12,5 188	32-200 / 12,5 188	32-200 / 12,5 202	32-200 / 12,5 202	32-200 / 12,5 202	32-200 / 15 209	40-200 / 20 209	22
24	32-125.1 / 4 134	32-125.1 / 4 134	32-125.1 / 5 144	32-125 / 5 139	32-160.1 / 7,5 163	32-160.1 / 7,5 176	32-160.1 / 7,5 176	32-160 / 7,5 176	32-200 / 12,5 188	32-200 / 12,5 188	32-200 / 12,5 202	32-200 / 12,5 202	32-200 / 15 209	32-200 / 15 209	40-200 / 20 209	24
26	32-125.1 / 4 134	32-125 / 4 122	32-125 / 5 132	32-125 / 5 139	32-160.1 / 7,5 176	32-160.1 / 7,5 176	32-160 / 7,5 167	32-160 / 7,5 167	32-200 / 12,5 188	32-200 / 12,5 188	32-200 / 15 188	32-200 / 15 202	32-200 / 15 209	32-200 / 20 209	40-200 / 20 209	26
28	32-125 / 4 122	32-125 / 4 122	32-125 / 5 132	32-125 / 7,5 139	32-160 / 7,5 167	32-160 / 7,5 167	32-160 / 10 176	32-200 / 12,5 188	32-200 / 12,5 188	32-200 / 15 202	32-200 / 15 202	32-200 / 15 209	32-200 / 15 209	32-200 / 20 209	40-200 / 20 209	28
30	32-125 / 4 122	32-125 / 4 122	32-125 / 5 132	32-125 / 7,5 139	32-160 / 7,5 167	32-160 / 7,5 167	32-160 / 10 176	32-200 / 12,5 188	32-200 / 12,5 188	32-200 / 15 202	32-200 / 15 202	32-200 / 15 202	32-200 / 20 209	40-200 / 20 209	40-200 / 20 209	30
35	40-125 / 4 114	40-125 / 4 114	40-125 / 7,5 130	40-125 / 7,5 139	40-160 / 10 176	32-160 / 10 176	40-160 / 10 163	40-160 / 10 163	40-160 / 12,5 174	32-200 / 15 202	32-200 / 15 202	32-200 / 20 209	40-200 / 20 209	40-200 / 20 209	40-200 / 20 209	35
40	40-125 / 5 114	40-125 / 7,5 130	40-125 / 7,5 130	40-125 / 7,5 139	40-160 / 10 149	40-160 / 10 163	40-160 / 10 163	40-160 / 12,5 174	40-160 / 12,5 174	32-200 / 20 209	32-200 / 20 209	40-200 / 20 209	40-200 / 20 209	40-200 / 20 209	50-200 / 25 211	40
45	40-125 / 5 114	40-125 / 7,5 130	40-125 / 7,5 130	40-125 / 10 139	40-160 / 10 149	40-160 / 12,5 163	40-160 / 12,5 163	40-160 / 15 174	40-160 / 15 174	40-200 / 20 195	40-200 / 20 195	40-200 / 20 209	40-200 / 20 209	40-200 / 20 209	50-200 / 25 211	45
50	40-125 / 5 114	40-125 / 7,5 130	40-125 / 7,5 130	40-125 / 10 139	40-160 / 10 149	40-160 / 12,5 163	40-160 / 12,5 163	40-160 / 15 174	40-160 / 15 174	40-200 / 20 195	40-200 / 20 195	40-200 / 25 209	40-200 / 25 209	40-200 / 25 211	50-200 / 30 211	50
60	40-125 / 7,5 130	40-125 / 7,5 130	40-125 / 10 139	40-160 / 10 149	40-160 / 12,5 163	40-160 / 12,5 163	40-160 / 15 174	40-160 / 15 174	50-160 / 20 174	40-200 / 25 209	40-200 / 25 209	40-200 / 25 209	50-200 / 25 209	50-200 / 30 211	50-200 / 30 214	60
70	50-125 / 10 126	50-125 / 10 126	50-125 / 10 133	50-125 / 12,5 142	50-160 / 20 163	50-160 / 20 163	50-160 / 20 163	50-160 / 20 174	50-160 / 20 174	65-200 / 30 209	65-200 / 30 209	65-200 / 30 193	50-200 / 30 211	50-200 / 30 211	40-200 / 40 214	70
80	50-125 / 10 126	50-125 / 10 126	50-125 / 12,5 133	50-125 / 15 142	50-160 / 20 163	50-160 / 20 163	50-160 / 20 163	50-160 / 25 174	50-160 / 25 174	65-200 / 30 182	65-200 / 30 189	65-200 / 30 189	50-200 / 40 211	50-200 / 40 214	50-200 / 40 214	80
90	50-125 / 10 126	50-125 / 12,5 133	50-125 / 15 142	65-125 / 20 141	50-160 / 20 163	50-160 / 20 163	50-160 / 25 174	50-160 / 25 174	65-200 / 30 182	65-200 / 30 189	65-200 / 40 193	65-200 / 40 193	50-200 / 40 211	50-200 / 40 214	50-200 / 40 214	90
100	50-125 / 10 126	50-125 / 12,5 133	50-125 / 15 142	65-125 / 20 141	50-160 / 20 163	50-160 / 20 163	50-160 / 25 174	50-160 / 25 174	65-200 / 30 182	65-200 / 40 189	65-200 / 40 193	50-200 / 40 211	50-200 / 40 214	50-200 / 40 214	—	100
110	50-125 / 12,5 133	50-125 / 12,5 133	50-125 / 15 142	65-125 / 20 141	50-160 / 25 163	50-160 / 25 174	50-160 / 25 174	50-160 / 30 174	65-160 / 40 189	65-200 / 40 189	65-200 / 40 193	50-200 / 40 211	—	—	—	110
120	65-125 / 15 130	65-125 / 15 130	65-125 / 20 141	65-125 / 20 141	65-160 / 25 159	65-160 / 25 159	65-160 / 30 167	65-160 / 30 174	65-160 / 40 189	65-200 / 40 193	65-200 / 40 193	—	—	—	—	120
130	65-125 / 15 130	65-125 / 15 130	65-125 / 20 141	65-160 / 25 159	65-160 / 25 159	65-160 / 30 167	65-160 / 30 167	65-160 / 40 174	65-160 / 40 189	65-200 / 40 193	—	—	—	—	—	130
140	65-125 / 15 130	65-125 / 20 141	65-125 / 20 141	65-160 / 25 159	65-160 / 25 159	65-160 / 30 167	65-160 / 40 174	65-160 / 40 189	65-200 / 40 193	65-200 / —	—	—	—	—	—	140
150	65-125 / 15 130	65-125 / 20 141	65-125 / 20 141	65-160 / 25 159	65-160 / 30 167	65-160 / 40 174	65-160 / 40 174	65-200 / 40 189	—	—	—					150
160	65-125 / 15 130	65-125 / 20 141	65-160 / 25 159	65-160 / 30 167	65-160 / 30 167	65-160 / 40 174	65-160 / 40 174	—	—	—						160
170	—	65-125 / 20 141	—	65-160 / 30 167	65-160 / 40 174	65-160 / 40 174	—	—								170
Vazão m³/h (Altura m)	20	25	30	35	40	45	50	55	60	65	70	75	80	85	90	Vazão m³/h (Altura m)

Dados para água – Densidade = 1,0 kg/dm³
Altura = Altura Manométrica Total
Motor = II pólos 60 Hz

Pela mesma Tabela 1.19 da KSB, podemos escolher a bomba 32-160 de 7,5 CV, com diâmetro do rotor de 167 mm.

1.1.6.5 Escolha de Bomba para Instalação de Ar Condicionado (Ver Fig. 1.52)

Tomemos, por exemplo, o esquema hidráulico (isométrico) de uma instalação de ar condicionado, em que as torres de arrefecimento e as bombas hidráulicas estão situadas na cobertura do prédio. As máquinas, do tipo compacto (*self-contained*), estão distribuídas em três casas de máquinas de ar condicionado em diferentes pavimentos. Os diâmetros das tubulações foram dimensionados segundo a Norma NB-10, de ar condicionado.

As vazões, de acordo com o projeto de ar condicionado, são as seguintes:

16 litros por minuto e por tonelada de refrigeração (TR), o que perfaz um total de:

$$Q = 192 \text{ m}^3/\text{h}$$

Essa vazão tem que ser bombeada pelas duas bombas.

Vamos calcular a altura manométrica necessária para atender às três casas de máquinas. Nesse tipo de instalação, a água circula pelas máquinas e volta para a torre. Então, as alturas a vencer são: a diferença de nível entre a bomba e a entrada da torre (2,5 m) mais a altura devido às perdas. Vamos calcular o "J" para a casa de máquinas n.º 2.

Então no ábaco de Fair-Wipple-Hsiao, entrando com o diâmetro e a vazão, temos a perda de carga, no caso:

$$J = 0,07 \text{ m/m (o ábaco só vai até 4}'', \text{ por isso deve-se extrapolar para obter 5}'').$$

Depois medimos o comprimento total de tubulação e acrescentamos o comprimento devido às perdas acidentais. No exemplo em foco, temos:

$$L = 51,5 \text{ m}$$

Considerando 20% de perdas acidentais:

$$L_v = 0,2 \times 51,5 = 10,30 \text{ m}$$
$$L_{eq} = 51,50 + 10,30 = 61,80 \text{ m}$$

Então a altura devido às perdas será:

$$H_p = 0,07 \times 61,80 = 4,32 \text{ m}$$
$$\text{Vazão} = 76,8 \text{ m}^3/\text{h}$$

De modo semelhante, calculamos as alturas devido às perdas para as outras casas de máquinas; então, a altura devido às perdas totais será a soma das três ou 23,5 m, e a altura manométrica:

$$H_{man} = 2,5 + 23,5 = 26 \text{ m}$$

A potência de cada bomba (duas funcionam simultaneamente) atenderá a metade da vazão, ou seja, 96 m³/h:

$$P = \frac{1.000 \times 26 \times 96}{75 \times 0,6 \times 3.600} = 15 \text{ CV}$$

Pelo mesmo catálogo da KSB, podemos escolher a bomba de 15 CV tamanho 50-125 com rotor de 142 mm.

1.1.6.6 Cavitação em Bombas Hidráulicas

Conforme já vimos, a sucção, ultrapassando certos limites (da ordem de 7 m), pode apresentar sérios problemas para a bomba hidráulica, com o aparecimento do fenômeno da *cavitação*. Em resumo, a cavitação é a formação de bolhas de vapor todas as vezes em que há uma subpressão na tubulação em conseqüência ou da velocidade excessiva do rotor ou do excesso de altura na sucção. A uma pressão inferior à atmosférica, a água normalmente ferve a temperaturas baixas, e os vapores formados provocam corrosão nas tubulações, rotor e registros, além de barulho semelhante a marteladas; a vida do equipamento fica extremamente reduzida.

As bombas de origem estrangeira são especificadas não somente pela altura de sucção, h_s, mas também por uma grandeza *NPSH* (*net positive suction head*), que pode ser traduzida como "altura de sucção absoluta" e definida pela relação

$$\sigma = \frac{NPSH}{H}, \tag{1}$$

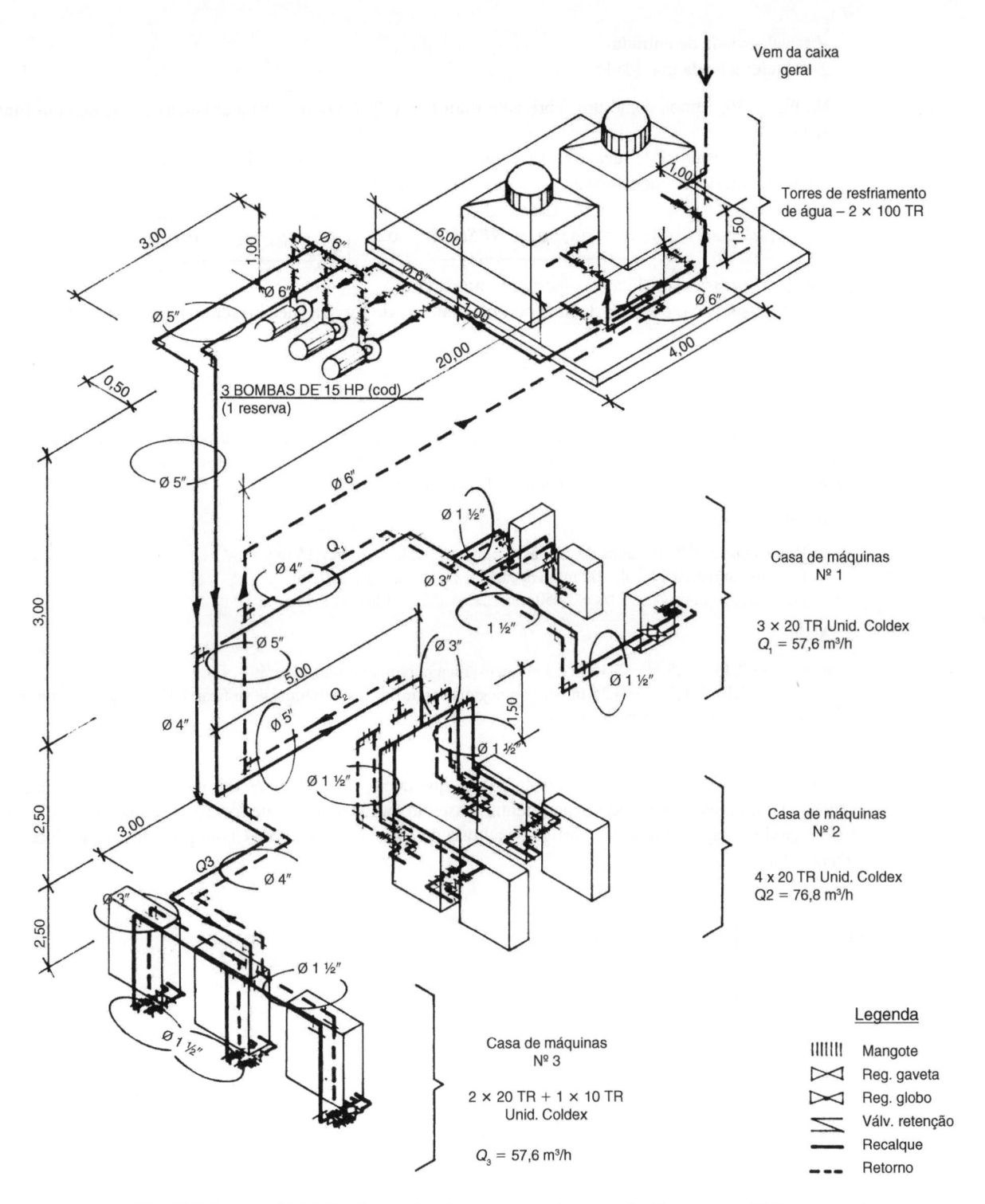

Fig. 1.52 Esquema hidráulico isométrico de um sistema de expansão direta com unidades compactas.

em que

σ = peso específico do líquido em escoamento

H = pressão no ponto de máximo rendimento, em metros.

$$NPSH = p_i - p_v + \frac{V^2}{2g} \qquad (2)$$

p_i = pressão na entrada da bomba, em metros

p_v = pressão absoluta do vapor, em metros

V = velocidade de entrada

g = aceleração da gravidade.

Na Fig. 1.36, vemos como um fabricante traduz o *NPSH* e outras características da bomba em função da vazão.

Sabemos que a altura de sucção (h_s) é a altura estática mais a altura devida às perdas. Assim, combinando as fórmulas anteriores chegamos a:

$$h_s = p_o - p_v - NPSH \qquad \text{ou} \qquad h_s = p_o - p_v - \sigma H \tag{3}$$

em que p_o = pressão absoluta na superfície (atmosférica).

Quanto mais baixo o *NPSH* de uma bomba, maior pode ser sua sucção, sem o perigo da cavitação.

EXEMPLO

Queremos saber qual deverá ser a altura máxima de sucção para uma bomba acima do nível do mar, alimentando uma caldeira, recebendo água a 90° de um pré-aquecedor. As características da bomba são dadas na Fig. 1.40, admitindo-se que a altura de perdas na sucção seja de 1,2 m e a vazão 9 l/s.

Teremos:

Para a água a 90°C (tiramos de tabelas) .... p_v = 7,15 m
Pressão atmosférica local: 700 mm Hg .... p_o = 9,5 m
Da figura, tiramos Q = 9 l/s e 3.450 rpm .... $NPSH$ = 5,5 m

Assim:

$h_s = 9,5 - 7,15 - 5,5 = -3,15$ m e a altura estática máxima na sucção será:

h_s est $= -3,15 - 1,2 = -4,35$ m (sucção negativa significa que a bomba deve ficar 4,35 m abaixo do reservatório, ou seja, "afogada" — ver Fig. 1.53).

Quando não se conhecem as curvas da bomba que dêem o *NPSH* ou *H*, é impossível a determinação da sucção máxima. Há um método experimental, baseado na Estatística, que fornece resultados aproximados. Esse método foi apresentado num artigo de autoria do Eng.º Rui Carlos de Camargo Vieira, na revista *Engenheiro Moderno*, v. II, n.º 4:

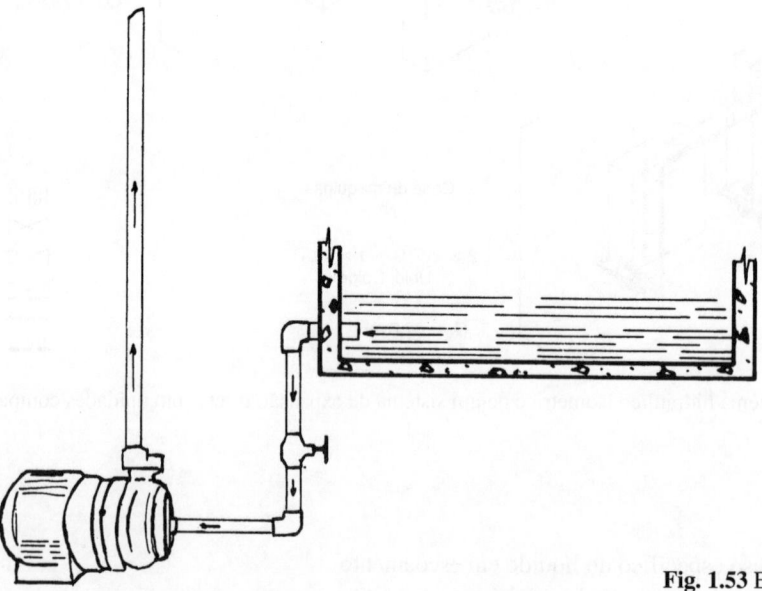

Fig. 1.53 Esquema de uma bomba "afogada".

O coeficiente de cavitação σ_{lim} é definido pela relação:

$$\sigma_{\text{lim}} = \frac{NPSH}{H_m}, \tag{4}$$

em que H_m = altura manométrica da bomba.

Foi observado que há uma correlação entre o valor de $\sigma_{\lim}$ e o coeficiente de rotação específica unitária n_s da mesma bomba:

$$n_s = \frac{n\sqrt{P}}{H_m^{5/4}}, \tag{5}$$

em que n = rotação da bomba, em rpm;

$\qquad P$ = potência da bomba, em CV;

$\qquad H_m$ = altura manométrica da bomba.

Com as curvas da bomba em função da vazão, calculamos H_m, P e n. Assim, temos elementos para calcular n_s, dado em (5). Conhecido n_s, entrando na Fig. 1.54, achamos o valor de $\sigma_{\lim}$, Com o valor de $\sigma_{\lim}$, substituindo em (4), temos o *NPSH* que, levado em (3) com os dados do problema, fornece h_s.

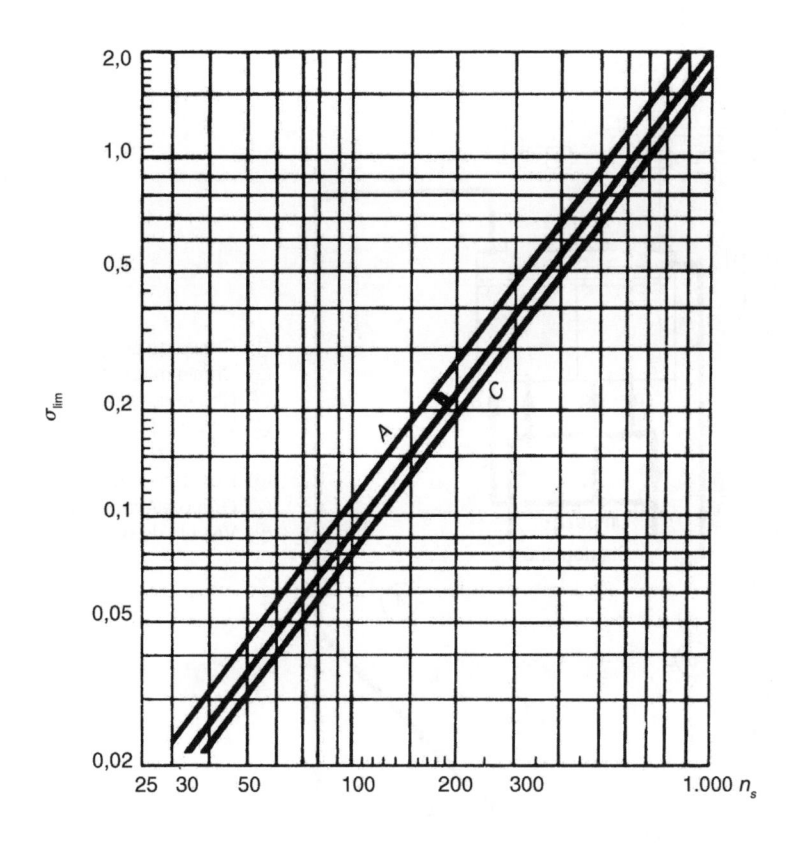

Fig. 1.54 Correlação entre valores de $\sigma_{\lim}$ e n_s para bombas hidráulicas, conforme: A = Von Widdern; B = Wislicenns; C = Kovats.

EXEMPLO

Uma bomba de 7 estágios, com altura manométrica total de 598 m, potência total de 143 CV, n = 3.500 rpm, vazão Q = 42 m³/h, bombeia água aquecida a 100°C (para uma caldeira industrial). O local está situado 900 metros acima do nível do mar.

Para os cálculos da sucção máxima, interessa apenas o primeiro estágio:

$$P = \frac{143}{7} = 20,4 \text{ CV};$$

$$H_m = \frac{598}{7} = 85,4 \text{ m};$$

$$n_s = \frac{3.500\sqrt{20,4}}{85^{5/4}} = 60,7.$$

De posse de n_s, entrando no ábaco da Fig. 1.54, achamos (reta C):

$$\sigma_{\lim} = 0,045.$$

De acordo com a fórmula (4):

$$NPSH = 0,045 \times 85,4 = 3,84 \text{ m.}$$

Para os dados do problema:

$p_o = 9,64$ m de coluna de água (pressão atmosférica local)
$p_v = 1,14 + 10 = 11,14$ m de coluna de água (pressão absoluta do vapor)
$h_s = 9,64 - 11,14 - 3,84 = - 5,32$ m

Conclusão: A bomba deve ficar afogada $- 5,32$ m.

Quando o reservatório inferior (cisterna) ficar em nível mais elevado que a bomba, temos uma instalação "afogada", ou seja, a sucção está sempre com água, mesmo que não haja válvula de pé; isso é uma vantagem, porque elimina possíveis defeitos e necessidades de escorvamento.

As Figs. 1.55 a 1.64 apresentam esquemas de montagens típicas para a instalação de bombas-d'água.

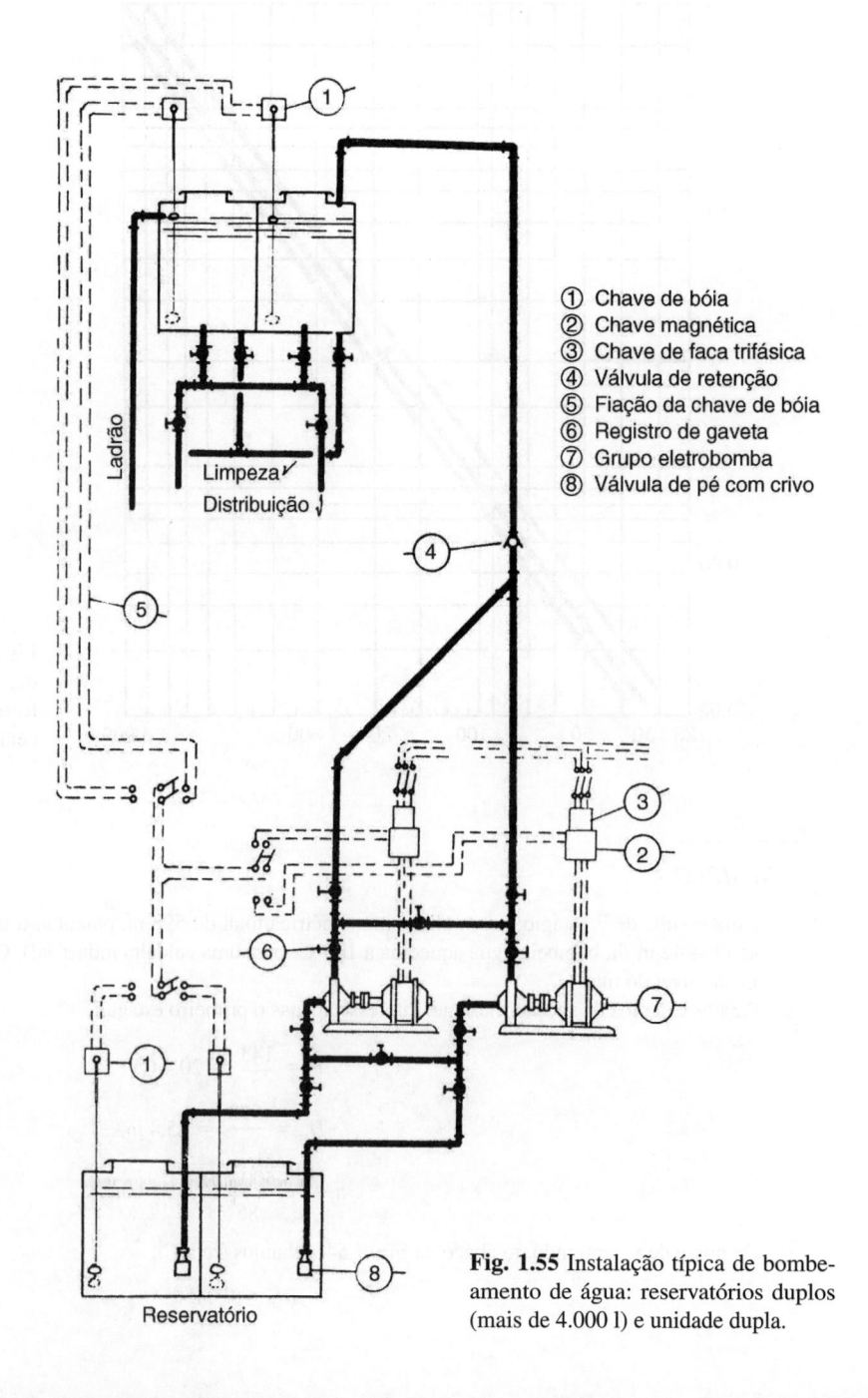

① Chave de bóia
② Chave magnética
③ Chave de faca trifásica
④ Válvula de retenção
⑤ Fiação da chave de bóia
⑥ Registro de gaveta
⑦ Grupo eletrobomba
⑧ Válvula de pé com crivo

Fig. 1.55 Instalação típica de bombeamento de água: reservatórios duplos (mais de 4.000 l) e unidade dupla.

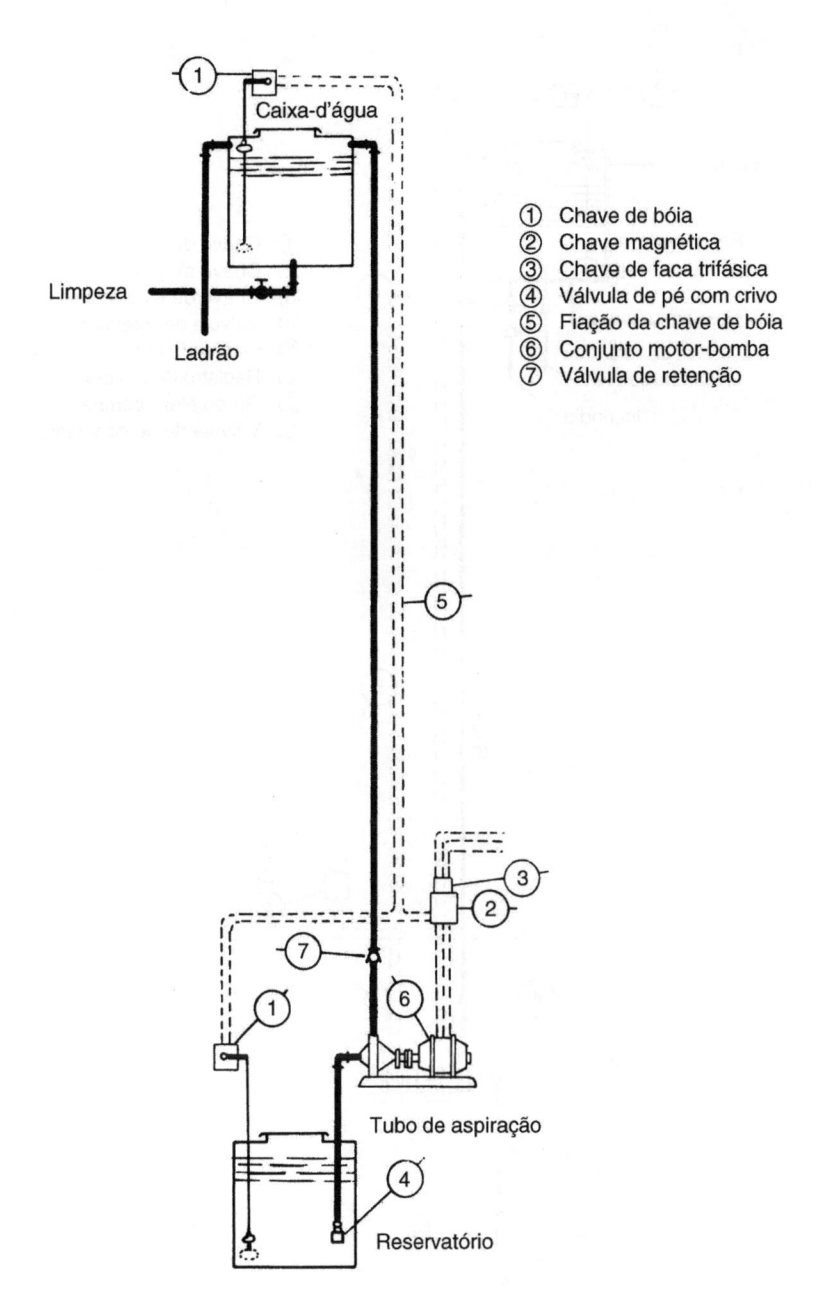

Caixa-d'água

Limpeza

Ladrão

① Chave de bóia
② Chave magnética
③ Chave de faca trifásica
④ Válvula de pé com crivo
⑤ Fiação da chave de bóia
⑥ Conjunto motor-bomba
⑦ Válvula de retenção

Tubo de aspiração

Reservatório

Fig. 1.56 Instalação típica de bombeamento de água: caixas simples e unidades simples (menos de 4.000 l), grupo trifásico.

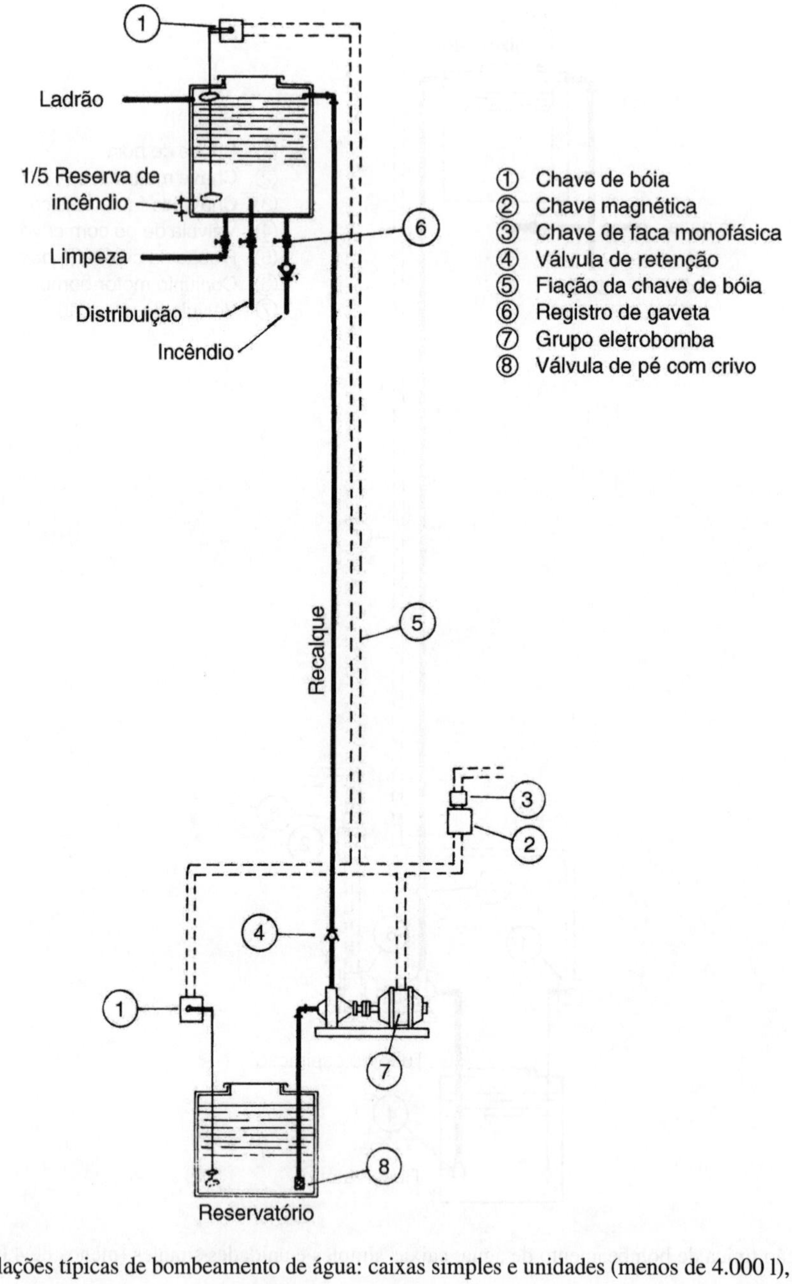

Fig. 1.57 Instalações típicas de bombeamento de água: caixas simples e unidades (menos de 4.000 l), grupo monofásico.

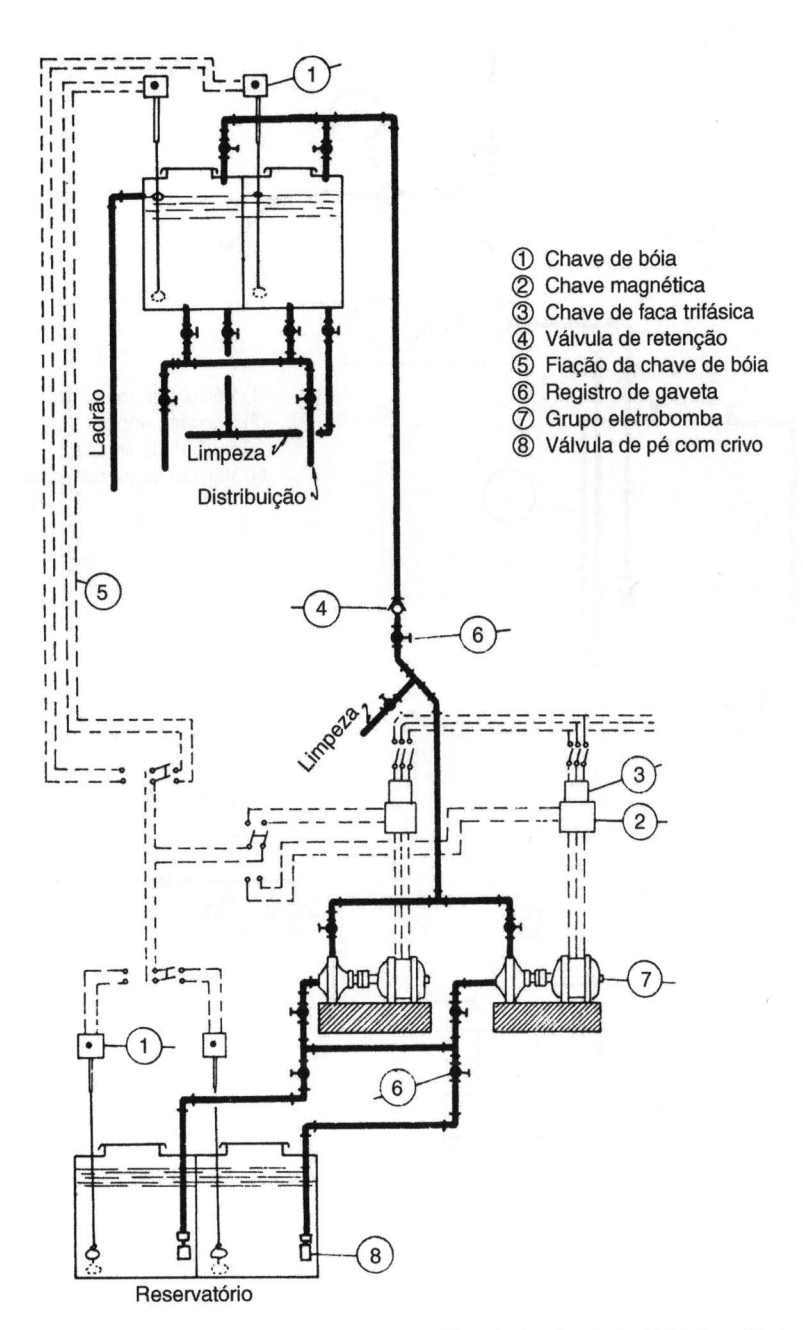

1. Chave de bóia
2. Chave magnética
3. Chave de faca trifásica
4. Válvula de retenção
5. Fiação da chave de bóia
6. Registro de gaveta
7. Grupo eletrobomba
8. Válvula de pé com crivo

Fig. 1.58 Instalação típica de bombeamento de água: reservatórios duplos (mais de 4.000 l), unidade dupla e limpeza.

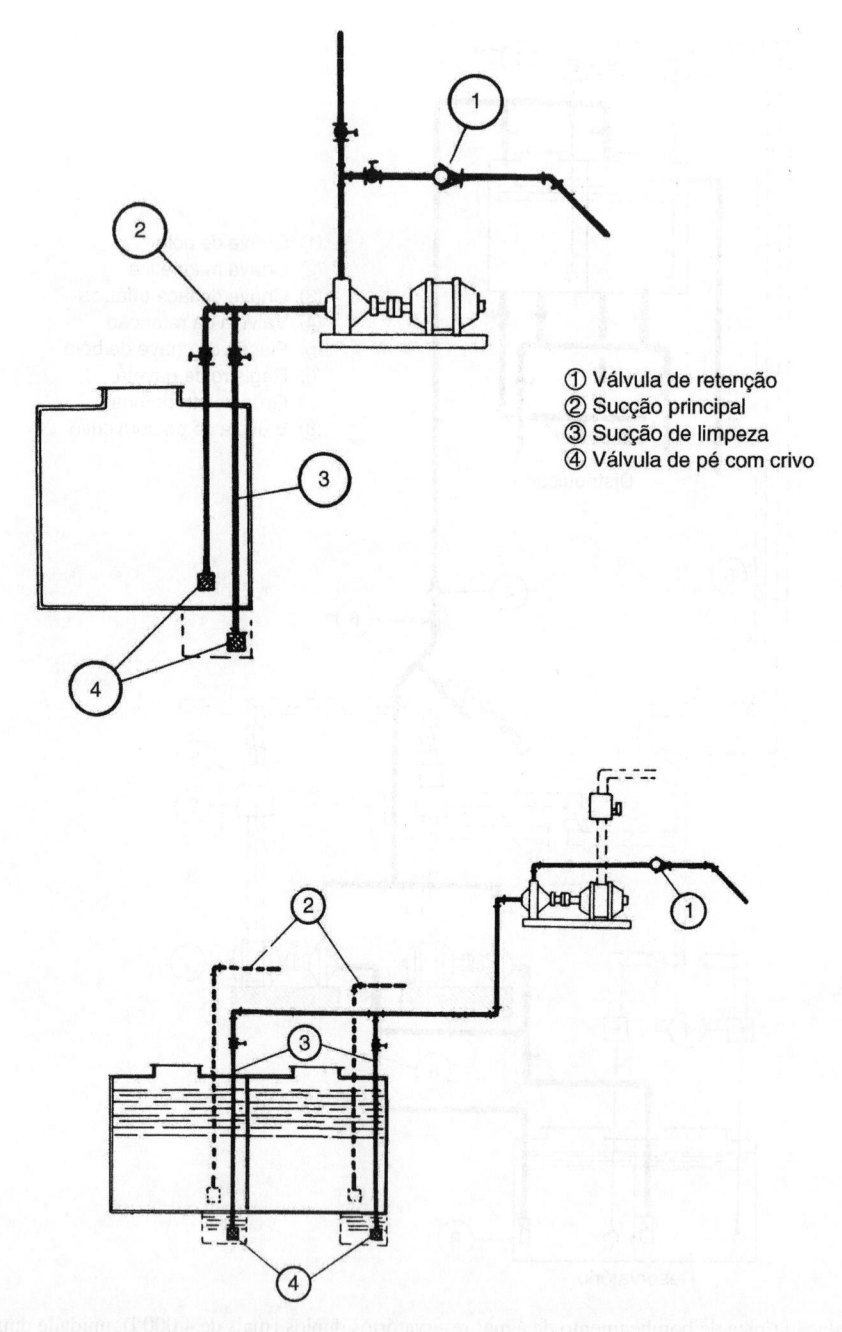

① Válvula de retenção
② Sucção principal
③ Sucção de limpeza
④ Válvula de pé com crivo

Fig. 1.59 Instalações típicas de bombeamento de água: limpeza e esgotamento.

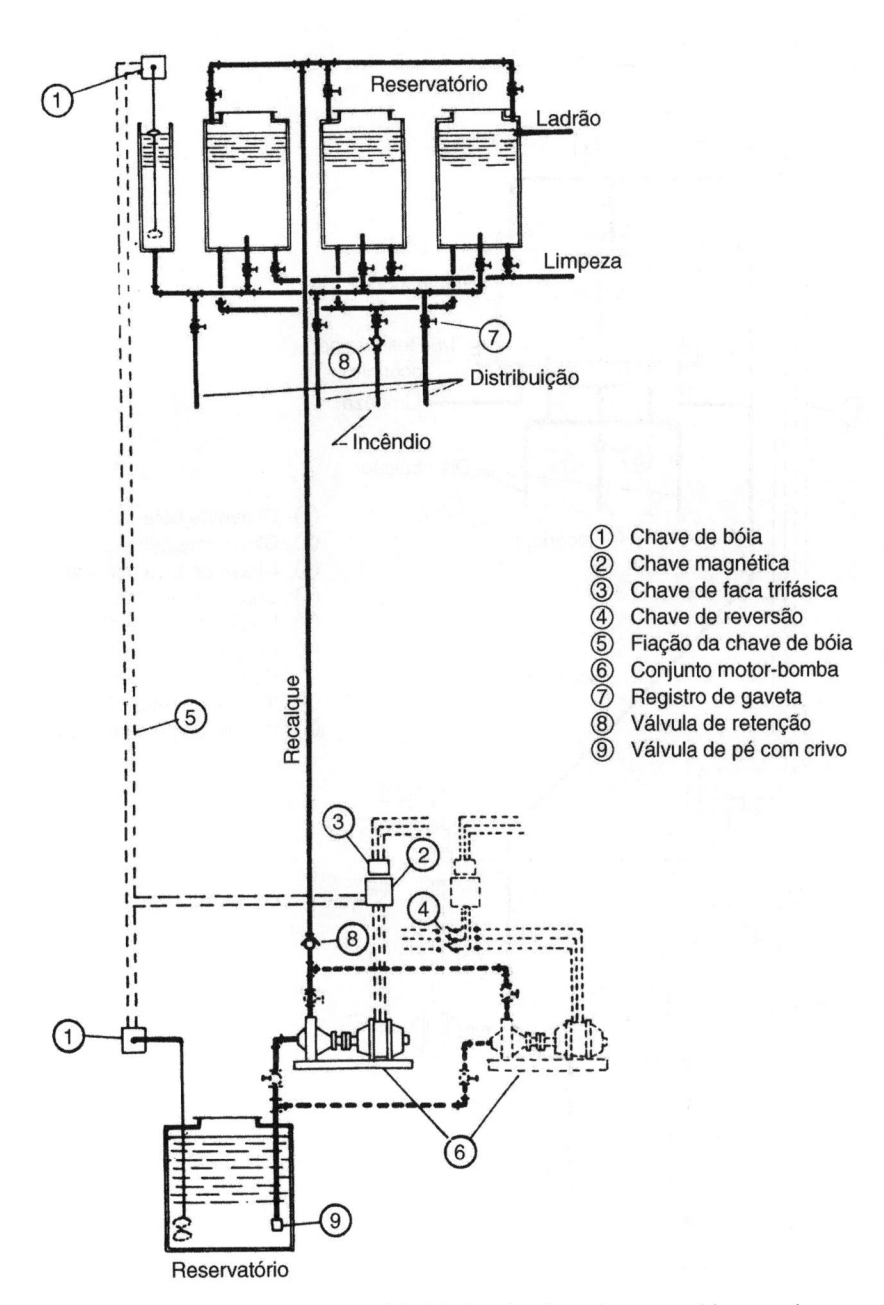

Fig. 1.60 Instalações típicas de bombeamento de água: reservatório inferior simples, três reservatórios superiores com reservatório de comando; unidade de comando.

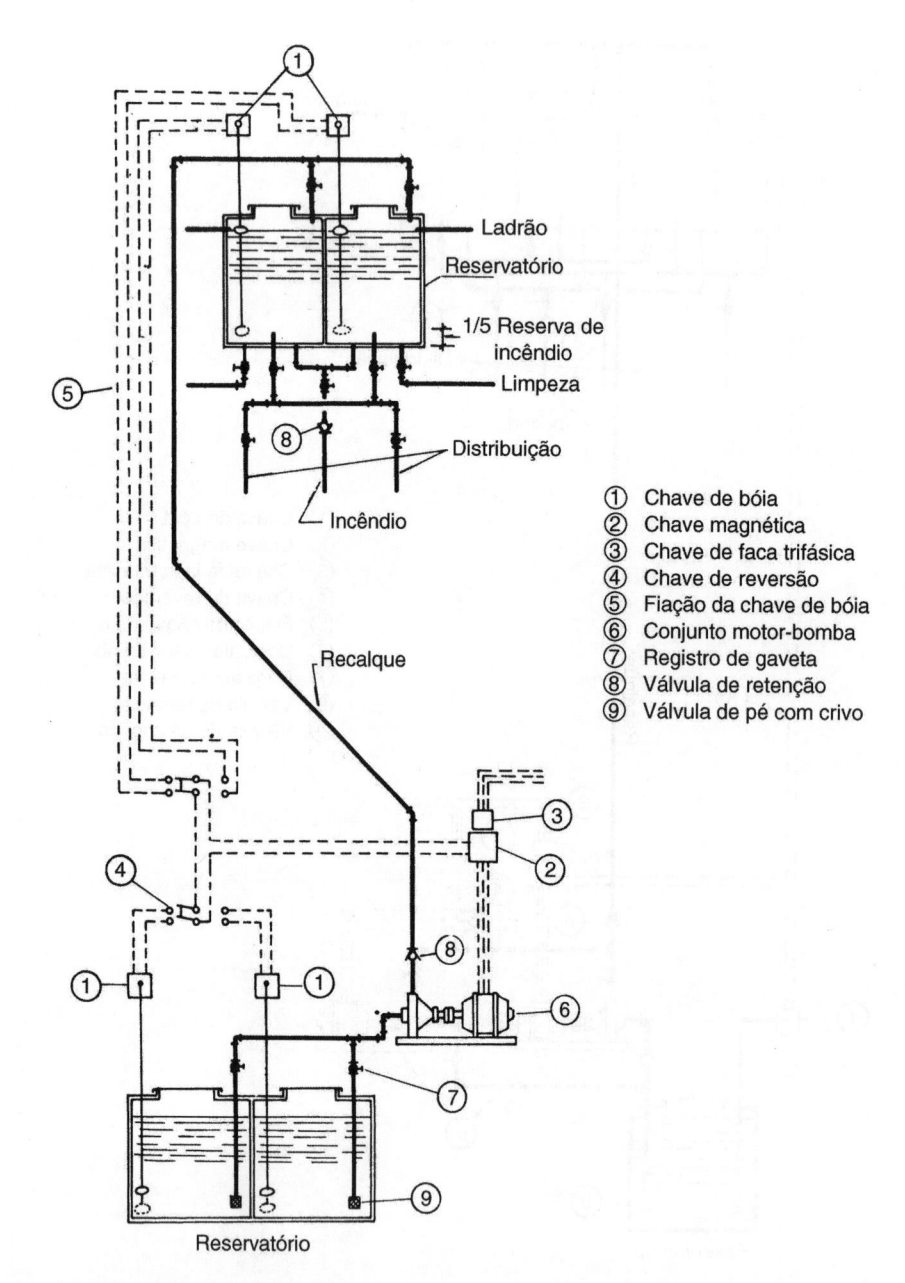

Fig. 1.61 Instalação típica de bombeamento de água: caixas duplas (mais de 4.000 l) e unidade simples.

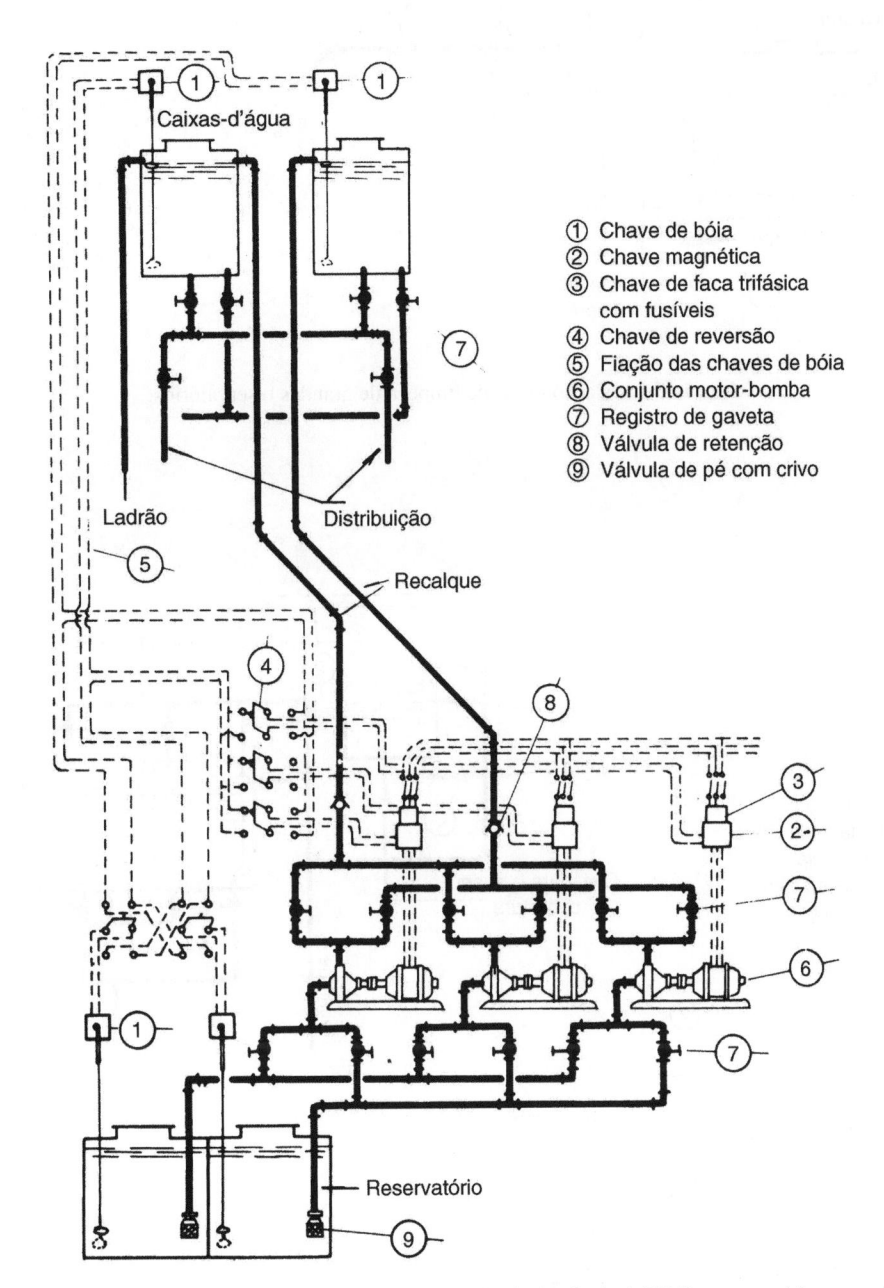

Fig. 1.62 Instalação típica de bombeamento de água: reservatório inferior duplo (mais de 4.000 l), reservatórios superiores separados, três unidades de recalque.

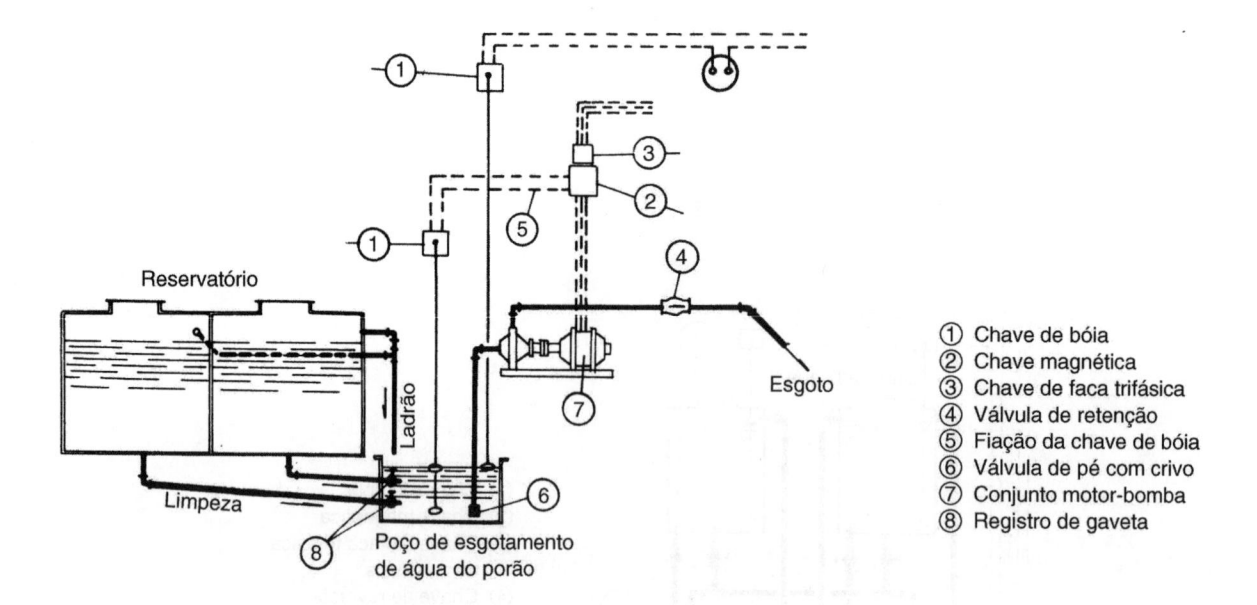

Reservatório

Ladrão

Limpeza

Poço de esgotamento de água do porão

Esgoto

① Chave de bóia
② Chave magnética
③ Chave de faca trifásica
④ Válvula de retenção
⑤ Fiação da chave de bóia
⑥ Válvula de pé com crivo
⑦ Conjunto motor-bomba
⑧ Registro de gaveta

Fig. 1.63 Instalação típica de limpeza de grandes reservatórios.

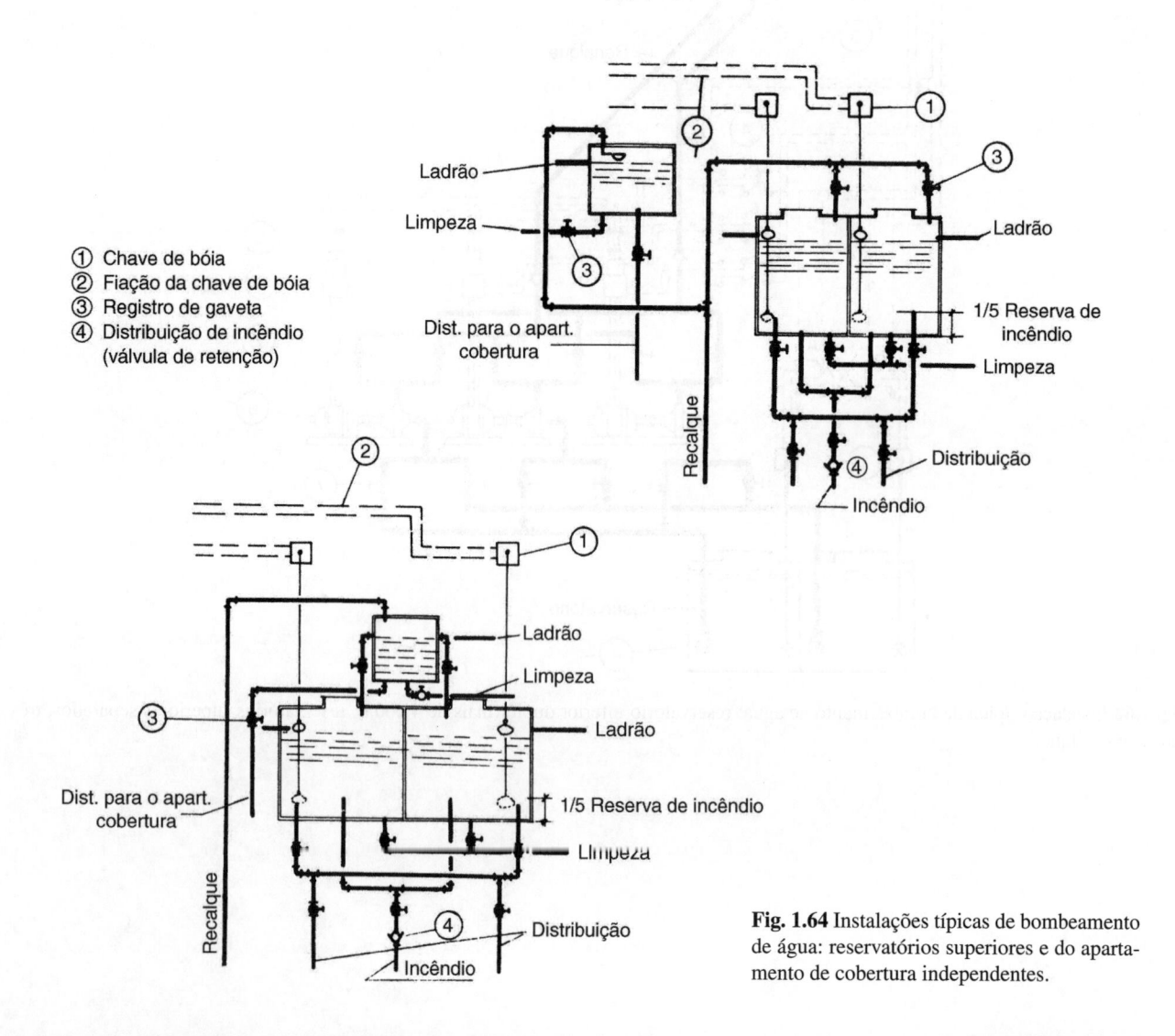

① Chave de bóia
② Fiação da chave de bóia
③ Registro de gaveta
④ Distribuição de incêndio (válvula de retenção)

Ladrão

Limpeza

Dist. para o apart. cobertura

Recalque

Ladrão

1/5 Reserva de incêndio

Limpeza

Distribuição

Incêndio

Ladrão

Limpeza

Ladrão

Dist. para o apart. cobertura

Recalque

1/5 Reserva de incêndio

Limpeza

Distribuição

Incêndio

Fig. 1.64 Instalações típicas de bombeamento de água: reservatórios superiores e do apartamento de cobertura independentes.

1.1.7 Dimensionamento de Instalação Hidropneumática

Quando nos referimos aos sistemas de abastecimento (Seção 1.1.2.1), citamos que o sistema hidropneumático é utilizado em casos especiais. Atualmente, está sendo desenvolvido esse sistema, que resolve três problemas importantes: a) gabarito crítico em certos locais, pois o reservatório elevado, nas instalações convencionais, cria problemas para a arquitetura; b) alivia muito a estrutura do prédio, pois a ausência do reservatório superior representa um grande alívio na carga estrutural; c) ganho de espaço considerável na cobertura.

Funcionamento: pela Lei de Boyle e Mariotte, sabemos que o volume de um gás varia na razão inversa da pressão que suporta:

$$P_1 V_1 = P_2 V_2 = \text{constante.}$$

Nesse tipo de instalação (ver Fig. 1.4), a água, sob a ação da bomba, pressiona o ar existente contra as paredes do reservatório; armazena-se uma energia potencial que é capaz de elevar a água aos pontos de consumo. Usa-se também um compressor de ar para manter a pressão desejada, quando há perda de pressão por escapamento ou por mistura com a água.* O papel do reservatório é armazenar a água necessária ao consumo com pressão suficiente ao recalque, evitando que a unidade de bombeamento ligue cada vez que haja necessidade de consumo.

Número de ligações por hora (estimativa para os cálculos):

    grandes instalações — 6 a 8;
    médias instalações — 8 a 12;
    pequenas instalações — 15 a 30.

A unidade de bombeamento é comandada pelo pressostato, que é regulado para uma pressão máxima (pressão de desligamento) e uma pressão mínima (pressão de ligação).

No reservatório, temos os seguintes volumes de água em jogo (Fig. 1.65);

a) volume estático — V_e — praticamente não participa das trocas realizadas;
b) volume útil — V_u — quantidade de água responsável pelas ligações e desligamentos do grupo;
c) volume ativo — V_a — quantidade de água que se movimenta no reservatório;
d) volume total — V_t — capacidade total do reservatório. Pela Lei de Boyle e Mariotte, referindo-nos às pressões absolutas em atmosferas, temos:

$$(p_{\text{máx}} + 1)(V_a - V_u) = (p_{\text{mín}} + 1) V_a, \tag{1}$$

ou seja, pressão máxima vezes volume mínimo igual à pressão mínima vezes volume máximo.

Como dado prático, consideramos o volume ativo do sistema como 80% do volume total:

$$V_a = 0,8 \, V_t \tag{2}$$

Das Eqs. (1) e (2) tiramos:

$$V_u = \frac{0,8 V_t (p_{\text{máx}} - p_{\text{mín}})}{p_{\text{máx}} + 1}; \tag{3}$$

$$V_t = \frac{V_u (p_{\text{máx}} + 1)}{0,8 (p_{\text{máx}} - p_{\text{mín}})}. \tag{4}$$

A relação entre o volume útil (V_u) e o volume total (V_t) deve ser condicionada com as pressões máximas e mínimas (de desligamento e de partida). As Eqs. (3) e (4) mostram que, se a diferença das pressões ($p_{\text{máx}}$ − $p_{\text{mín}}$) for pequena, exige-se um volume útil pequeno, porém o número de ligações e desligamentos é elevado, assim como o volume total.

A Tabela 1.20, fornece a interligação entre essas grandezas.

---

*Os reservatórios hidropneumáticos, quando de aço, devem ser ensaiados a uma pressão igual ao dobro da pressão máxima de serviço. Outros materiais devem ser ensaiados de modo adequado.

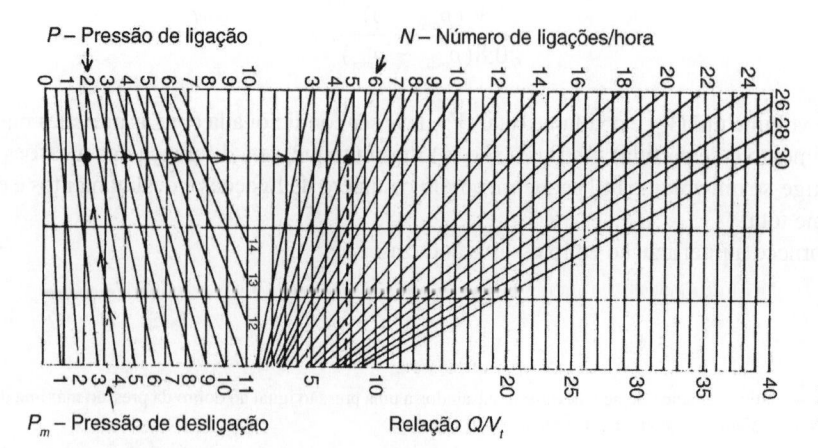

Fig. 1.65 Reservatório hidropneumático.

TABELA 1.20

Relação entre V_u e V_t para Diferentes Valores da Pressão de Partida ($p_{mín}$) para a Pressão de Parada($p_{máx}$)							
Pressão de Parada (at) (Máxima)	Pressão de Partida (at) (Mínima)						
	1,0	1,5	2,0	2,5	3,0	3,5	4,0
2	0,27	0,13					
3	0,40	0,30	0,20	0,10			
4		0,40	0,32	0,24	0,16	0,08	
5			0,40	0,33	0,26	0,20	0,13
6				0,40	0,34	0,29	0,23

1 atm = 1,033 kg/cm² = 10 mca = 10² kPa
1kg/cm² = 14,7 libras por polegada quadrada (psi).

O ábaco da Fig. 1.66, extraído do manual alemão *Pumpen*, oferece a relação entre a vazão Q, em m³/h, e o volume total, V_t, do reservatório.

Fig. 1.66 Ábaco para o cálculo de reservatórios hidropneumáticos.

EXEMPLO

Edifício residencial de 4 pavimentos:

Consumo diário 30.000 litros
Vazão horária 7,5 m³/h (25% do consumo diário)
$p_{máx} = 4$ atm $= 400$ kPa $= 58,8$ psi
$p_{mín} = 2$ atm $= 200$ kPa $= 29,4$ psi
N.º de ligações por hora $= 6$.

Pelo ábaco da Fig. 1.66, tiramos:

$$\frac{Q}{V_t} = 7,5 \therefore V_t = \frac{7,5}{7,5} = 1 \text{ m}^3$$

Da Eq. (3), tiramos:

$$V_u = \frac{0,8 \times 1(4-2)}{4+1} = 0,32 \text{ m}^3 \text{ (que concorda com o dado da Tabela 1.20).}$$

Dimensões do reservatório:

Fixando a altura em 2 m, teremos o diâmetro

$$d = \sqrt{\frac{4V}{3,14 \times h}} = \sqrt{\frac{4 \times 1}{6,28}} = 0,80 \text{ m.}$$

A altura do volume útil, V_u, será

$$h = \frac{4 \times 0,32}{3,14 \times 0,64} = 0,64 \text{ m.}$$

1.1.8 Dimensionamento de uma Pequena Rede de Distribuição de Água

EXEMPLO

Seja a rede de abastecimento de um conjunto de estabelecimentos alimentada por um castelo de água (Fig. 1,67).

Os diversos pontos de consumo e as vazões estão especificados na Fig. 1.67. Imaginamos o reservatório superior armazenando a água para um dia de consumo; admitimos a altura de 15 m e 4 m para a altura dos pontos de consumo. O abastecimento é contínuo, em 20 horas por dia.

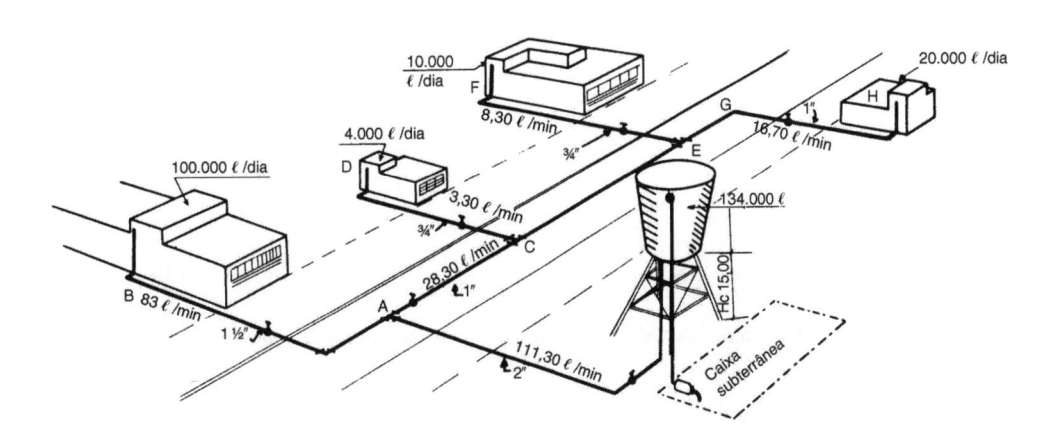

Fig. 1.67 Rede de água de um conjunto de edifícios.

Solução:

Para o dimensionamento, fixamos a perda de carga em 8%, resultando os diâmetros em função das vazões desejadas (ábaco de Flamant — Fig. 1.13). Em seguida, fizemos a verificação das perdas de carga para os pontos extremos. No trecho *CD,* fixamos ¾″ como a mínima.

Distância:

$$
\begin{aligned}
\text{Caixa} - A &= 100 \text{ m} \\
A - B &= 40 \text{ m} \\
A - C &= 50 \text{ m} \\
C - E &= 30 \text{ m} \\
E - G &= 10 \text{ m} \\
G - H &= 30 \text{ m}
\end{aligned}
$$

Perdas acidentais em metro de canalização (Fig. 1.16):

a) Entrada normal 2″   0,7
    Registro gaveta de 2″ (aberto)   0,4
    Cotovelo longo de 90°   1,1
    Tê de saída bilateral de 2″   3,5
                 Total: 5,7

b) De *A* até *B*:

    Registro gaveta de 1 ½″   0,3
    2 curvas de 90°   1,0
              Total: 1,3

c) De *A* até *C*:

    2 tês de saída bilateral de 1″   3,4
    Registro gaveta de 1″   0,2
             Total: 3,6

d) De *C* até *E*:

    2 tês de 1″   3,4

e) De *E* até *H*:

    3 curvas de 90°   0,9
    1 registro de 1″   0,2
             Total: 1,1

Verificação das perdas de carga:

a) Da caixa até *B*:

$$
L_v = L + L_{\text{perdas}} = 140 + (5,7 + 1,3) = 147
$$
$$
H_P = H_c - H = 15 - 4 = 11 \text{ m}
$$

$$
J = \frac{H_p}{L_v} = \frac{11}{147} = 0,075 \cong 8\% \text{ (que satisfaz)}.
$$

b) Da caixa até *H*:

$$
L_v = L + L_{\text{perdas}} = 220 + (5,7 + 4,5) = 230,2 \text{ m}
$$
$$
H_p = H_c - H = 15 - 4 = 11 \text{ m}
$$

$$
J = \frac{11}{230,2} = 0,0475 \cong 4,8\% \text{ (que satisfaz)}.
$$

Observação. Também poderíamos dimensionar a rede usando a Planilha 4 (Seção 1.1.3.3) e a Planilha B

PLANILHA B

Coluna	Trecho	Pesos		Vazão	Diâmetro	Velocidade	Comprimentos			Pressão Disponível	Perda de Carga		Pressão da Jusante	Observações
		Unitários	Acumulados				Real	Equivalente	Total		Unitária	Total		
				l/s	mm	m/s	m	m	m	mca	mca	mca	mca	
	Caixa – A			1,85	50	0,9	100	5,7	105,7	15,00	0,03	3,17	11,83	
	A – B			1,38	40	1,4	40	1,3	41,3	11,83	0,08	3,30	8,53	
	A – C			0,47	25	0,29	50	3,6	53,6	8,53	0,008	0,42	8,11	
	C – E			0,41	25	0,28	30	3,4	33,4	8,11	0,0075	0,25	7,86	
	E – H			0,26	25	0,25	40	1,1	41,1	7,86	0,003	0,12	7,74	

Planilha de Cálculo de Instalações Prediais de Água Fria

Verificação:

Da caixa até H — altura disponível: 15 m
soma das perdas: 7,26
pressão em H: 15 – 7,26 = 7,74 mca.

1.2 INSTALAÇÃO DE ÁGUA QUENTE

1.2.1 Generalidades

As instalações de água quente destinam-se a banhos, higiene, utilização em cozinhas (na lavagem e na confecção de refeições), lavagem de roupas e a finalidades médicas ou industriais. Segundo a Norma NBR-7198/Fev. 82, as instalações de água quente devem proporcionar:

a) garantia do funcionamento de água suficiente, sem ruído, com temperatura adequada e sob pressão necessária ao perfeito funcionamento das peças de utilização;

b) preservação rigorosa da qualidade da água. As temperaturas mais usuais são:

Uso pessoal em banhos ou para a higiene .... 35 a 50°C
Em cozinhas (dissolução de gorduras) .... 60 a 70°C
Em lavanderias .... 75 a 85°C
Em finalidades médicas (esterilização) .... 100°C ou mais.

O abastecimento de água quente é feito em encanamentos separados dos de água fria e pode ser de três sistemas:

a) aquecimento individual ou local;
b) aquecimento central privado (domiciliar);
c) aquecimento central do edifício.

No aquecimento individual ou local (aquecedores), a água fria é retirada das colunas normais de abastecimento; o contato com uma fonte de produção de calor (gás, óleo, eletricidade etc.) aumenta sua temperatura, ficando em condições de utilização. Localizam-se em geral nos banheiros ou cozinhas e atendem a poucos aparelhos. Os aquecedores são instantâneos (ou de passagem).

No aquecimento central privado há uma instalação central para a unidade residencial, de onde partem as tubulações para diversos pontos de utilização (banheiros, cozinhas, toalete etc.). Os aquecedores são de acumulação.

No aquecimento central do edifício há uma instalação geral, normalmente no térreo ou subsolo, de onde partem as ligações de água quente para as diversas unidades do edifício.

1.2.1.1 Consumo de Água Quente

As tabelas baseadas no *Guide* prescrevem o consumo em função do número de pessoas e do número de aparelhos. Os valores constantes das Tabelas 1.21 a 1.25, para uso em território nacional, foram reduzidos para ⅓ do original americano, segundo indicação da prática. Essa redução se justifica pelo menor padrão de nossas instalações e também pelo clima menos rigoroso.

EXEMPLO

Aquecimento elétrico para uma residência de 10 pessoas:

1) Consumo diário: $50 \times 10 = 500$ l.

2) Nas ocasiões de pico: $500 \times \dfrac{1}{7} = 75$ l/h.

3) Capacidade do reservatório: $\dfrac{1}{5} \times 500 = 100$ l.

4) Capacidade do aquecimento: $\dfrac{1}{7} \times 500 = 75$ l/h.

Queremos elevar a temperatura da água de 15 para 60°C, em uma hora

$$Q_{ef} = 75 \ (60 - 15) = 3.370 \text{ kcal úteis.}$$

Considerando o rendimento de 80%:

$$Q_{ej} = \frac{3.370}{0,8} = 4.220 \text{ kcal.}$$

Como 1 kWh = 860 kcal, temos

$$W = \frac{4.220}{860} = 4,9 \text{ kWh.}$$

TABELA 1.21

Consumo de Água Quente nos Edifícios, em Função do Número de Pessoas					
Tipo do Edifício	Água Quente Necessária, a 60°C	Consumo nas Ocasiões de Pico (l/h)	Duração do Pico – Horas de Carga	Capacidade do Reservatório, em Função do Consumo Diário	Capacidade Horária de Aquecimento, em Função do Uso Diário
Residência Apartamentos Hotéis	50 l por pessoa, por dia	1/7	4	1/5	1/7
Edifícios de escritórios	2,5 l por pessoa, por dia	1/5	2	1/5	1/6
Fábricas	6,3 l por pessoa, por dia	1/3	1	2/5	1/8
Restaurante 3.ª classe 2.ª classe 1.ª classe	1,9 l por refeição 3,2 l por refeição 5,6 l por refeição			1/10	1/10
Restaurante – 3 refeições por dia		1/10	8	1/5	1/10
Restaurante – 1 refeição por dia		1/5	2	2/5	1/6

TABELA 1.22

Estimativa de Consumo	
Prédio	Consumo (litros/dia)
Alojamento provisório	24 por pessoa
Casa popular ou rural	36 por pessoa
Residência	45 por pessoa
Apartamento	60 por pessoa
Quartel	45 por pessoa
Escola (internato)	45 por pessoa
Hotel (sem cozinha e sem lavanderia)	36 por hóspede
Hospital	125 por leito
Restaurante e similar	12 por refeição
Lavanderia	15 por kg de roupa

Ref.: Tabela 1 da NBR-7198/82.

TABELA 1.23

Consumo de Água Quente nos Edifícios, em Função do Número de Aparelhos, em Litros por Hora, a 60°C.								
Aparelhos	*Apt.ᵒˢ*	*Clubes*	*Ginásios*	*Hospitais*	*Hotéis*	*Fábricas*	*Escritórios*	*Residências*	*Escolas*
Lavatório privado	2,6	2,6	2,6	2,6	2,6	2,6	2,6	2,6	2,6
Lavatório público	5,2	7,8	10,4	7,8	10,4	15,6	7,8	—	19,5
Banheiras	26	26	39	26	26	39	—	26	—
Lavador de pratos	19,5	65	—	65	65	26	—	19,5	26
Lava-pés	3,9	3,9	15,6	3,9	3,9	15,6	—	3,9	3,9
Pia de cozinha	13	26	—	26	26	26	—	13	13
Tanque de lavagem	26	36,4	—	36,4	36,4	36,4	—	26	
Pia de copa	6,5	13	—	13	13	—	—	6,5	13
Chuveiros	97,5	195	292	97,5	97,5	292	—	97,5	292
Consumo máximo provável %	30	30	10	25	25	40	30	30	40
Capacidade do reservatório %	125	90	100	60	80	100	200	70	100

EXEMPLO

Edifício de apartamentos, com 20 unidades residenciais, com os seguintes aparelhos, por unidade: banheira, bidê, lavatório, chuveiro e pia de cozinha.
Consumo total:

20 banheiras	× 26	=	520
20 bidês (= lavatório)	× 2,6	=	52
20 lavatórios	× 2,6	=	52
20 chuveiros	× 97,5	=	1.950
20 pias de cozinha	× 13	=	260
			2.834 l/h

Consumo máximo provável: $0,30 \times 2.834 = 850$ l/h.
Capacidade de reservatório: $1,25 \times 850 = 1.060$ l.

TABELA 1.24

Valores Usuais de Capacidade de Reservatórios (*Boilers*)					
(*Baseada na Tabela 70 da Ref. n.º 8 da Bibliografia*)					
Capacidade do Reservatório (litros)	60	75	115	175	230	290
Consumo Diário (litros)	115–230	230–380	380–760	760–1.140	1.140–1.710	1.710–2.330
Aplicações	Família pequena	Família média	Família média	Família grande	Família grande	Casas grandes
	Casa Pequena	Um só banheiro	Dois banheiros	Loja pequena	Pequenos edifícios de aptᵒˢ	Pequenos edifícios de apt.ᵒˢ

TABELA 1.25

Consumo Diário a 70°C (Litros)	Volume do Aquecedor (Litros)	Resistência (kW)
60	50	0,75
95	75	0,75
130	100	1,0
200	150	1,25
260	200	1,5
330	250	2,0
430	300	2,5
570	400	3,0
700	500	4,0
850	600	4,5
1.150	750	5,5
1.500	1.000	7,0
1.900	1.250	8,5
2.300	1.500	10,0
2.900	1.750	12,0
3.300	2.000	14,0
4.200	2.500	17,0
5.000	3.000	20,0

1.2.1.2 Pesos Relativos das Peças de Utilização

Podem ser usados os mesmos da água fria (Tabela 1.3).

1.2.1.3 Velocidades e Vazões Máximas

Podem ser usados os mesmos da água fria (Tabela 1.7).

1.2.1.4 Fundamentos sobre o Aquecimento de Água

Vários são os meios pelos quais podemos aquecer a água, ou seja, aumentar-lhe a temperatura. Esses meios são produtores de calorias, e essas calorias produzidas devem ser transmitidas à água. O aquecimento da água pode ser realizado: a) em recipiente aberto ou a pressão atmosférica; b) em recipiente fechado ou a pressão superior à atmosférica.

Os meios usados para a produção de calorias podem ser classificados em:

— Energia elétrica: resistência ou efeito Joule (RI^2).
— Combustíveis sólidos: madeira, carvão etc.
— Combustíveis líquidos: álcool, querosene, gasolina, óleo etc.
— Combustíveis gasosos: gás de rua, gás engarrafado etc.
— Água quente produzida por arrefecimento de diversos tipos de motores e máquinas térmicas ou de outras instalações (condicionamento de ar, caldeiras etc.).
— Gases quentes resultantes de diversos processos fabris, como, por exemplo, os oriundos de altos-fornos.
— Vapor, por meio de serpentinas ou misturado à água.
— Energia solar, por meio de aquecedores solares.
— Água quente oriunda do subsolo (fontes termais, gêiseres etc.).
— Água quente resultante da condensação dos sistemas de ar condicionado e frio.

A transferência de calor da fonte à água pode ser feita diretamente, como no caso das resistências de imersão e nos processos de mistura (vapor ou água quente), ou indiretamente (por condução), em todos os demais casos.

Em instalações domiciliares, usam-se, preferivelmente, os aquecedores elétricos, a gás (de rua ou lique-feito do petróleo), a óleo ou carvão.

1.2.2 Aquecimento Elétrico

O aquecimento elétrico, normalmente, é feito por meio de resistências metálicas de imersão, que dão bom rendimento na transferência de calor. Essas resistências, em geral ligas, são isoladas por mica, asbesto etc., materiais que devem suportar bem as altas temperaturas. Há também resistências líquidas, que utilizam a própria resistência da água. As resistências constam de dois eletrodos, que se separam à proporção que a água se aquece, pois a água aquecida tem menor resistência.

Fórmulas:

$$R = \frac{\rho l}{S}$$

R = resistência, em ohms

ρ = resistividade do material, em $\dfrac{\text{ohms} \times \text{mm}^2}{\text{m}}$

l = comprimento do resistor, em metros

S = seção do resistor, em mm²

$$P = RI^2$$

P = potência, em watts

I = corrente, em ampères

$$\boxed{\dfrac{\text{ohms} \times}{\text{m}}}$$

V = tensão, em volts

$V = RI$

$W = P \times t$

W = energia, em watts $\times h$

t = tempo, em horas

$$Q = mc\,(t_2 - t_1)$$

Q = quantidade de calor, em kcal

m = quantidade de água, em litros

t_2 = temperatura final, em °C

t_1 = temperatura inicial, em °C

c = calor específico, em $\dfrac{\text{kcal}}{\text{kg°C}}$ (para a água, $c = 1$)

$$\text{kWh} = 860 \text{ kcal}$$

$\boxed{Q = 0{,}00024\ RI^2 t}$ (expressão que dá a quantidade de calor em kcal produzida numa resistência R, por uma corrente de I ampères, em t segundos).

EXEMPLO

Desejamos aquecer 100 litros de água da temperatura de 24°C (75°F) para 40°C (104°F), em duas horas. A tensão disponível da rede é de 110 volts. Qual a potência elétrica exigida?

$Q = mc\,(t_2 - t_1)$

$Q = 100\,(40 - 24) = 1.600$ kcal; $\dfrac{1.600 \text{ kWh}}{860 \times 0{,}95} = 1{,}96$ kWh

$P = \dfrac{1{,}96}{2} = 0{,}98$ kW ou 980 watts.

A seguir, transcrevemos a Tabela 1.26, que dá os comprimentos do fio de *nicrome IV* em função das potências dissipadas, para 110 volts.

TABELA 1.26

Fio de Nicrome IV, Circuito de 110 Volts				
Watts	*Ampères*	*B & S*	*Ohms, 24°C*	*Comprimento (m)*
300	2,72	25	37,6	5,80
325	2,95	24	34,7	6,82
350	3,2	24	31,6	6,22
375	3,4	24	30,1	5,94
400	3,64	23	28,1	6,95
425	3,87	23	26,4	6,52
450	4,10	22	25,0	7,79
475	4,32	22	23,7	7,41
500	4,55	22	22,5	7,01
525	4,77	22	21,5	6,70
550	5,0	21	20,5	8,05
575	5,23	21	19,6	7,77
600	5,46	21	18,7	7,41
625	5,67	21	18,0	7,13
650	5,91	20	17,3	8,65
675	6,15	20	16,6	8,30
700	6,36	20	16,1	8,04
725	6,58	20	15,6	7,79
750	6,82	19	15,0	7,48
775	7,04	19	14,5	9,14
800	7,26	19	14,1	8,83
850	7,72	19	13,3	8,34
900	8,17	19	12,5	7,87
950	8,63	19	11,9	7,46
1.000	9,08	18	11,3	8,88

Para o exemplo em foco, o valor que mais se aproxima da tabela é 950 watts, com 8,63 ampères, cujo fio na escala B & S é o 19, com $R = 11,9$ ohms, com 7,46 m de comprimento.

Verificação:

Com os dados da tabela, temos:

$$P = RI^2 = 11,9 \times 8,63^2 = 900 \text{ watts.}$$

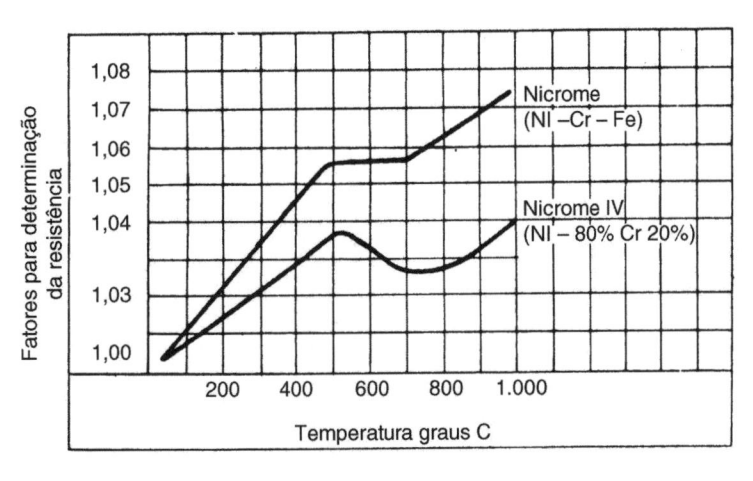

Fig. 1.68

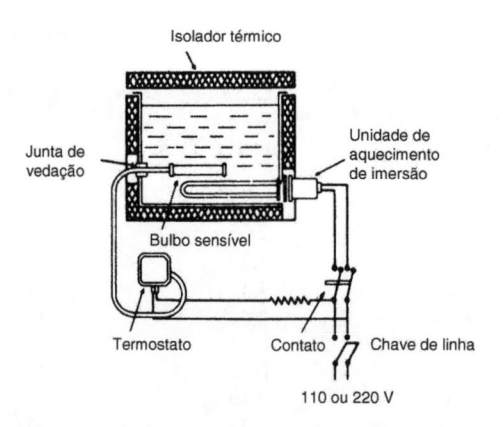

Fig. 1.69 Esquema de instalação de *boiler*.

Observação:

No exemplo, foi considerado o rendimento de 95% da transferência de calor da resistência à água.

O *boiler*, ou seja, o reservatório destinado à água quente, deve ser isolado termicamente com isolamento apropriado (lã de vidro, eucatex, isopor etc.), a fim de manter a temperatura por longo tempo, o mesmo devendo ser feito às tubulações. Também é usual o emprego de um termostato, destinado a controlar a temperatura dentro de certos limites (ver Fig. 1.59).

O controle da temperatura, normalmente, é feito por termostato cujo bulbo sensível é imerso dentro da caixa de água quente. Assim, a temperatura da água comanda uma chave automática (relé), que abre e fecha o circuito da resistência (Fig. 1.69).

Os aquecedores elétricos do tipo *boiler* são aquecedores de acumulação, isto é, o elemento resistivo aquece lentamente a água nas horas sem consumo, para que, nas ocasiões de uso, a água já esteja na temperatura adequada. A potência elétrica em jogo é pequena, em comparação com os chuveiros elétricos, por exemplo, em que o tempo que a água permanece em contato com a resistência é muito pequeno. Daí a razão pela qual a potência dos chuveiros elétricos deve ser muito maior do que a exigida pelos aquecedores.

O *boiler* bem isolado termicamente (lã de vidro, amianto etc.) pode manter a temperatura da água durante cerca de 12 horas, sem consumo (queda de somente 3°C).

Rendimento

Admite-se, nos aquecedores de boa procedência, um rendimento de 80 a 90% na transferência de calor. Os aquecedores podem ser do tipo de baixa ou de alta pressão. Os de baixa pressão (pressão atmosférica) distribuem a água quente por gravidade; logo, exigem que os aparelhos de consumo se situem abaixo de sua posição. Os de alta pressão, ou simplesmente de pressão, podem ser instalados abaixo dos aparelhos de consumo, pois a pressão é ditada pela altura estática do reservatório de água fria.

Nas Figs. 1.70 e 1.71 (ver encarte) vemos esquemas de montagem de aquecedores para residências isoladas (em geral, de baixa pressão) e para edifícios com coluna de alimentação própria e coluna de ventilação geral (em geral, de pressão).

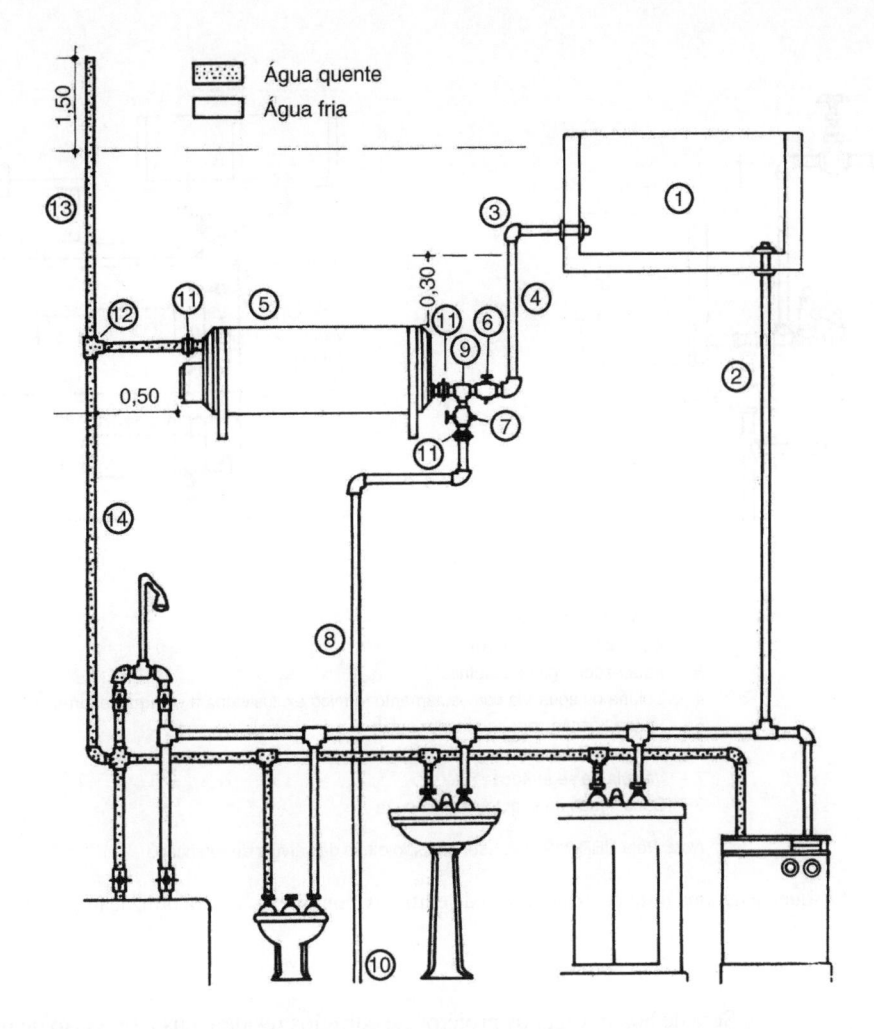

1 – Caixa-d'água para alimentar o aquecedor e as demais dependências da casa. Nunca se deve ligar água direta da rua ao aquecedor.
2 – Cano que leva água fria para os diversos pontos.
3 – Joelho.
4 – Cano que alimenta *exclusivamente* o aquecedor, saindo da caixa, a 5 centímetros do fundo.
5 – Aquecedor JMS.
6 – Registro de gaveta para fechar a água que vem para o aquecedor.
7 – Registro de gaveta para escoar a água do aquecedor, quando necessário.
8 – Cano que, ligado ao registro n.º 7, escoa a água do aquecedor.
9 – Tê onde se adapta o registro n.º 7.
10 – Ralo por onde a água do aquecedor é escoada.
11 – Uniões para facilitar a eventual retirada do aquecedor, evitando rasgar a parede, serrar canos e muitos outros inconvenientes.
12 – Tê onde se adapta o ventilador.
13 – Ventilador *indispensável* (responsável pela segurança do aquecedor), que deve ir a 1 metro e meio acima do nível da caixa-d'água, saindo pelo telhado. Serve para dar passagem livre aos vapores que se formarem.
14 – Cano de saída que leva água quente para os pontos desejados.

Fig. 1.70 Esquema da instalação hidráulica do aquecedor JMS.

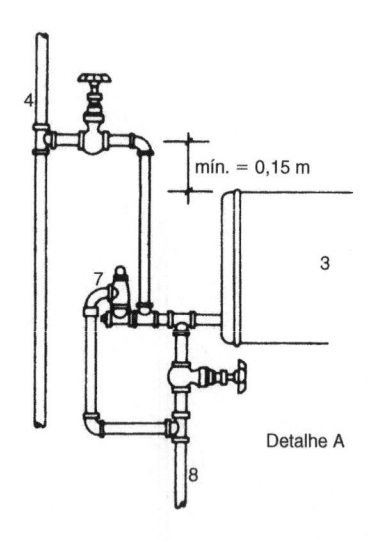
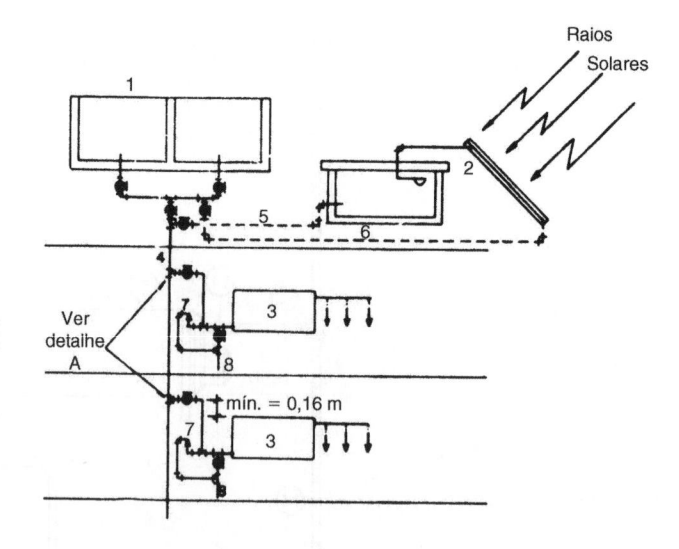

1 – Caixa-d'água geral
2 – Aquecedor solar (futuro)
3 – Aquecedor a gás ou elétrico
4 – Coluna de água fria com isolamento térmico exclusiva para os aquecedores
5 – Futura ligação com aquecedor solar
6 – Alimentação de água fria (futuro)
7 – Válvula de segurança
8 – Cano ligado ao esgoto para limpeza

Nota: Pela NBR-7198/82, está proibido o uso da válvula de retenção.

Fig. 1.72 Esquema de uma instalação hidráulica de edifícios, com previsão para utilização de aquecedores solares (NBR-7198).

Será de boa norma nos projetos de edifícios residenciais a previsão de utilização de aquecedores solares. Para isso, será deixada uma coluna de água exclusiva para os aquecedores das unidades residenciais, com isolamento térmico (ver Fig. 1.72). Mediante simples manobra de registros, o aquecedor solar (2) fornecerá água preaquecida para os aquecedores das unidades (3), resultando em economia de combustível que poderá chegar a 50%.

1.2.3 Aquecimento Solar

Modernamente já se utiliza o coletor solar para aquecimento de água para uso doméstico, em piscinas ou para processos industriais. Essa fonte de energia, além da grande vantagem de ser inesgotável, alia outras razões insofismáveis pelos quais o seu emprego vai se difundindo em todo o mundo:

— não ser poluidora do ar;
— ser auto-suficiente;
— ser completamente silenciosa;
— ser fonte alternativa de energia.

Para utilização doméstica, muitas vezes é complementado pelo aquecimento elétrico, para os dias sem sol. Nesses casos usam-se preferivelmente os coletores planos, por razões econômicas.

É fato conhecido que a radiação solar não é constante ao longo do dia e varia também de acordo com as estações do ano. Portanto, para se obter o melhor rendimento, precisamos orientar o coletor de modo a receber a maior incidência dos raios solares. Para os coletores fixos, é fato comprovado experimentalmente que a inclinação que dá melhor incidência dos raios solares durante todo o ano é, em relação à horizontal, um ângulo resultante da soma da latitude do lugar mais 5 ou 10°. O coletor deve ser voltado para o norte (no caso dos habitantes do hemisfério sul).

a) Tipos de instalação
— circulação natural (termossifão) em circuito aberto — Fig. 1.73(*a*);
— circulação natural (termossifão) em circuito fechado — Fig. 1.73(*b*);

— circulação forçada em circuito aberto — Fig. 1.73(*c*);
— circulação forçada em circuito fechado — Fig. 1.73(*d*);

A escolha do tipo de instalação dependerá dos custos, da disponibilidade de espaço, da freqüência de utilização e da intensidade da radiação solar.

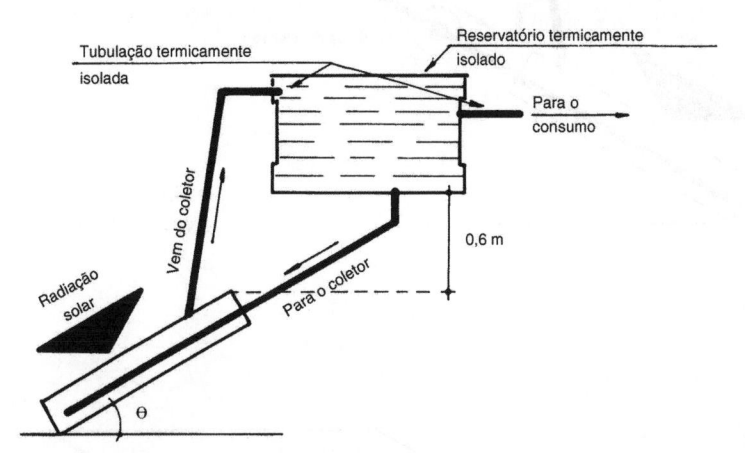

Fig. 1.73(*a*) Coletor com circulação natural (termossifão) circuito aberto.

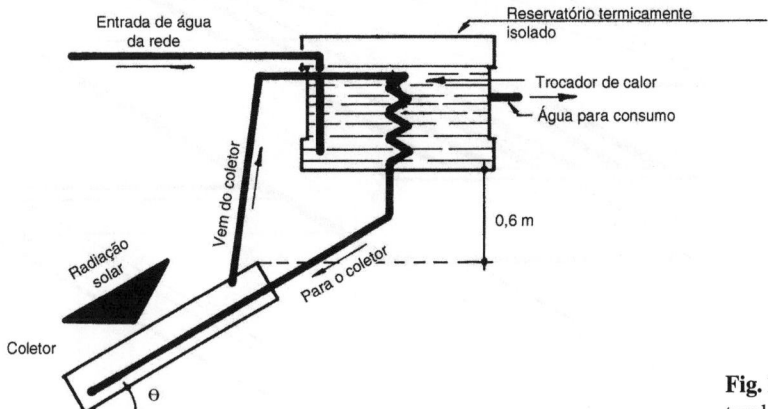

Fig. 1.73(*b*) Coletor com circulação natural (termossifão) circuito fechado.

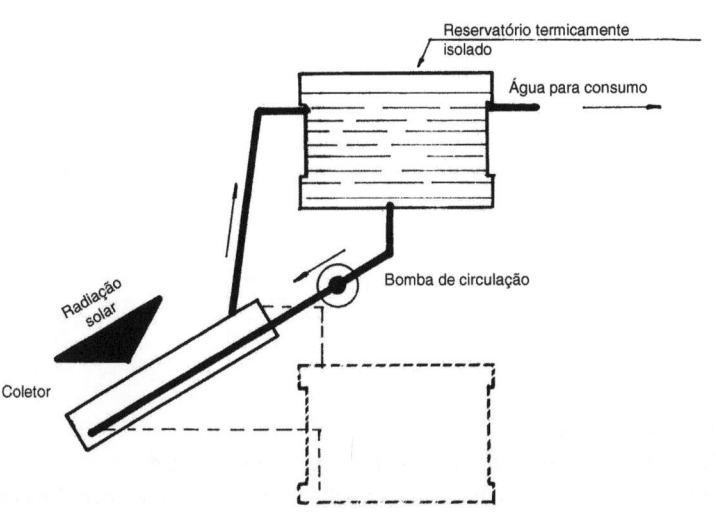

Fig. 1.73(*c*) Coletor com circulação forçada circuito aberto.

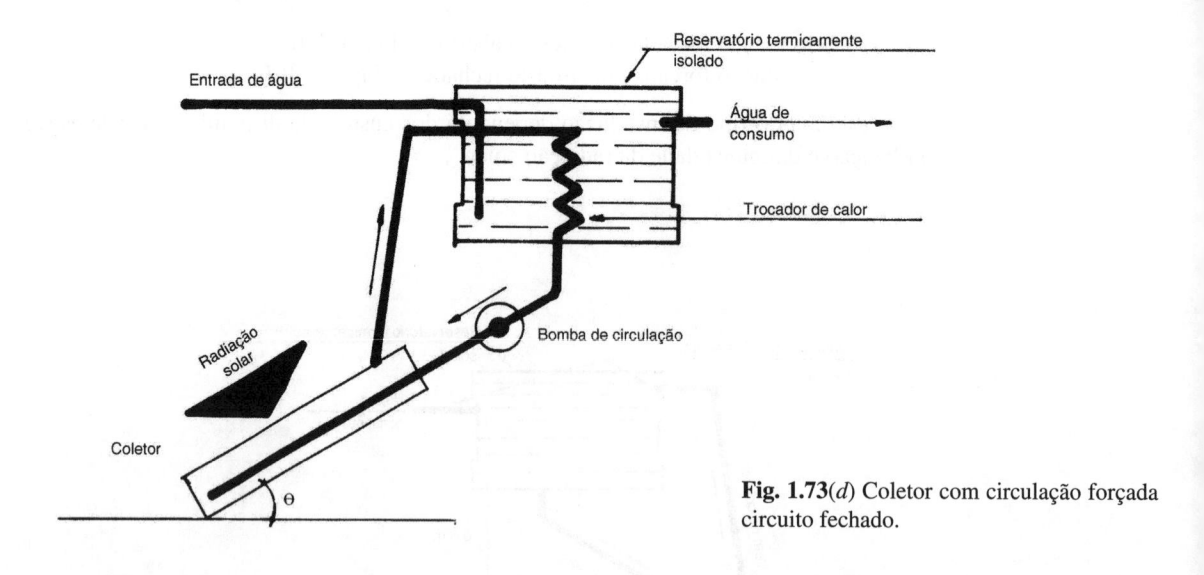

Fig. 1.73(*d*) Coletor com circulação forçada circuito fechado.

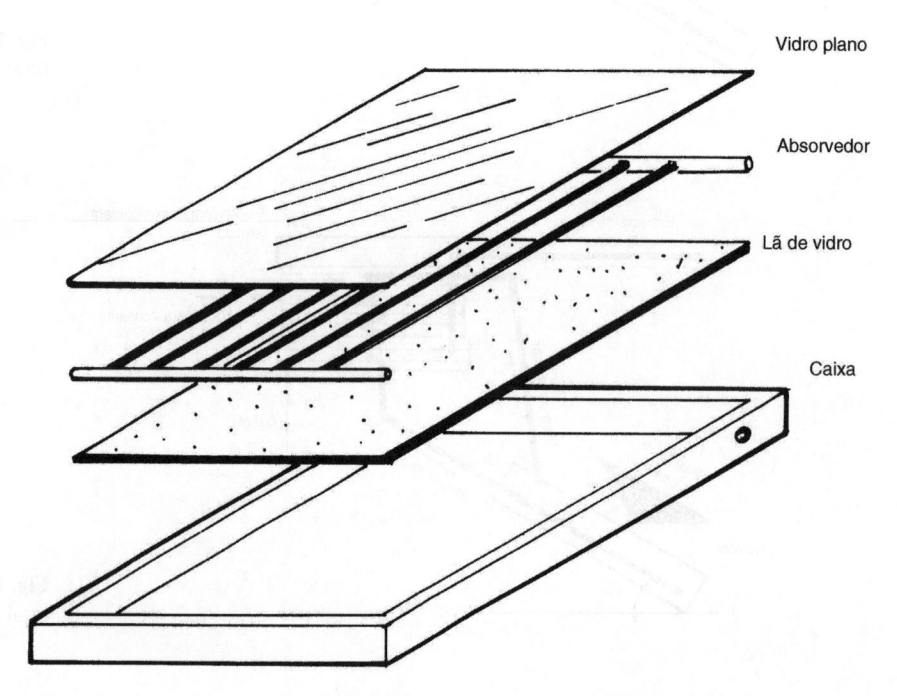

Fig. 1.73(*e*) Componentes de uma célula de coletor solar. Toda a tubulação deve ser de cobre.

b) Dimensionamento da superfície coletora (painel)

Dado prático: 1 m² de coletor para 50-65 litros de água quente necessários, ou seja, uma superfície suficiente para uma habitação unifamiliar de 3 a 6 m².

Fórmula utilizada:

$$S = \frac{Q}{I \times \eta} \tag{1}$$

S = área em m²

Q = quantidade de calor necessária em kcal/dia

I = intensidade de radiação solar em kWh/m² × dia ou kcal · h/m²

η = rendimento do aproveitamento da energia por painel, estimado, para fins práticos, em 50%.

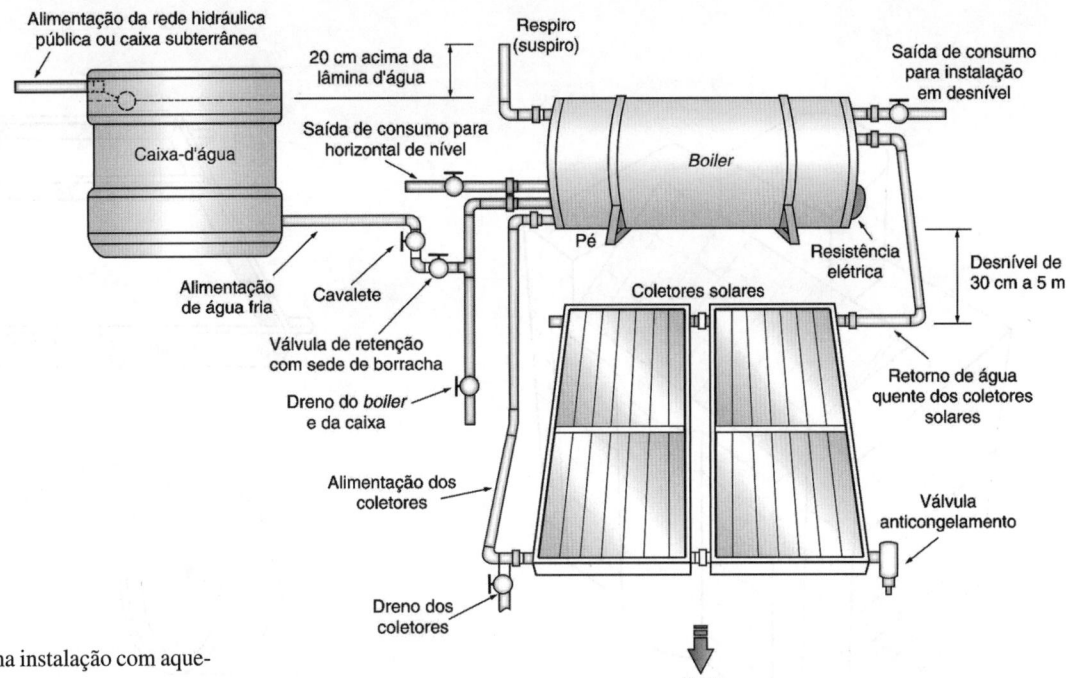

Fig. 1.74 Detalhe de uma instalação com aquecedor solar.

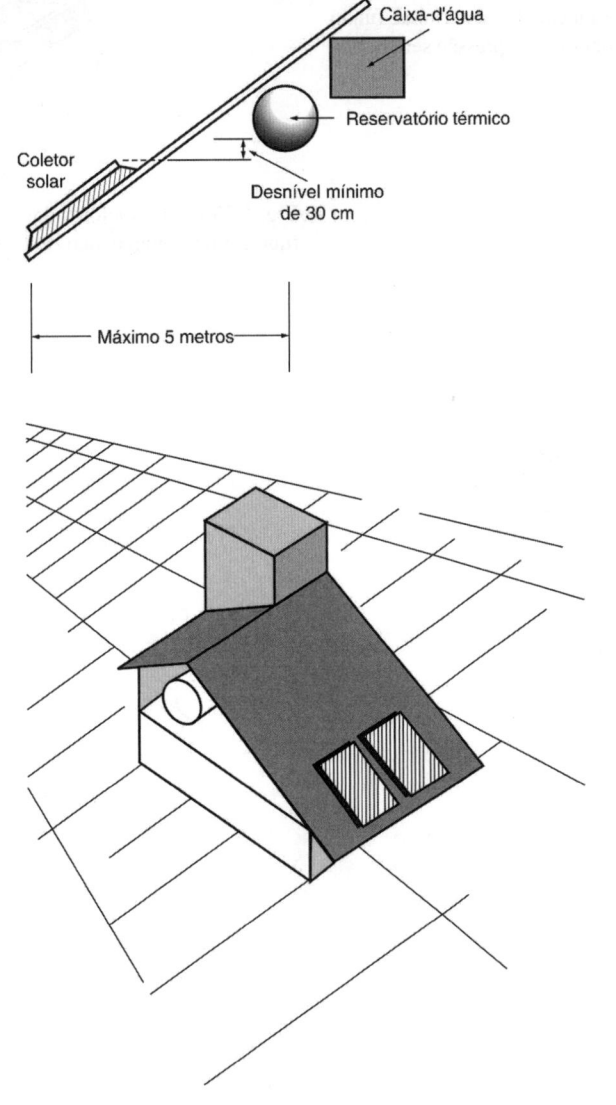

Fig. 1.75(*a*) Sistema em desnível.

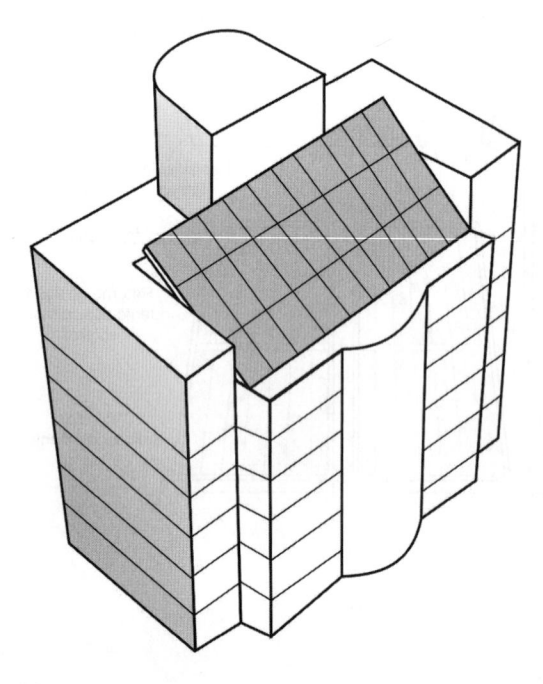

Fig. 1.75(*b*) Os coletores solares devem estar em nível inferior ao fundo da caixa; o nível ideal é sobre a laje de cobertura. A pressão será ditada pela coluna de AQ.

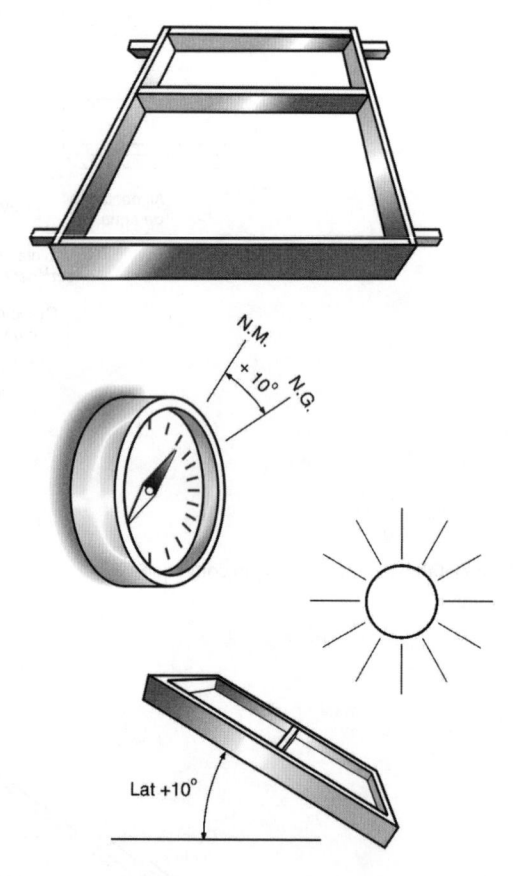

Fig. 1.75(*c*) Os coletores devem estar na direção do norte geográfico (que é o norte magnético + declinação de $\approx 10°C$).

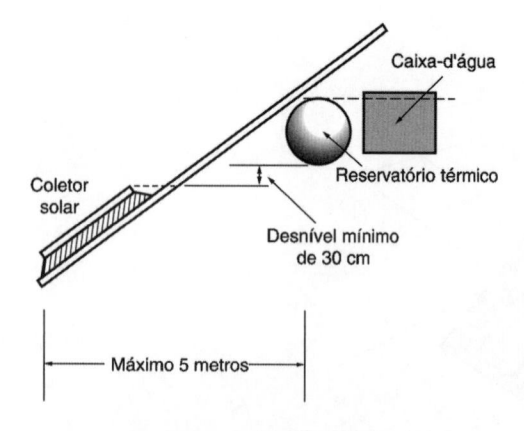

Fig. 1.75(*d*) Sistema em nível.

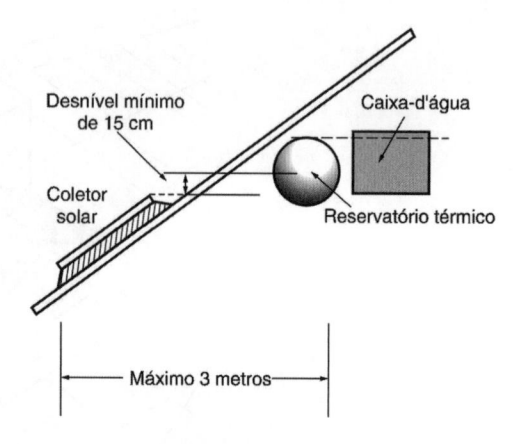

Fig. 1.75(*e*) Sistema em nível.

EXEMPLO

Supondo uma residência unifamiliar de 5 pessoas, desejamos calcular qual a área do coletor necessária. Pela NBR-7198, o consumo diário por pessoa é de 45 litros, então teremos:

$$m = 5 \times 45 = 225 \text{ litros}$$

Supondo que a água entre na temperatura de 20°C e saia do coletor na temperatura de 60°C.

$$Q = mc\,(t_2 - t_1)$$

m = quantidade de água em litros

c = calor específico da água em $\dfrac{\text{kcal}}{\text{kg·°C}} = 1$

t_2 = temperatura final em °C
t_1 = temperatura inicial em °C
$Q = 225 \times 1 \times (60 - 20) = 9.000 \text{ kcal}$

Supondo no Rio de Janeiro a intensidade de radiação aproximada 1 cal/cm²/mín., ou, em 7 horas de exposição do sol:

$$I = 4.200 \text{ kcal/m}^2 \times \text{dia}$$

Substituindo na fórmula (1):

$$S = \frac{9.000}{4.200 \times 0,5} = 4,3 \text{ m}^2$$

Na prática usam-se coletores em células em 2 m²; então, no caso em foco, podemos usar dois coletores de 2 m² cada.

Na Fig. 1.74 vemos detalhes de uma instalação para atender a unidade residencial do exemplo.

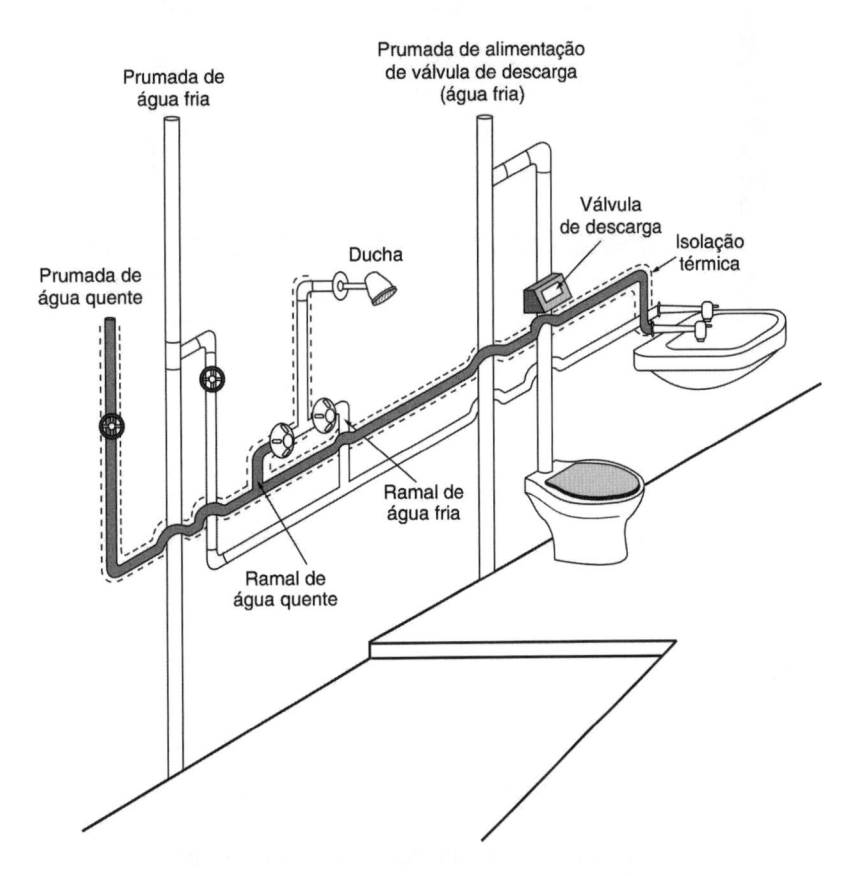

Fig. 1.76 Ligação de aparelhos de AQ e AF.

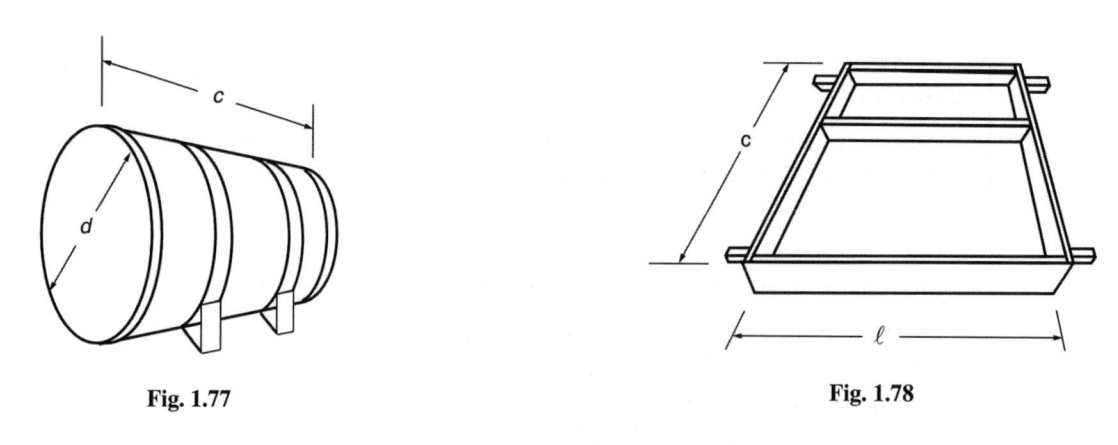

Fig. 1.77   **Fig. 1.78**

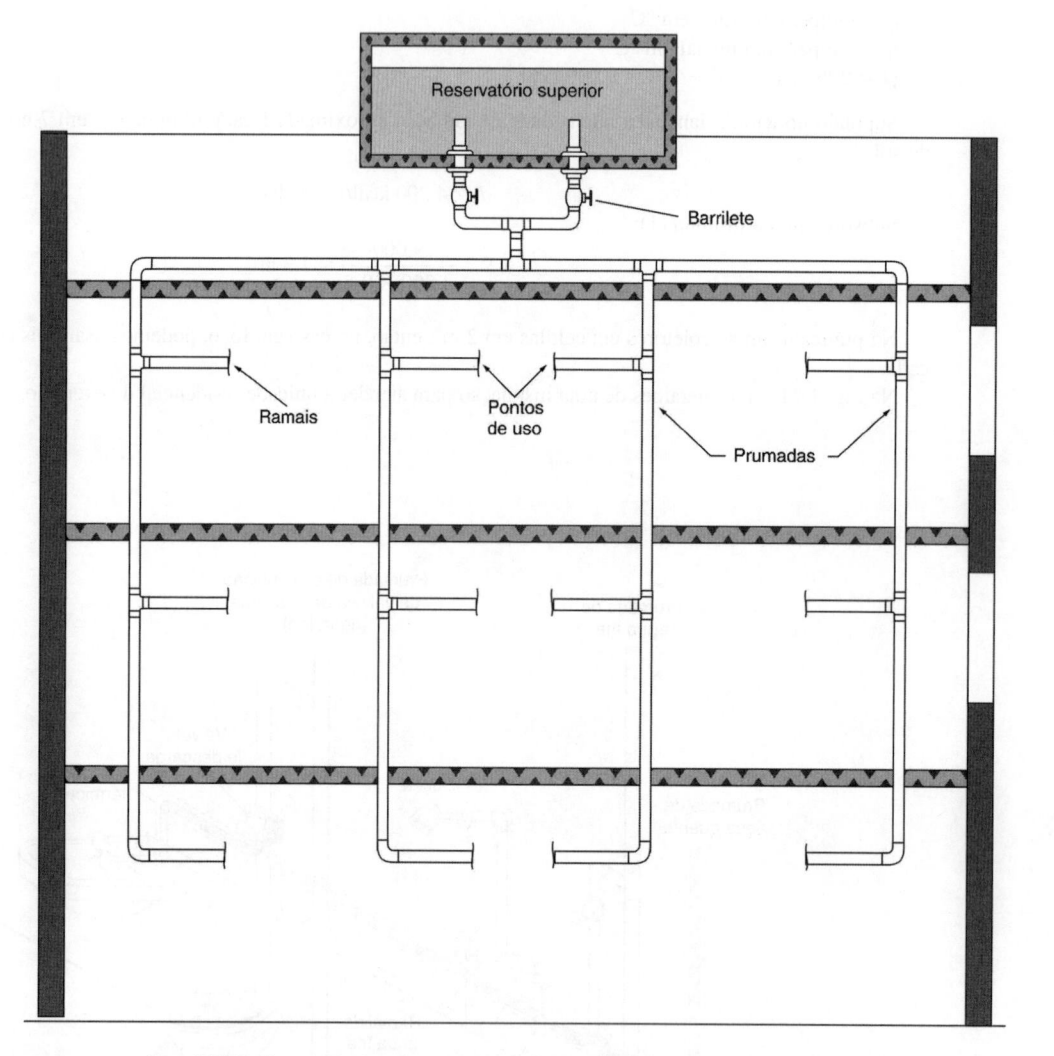

Fig. 1.79 Indicação da localização do barrilete dos ramais e pontos de uso.

1.2.4 Aquecimento a Gás

1.2.4.1 Aquecimento a Gás de Rua

Nas grandes cidades, é mais comum o uso do gás natural, ou GLP, conforme Normas NBR-14570 e NBR-13933.

O aquecedor a gás, normalmente, é instalado no banheiro ou na cozinha, sendo mais encontrado o aquecedor do tipo automático, ou seja, aquele que consta de um pequeno bico de gás (piloto) que automaticamente transmite a chama a uma série de bicos dispostos em linha (queimadores), bastando que se abra uma torneira ou registro.

Em torno dos queimadores desenvolve-se uma serpentina de água, recebendo calorias pelo contato direto com a chama ou com os gases quentes.

O conjunto é encerrado em uma caixa de chapa de ferro esmaltada, dispondo de chaminé para exaustão dos gases (Fig. 1.80).

Na Fig. 1.81 podemos observar a explicação de como funciona um aquecedor a gás. Em aquecedores modernos, o piloto P funciona como uma bateria, que é acionada pela pressão d'água. Assim, evita-se que o piloto seja acionado quando não há uso.

Em A temos a válvula automática, que é composta de uma membrana M que impulsiona a haste H. Quando há circulação de água pelo fato de se abrir uma torneira ou registro de água quente, verifica-se uma diferença de pressão entre as partes alimentadas pelos tubos B e B'. Assim, quando a pressão B' é maior do que em B, a haste H comprime a mola M', dando passagem ao gás pelo tubo C; esse gás, fluindo pelo queimador Q e em contato com a chama do bico (piloto) P, acende-se, aquecendo a água da serpentina S. O piloto P pode ser aceso independentemente da válvula A, bastando abrir o registro R. Depois que se fecha a água, é restabelecido o equilíbrio de pressões em B e B', voltando a se fechar a entrada de gás por ação da mola M'.

Consumo de gás. Já sabemos que 1 m³ de gás pode produzir em média 4.000 kcal. Admitimos que o rendimento médio dos aquecedores seja de 70%.

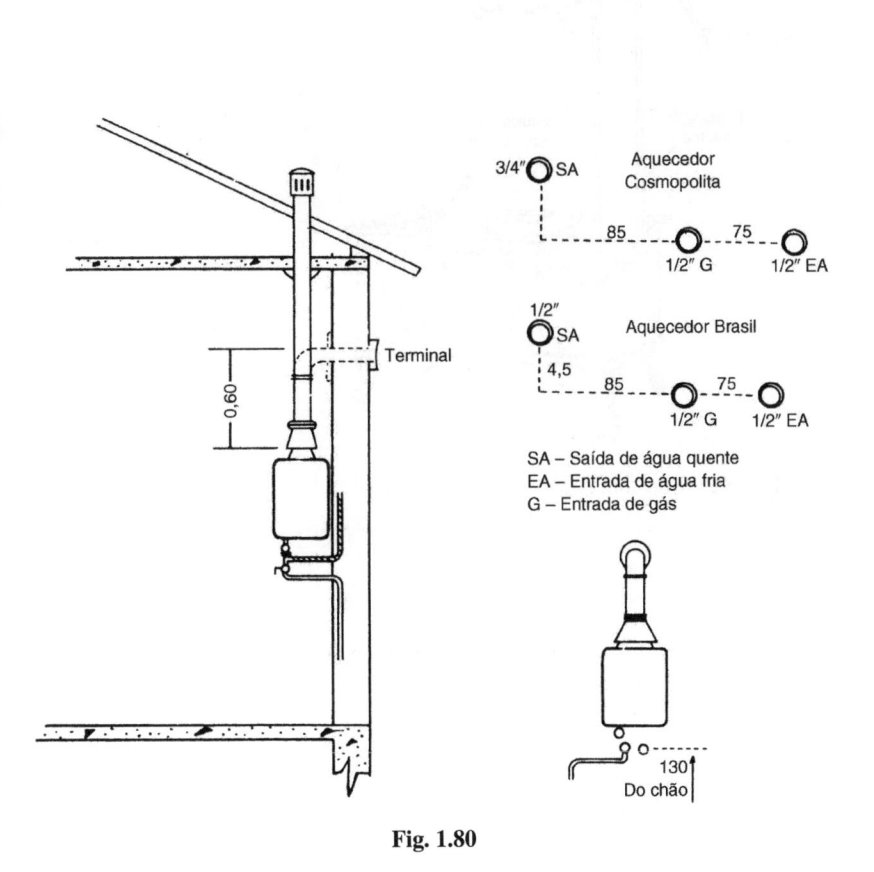

Fig. 1.80

Fig. 1.81 Aquecedor a gás.

EXEMPLO

Queremos saber qual o consumo de gás para um banho em que se consome 30 litros, na temperatura de 60°C. A água fria entra na temperatura de 20°C.

Calorias úteis: $30 (60 - 20) = 1.200$ kcal

Calorias efetivas: $\dfrac{1.200}{0,7} = 1.720$ kcal

Consumo: $\dfrac{1.720}{4.000} = 0,43$ m³

1.2.4.2 Aquecedor a Serpentina, em Fogão

Em instalações antigas ou em localidades em que não há disponibilidade de gás, podemos encontrar instalações aquecedoras no próprio fogão a lenha ou carvão.

São instalações bem econômicas, pois utilizam o próprio combustível que seria apenas usado na cocção dos alimentos.

Apresentamos sugestões na Fig. 1.82. Há circulação natural por efeito de termossifão, ou seja, a água fria, por ser mais densa, desce até a serpentina, onde, depois de aquecida, sobe até o *storage*, e daí se distribui aos pontos de consumo. Na Fig. 1.82, a instalação é do tipo "sem pressão" (com bóia), funcionando à pressão atmosférica, sem necessidade de válvula de segurança.

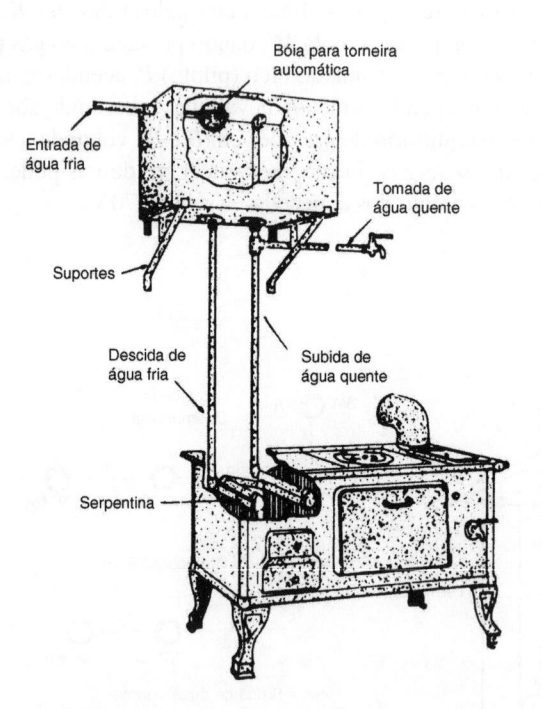

Fig. 1.82 Fogão com circulação sem pressão.

1.2.5 Aquecimento Central de Edifícios

Em certos edifícios, é mais econômica a centralização do aquecimento de água, em geral no térreo ou no subsolo do prédio, com distribuição ascendente ou descendente.

1.2.5.1 Sistemas de Distribuição

Os sistemas de distribuição de água quente podem ser:

1) ascendente sem circulação;
2) ascendente com circulação por termossifão (sem bombeamento);
3) descendente com bombeamento;
4) misto.

Nos sistemas sem circulação, economiza-se encanamento, porém há o inconveniente de se ter que esperar algum tempo até começar a sair a água quente, pois, apesar do isolamento térmico que deve haver na tubulação, a água esfria ao fim de algum tempo.

Nos sistemas com circulação, há circulação de água quente ou por efeito de termossifão simples ou termossifão com bombeamento. Gastam-se mais tubulações, mas, abrindo-se uma torneira ou registro, a água quente sai imediatamente. O efeito termossifão é obtido pelo fato de a água quente ser mais leve do que a fria.

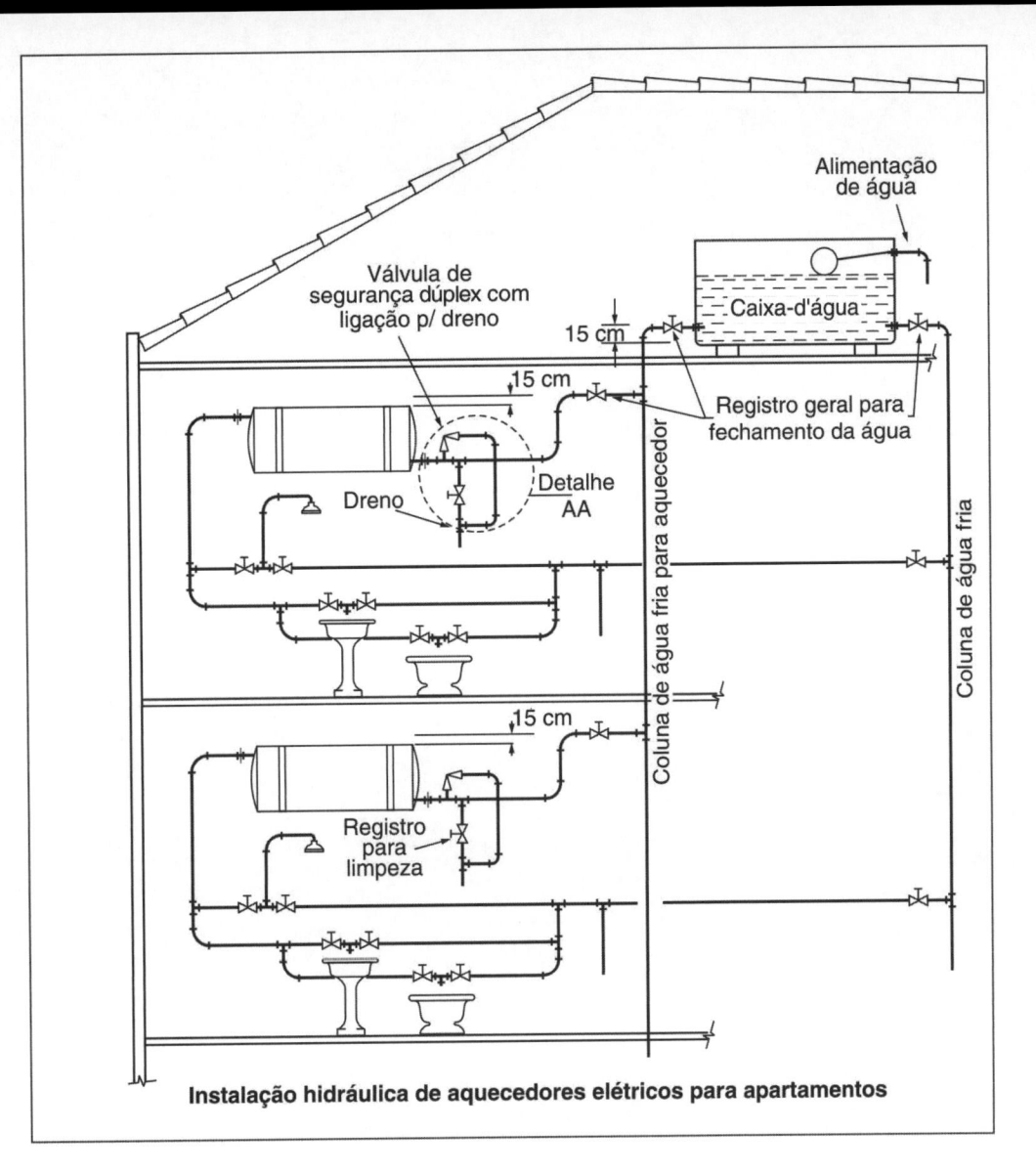

Instalação hidráulica de aquecedores elétricos para apartamentos

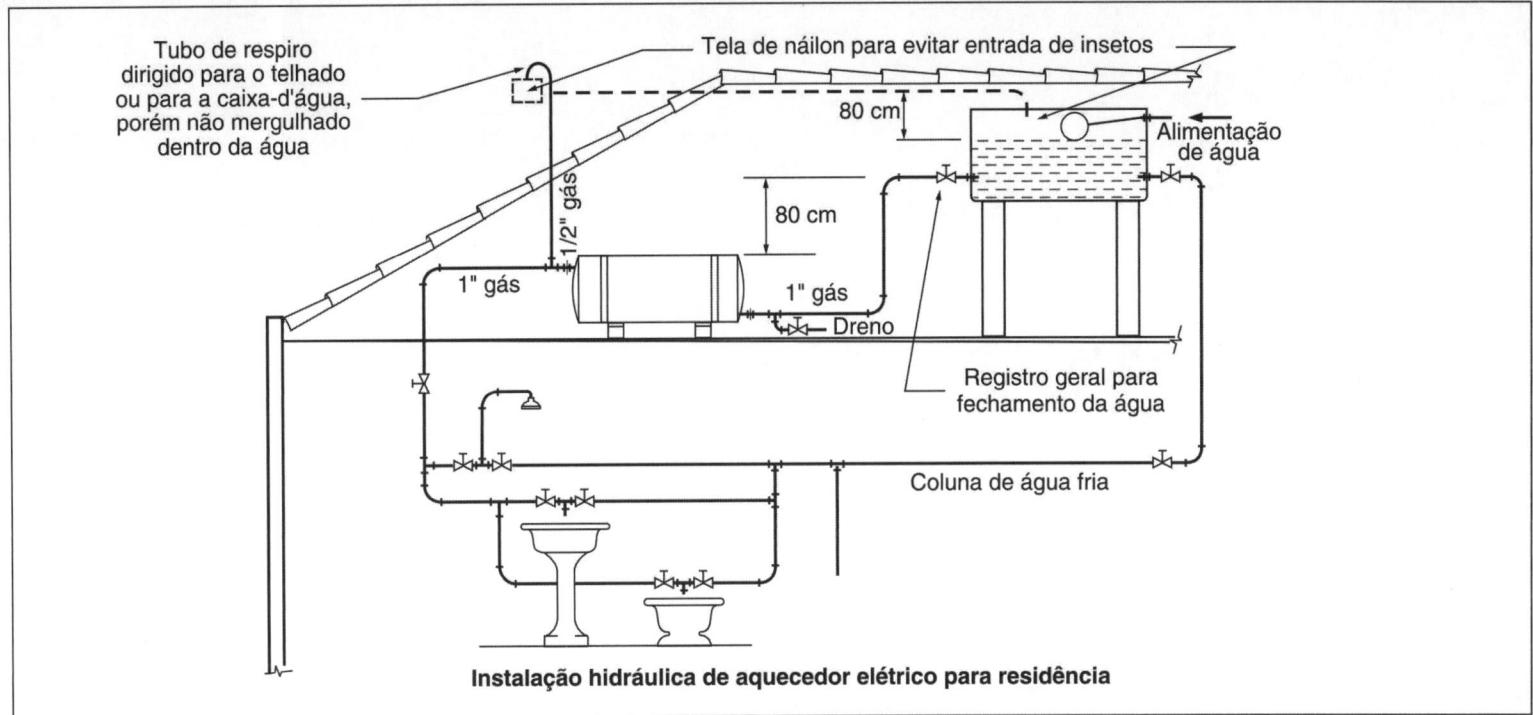

Instalação hidráulica de aquecedor elétrico para residência

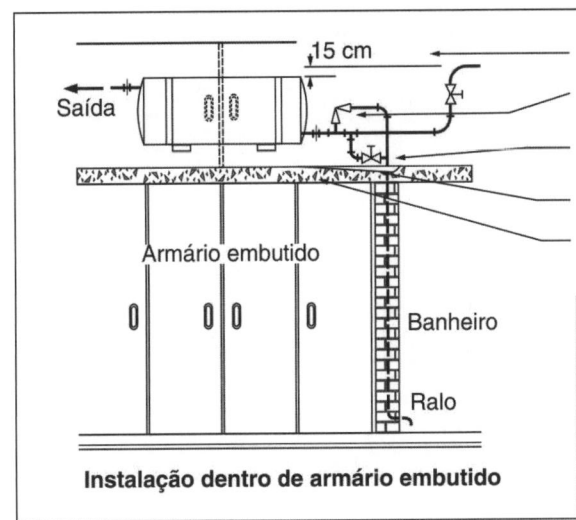

Espaço bem ventilado, com amplas portas para eventual retirada do aquecedor.

Válvula de segurança dúplex, com ligação para o dreno.

Dreno do aquecedor e da válvula dúplex interligados até o interior da banheira ou diretamente dentro do ralo; nunca diretamente sobre o piso.

Dreno do piso, vazão superior à da entrada de água.

Piso 100% impermeabilizado, em forma de bandeja, com inclinação em direção ao dreno.

Instalação dentro de armário embutido

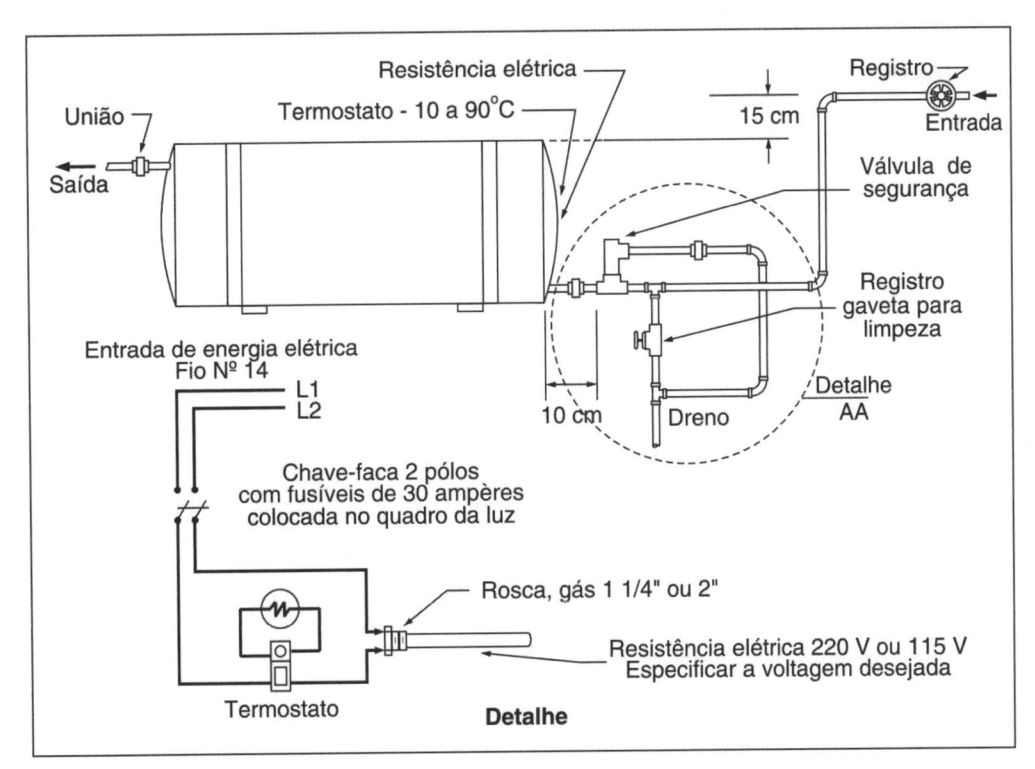

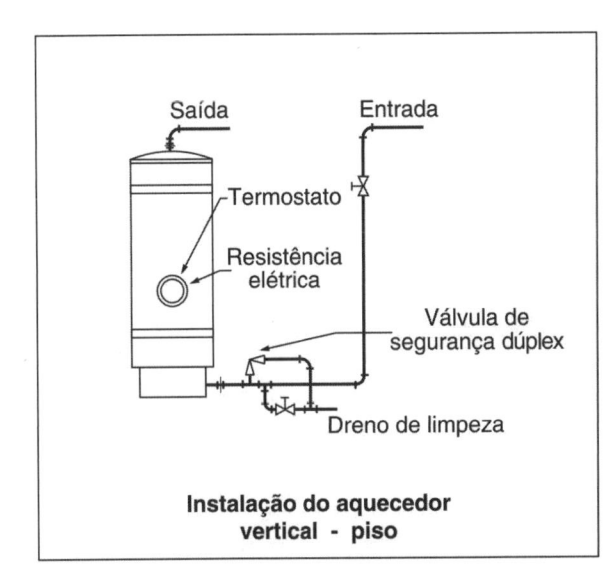

Instalação do aquecedor vertical - piso

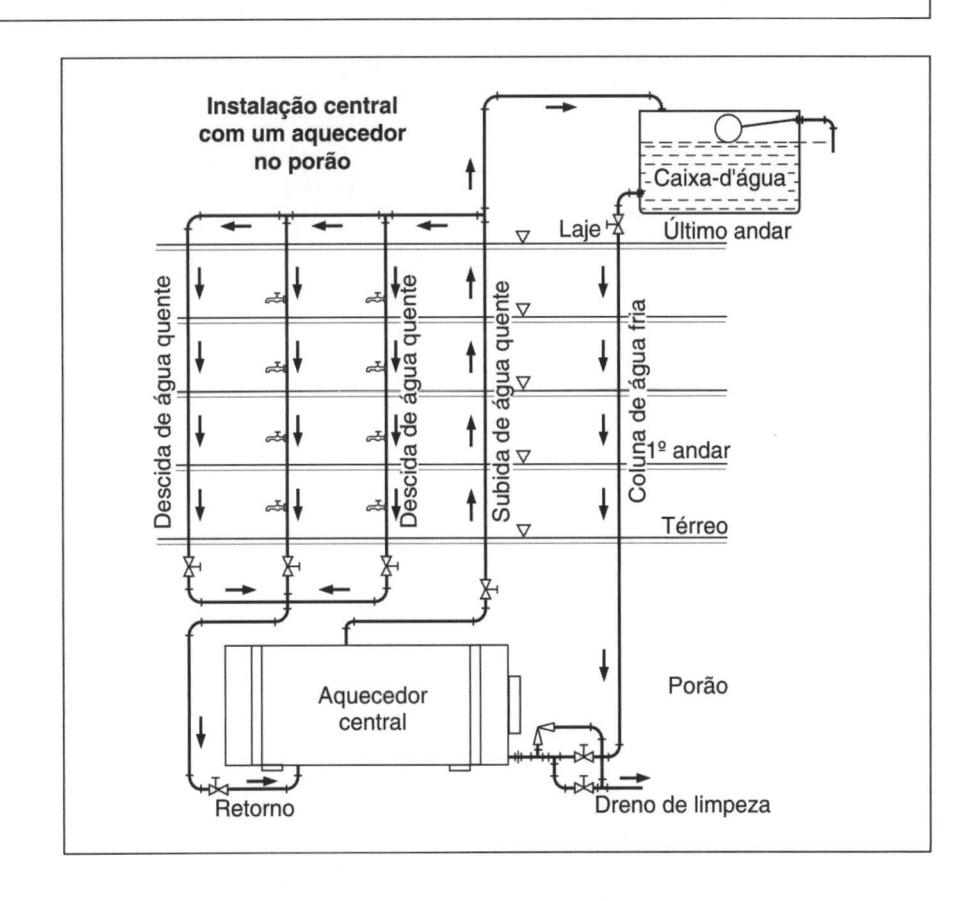

Fig. 1.71 – Instalação hidráulica para um aquecedor elétrico.

Funcionamento

1) *Sistema ascendente sem circulação* (Fig. 1.83). Nesse sistema, como nos demais, é aconselhável prever-se, partindo da caixa superior, uma coluna de água fria para alimentar os diversos aparelhos e outra para alimentar o reservatório de água quente (*storage*) e caldeira.

A água fria, ao entrar na caldeira, recebe um elevado calor de uma fonte quente (óleo, gás, carvão ou eletricidade), transformando-se em vapor ou água em alta temperatura, circulando através do tubo 1 em serpentina dentro do *storage*. Aí transmite o calor à água fria, que chega pelo tubo 3 e perde calor, voltando sob a forma líquida à caldeira, pelo tubo 2. A água aquecida no *storage* sobe aos pontos de consumo pelo tubo 4, auxiliada pela pressão disponível de caixa-d'água e pela diferença de densidade das águas quente e fria. Na cobertura deve ser instalada uma ventosa com ladrão para escapamento do excesso de vapor.

Observação. A água quente que sai da caldeira para o *storage* praticamente não é consumida, servindo apenas como transmissora de calor da fonte quente para a água fria que chega pelo tubo 3, sendo recalcada pelo tubo 4. A válvula de retenção *R* evita que a água quente retorne à caixa-d'água.

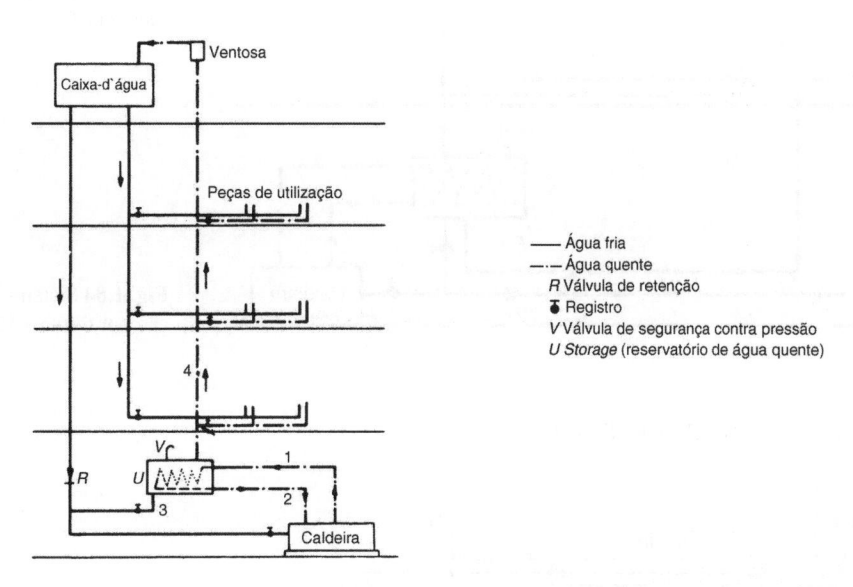

Fig. 1.83 Sistema ascendente sem circulação.

2) *Sistema ascendente com circulação por termossifão* (Fig. 1.84). Nesse sistema, a água quente sobe pelo tubo 4, retornando ao *storage* pelo tubo 5, auxiliada pela diferença de densidade entre a água quente e a água fria. Por economia, faz-se o retorno apenas no piso do último pavimento. A água é mantida circulando constantemente pela diferença de temperatura entre o *storage* e os pontos de utilização.

3) *Sistema descendente com bombeamento* (Fig. 1.85). Há uma bomba que recalca a água quente até um barrilete na cobertura, de onde desce para os diversos pontos de utilização por colunas. No pavimento térreo, as colunas se juntam novamente, antes de retornarem ao *storage*.

4) *Sistema misto* (Fig. 1.86). Neste sistema, a distribuição aos pontos de consumo é feita nos ramos ascendentes e descendentes da distribuição de água quente, podendo haver mais de um recalque, porém os retornos se juntam antes de voltarem ao *storage*.

Na Fig. 1.87 vemos um sistema descendente com circulação, usado em residências de dois pavimentos e em localidades muito frias, constando, também, de um calefator de ambiente. Notemos que o retorno junta-se com a descida do *storage* antes de entrar na caldeira.

Em vez de água quente, podemos ter também caldeiras geradoras de vapor, usando o mesmo sistema indireto.

O vapor, em contato indireto com a água fria (através da serpentina), condensa-se, retornando à caldeira sob a forma de condensado.

Há também sistemas em que o vapor é misturado diretamente à água, sem retorno, portanto, à caldeira. Basicamente, constam de um reservatório onde entram lateralmente água fria e, por cima, vapor, saindo apenas água quente.

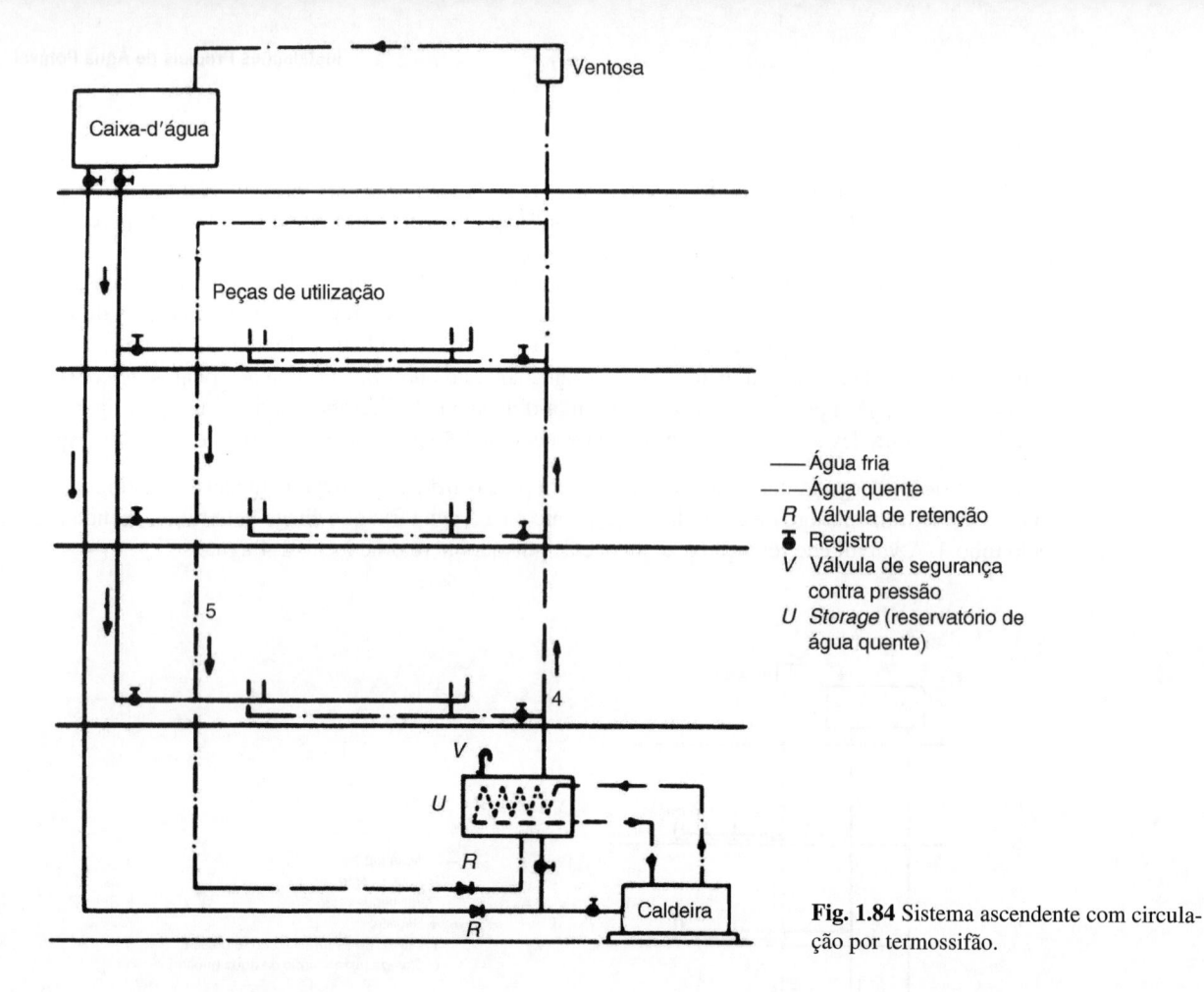

Fig. 1.84 Sistema ascendente com circulação por termossifão.

1 kg de óleo produz 17 kg de vapor saturado

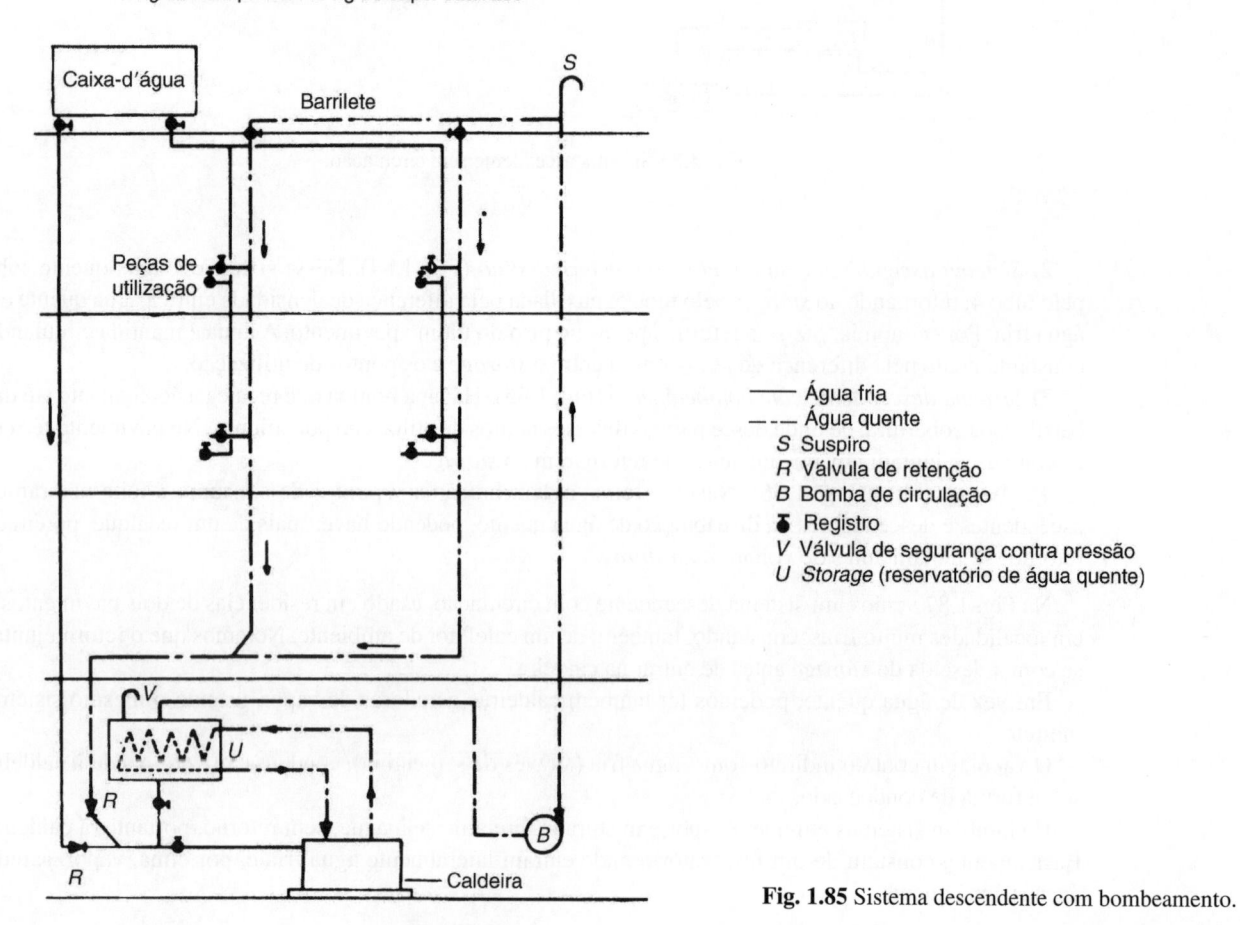

Fig. 1.85 Sistema descendente com bombeamento.

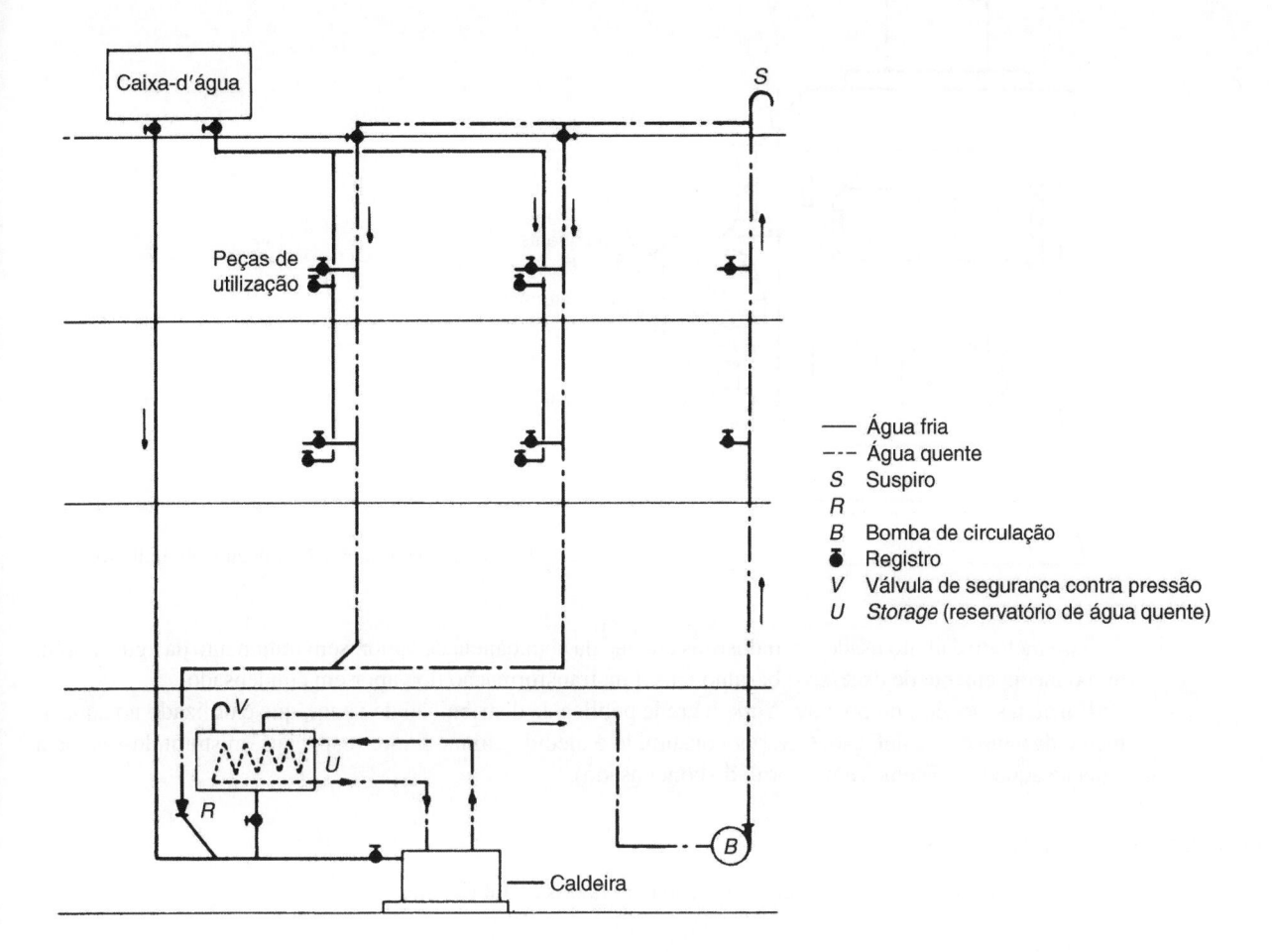

Caixa-d'água

S

Peças de
utilização

—— Água fria
--- Água quente
S   Suspiro
R
B   Bomba de circulação
●   Registro
V   Válvula de segurança contra pressão
U   *Storage* (reservatório de água quente)

V
U
R
B
Caldeira

Fig. 1.86 Sistema misto.

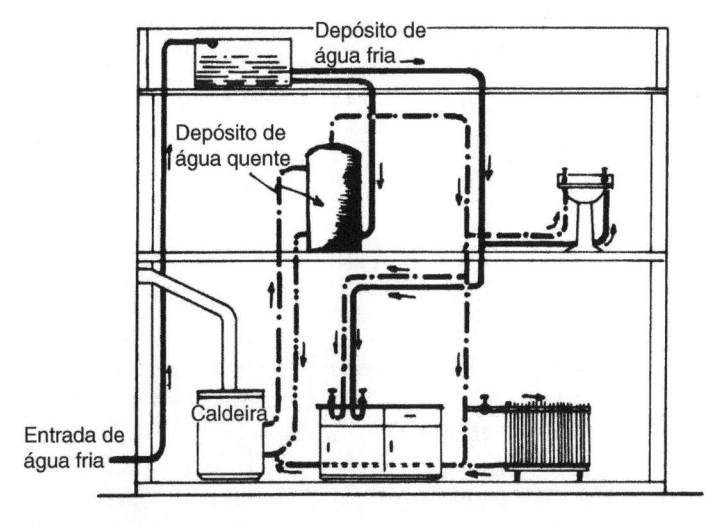

Depósito de
água fria

Depósito de
água quente

Caldeira

Entrada de
água fria

Fig. 1.87 Detalhe de uma caldeira de água quente, sistema indireto, usando carvão, tal como a usada na Fig. 1.88.

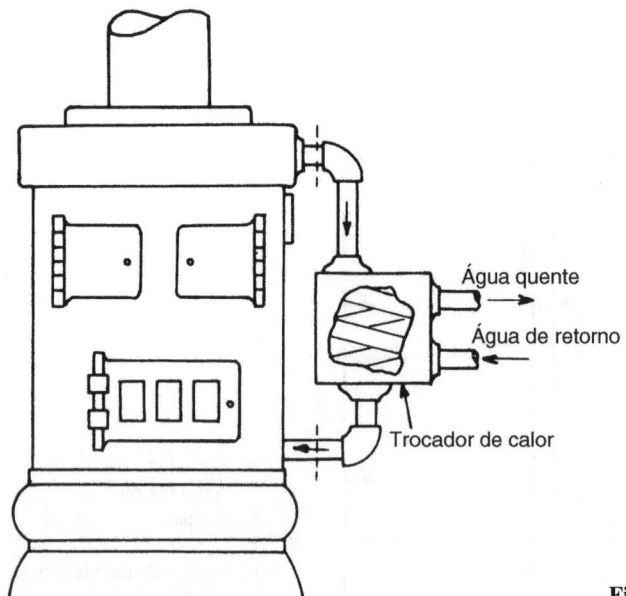

Fig. 1.88 Sistema de aquecimento indireto.

Esse método é muito usado em indústrias em que há abundância de vapor, sem tratamento da água, porém tem o inconveniente de excessivo barulho na súbita transformação do vapor em condensado.

Em certas cidades, como Nova York, há rede pública de distribuição de vapor, que é utilizado no aquecimento da água e na calefação. O vapor consumido é medido em medidores especiais, misturando-se com a água ao aquecer (sistema sem retorno do condensado).

1.2.5.2 Capacidade das Caldeiras a Óleo

A seguir transcrevemos uma tabela baseada em dados de fabricantes.

TABELA 1.27

Consumo Diário (Litros)	$V = 1/3$		$V = 1/4$		$V = 1/5$		$V = 1/6$		$V = 1/7$	
	C	Q	C	Q	C	Q	C	Q	C	Q
340	1	20	—	—	—	—	—	—	—	—
500	1,5	30	—	—	—	—	—	—	—	—
600	1,75	36	—	—	—	—	—	—	—	—
700	2	40	—	—	—	—	—	—	—	—
800	2,4	48	—	—	—	—	—	—	—	—
900	2,7	54	—	—	—	—	—	—	—	—
1.000	3,0	60	4,0	80	—	—	—	—	—	—
1.500	4,5	90	6,0	120	—	—	—	—	—	—
2.000	6,0	120	8,0	160	—	—	—	—	—	—
2.500	7,4	150	10,4	220	—	—	—	—	—	—
3.000	9,0	180	12,2	250	14,2	280	—	—	—	—
3.500	10,0	200	14,2	280	16,5	320	—	—	—	—
4.000	—	—	16,5	320	18	380	—	—	—	—
5.000	—	—	20	400	28	480	—	—	—	—
6.000	—	—	25	500	28	580	32	620	—	—
7.000	—	—	29	590	33	660	37	740	—	—
8.000	—	—	32	660	37	740	42	840	—	—
9.000	—	—	37	720	43	840	47	930	—	—
10.000	—	—	40	800	46	920	52	1.020	54	1.050
15.000	—	—	60	1.200	70	1.400	78	1.500	80	1.600
20.000	—	—	—	—	96	1.880	100	2.000	112	2.200
30.000	—	—	—	—	—	—	155	3.200	165	3.400
40.000	—	—	—	—	—	—	200	4.000	220	4.400

Capacidade das Caldeiras a Óleo, em 10^3 kcal/Hora (C), e Quantidade de Água Aquecida a 50°, em Litros/Hora (Q), em Função do Consumo Diário, em Litros

V = volume teórico do reservatório em função do consumo diário.

EXEMPLO

Edifício residencial de 30 apartamentos de 7 pessoas cada.
Consumo diário: $30 \times 7 \times 50 = 10.500$ litros
Volume teórico do reservatório: 1/5 do consumo diário = 2.100 litros.
Pela tabela, tiramos:

C = capacidade da caldeira: 48.400 kcal/h (por falta)
Q = quantidade da água aquecida a 50°C: 968 litros por hora (interpolação linear)

1.2.5.3 Dimensionamento das Tubulações de Água Quente

Para a água quente, usamos os mesmos princípios empregados para a água fria:

1) *Sistema descendente*:

a) desenhar as colunas que partem do barrilete;

b) relacionar as peças servidas pela coluna por pavimento;

c) determinar os pesos por pavimento e o peso total, bem como o consumo em 1/s;

d) ver a altura estática disponível no último pavimento. Essa altura depende da altura do reservatório de água fria, da diferença de pesos específicos da água fria e água quente, da potência da bomba e da altura entre o barrilete e o *storage*. A vazão necessária ao consumo (Q) deve ter a velocidade de 1,5 m/s no mínimo e no máximo igual às velocidades da Tabela 1.7 (Seção 1.1.2.10);

e) subtrair essa altura estática da altura mínima necessária ao funcionamento dos diversos aparelhos — será a altura devida às perdas H_p (tomaremos 4 m);

f) medir o comprimento da tubulação e acrescentar 50% para o efeito das perdas. Será o comprimento equivalente L_{eq};

g) $J = \dfrac{H_p}{L_{eq}}$;

h) conhecendo J e Q e entrando no ábaco das Figs. 1.11 e 1.12, temos os diâmetros;

i) usar, para os demais pavimentos, o mesmo ábaco, variando J e as vazões.

TABELA 1.28

Densidade da Água em Diversas Temperaturas	
Temperatura (°C)	*Densidade (Peso Relativo)*
4	1,000
10	1,000
15	0,999
20	0,998
25	0,997
30	0,996
35	0,994
40	0,992
45	0,990
50	0,988
55	0,986
60	0,983
70	0,978
80	0,972
90	0,965
100	0,958

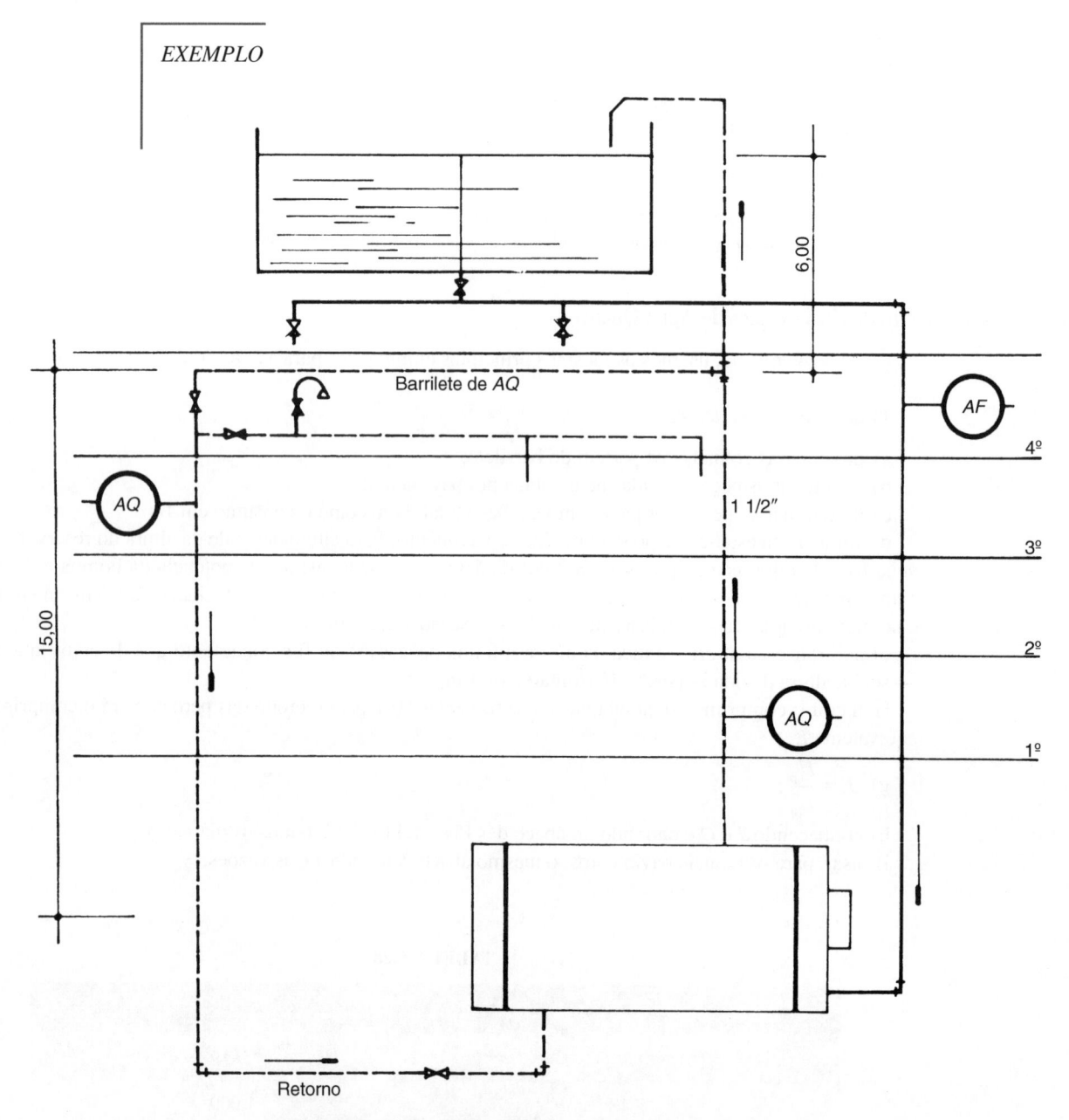

Fig. 1.89 Exemplo de dimensionamento de tubulação de *AQ*.

Uma coluna atendendo, num edifício de apartamentos com 4 pavimentos, às seguintes peças possíveis de uso simultâneo: banheira, lavatório e pia de cozinha.

Diferença de nível entre o reservatório de água fria e o barrilete: 6 metros.
Diferença de nível entre o barrilete e o *storage*: 15 metros.
Temperatura da água no *storage*: 60°C; no barrilete: 50°C.
Comprimento da tubulação entre a caixa-d'água fria e o barrilete: 16 m.

Solução

Pavimento	Pesos	Pesos Acum.	Consumo l/s
1.º	2,2	2,2	0,45
2.º	2,2	4,4	0,6
3.º	2,2	6,6	0,76
4.º	2,2	8,8	0,92

Peças	Pesos
Banheira	1,0
Lavatório	0,5
Pia de cozinha	0,7
	2,2

Altura estática disponível no barrilete:

$$H = H_{caixa} - H_{barrilete} + H_d$$

H_d = altura devida à diferença de densidade para as temperaturas $t_1 = 60°C$ e $t_2 = 50°C$

$H_d = h (D_{50} - D_{60})$
h = altura do barrilete
D_{50} = densidade, a 50°C
D_{60} = densidade, a 60°C
$H = 6 + 15 (0,988 - 0,983) = 6 + 0,075 = 6,075$ m

$L_{eq} = 16 + 0,50 \times 16 = 24$ m
$H_p = H - 4,0 = 6,075 - 4,0 = 2,075$ m

$$J = \frac{H_p}{L_{eq}} = \frac{2,075}{24} = 0,086 \text{ m/m}$$

$Q = 1,92$ 1/s.

Entrando no ábaco, achamos, para o cobre (Fig. 1.12)

ø = 11/4" (32 mm)
$V = 1,15$ m/s.

Como a velocidade foi menor do que 1,5 m/s, temos que adicionar uma bomba-d'água.
Pelo mesmo ábaco, fixando para a mesma vazão de $Q = 0,92$ 1/s a velocidade de 1,5 m/s, achamos:

$J = 0,11$
$H_m = H_{est} + H_p$, em que:
$H_p = J \times L_{eq} = 0,11 \times 24 = 2,64$ m

Arbitramos como de 10 m a altura de perdas no aquecedor.
Daí tiramos as características da bomba:

$H_m = - 6 + 2,64 + 10$ m $= 6,64$
$Q = 0,91$ 1/s ou 3,24 m³/h, aproximadamente 1/2 CV.

Observação: Consideramos que o *storage* está sob a carga estática da caixa-d'água superior; caso contrário, seriam outras as considerações para os cálculos.

2) *Sistema ascendente.* As considerações são semelhantes ao sistema descendente, com exceção da altura estática disponível no sistema sem circulação, em que não temos a parcela H_d. As vazões diminuem de baixo para cima, porém a tubulação cresce também de baixo para cima.

1.2.5.4 Isolamento das Tubulações

A fim de diminuir as perdas de calor no sistema, usa-se isolar todas as tubulações de água quente com material isolante térmico, que deve possuir certas características (durabilidade, facilidade de adaptação, baixo custo etc.).

Os materiais mais usados são: lã de vidro; canaletas de cortiça prensada; amianto em pó ou cortiça moída, misturada com um pouco de caldo de cal, que deve envolver os encanamentos, formando uma camada de uns 2 cm aproximadamente. Essa camada não se rompe com a dilatação dos canos, devido à temperatura.

Observação. Nunca se deve usar amianto com cimento, pois aderem ao encanamento, rachando o isolamento e reboco.

A Norma NBR-7198/93 indica as seguintes espessuras de isolamento térmico:

Diâmetro do Tubo (mm)	Espessura de Isolamento (mm)
15 a 32	20
40 a 65	30
80 a 100	40
Paredes planas	50

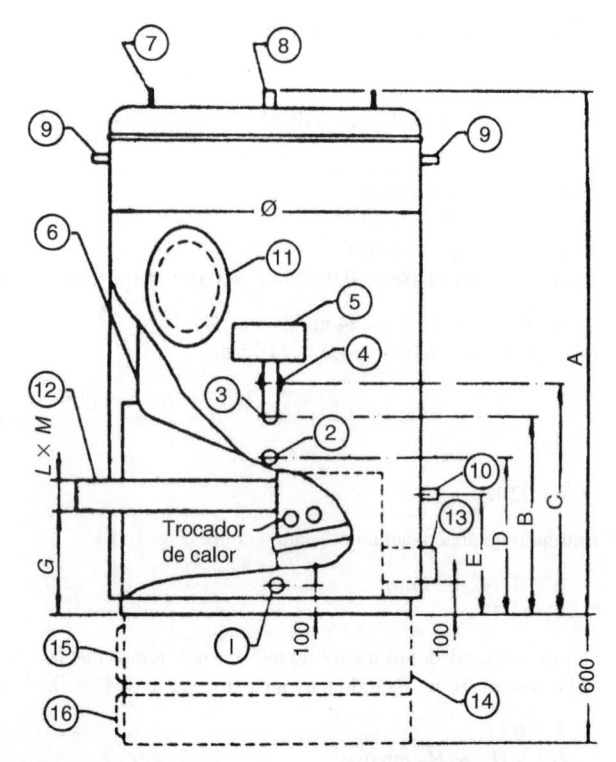

1 – Purga do circuito fechado
2 – Entrada de água fria para o depósito
3 – Ligação do vaso de expansão
4 – Retorno
5 – Vaso de expansão
6 – Depósito de água quente
7 – Olhais de suspensão
8 – Saída de água quente

9 – Termômetro
10 – Luva para unitrol ou termostato
11 – Porta de inspeção
12 – Saída dos gases
13 – Queimador
14 – Fornalha para lenha e/ou carvão vegetal
15 – Porta de alimentação
16 – Porta para retirada de cinzas

Fig. 1.90 Geradora de água quente.

Tipo ETD	Dimensões (mm)							Conexões (″)					Chaminé	
	A	B	φ	C	D	E	G	1	2	3	4	8	L	M
ETD-500	2.200	1.100	850	1.240	750	450	470	1/2	1	3/4	3/4	1	100	100
ETD-1.000	2.080	1.090	1.200	1.140	660	450	430	3/4	2	3/4	1	2	100	140
ETD-1.500	2.070	1.050	1.450	1.230	900	475	475	3/4	2	3/4	1	2	100	140
ETD-2.000	2.120	1.120	1.650	1.250	900	500	500	3/4	2	3/4	1	2	120	150
ETD-3.000	2.440	1.450	1.800	1.580	950	500	470	3/4	2 1/2	3/4	1	2 1/2	150	200
ETD-4.000	3.190	1.350	1.750	1.480	1.050	600	520	3/4	2 1/2	3/4	1	2 1/2	200	250

Observação: Nos modelos com fornalhas para lenha e/ou carvão, acrescer, sempre, 600 mm na altura (medida A).

Transcrevemos a seguir dados da Morganti S.A. Indústria e Comércio relativos ao aquecedor Equator-D, gerador de água quente que pode ser adaptado para uso de lenha, eletricidade, gás ou carvão vegetal.

Dimensionamento:

1. Verificar o número de apartamentos existentes no prédio.
2. Verificar o número de dormitórios existentes em cada apartamento.

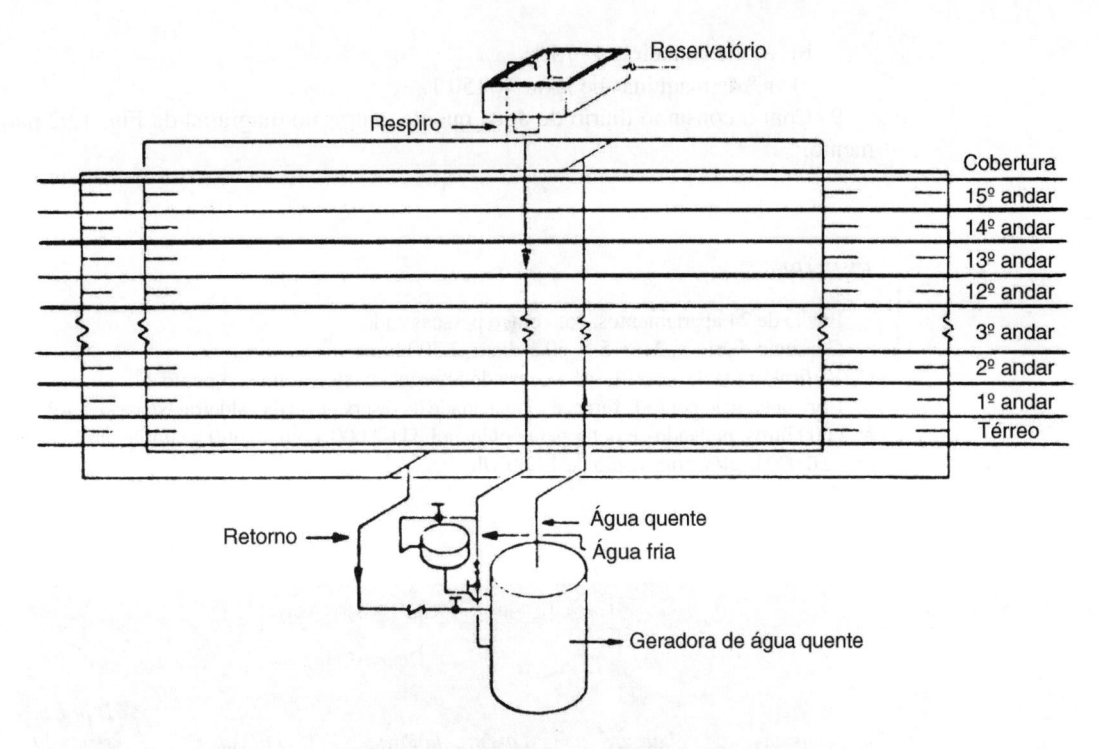

Fig. 1.91 Instalação típica (edifícios, hotéis etc.).

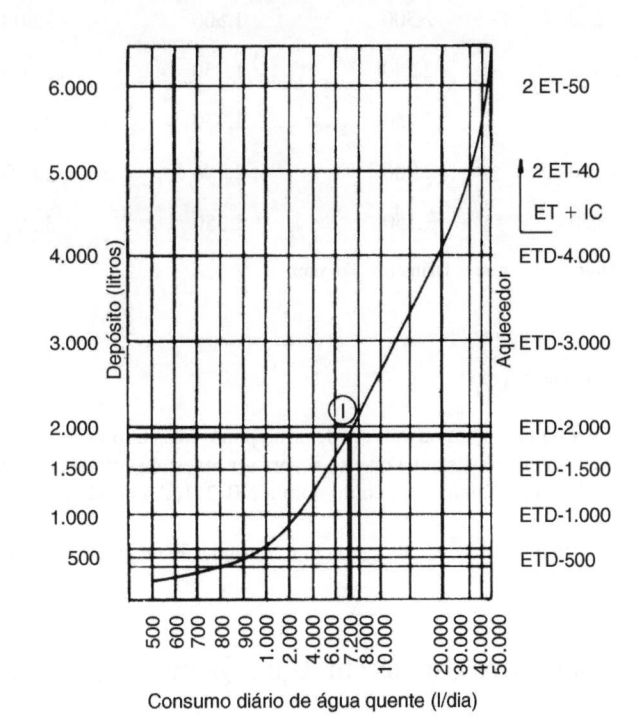

Consumo diário de água quente (l/dia)

Fig. 1.92

3. Considerar, para cada dormitório, duas pessoas, com exceção do da empregada.
4. Número total de pessoas = (n.º de apt.^{os} × dormitórios/apt.º) × 2 + n.º total de empregados.
5. Retirar da Tabela 1.22 a estimativa de consumo de acordo com a natureza do prédio.
6. Se houver banheira, acrescentar 75 1 para cada uma.
7. Se houver máquina de lavar roupa, acrescentar 150 1/máquina.
8. O consumo diário de água quente será a soma dos itens:
   a) n.º total de pessoas × estimativa de consumo (Tabela 1.22);

    b) n.º de banheiras $\times$ 75 1;

    c) n.º de máquinas de lavar $\times$ 150 1.

  9. Com o consumo diário de água quente, entrar no diagrama da Fig. 1.92 para a seleção do equipamento.

EXEMPLO

Prédio de 24 apartamentos, com cinco pessoas cada.

Consumo diário = 24 $\times$ 5 $\times$ 60 1/dia = 7.200 litros.

Vertical tirada de 7.200 1, até a curva de referência: encontramos o ponto 1.

Horizontal pelo ponto 1: fornece a capacidade de reservatório da caldeira. No caso, teremos depósito de água quente = 2.000 litros, podendo-se optar pela potência ETD-2.000, com 40.000 kcal/h, e vazão de 800 l/h, ou o ETD-2.000, com 50.000 kcal/h, com vazão de 1.000 1/h.

Casa de Máquinas – Espaço Físico						
Tipo	Dimensões (mm)					
	Comprimento	Largura	Largura da Porta	PD p/ Gás	PD p/ Lenha Carvão	Altura da Porta
ETD-500	1.800	1.900	1.100	2.600	3.200	2.400
ETD-1.000	2.200	2.300	1.500	2.500	3.100	2.400
ETD-1.500	2.450	2.550	1.750	2.500	3.100	2.400
ETD-2.000	2.650	2.750	1.950	2.500	3.100	2.400
ETD-3.000	2.800	2.900	2.100	2.800	3.400	2.800
ETD- 4.000	3.050	3.150	2.350	3.600	4.200	3.400

Dimensões dos cilindros GLP: Altura: 1.315 mm   Diâmetro: 376 mm.

Recomendações:

1. Instalar respiro ou válvula de ar no ponto mais alto da rede de água quente.
2. A tubulação de água quente deverá ser revestida com lã de vidro ou material similar.
3. Instalar chaminé de acordo com a NB-211. A entrada de ar deverá ser de 25 cm² por 1.000 kcal/h do queimador.
4. Antes de dimensionar e executar a instalação de gás, consultar uma companhia distribuidora.

1.2.6 Materiais e Equipamentos Usados em Água Quente (Prescrições da NBR-7198/93)

1.2.6.1 Tubos

Os tubos podem ser de cobre, latão (quando de liga específica), aço galvanizado ou não e bronze, desde que obedeçam às especificações aprovadas para cada material. A nova revisão da NBR-7198 permitirá o emprego de outros materiais, como o CPVC, desde que obedeçam a normas internacionais que regem o assunto.

1.2.6.2 Conexões

As conexões podem ser de cobre, latão (quando de liga específica), ferro maleável galvanizado ou não e bronze, desde que obedeçam às especificações aprovadas para cada material.

1.2.6.3 Registros, Válvulas e Torneiras

Os registros, válvulas e torneiras devem:

a) ser feitos de bronze, latão ou outros materiais adequados;
b) obedecer às especificações aprovadas para cada material.

1.2.6.4 Juntas

Os materiais para as juntas devem ser adequados aos tubos empregados, sendo vedado o uso de materiais nocivos à saúde.

1.2.6.5 Aquecedores e Reservatórios de Água Quente

Todos os tipos de aquecedores e reservatórios devem ser providos de isolação térmica adequada. Os aquecedores, quando feitos de aço, devem possuir revestimento interno de cobre ou outra proteção adequada contra a corrosão.

1.2.7 Execução

A execução das instalações deve obedecer rigorosamente ao projeto aprovado.

1.2.7.1 Canalizações

As seguintes precauções devem ser tomadas quanto às canalizações:

a) deve ser considerada sua proteção sempre que houver outras canalizações contíguas (água fria, eletricidade, gás etc.);
b) não devem absolutamente ter ligações diretas com canalizações de esgotos sanitários;
c) quando enterradas, devem ser devidamente protegidas contra eventual infiltração de água;
d) não podem passar dentro de fossas, poços absorventes, poços de visita, caixas de inspeção e valas.

1.2.7.2 Juntas

A execução das juntas deve obedecer a técnica própria para cada material, sendo exigida sua estanqueidade nas condições de pressão de ensaio.

1.2.7.3 Curvatura dos Tubos

As curvaturas dos tubos devem ser feitas sem prejuízo de sua resistência à pressão interna e da seção de escoamento.

1.2.7.4 Ensaio de Pressão Interna

Todas as canalizações, depois de instaladas, devem ser submetidas a provas de pressão interna antes de serem isoladas ou eventualmente revestidas. As canalizações devem ser lentamente cheias de água, certificando-se de que o ar foi completamente expelido, e em seguida submetidas a uma pressão 50% superior à pressão estática máxima nas instalações, não devendo em ponto algum da canalização ser inferior a 10 m de coluna de água, ou seja, 100 kPa. A duração do ensaio é de 5 h, pelo menos.

1.3 INSTALAÇÕES DE ÁGUA GELADA

1.3.1 Generalidades

As instalações de água gelada para ser bebida podem ser de dois tipos: instalação central e instalação individual (bebedouros elétricos).

Na instalação central, temos uma caixa geral de água gelada, que se distribui aos diversos pontos de consumo por tubulações convenientemente isoladas, para evitar o aquecimento devido às condições exteriores. Normalmente, a filtragem também é geral.

Na instalação individual, a distribuição da água é semelhante à que se faz nas demais colunas, colocando-se os bebedouros elétricos nos locais de consumo. Neste caso, dispensa-se o isolamento dos tubos.

Para pequenas instalações (até uns 10 bebedouros), será mais econômico o tipo de instalação individual, que poderá ser executado pelas firmas construtoras. Nas grandes instalações, é mais racional a instalação central e, neste caso, é imprescindível o concurso de firmas especializadas.

1.3.1.1 Consumo de Água Gelada

TABELA 1.29

Localização	Temperatura		Consumo
Escritórios	10°C	1	1/pessoa/8 h
Escolas (internatos)	10° a 13°C	2	1/aluno/dia
Escolas (externatos)	10° a 13°C	1	1/aluno/dia
Hospitais	7° a 10°C	2	1/dia/leito
Hotéis	10°C	2	1/quarto/dia de 14 h
Lojas	10°C	4	1/100 fregueses/h
Indústria leve	10° a 13°C	0,8	1/h/pessoa
Indústria pesada	10° a 13°C	1	1/h/pessoa
Sorveteria	7° a 10°C	2	1/h/cadeira
Restaurante	7° a 10°C	0,4	1/pessoa/h
Teatros e cinemas	10°C	4	1/100 lugares/h

Observação. Admitimos que a elevação de temperatura nas instalações frigoríficas seja de 3°C, ou seja, nos reservatórios de água gelada, temos que considerar as temperaturas 3°C abaixo da temperatura dos pontos de utilização.

1.3.1.2 Número de Bebedouros

Localização	Número de Bebedouros
Cinemas e teatros	1 por 250 lugares
Escolas	1 por 75 alunos
Escritórios	1 por 75 pessoas
Edifícios públicos	1 por 75 pessoas e no mínimo 1 por pavimento
Indústrias	1 por 75 pessoas e no mínimo 1 por pavimento

1.3.1.3 Fundamentos da Refrigeração de Água

Há vários sistemas de refrigeração, e os mais comuns são:

— *sistema de absorção* — usando água + amônia;
— *sistema de compressão de vapor* — usando freons 12 ou 22, amônia, cloreto de metila etc.

Estudaremos apenas o sistema de compressão mecânica do vapor, por ser o mais difundido. (Ver Fig. 1.93.)

Compressor. Eleva a pressão do refrigerante sob a forma gasosa a valores que permitam a condensação a temperaturas baixas. Para isso, necessita de trabalho mecânico de um motor (de 1 para 2).

Condensador. Recebe o gás em alta pressão ($\cong$ 949 kPa) e altas temperaturas e condensa-o, isto é, transforma-o em líquido em alta pressão. Para condensar, necessita estar em contato com o ar ou com a água, aos quais o fluido entrega o calor latente de condensação, que é a soma de $Q + Q_o$ (de 2 para 3):

Q = calor que entra no sistema (retirado da água a gelar)
Q_o = calor adicional devido ao trabalho de compressão.

Válvula de expansão. É o elemento do ciclo que provoca a queda de pressão do fluido, de modo a poder evaporar em baixas temperaturas. Essa transformação é realizada sem troca de calor (adiabática) (de 3 para 4).

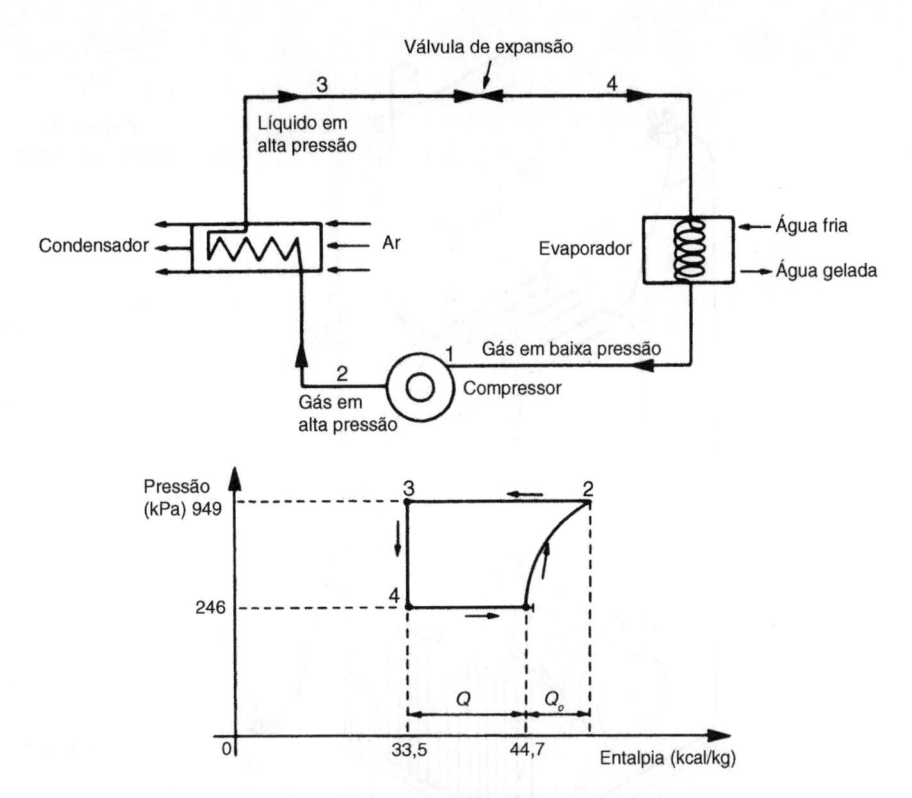

Fig. 1.93 Ciclo de refrigeração elementar.

Evaporador. É o elemento que vai produzir o efeito frigorífico, retirando da água o calor latente de vaporização de que necessita o fluido para passar do estado de líquido ao de vapor. Essa transformação é feita a pressão constante (isobárica) (de 4 para 1).

1.3.2 Instalação Individual

Um bebedouro elétrico nada mais é que um refrigerador de água no qual todos os componentes do ciclo de refrigeração estão encerrados em um reservatório de chapas metálicas, com acabamentos diversos (Fig. 1.94).

Na Fig. 1.94(*a*), vemos um tipo de bebedouro elétrico com suas partes componentes. Notemos que, no ciclo de refrigeração, a válvula de expansão foi substituída pelo tubo capilar, que também provoca a queda de pressão (aumenta a perda de carga). A água contida na caixa está sob pressão, devido à altura de caixa geral do edifício, e em contato com as serpentinas do evaporador, que lhe rouba o calor, provocando o resfriamento. O jato de água é controlado por botão ou pedal.

A temperatura da água é controlada por um termostato regulável, que aciona o relé que liga e desliga o motor. É quase que exclusivo o emprego de unidades herméticas, isto é, o conjunto motor-compressor fica encerrado em invólucro de forma quase esférica, imerso em óleo lubrificante e incongelável.

O condensador da unidade é refrigerado a ar, tendo um ventilador para auxiliar a condensação, acionado simultaneamente com o motor.

O secador e o filtro localizam-se entre o condensador e o evaporador, e sua finalidade é retirar qualquer umidade que apareça na tubulação, evitando que se congele, obturando o tubo capilar.

A instalação do bebedouro elétrico é simples, bastando que, na construção, seja prevista a respectiva coluna de água de ferro galvanizado, normalmente partindo do barrilete. O dimensionamento da coluna deve ser feito prevendo-se o máximo consumo provável, de acordo com o que foi visto na Seção 1.1.2.6. O ramal de ligação da coluna de água ao bebedouro deverá ser de ½″ ou ¾″ de ferro galvanizado, e o de esgoto deve ser de chumbo ou plástico de 1″, que se ligará a um tubo de esgoto secundário por meio de ralo simples, ou de esgoto primário, por meio de ralo sifonado.

A tomada deverá ser de, no máximo, 600 watts, em 110 volts, monofásica, o que satisfaz a todos os tipos conhecidos. Será interessante fazer o aterramento da carcaça do bebedouro, para evitar choques elétricos.

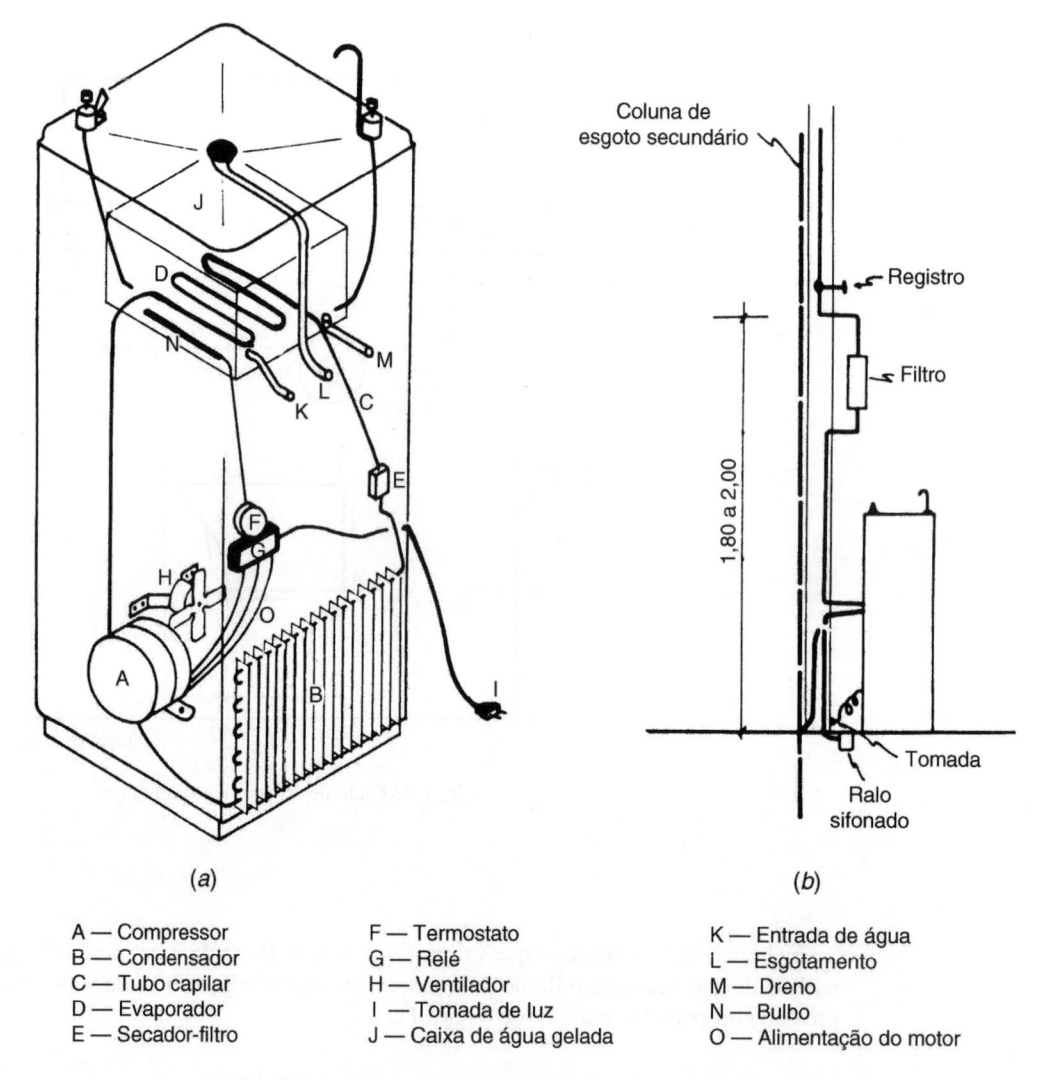

A — Compressor   F — Termostato   K — Entrada de água
B — Condensador   G — Relé   L — Esgotamento
C — Tubo capilar   H — Ventilador   M — Dreno
D — Evaporador   I — Tomada de luz   N — Bulbo
E — Secador-filtro   J — Caixa de água gelada   O — Alimentação do motor

Fig. 1.94 Esquema de um bebedouro elétrico e sua instalação.

Normalmente, a carcaça faz contato com os encanamentos, o que já é um aterramento; porém se persistirem os choques, deve-se ligar por um fio qualquer a entrada com a saída da água na caixa geral do prédio; isso ligará a rede de água interna à externa, o que certamente será um bom *terra*. Caso os encanamentos sejam de plástico, haverá necessidade de se fazer um *terra* artificial.

Na Fig. 1.94(*b*), vemos detalhes para a instalação de um bebedouro, que pode ser com filtro ou sem filtro.

Material necessário para a instalação do bebedouro:

a) *Sem filtro*: para entrada da água: uma união de ⅜″ e cerca de 10 cm do tubo de ferro galvanizado; para a saída do esgoto: 1 saída de ¾″ de metal, uma virola de ¾″ de metal e cerca de 10 cm de cano de chumbo de ¾″.

b) *Com filtro*: a entrada pode ficar 1,80 a 2,00 m acima do piso, ligando-se o filtro ao bebedouro por um cano de chumbo, por meio de duas virolas de metal de ½″.

1.3.3 Instalação Central de Água Gelada e Filtrada

Normalmente, a instalação central de água gelada é acompanhada de filtragem central.

A Fig. 1.95 apresenta um esquema típico de uma instalação central.

1.3.3.1 Dimensionamento da Coluna de Água Gelada

O dimensionamento aproximado para colunas com pequenas perdas de carga pode ser feito pelas seguintes condições mínimas:

Até 8 bebedouros   ¾″
Entre 8 e 16 bebedouros   1″
Entre 17 e 40 bebedouros   1 ¼″

Para dimensionar de modo mais técnico, precisamos saber o consumo máximo possível, e, utilizando a Fig. 1.7, temos o consumo máximo provável.

Velocidades admissíveis em tubos de água gelada: 0,30 a 1 m/s.

Consumo por bebedouro: 2 1/min é um valor aceitável.

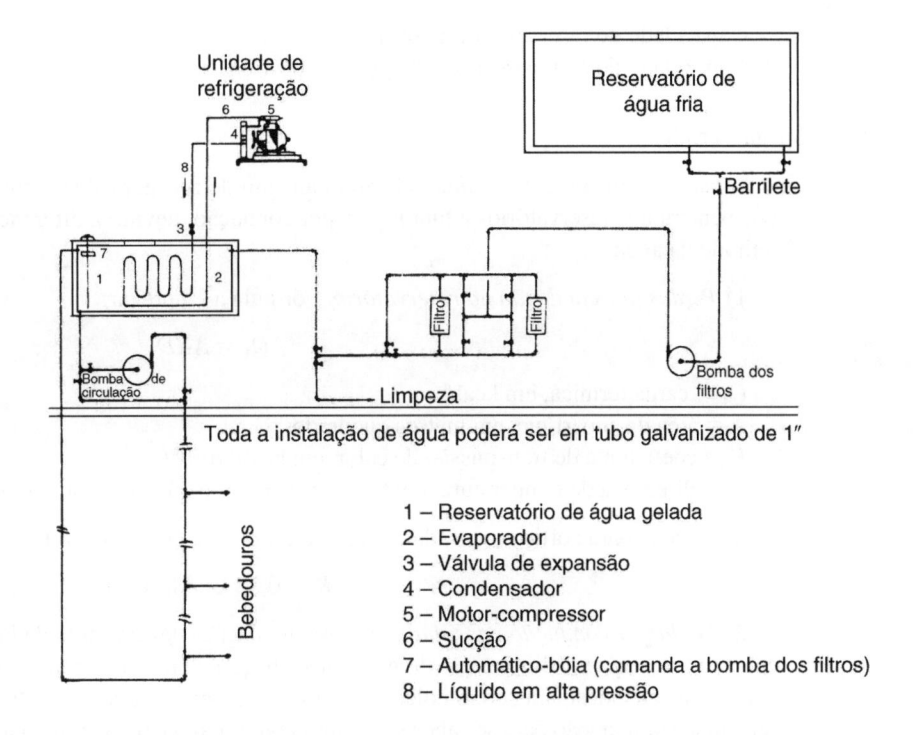

Fig. 1.95 Instalação central de água gelada.

Observação. Em caso de estabelecimentos de ensino, em que os horários são rígidos, podemos considerar o uso simultâneo de todos os bebedouros na hora do recreio.

EXEMPLO

Estabelecimento fabril (indústria leve), coluna alimentando 10 bebedouros:

Consumo máximo possível: 20 1/min.

Consumo máximo provável (Fig. 1.7) 100% de 20 = 20 1/min = 0,33 1/s.

Considerando a velocidade de 0,55 m/s e entrando no ábaco da Fig. 1.11, achamos o diâmetro (para o aço galvanizado):

$$\o = 1\ ¼''$$

e

$$J \approx 2\%.$$

1.3.3.2 Capacidade do Reservatório de Água Gelada

Tomemos o mesmo exemplo anterior: suponhamos o funcionamento durante 8 horas por dia. Como imaginamos 10 bebedouros, serão atendidas 750 pessoas (75 pessoas por bebedouro). Em indústria leve, admitimos o consumo de 0,8 1/pessoa/h; então, o consumo diário será

$$750 \times 0,8 \times 8 = 4.800 \ 1$$

Não há necessidade de que o reservatório acumule, de uma só vez, o consumo diário, pois enquanto a água está sendo consumida, o nível vai sendo recompletado.

É de boa norma dar-se a capacidade do reservatório como a metade do consumo diário de água gelada.

Admite-se que, no início do expediente, toda a água do reservatório esteja gelada; o sistema de refrigeração terá que refrigerar um volume igual à capacidade do reservatório, para fazer face ao consumo.

No exemplo de foco, teremos:

Capacidade do reservatório: 2.400 1
Capacidade do equipamento: refrigerar 2.400 1 em 8 horas.

1.3.3.3 Cálculo da Carga Térmica

A carga térmica a ser extraída pelo equipamento de refrigeração é composta de duas parcelas: a) calor que penetra nos reservatórios e tubulações por condução, devido à diferença de temperatura; b) calor a ser retirado da água.

1) *Perdas por condução no reservatório.* Fórmula a empregar:

$$Q_1 = AKD$$

Q_1 = carga térmica, em kcal/h
A = área da superfície, em metros quadrados
K = coeficiente de transmissão de calor, em kcal/h/m²/°C
D = diferença de temperatura, em °C. Para paredes expostas ao sol, aumentar D de 10°C.

Valor de K para cortiça prensada com 2″ de espessura, colocada do lado externo da parede:

$$K = 0,58 \ \text{kcal/h/m}^2/°C$$

2) *Perda por condução nas tubulações.* As tubulações devem ser isoladas, para se diminuir a entrada de calor e a conseqüente diminuição do gasto na operação. O material mais usado é cortiça em meia-cana, isto é, em duas metades para serem coladas; usam-se também a lã de vidro, lã de rocha, asbesto etc. Deve ser feita uma comparação para se saber se é mais econômico o isolamento ou a perda de frio na tubulação. Um bom isolamento assegura uma condução de cerca de 10 kcal/h por m² de parede. A fim de fixar o isolamento, usam-se tiras de pano, que devem ser pintadas.

O cálculo das perdas de frio nas tubulações não é simples. A rigor, teríamos que entrar em considerações sobre transmissão de calor através de superfícies cilíndricas. O *Applied heat transmission*, de Herman J. Stoever (McGraw-Hill Book Company), na edição de 1941, fornece dados para uma avaliação aproximada, adaptado para o sistema métrico.

Fórmula:

$$q = \frac{K \ 2 \ \pi \ l \ (t_1 - t_2)}{3,4 \ \log_{10} \ (r_2/r_1)},$$

em que

q = taxa de transferência de calor, em kcal/h
K = condutividade térmica do material, em kcal/h/m/°C
π = 3,14
l = comprimento da tubulação, em metros
t_1 e t_2 = temperatura das faces interna e externa, em graus centígrados
r_1 e r_2 = raios das faces interna e externa, em metros

Observação. No caso de encanamentos com água gelada, t_1 é menor do que t_2, o que dá sinal negativo a q e significa que o calor penetra do exterior para dentro da tubulação.

Organizemos uma tabela de perdas por unidade de comprimento para as tubulações mais usuais, baseada no isolamento de asbestos corrugados de 1 polegada e nas temperaturas da água gelada $t_1 = 10°C$ e do exterior $t_2 = 32°C$, que é o caso do Rio de Janeiro.

$$K = 0,089 \text{ kcal/h/m/°C.}$$

TABELA 1.30

Penetração de Calor, em kcal/h por Metro de Tubulação, para Isolamento de Asbestos Corrugados de 1″ (25,4 mm)	
Diâmetro da Tubulação (Polegada) (mm)	kcal/h
½″ (12, 7)	37,6
¾″ (19)	53,9
1″ (25,4)	70,9
1 ¼″ (31,7)	88,2
1 ½″ (37,1)	103,3
2″ (50,8)	139,0

Observação. Para a determinação de r_1, consideramos que a espessura média das tubulações é de ⅛″ (3,71 mm). Usando a cortiça granulada, o coeficiente q pode ser reduzido à terça parte do valor tabelado.

TABELA 1.31

Para Unidades Métricas e Isolamento de Cortiça de 1 ½″, Temos o Coeficiente K	
Diâmetro (Polegada)	Coeficiente (kcal/h/m²/°C)
½″	0,165
¾″	0,180
1″	0,210
1 ¼″	0,232
1 ½″	0,261
2″	0,300
2 ½″	0,342
3″	0,405

3) *Calor a ser retirado da água:*

$$Q_2 = m_c (t_a - t_b)$$

Q_2 = calor total, em kcal/h

m = quantidade de água, em kg/h

c = calor específico da água (igual a 1), em kcal/kg/°C

t_a = temperatura da água ao entrar no reservatório (consideremos 25°C)

t_b = temperatura da água depois de esfriada (consideremos 7°C)

EXEMPLO

Continuemos no exemplo anterior.

Queremos refrigerar a água do reservatório cuja capacidade é de 2.400 litros em 8 horas.

Dimensões de reservatório: 2 × 1 × 1,2 m.

Suponhamos que o reservatório e toda a tubulação estejam na sombra.

Extensão da tubulação até o último bebedouro: 50 m.

Isolamento do reservatório: 2″ de cortiça prensada; da tubulação: 1″, de asbestos.

1) *Perdas por condução no reservatório*:

$$Q_1 = AKD$$

Para o cálculo da área exposta, consideramos somente as paredes e o teto:

$A = 2 \times 2 \times 1,2 + 2 \times 1,2 \times 1 + 2 \times 1 = 9,2 \text{ m}^2$
$D = t_2 - t_b = 32 - 7 = 25°C$
$K = 0,58 \text{ kcal/h/m}^2/°C$
$Q_1 = 9,2 \times 0,58 \times 25 = 133,4 \text{ kcal/h}$

2) *Perda por condução nas tubulações, usando os dados da Tabela 1.30*:

Para 1 ¼″, $\qquad\qquad q = 88,2 \text{ kcal/h por metro.}$

Em 50 m a perda será

$$q = 88,2 \times 50 = 4.410 \text{ kcal/h.}$$

3) *Calor retirado da água*:

$$Q_2 = mc\,(t_a - t_b)$$

$m = 2.400$ litros em 8 horas, ou seja 300 l/h
$Q_2 = 300(25 - 7) = 5.400 \text{ kcal/h}$

Calor total a ser retirado pelo equipamento:

$$Q_t = Q_1 + q + Q_2 = 133,4 + 4.410 + 5.400 = 9.943,4 \text{ kcal/h.}$$

1.3.3.4 Dimensionamento do Equipamento de Refrigeração

O equipamento, normalmente, é especificado em toneladas de refrigeração:

$$1\text{ t} = 12.000 \text{ Btu/h} = 3.022 \text{ kcal/h.}$$

Para a bomba de circulação de água gelada, como não há meios para calcular com precisão, arbitram-se uns 5% de carga adicional à carga térmica encontrada.
Para o exemplo do item anterior, temos:

$$Q_t = 9.943,4 \text{ kcal/h.}$$

Bomba de circulação: 5% de $Q_t = 497,17$ kcal/h.
Carga térmica total:

$$Q_t = 9.943,4 + 497,17 = 10.440 \text{ kcal/h.}$$

Capacidade do equipamento. Devemos prever a unidade funcionando em torno de 16 horas diárias, o que dá um descanso razoável ao equipamento, além de representar economia de energia elétrica.

$$\text{Capacidade} = \frac{10.440 \times 24}{16} = 15.660 \text{ kcal/h}$$

Em toneladas de refrigeração, teremos:

$$\frac{15.660}{3.022} = 5,18 \text{ TR}$$

ou seja, aproximadamente uma unidade de 5 HP, com condensação a ar.

1.4 INSTALAÇÕES E APARELHAMENTO CONTRA INCÊNDIOS

1.4.1 Generalidades

No Estado do Rio de Janeiro, acha-se em vigor o *Código de Segurança contra Incêndio e Pânico* (Decreto n.° 897, de 21-09-76) — 2ª edição, 2002 —, que estabelece as prescrições para a defesa contra incêndios, resumidamente. Há um roteiro do Código de Segurança contra Incêndio e Pânico, publicado no dia 4 de abril de 2002, pelo Corpo de Bombeiros do Estado do Rio de Janeiro, que pode ser acessado através do endereço eletrônico www.defesacivil.rj.gov.br.

DECRETO N.º 897, DE 21 DE SETEMBRO DE 1976

REGULAMENTA o Decreto-lei n.º 247, de 21-7-75, que dispõe sobre segurança contra incêndio e pânico.

O GOVERNADOR DO ESTADO DO RIO DE JANEIRO, no uso de suas atribuições legais e tendo em vista o disposto no Decreto-lei n.º 247, de 21-7-75,

DECRETA:

CÓDIGO DE SEGURANÇA CONTRA INCÊNDIO E PÂNICO

CAPÍTULO I

DISPOSIÇÕES PRELIMINARES

Seção I
Generalidades

Art. 1.º – O presente Código regulamenta o Decreto-lei n.º 247, de 21-7-75, fixa os requisitos exigíveis nas edificações e no exercício de atividades, estabelecendo normas de Segurança Contra Incêndio e Pânico, no Estado do Rio de Janeiro, levando em consideração a proteção das pessoas e dos seus bens.

Art. 2.º – Além das normas constantes deste Código, quando se tratar de tipo de edificação ou de atividade diferenciada, o Corpo de Bombeiros do Estado do Rio de Janeiro poderá determinar outras medidas que, a seu critério, julgar convenientes à Segurança Contra Incêndio e Pânico.

Art. 3.º – No Estado do Rio de Janeiro, compete ao Corpo de Bombeiros, por meio de seu órgão próprio, estudar, analisar, planejar, exigir e fiscalizar todo o Serviço de Segurança Contra Incêndio e Pânico, na forma estabelecida neste Código.

Seção II
Da Tramitação de Expedientes

Art. 4.º – O expediente relativo à Segurança Contra Incêndio e Pânico deverá tramitar obedecendo às seguintes normas:

I – Quando se tratar de projeto:

a) apresentação ao Corpo de Bombeiros de requerimento solicitando a determinação de medidas de Segurança Contra Incêndio e Pânico, anexando jogo completo de plantas de arquitetura (situação, fachada, corte e planta baixa), assinado pelos responsáveis, de conformidade com o Capítulo II do presente Código.
=> *Ver Resolução SEDEC 169/94.*

b) até 30 (trinta) dias após o cumprimento do disposto na alínea anterior, recebimento no Corpo de Bombeiros do Laudo de Exigências, juntamente com as plantas apresentadas. O Laudo de Exigências é documento indispensável na concessão de licença para início de obra;

c) apresentação de requerimento solicitando Vistoria de Aprovação após cumpridas as exigências;

d) recebimento do respectivo Certificado de Aprovação ou Certidão de Reprovação, 30 (trinta) dias após a entrada do requerimento de que trata a alínea anterior;

II – Quando se tratar de edificações antigas ou de estabelecimento de qualquer natureza:

a) apresentação ao Corpo de Bombeiros de requerimento solicitando vistoria para determinação de medidas de Segurança Contra Incêndio e Pânico, juntando um jogo de plantas, se necessário;

b) até 30 (trinta) dias após, recebimento do Laudo de Exigências, juntamente com as plantas apresentadas;

c) apresentação de requerimento solicitando Vistoria de Aprovação após cumpridas as exigências;

d) recebimento do respectivo Certificado de Aprovação ou Certificado de Reprovação, 30 (trinta) dias após a entrada do requerimento de que trata a alínea anterior;

III – Os requerimentos só serão recebidos quando assinados:

a) pelo proprietário do imóvel ou do estabelecimento, ou procurador legalmente constituído;

b) por despachante oficial;

c) por empresas construtoras, empresas de projetos, projetistas autônomos, firmas instaladoras ou conservadoras de instalações preventivas de material de segurança contra incêndio, quando devidamente credenciados junto ao Corpo de Bombeiros.
=> *Ver Capítulo XI da Resolução SEDEC 142/94.*

Parágrafo único – Os documentos e as plantas de que tratam os incisos I e II do presente artigo, quando não retirados no prazo de 90 (noventa) dias, serão incinerados.
=> *Ver Seção V do Capítulo I da Resolução SEDEC 142/94.*

Art. 5.º – Para o licenciamento das edificações classificadas neste Código, será necessária a apresentação do Certificado de Aprovação fornecido pelo Corpo de Bombeiros.

Art. 6.º – Os laudos de Exigências, Certificados de Aprovação, Pareceres e Informações serão emitidos no prazo máximo de até 30 (trinta) dias, a contar da data da entrada do requerimento no Corpo de Bombeiros.

Art. 7.º – Os pedidos de Recursos, Modificações de Projetos, Pareceres, Informações Técnicas, Segundas Vias e de outros estudos específicos serão sempre formulados em requerimentos acompanhados, se necessário, de desenhos e plantas.

Parágrafo único – O recebimento do respectivo Certificado ou Certidão será feito 30 (trinta) dias após a entrada do pedido.

CAPÍTULO II
Dos Projetos

Art. 8.º – Os projetos serão apresentados obedecendo às seguintes normas:

I – As plantas terão as dimensões mínimas de 395 mm (trezentos e noventa e cinco milímetros) × 297 mm (duzentos e noventa e sete milímetros) e máximas de 1.320 mm (mil trezentos e vinte milímetros) × 891 mm (oitocentos e noventa e um milímetros) e serão dobradas de modo a ficar reduzidas ao tamanho de 185 mm (cento e oitenta e cinco milímetros) × 297 mm (duzentos e noventa e sete milímetros), no formato A4 da NB-8 da ABNT (Associação Brasileira de Normas Técnicas) (fig. 1);

II – As escalas mínimas serão de:

a) 1:2.000 (um por dois mil) para plantas gerais esquemáticas de localização;
b) 1:500 (um por quinhentos) para plantas de situação;
c) 1:50 (um por cinqüenta) ou 1:100 (um por cem) para plantas baixas, fachadas e cortes;
d) 1:25 (um por vinte e cinco) para os detalhes.

III – Nos casos em que for previsto por este Código qualquer Sistema Preventivo Fixo Contra Incêndio, ao requerer o Laudo de Exigências o interessado juntará o projeto dos referidos sistemas, assinado por pessoa credenciada no Corpo de Bombeiros, contendo todos os elementos necessários à sua apreciação (figs. 2 e 3);
=> *Ver art. 3.º da Resolução SEDEC 142/94.*

IV – Nos casos de edificações localizadas em elevações, encostas, vales ou em bases irregulares, a planta de situação deverá indicar o relevo do solo ou da base por meio de curvas de nível de metro em metro; os cortes deverão conter o perfil do terreno ou da base e o nível do meio-fio do logradouro; as plantas das fachadas deverão indicar os perfis dos logradouros limítrofes;

V – Nos casos de edificações cuja arquitetura prejudique o alcance normal de uma auto-escada mecânica, poderão ser exigidas a planta de situação cotada, a dos perfis e níveis dos logradouros limítrofes e as fachadas e cortes.

CAPÍTULO III
Da Classificação das Edificações

Art. 9.º – Quanto à determinação de medidas de Segurança Contra Incêndio e Pânico, as edificações serão assim classificadas:

I – Residencial
a) Privativa (unifamiliar e multifamiliar);
b) Coletiva (pensionatos, asilos, internatos e congêneres);
c) Transitória (hotéis, motéis e congêneres);
=> *Ver art. 164 da Resolução SEDEC 142/94.*
II – Comercial (mercantil e escritório);
III – Industrial;
IV – Mista (residencial e comercial);
V – Pública (quartéis, ministérios, embaixadas, tribunais, consulados e congêneres);
VI – Escolar;
VII – Hospitalar e Laboratorial;
VIII – Garagem (edifícios, galpões e terminais rodoviários);
IX – De Reunião de Público (cinemas, teatros, igrejas, auditórios, salões de exposição, estádios, boates, clubes, circos, centros de convenções, restaurantes e congêneres);
X – De Usos Especiais Diversos (depósitos de explosivos, de munições e de inflamáveis, arquivos, museus e similares).

CAPÍTULO IV
Dos Dispositivos

Art. 10 – Os dispositivos preventivos fixos serão exigidos de acordo com a classificação das edificações e previstos neste Capítulo.

Art. 11 – As edificações residenciais privativas unifamiliares e multifamiliares, exceto as transitórias, deverão atender às exigências dos incisos deste artigo:

I – A edificação com o máximo de 3 (três) pavimentos e área total construída até 900 m² (novecentos metros quadrados) é isenta de Dispositivos Preventivos Fixos Contra Incêndio;

II – Para a edificação com o máximo de 3 (três) pavimentos e área total construída superior a 900 m² (novecentos metros quadrados), será exigida a Canalização Preventiva Contra Incêndio prevista no Capítulo VI;

III – Para a edificação com 4 (quatro) ou mais pavimentos serão exigidas Canalização Preventiva Contra Incêndio, prevista no Capítulo VI, e portas corta-fogo leves e metálicas e escadas, previstas no Capítulo XIX;
=> *Ver arts. 143 e 144 da Resolução SEDEC 142/94 e art. 7.º da Resolução SEDEC 166/94.*

IV – Para a edificação cuja altura exceda a 30 m (trinta metros) do nível do logradouro público ou da via interior, serão exigidas Canalização Preventiva Contra Incêndio, prevista no Capítulo VI, e portas corta-fogo leves e metálicas e escadas, previstas no Capítulo XIX, e rede de chuveiros automáticos do tipo *sprinkler*, prevista no Capítulo X;

V – A edificação dotada de elevadores (serviço ou social), independentemente do número de pavimentos, possuirá, no elevador e no vão do poço, portas metálicas, obedecendo o disposto no art. 229 deste Código.

(*) Parágrafo único – Quando se tratar de edificações residenciais multifamiliares, consideradas de interesse social, para as quais a respectiva Legislação Municipal de Obras dispensar, expressamente, a instalação de elevadores, serão as referidas edificações isentas da escada enclausurada de que trata o Capítulo XIX do Decreto n.º 897, de 21-9-76.

(*) *Já com a redação dada pelo Decreto nº 11.682, de 9 de agosto de 1988, que alterou o Decreto n.º 5.928, de 18 de agosto de 1982.*

Art. 12 – As edificações residências transitórias e coletivas; hospitalares e laboratoriais deverão atender às seguintes exigências:

I – A edificação com o máximo de 2 (dois) pavimentos e área total construída até 900 m² (novecentos metros quadrados) é isenta de Dispositivos Preventivos Fixos Contra Incêndio;

II – Para a edificação com o máximo de 2 (dois) pavimentos e área total construída superior a 900 m² (novecentos metros quadrados), será exigida a Canalização Preventiva Contra Incêndio prevista no Capítulo VI;

III – Para a edificação com mais de 2 (dois) pavimentos, cuja altura seja até 12 m (doze metros) do nível do logradouro público ou da via interior, serão exigidas Canalização Preventiva Contra Incêndio prevista no Capítulo VI, portas corta-fogo leves e metálicas e escadas, previstas no Capítulo XIX;

IV – Para a edificação cuja altura exceda a 12 m (doze metros) do nível do logradouro público ou da via interior, serão exigidas Canalização Preventiva Contra Incêndio, prevista no Capítulo VI, e portas corta-fogo leves e metálicas e escadas, previstas no Capítulo XIX, e rede de chuveiros automáticos do tipo *sprinkler*, prevista no Capítulo X, e sistema elétrico ou eletrônico de emergência, previsto no art. 195 deste Código;

V – A edificação dotada de elevadores (serviço ou social), independentemente do número de pavimentos, possuirá, no elevador e no vão do poço, portas metálicas, obedecendo o disposto no art. 229 deste Código.

Art. 13 – Os agrupamentos de edificações residenciais unifamiliares e as vilas estarão sujeitos às exigências dos incisos abaixo:

I – Com número de lotes ou casas até 6 (seis), são isentos de Dispositivos Preventivos Fixos Contra Incêndio;

II – Com número de lotes ou casas superior a 6 (seis), será exigida a colocação de hidrantes, conforme o Capítulo V.

Art. 14 – Os agrupamentos de edificações residenciais multifamiliares deverão atender às exigências dos seguintes incisos:

I – Além do estabelecido nos incisos de I a V do art. 11, serão exigidos tantos hidrantes quantos necessários, conforme o Capítulo V;

II – O sistema convencional de alimentação da Canalização Preventiva Contra Incêndio de cada prédio poderá ser substituído pelo Castelo d'Água previsto no Capítulo IX.

Art. 15 – As edificações mistas, públicas, comerciais, industriais e escolares atenderão às exigências deste artigo:

I – A edificação com o máximo de 2 (dois) pavimentos e área total construída até 900 m² (novecentos metros quadrados) é isenta de Dispositivos Preventivos Fixos Contra Incêndio;

II – Para a edificação com o máximo de 2 (dois) pavimentos e área total construída superior a 900 m² (novecentos metros quadrados), bem como para todas as de 3 (três) pavimentos, será exigida a Canalização Preventiva Contra Incêndio prevista no Capítulo VI;

III – Para a edificação com 4 (quatro) ou mais pavimentos, cuja altura seja até 30 m (trinta metros) do nível do logradouro público ou da via interior, serão exigidas Canalização Preventiva Contra Incêndio, prevista no Capítulo VI, portas corta-fogo leves e metálicas e escadas, previstas no Capítulo XIX;

=> *Para edificações mistas, ver art. 142 da Resolução SEDEC 142/94.*

=> *Para edificações escolares, ver art. 4.º da Resolução SEDEC 166/94.*

IV – Para a edificação cuja altura exceda a 30 m (trinta metros) do nível do logradouro público ou da via interior, serão exigidas Canalização Preventiva Contra Incêndio, prevista no Capítulo VI, rede de chuveiros automáticos do tipo *sprinkler*, prevista no Capítulo X, portas corta-fogo leves e metálicas e escadas, previstas no Capítulo XIX;

V – A edificação dotada de elevadores (serviço ou social), independentemente do número de pavimentos, possuirá, no elevador e no vão do poço, portas metálicas, obedecendo o disposto no art. 229 deste Código.

VI – O galpão com área total construída igual ou superior a 1.500 m² (mil e quinhentos metros quadrados) será dotado de Rede Preventiva Contra Incêndio (Hidrante), prevista no Capítulo VII.

Parágrafo único – Quando se tratar de edificação industrial ou destinada a grande estabelecimento comercial, a exigência da Canalização Preventiva Contra Incêndio será substituída pela Rede Preventiva Contra Incêndio (Hidrante). Nessas edificações, a critério do Corpo de Bombeiros, segundo o grau de periculosidade, a instalação de rede de chuveiros automáticos do tipo *sprinkler* poderá ser exigida.

=>*Ver art. 59 da Resolução SEDEC 142/94.*

Art. 16 – Para as garagens, edifícios, galpões e terminais rodoviários, obedecer-se-á ao seguinte:

I – Para edifício-garagem serão formuladas as exigências constantes do Capítulo VIII;

II – Para galpão-garagem com área total construída inferior a 1.500 m² (mil e quinhentos metros quadrados), não haverá exigência de Dispositivos Preventivos Fixos Contra Incêndio, prevista no Capítulo VII;

III – Para galpão-garagem com área total construída igual ou superior a 1.500 m² (mil e quinhentos metros quadrados), será exigida Rede Preventiva Contra Incêndio, prevista no Capítulo VII;

IV – Para terminal rodoviário com área total construída inferior a 1.500 m² (mil e quinhentos metros quadrados), não haverá exigência de Dispositivos Preventivos Fixos Contra Incêndio, prevista no Capítulo VII;

V – Para terminal rodoviário com área total construída igual ou superior a 1.500 m² (mil e quinhentos metros quadrados), será exigida Rede Preventiva Contra Incêndio, prevista no Capítulo VII;

VI – O terminal rodoviário com 2 (dois) ou mais pavimentos ficará sujeito às exigências previstas no Capítulo VIII, onde couber, e outras medidas julgadas necessárias pelo Corpo de Bombeiros.

Art. 17 – Para as edificações de reunião de público e de usos especiais diversos, conforme o caso, será exigido o previsto no art. 11 e no Capítulo XII, bem como outras medidas julgadas necessárias pelo Corpo de Bombeiros.

Art. 18 – Para o cumprimento das exigências previstas neste Código, os pavimentos de uso comum, sobrelojas, pavimentos para estacionamentos, pavimento de acesso e subsolo serão computados como pavimentos em qualquer edificação.

=> *Ver Seção II do Capítulo XII da Resolução SEDEC 142/94.*

Art. 19 – Para as edificações localizadas em encostas, possuindo ou não entradas em níveis diferentes, com 4 (quatro) ou mais pavimentos no somatório, serão exigidas portas corta-fogo leves e metálicas e escadas, previstas no Capítulo XIX.

CAPÍTULO V
Da Instalação de Hidrantes Urbanos

Art. 20 – Será exigida a instalação de hidrantes nos casos de loteamentos, agrupamentos de edificações residenciais unifamiliares com mais de 6 (seis) casas, vilas com mais de 6 (seis) casas ou lotes, agrupamentos residenciais multifamiliares e de grandes estabelecimentos.

=> *Ver art. 58 da Resolução SEDEC 142/94.*

Art. 21 – Os hidrantes serão assinalados na planta de situação, exigindo-se um número que será determinado de acordo com a área a ser urbanizada ou com a extensão do estabelecimento, obedecendo-se ao critério de 1 (um) hidrante do tipo coluna, no máximo, para a distância útil de 90 m (noventa metros) do eixo da fachada de cada edificação ou eixo da fachada de cada edificação ou de eixo de cada lote.

Art. 22 – A critério do Corpo de Bombeiros, poderá ser exigido o hidrante nas áreas de grande estabelecimentos.

Art. 23 – Nos logradouros públicos, a instalação de hidrantes compete ao órgão que opera e mantém o sistema de abastecimento d'água da localidade.

Parágrafo único – O Corpo de Bombeiros, através de suas Seção e Subseções de Hidrantes, fará anualmente, junto a cada órgão de que trata este artigo, a previsão de hidrantes a serem instalados no ano seguinte.

CAPÍTULO VI
Da Canalização Preventiva

Art. 24 – O projeto e a instalação da Canalização Preventiva Contra Incêndio deverão ser executados obedecendo-se ao especificado neste Capítulo.

Art. 25 – São exigidos um reservatório d'água superior e outro subterrâneo ou baixo, ambos com capacidade determinada, de acordo com o Regulamento de Construções e Edificações de cada Município, acrescido, o primeiro, de uma reserva técnica para incêndio (fig. 4), assim calculada:

I – Para edificações com até 4 (quatro) hidrantes: 6.000 l (seis mil litros);

II – Para edificação com mais de 4 (quatro) hidrantes: 6.000 l (seis mil litros), acrescidos de 500 l (quinhentos litros) por hidrante excedente a 4 (quatro);

III – Quando não houver caixa-d'água superior em face de outro sistema de abastecimento aceito pelo Corpo de Bombeiros, o reservatório do sistema terá, no mínimo, a capacidade determinada pelo regulamento de Construções e Edificações do Município, acrescida da reserva técnica estabelecida nos incisos anteriores.

Art. 26 – A canalização preventiva de ferro, resistente a uma pressão mínima de 18 kg/cm² (dezoito quilos por centímetro quadrado) e diâmetro mínimo de 63 mm (2 1/2″), sairá do fundo do reservatório superior, abaixo do qual será dotada de uma válvula de retenção e de um registro, atravessando verticalmente todos os pavimentos, com ramificações para todas as caixas de incêndios e terminando no registro de passeio (hidrante de recalque – fig. 4).

=> *Ver Resolução SEDEC 180/99.*

Art. 27 – A pressão d'água exigida em qualquer dos hidrantes será, no mínimo, de l kg/cm² (um quilo por centímetro quadrado) e, no máximo, de 4 kg/cm² (quatro quilos por centímetro quadrado).

=> *Ver anexo II à Resolução SEDEC 109/93.*

Parágrafo único – Para atender à pressão mínima exigida no presente artigo, admite-se a instalação de bomba elétrica, de partida automática, com ligação de alimentação independente da rede elétrica geral.

=> *Ver Seção III do Capítulo III da Resol. SEDEC 142/94 e anexo I à Resolução SEDEC 124/93.*

Art. 28 – Os abrigos terão forma paralelepipedal, com as dimensões mínimas de 70 cm (setenta centímetros) de altura, 50 cm (cinqüenta centímetros) de largura e 25 cm (vinte e cinco centímetros) de profundidade; porta com vidro de 3 mm (três milímetros), com inscrição INCÊNDIO, em letras vermelhas, com o traço de l cm (um centímetro), em moldura de 7 cm (sete centímetros) de largura; registro de gaveta de 63 mm (2 1/2″) de diâmetro, com junta "STORZ" de 63 mm (2 1/2″), com redução para 38 mm (1 1/2″) de diâmetro, onde será estabelecida a linha de mangueiras (figs. 5 e 6).
=> *Ver art. 65 da Resolução SEDEC 142/94.*

Parágrafo único – As linhas de mangueiras, com o máximo de 2 (duas) seções permanentemente unidas com juntas "STORZ", prontas para uso imediato, serão dotadas de esguichos com requinte de 13 mm (1/2″) (fig. 7), ou de jato regulável, a critério do Corpo de Bombeiros.

Art. 29 – As mangueiras serão de 38 mm (1 1/2″) de diâmetro interno, flexíveis, de fibra resistente à umidade, revestidas internamente de borracha, capazes de resistir à pressão mínima de teste de 20 kg/cm² (vinte quilos por centímetro quadrado), dotadas de junta "STORZ" e com seções de 15 m (quinze metros) de comprimento.

Art. 30 – O registro de passeio (hidrante de recalque) será do tipo gaveta, com 63 mm (2 1/2″) de diâmetro, dotado de rosca macho, de acordo com a norma P-EB-669 da ABNT (Associação Brasileira de Normas Técnicas), e adaptador para junta "STORZ" de 63 mm (2 1/12″), com tampão protegido por uma caixa com tampa metálica medindo 30 cm (trinta centímetros) × 40 cm (quarenta centímetros), tendo a inscrição INCÊNDIO. A profundidade máxima da caixa será de 40 cm (quarenta centímetros), não podendo a borda do hidrante ficar abaixo de 15 cm (quinze centímetros) da borda da caixa (figs. 8 e 9).

Art. 31 – O número de hidrantes será calculado de tal forma que a distância sem obstáculos entre cada caixa e os respectivos pontos mais distantes a proteger seja de, no máximo, 30 m (trinta metros).

CAPÍTULO VII
Da Rede Preventiva (Hidrantes)

Art. 32 – O projeto e a instalação da Rede Preventiva Contra Incêndio serão executados obedecendo-se ao especificado neste Capítulo.

Seção I
Dos Reservatórios

Art. 33 – O abastecimento da Rede Preventiva será feito, de preferência, pelo reservatório elevado, admitindo-se, porém, o reservatório subterrâneo ou baixo, facilmente utilizável pelas bombas do Corpo de Bombeiros, em substituição ao primeiro.

Art. 34 – A distribuição será feita por gravidade, no caso do reservatório elevado, e por conjunto de bombas de partida automática, no caso do reservatório subterrâneo ou baixo (figs. 10, 11 e 12).

Art. 35 – No caso de reservatório elevado, serão instalados uma válvula de retenção e um registro, junto à saída da Rede Preventiva e, no caso de reservatório subterrâneo ou baixo, junto ao recalque das bombas (figs. 4 e 13).

Art. 36 – Deverá ser usado para incêndio o mesmo reservatório destinado ao consumo normal, assegurando-se a reserva técnica para incêndio (fig. 13), prevista nesta Seção.

Art. 37 – A reserva técnica mínima para incêndio será assegurada mediante diferença de nível entre saídas da Rede Preventiva e as da distribuição geral (água fria).

Art. 38 – O reservatório (elevado e subterrâneo ou baixo) terá capacidade determinada pelo Regulamento de Construções e Edificações do Município, acrescida, no mínimo, da reserva técnica de incêndio de 30.000 l(trinta mil litros).
=> *Ver anexo III à Resolução SEDEC 124/94.*

Art. 39 – A capacidade mínima da instalação deve ser tal que permita o funcionamento simultâneo de 2 (dois) hidrantes, com uma vazão total de 1.000 l (mil litros) por minuto, durante 30 (trinta) minutos, à pressão de 4 kg/cm² (quatro quilos por centímetro quadrado).
=> *Ver anexo II à Resolução SEDEC 109/94.*

Parágrafo único – A capacidade da instalação será aumentada se o risco de incêndio a proteger assim exigir.

Art. 40 – A altura do reservatório elevado ou a capacidade das bombas deverá atender à vazão e à pressão exigidas no artigo anterior.

Seção II
Dos Conjuntos de Bombas

Art. 41 – Se o abastecimento da Rede Preventiva for feito pelo reservatório subterrâneo ou baixo, este apresentará conjunto de bombas de acionamento independente e automático, de modo a manter a pressão constante e permanente na rede.

Art. 42 – As bombas serão de acoplamento direto, sem interposição de correias ou correntes, capazes de assegurar instalação, pressão e vazão exigidas.

Art. 43 – Haverá sempre dois sistemas de alimentação, um elétrico e outro a explosão, podendo ser este último substituído por gerador próprio (figs. 10, 11 e 12).

Art. 44 – As bombas elétricas terão instalação independente da rede elétrica geral.

Art. 45 – As bombas serão de partida automática e dotadas de dispositivo de alarme que denuncie o seu funcionamento.

Art. 46 – Quando as bombas não estiverem situadas abaixo do nível da tomada d'água (afogada), será obrigatório um dispositivo de escorva automático.
=> *Ver anexo I à Resolução SEDEC 124/93.*

Seção III
Da Canalização

Art. 47 – O diâmetro interno mínimo da Rede Preventiva será de 75 mm (3″), em tubos de ferro fundido ou de aço galvanizado, que satisfaçam às especificações da ABNT (Associação Brasileira de Normas Técnicas).

Art. 48 – Os hidrantes terão suas saídas com adaptação para junta "STORZ", de 63 mm (2 1/2″) ou 38 mm (1 1/2″), de acordo com o diâmetro da mangueira exigida.

Art. 49 – Os hidrantes serão assinalados nas plantas, obedecendo aos seguintes critérios:
I – Em pontos externos, próximos às entradas e, quando afastados dos prédios, nas vias de acesso, sempre visíveis.
II – A altura do registro do hidrante será, no mínimo, de 1 m (um metro) e no máximo de 1,50 m (um metro e cinqüenta centímetros) do piso.
III – O número de hidrantes será determinado segundo a extensão da área a proteger, de modo que qualquer ponto do risco seja, simultaneamente, alcançado por duas linhas de mangueiras de hidrantes distintos. O comprimento das linhas de mangueiras não poderá ultrapassar a 30 m (trinta metros), o que será calculado medindo-se a distância do percurso do hidrante ao ponto mais distante a proteger.
IV – As linhas de mangueiras, com um máximo de 2 (duas) seções, permanentemente unidas por juntas "STORZ" prontas para uso imediato, serão dotadas de esguichos com requinte ou de jato regulável, a critério do Corpo de Bombeiros.
V – Os hidrantes serão pintados em vermelho, de forma a serem localizados facilmente.
VI – Os hidrantes serão dispostos de modo a evitar que, em caso de sinistro, fiquem bloqueados pelo fogo.
VII – Os hidrantes poderão ficar no interior do abrigo das mangueiras ou externamente.
VIII – Os abrigos serão pintados em vermelho, terão ventilação permanente, e o fechamento da porta será através de trinco ou fechadura, sendo obrigatório que uma das chaves permaneça junto ao abrigo ou em seu interior, desde que haja uma viseira de material transparente e facilmente violável.

Seção IV
Do Hidrante de Passeio (Hidrante de Recalque)

Art. 50 – O hidrante de passeio (hidrante de recalque) será localizado junto à via de acesso de viaturas, sobre o passeio e afastado dos prédios, de modo que possa ser operado com facilidade.

Art. 51 – O hidrante de passeio (hidrante de recalque) terá registro tipo gaveta, com 63 mm (2 1/2″) de diâmetro, e seu orifício externo disporá de junta "STORZ", à qual se adaptará um tampão, ficando protegido por uma caixa metálica com tampa de 30 cm (trinta centímetros) × 40 cm (quarenta centímetros), tendo a inscrição INCÊNDIO. A profundidade máxima da caixa será de 40 cm (quarenta centímetros), não podendo o rebordo do hidrante ficar abaixo de 15 cm (quinze centímetros) da borda da caixa.

Seção V
Das Linhas de Mangueira

Art. 52 – O comprimento das linhas de mangueira e o diâmetro dos requintes serão determinados de acordo com a seguinte tabela:

Linhas de Mangueira		Requintes
Comprimento Máximo	*Diâmetro*	*Diâmetro*
30 m (trinta metros)	38 mm (1 1/2″)	13 mm (1/2″)
30 m (trinta metros)	63 mm (2 1/2″)	19 mm (3/4″)

Parágrafo único – As linhas de mangueiras, de que trata a presente Seção, poderão ser dotadas de esguicho de jato regulável, em substituição ao esguicho com requinte, a critério do Corpo de Bombeiros.

Art. 53 – As mangueiras e outros petrechos serão guardados em abrigos, junto ao respectivo hidrante, de maneira a facilitar o seu uso imediato.

Art. 54 – As mangueiras, outros petrechos e os hidrantes poderão ser acondicionados dentro do mesmo abrigo de medidas variáveis, desde que ofereçam possibilidade de qualquer manobra e de rápida utilização.

Art. 55 – As mangueiras serão de 38 mm (1 1/2") ou de 63 mm (2 1/2") de diâmetro interno, flexíveis, de fibra resistente à umidade, revestidas internamente de borracha, capazes de suportar a pressão mínima de teste de 20 kg/cm² (vinte quilos por centímetro quadrado), dotadas de junta "STORZ" e com seção de 15 m (quinze metros) de comprimento.

CAPÍTULO VIII
Da Segurança em Edifício-Garagem

Seção I
Da Construção

Art. 56 – Todo edifício-garagem, com qualquer número de pavimentos, será construído com material incombustível, inclusive revestimento, esquadria, porta e janelas.

Art. 57 – Cada pavimento deve dispor de sistema de ventilação permanente (natural ou mecânico) e ter declive nos pisos de, no mínimo, 0,5% (meio por cento) a partir do poço dos elevadores ou rampa de acesso.

Parágrafo único – Os edifícios-garagem dotados de elevadores com transportador automático ficam dispensados da exigência de sistema mecânico de ventilação.

Art. 58 – Na área destinada ao estacionamento de veículos, bem como nas rampas de acesso, quando houver, a iluminação será feita utilizando-se material elétrico (lâmpadas, tomadas e interruptores) blindados e à prova de explosão. Será admitida iluminação comum na fachada e no poço da escada.

Parágrafo único – Nos edifícios-garagem não será permitida a instalação de residências, lojas comerciais, oficinas, postos de abastecimento, de lubrificação, de lavagem e de manutenção de viaturas ou quaisquer atividades incompatíveis a juízo do Corpo de Bombeiros.

Art. 59 – É admitida a construção de edifício-garagem contíguo a outros destinados a fins diferentes quando, entre ambos, houver perfeito isolamento com parede de alvenaria de 25 cm (vinte e cinco centímetros) ou de laje de concreto de 15 cm (quinze centímetros) de espessura sem abertura e com *hall* e acessos completamente independentes.

Art. 60 – As plataformas ou alas de cada pavimento serão interligadas por uma passarela, com largura mínima de 70 cm (setenta centímetros), de material incombustível, com corrimão e grade onde não houver parede ou muro lateral.

Art. 61 – Em cada pavimento, por toda a extensão das fachadas, exceto nas colunas, haverá abertura livre com altura mínima de 70 cm (setenta centímetros).

Seção II
Das Escadas

Art. 62 – Todo edifício-garagem deve possuir, no mínimo, uma escada do primeiro pavimento à cobertura, de alvenaria, com largura mínima de 1,20 m (um metro e vinte centímetros), construída obedecendo ao que determina o Capítulo XIX.

Seção III
Da Drenagem

Art. 63 – O escoamento e a drenagem de líquido, nos pisos dos pavimentos, serão assegurados através de tubulação ou calha, de diâmetro de 10 cm (dez centímetros).

Parágrafo único – A instalação do sistema de drenagem respeitará as normas em vigor, proibindo-se remover líquidos inflamáveis para as instalações de esgoto.

Seção IV
Dos Dispositivos Fixos e Móveis Contra Incêndio

Art. 64 – Todo edifício-garagem qualquer que seja o número de pavimentos, será provido de Canalização Preventiva Contra Incêndio, obedecendo ao especificado no Capítulo VI deste Código.

Art. 65 – Todo edifício-garagem com mais de 10 (dez) pavimentos será dotado de instalação de rede de chuveiros automáticos do tipo *sprinklers* em todos os pavimentos, com painel de controle e alarme na portaria.

Art. 66 – Todo edifício-garagem, de até 10 (dez) pavimentos, inclusive, será dotado de Sistema de Alarme Automático de Incêndio, com detectores em todos os pavimentos, bem como painel de controle e alarme na portaria.

Parágrafo único – Esse sistema poderá ser substituído pela instalação de rede de chuveiros automáticos do tipo *sprinklers*, quando o Corpo de Bombeiros julgar necessário, em face do risco apresentado.

Art. 67 – Todo edifício-garagem será equipado com extintores portáteis ou sobre rodas, em número variável, segundo o risco a proteger.

Art. 68 – Cada elevador será equipado com 1 (um) extintor de dióxido de carbono (CO_2) de 6 kg (seis quilos).

Art. 69 – Em todos os acessos e nas áreas de estacionamento serão colocados avisos com os dizeres É PROIBIDO FUMAR, em letras vermelhas.

CAPÍTULO IX
Da Canalização Preventiva nos Agrupamentos de Edificações Residenciais Multifamiliares

Art. 70 – Nos agrupamentos de edificações residenciais multifamiliares (conjuntos residenciais), admite-se a supressão da caixa-d'água superior de cada bloco, prevista no Capítulo VI, desde que a canalização preventiva seja alimentada por castelo d'água, na forma estabelecida neste Capítulo.

Art. 71 – O castelo d'água terá uma reserva técnica de incêndio de, no mínimo, 6.000 l (seis mil litros), acrescida de 200 l (duzentos litros) por hidrante exigido para todo o conjunto.

Art. 72 – O castelo d'água terá o volume determinado pelo Regulamento de Construções e Edificações do Município, acrescido da reserva técnica de incêndio prevista no artigo anterior.

Art. 73 – O distribuidor das canalizações preventivas dos blocos será em tubo de ferro fundido ou de aço galvanizado que satisfaça às especificações da ABNT (Associação Brasileira de Normas Técnicas), com 75 mm (3″) de diâmetro no mínimo, saindo do fundo do castelo d'água, abaixo do qual será dotado, o tubo, de válvula de retenção e registro geral (fig. 15).

Art. 74 – Na frente de cada bloco, o distribuidor deixará uma canalização de 63 cm (2 1/2″) de diâmetro mínimo, dotado de hidrante de passeio, e atravessará todos os pavimentos alimentando as caixas de incêndios (fig. 17).
Parágrafo único – Nessa canalização será instalada uma válvula de retenção com a finalidade de impedir, em caso de recalque para os hidrantes, o abastecimento do castelo d'água por meio dessa canalização (fig. 14).

Art. 75 – A canalização preventiva de cada bloco terá as mesmas características das Canalizações Preventivas Contra Incêndio, constantes do Capítulo VI.

CAPÍTULO X
Da Instalação da Rede de Chuveiros Automáticos

Art. 76 – O projeto e a instalação de chuveiros automáticos do tipo *sprinklers* serão executados obedecendo às normas da ABNT (Associação Brasileira de Normas Técnicas).
=> *Ver caput do art. 59 da Resolução SEDEC 142/94.*

Art. 77 – O projeto e a instalação de rede de chuveiros automáticos do tipo *sprinklers* serão de inteira responsabilidade das respectivas firmas executantes.

Art. 78 – A instalação de rede de chuveiros automáticos do tipo *sprinklers* somente poderá ser executada depois de aprovado o respectivo projeto pelo Corpo de Bombeiros.

Art. 79 – Os projetos e instalações de rede de chuveiros automáticos do tipo *sprinklers* somente serão aceitos pelo Corpo de Bombeiros mediante a apresentação de Certificado de Responsabilidade emitido pela firma responsável.

Art. 80 – O Corpo de Bombeiros exigirá a instalação de rede de chuveiros automáticos do tipo *sprinklers* obedecendo aos seguintes requisitos:
I – Em edificação residencial privativa multifamiliar cuja altura exceda a 30 m (trinta metros) do nível do logradouro público ou da via interior, será exigida a instalação de rede de chuveiros automáticos do tipo *sprinklers*, com bicos de saídas nas partes de uso comum a todos os pavimentos, nos subsolos e nas áreas de estacionamento, exceto nas áreas abertas dos pavimentos de uso comum.
=> *Ver Resolução SEDEC 148/94.*
II – Em edificação residencial coletiva e transitória, hospitalar ou laboratorial cuja altura exceda a 12 m (doze metros) do nível do logradouro público ou de via interior, será exigida a instalação de rede de chuveiros automáticos do tipo *sprinklers*, com bicos de saída em todos os compartimentos das áreas localizadas acima da altura prevista, bem como em todas as circulações, subsolos, áreas de estacionamento e em outras dependências que, a juízo do Corpo de Bombeiros, exijam essa instalação, mesmo abaixo da citada altura.
III – Em edificação mista pública ou escolar cuja altura exceda a 30 m (trinta metros) do nível do logradouro público ou da via interior, será exigida a instalação de rede de chuveiros automáticos do tipo *sprinklers*, com bicos de saídas em todas as partes de uso comum e nas áreas não-residenciais, mesmo abaixo da citada altura.
IV – Em edificação comercial ou industrial cuja altura exceda a 30 m (trinta metros) do nível do logradouro público ou da via interior, será exigida a instalação de rede de chuveiros automáticos do tipo *sprinklers*, com bicos de saídas em todas as partes de uso comum e nas áreas comerciais, industriais e de estacionamento, mesmo abaixo da citada altura.

V – A critério do Corpo de Bombeiros, em edificação ou galpão industrial, comercial ou de usos especiais diversos, de acordo com a periculosidade, será exigida a instalação de rede de chuveiros automáticos do tipo *sprinklers*.

VI – Em edificação com altura superior a 12 m (doze metros) situada em terreno onde não sejam possíveis o acesso e o estabelecimento de uma auto-escada mecânica, será exigida a instalação de rede de chuveiros automáticos tipo *sprinklers*, com bicos de saídas nos locais determinados nos incisos I, II, III, IV e V deste artigo.

VII – Nos prédios cuja arquitetura, pela forma ou disposição dos pavimentos, impeça o alcance máximo de uma auto-escada mecânica, a altura a partir da qual deverá ser exigida a instalação de rede de chuveiros automáticos do tipo *sprinklers* será determinada pelo Corpo de Bombeiros.

CAPÍTULO XI
Dos Extintores Portáteis e Sobre Rodas

Art. 81 – A critério do Corpo de Bombeiros, os imóveis ou estabelecimentos, mesmo dotados de outros sistemas de prevenção, serão providos de extintores. Tais aparelhos devem ser apropriados à classe de incêndio a extinguir.

Seção I
Das Classes de Incêndio

Art. 82 – Para o cumprimento das disposições contidas neste Código, será adotada a seguinte classificação de incêndio, segundo o material a proteger:

I – Classe "A" – Fogo em materiais comuns de fácil combustão (madeira, pano, lixo e similares);

II – Classe "B" – Fogo em líquidos inflamáveis, óleos, graxas, vernizes e similares;

III – Classe "C" – Fogo em equipamentos elétricos energizados (motores, aparelhos de ar condicionado, televisores, rádios e similares);

IV – Classe "D" – Fogo em metais piróforos e suas ligas (magnésio, potássio, alumínio e outros).

Art. 83 – Identificado o material a proteger, o tipo e a capacidade dos extintores serão determinados obedecendo-se ao seguinte:

I – O extintor tipo "Água" será exigido para a classe "A" e terá capacidade mínima de 10 l (dez litros);

II – O extintor tipo "Espuma" será exigido para as classes "A" e "B" e terá capacidade mínima de 10 l (dez litros);

III – O extintor tipo "Gás Carbônico" será exigido para as classes "B" e "C" e terá capacidade mínima de 4 kg (quatro quilos);

IV – O extintor tipo "Pó Químico" será exigido para as classes "B" e "C" e terá capacidade mínima de 4 kg (quatro quilos);

V – Extintores de compostos por halogenação serão exigidos a critério do Corpo de Bombeiros.

Seção III
Da Quantidade de Extintores

Art. 84 – A quantidade de extintores será determinada no Laudo de Exigências, obedecendo, em princípio, à seguinte tabela:

Risco	Área Máxima a Ser Protegida por Unidade Extintora	Distância Máxima para o Alcance do Operador
Pequeno	250 m² (duzentos e cinqüenta metros quadrados)	20 m (vinte metros)
Médio	150 m² (cento e cinqüenta metros quadrados)	15 m (quinze metros)
Grande	100 m² (cem metros quadrados)	10 m (dez metros)

=> *Ver anexo I à Resolução SEDEC 109/93.*

Seção IV
Da Localização e Sinalização dos Extintores

Art. 85 – A localização dos extintores obedecerá aos seguintes princípios:

I – A probabilidade de o fogo bloquear o seu acesso deve ser a mínima possível;

II – Boa visibilidade, para que os possíveis operadores fiquem familiarizados com a sua localização;

III – Os extintores portáteis deverão ser fixados de maneira que nenhuma de suas partes fique acima de 1,80 m (um metro e oitenta centímetros) do piso;

=> *Ver caput do art. 67 da Resolução SEDEC 142/94.*

IV – A sua localização não será permitida nas escadas e antecâmaras das escadas;

V – Os extintores sobre rodas deverão sempre ter livre acesso a qualquer ponto da área a proteger;

VI – Nas instalações industriais, depósitos, galpões, oficinas e similares, os locais onde os extintores forem colocados serão sinalizados por círculos ou setas vermelhas. A área de 1 m² (um metro quadrado) do piso localizada abaixo do extintor será também pintada em vermelho e, em hipótese alguma, poderá ser ocupada.

=> *Ver parágrafo 1.º do art. 67 da Resolução SEDEC 142/94.*

Art. 86 – Somente serão aceitos os extintores que possuírem o selo de Marca de Conformidade da ABNT (Associação Brasileira de Normas Técnicas), seja de Vistoria ou de Inspecionado, respeitadas as datas de vigência.
=> *Ver parágrafo 2.º do art. 67 e art. 186, ambos da Resolução SEDEC 142/94.*

CAPÍTULO XII
Dos Estabelecimentos e Edificações de Reunião de Público

=> *Ver Capítulo XV da Resolução SEDEC 142/94.*

Seção I
Generalidades

Art. 87 – São estabelecimentos e edificações de reunião de público:
I – Estádios;
II – Auditórios;
III – Ginásios esportivos;
IV – Clubes sociais;
V – Boates;
VI – Salões diversos;
VII – Teatros;
VIII – Cinemas;
IX – Parques de diversões;
X – Circos;
IX – Outros similares.

Art. 88 – Para a construção de edificações de reunião de público e de instalação de estabelecimentos constantes do artigo anterior, de caráter transitório ou não, é obrigatória a apresentação de plantas ao Corpo de Bombeiros, para que sejam determinadas medidas preventivas contra incêndio e pânico.
Parágrafo único – Somente com o Certificado de Aprovação fornecido pelo Corpo de Bombeiros, essas edificações ou estabelecimentos poderão receber o "Habite-se" de aceitação da obra ou o Alvará de funcionamento.

Art. 89 – Espetáculos em teatros, circos ou outros locais de grandes concentrações de público, a critério do Corpo de Bombeiros, somente poderão ser realizados com a presença de guarda de Bombeiro-Militar mediante a solicitação obrigatória do interessado ou responsável com um mínimo de 15 (quinze) dias de antecedência.

Art. 90 – As saídas dos locais de reunião devem se comunicar, de preferência, diretamente com a via pública.

Art. 91 – As saídas de emergência podem dar para corredores, galerias ou pátios, desde que se comuniquem diretamente com a via pública.

Art. 92 – Os teatros, cinemas, auditórios, boates e salões diversos terão os seguintes dispositivos contra incêndio e pânico:
I – Dispositivos Preventivos Fixos: determinados de acordo com a área e a localização, no interior ou fora do corpo da edificação, conforme o disposto no Capítulo IV;
II – Extintores Portáteis e Sobre Rodas cuja quantidade, capacidade e localização serão determinadas de acordo com o exposto no Capítulo XI;
III – Sistemas Preventivos de Caráter Estrutural, instalação e montagem, conforme as seguintes prescrições:
a) todas as peças de decoração (tapetes, cortinas e outras), assim como cenários e outras montagens transitórias, deverão ser incombustíveis ou tratados com produtos retardantes à ação do fogo;
b) os sistemas de refrigeração e calefação serão cuidadosamente instalados, não sendo permitido o emprego de material de fácil combustão;
c) todas as portas serão dotadas de ferragens do tipo antipânico, previstas no Capítulo XIX, deverão abrir de dentro para fora e ser encimadas com os anúncios SAÍDA, em luz suave e verde, e É PROIBIDO FUMAR, em luz vermelha, legíveis a distância, mesmo quando se apagarem as luzes da platéia;
d) quando o escoamento de público, de local de reunião, se fizer através de corredores ou galerias, estes possuirão uma largura constante até o alinhamento do logradouro, igual à soma das larguras das portas que para eles se abrirem;
e) as circulações, em um mesmo nível, dos locais de reunião até 500 m² (quinhentos metros quadrados) terão largura mínima de 2,50 m (dois metros e cinqüenta centímetros). Ultrapassada essa área, haverá um acréscimo de 5 cm (cinco centímetros) na largura por metro quadrado excedente;
f) nas edificações destinadas a locais de reunião de público, o dimensionamento da largura das escadas deverá atender ao fluxo de circulação de cada nível contíguo superior, de maneira que, no nível das saídas para o logradouro, a escada tenha sempre a largura correspondente à soma dos fluxos de todos os níveis;
g) as escadas de acesso aos locais de reunião de público deverão atender aos seguintes requisitos:
1) ter largura mínima de 2 m (dois metros) para lotação até 200 m (duzentas) pessoas. Acima desse limite, será exigido o acréscimo de l m (um metro) para cada 100 (cem) pessoas.
2) o lanço externo que se comunicar com a saída deverá estar sempre orientado na direção desta;

3) os degraus terão altura máxima de 18,5 cm (dezoito centímetros e meio), profundidade mínima de 25 cm (vinte e cinco centímetros), e serão dotados de espelho;

4) as escadas não poderão ter seus degraus balanceados, ensejando a formação de "leques";

h) as folhas das portas de saída dos locais de reunião, bem como das bilheterias, se houver, não poderão abrir diretamente sobre o passeio do logradouro;

i) entre as filas de cadeiras de uma série, deverá existir um espaço mínimo de 90 cm (noventa centímetros), de encosto a encosto, e entre as séries de cadeiras deverá existir espaço livre de, no mínimo, 1,20 m (um metro e vinte centímetros) de largura;

j) o número máximo de assentos por fila será de 15 (quinze) e por coluna de 20 (vinte), constituindo séries de 300 (trezentos) assentos no máximo;

l) não serão permitidas séries de assentos que terminem junto às paredes, devendo ser mantido um espaço de, no mínimo, 1,20 m (um metro e vinte centímetros) de largura;

m) para o público haverá sempre, no mínimo, uma porta de entrada e de saída do recinto, situadas em pontos distantes, de modo a não haver sobreposição de fluxo, com largura mínima de 2 m (dois metros). A soma das larguras de todas as portas equivalerá a uma largura total correspondente a l m (um metro) para cada 100 (cem) pessoas;

n) os locais de espera terão área equivalente, no mínimo, a 1 m² (um metro quadrado) para cada 8 (oito) pessoas;

o) nos teatros, cinemas e salões, é terminantemente proibido guardar ou armazenar material inflamável ou de fácil combustão, tais como cenários em desuso, sarrafos de madeira, papéis, tinta e outros, sendo admitido, única e exclusivamente, o indispensável ao espetáculo;

p) quando a lotação exceder de 5.000 (cinco mil) lugares, serão exigidas rampas para escoamento do público;

q) o guarda-corpo terá a altura mínima de l m (um metro);

r) nos cinemas, a cabine de projeção estará separada de todos os recintos adjacentes por meio de portas corta-fogo leves e metálicas. Na parte da parede que separa a cabine do salão não haverá outra abertura senão as necessárias janelinhas de projeção e observação. As de observação podem ter, no máximo, 250 cm² (duzentos e cinqüenta centímetros quadrados) e as de projeção, o necessário à passagem do feixe de luz do projetor; ambas possuirão um obliterador de fechamento em chapa metálica de 2 cm (dois centímetros) de espessura. O pé-direito da cabine, medido acima do estrado ou estribo do operador, não poderá, em ponto algum, ser inferior a 2 m (dois metros);

s) nos cinemas só serão admitidos na cabine de projeção os rolos de filmes necessários ao programa do dia; todos os demais estarão em seus estojos, guardados em armário de material incombustível e em local próprio;

t) nos teatros, a parede que separa o palco do salão será do tipo corta-fogo, com a "boca-de-cena" provida de cortina contra incêndio, incombustível e estanque à fumaça; a descida dessa cortina será feita na vertical e, se possível, automaticamente. As pequenas aberturas, interligando o palco e o salão, serão providas de portas corta-fogo leves e metálicas;

u) nos teatros, todos os compartimentos da "caixa" terão saída direta para a via pública, podendo ser através de corredores, *halls*, galerias ou pátios, independentemente das saídas destinadas ao público;

v) nos teatros e cinemas, além dos circuitos de iluminação geral, haverá um de luzes de emergência com fonte de energia própria; quando ocorrer uma interrupção de corrente, as luzes de emergência deverão iluminar o ambiente, de forma a permitir uma perfeita orientação aos espectadores, na forma do Capítulo XIX;

x) os teatros, cinemas, auditórios, boates e salões diversos terão suas lotações declaradas nos respectivos Laudos de Exigências e Certificados de Aprovação expedidos pelo Corpo de Bombeiros;

z) as lotações máximas dos salões diversos, desde que as saídas convencionais comportem, serão determinadas admitindo-se, nas áreas destinadas a pessoas sentadas, 1 (uma) pessoa para cada 70 dm² (setenta decímetros quadrados) e, nas áreas destinadas a pessoas em pé, 1 (uma) para cada 40 dm² (quarenta decímetros quadrados); não serão computados as áreas de circulação e os *halls*.

Seção II
Dos Estádios

Art. 93 – Os estádios terão os seguintes sistemas preventivos contra incêndio e pânico:

I – Instalações Preventivas Fixas determinadas conforme o disposto no Capítulo IV;

II – Extintores Portáteis e Sobre Rodas, cuja quantidade, capacidade e localização serão determinadas conforme o exposto no Capítulo XI;

III – Sistemas Preventivos de Caráter Estrutural, instalação e montagem, obedecendo-se ao seguinte:

a) as entradas e saídas só poderão ser feitas através de rampas. Essas rampas terão a soma de suas larguras calculada na base de 1,40 m (um metro e quarenta centímetros) para cada 1.000 (mil) espectadores, não podendo ser inferior a 3 m (três metros);

b) para o cálculo da capacidade das arquibancadas, gerais e outros setores, serão admitidas para cada metro quadrado 2 (duas) pessoas sentadas ou 3 (três) em pé, não se computando as áreas de circulação e *halls*;

c) outras medidas previstas no inciso III do art. 92 deste Código poderão ser exigidas, quando necessárias, a critério do Corpo de Bombeiros.

Seção III
Dos Parques de Diversões

Art. 94 – Os parques de diversões terão os seguintes Sistemas de Prevenção Contra Incêndio e Pânico:

I – Extintores Portáteis e Sobre Rodas, cuja quantidade, capacidade e localização serão determinadas conforme o exposto no Capítulo XI;

II – O material e a montagem de parques de diversões obedecerão às seguintes condições:

a) serão incombustíveis os materiais a serem empregados nas coberturas e barracas;

b) haverá, obrigatoriamente, vãos de entrada e de saída, independentes. A soma da largura desses vãos, de entrada e de saída, obedecerá à proporção de 1 m (um metro) para cada 500 (quinhentas) pessoas, não podendo ser inferior a 3 m (três metros) cada um;

c) a capacidade máxima de público permitida no interior dos parques de diversões será proporcional a 1 (uma) pessoa para cada metro quadrado de área livre à circulação.

Seção IV
Dos Circos

Art. 95 – Os circos terão os seguintes Sistemas de Prevenção Contra Incêndio e Pânico:

I – Extintores Portáteis e Sobre Rodas, cuja quantidade, capacidade e localização serão determinadas conforme o exposto no Capítulo XI;

II – O material e a montagem de circos, com coberturas ou não, atenderão às seguintes condições:

a) haverá, no mínimo, um vão de entrada e outro de saída do recinto, independentes e situados em pontos distantes, de modo a não haver sobreposição de fluxo;

b) a largura dos vãos de entrada e saída será na proporção de 1 m (um metro) para cada 100 (cem) pessoas, não podendo ser inferior a 3 m (três metros) cada um;

c) a largura das circulações será na proporção de 1 m (um metro) para cada 100 (cem) pessoas, não podendo ser inferior a 2 m (dois metros);

d) a capacidade máxima de espectadores permitida será na proporção de 2 (duas) pessoas sentadas por metro quadrado;

e) quando a cobertura for de lona, será tratada, obrigatoriamente, com substância retardante ao fogo;

f) os circos serão construídos de material tratado com substância retardante ao fogo. Os mastros, tirantes e cabos de sustentação serão metálicos;

g) as arquibancadas serão de estrutura metálica, admitindo-se os assentos de madeira.

CAPÍTULO XVII

DOS DISPOSITIVOS DE PROTEÇÃO POR PÁRA-RAIOS

Art. 165 – O cabo de descida ou escoamento dos pára-raios deverá passar distante de material de fácil combustão e de outros onde possa causar danos.

Art. 166 – Na instalação dos pára-raios será observado o estabelecimento de meio da descarga de menor extensão e o mais vertical possível.

Art. 167 – A instalação dos pára-raios deverá obedecer ao que determinam as normas próprias vigentes, sendo da inteira responsabilidade do instalador a obediência às mesmas.

Art. 168 – O Corpo de Bombeiros exigirá pára-raios em:

I – Edificações e estabelecimentos industriais ou comerciais com mais de 1.500 m² (um mil e quinhentos metros quadrados) de área construída.

II – Toda e qualquer edificação com mais de 30 m (trinta metros) de altura;

III – Áreas destinadas a depósitos de explosivos ou inflamáveis;

IV – Outros casos, a critério do Corpo de Bombeiros, quando a periculosidade o justificar.

Art. 195 – As edificações de que trata o inciso IV do art. 12 serão providas de sistema elétrico ou eletrônico de emergência a fim de iluminar todas as saídas, setas e placas indicativas, dotado de alimentador próprio e capaz de entrar em funcionamento imediato, tão logo ocorra interrupção no suprimento de energia da edificação.

CAPÍTULO XXII

INSTALAÇÕES FIXAS ESPECIAIS

Art. 216 – As instalações de combate a incêndio especiais, como as de neblina de água, espuma, pó químico, produtos por halogenação ou outros, deverão obedecer às normas brasileiras.

Art. 217 – As instalações de alarme e detecção bem como os exaustores de fumaça deverão obedecer às normas brasileiras.

Art. 218 – Os sistemas de comunicação eletrônica direta com o Corpo de Bombeiros, através de linha privada, deverão obedecer às normas traçadas pelo Corpo de Bombeiros.

Art. 219 – Os dispositivos elétricos ou eletrônicos de emergência, de baixa voltagem, com o objetivo de informar, automática e diretamente, ao Corpo de Bombeiros e de iluminar as saídas convencionais, setas e placas indicativas, serão dotados de alimentação de energia própria, que entre em funcionamento tão logo falte energia elétrica na edificação.

Parágrafo único – As instalações fixas especiais serão exigidas a critério do Corpo de Bombeiros sempre que as fizerem necessárias.

GLOSSÁRIO DO CÓDIGO DE SEGURANÇA
CONTRA INCÊNDIO E PÂNICO

ABRIGO – Compartimento destinado ao acondicionamento de hidrante e de equipamentos de combate a incêndio.

ACESSO – Caminho a ser percorrido pelos usuários do pavimento para alcançar a caixa de escada. Os acessos podem ser constituídos de passagens, corredores, vestíbulos, balcões e terraços.

AGRUPAMENTO DE EDIFICAÇÕES RESIDENCIAIS – Conjunto de duas ou mais edificações residenciais de dentro de um lote. Pode ser constituído de edificações unifamiliares ou multifamiliares.

ALTURA – Distância vertical tomada e medida do nível da soleira do pavimento de acesso ao nível do teto do pavimento habitável mais elevado.

ANTECÂMARA – Recinto que antecede a caixa de escada enclausurada à prova de fumaça, podendo ser vestíbulo, terraço ou balcão, comunicando-se com o acesso e a escada por meio de portas corta-fogo leves.

BALCÃO – Parte da edificação em balanço com relação à parede perimetral da mesma, tendo, pelo menos, uma face para o exterior.

BEIRAL – Laje em balanço, de 80 cm (oitenta centímetros), situada ao nível do teto do último pavimento habitável.

BOTIJÃO – Recipiente de formato especial, equipado com válvula de fechamento automático e utilizado na prática comercial com o peso líquido de 1 (um), 1,5 (um e meio), 2,5 (dois e meio), 5 (cinco), 11 (onze) e, no máximo, 13 kg (treze quilos) de GLP.

CANALIZAÇÃO – Tubos destinados a conduzir água para alimentar os equipamentos de combate a incêndio.

CARRETA – Dispositivo sobre o qual é montado o extintor não-portátil.

CASTELO D'ÁGUA – Reservatório de água elevado e localizado, geralmente, fora da projeção da construção, destinado a abastecer uma edificação ou agrupamento de edificações.

CENTRAL DE ESPUMA – Local onde se situam as bombas, aparelhos dosadores e/ou geradores de espuma, suprimento de espuma, registros de controle etc., destinados a pôr em funcionamento o sistema de espuma para instalação fixa.

CERTIFICADO DE APROVAÇÃO – Documento expedido pelo Corpo de Bombeiros, dando a aprovação do cumprimento de todas as exigências constantes do Laudo original.

CILINDRO – Recipiente especial de forma cilíndrica ou aproximadamente cilíndrica, equipado com válvula de fechamento manual, dispondo de proteção de válvula e utilizado na prática comercial com o peso líquido de 10 (dez), 20 (vinte), 45 (quarenta e cinco) e, no máximo, 90 kg (noventa quilos) de GLP.

CONCENTRAÇÃO – Porcentagem de extrato de espuma em relação à água para dosar a pré-mistura.

"DAMPERS" – Dispositivos utilizados nas tubulações, dutos ou chaminés para controlar a combustão pela regulagem da ventilação.

DEPÓSITO – Todo e qualquer local, aberto ou fechado, destinado à armazenagem.

DEPÓSITO ABERTO – Todo local coberto ou descoberto, tendo, no máximo, 3 (três) faces fechadas com paredes de alvenaria.

DEPÓSITO DE FILMES E FILMOTECAS – Locais de um ou mais compartimentos, onde se armazenam filmes de qualquer natureza e para qualquer fim, em quantidade superior a 20 (vinte) rolos de 35 mm (trinta e cinco milímetros) ou volume equivalente, no caso de outros filmes.

DEPÓSITO DE LÍQUIDO INFLAMÁVEL – Todo e qualquer local onde se armazena qualquer líquido inflamável.

DEPÓSITO FECHADO – Todo local coberto, tendo as 4 (quatro) faces fechadas com paredes de alvenaria.

DIQUE – Maciço de terra ou outro material adequado, destinado a conter os produtos provenientes de eventuais vazamentos de tanques e suas tubulações.

DUTO DE VENTILAÇÃO – Espaço no interior da edificação que permite, em qualquer pavimento, a saída de gases e fumaça da antecâmara da escada para o ar livre acima da cobertura da edificação.

EDIFICAÇÃO – Construção destinada a abrigar qualquer atividade humana, materiais ou equipamentos.

EDIFICAÇÃO COMERCIAL – Edificação destinada a lojas ou salas comerciais, ou a ambas, e na qual, unicamente, as dependências do porteiro são utilizadas para o uso residencial.

EDIFICAÇÃO DE USO EXCLUSIVO – Edificação destinada a abrigar uma só atividade comercial ou industrial de uma empresa.

EDIFICAÇÃO HOSPITALAR – Edificação destinada a receber, para diagnóstico e tratamento, pessoas que necessitam de assistência médica diária e cuidados constantes de enfermagem, em regime de internação, ao mesmo tempo que recebe, para idênticos objetivos de diagnóstico e tratamento, pacientes em regime de ambulatório.

EDIFICAÇÃO INDUSTRIAL – Edificação destinada à atividade fabril de peças, objetos e aparelhos, bem como à transformação, mistura e acondicionamento de substâncias e matérias-primas e de quaisquer outros materiais.

EDIFICAÇÃO LABORATORIAL – Edificação que abriga um conjunto de serviços devidamente equipado e onde se exercem atividades no campo de aplicação de processos terapêuticos ou industriais.

EDIFICAÇÃO MERCANTIL – Edificação destinada às atividades de comércio a varejo e a atacado.

EDIFICAÇÃO MISTA – Edificação destinada a abrigar atividades de usos diferentes.

EDIFICAÇÃO PARA REUNIÃO DE PÚBLICO – Edificação destinada a congregar pessoas para diversas atividades.

EDIFICAÇÃO RESIDENCIAL – Aquela destinada ao uso residencial.

EDIFICAÇÃO RESIDENCIAL COLETIVA – Aquela na qual as atividades residenciais desenvolvem-se em compartimento de utilização coletiva (dormitórios, salões de refeições e instalações sanitárias comuns), bem como internatos, pensionatos, asilos e congêneres.

EDIFICAÇÃO RESIDENCIAL MULTIFAMILIAR – Conjunto de duas ou mais unidades residenciais em uma só edificação.

EDIFICAÇÃO RESIDENCIAL PERMANENTE – Edificação de uso residencial constituída, no mínimo, de 2 (dois) compartimentos habitáveis, 1 (um) banheiro e 1 (uma) cozinha. Nas edificações mistas, a área de uso residencial constitui uma edificação residencial.

EDIFICAÇÃO RESIDENCIAL TRANSITÓRIA – Hotéis, motéis e congêneres.

EDIFICAÇÃO RESIDENCIAL UNIFAMILIAR – Aquela que abriga apenas uma unidade residencial.

EDIFÍCIO-GARAGEM – Aquele que, dotado de rampas ou elevadores, se destina, exclusivamente, ao estacionamento de veículos.

EDIFÍCIO PÚBLICO – Edificação na qual se exercem atividades de governo, administração, prestação de serviços públicos etc.

ESCADA ENCLAUSURADA – Escada que apresenta a caixa envolvida por paredes resistentes a 4 h (quatro horas) de fogo e separada da área comum por porta corta-fogo leve.

ESCADA ENCLAUSURADA À PROVA DE FUMAÇA – Escada enclausurada provida de antecâmara.

ESCAPE – Ato de alguém se salvar dos perigos de incêndio, pânico ou qualquer risco de vida, através de saídas convencionais e dos meios complementares de salvamento.

EXTINTOR DE INCÊNDIO – Aparelho carregado com agente extintor destinado ao combate imediato ao incêndio em seu início.

EXTINTOR NÃO-PORTÁTIL – Extintor de incêndio de peso superior a 20 kg (vinte quilos), provido de rodas ou montado sobre carreta, para facilidade de deslocamento.

EXTINTOR PORTÁTIL – Extintor de incêndio de peso inferior a 20 kg (vinte quilos) que pode ser deslocado manualmente sem auxílio de qualquer dispositivo.

EXTRATO DE ESPUMA – Concentrado destinado à formação de espuma.

FIRMAS CONSERVADORAS DE SISTEMAS DE COMBATE A INCÊNDIO – São aquelas que, devidamente habilitadas e registradas no Corpo de Bombeiros, se encontram em condições de conservar as instalações de sistemas de extintores, hidrantes, chuveiros automáticos do tipo *sprinkler* e demais instalações especiais, assim como fabricar e/ou aplicar os tratamentos de produtos retardantes ao fogo. No registro constarão os tipos de instalações para os quais a firma se registrou. Essas firmas deverão ter um engenheiro de segurança registrado no Ministério do Trabalho, como responsável técnico.

FIRMAS INSTALADORAS DE SISTEMAS DE COMBATE A INCÊNDIO – São aquelas que, devidamente habilitadas e registradas no Corpo de Bombeiros, se encontram em condições de projetar, instalar e conservar as instalações de sistemas de hidrantes, chuveiros automáticos do tipo *sprinkler* e demais sistemas especiais, assim como fabricar e/ou aplicar os tratamentos de produtos retardantes do fogo. No registro constarão os tipos de instalações para os quais a firma se registrou. Essas firmas deverão ter um engenheiro de segurança, registrado no Ministério do Trabalho, como responsável técnico.

GALPÃO – Edificação destinada a uso industrial ou comercial, constituída por cobertura apoiada em paredes ou colunas, cuja área é fechada, parcial ou totalmente, em seu perímetro.

GARAGEM – Área coberta para guarda individual ou coletiva de veículos. Quando construída inteiramente abaixo do nível do meio-fio ou emergindo no máximo 1 m (um metro) acima daquele nível é chamada subterrânea.

GASES LIQUEFEITOS DE PETRÓLEO (GLP) – Produtos constituídos, predominantemente, pelos seguintes hidrocarbonetos: propano, propeno, butano e buteno.

HIDRANTE (TOMADA DE INCÊNDIO) – Ponto de tomada d'água provido de registro de manobra e união tipo engate rápido.

HIDRANTE DE PASSEIO (HIDRANTE DE RECALQUE) – Dispositivo instalado na canalização preventiva, destinado à utilização pelas viaturas do Corpo de Bombeiros.

HIDRANTES URBANOS – Aparelhos instalados na rede de distribuição de água da cidade.

HOTEL – Edificação de uso residencial multifamiliar transitória, cujo acesso é controlado por serviços de portaria.

INSTALAÇÃO CENTRALIZADA – Instalação destinada a atender a vários consumidores em conjunto, utilizando central de armazenamento e tubulação para distribuição.

INSTALAÇÃO DE DIÓXIDO DE CARBONO – Instalação de operação automática ou manual, que emprega dióxido de carbono como agente extintor. A extinção poderá ser feita por inundação total do ambiente ou por aplicação local.

INSTALAÇÃO DOMÉSTICA DE GLP – Instalação cujo recipiente tem capacidade de carga individual não superior a 45 kg (quarenta e cinco quilos) e que é destinada a atender a consumo mensal até 200 kg (duzentos quilos).

INSTALAÇÃO ESPECIAL DE GLP – Instalação cujo recipiente tem capacidade de carga individual não superior a 200 kg (duzentos quilos) e que se destina a atender a consumo mensal superior a 600 kg (seiscentos quilos).

INSTALAÇÃO FIXA DE ESPUMA – Instalação completa para conduzir espuma ou pré-mistura de uma central para os locais a proteger.

INSTALAÇÃO INDUSTRIAL DE GLP – Instalação que utiliza tanques de armazenamento com capacidade unitária em água superior a 500 l (quinhentos litros), para servir a um só consumidor, e que se destina a atender a consumo mensal superior a 600 kg (seiscentos quilos).

INSTALAÇÕES FIXAS ESPECIAIS – Instalações destinadas a suprir possíveis deficiências encontradas no avanço constante da tecnologia no ramo da segurança contra incêndio.

LANÇO DE ESCADA – Trecho de escada compreendido entre dois pavimentos sucessivos.

LAUDO DE EXIGÊNCIA – Documento expedido pelo Corpo de Bombeiros, onde constam todas as exigências relativas à Segurança Contra Incêndio e Pânico, na forma estabelecida neste Código.

LOJA – Edificação, ou parte desta, destinada ao exercício de uma atividade comercial, industrial ou de armazenagem, geralmente abrindo para o exterior (lote ou logradouro) ou para uma galeria.

MANGUEIRA – Condutor flexível para conduzir água do hidrante ao esguicho.

MEIO-FIO – Arremate entre o plano do passeio e o da pista de rolamento de um logradouro.

MOTEL – Hotel onde o abrigo de veículos, além de corresponder ao número de compartimentos para hóspedes, é contíguo a cada um deles.

NÍVEL DE SOLEIRA – Nível de referência tomado em relação ao nível do meio-fio ou ao RN (referência de nível) do logradouro, considerado no eixo do terreno.

NÍVEL DO MEIO-FIO – Nível de referência tomado na linha do meio-fio, em um ou mais pontos, que informará o perfil do logradouro.

OCUPAÇÃO – Utilização a que se destina a edificação.

PAREDE RESISTENTE AO FOGO – Parede que resiste ao fogo sem sofrer colapso pelo tempo mínimo determinado.

PAVIMENTO DE ACESSO – Pavimento ao nível do RN (referência de nível) que determina o gabarito para edificação.

PAVIMENTO DE ESTACIONAMENTO – Pavimento, coberto ou descoberto, destinado à guarda de veículos. Pode ser o pavimento de acesso.

PAVIMENTO DE USO COMUM (PILOTIS) – Pavimento aberto, destinado à dependência de uso comum, situado ao nível do meio-fio ou sobre a parte da edificação de uso comercial. Pode ser destinado a estacionamento.

PAVIMENTO OU PARADA – Conjunto de áreas cobertas ou descobertas em uma edificação, situadas entre o plano de um piso e um teto imediatamente superior, quer seja no subsolo, ao nível do terreno ou em planos elevados.

PISO – Superfície interior ou inferior dos compartimentos de uma edificação.

PONTO DE VENDA – Local onde se armazenam recipientes que contêm GLP (gases liquefeitos de petróleo) para efeito de venda ou demonstração de aparelhos de utilização.

PORTA CORTA-FOGO LEVE – Porta cuja construção respeita as especificações da EB-315 da ABNT (Associação Brasileira de Normas Técnicas).

POSTO DE ABASTECIMENTO – Estabelecimento ou instalação destinada à distribuição interna ou à venda, a varejo, de combustível e lubrificantes, para qualquer fim.

POSTO DE SERVIÇO – Estabelecimento que, além de exercer as atividades do posto de abastecimento, oferece serviços de lavagem e/ou lubrificação de veículos.

POSTO-GARAGEM – Estabelecimento que exerce as atividades dos postos de abastecimento e de serviços, possuindo, paralelamente, áreas cobertas, de até 2 (dois) pavimentos destinados ao abrigo e guarda de veículos, e que não for considerado edifício-garagem pelo Corpo de Bombeiros.

RECIPIENTE ESTACIONÁRIO – Recipiente com capacidade superior a 250 l (duzentos e cinqüenta litros).

RECIPIENTE TRANSPORTÁVEL – Recipiente com capacidade igual ou inferior a 250 l (duzentos e cinqüenta litros).

REDE DE CHUVEIROS AUTOMÁTICOS DO TIPO *SPRINKLER* – Instalação hidráulica de combate a incêndio, constituída de reservatório, canalizações, válvulas, acessórios diversos e *sprinklers*.

REDE DE ESPUMA – Instalação hidráulica de combate a incêndio que atua, mediante comando, para lançamento de espuma.

REDE DE HIDRANTES (CANALIZAÇÃO) – Instalação hidráulica predial de combate a incêndio para ser manuseada pelos ocupantes das edificações até a chegada do Corpo de Bombeiros.

REDE PREVENTIVA – Canalização utilizada na indústria.

REGISTRO DE BLOQUEIO – Registro colocado na rede de alimentação dos hidrantes para fechamento no caso de reparo.

REGISTRO DE MANOBRA – Registro destinado a abrir e fechar o hidrante.

REQUINTE – Pequena peça de metal, de forma cônica, tendo fios de rosca na parte interna da base, pelos quais é atarraxado na ponta do esguicho. É o aparelho graduador e aperfeiçoador do jato.

RESERVA TÉCNICA DE INCÊNDIO – Volume de água do reservatório, previsto para combate a incêndio.

RESERVATÓRIO – Compartimento destinado ao armazenamento de água.

SAÍDA – Caminho contínuo de qualquer ponto da edificação à área livre, fora do edifício, em conexão com logradouro.

SAÍDA FINAL – Parte da edificação que fica entre a caixa da escada e a via pública ou área externa em comunicação com esta.

SALA COMERCIAL – Unidade de uma edificação, destinada às atividades de comércio, negócios ou das profissões liberais, geralmente abrindo para circulações internas dessa edificação.

SETOR – Área protegida por um certo número de chuveiros automáticos do tipo *sprinkler*.

SISTEMA DE EMERGÊNCIA – Conjunto de dispositivos que visa a orientar a fuga.

SOBRELOJA – Pavimento situado sobre a loja; com acesso exclusivo através desta e sem numeração independente.

***SPRINKLER* (CHUVEIRO AUTOMÁTICO)** – Peça dotada de dispositivo sensível à elevação de temperatura e destinada a espargir água sobre um incêndio.

SUBSOLO – Pavimento situado abaixo do pavimento de acesso podendo ser semi-enterrado.

TERRAÇO – Parte da edificação não em balanço, limitada pela parede perimetral do edifício, tendo pelo menos uma face aberta para o exterior ou área de ventilação.

TETO – Superfície interior e superior dos compartimentos de uma edificação.

UNIÃO TIPO ENGATE RÁPIDO (JUNTA "STORZ") – Peça destinada ao acoplamento de equipamentos por encaixe de 1/4 (um quarto) de volta.

UNIDADE DE SAÍDA – Largura mínima necessária para passagem de uma fila de pessoas que é fixada em 60 cm (sessenta centímetros).

UNIDADE EXTINTORA – Unidade padrão convencionada para um determinado agente extintor.

UNIDADE RESIDENCIAL – Edificação constituída de, no mínimo, 2 (dois) compartimentos habitáveis, 1 (um) banheiro e 1 (uma) cozinha.

VESTÍBULO – Antecâmara com ventilação garantida por duto ou janela para o exterior.

VISTORIA – Diligência efetuada por oficial Bombeiro-Militar com a finalidade de verificar as condições de Segurança Contra Incêndio e Pânico de uma edificação.

As figuras a seguir fazem parte do Anexo do Código de Segurança Contra Incêndio e Pânico (Decreto n.º 897, de 21 de setembro de 1976).

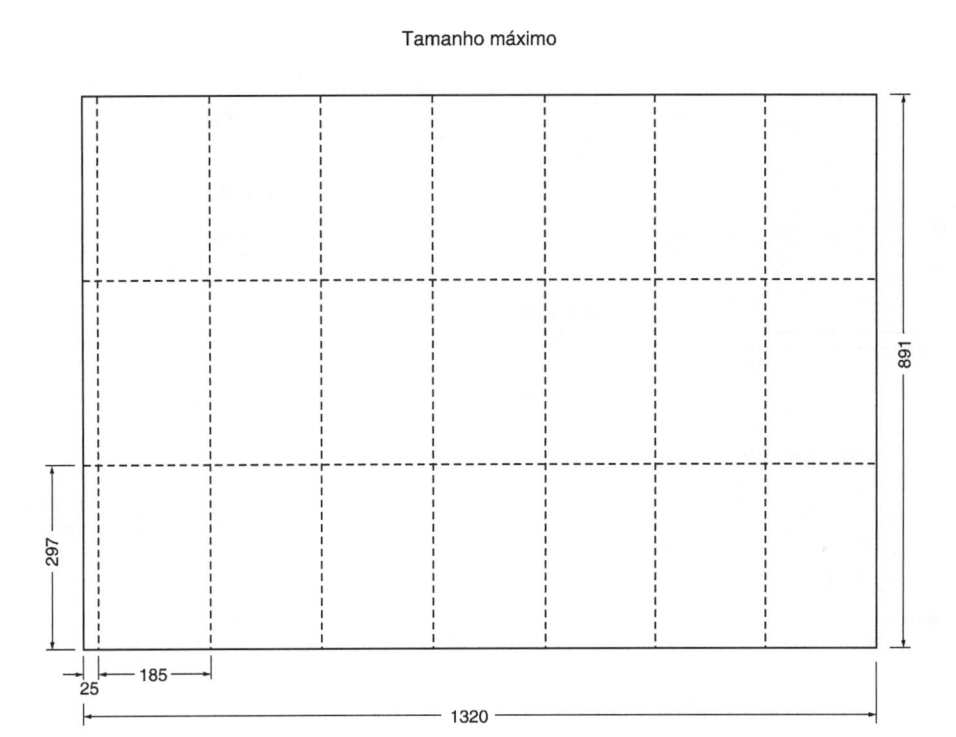

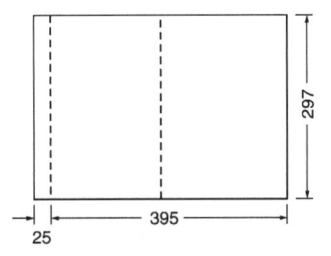

Obs.: As dimensões estão em milímetros.

Fig. 1 Dimensão do papel para projeto.

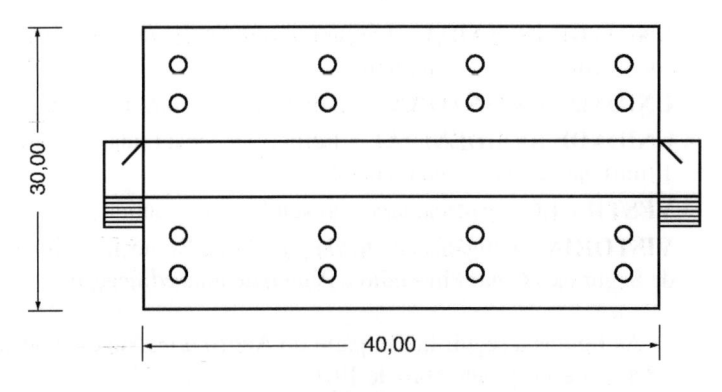

Fig. 16

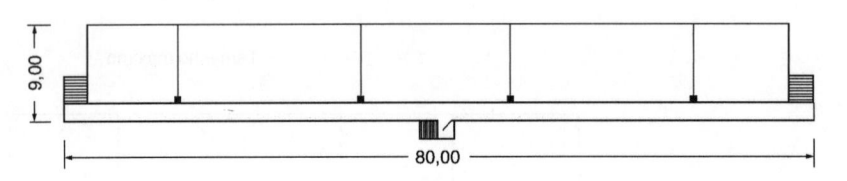

Fig. 17

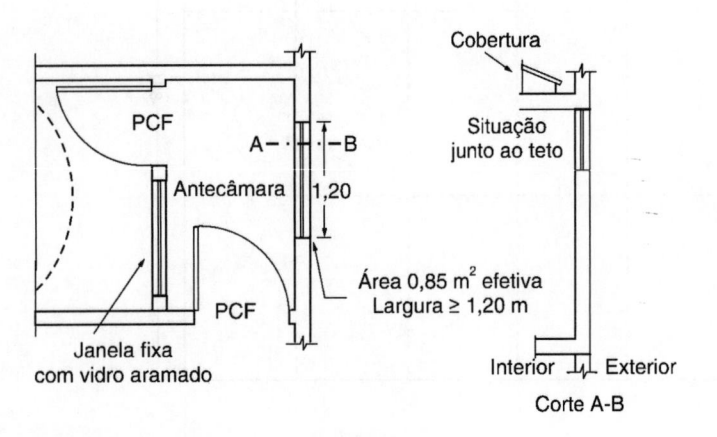

Fig. 18

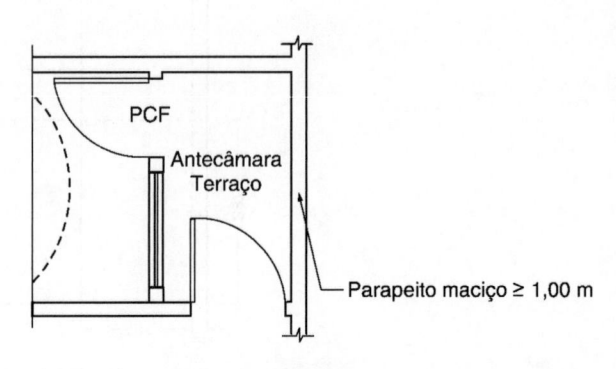

Fig. 19

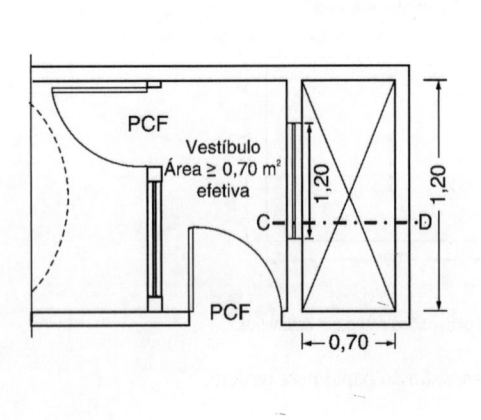

Fig. 20

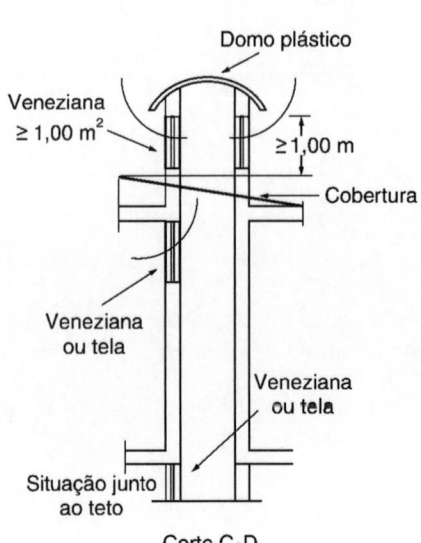

1.4.2 Classificação dos Incêndios

A fim de racionalizar as medidas de combate, o Federal Fire Council classifica os incêndios em três classes: A, B e C.

Classe A: os incêndios causados por materiais que deixam brasa, como os à base de celulose (madeiras, fazenda, lona, papel, palha, serragem, lixo etc.), os materiais carbonáceos (carvão e coque), os à base de nitrocelulose (filmes, material fotográfico etc.).

Classe B: os incêndios causados por óleos minerais (petróleo, gasolina, querosene, graxa, verniz, tinta etc.), por óleos vegetais (álcoois, acetona, éter, óleo de linhaça, terebintina etc.) e por óleos animais (banha, peixe, bacalhau etc.).

Classe C: os incêndios em equipamentos elétricos (motor, transformador, reator etc.), quando eletrificados. Se as chaves estiverem desligadas, os incêndios passarão para a Classe A.

O *Código de Segurança Contra Incêndio e Pânico* estabelece as classes de incêndio no artigo 82.

Classificação das áreas quanto ao perigo de incêndios:

Classe I: pequeno risco, como escolas, residências, escritórios etc.
Classe II: risco médio ou normal, como oficinas, fábricas, armazéns etc.
Classe III: grande risco, como depósitos de combustíveis, paióis de munição, refinarias de petróleo etc.

Meios de extinção de incêndios. A melhor defesa contra incêndio consiste na orientação do pessoal usuário de qualquer instalação, no sentido de prevenção, isto é, um conjunto de medidas visando a evitar que o incêndio seja iniciado. Uma vez iniciado o incêndio, a pronta ação no sentido de debelá-lo evita que ele assuma grandes proporções, podendo tornar problemática a sua extinção.

A água é o meio mais utilizado para extinguir incêndios. É empregada no combate aos incêndios da Classe A e, com algumas restrições, aos incêndios das Classes B e C (quando desligada a fonte de energia). A água utilizada pode provir das caixas de incêndio, dos hidrantes de passeio ou de outra fonte disponível, além dos hidrantes de colunas, de responsabilidade do Corpo de Bombeiros local. Há instalações automáticas de combate aos incêndios, conhecidas por *sprinklers*.

Os extintores de incêndio (especificação recomendada — Norma EB-52R), também utilizados, podem ser dos seguintes tipos:

a) Soda-ácido — utiliza a reação química do bicarbonato de sódio com ácido sulfúrico; aplicável nos incêndios da Classe A;

b) Espuma — usa a solução de sulfato de alumínio e bicarbonato de sódio; aplicável nos incêndios da Classe A;

c) Anidrido carbônico — extingue o fogo pela fumaça que produz, sendo tóxico em altas concentrações; aplicável aos incêndios das Classes B e C e, às vezes, aos da Classe A;

d) Tetracloreto de carbono — extingue o fogo pela formação de vapores mais pesados que o ar, os quais abafam a chama pela falta de oxigênio; aplicável, principalmente, nos incêndios da Classe C, por ser mau condutor de eletricidade, e também nos da Classe B;

e) Areia — empregado em incêndios de todas as classes, pelo fato de provocar o abafamento da chama (falta de oxigênio);

f) Brometo de metila — líquido pressurizado em pequeno recipiente cilíndrico; está em desuso no Brasil;

g) Clorobromometano — usado nos incêndios de avião a jato. Não é muito usado no Brasil, ainda, pela dificuldade de recarregamento.

1.4.3 Aplicação da Água no Combate aos Incêndios

Como já vimos, a água é o principal meio de combate aos incêndios, por ser de mais fácil utilização e poder ser armazenada em quantidades razoáveis nos próprios reservatórios gerais do prédio, como foi visto na Seção 1.4.1.

Segundo normas norte-americanas, a pressão mínima para se extinguir um incêndio é de 60 libras por polegada quadrada (42 m de coluna de água). Quando essa pressão não puder ser atingida em qualquer dependência do prédio, será obrigatória a instalação de bomba de incêndio, especialmente em instalações de grande risco.

No Brasil, tolera-se a pressão nas caixas de incêndio de 10 m de coluna de água e até menos, como no caso dos apartamentos mais altos de um edifício.

Os Corpos de Bombeiros, quando essas pressões não são atingidas, exigem a instalação de bombas de incêndio, que devem ter, além de outras, as seguintes características:

— capacidade de recalcar a água do reservatório inferior do edifício para 20 pontos, no mínimo;

— circuito elétrico independente do restante do edifício, com ligação antes da chave geral;

— acionamento automático, mediante simples uso de qualquer aparelho das caixas de incêndio;

— sistema de alarme, acionado simultaneamente com a bomba.

Na instalação de bombas para combate a incêndio o sistema de pressurização considera a classificação de risco:

— pequeno (Esquema 1);

— médio e grande (Esquema 2);

— grande (Esquema 3).

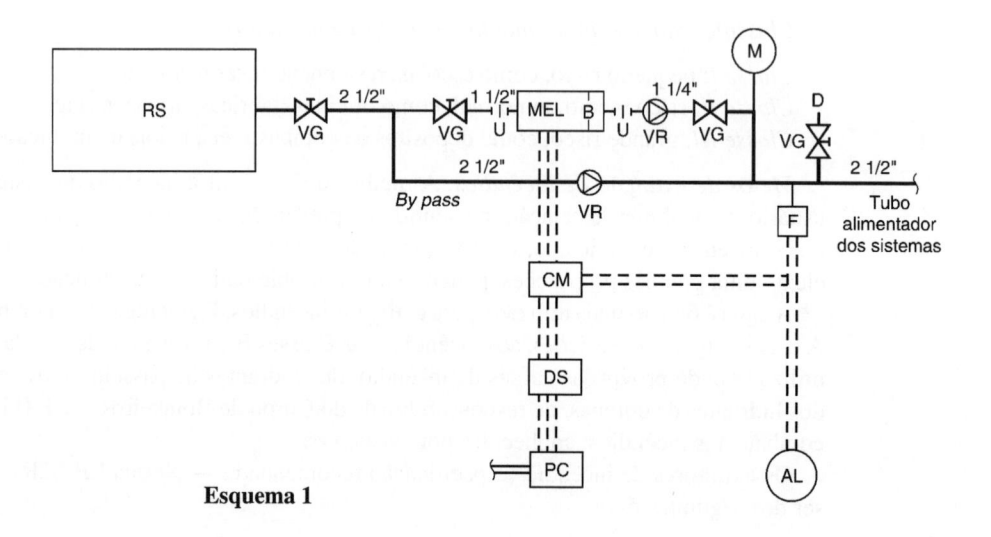

Esquema 1

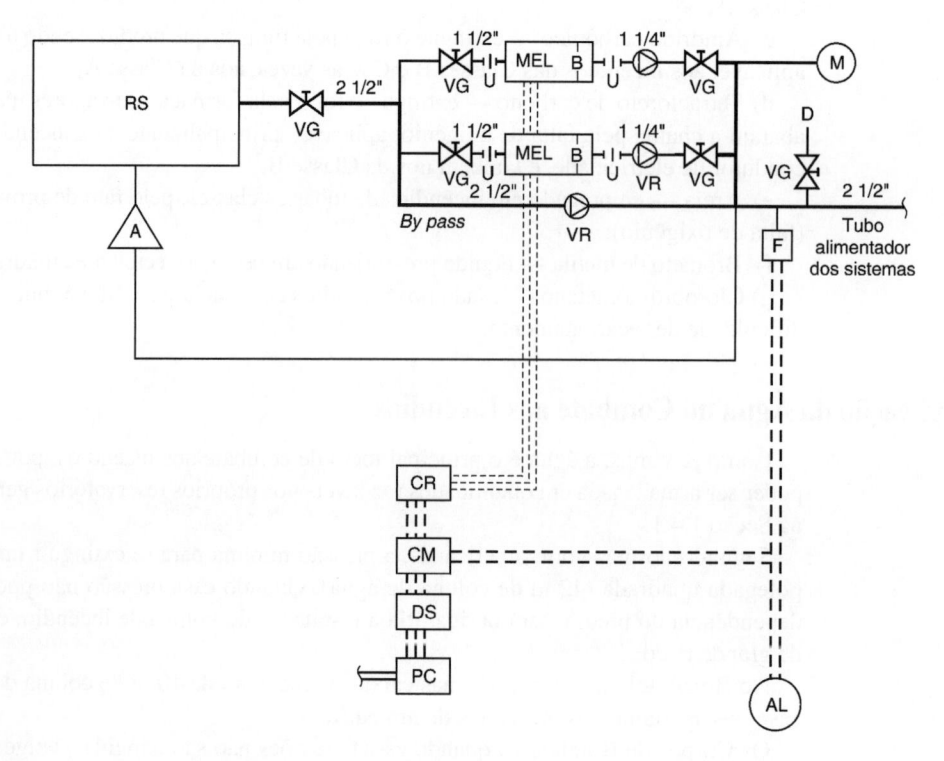

Esquema 2

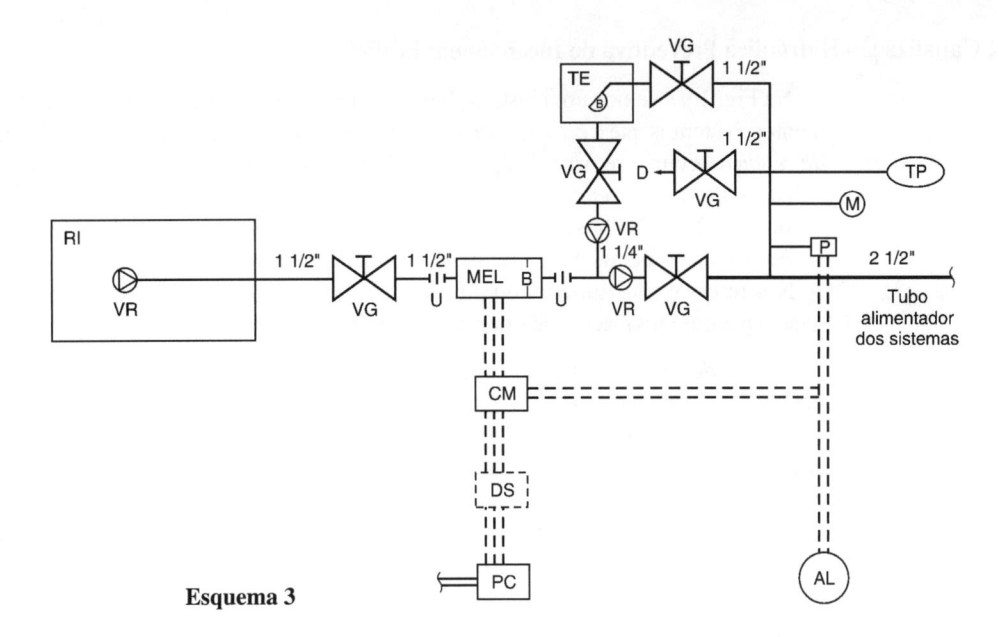

Esquema 3

1.4.3.1 Hidrante do Tipo Coluna

Esse tipo de hidrante é instalado e mantido pelo serviço de água da municipalidade, e os hidrantes são distanciados de 100 em 100 metros. O hidrante é ligado diretamente ao distribuidor público e deve ser pintado de vermelho, para facilitar sua identificação. Normalmente, é instalado junto ao meio-fio, constituindo falta grave estacionar veículos junto ao mesmo (em Nova York, a distância mínima é de 10 pés).

O diâmetro de entrada da água, dotada de um flange, é de 100 mm (4″). O hidrante completo, segundo o catálogo da Barbará, compõe-se de:

— curva especial com flanges;
— registro oval com flanges de 100 ou 75 mm, para controlar o fornecimento de água ao hidrante;
— peça de extremidade de bolsa e flange de 100 ou 75 mm, para ligação com a canalização de ponta e bolsa;
— tampa para registro (Fig. 1.96).

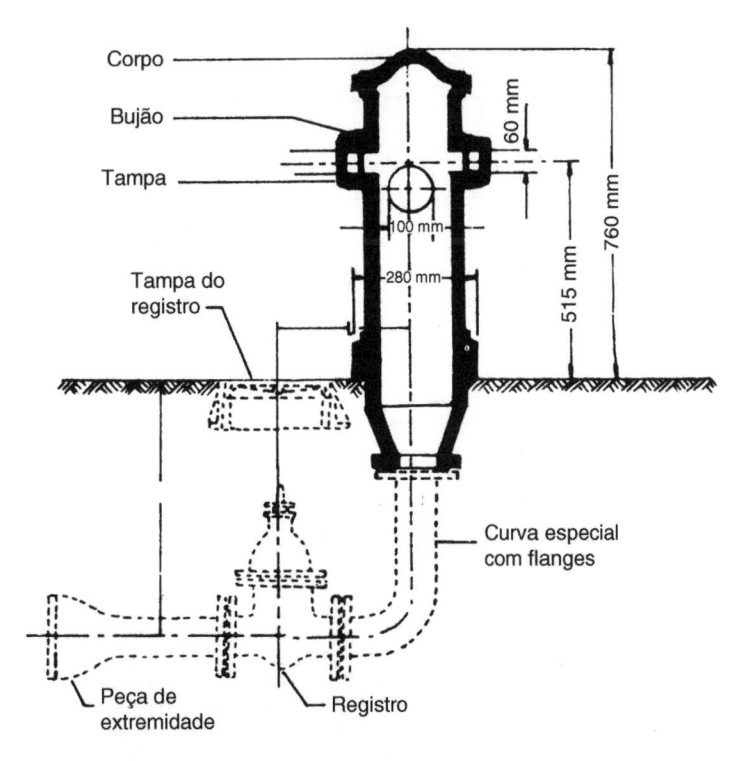

Fig. 1.96 Hidrante de coluna.

1.4.3.2 Canalização Hidráulica Preventiva de Incêndio em Edifícios

Na Fig. 1.97 vemos uma instalação típica de combate a incêndios em edifícios com quatro ou mais pavimentos. Notemos que o *barrilete de incêndio* é inteiramente separado do *barrilete normal* do prédio. A *válvula de retenção* evita o retorno da água, quando bombeada pelo Corpo de Bombeiros por ocasião de incêndio.

As *colunas de incêndio* (4) serão de ferro galvanizado resistente à pressão de 18 kg/cm^2, com diâmetro mínimo de 2 ½″. No desenho, deve-se observar uma convenção que as diferencie das demais instalações.

As colunas juntam-se no pavimento térreo do prédio e terminam no *hidrante de passeio* (7).

Nos reservatórios superior ou inferior deve ser prevista a reserva de incêndio mínima de 6.000 litros (até quatro pavimentos), acrescida por 500 l por caixa excedente a quatro.

Caixas de incêndio (6) são caixas que devem ser executadas durante a construção do prédio e com as dimensões constantes da Fig. 1.101.

As caixas devem ter porta de vidro fosco, com a palavra "INCÊNDIO" escrita em vermelho, e permanecer sempre fechadas. Periodicamente deve ser feita uma inspeção do material nelas contido, em especial os mangotes, que se estragam com o tempo.

O número de caixas por pavimento será imposto pelas dimensões do mesmo; deve-se considerar cada caixa com comprimento máximo de mangote de 30 m mais o jato de 7 m, e qualquer ponto do pavimento deve ser coberto pelo jato.

Material de cada caixa de incêndio (ver art. 28):

— registro de gaveta de 2 ½″;
— junta de 2 ½″ para poder ser adaptada à mangueira dos bombeiros;
— redução de 2 ½″ para 1 ½″ para ser adaptado o mangote de 1 ½″ a ser manejado pelos moradores;
— mangote de 1 ½″ , com juntas e esguicho e requinte de ½″.

Hidrante de passeio (subterrâneo). É a extremidade inferior da canalização de combate aos incêndios que começa no reservatório superior (Fig. 1.102). É manobrado por um cabeçote no qual se adapta uma chave "T". A entrada da base do hidrante pode ser direta ou com uma curva longa ou curta. O DAE de São Paulo exige curva longa.

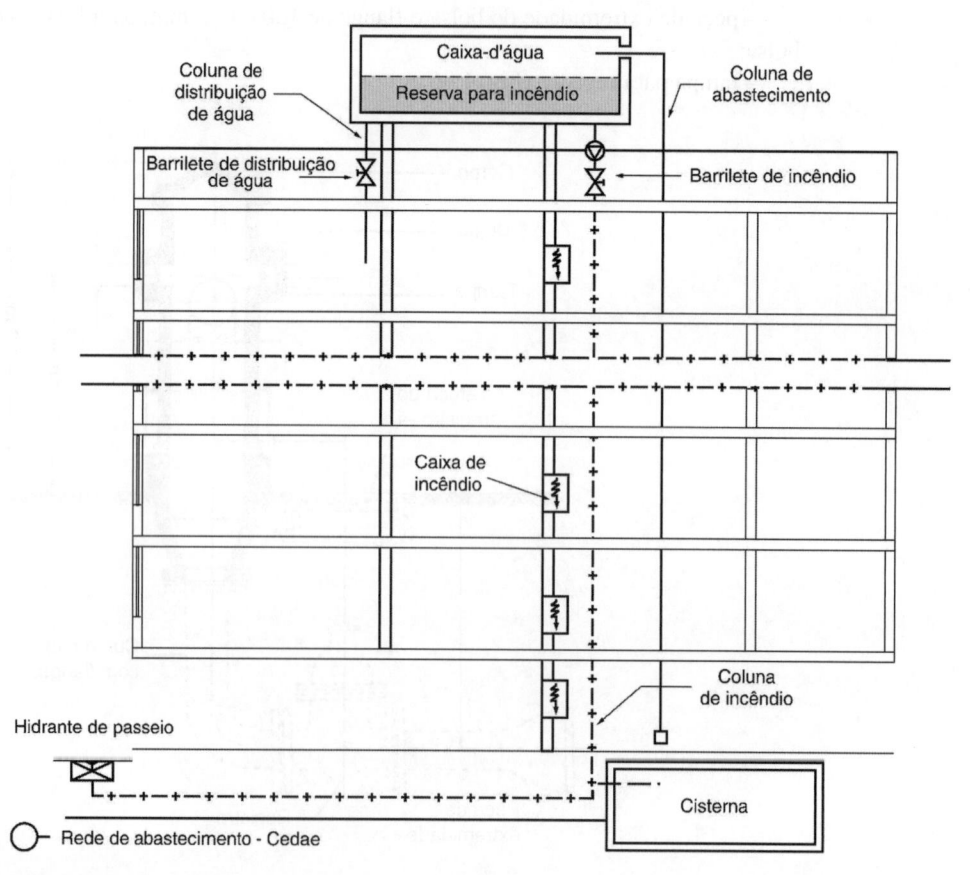

Fig. 1.97. Corte esquemático de uma edificação figurando a canalização preventiva e o abastecimento de água.

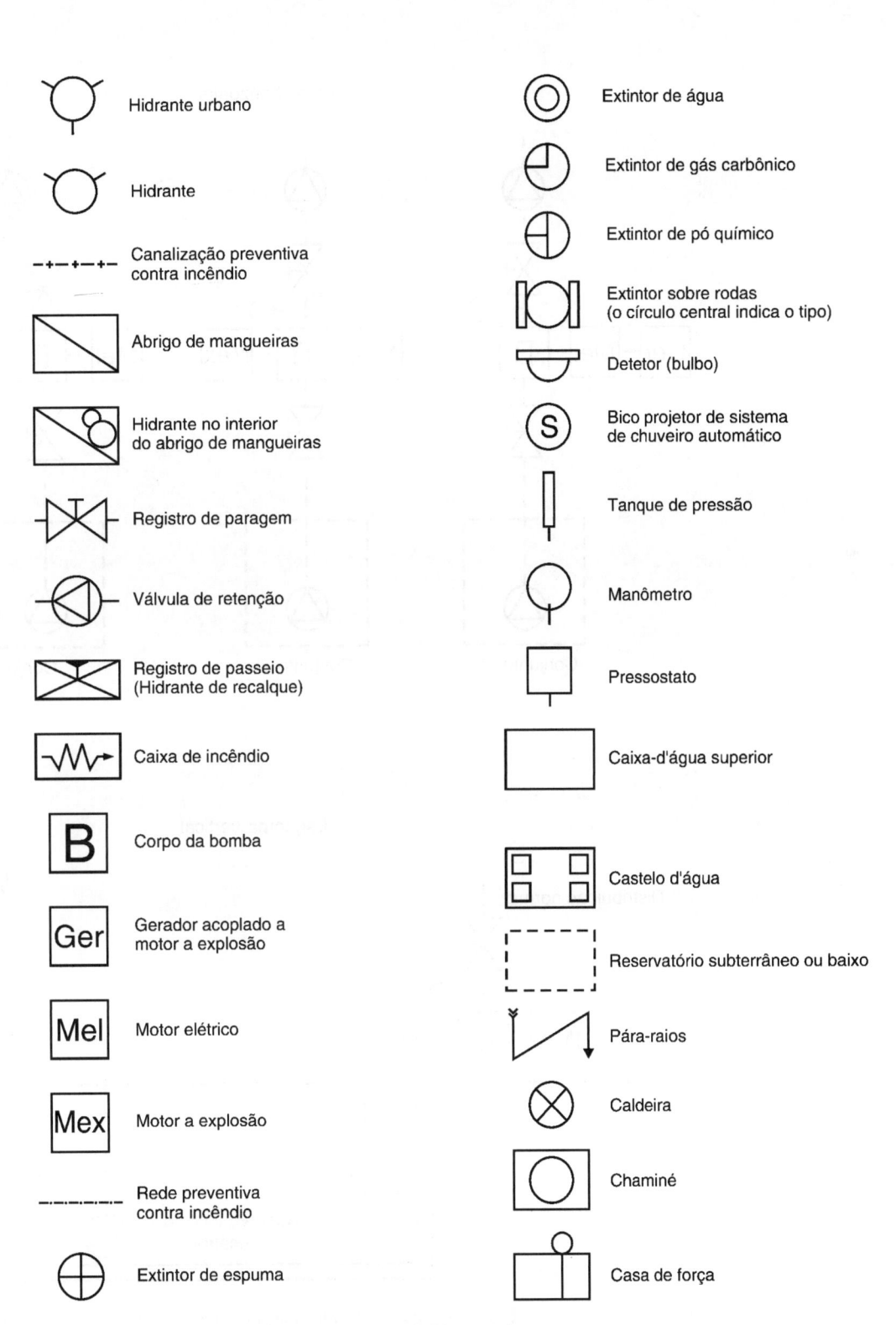

Fig. 1.98 Legenda.

Esquema horizontal

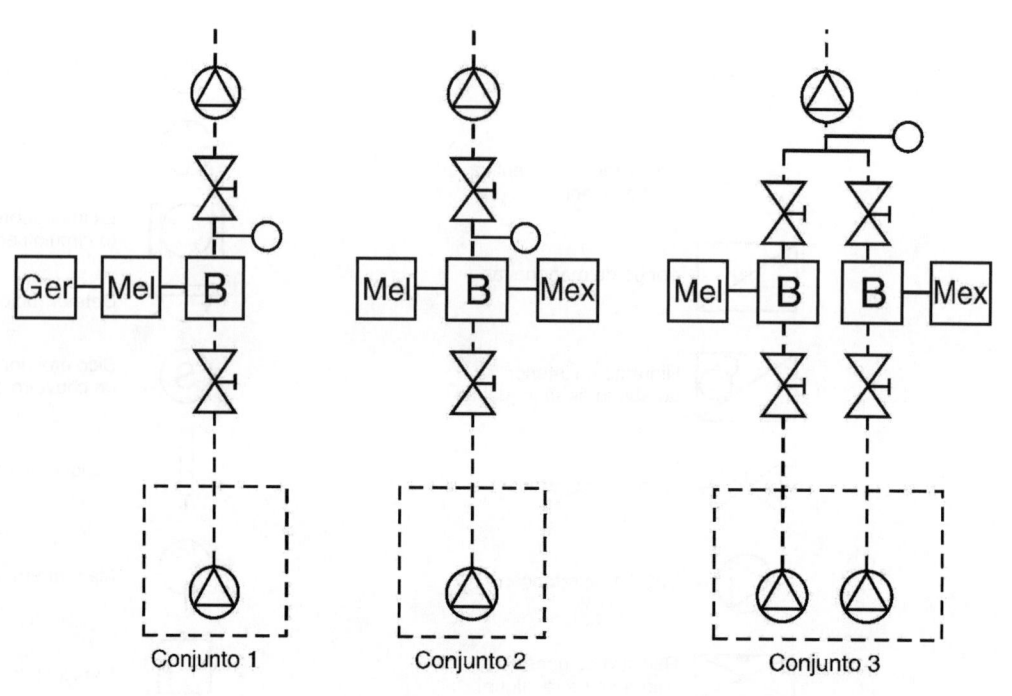

Esquema vertical

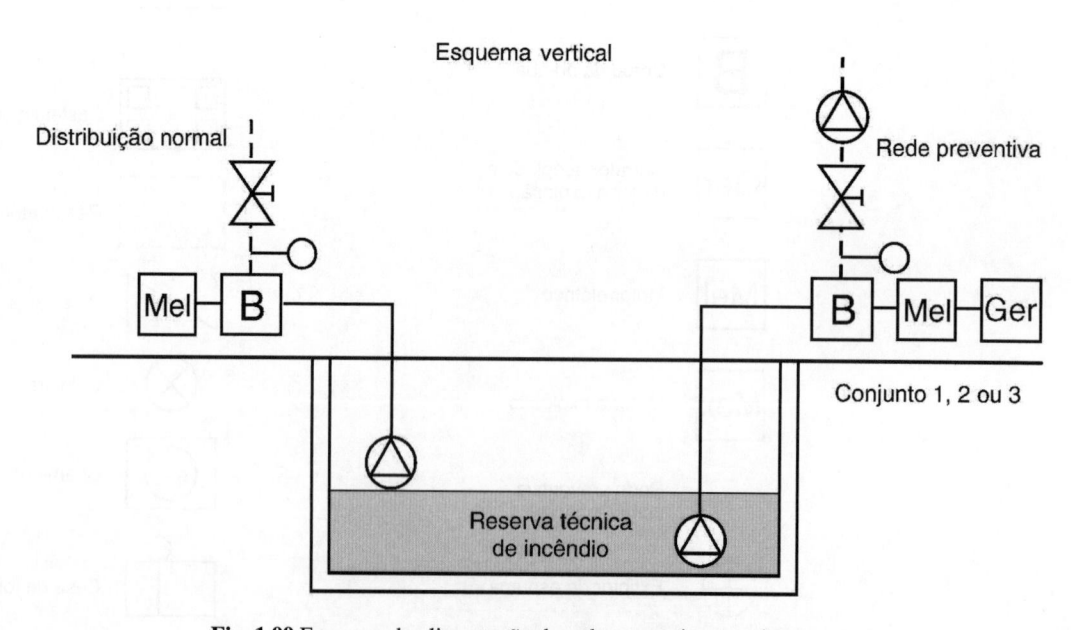

Fig. 1.99 Esquema de alimentação da rede preventiva por cisterna.

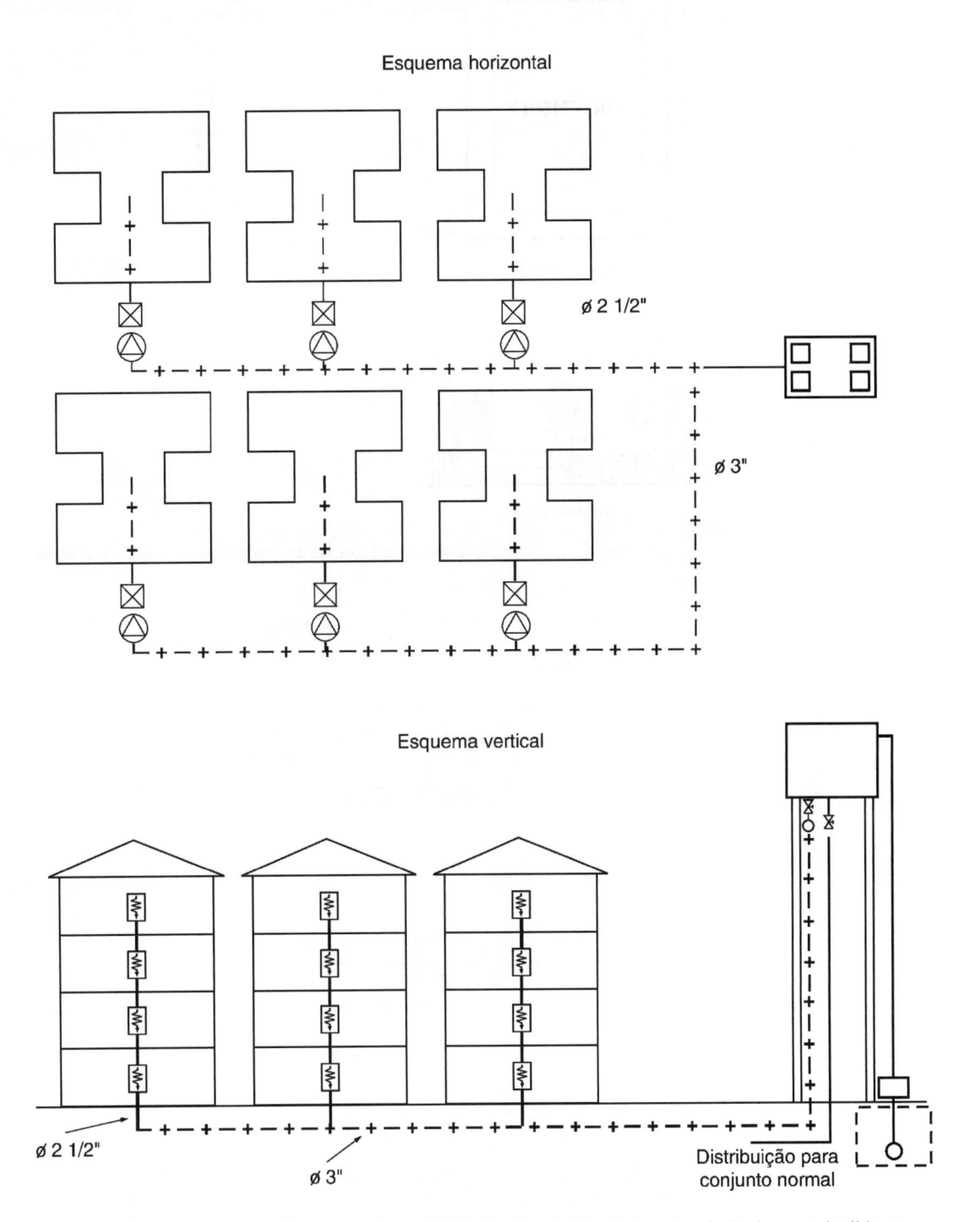

Fig. 1.100 Instalação preventiva nos conjuntos habitacionais cujo abastecimento seja do tipo castelo d'água.

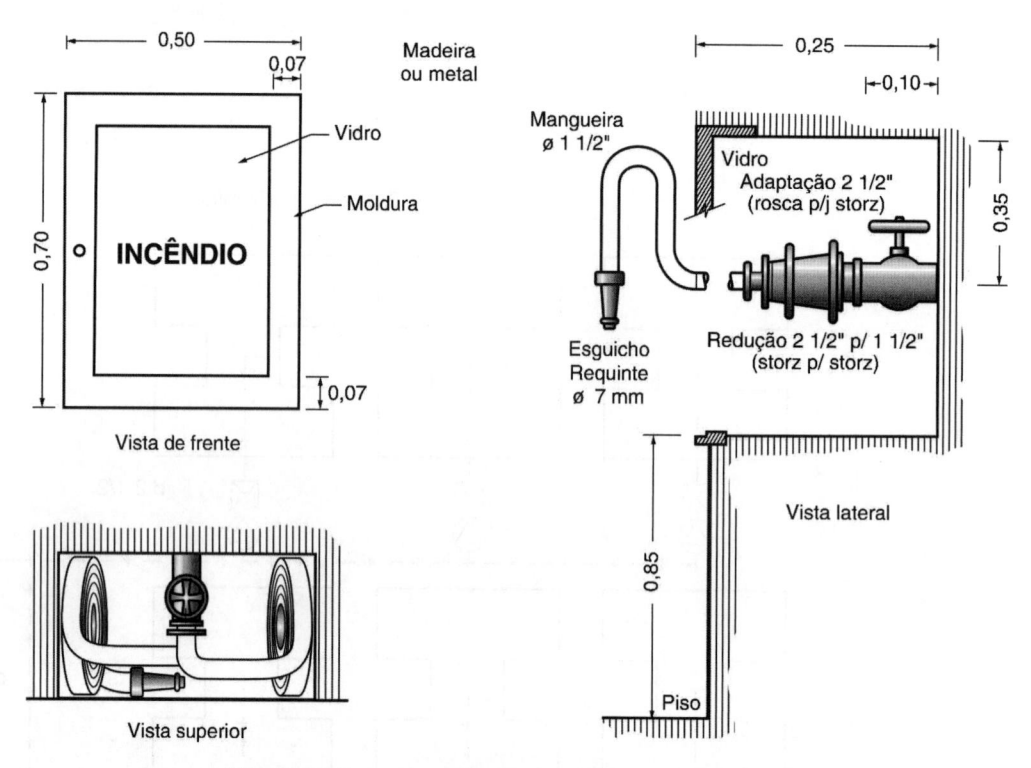

Dispositivo prático para conexão das mangueiras nas caixas de incêndio.

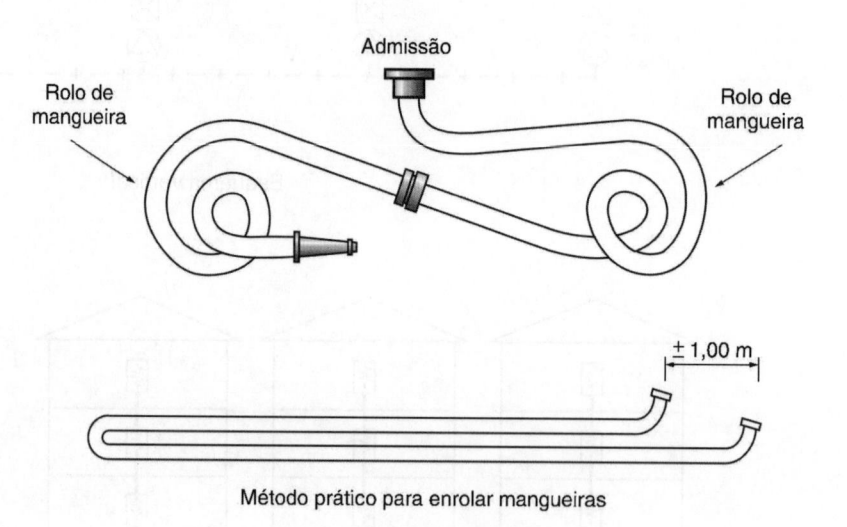

Método prático para enrolar mangueiras

Fig. 1.101 Caixa de incêndio.

A tomada d'água pode ser com niple ou com garra, conforme o tipo de mangueira.

A Fig. 1.102 é de um tipo de hidrante de passeio da Barbará, composta das seguintes partes:

— um registro de gaveta, para manobra exclusiva pelos bombeiros;
— junta de mangueira de 2 ½″ (boca de incêndio), atarraxada ao registro anterior;
— caixa com tampa (metálica);
— curva (curta ou longa).

Os diâmetros de entrada podem ser encontrados nas dimensões; 50 mm (2″), 60 mm (2 ½″) e 75 mm (3″), e os de saída: de 50 mm (2″) e 60 mm (2 ½″).

1.4.3.3 Sistema Automático de *Sprinklers*

É uma instalação já mundialmente consagrada pela sua eficiência na extinção e alarme contra incêndios. As companhias de seguro costumam descontar de 40 a 60% dos prêmios de seguro contra fogo aos segurados que possuem tal proteção.

O objetivo dessa instalação automática é reagir ao princípio de incêndio, atacando-o antes que se propague.

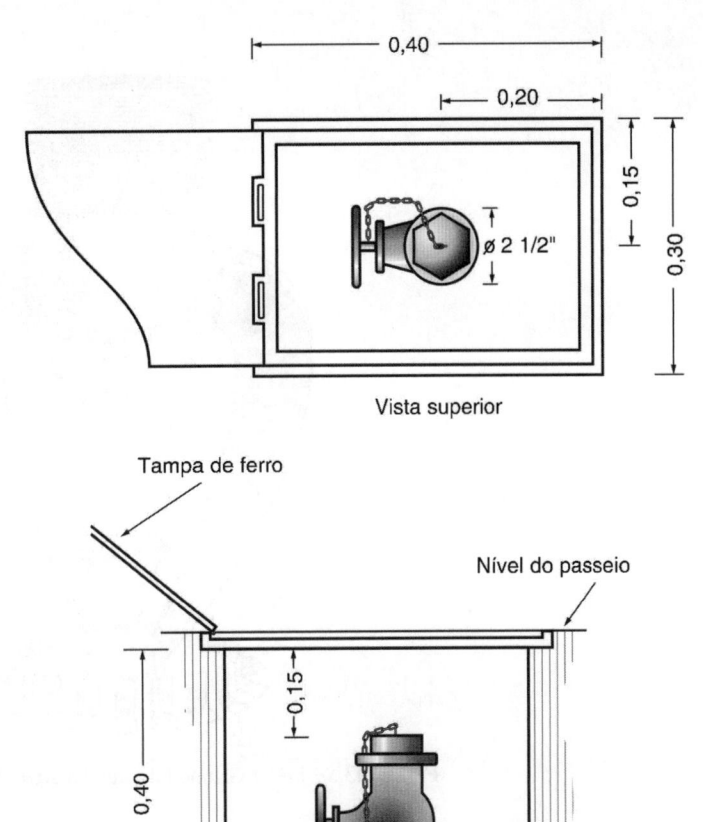

Fig. 1.102 Hidrante de passeio.

Funcionamento. É um sistema hidráulico semelhante a uma instalação predial, isto é, constituído de reservatório, colunas, ramais e sub-ramais, em cuja extremidade existe, como obturador do líquido, uma ampola contendo um gás ou líquido altamente expansível e sensível ao calor; também poderá ser elemento fusível. Uma vez iniciado o incêndio, a elevação de temperatura faz romper a ampola, e, em conseqüência, inicia-se com rapidez o espargimento de água, como se fosse um chuveiro, e, ao mesmo tempo, soa um dispositivo de alarme. A pressão com que jorra a água pelo *sprinkler* é normalmente a pressão estática de um reservatório de 125.000 l (exclusivo), 11 m acima do ponto mais alto do prédio, mas poderá haver o caso em que, simultaneamente ao dispositivo de alarme, ligue-se a chave magnética de uma bomba, com o que se terá um jato muito mais forte de água. A ação do *sprinkler* se limita à região do incêndio, com o que se procura limitar os estragos causados pela água.

No sistema de *sprinklers* da marca Grinnell, conforme a Fig. 1.103. ao ser a ampola hermeticamente fechada, uma bolsa de ar fica presa em seu interior, e, à medida que o líquido vai se expandindo sob a ação do calor, essa bolsa de ar desaparece gradativamente até que a ampola fique completamente cheia pelo líquido. Continuando a temperatura a elevar-se, a pressão na ampola cresce rapidamente até o ponto de funcionamento, quando a mesma se rompe e aciona o *sprinkler.*

Temperatura de funcionamento. Para o *sprinkler* Grinnell do tipo Quartzoid, a temperatura de funcionamento é identificada pela cor da ampola, conforme a Tabela 1.32.

Para o *sprinkler* Grinnell do tipo fusível de solda, temos as temperaturas de funcionamento descritas na Tabela 1.33.

As normas brasileiras de combate a incêndios prevêem que os *sprinklers* devem ter vazão tal que os volumes coletados durante 5 minutos, à pressão de descarga de 0,46 kg/cm², em recipientes dispostos em

Fig. 1.103 *Sprinkler* Grinnell do tipo Quartzoid com defletor *spray*.

TABELA 1.32

Seleção da Ampola do *Sprinkler*				
Classificação do Sprinkler Recomendado		Temperatura que Não Deverá Ser Excedida Onde o Sprinkler Está Localizado		Cor do Líquido na Ampola
°F	°C	°F	°C	
155	68	120	49	Vermelha
175	79	140	60	Amarela
200	93	165	74	Verde
286	141	250	121	Azul
360	182	320	160	Violeta
440	227	440	204	Preta
500	260	460	239	Preta

TABELA 1.33

Temperatura dos *Sprinklers*	
Temperatura de Funcionamento (°C)	Temperatura Ambiente (°C)
68	38
93	63
141	108
182	149
227	191

círculo, atinjam mínimos predeterminados, situados em faixas que vão de 0,325 l no centro do círculo exatamente sob o chuveiro até 0,025 l, a uma distância de 2,4 m do centro.

1.4.3.3.1 Dimensionamento das Redes de Sprinklers*

Por ser uma instalação muito especializada, o projeto e a execução normalmente são feitos pelas firmas fornecedoras dos equipamentos (Fig. 1.104).

O número de *sprinklers* por área a ser protegida e a distância entre si dependem do risco da instalação. Assim, temos os dados da Tabela 1.34.

Conhecido o número de *sprinklers* por área, dimensiona-se o diâmetro do sub-ramal e do ramal principal pela Tabela 1.35.

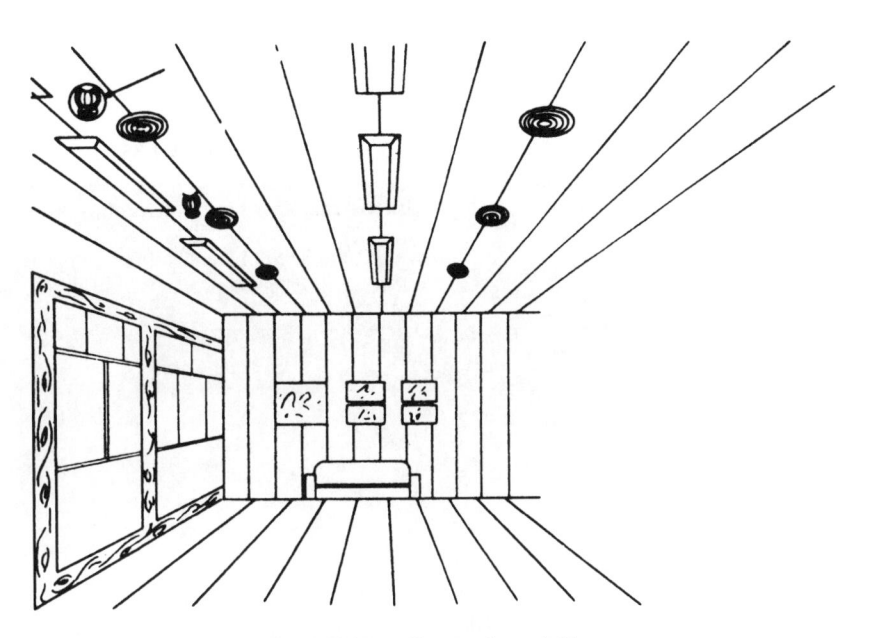

Fig. 1.104 Localização do *sprinkler*.

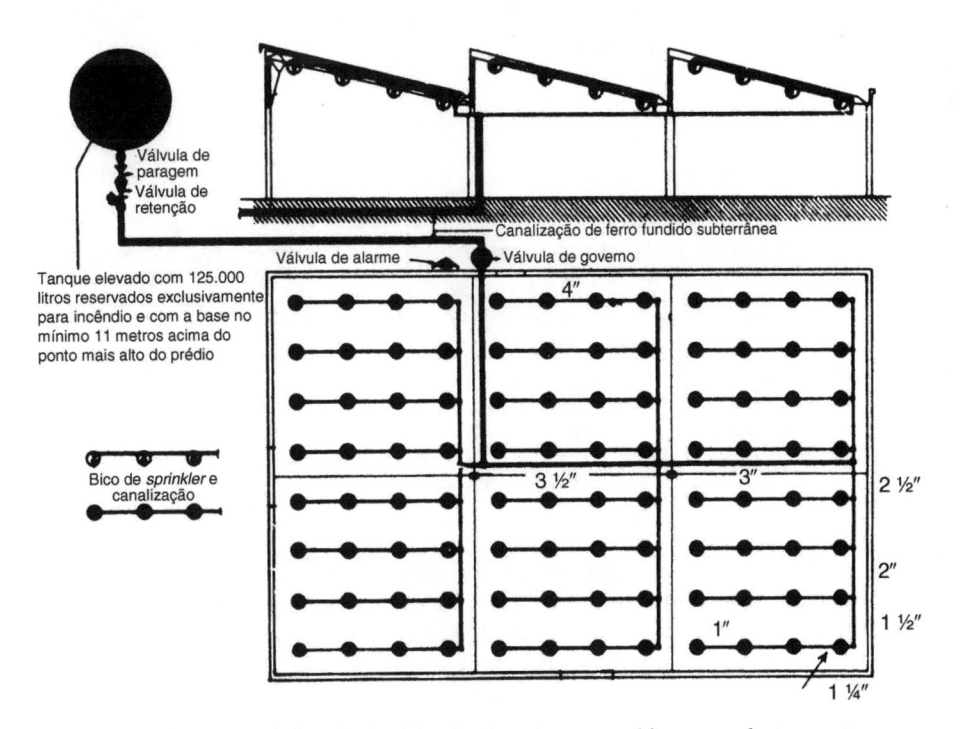

Fig. 1.105 Projeto de instalação típica de chuveiros automáticos com planta e corte.

---

*Dados extraídos do *Life safety fire sprinkler system handbook*, publicado pela Copper Development Association.

TABELA 1.34

Número de *Sprinkler* por Área		
Riscos	Área por Sprinkler (m²)	Distância entre Sprinklers (m)
Leves	18	4,50
Ordinários	9,00	4,00
Altos	8,00	3,50

Observação: O espargimento da água atinge círculos de 4,80 m de diâmetro.

TABELA 1.35

Diâmetro dos Ramais e Sub-Ramais de *Sprinklers*		
Número Máximo de Sprinklers (Risco Ordinário)		Diâmetro Nominal do Ramal e Sub-Ramal (em Polegadas)
Tubulação de Aço	Tubulação de Cobre	
2	2	1
3	3	1 ¼
5	5	1 ½
10	12	2
20	25	2 ½
40	45	3
65	75	3 ½
100	115	4
160	180	5
275	300	6

Ref.: NFPA.

TABELA 1.35(a)

Diâmetro dos Ramais e Sub-Ramais de *Sprinklers* (Risco Leve)		
Número Máximo de Sprinklers		Diâmetro Nominal do Ramal e Sub-Ramal (em Polegadas)
Tubulação de Aço	Tubulação de Cobre	
2	2	1
3	3	1 ¼
5	5	1 ½
10	12	2
30	40	2 ½
60	65	3
100	115	3 ½
*	*	4

*Áreas que não excedem 4.600 m².
Ref.: NFPA.

TABELA 1.35(b)

Diâmetro dos Ramais e Sub-Ramais de *Sprinklers* (Risco Alto — *Extra Hazard Occupancies*)		
Número Máximo de Sprinklers		Diâmetro Nominal (em Polegadas)
Tubulação de Aço	Tubulação de Cobre	
1	1	1
2	2	1 ¼
5	5	1 ½
8	8	2
15	20	2 ½
27	30	3
40	45	3 ½
55	65	4
90	100	5
150	170	6

Ref.: NFPA.

Os sub-ramais são as tubulações nas quais se ligam os aparelhos; em cada sub-ramal deve haver no máximo seis *sprinklers*. Os sub-ramais e os ramais normalmente devem ser aparentes (não-embutidos).

Para o dimensionamento das colunas, os dados da Tabela 1.35 são satisfatórios.

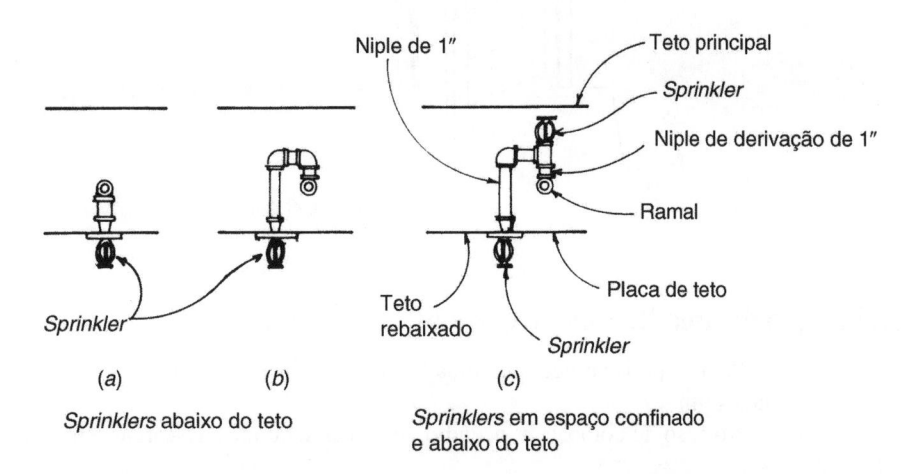

Fig. 1.106 *Sprinklers* instalados em tetos.

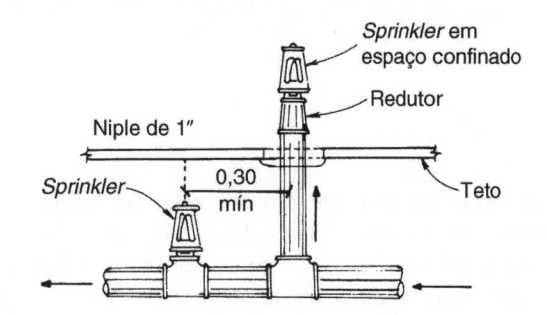

Fig. 1.107 *Sprinklers* instalados no ramal principal e sub-ramal.

1.4.3.3.2 Outros Usos dos Sprinklers

Em instalações de alta responsabilidade, nas quais o uso da água pode trazer grandes avarias aos materiais (tais como arquivos, bibliotecas, escritórios etc.), usa-se o dióxido de carbono (CO_2), armazenado em cilindros especiais. O espargidor do CO_2 pode ser uma boca semelhante ao *sprinkler*.

Quando irrompe o incêndio, todas as aberturas do recinto devem ser fechadas, para haver maior concentração do dióxido de carbono.

Também muitas vezes são usados, conforme a importância da área a ser protegida, os reservatórios hidropneumáticos (ver Seção 1.1.7), que podem manter a água sob a pressão desejada.

1.4.4 Porta "Corta-Fogo"

No patamar das escadas dos edifícios, de acordo com a Lei n.º 374, será obrigatória a instalação de uma porta incombustível, que deve ser mantida fechada por ação de mola ou outro dispositivo similar. Isso evita que a escada funcione como chaminé alimentando a chama.

Na Fig. 1.108 apresentamos um desenho de porta desse tipo, fabricada pela Resmat Ltda., nas medidas de 0,70 – 0,80 – 0,90 m, com altura livre de 2,05 m.

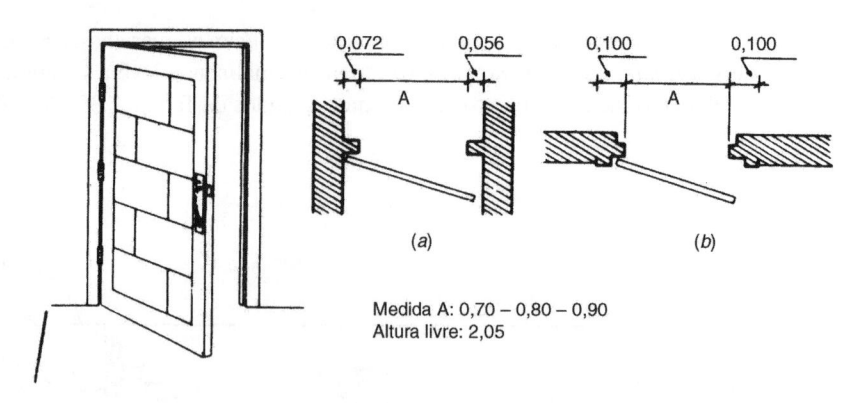

Medida A: 0,70 – 0,80 – 0,90
Altura livre: 2,05

Fig. 1.108 Portas incombustíveis.

1.4.5 Especificação de uma Bomba de Combate a Incêndio

Para se poder especificar uma bomba, precisamos conhecer a vazão, a altura manométrica e as velocidades limites.

No caso de combate a incêndio, temos as seguintes descargas, em função da classe do risco:

Descarga em Função da Classe do Risco de Incêndio	
Classe do risco	Descarga (litros/min)
A	250
B	500
C	900

Essa vazão normalmente é fixada pelas autoridades competentes no combate ao incêndio ou Corpo de Bombeiros das municipalidades. De acordo com o NFPA, citado na Seção 4.9 do livro *Instalações hidráulicas*, de Archibald Joseph Macintyre, para conseguir essas vazões precisamos de uma altura de carga necessária, em função do diâmetro do requinte (ver tabela a seguir).

Altura de Carga Necessária em Função do Diâmetro do Requinte		
Requinte (mm)	Descarga (litros/min)	Carga necessária (mca)
12 (1/2")	250	57
16 (5/8")	250	24
19 (3/4")	500	42
22 (7/8")	500	24

Para se saber a perda de carga total da instalação, precisamos de dados das perdas de carga das mangueiras. Segundo a mesma fonte citada anteriormente, temos as seguintes perdas de cargas das mangueiras, usadas nos cálculos:

— mangueira de 38 mm (1 ½"): $J = 0,4$ mca/m de mangueira para $Q = 500$ l/min.
— mangueira de 63 mm (2 ½"): $J = 0,3$ mca/m para $Q = 900$ l/min.

EXEMPLO

Na Fig. 1.109 temos a vista isométrica de uma instalação hidráulica de combate a incêndios, alimentada por um reservatório superior e um reservatório inferior, pressurizada por uma bomba com caixa piezométrica de escorva.

Trata-se de uma indústria com risco médio em que em cada hidrante serão usadas duas mangueiras, com vazão total de 2 × 250 litros/min e comprimento de 30 m.

O diâmetro de cada mangueira de lona é de 38 mm, e o do requinte é de 16 mm (5/8″).

Queremos especificar a bomba e a pressão no hidrante H6, em que o desnível em relação à bomba é de 30 m e ao reservatório superior 4 m.

Diâmetro da tubulação de ferro galvanizado: 75 mm.

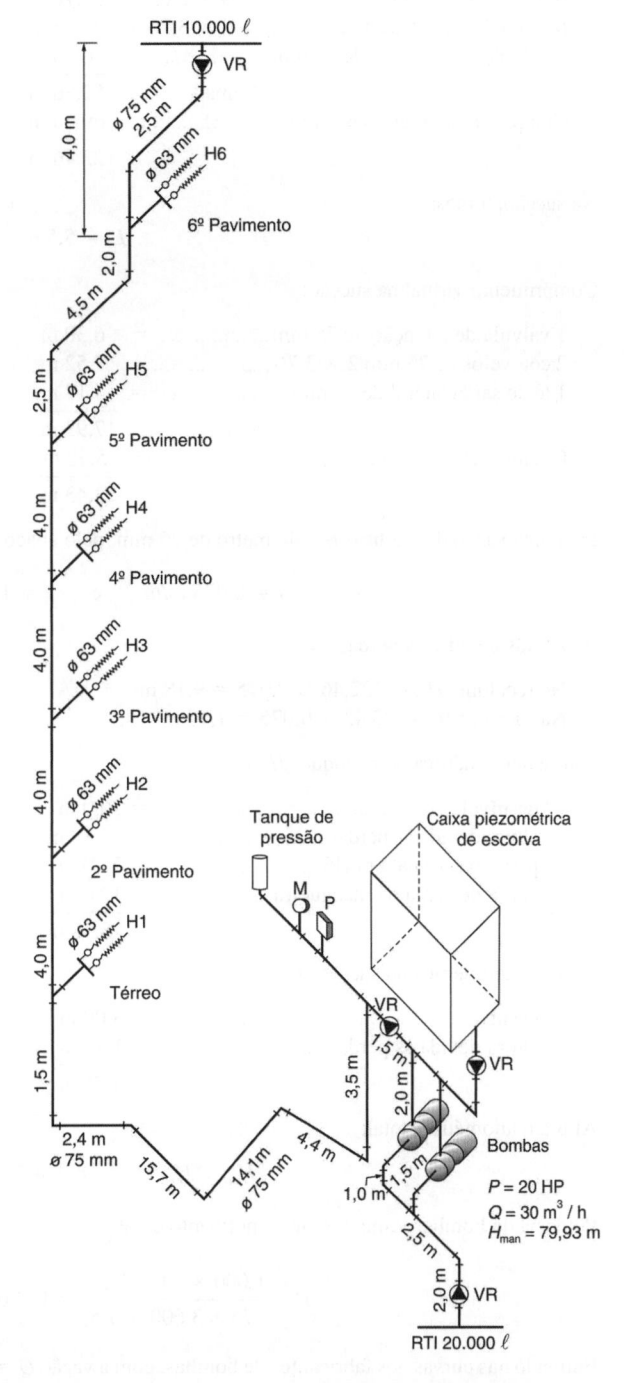

Fig. 1.109 Esquema vertical de incêndio (Seção 1.4.5).

Solução:

Vazão em cada hidrante:

$$Q = 2 \times 250 \text{ litros/min} = 500 \text{ litros/min} = 8,33 \text{ litros/s} = 30 \text{ m}^3/\text{h}$$

Perda de carga na mangueira de 30 m:

$$J = 0,4 \times 30 = 12 \text{ mca}$$

Precisamos saber a altura devido às perdas na sucção e no recalque:

Comprimento real no recalque: $L_r = 69,6$ m

Comprimento virtual no recalque:

2 tês de saída lateral de 75 mm	= 2 × 4,11 =	8,22 m
6 tês de 45° de 75 mm	= 6 × 2,63 =	15,78 m
6 cotovelos de 75 mm	= 6 × 3,76 =	22,56 m
1 válvula de retenção de 75 mm	=	6,30 m
Soma		52,86 m
Comprimento total no recalque		69,60 m
		122,46 m

Na sucção, temos:

$$L_r = 5,5 \text{ m}$$

Comprimento virtual na sucção:

1 válvula de retenção de 75 mm	=	6,30 m
2 cotovelos de 75 mm 2 × 3,76	=	7,52 m
1 tê de saída lateral de 75 mm	=	4,11 m
Soma		17,93 m
Comprimento total na sucção		5,50 m
		23,43 m

Para uma vazão de 8,3 litros/s e diâmetro de 75 mm, pelo ábaco de Fair-Wipple-Hsiao (Fig. 1.11), temos:

$$J = 0,075 \text{ m/m} \qquad \text{e} \qquad V = 1,8 \text{ m/s}$$

As alturas devidas às perdas são:

No recalque: $H_{pr} = 122,46 \times 0,075 = 9,18$ m
Na sucção : $H_{ps} = 23,43 \times 0,075 = 1,75$ m

Altura manométrica no recalque (H_{mr})

— desnível	=	30,0 m
— altura devida às perdas	=	9,18 m
— pressão residual em H6	=	24,0 m
— perda de carga na mangueira	=	12,0 m
		75,18 m

Altura manométrica na sucção (H_{ms})

— desnível	=	3,00 m
— altura devida às perdas	=	1,75 m
		4,75 m

Altura manométrica total:

$$H_{mr} + H_{ms} = 75,18 + 4,75 = 79,93 \text{ m}$$

Potência da bomba, admitindo um rendimento de 50%:

$$P = \frac{1.000 \times 30 \times 79,93}{75 \times 3.600 \times 0,5} = 17,76 \text{ CV}$$

Entrando nas curvas dos fabricantes de bombas, com a vazão $Q = 30$ m³/h e altura manométrica de 79,93 m, escolheremos a bomba da mesma maneira que fizemos na Seção 1.1.6.3.

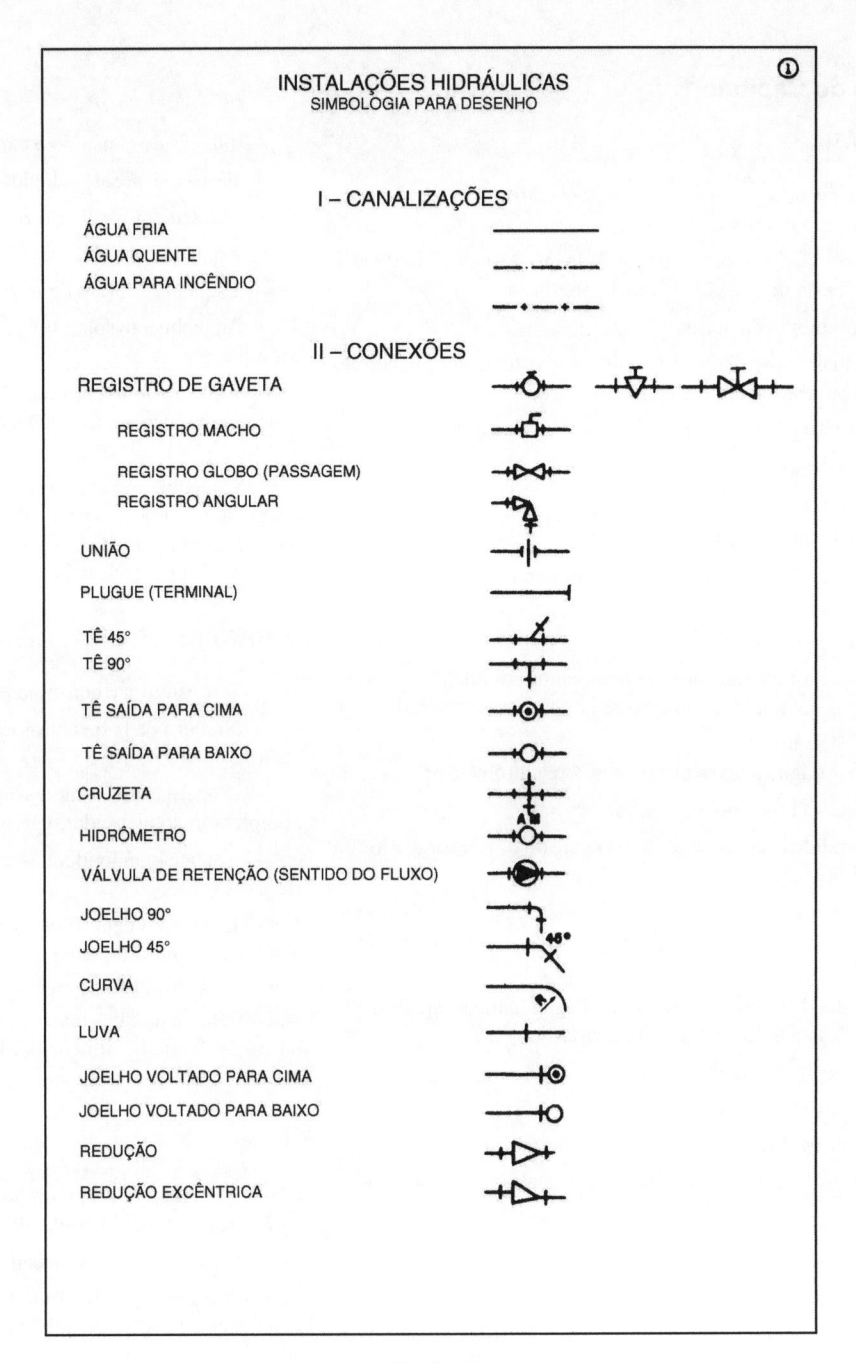

Fig. 1.110

Pelo catálogo da KSB, temos:

$$P = 20\,\text{CV}$$

Bomba tamanho 32-200
Diâmetro do rotor 209 mm

O controle da bomba é automático e deverá ser feito por meio de pressostato que aciona a chave magnética de operação do motor. Deverá ser regulado para uma pressão de ligação (quando qualquer mangueira é acionada e a pressão decai) e uma pressão de desligamento, quando no hidrante H6 for atingida a pressão de 24 mca.

A alimentação do motor da bomba deverá ser feita antes da chave geral do prédio, a fim de, quando houver desligamento da energia por ocasião de incêndio, esta continuar com tensão da rede elétrica.

Em prédios dotados de gerador de emergência, deve-se sempre ligar ao circuito de emergência (ou essencial) a bomba-d'água, que funcionará mesmo depois de desligada a rede de abastecimento normal.

Resumo do Capítulo 1

Seção 1.1

— Esquema de um sistema de abastecimento d`água, desde a sua captação até sua distribuição final;

— Generalidades sobre os projetos de instalações hidráulicas e as prescrições da norma NB-92 (NBR-5626);

— Terminologia da norma;

— Sistemas de distribuição nos edifícios: sistema direto, indireto com e sem bombeamento e hidropneumático;

— Consumo predial e capacidade dos reservatórios;

— Vazão das peças de utilização;

— Consumo máximo provável;

— Instalações mínimas;

— Pressões de serviço (máximas e mínimas) estáticas e dinâmicas;

— Separação atmosférica;

— Dimensionamento dos encanamentos: diâmetro dos sub-ramais e ramais; dimensionamento das colunas (método de Hunter), barriletes e recalque;

— Penas-d'água, caixas piezométricas e hidrômetros;

— Ligação à rede pública (ligação predial);

— Generalidades sobre recalque d'água: perdas de carga e altura manométrica;

— Classificação das bombas: volumétricas, de escoamento (centrífugas e axiais) e diversas (injetoras, a ar comprimido, carneiro hidráulico);

— Escolha de bombas de recalque d'água: para abastecimento, de combate a incêndio e para ar condicionado;

— Cavitação em bombas hidráulicas;

— Esquemas típicos de montagem de bombas;

— Dimensionamento de uma instalação hidropneumática;

— Dimensionamento de uma pequena rede de distribuição d'água.

Seção 1.2

— Prescrições da Norma NBR-7198/93: garantias de abastecimento em quantidades suficientes, sem ruído, na pressão e temperaturas, adequada;

— Sistemas de abastecimento: individual ou local, aquecimento central privado e aquecimento central do edifício;

— Tabelas de consumo e capacidade dos reservatórios;

— Pesos das peças, velocidades e vazões máximas;

— Fundamentos sobre o aquecimento de água;

— Aquecimento elétrico: fórmulas e exemplos;

— Esquemas típicos de instalação (elétrica e a gás);

— Aquecimento solar: tipos, dimensionamento do painel coletor, exemplos;

— Aquecimento a gás (de rua e GLP): funcionamento do aquecedor automático, aquecimento usando serpentinas de fogão (exemplos);

— Aquecimento central em edifícios: sistemas de distribuição (esquemas típicos), capacidades das caldeiras a óleo, consumo de óleo, dimensionamento das tubulações; isolamento das tubulações; exemplo de um fabricante.

Seção 1.3

— Temperatura e consumo de água gelada — Tabela 1.29;

— Número de bebedouros de acordo com a utilização da instalação;

— Sistema de compressão de vapor (freon ou amônia): compressor, condensador, válvula de expansão e evaporador;

— Instalação individual — descrição de uma instalação e material necessário;

— Instalação central de água gelada: esquema típico de uma instalação central de água gelada e filtrada; dimensionamento da coluna de água gelada;

— Cálculo da capacidade do reservatório de água gelada: cálculo da carga térmica e dimensionamento do equipamento de refrigeração.

Seção 1.4

— Extrato do Código de Segurança Contra Incêndio e Pânico — Decreto-Lei n.º 247 de 21/07/75;

— Classificação dos incêndios;

— Aplicação da água no combate ao incêndio: hidrante tipo coluna; canalização hidráulica preventiva de incêndio em edifícios; sistema automático de *sprinklers*; sistema automático Mulsifyre;

— Porta corta-fogo;

— Especificação de uma bomba contra incêndio.

Questões Propostas

1) Se dispusermos de dois reservatórios de água, um com 10.000 litros e outro com 500 litros, ambos localizados em castelos d'água com mesma altura $h = 15$ metros, qual dos dois exerce maior pressão num registro situado na base dos castelos? Qual o valor das pressões?

2) Qual a vantagem em se aumentar os diâmetros das tubulações para uma mesma vazão? Um maior diâmetro quer dizer maior pressão?

3) Se no Exemplo a vazão for de 2 litros por segundo e o comprimento total for de 110 m, usando-se tubulação de PVC de 50 mm, qual a pressão, a jusante e a velocidade?

Usar o ábaco da Fig. 1.12.

4) Se o diâmetro for de 40 mm, quais serão a pressão, a jusante e a velocidade?

Observação: Compare os resultados com os dois diâmetros de 50 mm e de 40 mm.

5) Qual deverá ser a potência de uma bomba-d'água para elevar a água ao castelo no exemplo anterior, admitindo-se
— altura manométrica total = 25 m
— vazão = 12 m³/h
— rendimento = 60%

6) Uma família tem 10 pessoas e reside em apartamento. A temperatura da água fria é de 20°C, e desejamos aquecê-la para banho, 60°C em 8 horas. Calcular a resistência elétrica, a capacidade do *boiler* e o consumo em kWh em um dia.
Usar as Tabelas 1.22 e 1.25.

7) Se for utilizado no Exercício 6, um coletor solar em um lugar onde a intensidade de radiação do sol é de 1,5 cal/cm²/minuto, qual deverá ser a área das placas coletoras para 7 horas de exposição?

8) Se no Exercício 6 for utilizado um *boiler* a gás de rua e admitindo o poder calorífico do gás de 4.000 kcal/m³ e o rendimento de 70%, calcular o consumo diário de gás.

9) Admitindo que haja 20 apartamentos iguais ao do Exercício 6, desejamos especificar o aquecedor do tipo Equator-D da Fig. 1.90, central para todo o edifício.
Usar a Fig. 1.92.

10) Dimensionar a coluna de água gelada de um estabelecimento industrial, cujo consumo máximo possível é de 200 l/minuto. As tubulações serão de aço galvanizado.
Usar a curva da Fig. 1.7 e a Fig. 1.11.

11) Um colégio interno possui 150 alunos. Calcular a capacidade do reservatório de água gelada, o número mínimo de bebedouros e a capacidade do equipamento de refrigeração, supondo-se a extensão total das tubulações de 40 m com isolamento de asbesto de 1″. O isolamento do reservatório é de cortiça prensada de 2″ de espessura.

12) Especificar uma bomba de incêndio para um edifício residencial de 6 pavimentos, localizada no térreo como na Fig. 1.109. O incêndio é de Classe A, mangueira de 38 mm e requinte de 12 mm (1/2″), comprimento 30 m. Tubulação de ferro galvanizado de 63 mm.
Utilizar as mesmas conexões que no exemplo da Seção 1.4.5.

2 Instalações Prediais de Gás

2.1 GÁS DE RUA

2.1.1 Generalidades

A utilização do fogo como fonte energética no preparo dos alimentos e para iluminação marca o início da civilização e de condições de vida mais humanas. Desde a época das cavernas o homem vem aperfeiçoando os meios de produção de calor para os diversos fins.

Em 1609, o médico químico belga Jean-Baptiste von Helmout chamou de *Geist*, ou "alma", os produtos que se desprendiam dos corpos em combustão, tendo origem aí a palavra "gás".

Em 1807, em Londres, pela primeira vez no mundo, é iluminada a gás uma via pública.

Em 1851, no Brasil, Irineu Evangelista de Souza, o Barão de Mauá, fundou a Companhia de Iluminação a Gás, no local onde é hoje o Instituto de Seguridade Social da CEG (Companhia Estadual de Gás do Estado do Rio de Janeiro) — GASIUS. Inicialmente, o gás era utilizado somente para iluminação, porém, no início do século XX, a então Societé Anonyme du Gas, atendendo ao progresso da cidade, construiu uma fábrica de gás de maior porte, a partir da destilação destrutiva de uma mistura de carvões nacional e estrangeiro em retortas especiais a 1.300°C, quando se libera todo o gás, deixando como subproduto o coque, que é utilizado na siderurgia. Foram construídos gasômetros, compressores e redes distribuidoras para a utilização do gás como combustível doméstico.

A obtenção do gás a partir da hulha (gás pobre) vai se tornando aos poucos obsoleta, em vista de outros métodos utilizados nos Estados Unidos, Europa e Japão, a partir do craqueamento de óleos e de nafta de petróleo. No Rio de Janeiro, a CEG (fundada em 28 de maio de 1969) já pôs em funcionamento unidades

Fig. 2.1 Usinas de craqueamento de gás de nafta inauguradas em 29 de maio de 1970 no terreno da antiga Fábrica Nova de Gás, situada entre a avenida do Mangue e as ruas Pedro Ivo e Souza e Melo, no Centro do Rio de Janeiro. Capacidade de produção: 600.000 metros cúbicos de gás diários. À direita da fotografia, vê-se um dos antigos gasômetros.

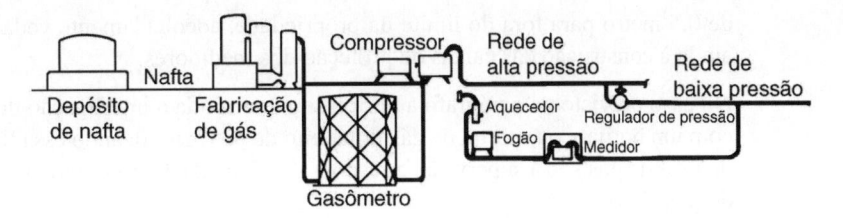

Fig. 2.2 Esquema geral de um sistema de abastecimento a gás canalizado.

de craqueamento catalítico de nafta com capacidades de 200.000 m³/dia e 600.000 m³/dia, e a tendência é de se substituir totalmente as antigas unidades a partir do carvão mineral, por indiscutíveis razões econômicas, além de reflexos na poluição do ar e dos despejos industriais na Baía de Guanabara.

A população brasileira atendida por instalações de gás de rua é ainda irrisória (no Rio de Janeiro, cerca de 1/3), já estando bem difundido, porém, o consumo de gás liquefeito de petróleo (GLP), que possui maior poder calorífico (11.900 kcal/kg) que o gás de rua (cerca de 4.300 kcal/kg), sendo portanto mais barato, porém de abastecimento descontínuo.

Em alguns países da Europa e nos Estados Unidos, o abastecimento público é feito por meio de gás natural, oriundo dos poços de petróleo, com inúmeras vantagens sobre os demais.

Na Fig. 2.2 vemos o esquema de um sistema de gás desde a usina até o consumidor.

2.1.2 Regulamento Aplicável às Instalações Prediais de Gás Canalizado e à Medição e Faturamento dos Serviços de Gás Canalizado

Aprovado pelo Decreto n.º 23.317 de 10 de julho de 1997

CEG gasNatural

I — Regulamento das Instalações Prediais de Gás Canalizado

1. Este Regulamento fixa os requisitos mínimos indispensáveis à aprovação de projetos e à fiscalização das instalações prediais de gás canalizado no Estado do Rio de Janeiro, levando em consideração os seguintes fatores:

A — segurança de pessoas, prédios, utensílios e equipamentos localizados onde existam instalações de gás;
B — o bom funcionamento e a utilização das instalações;
C — conveniência de localização e facilidade de operações dos componentes das instalações.

2. O presente Regulamento se aplica às instalações prediais de gás combustível, destinadas às propriedades públicas e particulares de qualquer natureza.

As normas do presente Regulamento se aplicam às instalações novas, bem como às reformas e ampliações de instalações já existentes.

Competência

3. Todas as edificações que vierem a ser construídas e cujos projetos prevejam a construção de cozinhas, copas, banheiros, ou a utilização de aparelhos a gás, deverão ser providas de instalações internas para distribuição de gás combustível canalizado.

A outorga de licença para construção ou a concessão do respectivo "habite-se" dependerá da aprovação de instalações para gás canalizado pela Autoridade estadual competente.

Todo o projeto de edificações deverá prever local próprio para a instalação de um medidor individual de gás canalizado por economia, podendo haver adicionalmente medidores de gás para consumo coletivo.

Todo o projeto de edificação domiciliar deverá prever, para cada economia, pelo menos um ponto de gás para fogão e um ponto de gás para aquecedor de água de chuveiros.

Nas ruas onde não existir redes de gás, é obrigatória a construção de ramal interno, para edificações multifamiliares ou mistas com mais de 5 (cinco) unidades residenciais, o qual ficará interrompido a uma distância de 0,5 metro para fora do limite da propriedade, adequadamente vedado nessa extremidade, obrigando-se ainda à construção das caixas de proteção dos medidores.

No caso previsto no parágrafo anterior, será permitida a interligação do trecho do ramal interno construído com um botijão, ou central de gás liquefeito de petróleo, ficando essa ligação e a eventual instalação de medidores de gás sob a supervisão e responsabilidade da distribuidora que fizer o suprimento do gás liquefeito do petróleo.

Todas as instalações para gás combustível canalizado, obrigatórias ou não, deverão atender pelo menos aos preceitos contidos no presente Regulamento.

Terminologia

Para efeitos do Regulamento das Instalações Prediais de Gás Canalizado e do Regulamento dos Serviços de Medição e Faturamento dos Serviços de Gás Canalizado, é adotada a seguinte terminologia:

A

Aparelhos de Utilização — São aparelhos destinados à utilização do gás combustível.

Aparelhos de Utilização Multigás — São aparelhos de utilização que podem operar com vários tipos de gás, mediante simples troca de injetores.

Aprovação do Projeto do Local dos Medidores e das Ramificações — Resultado favorável do exame das plantas e documentos que constituem o Projeto de Instalação.

B

Bainha — Tubulação destinada a envolver canalização, quando essas atravessam estruturas de concreto, quando se situam sob pisos com acabamentos especial, quando há necessidade de prever uma passagem futura de tubulações de gás ou quando a boa técnica recomendar.

C

Cabine — Compartimento do prédio destinado às caixas de proteção (Fig. 2.4).

Caixas de Proteção — Construção destinada exclusivamente ao abrigo de um ou mais medidores de gás (Fig. 2.3).

Chaminé Coletiva — É o duto destinado a conduzir para o exterior os gases provenientes de aquecedores a gás, através das respectivas chaminés individuais.

Chaminé Individual — É o duto destinado a conduzir para o exterior, para prisma de ventilação ou para chaminés coletivas os gases provenientes de um aparelho de utilização.

Chaminés — Dutos que melhoram a eficiência da combustão dos aparelhos de utilização e asseguram o escoamento dos gases de combustão para o exterior (Fig. 2.18).

Coletor — Peça que, colocada no ponto mais baixo da canalização, se destina a receber e permitir a retirada de produtos condensados do gás.

Concessionária — É qualquer sociedade de serviços públicos de distribuição de gás canalizado no Estado do Rio de Janeiro.

Conjunto Residencial — É o conjunto de economias formando ruas ou praças, interiores, sem o caráter de logradouro público ou de loteamento, tendo uma ou mais entradas.

Consumidor — Pessoa física ou jurídica responsável pelo consumo de gás.

D

Defletor — Parte da chaminé provida de dispositivo destinado a evitar que a combustão no aparelho de utilização sofra efeitos de condições adversas, tais como ventos que sopram no interior da chaminé, existência de elevada pressão estática em volta do terminal, obstrução parcial da chaminé ou outros fatores que possam prejudicar a combustão do gás (Fig. 2.16).

E

Economia — é a propriedade, servindo de habitação ou ocupação para qualquer outra finalidade, podendo ser utilizada independentemente das demais. Podem constituir economias:

A — prédio ou residência isolada;
B — pavimentos de um mesmo prédio;
C — loja ou subdivisão da loja de um prédio, com numeração própria;
D — apartamento de um prédio;
E — sala ou grupo de salas constituindo escritórios;
F — casa de conjunto habitacional;
G — casa com numeração própria, quando construída em terreno comum a outras, embora do mesmo proprietário;
H — indústria de qualquer natureza;
I — fazenda, sítio, chácara.

G

Gambiarra — Conjunto de derivações, partindo de um ramal ou ramificação primária, para abastecer um grupo de medidores (Fig. 2.19).

I

Inscrição para Consumo — Ato que precede a instalação do medidor, tendo por finalidade a caracterização do consumidor.

Inspeção — Diligência efetuada por funcionários da Concessionária, durante ou após a fase de execução das instalações, para a verificação do cumprimento do projeto aprovado e observações nas prescrições do presente Regulamento e das Normas Técnicas em vigor.

Instalação Interna — Trecho de instalação no interior da propriedade.

Instalação Predial — Conjunto de canalização, medidores, registros, coletores e aparelhos de utilização, com os necessários complementos, a partir da rede geral, destinado à condução e ao uso do gás combustível (Fig. 2.19).

L

Limite de Propriedade — Linha que separa a propriedade do logradouro público, ou do futuro alinhamento já previsto pela Prefeitura (Fig. 2.19).

Local dos Medidores — Lugar destinado à construção das cabines ou caixas de proteção obedecendo às exigências do presente Regulamento.

Logradouro Público — Designa todas as vias de uso público oficialmente reconhecidas pelo Estado.

M

"Medida ao Alto" — Denominação usual das cotas das canalizações existentes no interior das caixas de proteção dos medidores, em relação às paredes dessas caixas (Fig. 2.3).

Medidor — Termo genérico designativo do aparelho destinado à medição do consumo de gás.

Medidor Coletivo — Aparelho destinado à medição do consumo total de gás de um conjunto de economias (Fig. 2.19).

Medidor Individual — Aparelho destinado à medição do consumo total de gás de uma economia (Fig. 2.19).

N

Normas de Serviço — Todas as regras que têm por objeto a normatização dos serviços, sejam tais regras de natureza legal, regulamentar ou contratual.

Número de Wobbe — Relação entre o poder calorífero superior do gás, expresso em kcal m^3, e a raiz quadrada da sua densidade em relação ao ar.

P

Ponto de Gás — Extremidade da canalização de gás destinada a receber um aparelho de utilização, incluindo, no caso de aquecimento de água, também os pontos de água fria e quente.

Ponto Inicial das Ramificações — Extremidade(s) inicial(ais) das ramificações deixada(s) aparente(s) no pavimento térreo, no local dos medidores gerais ou individuais, destinada(s), nas ruas onde ainda não houver rede geral, à ligação futura dos medidores de gás e à(s) interligação(ões) com as instalações individuais ou centralizadas de gás liquefeito de petróleo.

Potência Nominal — Quantidade de calor na unidade de tempo, contida no gás consumido, expressa em kcal/min, referida ao poder calorífero superior, para o qual o aparelho de utilização deve ser regulado.

Produtos de Combustão — Produtos, em estado gasoso, resultantes da combustão do gás.

Projeto de Instalação — Conjunto de documentos que definem e esclarecem todos os detalhes da instalação de gás canalizado, prevista para uma ou várias economias.

Propriedade — Imóvel, edificado ou não, com seu título de aquisição devidamente formalizado.

R

Ramal — Termo genérico para designar uma canalização que, partindo da rede geral, conduz o gás até o medidor, ou local do medidor (Fig. 2.19).

Ramal Externo — Trecho do ramal, desde o ponto de sua inserção na rede até o limite da propriedade (Fig. 2.19).

Ramal Geral — Canalização derivada da rede geral e destinada ao abastecimento de um conjunto de economias.

Ramal Individual — Canalização derivada da rede ou do ramo geral, desde o logradouro público até o medidor destinado ao abastecimento de uma economia.

Ramal Interno — Trecho do ramal compreendido entre o limite da propriedade e o medidor ou local de sua instalação (Fig. 2.19).

Ramificação Primária — Trecho da instalação compreendido entre o medidor coletivo (ou local do medidor coletivo) e o medidor individual (ou local do medidor individual) (Fig. 2.19).

Ramificação Secundária — Trecho da instalação compreendido entre o medidor individual (ou local do medidor individual) e os aparelhos de utilização (Fig. 2.19).

Rede Geral — Canalização existente nos logradouros públicos, da qual derivam os ramais (Fig. 2.19).

Recolocação — Mudança do local dos medidores já instalados.

T

Terminal — Peça a ser colocada na extremidade da chaminé primária, destinada a impedir a entrada de água da chuva e a reduzir os efeitos dos ventos na saída da chaminé (Figs. 2.16 e 2.17).

V

Vistoria — Diligência técnica efetuada por funcionários da Concessionária tendo por fim verificar as condições de uma instalação quanto à regularidade e segurança, para fins de aceitação da instalação.

Ramais

4. Nos conjuntos residenciais onde existir até um máximo de 3 (três) economias, é facultativo haver um ramal individual para cada economia.

5. Nos conjuntos residenciais onde existir mais de 3 (três) economias deverão ser estabelecidos, de acordo com as conveniências técnicas, um ou mais ramais gerais terminados em medidores coletivos ou em gambiarras ligadas aos medidores das diversas economias.

6. Os ramais internos serão assentados:

A — para medidor individual, em área privativa da economia a que se destina;

B — para medidores coletivos ou mais de um medidor individual, em áreas ou faixas de servidão comum às economias a que se destinem.

7. Nos conjuntos residenciais de até três economias, o ramal interno só poderá passar em terreno de servidão comum e da economia a que se destina.

8. É proibida a passagem do ramal interno em locais que não possam oferecer segurança, tais como:

A — através de tubos de lixo, de ar condicionado e outros;

B — no interior de reservatórios d'água, de dutos de água pluviais, de esgotos sanitários e de incineradores de lixo.

C — em compartimentos de aparelhagem elétrica;

D — em poços de elevadores;

E — embutido ao longo das paredes;

F — em subsolo ou em porões com pé direito inferior a 1,20 m (um metro e vinte centímetros);

G — em compartimentos destinados a dormitórios;

H — em compartimentos não-ventilados;

I — em qualquer vazio formado pela estrutura ou alvenaria, a menos que amplamente ventilado.

9. Para a execução do ramal interno é necessário que a faixa destinada à passagem esteja desimpedida e livre de obstáculos que impeçam ou dificultem os serviços de assentamentos.

10. A reparação dos calçamentos internos, após a execução do ramal interno, compete ao interessado.

11. Quando for indispensável a passagem do ramal interno por estruturas ou por locais cuja pavimentação não possa ser danificada ou aberta (pisos caros, corredores com movimento intenso ou outras situações semelhantes), para atender a possíveis reparos em casos de escapamento ou para que se efetuem substituições ou remoções, a tubulação deverá ser inserida em bainha, cuja bitola deverá ser 1" (25,4 mm) maior que a bitola do ramal.

12. Após a aprovação do projeto de instalação, o interessado poderá solicitar a elaboração do orçamento para a execução do ramal, desde que:

A — o pavimento onde se localizarão os medidores esteja com a estrutura concluída;

B — o local dos medidores e a faixa de passagem para o ramal se encontrem perfeitamente delineados e desimpedidos.

12.1. A execução bem como sua manutenção competem à Concessionária, cabendo aos interessados o pagamento das despesas.

13. Nenhuma modificação poderá ser feita nos projetos, depois de aprovados, sem prévia autorização.

13.1. Qualquer modificação do projeto inicial poderá implicar a modificação do orçamento inicial do ramal.

Medidores

14. É obrigatória para a economia a previsão do local do medidor individual.

Parágrafo único — A caixa de proteção de uma economia isolada deve ser construída em local de fácil acesso, pertencente à própria economia, e o mais próximo possível do limite da propriedade.

15. As caixas de proteção ou cabines de medidores individuais poderão ser colocadas no pavimento térreo, nos andares, em área de servidão comum, podendo ser agrupadas ou não, ou ainda no interior das respectivas economias.

Somente em casos excepcionais será permitida a localização de medidores no subsolo, desde que sejam asseguradas a iluminação e a ventilação.

16. Nas edificações construídas em logradouros onde a pressão da rede de distribuição precisa ser regulada para a pressão de consumo, deverá ser construída uma caixa de proteção para o regulador de pressão, a montante do medidor e o mais próximo possível do limite de propriedade, em local de fácil acesso e pertencente à própria edificação.

17. Quando os medidores individuais forem colocados nos andares, ou no interior das economias, deverá ser previsto um local para os medidores gerais no pavimento térreo.

17.1. Nos casos previstos neste artigo, poderá ser emitida uma conta única para o consumo de todo o prédio, ficando o rateio do consumo total por conta do condomínio ou dos proprietários.

18. Em qualquer das formas de localização de medidores previstas nesta Seção, deverá haver sempre registro especial, colocado em área de servidão comum, que permita fazer o corte de gás de cada economia individualmente.

19. Junto à entrada de cada medidor deverá ser instalado um registro de segurança.

20. Os medidores serão abrigados em caixa de proteção ou cabines, suficientemente ventilados, em local devidamente iluminado, devendo ser obedecidos os desenhos que instruem o presente Regulamento.

20.1. As caixas de proteção ou cabines serão ventiladas através de aberturas para arejamento.

20.2. A área total das aberturas para ventilação das caixas de proteção ou cabines será de no mínimo 1/10 (um décimo) da área da planta baixa do compartimento, sendo conveniente prover a máxima ventilação permitida pelo local.

20.3. As caixas de proteção ou cabines dos medidores localizados nos andares deverão ser ventiladas através de aberturas localizadas na parte baixa das portas, garantindo uma fresta de 1 cm de altura, e por outra abertura na caixa de proteção ou cabine, comunicando diretamente com o exterior ou através de duto vertical adjacente, este com a menor das dimensões igual ou superior a 7 cm. A área total das aberturas para ventilação, incluindo a fresta e o duto, será no mínimo igual a 1/10 da área da planta baixa do compartimento.

21. As dependências dos edifícios (corredores, entradas principais e de serviço, áreas cobertas etc.) destinadas à localização dos medidores deverão ser mantidas amplamente ventiladas e iluminadas.

22. As caixas de proteção ou cabines deverão ser construídas de maneira a assegurar completa proteção do medidor contra choques, ação de substâncias corrosivas, calor, chama, sol, chuva ou outros agentes externos de efeitos nocivos, bem como deverá permitir facilmente a leitura do consumo.

22.1. No caso de as caixas de proteção abrirem diretamente para o logradouro público, é obrigatório o emprego de porta metálica com fechadura e visor para leitura.

23. No interior das caixas de proteção ou das cabines, não poderá existir hidrômetro, nem dispositivo capaz de produzir centelha, chama ou calor.

24. O piso das caixas de proteção ou das cabines deverá ser cimentado, devendo o mesmo ser assentado somente após instalação dos ramais, ou das ramificações.

25. As caixas de proteção ou cabines deverão permanecer limpas e não poderão ser utilizadas para depósito ou para qualquer outro fim que não seja aquele a que se destinam.

26. O acesso às caixas de proteção ou cabines deverá permanecer desimpedido, para facilidade de inspeção e marcação do consumo.

27. Nas caixas de proteção ou cabines não será permitida a colocação de qualquer outro aparelho, equipamento ou dispositivo elétrico além do necessário à iluminação, que deverá ser à prova de explosão. Somente a Concessionária poderá fazer a manutenção dos medidores.

Ramificações

28. As ramificações de gás são obrigatórias para todas as edificações.

29. As ramificações internas são de responsabilidade do proprietário, o qual deverá providenciar para que sejam mantidas em perfeito estado de conservação.

30. A pressão máxima admitida para a condução do gás nas ramificações é de 400 mmca.

31. Dependendo da localização, as ramificações devem ser dimensionadas para um gás com um número de Wobbe 5.700 ou 10.000.

32. Poderão ser editadas as normas simplificadas para:

(i) – conjuntos residenciais projetados para moradores de baixa renda familiar;
(ii) – edificações que não possuem instalações prediais de gás, ou que as possuem em desacordo com este Regulamento, por terem sido construídas anteriormente à obrigatoriedade dessas instalações.

33. As ramificações deverão ser executadas:

— em tubos rígidos de aço — carbono zincado, com ou sem costura, com espessura de parede correspondente a Schedulle 40, atendendo às normas NBR-5.580, NBR-5.885, ASTM-A-53 ou ASTM-A-120.

— em tubos semi-rígidos de cobre ou latão;

— em outros materiais que as autoridades competentes venham a recomendar.

34. As interligações das ramificações executadas com tubo de aço-carbono serão feitas com emprego de roscas, flanges, solda oxiacetilênica e solda elétrica.

34.1. As conexões devem ser de ferro maleável ou aço forjado.

34.2. As roscas devem ser cônicas, ou macho cônica e fêmea paralela, e a elas deve ser aplicado vedante, tal como resina epóxi, nas ligações permanentes, fita de pentatetra flúor etileno (ex.: teflon, incoflon ou similar), ou ainda outros vedantes que a CEG venha a recomendar. Não é permitido o uso de massa de zarcão vermelho (Pb_3O_4) e/ou fios de cânhamo.

35. As interligações das ramificações executadas com tubos semi-rígidos de cobre ou latão serão executadas com solda branda, brasagem, com material com temperatura de fusão acima de 540°C.

35.1. As conexões devem ser de cobre ou latão.

36. Somente poderão ser empregados tubos sem rebarbas e sem defeitos de estrutura, de pontas ou de roscas.

37. Nas ramificações não será permitido o uso de tubos com diâmetro interno inferior a 12,7 mm, quando construídas em aço, e a 13,6 mm, quando construídas em cobre ou latão.

38. Toda ramificação deverá ter um ou mais coletores para condensação, localizados em pontos adequados.

38.1. Os coletores, quando enterrados, deverão ficar em locais de fácil identificação e conservação.

39. As ramificações deverão obedecer às seguintes características:

A — ter declividade de forma a dirigir a condensação para os coletores;
B — ser totalmente estanques e firmemente fixadas;
C — ter um afastamento mínimo de 20 cm das canalizações de outra natureza;
D — as tubulações de gás próximas umas das outras devem guardar entre si um espaçamento pelo menos igual ao diâmetro da maior tubulação.

39.1. Os coletores devem ser colocados em áreas de servidão comum, a menos que se trate de coletor da ramificação da própria economia.

39.2. No caso de superposição de tubulações diversas, as de gás deverão ficar acima das demais.

39.3. As tubulações não devem passar por pontos que as sujeitem a tensões inerentes à estrutura do prédio.

40. Não é permitida a passagem de canalização, quer descoberta, quer embutida ou enterrada, nas seguintes situações:

A — através de chaminés, tubos de lixo, tubos de ar condicionado e outros;
B — em compartimentos sem ventilação;
C — em poços de elevadores;
D — em paredes, tampas e interior de depósitos d'água e de incineradores;
E — em qualquer vazio ou parede contígua a qualquer vazio formado pela estrutura ou alvenaria, a menos que amplamente ventilado.

40.1. Nas paredes onde forem embutidos as prumadas e os trechos verticais dos aparelhos de utilização, não será permitido o uso de tijolos vazados a uma distância mínima de 20 cm para cada lado.

41. As canalizações que forem instaladas, para uso futuro, deverão ser fechadas nas extremidades com bujão ou tampa rosqueada de metal.

42. Os registros, válvulas e reguladores de pressão devem ser instalados de maneira a permitir fácil conservação e substituição a qualquer tempo.

42.1. Deve ser prevista tubulação que permita, em caso de falha do regulador de pressão, descarregar todo o gás para o ar livre.

43. A eventual interligação das ramificações, entre o ponto inicial das ramificações e as instalações de gás liquefeito de petróleo, só poderá ser feita sob a supervisão e responsabilidade de companhias distribuidoras desse produto, as quais se encarregarão ainda de testar as ramificações.

44. As ramificações só serão aprovadas depois de submetidas pelos instaladores à prova preliminar de estanqueidade mediante emprego do ar comprimido ou gás inerte com pressão de 1.000 mmca.

44.1. Nos casos de instalações embutidas, essa prova deverá ser feita antes do revestimento.

44.2. Na realização do teste, a pressão deve ser elevada progressivamente até atingir a pressão de 1.000 mmca.

44.3. Atingida a pressão de teste, não havendo variação do seu valor durante 60 minutos, a tubulação será considerada estanque.

45. É proibida a procura de escapamento por meio de chama.

46. Iniciada a admissão de gás de tubulação, deve-se deixar escapar todo o ar retido na mesma por meio de abertura dos registros nos aparelhos de utilização, devendo os ambientes ser mantidos plenamente arejados.

47. A conservação das ramificações de gás compete ao consumidor, que só poderá modificá-las mediante prévia consulta à Concessionária.

Aparelhos de Utilização e Sua Adequação aos Ambientes

48. Todos os aparelhos de utilização deverão ser ligados por meio de conexões rígidas à instalação interna, ou através de tubo flexível, inteiramente metálico, sendo entretanto indispensável a existência de registro na extremidade rígida da instalação onde é feita a ligação do tubo flexível.

48.1. Todo o aparelho deverá ser ligado através de um registro que permita isolá-lo, sem necessidade de interromper o abastecimento de gás aos demais aparelhos da economia.

48.2. Os pequenos aparelhos de natureza portátil, tais como: fogareiros, ferros de engomar, pequenos esterilizantes, maçaricos, bicos de Bunsen, aparelhos portáteis de laboratórios e outros de uso doméstico, poderão ter ligações em tubo flexível, sendo indispensável a existência de registro na extremidade rígida da instalação onde é feita a ligação do tubo flexível.

49. Os aquecedores de água domiciliares deverão ter plaquetas em local visível com a seguinte inscrição: "Este aparelho só pode ser instalado com a respectiva chaminé em locais onde haja ventilação permanente. Nunca utilizá-lo em recintos fechados. Não instalá-lo em boxe ou outros compartimentos fechados."

50. Os fogões deverão ter uma plaqueta irremovível e com dizeres indeléveis em local visível, com a seguinte inscrição: "Este aparelho só pode ser instalado em locais onde haja ventilação permanente. Nunca instalá-lo em recintos fechados."

51. Fogões com capacidade superior a 360 kcal/min deverão ter sua instalação complementada com a coifa ou exaustor para condução dos produtos de combustão para o ar livre ou para o prisma de ventilação.

51.1. A seção real do prisma de ventilação deverá:

A — ser uniforme em toda a sua altura;
B — conter a seção reta mínima de 0,1 ml por pavimento, e, quando a seção for retangular, o lado maior deve ser no máximo 1,5 vez o lado menor.

52. Todo aquecedor de água deverá utilizar chaminé destinada a conduzir os produtos da combustão para o ar livre ou para o prisma de ventilação.

53. Aquecedores de água não podem ser instalados no interior de boxes ou acima de banheira com chuveiro.

53.1. Excetuam-se os chuveiros a gás com potência nominal inferior a 75 kcal/min, quando os queimadores destes estiverem a uma altura superior a 10 cm em relação à altura máxima de divisórias ou cortinas do boxe ou banheira, com chuveiro.

54. Nos prédios novos, os pontos de gás, água fria e água quente destinados a aquecedores instantâneos de água, deverão ser dispostos na forma e dimensões estabelecidas pela norma da ABNT que regulamenta o assunto.

55. Só serão aceitos aquecedores que tenham válvula de segurança do queimador principal.

56. As condições de ventilação, em particular, e de adequação, em geral, dos ambientes onde forem instalados aparelhos a gás deverão obedecer às instruções técnicas competentes.

57. Na instalação de gás para incineradores, deverão ser observadas as seguintes especificações:

A — a menor bitola de tubulação de aço ou de cobre para abastecer o incinerador deverá ser de 3/4" ou 22 mm, respectivamente;
B — o ar indispensável à combustão deverá ser fornecido por meio de ventoinha centrífuga acionada por motor elétrico;
C — os queimadores deverão ser mantidos semi-embutidos, de modo a impedir sua obstrução pelo lixo;
D — sempre que a mistura do gás com o ar da ventoinha se fizer em trecho canalizado, o registro junto ao incinerador deve ser precedido por uma válvula de retenção, a fim de impedir a entrada de ar na canalização de gás.

58. Após a ligação de gás, os aparelhos, antes de sua utilização, deverão ser testados e regulados por empresas credenciadas, de forma a que os mesmos trabalhem dentro de suas condições nominais.

59. A cada dois anos os aparelhos a gás devem ser regulados e revisados, a fim de sanar qualquer defeito que ponha em risco a segurança do consumidor.

Chaminés Individuais

60. As chaminés individuais devem ser fabricadas com materiais incombustíveis e termoestáveis, resistentes à corrosão, tais como: cimento-amianto, chapas de alumínio, chapas de cobre, chapas de aço inoxidável ou materiais similares.

61. As chaminés individuais de cimento-amianto devem ter uma espessura mínima de parede de 6 mm e as de chapa metálica, uma espessura mínima de 0,5 mm.

62. As chaminés individuais devem ser fabricadas de modo a impedir o escapamento lateral dos gases de combustão para o ambiente.

63. Na montagem da chaminé individual, será observada uma distância mínima de 2 cm que a separe de materiais de construção inflamáveis.

64. Quando a chaminé individual atravessar materiais de construção inflamáveis, deverá ser envolta em uma bainha de proteção adequada que a separe pelo menos em 2 cm dos referidos materiais.

65. Não é permitida a passagem de chaminé individual através de espaços ocos desprovidos de adequada ventilação permanente.

66. A seção da chaminé não pode ser diminuída para a obtenção dos vários encaixes.

67. Chaminés destinadas a aparelhos de utilização nos quais os produtos de combustão se dirigem do aparelho diretamente para a chaminé, como ocorre com os aquecedores de água, sem passar pelo ambiente, ao contrário do que ocorre com os fogões, e que não possuam o seu próprio defletor, deverão ter esse dispositivo colocado no máximo a 75 cm acima do aparelho.

68. Na extremidade da chaminé deverá ser instalado um terminal, sempre que a descarga se fizer para o ar livre ou prisma de ventilação.

Chaminés Coletivas

69. A chaminé coletiva deve ser executada com materiais incombustíveis, termoestáveis, resistentes à corrosão, tais como aço inoxidável, com espessura mínima de 0,5 mm, cimento-amianto com espessura mínima de 6 mm, blocos de concreto pré-moldados, alvenaria resistente ao calor.

70. As chaminés coletivas devem ser construídas com juntas estanques e arrematadas uniformemente.

71. A seção da chaminé coletiva não pode ser menor que a seção da maior chaminé individual que a ela se ligue.

72. Na extremidade inferior da chaminé coletiva deve existir uma abertura de no mínimo 100 cm² para limpeza.

73. As chaminés coletivas só poderão receber no máximo duas chaminés individuais por pavimento, distanciadas verticalmente, no mínimo, de um valor igual ao do diâmetro da maior chaminé individual do mesmo pavimento.

74. Fica mantida a vigência da instrução administrativa n.º IA-1, e das instruções técnicas nos IT-1 e IT-2 de 1976 da CEG, até que outras normas técnicas venham a ser editadas pela autoridade competente.

Localização de Medidores
sobre lajes de piso com pavimento ou vão inferior

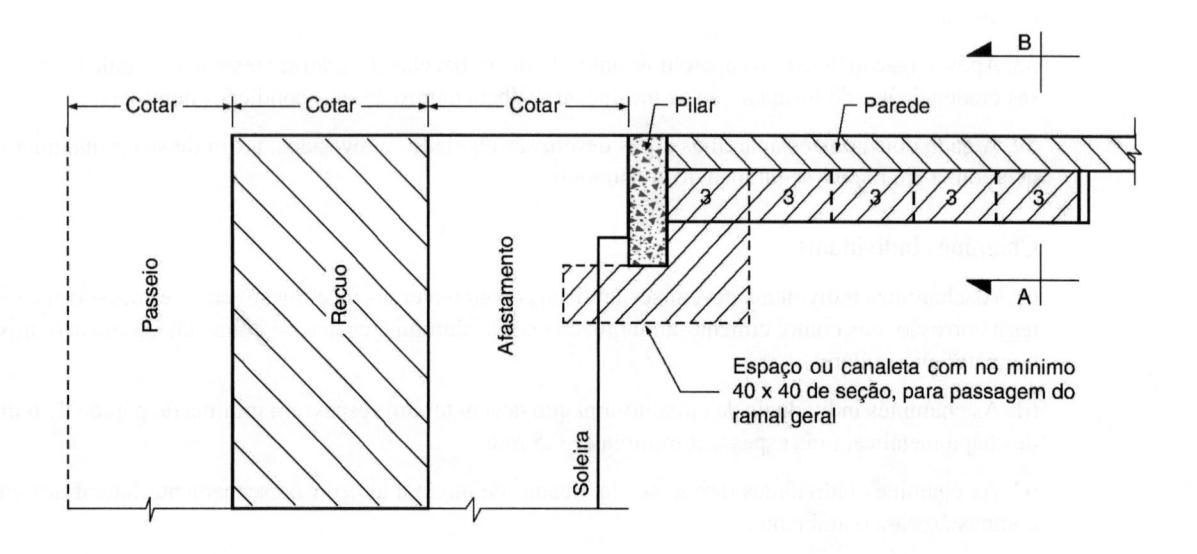

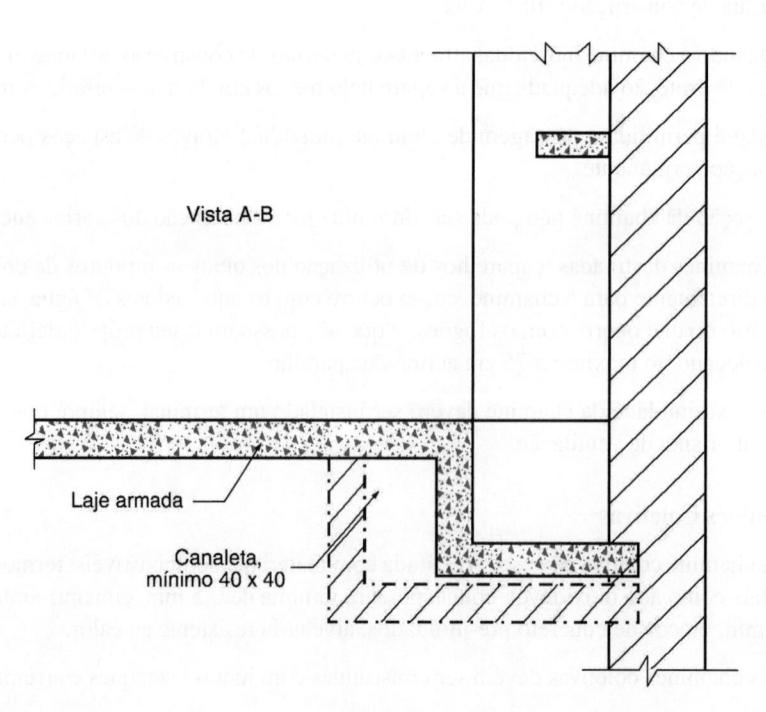

Fig. 2.3

Localização de Medidores
subsolos (depende de consulta)

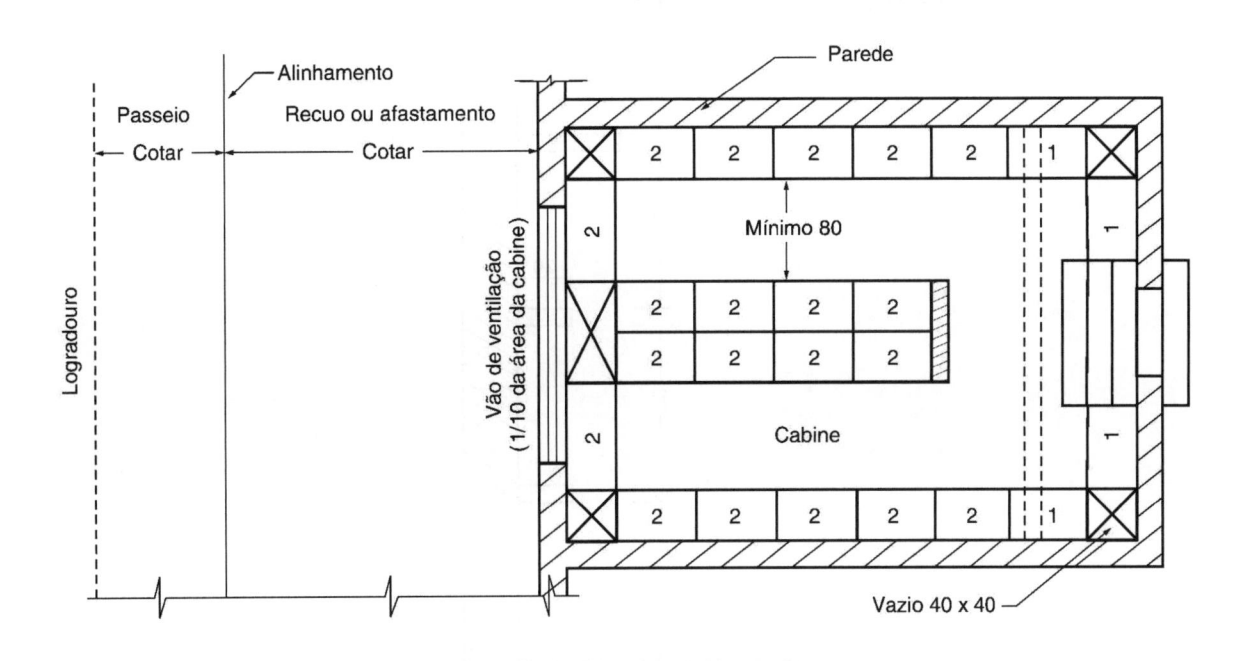

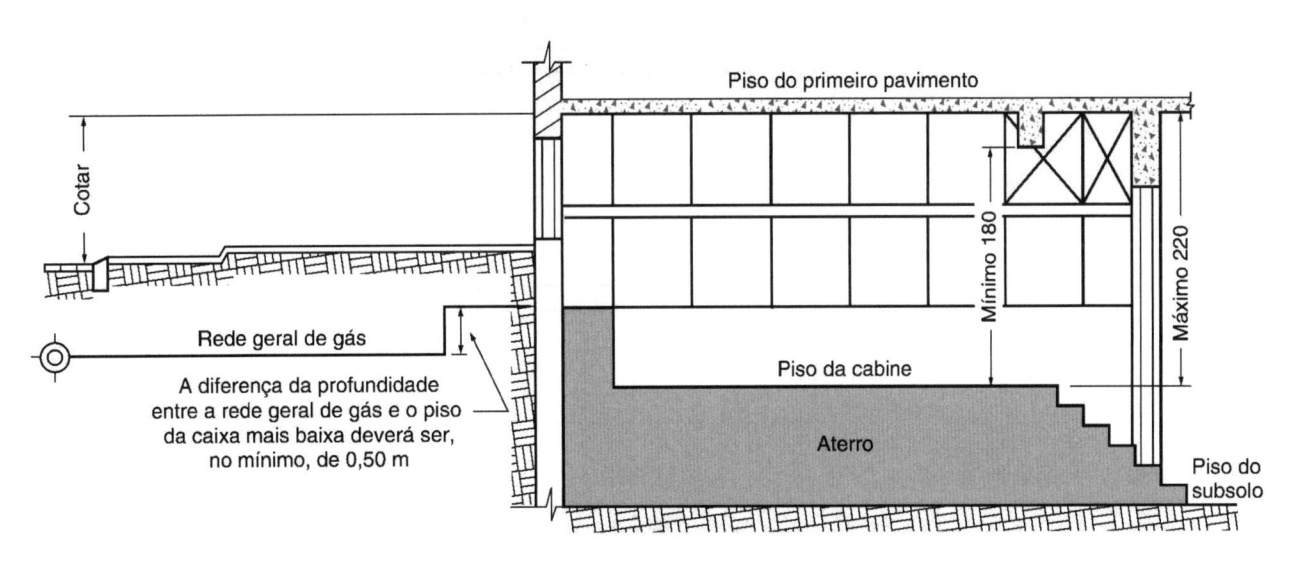

Fig. 2.4

Localização de Medidores
(caso especial)
Ramal geral sobre lajes de piso com pavimento ou vão inferior

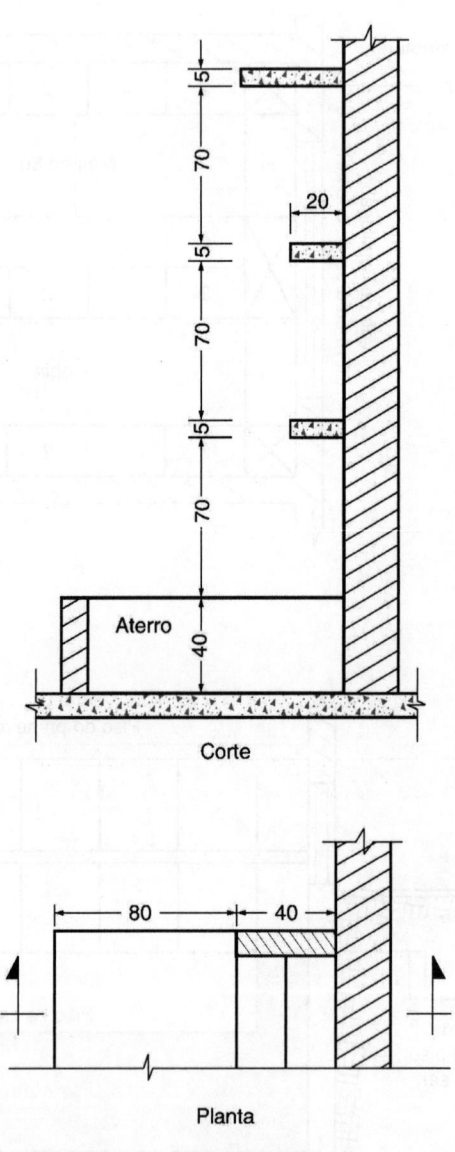

Corte

Planta

Fig. 2.5

Localização de Medidores
(caso especial) caixa de proteção sobre hidrômetro

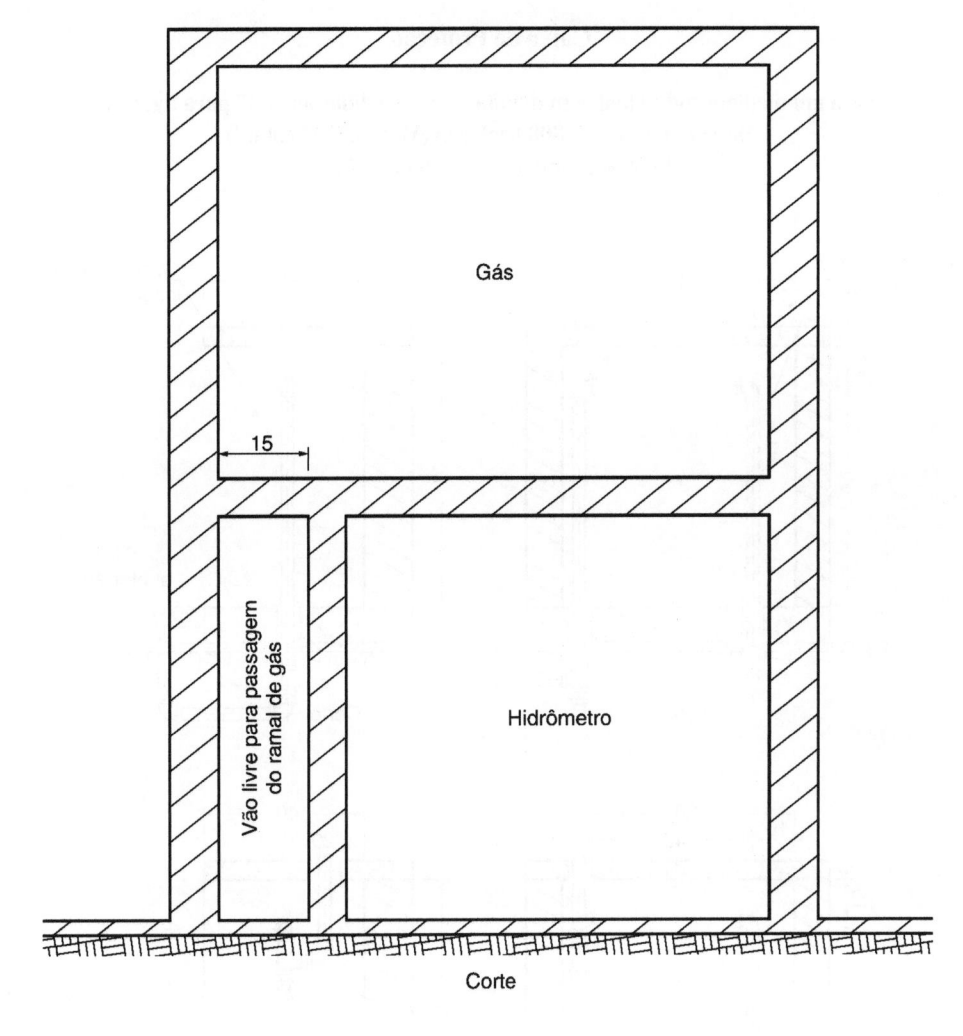

Corte

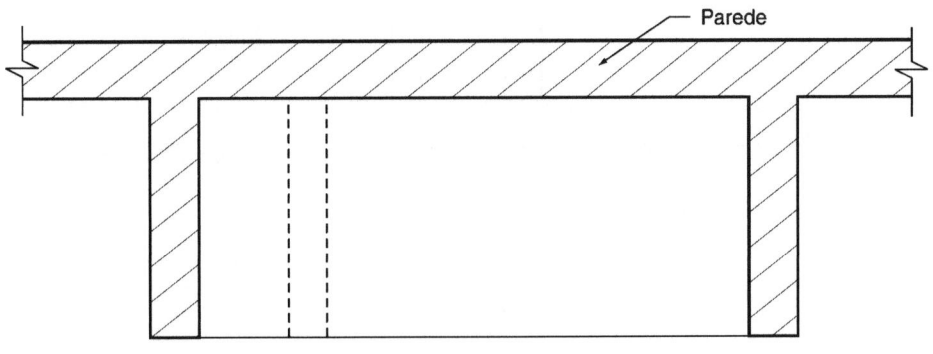

Planta

Fig. 2.6

Caixa de Proteção

Para um medidor individual com detalhes das "medidas ao alto" para ligação.
Descarga máxima: 800 kcal/min (W = 5.700 kcal/m³)
1.680 kcal/min (W = 10.000 kcal/m³)

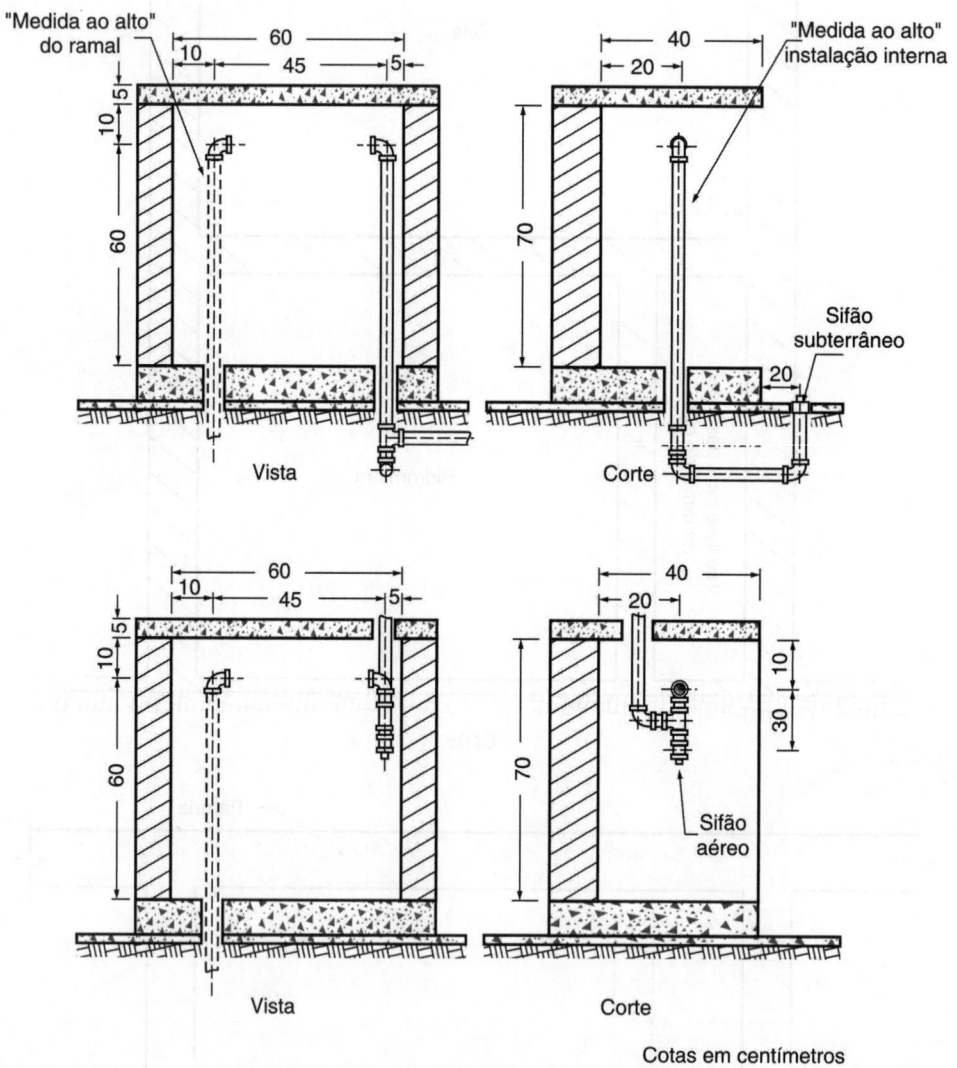

Cotas em centímetros

Fig. 2.7

Caixa de Proteção

**Armário com caixas de proteção para *n* medidores individuais com detalhes
das "medidas ao alto" para ligação.
Descarga máxima: 500 kcal/min (W = 5.700 kcal/m³)
1.050 kcal/min (W = 10.000 kcal/m³)**

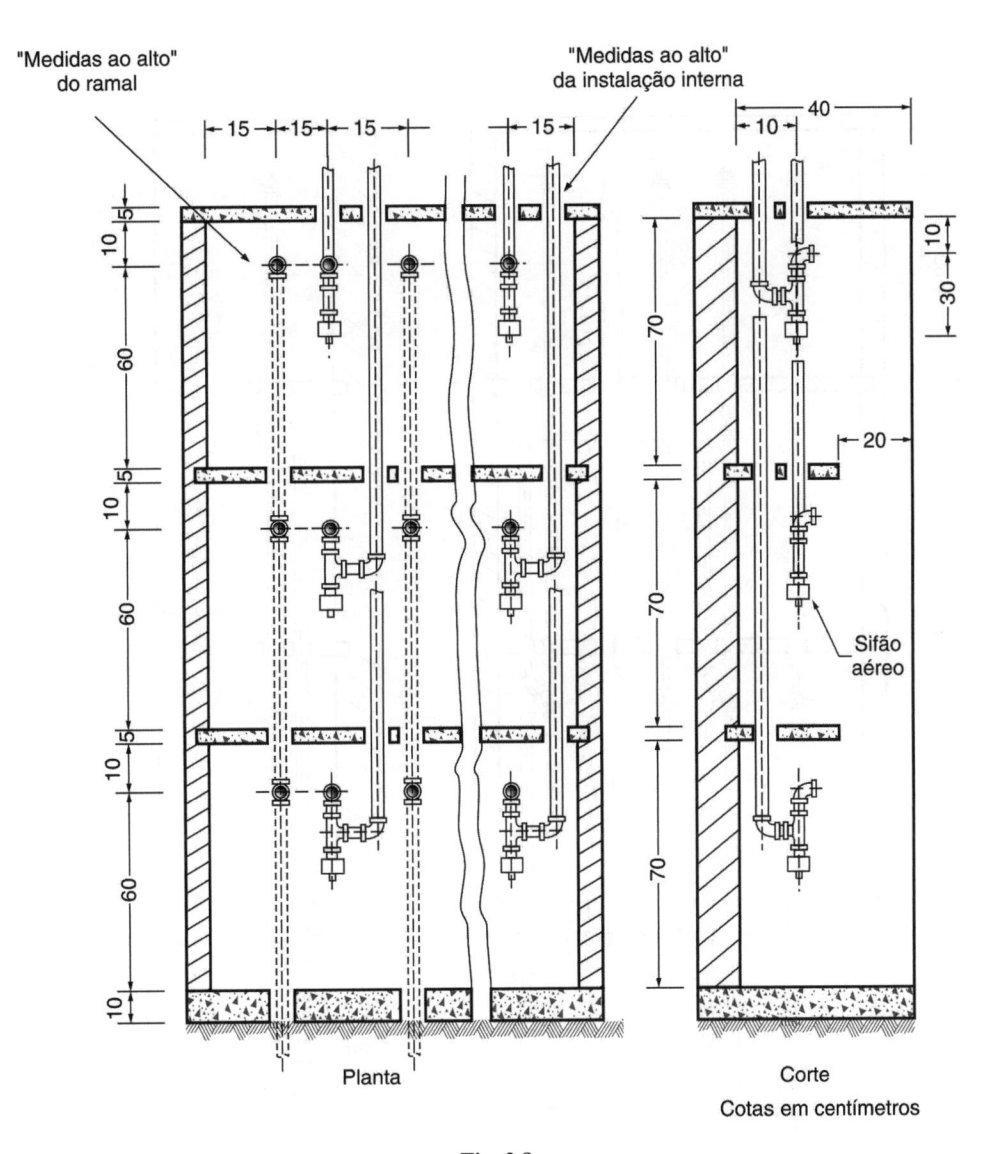

Planta

Corte

Cotas em centímetros

Fig. 2.8

Caixa de Proteção

**Armário com caixas de proteção para *n* medidores individuais com detalhes
das "medidas ao alto".
Descarga máxima: 500 kcal/min (W = 5.700 kcal/m³)
1.050 kcal/min (W = 10.000 kcal/m³)**

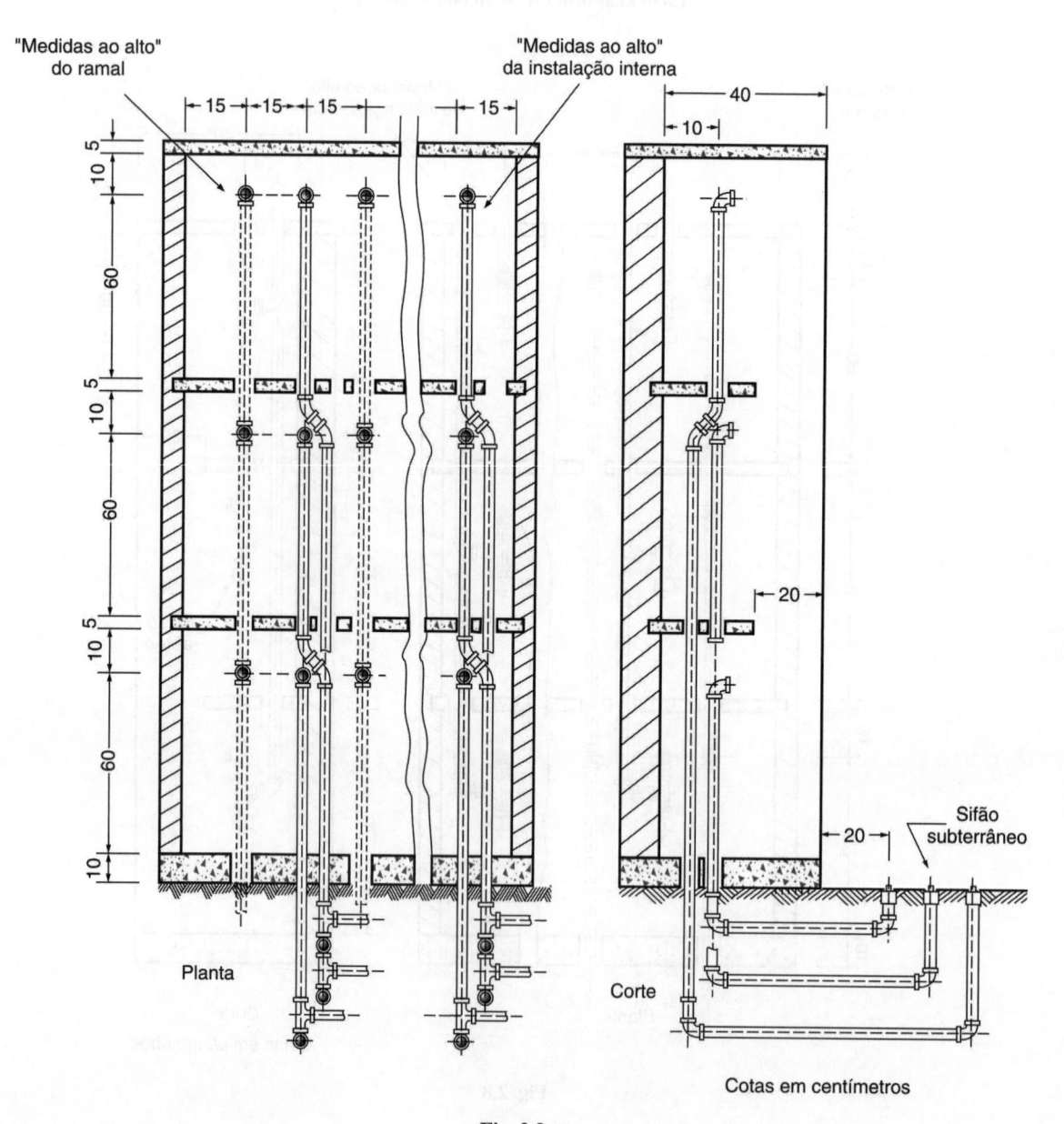

Fig. 2.9

Caixas de Proteção nos Andares

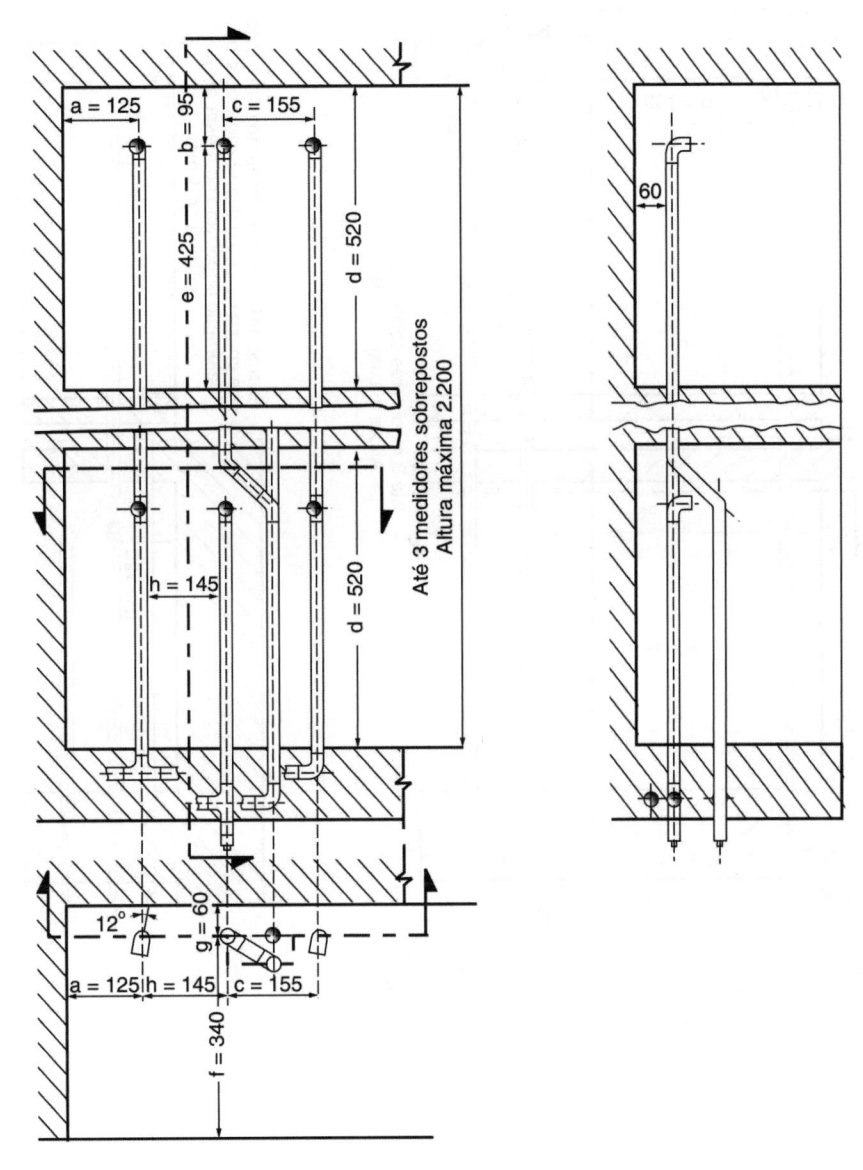

Observações:

— Cotas em mm.
— As conexões para ligação de cada medidor devem ter os eixos horizontais no mesmo plano.
— Os valores indicados para as dimensões a, b, c, d, e, f, g são os mínimos aceitáveis.
— O valor indicado para a dimensão h é fixo.
— Os desvios podem ser feitos por encurvamentos dos tubos.
— Deverá ser prevista uma ventilação permanente através de duto vertical adjacente às caixas de proteção.

Fig. 2.10

Caixas de Proteção nos Andares

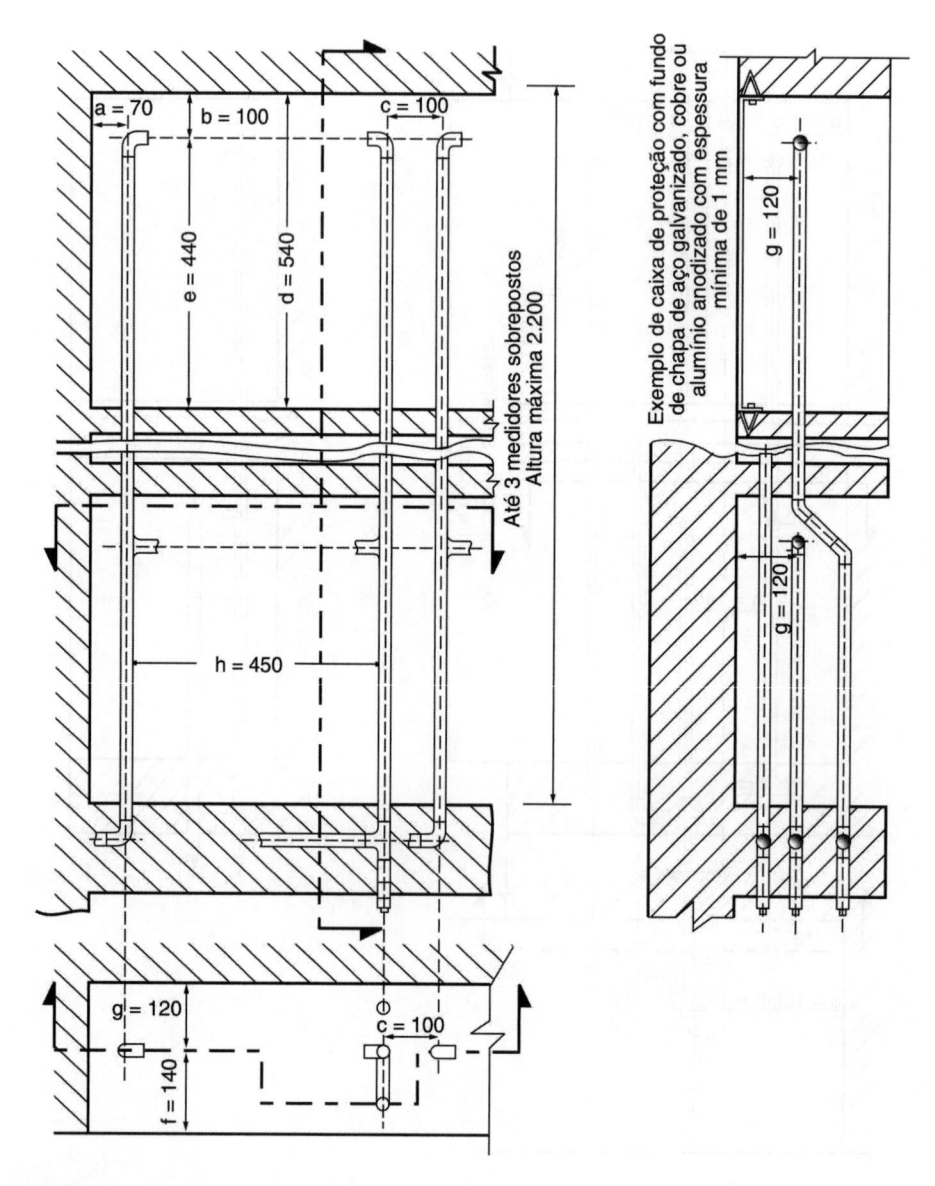

Observações:

— Cotas em mm.
— As conexões para ligação de cada medidor devem ter os eixos horizontais perfeitamente coincidentes.
— Os valores indicados para as dimensões a, b, c, d, e, f, g são os mínimos aceitáveis.
— O valor indicado para a dimensão h é fixo.
— Os desvios podem ser feitos por encurvamentos dos tubos.
— Deverá ser prevista uma ventilação permanente através de duto vertical adjacente às caixas de proteção.

Fig. 2.11

Caixa de Proteção

**Para *n* medidores em paralelo com detalhes das "medidas ao alto" para a ligação.
Descarga máxima: *n* × 1.330 kcal/min (W = 5.700 kcal/m³)
n × 2.800 kcal/min (W = 10.000 kcal/m³)**

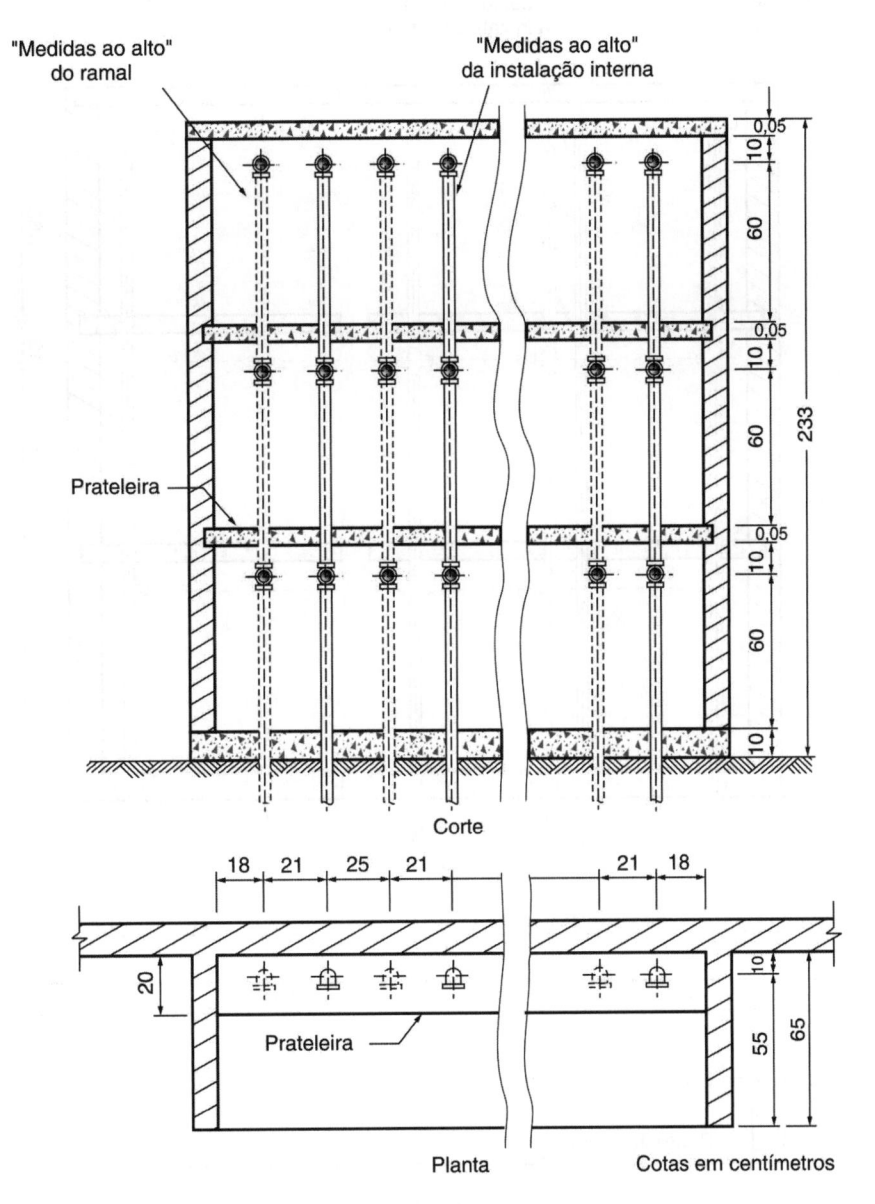

Fig. 2.12

Caixa de Proteção

Para n medidores em paralelo com detalhes das "medidas ao alto" para a ligação.
Descarga máxima: $n \times 1.330$ kcal/min (W = 5.700 kcal/m³)
$n \times 2.800$ kcal/min (W = 10.000 kcal/m³)

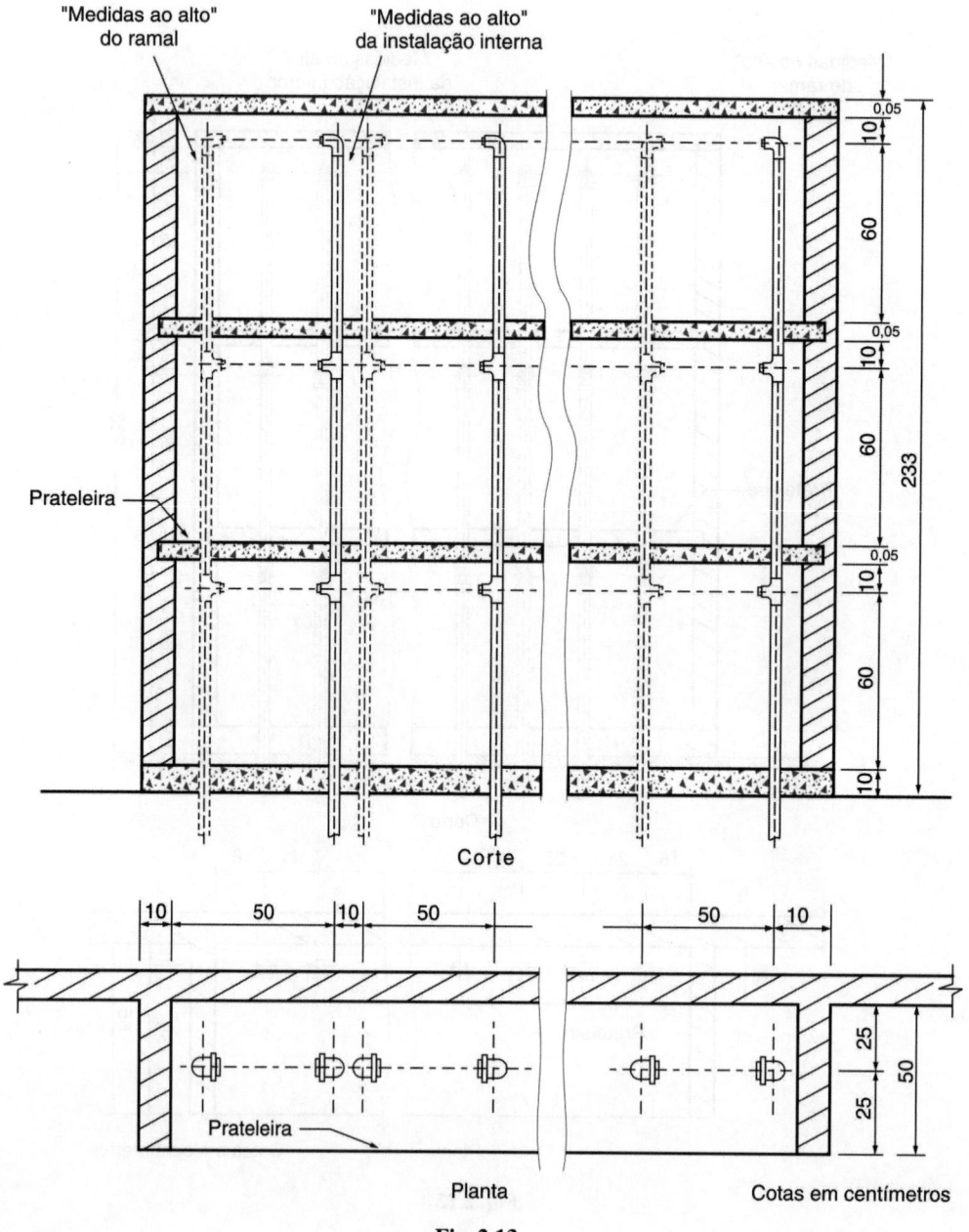

Fig. 2.13

Caixa de Proteção

Para n medidores em paralelo com detalhes das "medidas ao alto" para a ligação.
Descarga máxima: $n \times 4.000$ kcal/min (W = 5.700 kcal/m³)
$n \times 8.400$ kcal/min (W = 10.000 kcal/m³)

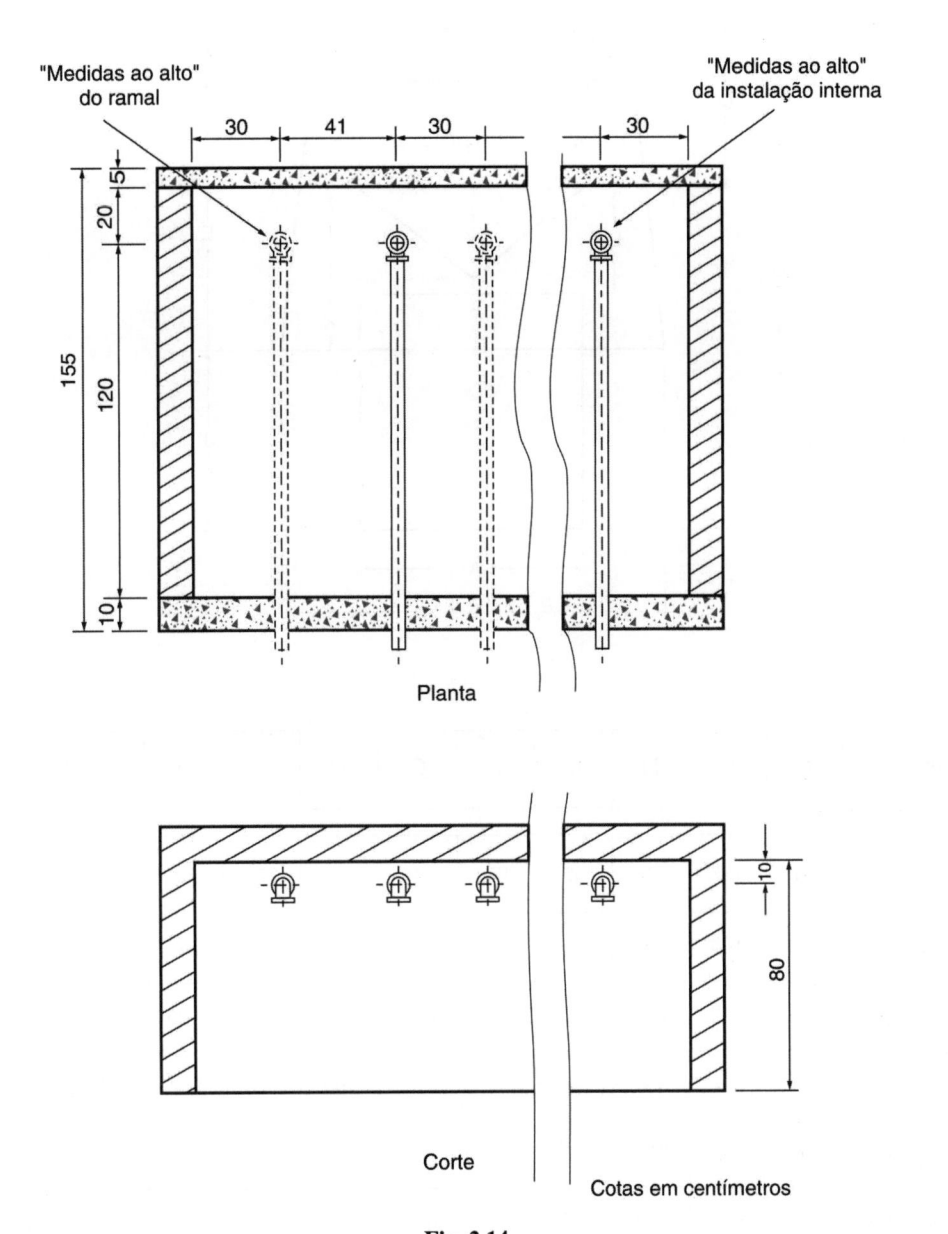

Fig. 2.14

Chaminés
(defletor)

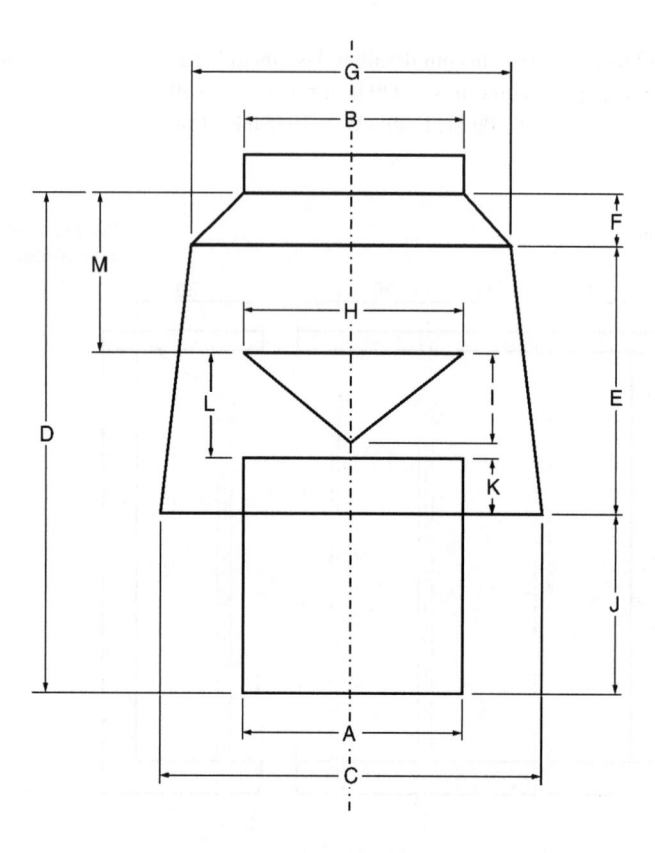

Pol.	mm	A	B	C	D	E	F	G	H	I	J	K	L	M
3	75	75	75	137^5	175	95	17^5	110	75	37^5	62^5	17^5	37^5	57^5
4	100	100	100	180	237^5	125	25	150	100	50	87^5	25	50	75
5	125	125	125	235	270	132^5	37^5	200	125	57^5	100	22^5	60	87^5
6	150	150	150	287^5	300	140	47^5	255	150	62^5	112^5	20	67^5	100
8	200	200	200	387^5	395	177^5	67^5	336	200	80	150	25	87^5	132^5
10	250	250	250	492^5	470	197^5	90	430	250	95	182^5	25	107^5	155

Medidas em milímetros

Fig. 2.15

Chaminés
terminal circular

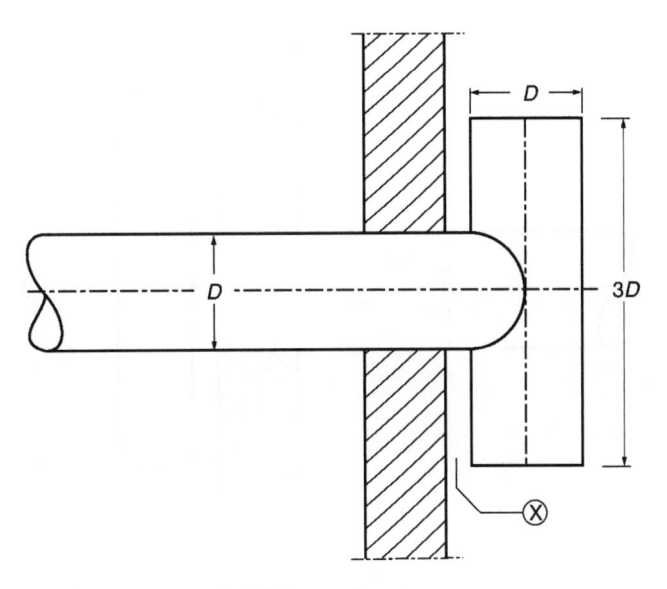

$\otimes$ O afastamento não influi na performance do aquecedor, podendo ser -0-.

D = diâmetro

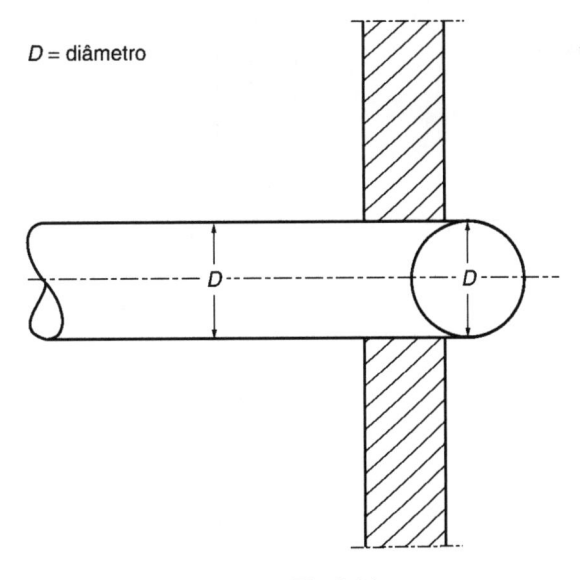

Fig. 2.16

Chaminés
terminal circular

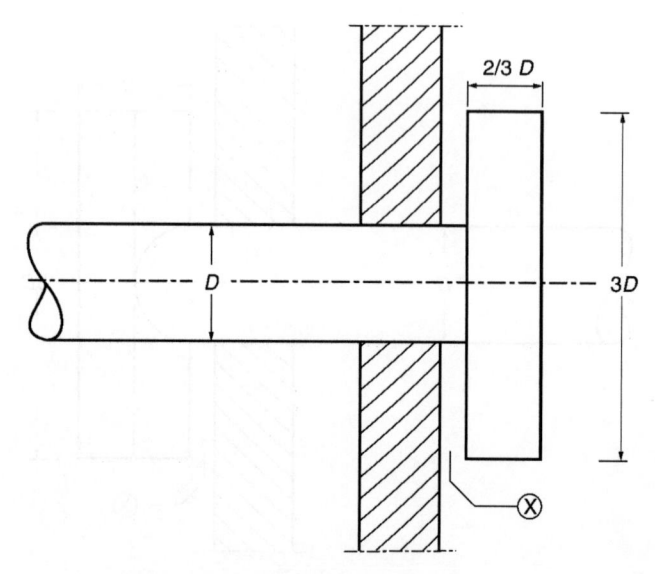

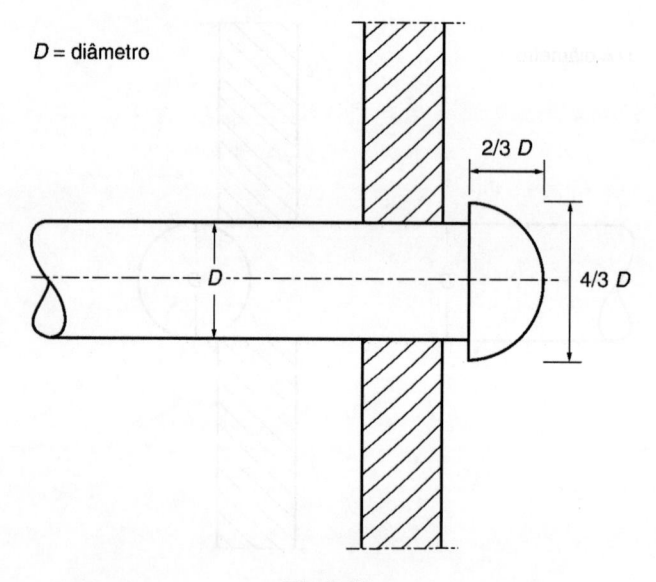

Ⓧ O afastamento não influi na performance
  do aquecedor, podendo ser -0-.

D = diâmetro

Fig. 2.17

Chaminés

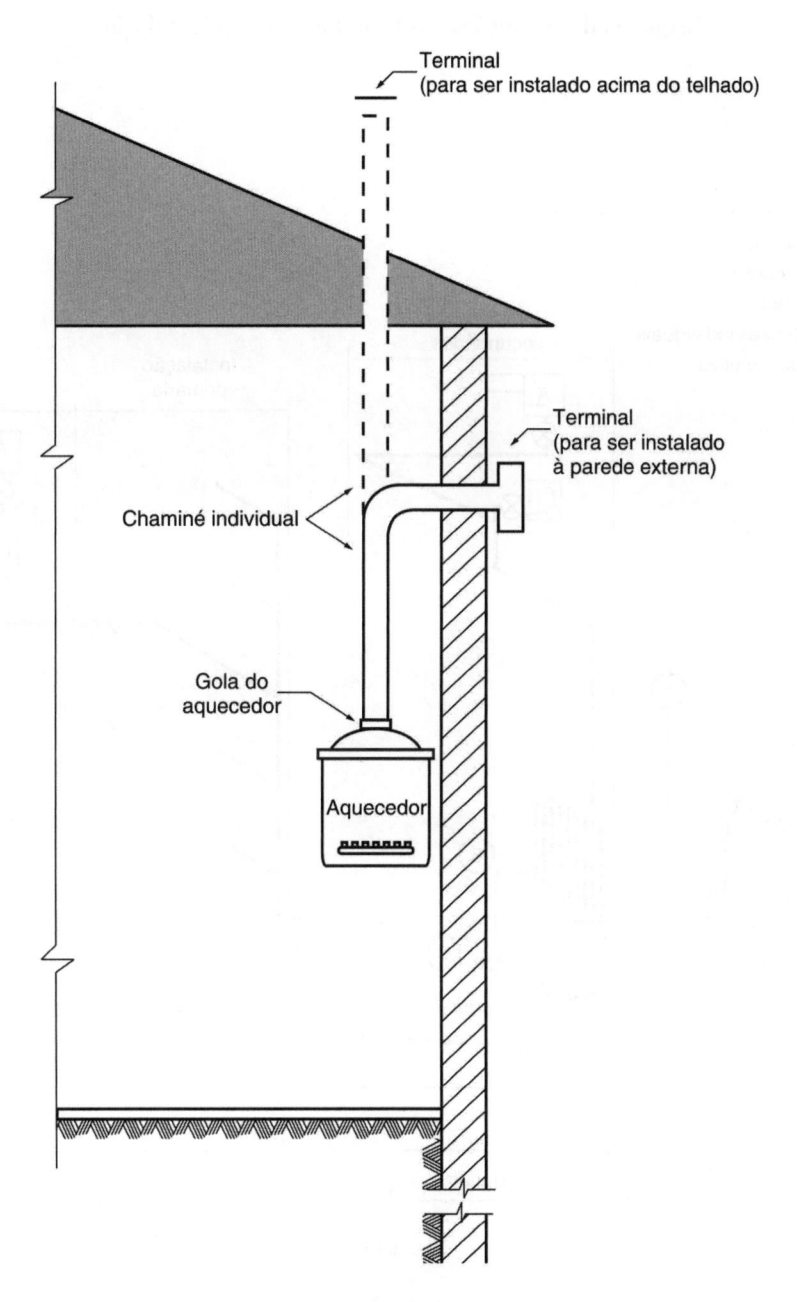

Fig. 2.18

Esquema de Definições dos Componentes da Instalação

Legenda:

1 - Rede geral sob a calçada ou pista de rolamento
2 - Registro de segurança em logradouro público
3 - Limite da propriedade
4 - Regulador de pressão
5 - Fachada do prédio
6 - Cabine de medidores individuais
7 - Caixa de medidor coletivo
8 - Gambiarra

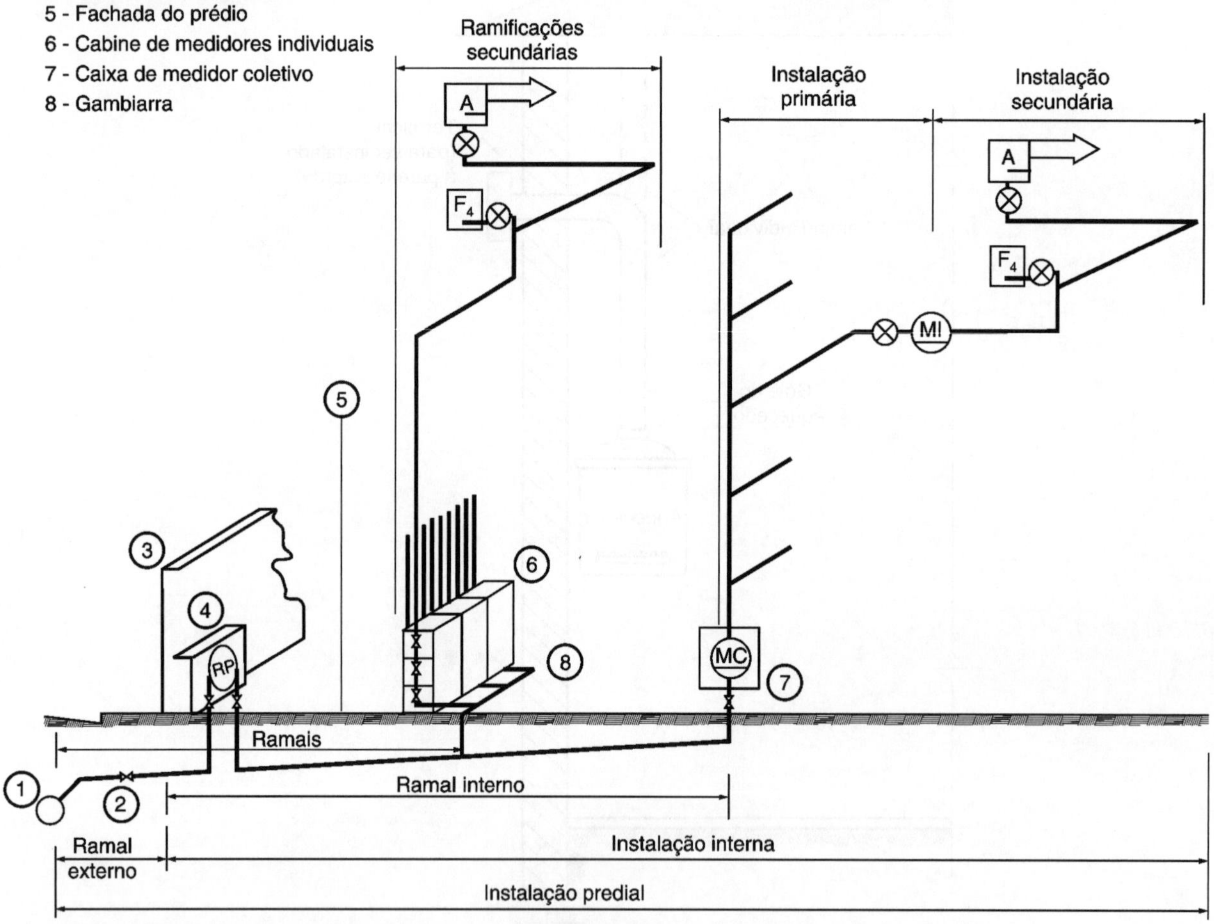

Fig. 2.19

Simbologia

1 — Adota-se, neste Regulamento, a simbologia seguinte:

2 — Qualquer aparelho de utilização ou previsão onde se registra, no espaço superior, a sigla designativa e no espaço inferior o consumo em kcal/min.

2.1 — Fogão (referir o nº ao número de bocas).

2.2 — Forno.

2.3 — Incinerador.

2.4 — Aparelhos diversos.

2.5 — Previsão.

2.6 — Aquecedor sem chaminé.

2.7 — Aquecedor com chaminé.

3 — Qualquer medidor onde se registra, no espaço superior, a sigla designativa e no espaço inferior a capacidade do medidor e kcal/min.

3.1 — Medidor individual.

3.2 — Medidor coletivo.

4 — Regulador de Pressão.

5 — Sifão.

6 — Registro (da instalação interna).

7 — Chaminés — sempre que possível, o desenho deverá aproximar-se da situação real da chaminé. Nas chaminés coletivas, o número indica o total de inserções das chaminés secundárias.

7.1 — Chaminé secundária de percurso essencialmente vertical.

7.2 — Chaminé secundária dirigida para chaminé coletiva.

8 — Chaminés coletivas — o número no desenho é utilizado para identificação da chaminé entre as outras.

8.1 — Chaminé coletiva de seção circular.

8.2 — Chaminé coletiva de seção quadrada.

8.3 — Chaminé coletiva de seção retangular.

9 — Peças de banheiro.

9.1 — Banheira.

9.2 — Boxe.

B X

10 — Canalizações — os traços devem ter a espessura necessária e suficiente para que realcem nas plantas. Sua representação gráfica deve aproximar-se o quanto possível da situação real.

O diâmetro dos tubos deve ser registrado e repetido em locais adequados de modo a facilitar a compreensão e interpretação da planta.

10.1 — Tubulação horizontal embutida.

Ø 25

10.2 — Tubulação horizontal à vista.

Ø 100

10.3 — Tubulação horizontal embutida.

Ø 50

10.4 — Tubulação horizontal guarnecida com bainha.

Ø 75

10.5 — Tubulações verticais.

Ø 25
Ø 19
Ø 25

10.6 — Feixe de tubulações horizontais (empregar aguada).

5 x Ø 25

3 x Ø 19

2 x Ø 50

10.7 — Feixe de tubulações verticais prumada (opcionalmente empregar aguada).

5 x Ø 25

4 x Ø 50

Folha de Instruções ao Consumidor
Tipos de Ventilação Permanente Mínima

Área mínima para ventilação permanente do ambiente
na parte superior (cozinhas e banheiros).

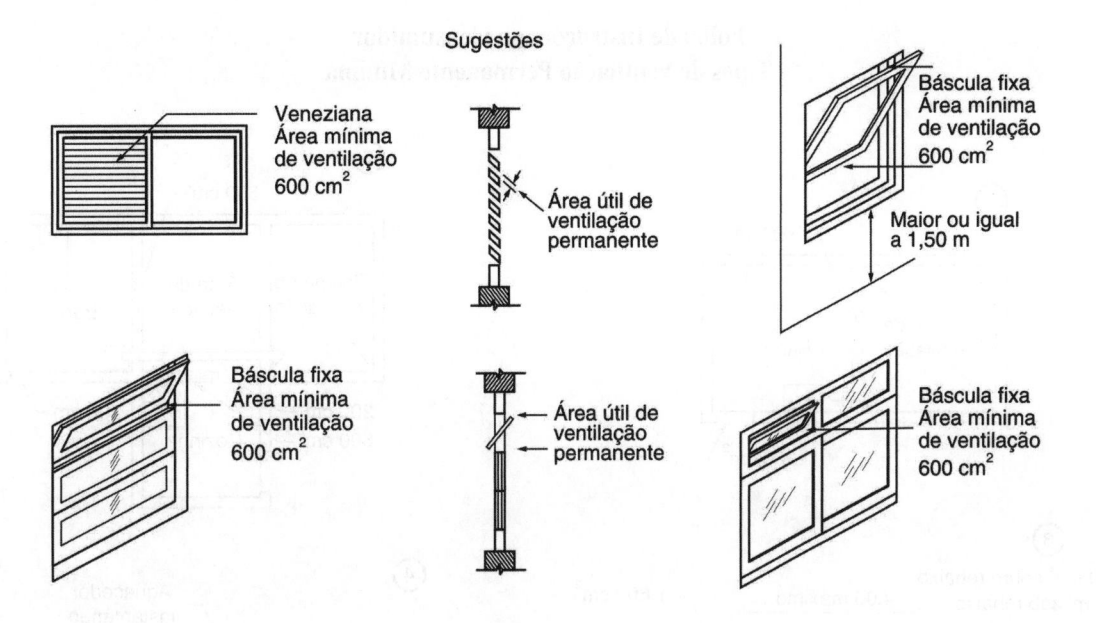

Área mínima para ventilação permanente do ambiente
na parte inferior (cozinhas e banheiros).

Nos ambientes onde a renovação do ar se fizer através
de exaustão mecânica, a área mínima de ventilação
inferior deverá ser de 600 cm².

Os aparelhos de utilização devem ser corretamente instalados.
Observe os detalhes representados abaixo.

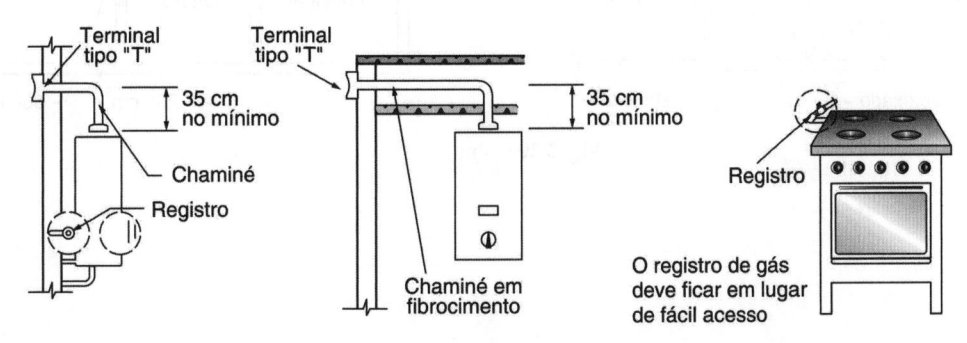

Fig. 2.20

Folha de Instruções ao Consumidor
Tipos de Ventilação Permanente Mínima

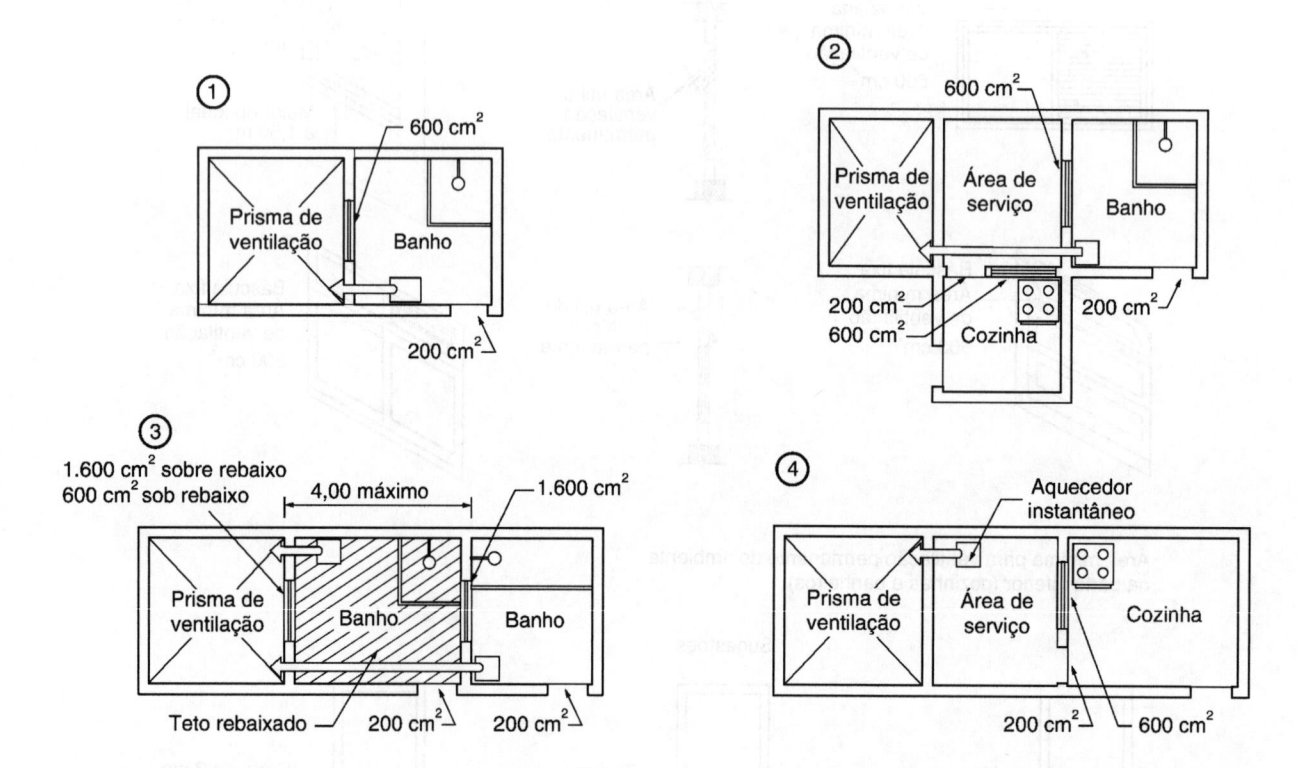

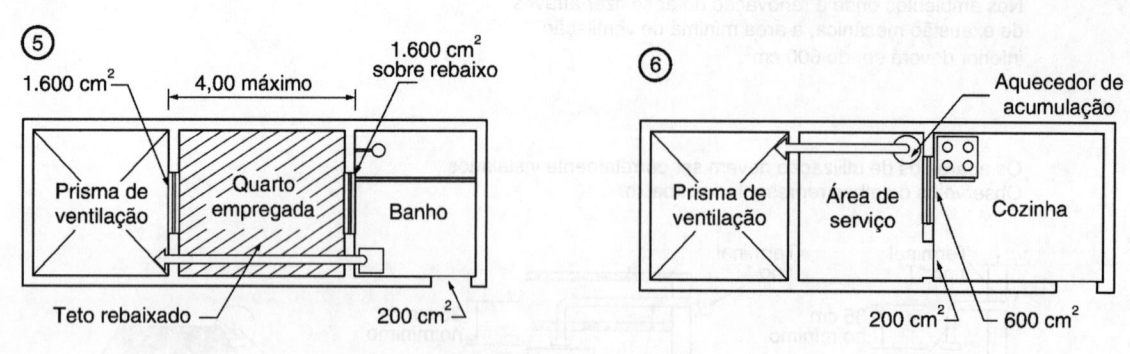

Fig. 2.20 (Cont.)

TABELA 2.1

Consumos ou Capacidades Nominais dos Aparelhos de Utilização a Serem Adotados no Dimensionamento das Ramificações Quando Não Houver Indicação do Fabricante nem Dados Levantados pela CEG			
Aparelho	*Queimadores*	*Modelos Resistentes*	*Modelos Comerciais*
Aquecedor de Água	Simples	200 kcal/min	-
Fogão	Simples	35 kcal/min	45 kcal/min
	Duplos	45 kcal/min	75 kcal/min
Forno de Fogão	Simples	45 kcal/min	75 kcal/min
	Duplos	75 kcal/min	130 kcal/min
Forno de Parede	Duplos	80 kcal/min	-
Banho-maria	Simples	-	75 kcal/min
	Duplos	-	130 kcal/min
Chapas	Simples	-	75 kcal/min
	Duplos	-	130 kcal/min

TABELA 2.2

Potência Adotada no Dimensionamento em kcal/min					
Pc	*Pa*	*Pc*	*Pa*	*Pc*	*Pa*
<350	Pc	640	561	940	768
350	350	650	566	950	774
360	357	660	575	960	780
370	363	670	585	970	786
380	370	680	594	980	793
390	376	690	604	990	799
400	383	700	613	1.000	805
410	391	710	620	1.020	810
420	399	720	626	1.040	815
430	407	730	633	1.060	821
440	415	740	640	1.080	826
450	423	750	647	1.100	831
460	430	760	653	1.120	848
470	438	770	660	1.140	866
480	445	780	667	1.160	883
490	453	790	673	1.180	901
500	460	800	680	1.200	918
510	469	810	686	1.220	929
520	478	820	693	1.240	941
530	488	830	699	1.260	952
540	497	840	705	1.280	964
550	506	850	712	1.300	975
560	513	860	718	1.320	986
570	521	870	724	1.340	997
580	528	880	730	1.360	1.008
590	536	890	737	1.380	1.019
600	543	900	743	1.400	1.030
610	548	910	749	1.420	1.040
620	552	920	755	1.440	1.050
630	557	930	762	1.460	1.060

TABELA 2.3

Potência Adotada no Dimensionamento em kcal/min					
Pc	*Pa*	*Pc*	*Pa*	*Pc*	*Pa*
1.480	1.070	2.200	1.398	6.000	2.130
1.500	1.080	2.250	1.415	6.500	2.185
1.520	1.092	2.300	1.432	7.000	2.240
1.540	1.104	2.350	1.449	7.500	2.290
1.560	1.116	2.400	1.466	8.000	2.340
1.580	1.128	2.450	1.483	8.500	2.395
1.600	1.140	2.500	1.500	9.000	2.450
1.620	1.148	2.550	1.515	9.500	2.505
1.640	1.156	2.600	1.530	10.000	2.560
1.660	1.164	2.650	1.545	11.000	2.660
1.680	1.172	2.700	1.560	12.000	2.760
1.700	1.180	2.750	1.575	13.000	2.820
1.720	1.190	2.800	1.590	14.000	2.910
1.740	1.200	2.850	1.605	15.000	3.000
1.760	1.210	2.900	1.620	16.000	3.040
1.780	1.220	2.950	1.635	17.000	3.060
1.800	1.230	3.000	1.650	18.000	3.150
1.820	1.240	3.100	1.678	19.000	3.210
1.840	1.250	3.200	1.706	20.000	3.240
1.860	1.260	3.300	1.734	25.000	3.570
1.880	1.270	3.400	1.762	30.000	3.900
1.900	1.280	3.500	1.790	35.000	4.330
1.920	1.290	3.600	1.808	40.000	4.760
1.940	1.300	3.700	1.826	45.000	5.130
1.960	1.310	3.800	1.844	50.000	5.500
1.980	1.320	3.900	1.862	55.000	5.810
2.000	1.330	4.000	1.880	60.000	6.120
2.050	1.347	4.500	1.950	65.000	6.490
2.100	1.364	5.000	2.020	70.000	6.860
2.150	1.381	5.500	2.075	>70.000	0,095 Pc

Notas: A — Pc = Potência computada; Pa = Potência adotada
B — Instruções para utilização das Tabelas 2.2 e 2.3:
— determinar a potência, em kcal/min, para cada aparelho de utilização;
— determinar a potência somando as potências dos aparelhos de utilização a serem abastecidos por cada trecho de tubulação;
— com a potência computada existente na tabela, igual ou imediatamente superior à que foi determinada no item anterior, determinar a potência a ser adotada no dimensionamento dos trechos de tubulações. Se a potência adotada for maior que a potência computada, usar esta última;
— é também permitida a interpolação.

TABELA 2.4

Dimensionamento das Prumadas Ascendentes Construídas com Tubos de Aço Schedulle 40 Número de Wobbe do Gás (kcal/m³) W = 5.700	
Potência Adotada (kcal/min)	*Bitola*
Até a 207	3/4"
De 208 a 416	1"
De 417 a 913	1 1/4"
De 914 a 1.416	1 1/2"
De 1.417 a 2.863	2"
De 2.864 a 4.698	2 1/2"
De 4.699 a 8.549	3"
De 8.550 a 17.882	4"

TABELA 2.5

Dimensionamento das Prumadas Ascendentes Construídas com Tubos de Cobre Número de Wobbe do Gás (kcal/m³) W = 5.700	
Potência Adotada (kcal/min)	*Bitola*
Até a 185	22 mm
De 186 a 356	28 mm
De 357 a 623	35 mm
De 624 a 1.004	42 mm
De 1.005 a 1.897	54 mm

Nota:
Instruções para utilização.
— determinar a potência adotada para os vários trechos da prumada ascendente;
— os trechos cujas potências adotadas para dimensionamento se enquadrarem dentro dos limites estabelecidos na coluna da esquerda da tabela têm os respectivos diâmetros indicados na coluna da direita.

TABELA 2.6

Dimensionamento para Edificações com Ramificações Primárias e Secundárias W = 5.700 kcal/m³; H = 10 mmCA									
D	1/2	3/4	1	1 1/4	1 1/2	2	2 1/2	3	4
L					Consumo em kcal/min				
1	387	878	1.764	3.875	6.005	12.141	19.922	36.260	75.836
2	273	821	1.247	2.740	4.246	8.585	14.087	25.640	53.624
3	223	507	1.018	2.237	3.467	7.009	11.502	20.935	43.784
4	193	439	882	1.937	3.002	6.070	9.961	18.130	37.918
5	173	392	789	1.733	2.685	5.429	8.909	16.216	33.915
6	158	358	720	1.582	2.451	4.956	8.133	14.803	30.960
7	146	332	667	1.464	2.269	4.589	7.529	13.705	28.663
8	136	310	623	1.370	2.123	4.292	7.043	12.820	26.812
9	129	292	588	1.291	2.001	4.047	6.640	12.086	25.278
10	122	277	558	1.225	1.899	3.839	6.299	11.466	23.981
11	116	264	532	1.168	1.810	3.660	6.006	10.933	22.865
12	111	253	509	1.118	1.733	3.504	5.751	10.467	21.892
13	107	243	489	1.074	1.665	3.367	5.525	10.056	21.033
14	103	234	471	1.035	1.605	3.244	5.324	9.691	20.268
15	99	226	455	1.000	1.550	3.134	5.143	9.362	19.581
16	96	219	441	968	1.501	3.035	4.980	9.065	18.959
17	93	213	428	939	1.456	2.944	4.831	8.794	18.393
18	91	207	415	913	1.415	2.861	4.695	8.546	17.874
19	88	201	404	889	1.377	2.785	4.570	8.318	17.398
20	86	196	394	866	1.342	2.714	4.454	8.108	16.957
25	77	175	352	775	1.201	2.428	3.984	7.252	15.167
30	70	160	322	707	1.096	2.216	3.637	6.620	13.845
35	65	148	298	655	1.015	2.052	3.367	6.129	12.818
40	61	138	279	612	949	1.919	3.149	5.733	11.990
45	57	130	263	577	895	1.809	2.969	5.405	11.305
50	54	124	249	548	849	1.717	2.817	5.128	10.724
55	52	118	237	522	809	1.637	2.686	4.889	10.225
60	49	113	227	500	775	1.567	2.571	4.681	9.790
65	48	108	218	480	744	1.505	2.471	4.497	9.406
70	46	104	210	463	717	1.451	2.381	4.333	9.064
75	44	101	203	447	693	1.401	2.300	4.187	8.756
80	43	98	197	433	671	1.357	2.227	4.054	8.478
85	41	95	191	420	651	1.316	2.160	3.933	8.225
90	40	92	186	408	633	1.279	2.099	3.822	7.993
95	39	90	181	397	616	1.245	2.043	3.720	7.780
100	38	87	176	387	600	1.214	1.992	3.626	7.583
110	36	83	168	369	572	1.157	1.899	3.457	7.230
120	35	80	161	353	548	1.108	1.818	3.310	6.922
130	33	77	154	339	526	1.064	1.747	3.180	6.651
140	32	74	149	327	507	1.026	1.683	3.064	6.409
150	31	71	144	316	490	991	1.626	2.960	6.192
160	30	69	139	306	474	959	1.574	2.866	5.995
170	29	67	135	297	460	931	1.527	2.781	5.816
180	28	65	131	288	447	904	1.484	2.702	5.652
190	28	63	128	281	435	880	1.445	2.630	5.501
200	27	62	124	274	424	858	1.408	2.564	5.362

TABELA 2.7

	Dimensionamento para Edificações com Ramificações Primárias e Secundárias W = 5.700 kcal/m³; H = 10 mmCA					
D	15	22	28	35	42	54
L			Consumo em kcal/min			
1	383	1.000	1.907	3.356	5.494	10.761
2	271	707	1.348	2.373	3.885	7.609
3	221	577	1.101	1.937	3.172	6.213
4	191	500	953	1.678	2.747	5.380
5	171	447	852	1.501	2.457	4.812
6	156	408	778	1.370	2.243	4.393
7	144	378	720	1.268	2.076	4.067
8	135	353	674	1.186	1.942	3.804
9	127	333	635	1.118	1.831	3.587
10	121	316	603	1.061	1.737	3.403
11	115	301	575	1.012	1.656	3.244
12	110	288	550	968	1.586	3.106
13	106	277	528	930	1.524	2.984
14	102	267	509	897	1.468	2.876
15	99	258	492	866	1.418	2.778
16	95	250	476	839	1.373	2.690
17	93	242	462	814	1.332	2.610
18	90	235	449	791	1.295	2.536
19	87	229	437	770	1.260	2.468
20	85	223	426	750	1.228	2.406
25	76	200	381	671	1.098	2.152
30	70	182	348	612	1.003	1.964
35	64	169	322	567	928	1.819
40	60	158	301	530	868	1.701
45	57	149	284	500	819	1.604
50	54	141	269	474	777	1.521
55	51	134	257	452	740	1.451
60	49	129	246	433	709	1.389
65	47	124	236	416	681	1.334
70	45	119	227	401	656	1.286
75	44	115	220	387	634	1.242
80	42	111	213	375	614	1.203
85	41	108	206	364	596	1.167
90	40	105	201	353	579	1.134
95	39	102	195	344	563	1.104
100	38	100	190	335	549	1.076
110	36	95	181	320	523	1.026
120	35	91	174	306	501	982
130	33	87	167	294	481	943
140	32	84	161	283	464	909
150	31	81	155	274	448	878
160	30	79	150	265	434	850
170	29	76	146	257	421	825
180	28	74	142	250	409	802
190	27	72	138	243	398	780
200	27	70	134	237	388	760

TABELA 2.8

	D	1/2	3/4	1	1 1/4	1 1/2	2	2 1/2	3	4
L					Consumo em kcal/min					
1		474	1.075	2.161	4.746	7.355	14.870	24.399	44.410	92.880
2		435	760	1.528	3.356	5.200	10.514	17.253	31.402	65.676
3		273	621	1.247	2.740	4.246	8.585	14.087	25.640	53.624
4		237	537	1.080	2.373	3.677	7.435	12.199	22.205	46.440
5		212	481	966	2.122	3.289	6.650	10.911	19.860	41.537
6		193	439	882	1.937	3.002	6.070	9.961	18.130	37.918
7		179	406	816	1.793	2.779	5.620	9.222	16.785	35.105
8		167	380	764	1.678	2.600	5.257	8.626	15.701	32.838
9		158	358	720	1.582	2.451	4.956	8.133	14.803	30.960
10		149	340	683	1.500	2.325	4.702	7.715	14.043	29.371
11		142	324	651	1.431	2.217	4.483	7.356	13.390	28.004
12		136	310	623	1.370	2.123	4.292	7.043	12.820	26.812
13		131	298	599	1.316	2.039	4.124	6.767	12.317	25.760
14		126	287	577	1.268	1.965	3.974	6.521	11.869	24.823
15		122	277	558	1.225	1.899	3.839	6.299	11.466	23.981
16		118	268	540	1.186	1.838	3.717	6.099	11.102	23.220
17		115	260	524	1.151	1.783	3.606	5.917	10.771	22.526
18		111	253	509	1.118	1.733	3.504	5.751	10.467	21.892
19		108	246	495	1.088	1.687	3.411	5.597	10.188	21.308
20		106	240	483	1.061	1.644	3.325	5.455	9.930	20.768
25		94	215	432	949	1.471	2.974	4.879	8.882	18.576
30		86	196	394	866	1.342	2.714	4.454	8.108	16.957
35		80	181	365	802	1.243	2.513	5.124	7.506	15.699
40		74	170	341	750	1.162	2.351	3.857	7.021	14.685
45		70	160	322	707	1.096	2.216	3.637	6.620	13.845
50		67	152	305	671	1.040	2.102	3.450	6.280	13.135
55		63	145	291	639	991	2.005	3.290	5.988	12.524
60		61	138	279	612	949	1.919	3.149	5.733	11.990
65		58	133	268	588	912	1.844	3.026	5.508	11.520
70		56	128	258	567	879	1.777	2.916	5.308	11.101
75		54	124	249	548	849	1.717	2.817	5.128	10.724
80		53	120	241	530	822	1.662	2.727	4.965	10.384
85		51	116	234	514	797	1.612	2.646	4.816	10.074
90		49	113	227	500	775	1.567	2.571	4.681	9.790
95		48	110	221	486	754	1.525	2.503	4.556	9.529
100		47	107	216	474	735	1.487	2.439	4.441	9.288
110		45	102	206	452	701	1.417	2.326	4.234	8.855
120		43	98	197	433	671	1.357	2.227	4.054	8.478
130		41	94	189	416	645	1.304	2.139	3.895	8.146
140		40	90	182	401	621	1.256	2.062	3.753	7.849
150		38	87	176	387	600	1.214	1.992	3.626	7.583
160		37	85	170	375	581	1.175	1.928	3.510	7.342
170		36	82	165	364	564	1.140	1.871	3.406	7.123
180		35	80	161	353	548	1.108	1.818	3.310	6.922
190		34	78	156	344	533	1.078	1.770	3.221	6.738
200		33	76	152	335	520	1.051	1.725	3.140	6.567

Dimensionamento para Edificações Somente com Ramificações Secundárias
$W = 5.700$ kcal/m³; $H = 15$ mmCA

TABELA 2.9

Dimensionamento para Edificações com Ramificações Secundárias W = 5.700 kcal/m³; H = 15 mmCA						
D	*15*	*22*	*28*	*35*	*42*	*54*
L	Consumo em kcal/min					
1	469	1.225	2.335	4.110	6.729	13.180
2	332	866	1.651	2.906	4.758	9.319
3	271	707	1.348	2.373	3.885	7.609
4	234	612	1.167	2.055	3.364	6.590
5	210	548	1.044	1.838	3.009	5.894
6	191	500	953	1.678	2.747	5.380
7	177	463	882	1.553	2.543	4.981
8	166	433	825	1.453	2.379	4.659
9	156	408	778	1.370	2.243	4.393
10	148	387	738	1.299	2.128	4.167
11	141	369	704	1.239	2.029	3.974
12	135	353	674	1.186	1.942	3.804
13	130	339	947	1.140	1.866	3.655
14	125	327	624	1.098	1.798	3.522
15	121	316	603	1.061	1.737	3.403
16	117	306	583	1.027	1.682	3.295
17	113	297	566	997	1.632	3.196
18	110	288	550	968	1.586	3.106
19	107	281	535	943	1.543	3.023
20	105	274	522	919	1.504	2.947
25	93	245	467	822	1.345	2.636
30	85	223	426	750	1.228	2.406
35	79	207	394	694	1.137	2.227
40	74	193	369	649	1.064	2.083
45	70	182	348	612	1.003	1.964
50	66	173	330	581	951	1.863
55	63	165	314	554	907	1.777
60	60	158	301	530	868	1.701
65	58	152	289	509	834	1.634
70	56	146	279	491	804	1.575
75	54	141	269	474	777	1.521
80	52	137	261	459	752	1.473
85	50	132	253	445	729	1.429
90	49	129	246	433	709	1.389
95	48	125	239	421	690	1.352
100	46	122	233	411	672	1.318
110	44	116	222	391	641	1.256
120	42	111	213	375	614	1.203
130	41	107	204	360	590	1.155
140	39	103	197	347	568	1.113
150	38	100	190	335	549	1.076
160	37	96	184	324	532	1.041
170	36	94	179	315	516	1.010
180	35	91	174	306	501	982
190	34	88	169	298	488	956
200	33	86	165	290	475	931

TABELA 2.10

Dimensionamento das Prumadas Ascendentes Construídas com Tubos de Aço Schedulle 40 Número de Wobbe do Gás (kcal/m³) — W = 10.000	
Potência Adotada (kcal/min)	*Bitola*
Até 350	3/4″
De 351 a 704	1″
De 705 a 1.546	1 1/4″
De 1.547 a 2.396	1 1/2″
De 2.397 a 4.844	2″
De 4.845 a 7.949	2 1/2″
De 7.950 a 14.465	3″
De 14.466 a 30.257	4″

TABELA 2.11

Dimensionamento das Prumadas Ascendentes Construídas com Tubos de Cobre Número de Wobbe do Gás (kcal/m³) — W = 10.000	
Potência Adotada (kcal/min)	*Bitola*
Até 313	22 mm
De 314 a 602	28 mm
De 603 a 1.054	35 mm
De 1.055 a 1.700	42 mm
De 1.701 a 3.211	54 mm

Nota:
Instruções para utilização das Tabelas 2.10 e 2.11:
– determinar a potência adotada para os vários trechos da prumada ascendente;
– os trechos cujas potências adotadas para dimensionamento se enquadrarem dentro dos limites estabelecidos na coluna da esquerda da tabela têm os respectivos diâmetros na coluna da direita.

TABELA 2.12

	D	1/2	3/4	1	1 1/4	1 1/2	2	2 1/2	3	4
Dimensionamento para Edificações com Ramificações Primárias e Secundárias W = 10.000 kcal/m³; H = 10 mmCA										
L					Consumo em kcal/min					
1		679	1.541	3.096	6.798	10.535	21.300	34.951	63.615	33.047
2		480	1.089	2.189	4.807	7.450	15.062	24.714	44.982	94.078
3		392	889	1.787	3.925	6.082	12.298	20.179	36.728	76.814
4		339	770	1.548	3.399	5.267	10.650	17.475	31.807	66.523
5		303	689	1.384	3.040	4.711	9.526	15.630	28.449	59.500
6		277	629	1.264	2.775	4.301	8.696	14.268	25.970	54.316
7		256	582	1.170	2.569	3.982	8.051	13.210	24.044	50.287
8		240	544	1.094	2.403	3.725	7.531	12.357	22.491	47.039
9		226	513	1.032	2.266	3.511	7.100	11.650	21.205	44.349
10		214	487	979	2.149	3.331	6.735	11.052	20.116	42.073
11		204	464	933	2.049	3.176	6.422	10.538	19.180	40.115
12		196	444	893	1.962	3.041	6.149	10.089	18.364	38.407
13		188	427	858	1.885	2.922	5.907	9.693	17.643	36.900
14		181	411	827	1.817	2.815	5.692	9.341	17.001	35.558
15		175	397	799	1.755	2.720	5.499	9.024	16.425	34.352
16		169	385	774	1.699	2.633	5.325	8.737	15.903	33.261
17		164	373	750	1.648	2.555	5.166	8.476	15.428	32.268
18		160	363	729	1.602	2.483	5.020	8.238	14.994	31.359
19		155	353	710	1.559	2.417	4.886	8.018	14.594	30.523
20		151	344	692	1.520	2.355	4.763	7.815	14.224	29.750
25		135	308	619	1.359	2.107	4.260	6.990	12.723	26.609
30		124	281	565	1.241	1.923	3.889	6.381	11.614	24.291
35		114	260	523	1.149	1.780	3.600	5.907	10.752	22.489
40		107	243	489	1.074	1.665	3.367	5.526	10.058	21.036
45		101	229	461	1.013	1.570	3.175	5.210	9.483	19.833
50		96	217	437	961	1.490	3.012	4.942	8.996	18.815
55		91	207	417	916	1.420	2.872	4.712	8.577	17.940
60		87	198	399	877	1.360	2.749	4.512	8.212	17.176
65		84	191	384	843	1.306	2.642	4.335	7.890	16.502
70		81	184	370	812	1.259	2.545	4.177	7.603	15.902
75		78	177	357	785	1.216	2.459	4.035	7.345	15.362
80		75	172	346	760	1.177	2.381	3.907	7.112	14.875
85		73	167	335	737	1.142	2.310	3.790	6.900	14.431
90		71	162	326	716	1.110	2.245	3.684	6.705	14.024
95		69	158	317	697	1.080	2.185	3.585	6.526	13.650
100		67	154	309	679	1.053	2.130	3.495	6.361	13.304
110		64	146	295	648	1.004	2.030	3.332	6.065	12.685
120		62	140	282	620	961	1.944	3.190	5.807	12.145
130		59	135	271	596	924	1.968	3.065	5.579	11.669
140		57	130	261	574	890	1.800	2.953	5.376	11.244
150		55	125	252	555	860	1.739	2.853	5.194	10.863
160		53	121	244	537	832	1.683	2.763	5.029	10.518
170		52	118	237	521	808	1.633	2.680	4.879	10.204
180		50	114	230	506	785	1.587	2.605	4.741	9.916
190		49	111	224	493	764	1.545	2.535	4.615	9.652
200		48	108	218	480	745	1.506	2.471	4.498	9.407

TABELA 2.13

Dimensionamento para Edificações com Ramificações Primárias e Secundárias W = 10.000 kcal/m³; H = 10 mmCA						
D	15	22	28	35	42	54
L	Consumo em kcal/min					
1	672	1.755	3.346	5.888	9.640	18.880
2	475	1.241	2.366	4.163	6.816	13.350
3	388	1.013	1.931	3.399	5.565	10.900
4	336	877	1.673	2.944	4.820	9.440
5	300	785	1.496	2.633	4.311	8.443
6	274	716	1.366	2.403	3.935	7.707
7	254	663	1.264	2.225	3.643	7.136
8	237	620	1.183	2.081	3.408	6.675
9	224	585	1.115	1.962	3.213	6.293
10	212	555	1.058	1.862	3.048	5.970
11	202	529	1.008	1.775	2.906	5.692
12	194	506	965	1.699	2.782	5.450
13	186	486	928	1.633	2.673	5.236
14	179	469	894	1.573	2.576	5.045
15	73	453	863	1.520	2.489	4.874
16	168	438	836	1.472	2.410	4.720
17	163	425	811	1.428	2.338	4.579
18	158	413	788	1.387	2.272	4.450
19	154	402	767	1.350	2.211	4.331
20	150	392	748	1.316	2.155	4.221
25	134	351	669	1.177	1.928	3.776
30	122	320	610	1.075	1.760	3.447
35	113	296	655	995	1.629	3.191
40	106	277	529	931	1.524	2.985
45	100	261	498	877	1.437	2.814
50	95	248	473	832	1.363	2.670
55	90	236	451	794	1.299	2.545
60	86	226	431	760	1.244	2.437
65	83	217	515	730	1.195	2.341
70	80	209	399	703	1.152	2.256
75	77	202	386	679	1.113	2.180
80	75	196	374	658	1.077	2.110
85	72	190	362	638	1.045	2.047
90	70	185	352	620	1.016	1.990
95	69	180	343	604	989	1.937
100	67	175	334	588	964	1.888
110	64	167	319	561	919	1.800
120	61	160	305	537	880	1.723
130	59	154	293	516	845	1.655
140	56	148	282	497	814	1.595
150	54	143	273	480	787	1.541
160	53	138	264	465	762	1.492
170	51	134	256	451	739	1.448
180	50	130	249	438	718	1.407
190	48	127	242	427	699	1.369
200	47	124	236	416	681	1.335

TABELA 2.14

	Dimensionamento para Edificações Somente com Ramificações Primárias e Secundárias $W = 10.000$ kcal/m³; $H = 15$ mmCA								
D	1/2	3/4	1	1 1/4	1 1/2	2	2 1/2	3	4
L	Consumo em kcal/min								
1	831	1.887	3.792	8.326	12.903	26.088	42.806	77.912	62.949
2	588	1.334	2.681	5.887	9.124	18.447	30.268	55.092	15.222
3	480	1.089	2.189	4.807	7.450	15.062	24.714	44.982	94.078
4	415	943	1.896	4.163	6.451	13.044	21.403	38.956	81.474
5	372	844	1.695	3.723	5.770	11.667	19.143	34.843	72.873
6	339	770	1.548	3.399	5.267	10.650	17.475	31.807	66.523
7	314	713	1.433	3.147	4.877	9.860	16.179	29.448	61.588
8	292	667	1.340	2.943	4.562	9.223	15.134	27.546	57.611
9	277	629	1.264	2.775	4.301	8.696	14.268	25.970	54.316
10	263	596	1.199	2.633	4.080	8.249	13.536	24.638	51.529
11	250	569	1.143	2.510	3.890	7.865	12.906	23.491	49.130
12	240	544	1.094	2.403	3.725	7.531	12.357	22.491	47.039
13	230	523	1.051	2.309	3.578	7.235	11.872	21.609	45.193
14	222	504	1.013	2.225	3.448	6.972	11.440	20.822	43.549
15	214	487	979	2.149	3.331	6.735	11.052	20.116	42.073
16	207	471	948	2.081	3.225	6.522	10.701	19.478	40.737
17	201	457	919	2.019	3.129	6.327	10.382	18.896	39.520
18	196	444	893	1.962	3.041	6.149	10.089	18.364	38.407
19	190	433	869	1.910	2.960	5.985	9.820	17.874	37.383
20	186	422	847	1.861	2.885	5.833	9.571	17.421	36.436
25	166	377	758	1.665	2.580	5.217	8.561	15.582	32.589
30	151	344	692	1.520	2.355	4.763	7.815	14.224	29.750
35	140	319	640	1.407	2.181	4.409	7.235	13.169	27.543
40	131	298	599	1.316	2.040	4.124	6.768	12.319	25.764
45	124	281	565	1.241	1.923	3.889	6.381	11.614	24.291
50	117	266	536	1.177	1.824	3.689	6.053	11.018	23.044
55	112	254	511	1.122	1.739	3.517	5.772	10.505	21.972
60	107	243	489	1.074	1.665	3.367	5.526	10.058	21.036
65	103	234	470	1.032	1.600	3.235	5.309	9.663	20.211
70	99	225	453	995	1.542	3.118	5.116	9.312	19.476
75	96	217	437	961	1.490	3.012	4.942	8.996	18.815
80	93	211	423	930	1.442	2.916	4.785	8.710	18.218
85	90	204	411	903	1.399	2.829	4.642	8.450	17.674
90	87	198	399	877	1.360	2.749	4.512	8.212	17.176
95	85	193	389	854	1.323	2.676	4.391	7.993	16.718
100	83	188	379	832	1.290	2.608	4.280	7.791	16.294
110	79	179	361	793	1.230	2.487	4.081	7.428	15.536
120	75	172	346	760	1.177	2.381	3.907	7.112	14.875
130	72	165	332	730	1.131	2.288	3.754	6.833	14.291
140	70	159	320	703	1.090	2.204	3.617	6.584	13.771
150	67	154	309	679	1.053	2.130	3.495	6.361	13.304
160	65	149	299	658	1.020	2.062	3.384	6.159	12.882
170	63	144	290	638	989	2.000	3.283	5.975	12.497
180	62	140	282	620	9.61	1.944	3.190	5.807	12.145
190	60	136	275	604	936	1.982	3.105	5.652	11.821
200	58	133	268	588	912	1.844	3.026	5.509	11.522

TABELA 2.15

	Dimensionamento para Edificações Somente com Ramificações Secundárias $W = 10.000$ kcal/m³; $H = 15$ mmCA					

L \ D	15	22	28	35	42	54
			Consumo em kcal/min			
1	823	2.150	4.098	7.211	11.806	23.123
2	582	1.520	2.897	5.099	8.348	16.350
3	475	1.241	2.366	4.163	6.816	13.350
4	411	1.075	2.049	3.605	5.903	11.561
5	368	961	1.832	3.225	5.280	10.341
6	336	877	1.673	2.944	4.820	9.440
7	311	812	1.548	2.725	4.462	8.739
8	291	760	1.448	2.549	4.174	8.175
9	274	716	1.366	2.403	3.935	7.707
10	260	680	1.295	2.280	3.733	7.312
11	248	648	1.235	2.174	3.559	6.971
12	237	620	1.183	2.081	3.408	6.675
13	228	596	1.136	2.000	3.274	6.413
14	220	574	1.095	1.927	3.155	6.179
15	212	555	1.058	1.862	3.048	5.970
16	205	537	1.024	1.802	2.951	5.780
17	199	521	993	1.749	2.863	5.608
18	194	506	965	1.699	2.782	5.450
19	189	493	940	1.654	2.708	5.304
20	184	480	916	1.612	2.640	5.170
25	164	430	819	1.442	2.361	4.624
30	150	392	748	1.316	2.155	4.221
35	139	363	692	1.219	1.995	3.908
40	130	340	647	1.140	1.866	3.656
45	122	320	610	1.075	1.760	3.447
50	116	304	579	1.019	1.669	3.270
55	111	289	552	972	1.592	3.117
60	106	277	529	931	1.524	2.985
65	102	266	508	894	1.464	2.868
70	98	257	489	861	1.411	2.763
75	95	248	473	832	1.363	2.670
80	92	240	458	806	1.320	2.585
85	89	233	444	782	1.280	2.508
90	86	226	431	760	1.244	2.437
95	84	220	420	739	1.211	2.372
100	82	215	409	721	1.180	2.312
110	78	205	390	687	1.125	2.204
120	75	196	374	658	1.077	2.110
130	72	188	359	632	1.035	2.028
140	69	181	346	609	997	1.954
150	67	175	334	588	964	1.888
160	65	170	323	570	933	1.828
170	63	164	314	553	905	1.773
180	61	160	305	537	880	1.723
190	59	156	297	523	856	1.677
200	58	152	289	509	834	1.635

Notas:

Instruções para utilização das Tabelas 2.6, 2.7, 2.8, 2.9, 2.10, 2.11, 2.12, 2.13, 2.14, 2.15:

A — Determine o consumo de gás em kcal/min para cada aparelho de utilização previsto na instalação.

B — Determine a distância em metros desde o medidor até o ponto mais afastado do medidor, não sendo considerados, nessa determinação, aparelhos de utilização com potência igual ou inferior a 100 kcal/min.

C — Localize na tabela apro

D — Determine a potência computada para cada aparelho e trecho de tubulação.

E — Utilizando a Tabela 2.3, determine as potências adotadas no projeto para cada potência computada determinada no item anterior.

F — Começando pelos trechos mais afastados do medidor, localize na linha escolhida no item C as colunas correspondentes aos consumos iguais ou imediatamente superiores aos dos trechos que se deseja dimensionar utilizando as potências adotadas determinadas no item E.

No topo de cada coluna encontram-se as bitolas que o trecho deverá ter.

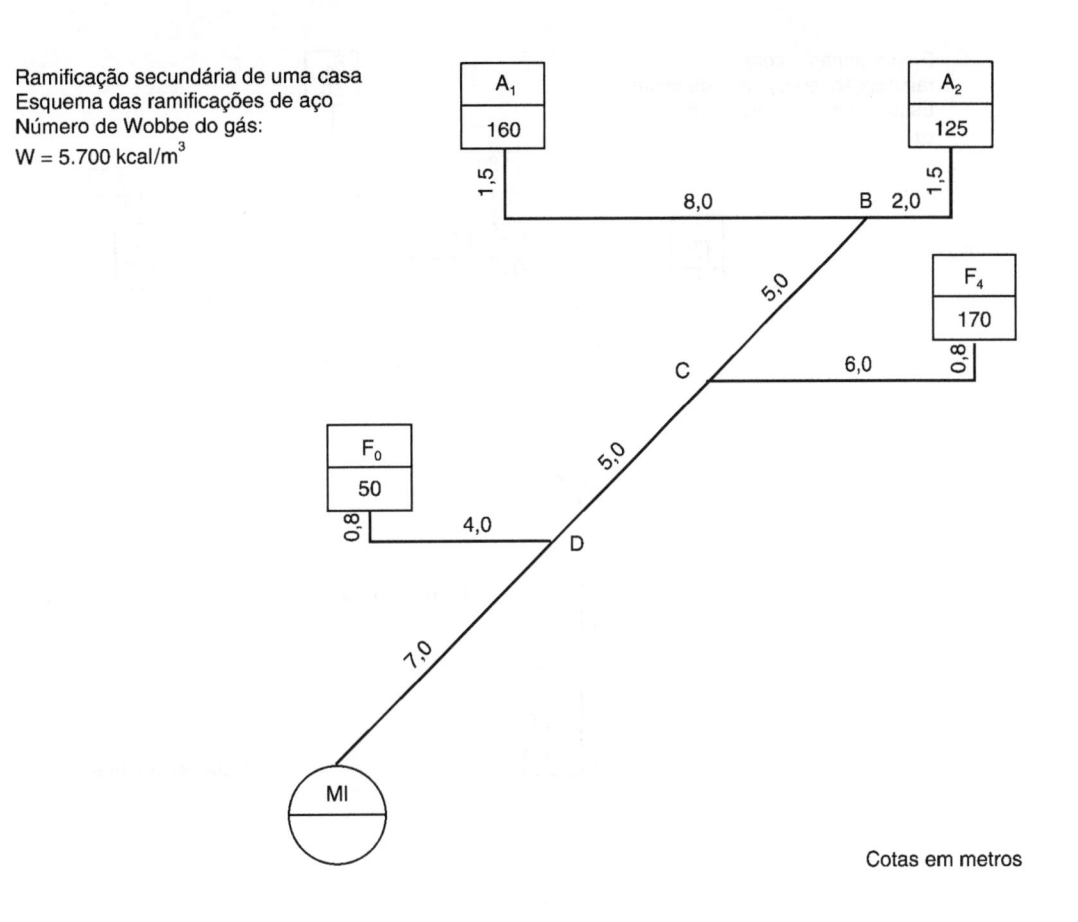

Ramificação secundária de uma casa
Esquema das ramificações de aço
Número de Wobbe do gás:

$W = 5.700 \ kcal/m^3$

Cotas em metros

Folha de Cálculos Modelo A

$W = \underline{5.700} \ kcal/m^3$ Material dos tubos <u>Aço</u>

Colunas				Colunas			
Distância do ponto mais afastado = 1,5 + 8,0 + 5,0 + 5,0 + 7,0 = 27				Distância do ponto mais afastado = =			
Limites dos trechos	Potências		Bitola Pol.	Limites dos trechos	Potências		Bitola
	Computadas	Adotadas			Computadas	Adotadas	
$A_1 - B$	160	160	3/4				
$A_2 - B$	125	125	3/4				
$B - C$	160 + 125 = 285	285	1				
$F_4 - C$	170	170	3/4				
$C - D$	285 + 170 = 455	430	1 1/4				
$F_0 - D$	50	50	1/2				
$D - MI$	455 + 50 = 505	469	1 1/4				

Rua: _____ N.º:_____ Instalador:_____ (Autor do projeto)

Fig. 2.21

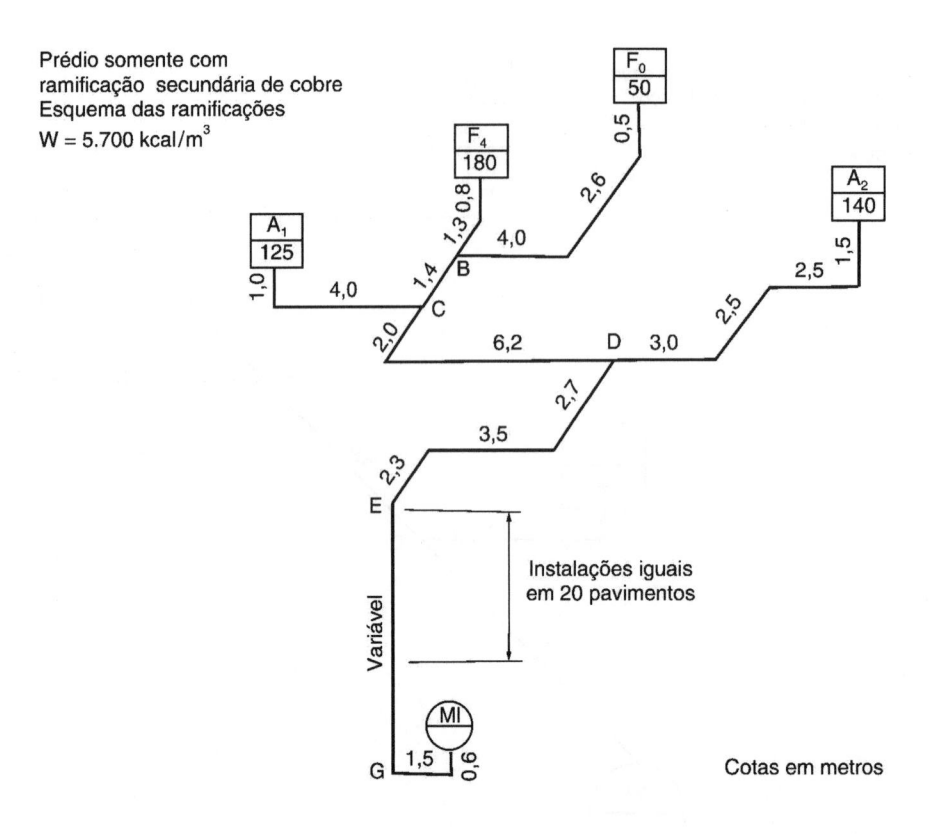

Prédio somente com
ramificação secundária de cobre
Esquema das ramificações
$W = 5.700\ kcal/m^3$

Instalações iguais
em 20 pavimentos

Cotas em metros

Folha de Cálculos Modelo A

$W = \underline{5.700}\ kcal/m^3$ Material dos tubos <u>Aço</u>

Colunas				Colunas			
Distância do ponto mais afastado = $1,0 + 4,0 + 2,0 + 6,2 + 2,7 + 3,5 + 2,3 + 1,5 + 0,6 = 24$				Distância do ponto mais afastado = =			
Limites dos trechos	Potências		Bitola Pol.	Limites dos trechos	Potências		Bitola
	Computadas	Adotadas			Computadas	Adotadas	
$F_0 - B$	50	50	15				
$F_4 - B$	180	180	22				
$B - C$	50 + 180 = 230	230	22				
$A_1 - C$	125	125	22				
$C - D$	230 + 125 = 355	355	28				
$A_2 - D$	140	140	22				
$D - E$	140 + 355 = 495	460	28				
PRUMADA $E - G$	495	460	28				
$G - MI$	495	460	28				

Rua: _____ N.º:_____ Instalador:_____ (Autor do projeto)

Fig. 2.22

Prédio com ramificações primárias
e secundárias de aço
Esquema das ramificações
$W = 5.700 \text{ kcal/m}^3$

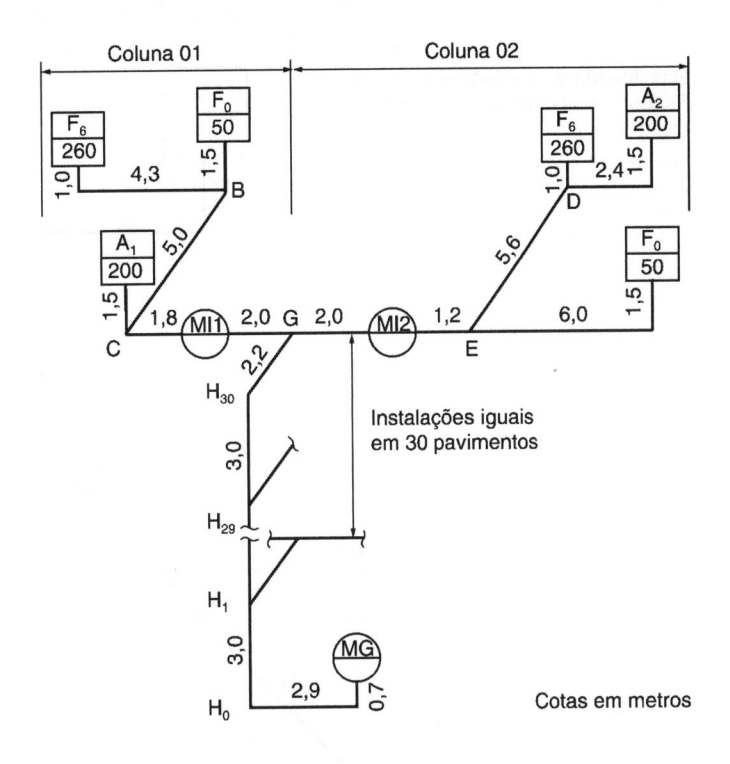

Cotas em metros

Folha de Cálculos Modelo A

$W = \underline{5.700} \text{ kcal/m}^3$

Material dos tubos <u>Aço</u>

Colunas				Colunas			
Distância do ponto mais afastado = $1,0 + 4,3 + 5,0 + 1,8 + 2,0 + 2,2 + 2,9 + 0,7 = 20$				Distância do ponto mais afastado = $1,5 + 2,4 + 5,6 + 1,2 + 2,0 + 2,2 + 2,9 + 0,7 = 19$			
Limites dos trechos	Potências		Bitola Pol.	Limites dos trechos	Potências		Bitola
	Computadas	Adotadas			Computadas	Adotadas	
$F_6 - B$	260	260	1	$A_2 - D$	200	200	1
$F_0 - B$	50	50	1/2	$F_6 - D$	260	260	1
$B - C$	$260 + 50 = 310$	310	1	$D - E$	$260 + 200 = 460$	430	1 1/4
$A_1 - C$	200	200	1	$F_0 - E$	50	50	1/2
$C - G$	$310 + 200 = 510$	469	1 1/4	$E - G$	$50 + 460 = 510$	469	1 1/4
PRUMADA $H_{30} - H_{29}$	$510 \times 2 = 1.020$	810	1 1/4				
$H_{29} - H_{28}$	$510 \times 2 \times 2 = 2.040$	1.347	1 1/2				
$H_{28} - H_{18}$	$510 \times 2 \times 12 = 12.240$	2.820	2				
$H_{18} - H_0$	$510 \times 2 \times 30 = 30.600$	4.330	2 1/2				
$H_0 - MG$	30.600	4.330	2 1/2				

Rua: _____ N.º:_____ Instalador:_____ (Autor do projeto)

Fig. 2.23

Ramificação secundária de uma casa
Esquema das ramificações de cobre
Número de Wobbe do gás:

W = 10.000 kcal/m^3

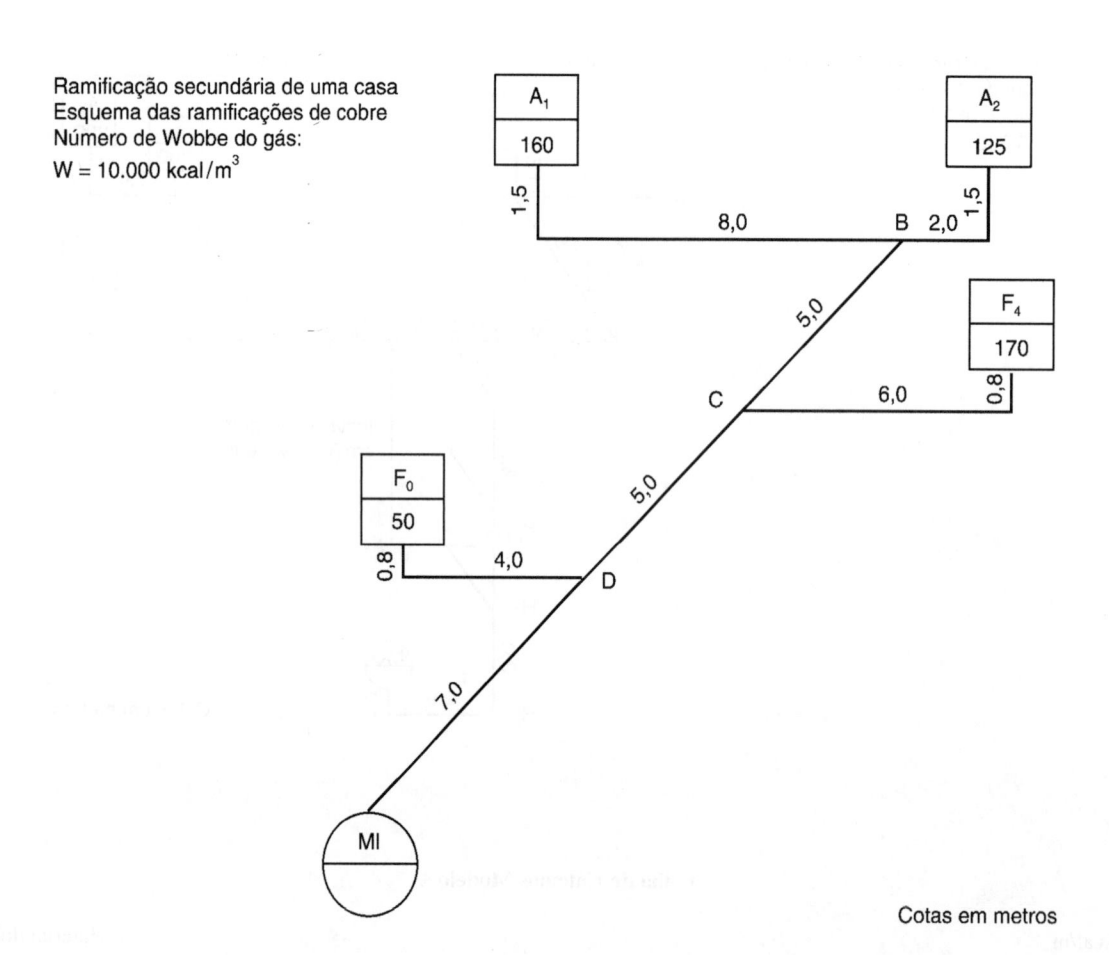

Cotas em metros

Folha de Cálculos Modelo A

W = <u>10.000</u> kcal/m^3

Material dos tubos <u>Cobre</u>

Colunas				Colunas			
Distância do ponto mais afastado = 1,5 + 8,0 + 5,0 + 5,0 + 7,0 = 27				Distância do ponto mais afastado = =			
Limites dos trechos	Potências		Bitola Pol.	Limites dos trechos	Potências		Bitola
	Computadas	Adotadas			Computadas	Adotadas	
A_1 – B	160	160	22				
A_2 – B	125	125	15				
B – C	125 + 160 = 285	285	22				
F_4 – C	170	170	22				
C – D	170 + 285 = 455	430	28				
F_0 – D	50	50	15				
D – MI	50 + 455 = 505	469	28				

Rua: _____ N.º:_____ Instalador:_____ (Autor do projeto)

Fig. 2.24

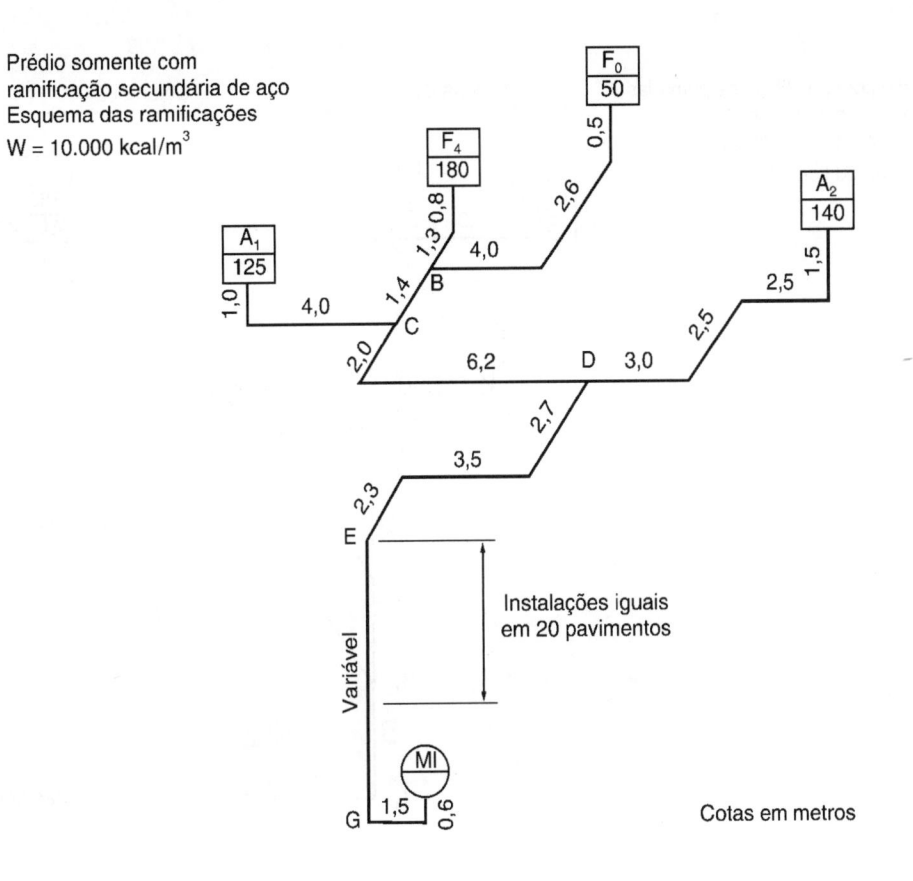

Prédio somente com
ramificação secundária de aço
Esquema das ramificações
$W = 10.000$ kcal/m³

Instalações iguais
em 20 pavimentos

Cotas em metros

Folha de Cálculos Modelo A

$W = \underline{10.000}$ kcal/m³   Material dos tubos <u>Aço</u>

Colunas				Colunas			
Distância do ponto mais afastado = $1,0 + 4,0 + 2,0 + 6,2 + 2,7 + 3,5 + 2,3 + 1,5 + 0,6 = 24$				Distância do ponto mais afastado = =			
Limites dos trechos	Potências		Bitola Pol.	Limites dos trechos	Potências		Bitola
	Computadas	Adotadas			Computadas	Adotadas	
$F_0 - B$	50	50	1/2				
$F_4 - B$	180	180	3/4				
$B - C$	$50 + 180 = 230$	230	3/4				
$A_1 - C$	125	125	1/2				
$C - D$	$230 + 125 = 355$	355	3/4				
$A_2 - D$	140	140	1/2				
$D - E$	$140 + 355 = 495$	460	1″				
PRUMADA $E - G$	495	460	1″				
$G - MI$	495	460	1″				

Rua: _____ N.º:_____ Instalador:_____ (Autor do projeto)

Fig. 2.25

Prédio com ramificações primárias
e secundárias de cobre
Esquema das ramificações
$W = 10.000 \ kcal/m^3$

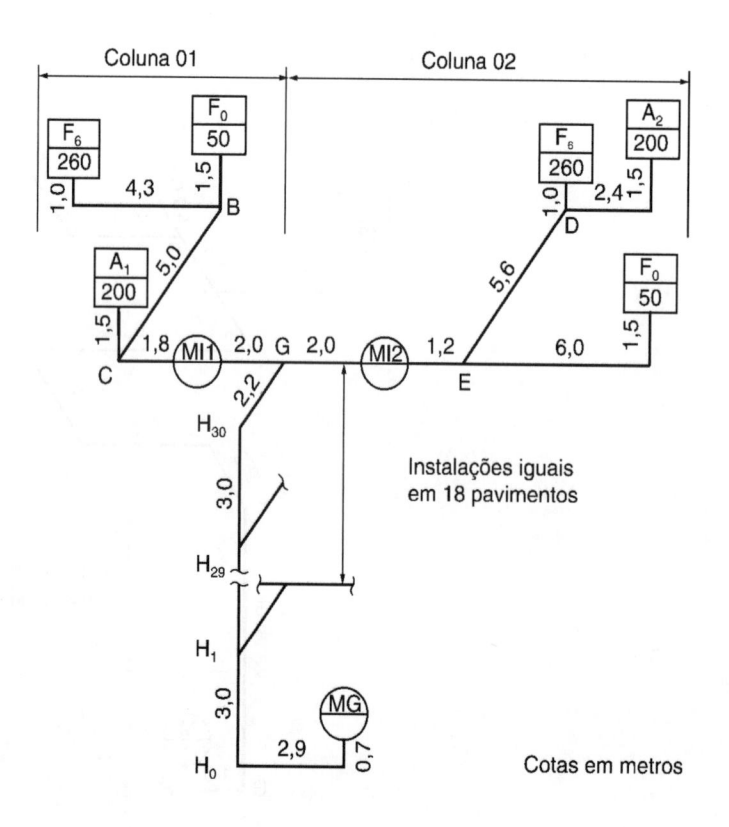

Instalações iguais
em 18 pavimentos

Cotas em metros

Folha de Cálculos Modelo A

$W = \underline{10.000} \ kcal/m^3$ Material dos tubos <u>Cobre</u>

Colunas				Colunas			
Distância do ponto mais afastado = 1,0 + 4,3 + 5,0 + 1,8 + 2,0 + 2,2 + 2,9 + 0,7 = 20				Distância do ponto mais afastado = 1,5 + 2,4 + 5,6 + 1,2 + 2,0 + 2,2 + 2,9 + 0,7 = 19			
Limites dos trechos	Potências		Bitola Pol.	Limites dos trechos	Potências		Bitola
	Computadas	Adotadas			Computadas	Adotadas	
$F_6 - B$	260	260	22	$A_2 - D$	200	200	22
$F_0 - B$	50	50	15	$F_6 - D$	260	260	22
$B - C$	260 + 50 = 310	310	22	$D - E$	260 + 200 = 460	430	28
$A_1 - C$	200	200	22	$F_0 - E$	50	50	15
$C - G$	310 + 200 = 510	469	28	$E - G$	50 + 460 = 510	469	28
PRUMADA $H_{18} - H_{17}$	510 × 2 = 1.020	810	35				
$H_{17} - H_{16}$	510 × 2 × 2 = 2.040	1.347	42				
$H_{16} - H_0$	510 × 2 × 18 = 18.360	3.210	54				
$H_0 - MG$	18.360	3.210	54				

Rua: _____ N.º:_____ Instalador:_____ (Autor do projeto)

Fig. 2.26

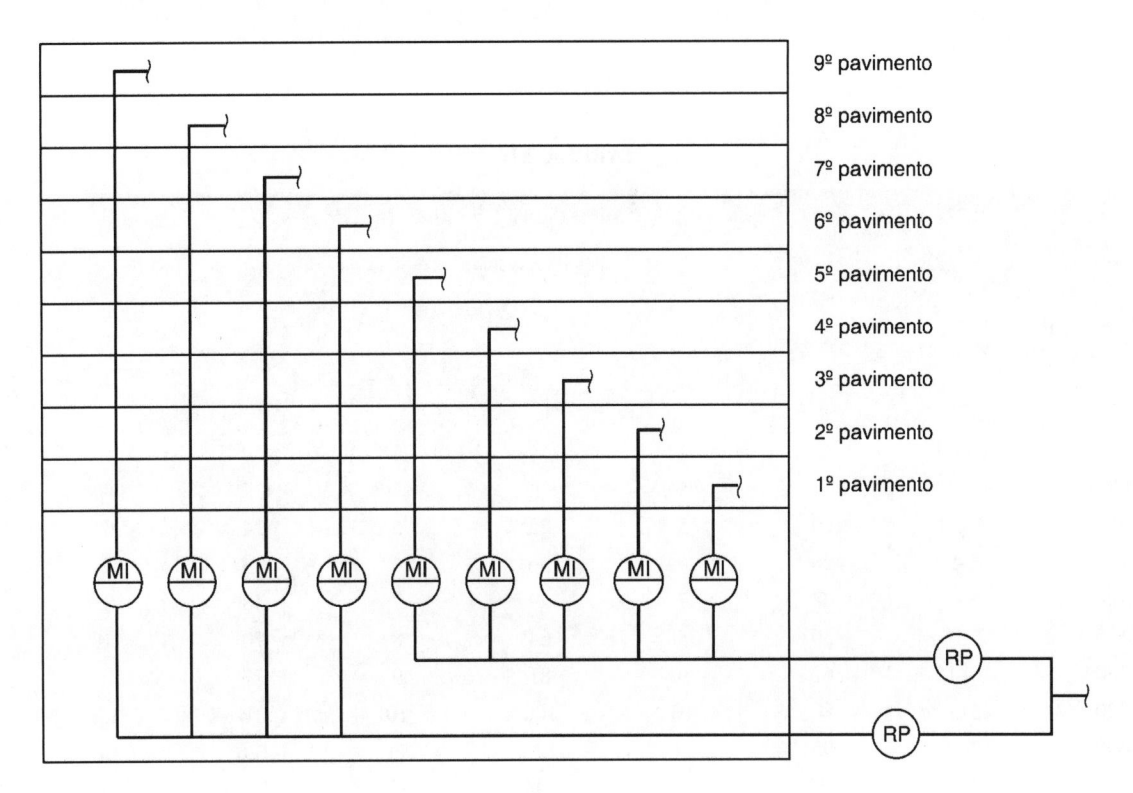

Fig. 2.27

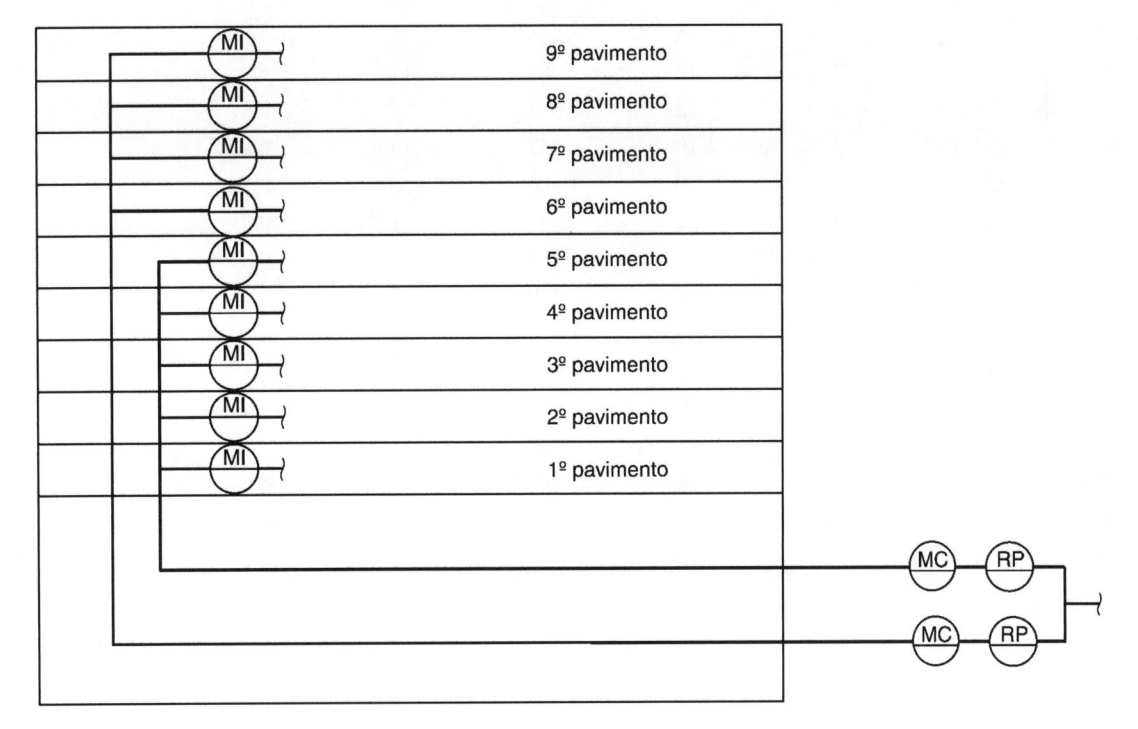

Fig. 2.28

TABELA 2.16

85% da capacidade nominal do aquecedor		Seção Transversal Mínimas para Chaminés Individuais						
		Seção transversal mínima						
		Circular		Quadrada		Retangular		
kcal/min	1.000 kcal/h	cm^2	d cm	cm^2	a cm	cm^2	b cm	c cm
Até 50	Até 3	20	5	25	5	24	6	4
50–75	3–5	28	6	36	6	35	7	5
75–108	5–7	38	7	49	7	48	8	6
108–165	7–10	50	8	64	8	70	10	7
165–250	10–15	62	9	81	9	77	11	7
250–320	15–19	80	10	100	10	104	13	8
320–400	19–24	95	11	121	11	126	14	9
400–500	24–30	115	12	144	12	150	15	10
500–650	30–39	135	13	169	13	176	16	11
650–810	39–49	150	14	196	14	204	17	12
810–970	49–58	180	15	225	15	247	19	13
970–1.200	58–72	200	16	256	16	260	20	13
1.200–1.450	72–87	225	17	289	17	294	21	14
1.450–1.750	87–105	260	18	324	18	345	23	15
1.750–2.000	105–120	285	19	361	19	384	24	16
2.000–2.350	120–141	315	20	400	20	425	25	17
2.350–2.650	141–159	350	21	441	21	468	26	18
2.650–2.900	159–174	375	22	475	22	486	27	18
2.900–3.200	174–192	415	23	529	23	551	29	19
3.200–3.550	192–213	450	24	576	24	600	30	20
3.550–3.850	213–231	490	25	625	25	651	31	21
3.850–4.150	231–249	530	26	676	26	704	32	22
4.150–4.500	249–270	575	27	729	27	782	34	23
4.500–4.900	270–294	615	28	784	28	805	35	23
4.900–5.300	294–318	660	29	841	29	864	36	24
5.300–5.750	318–345	710	30	906	30	950	38	25

TABELA 2.17

Número de Aquecedores	Potência Nominal (kcal/min)	Altura Efetiva (m)			
		3,5	4,0	4,5	5,0
2	310	122	120	117	115
3	465	133	131	129	126
4	620	144	142	139	137
5	775	154	152	149	147
6	930	163	161	158	156
7	1.085	172	170	167	165
8	1.240	181	178	175	173
9	1.395	198	186	183	181
10	1.550	196	194	191	188
11	1.705	204	201	198	196
12	1.860	211	208	205	203
13	2.015	218	215	212	209
14	2.170	224	222	219	216
15	2.325	231	228	225	222
16	2.480	237	234	231	228
17	2.635	244	240	237	234
18	2.790	250	246	243	240
19	2.945	255	252	249	246
20	3.100	261	258	255	252
22	3.410	272	269	266	262
24	3.720	283	279	276	273
26	4.030	293	290	286	283
28	4.340	301	299	296	293
30	4.650	313	309	305	302
32	4.960	322	318	315	311
34	5.270	331	327	323	320
36	5.580	340	336	332	328
38	5.890	348	345	341	337
40	6.200	357	353	349	345

DIÂMETROS MÍNIMOS DE CHAMINÉ COLETIVA (mm) (PEÇAS MOLDADAS)

TABELA 2.18

DIÂMETROS MÍNIMOS DE CHAMINÉ COLETIVA (mm) (ALVENARIA)					
Número de Aquecedores	Potência Nominal (kcal/min)	Altura Efetiva (m)			
		3,5	4,0	4,5	5,0
2	310	130	127	124	121
3	465	146	142	140	137
4	620	160	157	153	150
5	775	173	169	166	163
6	930	185	181	178	175
7	1.085	196	193	189	186
8	1.240	207	203	200	196
9	1.395	217	213	210	206
10	1.550	227	223	219	215
11	1.705	236	232	228	224
12	1.860	245	241	237	233
13	2.015	254	249	245	241
14	2.170	262	258	253	249
15	2.325	270	266	261	257
16	2.480	278	274	269	265
17	2.635	286	281	277	272
18	2.790	293	288	284	279
19	2.945	301	296	291	282
20	3.100	308	303	298	293
22	3.410	321	316	311	306
24	3.720	335	329	324	319
26	4.030	347	342	336	331
28	4.340	360	354	348	343
30	4.650	371	365	360	354
32	4.960	383	377	371	365
34	5.270	394	388	382	376
36	5580	405	398	392	386
38	5.890	415	409	402	396
40	6.200	426	419	412	406

1 — Áreas mínimas para ventilação dos ambientes

1.1 — Todo ambiente que contiver aparelhos domésticos a gás deverá ter sempre uma área total mínima permanente de ventilação de 800 cm², constituída por 2 aberturas, uma superior, se comunicando diretamente com o ar livre ou prisma de ventilação, acima de 1,5 m de altura, e outra inferior, abaixo de 0,8 m de altura, de forma a permitir a circulação de ar no ambiente, devendo a abertura inferior variar de 200 a 400 cm².

1.1.1 — Nos banheiros será permitida a abertura superior em comunicação indireta com o exterior, através de rebaixos, desde que haja seção livre mínima de 1.600 cm² até o comprimento máximo de 4 m.

1.1.2 — Banheiros com ventilação mecânica deverão ter na parte inferior da porta uma área de ventilação permanente igual ou superior a 600 cm².

1.1.3 — A ventilação dos ambientes onde estão instalados aparelhos de utilização hermeticamente isolados do ambiente, ou seja, que recebem o ar do exterior e expelem os produtos de combustão também para o exterior, será regida pelos preceitos a seguir:

— os aparelhos não devem ser instalados imediatamente abaixo e sob a mesma vertical que passa por basculantes, janelas ou quaisquer aberturas do ambiente;
— não há, por parte da CEG, obrigatoriedade de aberturas permanentes de ventilação do ambiente;
— os aquecedores de água poderão estar instalados no interior de boxes ou acima de banheiras.

1.2 — Dependências com menos de 6 m³ não poderão ter aparelhos a gás instalados no seu interior.

1.3 — Os ambientes onde forem instalados aparelhos a gás e que não se enquadrem nos preceitos técnicos acima deverão ter uma área de ventilação permanente calculada pela fórmula: Área de ventilação (cm²) = 2,5 × consumo de todos os aparelhos (kcal/min).

1.4 — A CEG poderá, quando julgar necessário, condicionar a aprovação de instalações de gás onde exista ventilação forçada dos ambientes ao resultado de testes para medição de monóxido de carbono no ambiente.

2 — Chaminés

2.1 — Chaminés Individuais

2.1.1 — As chaminés devem ser dimensionadas pela Tabela 2.16, anexa a esta instrução.

2.1.2 — As chaminés devem ter o menor percurso possível.

2.1.3 — A projeção horizontal do percurso da chaminé deve ser no máximo de 2 m, sendo permissíveis 2 curvas de até 90°.

2.1.4 — O percurso vertical da chaminé não pode ser inferior a 35 cm.

2.1.5 — Para cada curva de 90° além das duas permitidas, o comprimento horizontal deve ser considerado acrescido de 20 vezes o diâmetro de saída do defletor.

2.1.6 — Quando a chaminé tiver uma curva ou joelho de 90°, o seu comprimento máximo será de 3 m.

2.1.7 — Quando a chaminé possuir comprimento real ou acrescido (2.1.5) superior a 2 m, todo o trecho horizontal deve ter aumentado o seu diâmetro de acordo com a relação:

$$\frac{D}{d} = \frac{L}{2}$$

D — diâmetro que deve ter a chaminé
d — diâmetro de saída do defletor
L — comprimento horizontal em metros

2.1.8 — O diâmetro máximo permitido é de 150 mm e o mínimo de 75 mm, sendo permitidas seções retangulares equivalentes.

2.1.9 — Quando a chaminé possuir comprimento horizontal superior a 2 m e não for desejado aumento do diâmetro permitido em 2.1.7, poderá ser feita compensação do trecho horizontal em excesso, por igual comprimento acrescido ao vertical, desde que o acréscimo do trecho vertical preceda o trecho horizontal.

2.2 — Chaminés Coletivas

2.2.1 — A altura efetiva da chaminé coletiva é a distância vertical entre a base do defletor do aquecedor do último pavimento e a saída da chaminé coletiva, a qual não deve ser inferior a 3,5 m.

2.2.2 — Só será permitido na chaminé coletiva um único desvio oblíquo, retornando à vertical, que não poderá ter ângulo maior que 30° em relação ao eixo vertical, não podendo a seção sofrer redução com a mudança de direção.

2.2.3 — A distância mínima requerida entre a cobertura do prédio e a saída da chaminé coletiva é de 40 cm.

2.2.4 — As seguintes áreas mínimas de seção da chaminé coletiva devem ser observadas:

— Peças moldadas, quadradas ou retangulares — 100 cm^2
— Peças moldadas, circulares — $D = 10$ cm (78,5 cm^2)
— Alvenaria, quadrada ou retangular — 180 cm^2

2.2.5 — As seções circulares das chaminés coletivas serão dimensionadas pela Tabela 2.17, aplicável para chaminés construídas com peças moldadas, ou Tabela 2.18, aplicável para chaminés construídas em alvenaria.

2.2.6 — As seções quadradas ou retangulares de chaminés coletivas serão dimensionadas pela fórmula

$$A = 0,0085\ D^2$$

em que:

A — área da seção quadrada ou retangular, em cm^2
D — diâmetro obtido na Tabela 2.17 ou 2.18, em mm.

Nas seções retangulares, o lado maior não poderá exceder 1,5 vez o lado menor.

2.2.7 — Sobre a chaminé de seção circular, a uma distância "h_m" adequada, será colocado um disco de diâmetro "d_m", sendo essas dimensões determinadas em função do diâmetro interno da chaminé coletiva "D", de acordo com a Fig. 2.29 e obedecendo às seguintes relações:

$$h_m = \frac{D}{2};\ \ d_m = 2D$$

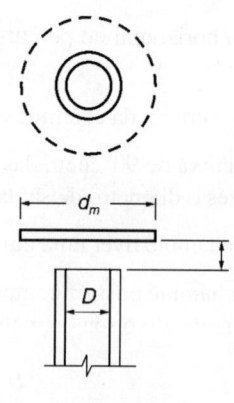

Fig. 2.29

2.2.8 — Sobre a chaminé de seção quadrada ou retangular, a uma distância "h_m" adequada, será colocada uma placa com comprimento "a_m" e largura "b_m", calculados pelas fórmulas:

$$h_m = f/(a + b - 4 \times e)$$
$$a_m = a + 2(h_m - e)$$
$$b_m = b + 2(h_m - e)$$

em que:

f — área interna da seção da chaminé (cm^2)
h_m, a_m, b_m, a, b, e são mostrados na Fig. 2.30 e devem ser expressos em cm.

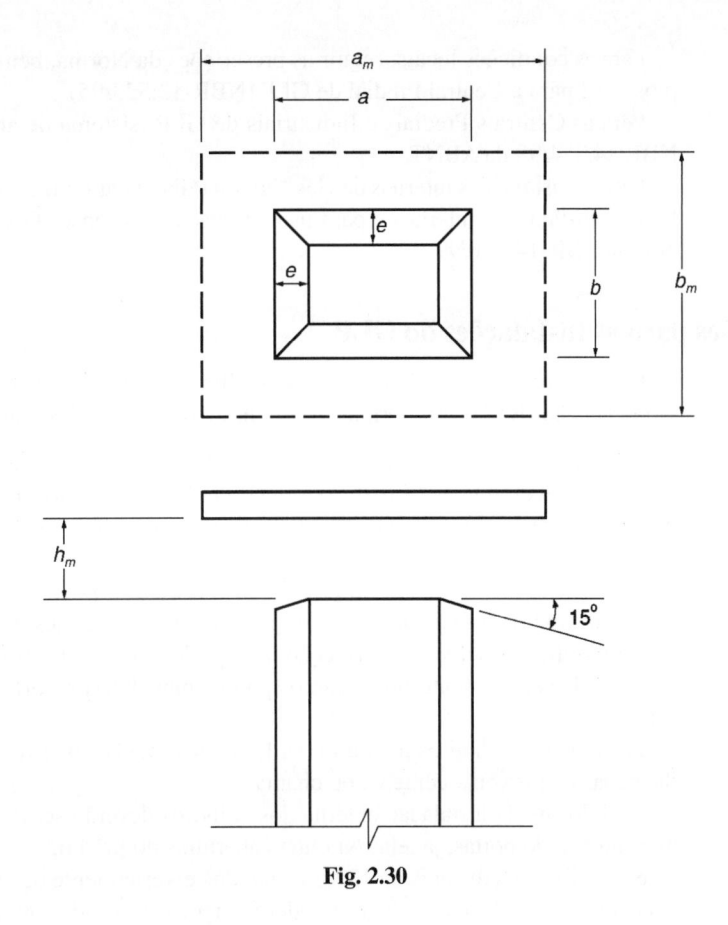

Fig. 2.30

2.2.9 — A CEG poderá, quando julgar necessário, condicionar a aprovação de instalação de gás onde existam chaminés coletivas ao resultado de testes para medição de monóxido de carbono no ambiente.

2.2 NORMAS INDICADAS PARA A CENTRAL PREDIAL DE GLP (NBR-13.523 — INSTALAÇÕES INTERNAS DE GLP , SEGUIR NBR-13.932)

As instalações internas de GLP são regidas pela Norma 13.932 da ABNT, que dispõe sobre o projeto de execução desde 1999.

Para fins de aplicação da norma, considera-se o PCI (poder calorífico inferior do GLP) = 2.400 kcal/m³.

Q é a vazão do gás em m³/h.

As pressões iniciais máximas são:

• para as redes primárias 150 kPa;
• para as redes secundárias 5 kPa.

A perda de pressão máxima é de 15 kPa nas redes primárias.
A pressão mínima no final do ponto de utilização é de 26 kPa.
O diâmetro mínimo nominal admitido nas redes primárias e secundárias é de 15 mm (1/2″).
Nos trechos verticais, admite-se a perda de pressão devido ao peso da coluna, que é calculada pela fórmula:

$$\Delta P = 1{,}318 \times 16^2 \times H\,(d - 1),$$

em que:

ΔP = perda de pressão em kPa
H = altura do trecho vertical em m
d = densidade relativa do GLP (adotar 1,8)

Para as condições locais, seguir as prescrições da Norma, bem como os Anexos A, B, C, D e E e exemplos 1 e 2 para a Central Predial de GLP (NBR-13.523/95).

Para as Centrais Prediais e Industriais de GLP (sistema de abastecimento a granel), seguir as normas NBR 14.024/98 da ABNT.

Para as instalações internas de Gás Natural (GN) e para projetos de execução, usar a Norma NBR-13.933. Para as instalações internas e para uso alternativo dos gases GN e GLP para o projeto e execução, usar a Norma NBR-14.570/99.

2.2.1 Prescrições para as Instalações do GLP

Exige-se que as especificações para os cilindros, tubulações, registros, válvulas, conexões etc. sejam devidamente aprovadas por normas. Além disso, devem-se observar as seguintes prescrições:

a) somente poderão ser instalados dentro da cozinha ou banheiro cilindros com capacidade de até 13 kg; os demais deverão ficar na parte externa do prédio, ou em local em contato direto com o exterior, de fácil acesso e abertura mínima de 0,50 × 0,12 m permanentemente aberta (ou com tela) para a saída de gases de escapamento;

b) a base dos cilindros deverá ficar no nível do terreno adjacente ou em nível mais alto e no mínimo a 1,20 m de qualquer instalação ou equipamento abaixo da mesma e capaz de armazenar o gás que escapar, tais como: fossas, caixas de inspeção, caixas de gordura, ralos etc. Como o GLP é mais denso que o ar, os gases de escapamento procuram os pontos mais baixos, formando uma câmara, com perigo de explosão;

c) instalar os cilindros no mínimo a 1,5 m de tomadas, interruptores, chaves elétricas ou qualquer aparelho capaz de provocar centelha ou chama;

d) os locais de instalação externa dos cilindros deverão ser de material não-combustível e afastados no mínimo 1 m de portas, janelas ou outras aberturas do prédio;

e) os cilindros de mais de 13 kg instalados externamente deverão dispor de registro individual e registro para o conjunto, de modo a se poder fechar cada cilindro ou o conjunto para manutenção ou substituição;

f) todos os aparelhos de utilização do GLP devem ter chaminés, tolerando-se somente os fogões e aquecedores domésticos de consumo de até 6 kg por hora, desde que o ambiente seja bem ventilado.

2.2.2 Dimensionamento das Canalizações

O material das canalizações pode ser ferro galvanizado ou cobre, e o seu diâmetro pode ser obtido pela fórmula de Pole:

$$Q = 1,49\sqrt{\frac{D^5}{L}}$$

em que:

Q = descarga em m³/h.
D = diâmetro em centímetros (para o ferro galvanizado, é o diâmetro interno, e para o cobre, o diâmetro externo).
L = comprimento do cano em metros.

Observação. Foi considerada uma perda de carga total de 10 mm de CA e densidade do gás de 2. O diâmetro mínimo para os canos externos é de 3/8″ (9,525 mm) e para os canos embutidos é de 1/2″ (12,7 mm).

Na vedação das juntas é proibido o uso do zarcão com estopa, como se faz para tubulações de água; deve-se usar uma pasta especial à base de glicerina e litargírio.

É proibido o uso da chama de lamparina para a pesquisa de vazamentos, como se faz para o fréon; o teste de vazamento é feito com o manômetro intercalado entre o reservatório e os pontos de consumo com registros fechados.

2.2.3 Instalações Centrais de GLP (Ver Fig. 2.2)

Em instalações centrais para grandes edifícios, podem ser utilizadas em conjunto baterias para as quais sugerimos as seguintes indicações para projetos:

TABELA 2.19

Quantidade e tipo de vasilhame	Capac. armazenamento total (em kg)	Capacidade vaporização normal		Diâmetro do barrilete (manifold)
		kg/h	BTU/h	
4 × 45	180	2,10	100.000	3/4″
6 × 45	270	2,62	125.000	3/4″
8 × 45	360	4,20	200.000	3/4″
10 × 45	450	5,25	250.000	3/4″
12 × 45	540	6,30	300.000	3/4″
16 × 45	720	8,40	400.000	3/4″
20 × 45	900	10,40	500.000	3/4″
24 × 45	1.080	12,6	600.000	3/4″

2.2.4 Prescrições da Associação Brasileira dos Distribuidores de Gás Liquefeito do Petróleo para o Transporte e Manuseio do GLP

2.2.4.1 Manuseio

1) Trate os cilindros e botijões com cuidado.

2) Não jogue uns contra os outros.

3) Ao deslocar o cilindro de posição, verifique antes se está com o capacete protetor da válvula e se este está bem ajustado. O capacete frouxo pode provocar acidentes.

4) Não deixe os vasilhames caírem nem os mantenha deitados.

5) Utilize um carrinho, do tipo adotado na companhia, para carregar vasilhames de um ponto a outro da área de armazenamento.

2.2.4.2 Transporte

1) Tenha, no transporte de botijões e cilindros, o mesmo cuidado adotado no seu armazenamento e manuseio. O GLP é inflamável, e seu transporte merece cuidados especiais.

2) Evite quedas e choques de vasilhames ao carregar e descarregar um caminhão.

3) Os vasilhames devem estar convenientemente arrumados e protegidos, de modo que não venham a tombar ou chocar-se entre si com violência, no caso de freadas bruscas, curvas etc.

4) Instrua seu motorista, proibindo-o de fumar enquanto estiver transportando GLP.

5) Nos parques de inflamáveis existem normas rígidas a serem seguidas por todos os motoristas que neles penetrem. Exija de seu motorista o cumprimento rigoroso dessas normas, que estão transcritas adiante.

6) Caso o transporte seja feito por terceiros, dê aos transportadores conhecimento das normas em questão.

2.2.4.3 Instalação em Casa do Consumidor

Oriente o consumidor de como proceder no uso de sua instalação.

1) Depois de ligado todo o equipamento, verifique se não há vazamento, que poderá ser notado pelo chiado de escapamento de gás, pelo cheiro característico e pelo teste da espuma de sabão.

Nunca use fósforo ou qualquer chama para verificar vazamento. Use sempre espuma de sabão.

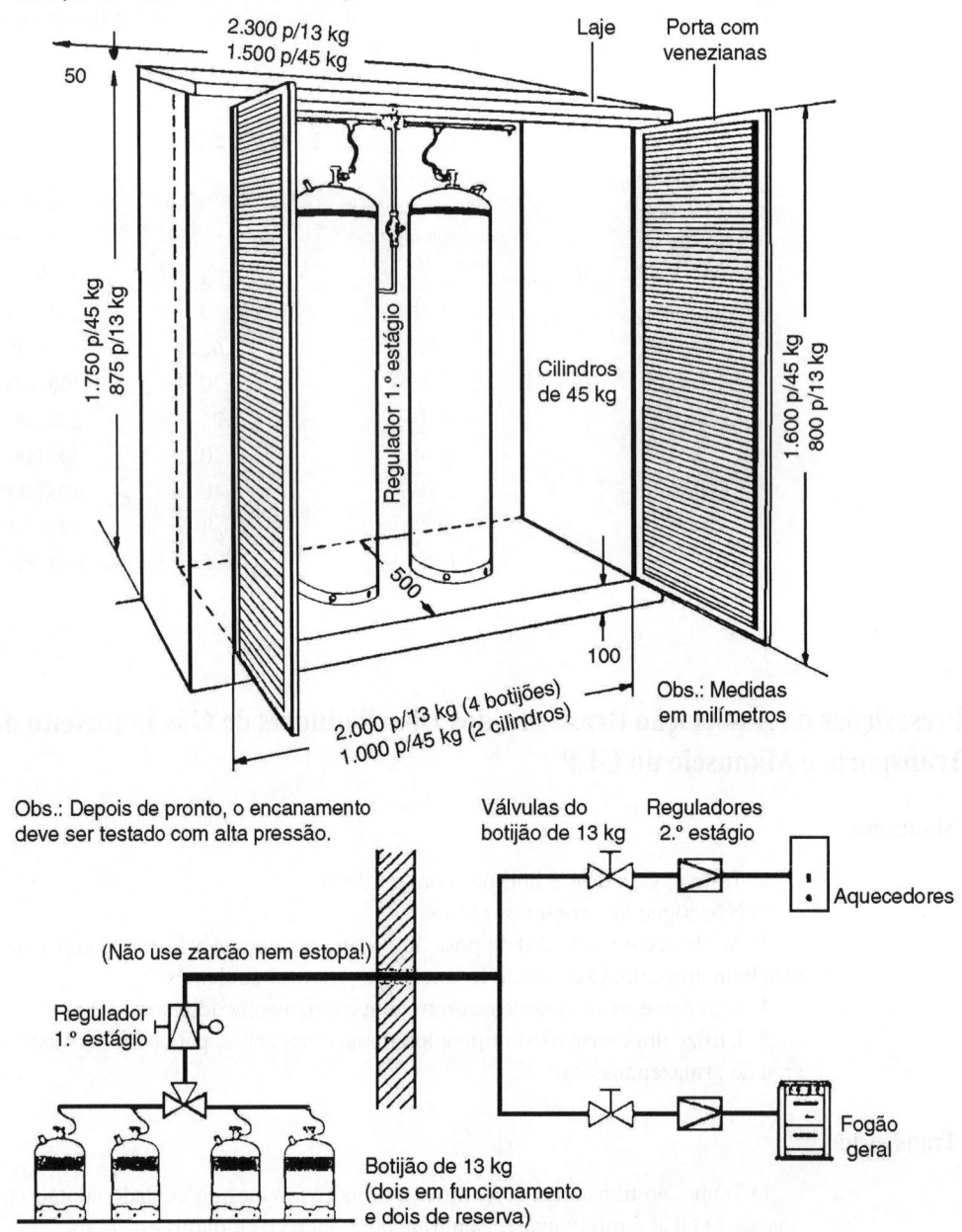

Fig. 2.31 Instalação de cilindros de GLP tecnicamente recomendada.

2) Caso não se note vazamento, risque então o fósforo e depois abra a torneira do bico que pretendia acender, tendo especial cuidado para seguir essa rotina na abertura do manuseador dos fornos dos fogões.

3) Instrua o consumidor para nunca tentar fazer nenhum reparo ou colocar nenhum corpo estranho no regulador ou válvula. Para sanar qualquer defeito, deve ser solicitada a assistência técnica da companhia ou do seu representante.

4) Caso a instalação seja de cilindros, siga à risca as instruções transcritas para a instalação de cilindros mais adiante.

2.2.4.4 Normas de Emergência

As emergências existirão cada vez menos à medida que forem seguidos os princípios já expostos. A todo o pessoal que lida com GLP deverão ser dadas não só as noções anteriormente expostas como as que se seguem, a fim de que todos possam estar aptos a agir no caso de situações de emergência.

1. VAZAMENTO EM ÁREAS DE ARMAZENAMENTO

Os vazamentos são percebidos: pelo chiado provocado pelo escape do gás; pelo cheiro característico; pela nuvem de gás, quando em maior quantidade.

Devem ser tomadas as seguintes medidas:

a) Não ligue nem desligue nenhum equipamento elétrico nas proximidades.

b) Não permita que ninguém entre na nuvem de gás (caso a referida nuvem seja visível).

c) Não movimente veículo nas proximidades.

d) Isole a área em distância de, pelo menos, 50 metros.

e) Lembre-se de que os vapores de GLP se acumulam nas partes baixas, por serem mais pesados do que o ar.

f) Retire do lote de vasilhames a unidade com vazamento, levando-a para local isolado.

g) Procure verificar a causa do vazamento e estancá-lo, se possível.

h) Tenha pronto, à mão, o equipamento contra incêndio para usá-lo, caso necessário.

2. VAZAMENTO EM CASA DE CONSUMIDOR

a) Apague, imediatamente, qualquer chama que estiver acesa nas proximidades.

b) Não ligue nem desligue nenhum equipamento elétrico, chaves, interruptores etc.

c) Feche as portas que dão acesso da cozinha ao interior da casa.

d) Abra todas as portas e janelas que dão acesso da cozinha à parte externa da casa, para permitir o máximo de ventilação local.

e) Retire para a parte externa o botijão que estiver vazando, colocando-o em local que não ofereça perigo e onde o gás proveniente do vazamento possa se dissipar com facilidade.

f) Procure, se possível, estancar o vazamento.

3. VAZAMENTO DURANTE O TRANSPORTE DE GLP

a) Leve a viatura para lugar ermo, onde não haja perigo de o gás proveniente do vazamento atingir qualquer chama ou ponto de ignição.

b) Procure localizar o cilindro ou botijão que estiver vazando e tente estancar o vazamento.

c) Caso não seja possível estancar o vazamento, retire o cilindro ou botijão da viatura e coloque-o em lugar seguro, longe de chama ou ponto de ignição, até que termine o vazamento.

d) Caso não consiga localizar o vazamento, regresse para a companhia, redobrando o cuidado e a atenção.

e) Ao movimentar o cilindro ou botijão com vazamento, faça-o com o vasilhame em posição vertical, evitando choques ou pancadas e procurando se situar em direção oposta à do vazamento.

f) Uma maneira simples e segura de transportar um botijão com vazamento ou fogo é a utilização de uma vara de tamanho e resistência suficientes, atravessada na alça do botijão.

4. INCÊNDIO EM ÁREA DE ARMAZENAMENTO

a) Se o incêndio for proveniente de vazamento de gás, apague-o usando o extintor de pó químico, ou CO_2.

b) Após apagar o incêndio, proceda como está estabelecido no item 1, caso o vazamento persista.

c) Se o incêndio for em prédio ou em material existente nas proximidades da área de armazenamento, procure apagá-lo por qualquer meio existente, seja extintor, água ou outro recurso disponível.

d) Nos casos das letras *a* e *c*, acima, poderá ocorrer que os cilindros ou botijões, sofrendo a ação do calor do incêndio, tenham suas válvulas de segurança abertas e o gás que escapar por essas válvulas poderá também se incendiar.

Por esse motivo, procure, se possível, refrigerar com água os cilindros e botijões sujeitos a calor intenso. Até mesmo uma mangueira de jardim poderá servir para esse fim. A refrigeração evitará o aumento da pressão do gás dentro do vasilhame, aumento esse provocado pelo calor. Vê-se, pois, a vantagem de se ter junto a qualquer área de armazenamento um dispositivo que possa ser usado para aplicar água no vasilhame, caso necessário.

5. INCÊNDIO CONTROLADO

Se o incêndio for proveniente de um grande vazamento ou da abertura da válvula de segurança e se esse incêndio não estiver apresentando conseqüências perigosas, por estar restrito a pequena área, convém verificar com rapidez, mas sem afobação, se a extinção do incêndio poderá ser imediatamente seguida da eliminação da causa do vazamento, pois, muitas vezes, a extinção do incêndio poderá fazer com que o gás, que não está mais queimando, se espalhe por uma área maior e se inflame novamente, com conseqüências mais perigosas do que por ocasião da primeira queima.

Não se esqueça, contudo, que essa decisão implica duas coisas importantes:

a) risco do incêndio já existente;

b) risco de vazamento, se a extinção do incêndio não puder ser seguida da cessação desse vazamento.

De qualquer maneira, se você tomar a decisão de não apagar o incêndio, essa decisão deverá ser seguida da refrigeração, por qualquer meio disponível, não só do vasilhame causador do incêndio, como também daqueles que possam estar sofrendo a ação do calor.

Não permita, nunca, que a chama de qualquer incêndio incida diretamente sobre a chapa de um vasilhame próximo. Essa situação poderá provocar o rompimento da chapa do vasilhame em questão.

6. INCÊNDIO EM CASA DE CONSUMIDOR

a) Se o incêndio for proveniente do gás, procure fechar a válvula que estiver em uso.

b) Se houver grande aquecimento no local onde estiverem os cilindros ou botijões, procure utilizar a refrigeração de água sobre o vasilhame, por qualquer meio disponível.

c) Se o incêndio não for proveniente de vazamento de gás, procure retirar das proximidades do incêndio os cilindros ou botijões.

d) Lembre-se sempre que, com o aquecimento, a válvula de segurança do cilindro ou do botijão poderá se abrir, dando escape ao gás, em forma de jato. A pessoa que estiver deslocando o vasilhame em ocasiões de emergência deve procurar manter sua válvula voltada para a direção oposta ao seu corpo.

e) Instrua seus homens quanto à impossibilidade de explosão de cilindros ou botijões. Ambos dispõem de válvulas de segurança que se abrirão logo que a pressão atinja o limite, para a qual estão regulados, e esse limite é muito abaixo da pressão para a qual é construído todo vasilhame de GLP.

7. INCÊNDIO DURANTE O TRANSPORTE

a) Se o incêndio for no motor ou na lona de freio, apague-o com o extintor que toda viatura que transporta GLP deve, obrigatoriamente, levar.

b) Se o incêndio for proveniente de vazamento de gás, apague-o da mesma maneira com o extintor e, se as condições permitirem, atue como estabelecido no item 3.

2.2.4.5 Classes de Incêndios — Extintores

Normalmente, os incêndios são divididos em três classes, a saber:

CLASSE A — Incêndio em madeira, papel, trapos, papelão etc.
CLASSE B — Incêndio em combustíveis líquidos ou gasosos, tais como gasolina, querosene, GLP etc.
CLASSE C — Incêndio em equipamentos elétricos.

1. O GLP está classificado na Classe B, e para o gás o melhor tipo de extintor é o pó químico e, preferencialmente, o chamado tipo de pressão injetável, por ser de mais fácil controle e manutenção.

2. Para os incêndios da Classe A, qualquer tipo de extintor pode ser usado, mas os mais adequados são os extintores de água.

3. Para os incêndios da Classe C, use o CO_2 ou pó químico. Nunca use água nesses incêndios, pois a água poderá transmitir corrente elétrica porventura ainda existente nos equipamentos incendiados.

4. Instrua todo o pessoal que lida com gás no correto uso dos equipamentos existentes.

5. Faça a manutenção periódica desses equipamentos. Cumpra rigorosamente as instruções para verificação e manutenção de cada extintor.

São os seguintes os detalhes principais de manutenção de cada tipo de extintor a ser usado:

a) *Extintor de pó químico* — Se o extintor for de pressão injetável, você mesmo pode fazer a manutenção. Retire o pó a cada seis meses e verifique se está empedrado. Caso positivo, peneire o pó e coloque-o de novo dentro do extintor. Se o pó estiver perfeitamente pulverizado, não há necessidade de peneirá-lo. Pese a pequena ampola existente junto ao cilindro de pó e que serve para impulsionar o pó para fora do cilindro. Compare o peso encontrado com o peso marcado na válvula da ampola. Se o peso encontrado estiver com uma diferença de mais de 10% da carga, mande recarregar a pequena ampola.

Se o extintor for do tipo pressurizado, o que se conhece pela existência de um manômetro na parte superior, a manutenção deverá ser feita pela firma fornecedora, dentro do mesmo período de seis meses. Se o ponteiro do manômetro estiver indicando que o extintor está descarregado, mande-o recarregar imediatamente.

b) *Extintor de CO$_2$* — Mande pesar de três em três meses. Se o peso encontrado for menor do que 10% da carga do extintor, mande completar a carga. Todo extintor tem o peso da carga gravado junto à válvula.

c) *Extintor de soda-ácido (água)* — Mudar a carga anualmente.

6. Todo extintor que for usado, por pouco tempo que seja, deve ser imediatamente enviado para recarga.

7. Todo extintor deverá ter uma ficha, na qual deverão constar todas as inspeções, pesagens, recarregamentos, reparos etc. Essa ficha permitirá que se tenha um perfeito controle de cada extintor existente.

8. Para cada área de armazenamento, contendo até 1.728 botijões de 13 kg ou peso equivalente de gás, deverá haver dois extintores de pó químico de 12 quilos de capacidade. Coloque esse extintor de maneira que possa ser alcançado de qualquer ponto da área, a uma distância menor do que 15 metros. Se a quantidade de botijões ultrapassa 1.728, passe a usar quatro extintores, em vez de dois.

9. Use nos caminhões um extintor de CO$_2$ de 2 quilos e um de pó químico de 4 quilos, a não ser que o Departamento de Trânsito determine extintores de maior capacidade, determinação essa que deverá ser obedecida.

ATENÇÃO

Você Está Entrando em um Parque de Inflamáveis.
Tenha o Máximo Cuidado

1 — Entregue fósforos e isqueiros na portaria.

2 — Não fume, a não ser nos locais em que isso é permitido.

3 — Obedeça rigorosamente aos sinais de tráfego.

4 — Só estacione nos locais determinados.

5 — Verifique, ao parar na portaria para inspeção, se o seu carro não apresenta qualquer aquecimento anormal; em caso afirmativo, não se aproxime da plataforma ou área de tanques até que seja eliminada a anormalidade.

6 — Ao estacionar, desligue o motor, luzes e qualquer outro equipamento elétrico.

7 — Não faça nenhum reparo ou ajuste no veículo quando junto à plataforma ou área de tanques. Não abra o capô do motor.

8 — Mantenha sempre o veículo com a porta destravada e a chave de ignição no painel.

9 — Em caso de qualquer emergência, dirija-se ao local assinalado com a placa "Local de Concentração Geral". Procure identificar esse local ao entrar no parque.

10 — Em caso de emergência, só movimente o seu veículo se receber ordem para isso.

Instruções para Instalação de Cilindros de 45 kg (ver Fig. 2.32).

1 — Os cilindros e os reguladores iniciais de pressão do gás deverão ser localizados na parte externa das edificações, jamais em varandas, alpendres, pequenos galpões etc., exceto nas condições do item 9.

2 — A localização dos cilindros e respectivos reguladores de pressão deve ser acessível a qualquer momento.

O local escolhido para a instalação deve ser de modo a permitir que 2 homens possam carregar os cilindros do caminhão à instalação, por caminho de acesso fácil e desimpedido, e que assegure, ainda, proteção à integridade dos mesmos.

3 — Os cilindros serão assentados em base cimentada e nivelada.

4 — As bases para assentamento dos recipientes terão nível igual ou superior ao do piso circundante.

Só será permitida a colocação dos cilindros em rebaixos, nichos ou recessos abaixo do nível do piso quando, além de serem destinados exclusivamente aos cilindros sejam, ainda, drenados e ventilados horizontalmente, em seu nível mais baixo, para a atmosfera no exterior das edificações. As saídas de ventilação e drenagem deverão distar, no mínimo, 1 m das aberturas que estejam em nível inferior nas edificações.

5 — Os cilindros devem ser sempre colocados a uma distância nunca inferior a 1,5 m de qualquer abertura da edificação, inclusive portas e janelas, mesmo que permaneçam sempre fechadas. Igual distância mínima de 1,5 m deve ser conservada em relação a quaisquer aberturas existentes no solo, tais como: fossas, tanques, ralos, canaletas e valas, capazes de conduzir o gás a um ponto mais baixo onde possa se acumular.

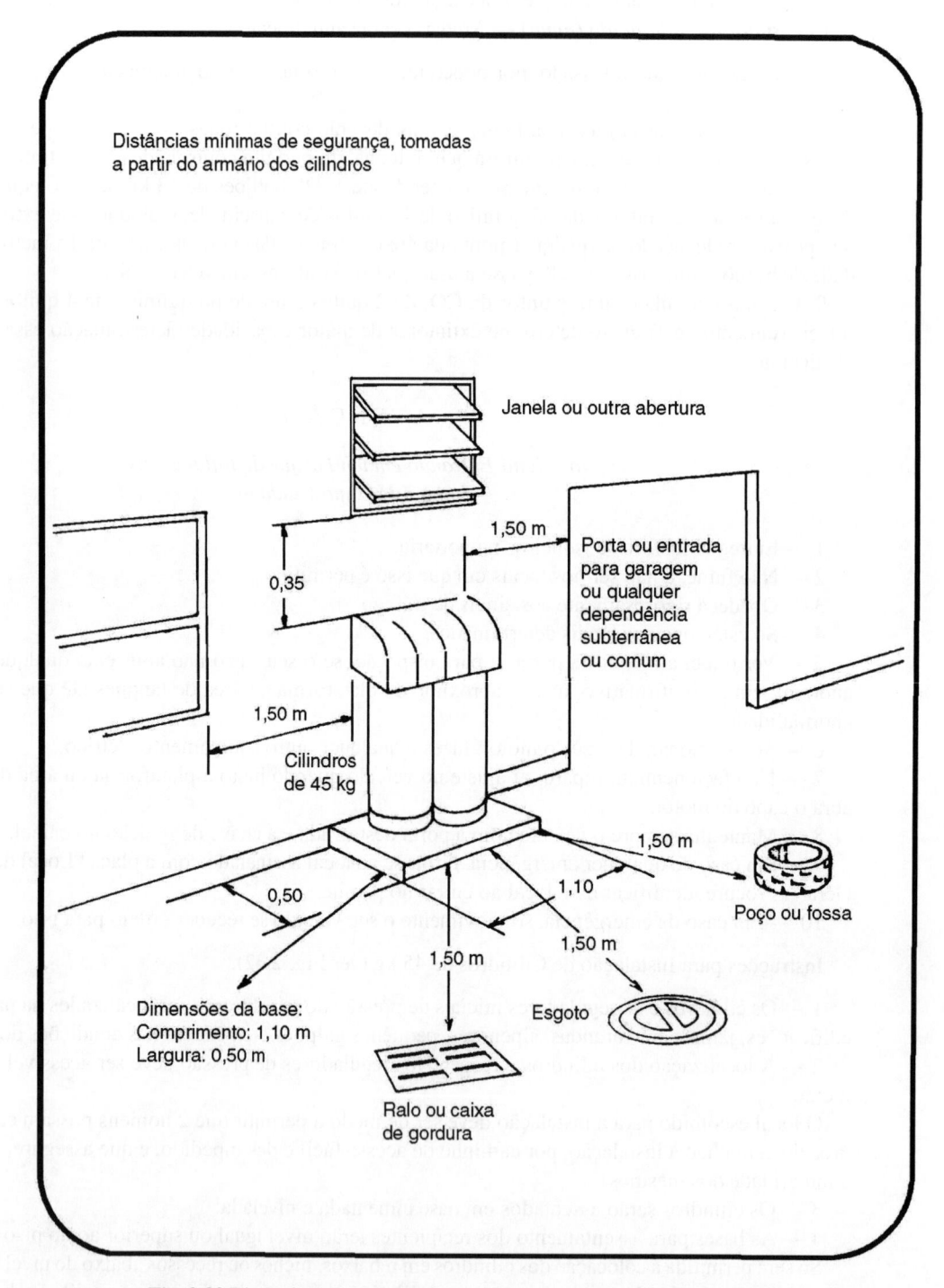

Fig. 2.32 Distâncias recomendadas para segurança das instalações de GLP.

Essas distâncias devem ser medidas da borda do cilindro mais próximo; se os mesmos estiverem em cabinas ou em qualquer outro abrigo, a medida será tomada da parte externa da cabina ou abrigo.

6 — Os cilindros e reguladores de pressão não deverão ficar em contato com a terra, nem sujeitos a temperaturas excessivas ou ao acúmulo de águas de qualquer origem.

7 — Todo material de fácil combustão, que se situar em nível inferior ao do dispositivo de segurança dos cilindros, válvulas e reguladores deverá ser removido até a distância de 3 m dos cilindros.

8 — Quando houver possibilidade de 2 ou mais locais para a instalação de cilindros, será escolhido aquele que ficar mais próximo dos aparelhos de consumo.

9 — Para fins exclusivamente industriais, em que a utilização do gás exija a portabilidade dos cilindros, tornando impraticável a manutenção dos mesmos no exterior das edificações, poderão ser admitidos, no interior das mesmas, cilindros, desde que:

a) a edificação abrigue processos industriais e seja para tal destinada;

b) a permanência dos cilindros se restrinja ao tempo necessário ao uso, não sendo admitida a armazenagem dos cilindros no interior das edificações;

c) cada instalação portátil não possua mais de 3 cilindros;

d) não haja no mesmo compartimento, à distância inferior a 15 m, outra instalação portátil nas mesmas condições.

2.3 INSTALAÇÕES CENTRAIS DE OXIGÊNIO

2.3.1 Generalidades

Atualmente, está se tornando cada vez mais difundido o uso de instalações centrais de oxigênio em hospitais, casas de saúde e outros estabelecimentos. Em resumo, consta de um posto central de cilindros (*manifold*) ou de um gaseificador, de onde o oxigênio parte com determinada pressão e vazão às diversas tomadas incrustadas nas paredes das diversas dependências onde se torne necessário, por meio de canalizações adequadas.

Esse sistema oferece uma série de vantagens sobre o deslocamento dos cilindros aos pontos de utilização, entre elas podem-se citar:

a) o oxigênio pode ser obtido instantaneamente em qualquer ponto do estabelecimento, bastando manejar a válvula de saída nas tomadas de parede;

b) qualquer aparelho de oxigenoterapia pode ser instalado nas tomadas de parede, bastando controlar a vazão pelo regulador;

c) pelo fato de o oxigênio estar a baixa pressão, a instalação é isenta de riscos;

d) economia, pois há melhor aproveitamento de todo o oxigênio, o que não acontece com o uso dos cilindros;

e) melhor aproveitamento do espaço útil, pois o posto de cilindros se situa longe dos pontos de utilização;

f) pode ser instalado um "painel de alarme", de onde se constata com antecedência que o oxigênio necessita de novo abastecimento;

g) conforto psicológico para o paciente, que, não percebendo o deslocamento dos cilindros para o seu quarto, ignora a sua gravidade.

2.3.2 Canalizações

O ideal será a sua instalação durante a fase de construção do prédio e embutidas, por questão de estética. Nas remodelações dos estabelecimentos, é muito comum ficarem aparentes, o que facilita a manutenção.

As canalizações são de cobre sem costura e conexões de cobre soldados com liga de prata Argentum 45 CD, necessitando de profissionais habilitados na sua montagem, em face da possibilidade de escapamentos.

Os diâmetros serão função da vazão da ordem de 15 litros/minuto por tomada, admitindo-se perda de carga de 2% e fator máximo de utilização do sistema de 60%.

Diante da particularidade de cada caso, será sempre conveniente consultar as firmas especializadas, que normalmente executam o projeto sem ônus.

2.3.3 Equipamento para Oxigênio Líquido

O uso do oxigênio líquido tem oferecido vantagens sobre o gasoso, entre as quais:

a) economia de transporte — um caminhão com oxigênio líquido equivale de 8 a 10 caminhões transportando cilindros de oxigênio gasoso;

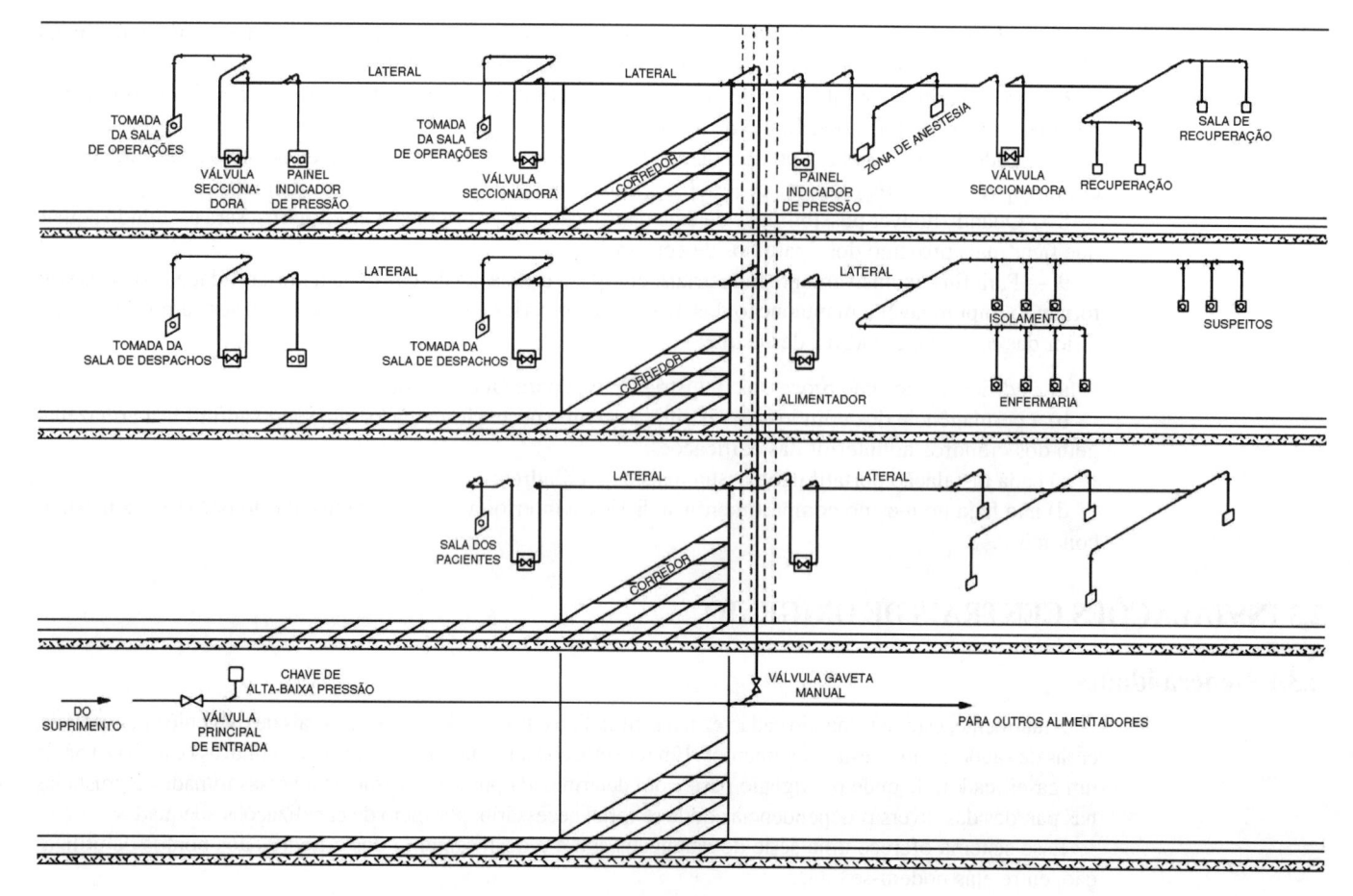

Fig. 2.33

b) aumento da capacidade de armazenagem — 1 m³ de oxigênio gasoso comprimido a 150 atm ocupa um volume prático de 7 litros, enquanto o oxigênio líquido ocupa um volume de 1,2 litro;

c) maior segurança, por operar em menor pressão;

d) melhor controle de consumo pela medição de maiores volumes de cada vez.

TABELA 2.20

Equipamentos da SA White Martins para Oxigênio Líquido			
Equipamento	*LC-3 (transportável)*	*AT-25 (fixo)*	*92-VCC (fixo)*	*310-VCC (fixo)*
Dimensões (mm)	Cilíndrico, diâmetro de 500 × 1.470	Cilíndrico, diâmetro de 915 × 2.670	Cilíndrico, diâmetro de 1.524 × 3.760	Esférico, diâmetro 3.320, altura 4.850
Capacidade m³	85	708	2.550	8.600
Vazão m³/hora	em 10 horas — 8,5 em 5 minutos — 28,3	em 10 horas — 37 em 5 minutos — 110	85 a 710 — dependendo do gaseificador	85 a 28.000 — dependendo do gaseificador
Tempo de parada sem perdas (horas)	63	72	72	72
Pressão de trabalho (psi)	75	25 a 150	20 a 160	20 a 160
Pressão interna (psi)	225 (máxima)	–	200 (máxima)	200 (máxima)
Espaço necessário (m)	0,60 × 0,60	1,30 × 1,30	4,25 × 3,85	6 × 6,50

2.3.4 Esquema de uma Instalação

A fim de dar ao leitor uma idéia de instalação central de oxigênio, vemos na Fig. 2.34 o esquema vertical de uma instalação que consta de:

1) Gaseificador — unidade destinada ao armazenamento do oxigênio líquido a grandes consumidores. Dele o oxigênio, sob baixas temperaturas, depois de ser tornado gás, dirige-se às canalizações e tomadas.

2) Painel de alarme — dispositivo instalado geralmente junto da mesa telefônica dos hospitais, onde se acende uma luz vermelha todas as vezes que o oxigênio do posto termina, entrando em funcionamento o suprimento de reserva; pode-se também instalar um manômetro para oxigênio, o qual aciona um contato elétrico com cigarra ou lâmpada vermelha para indicar qualquer perda de pressão no sistema e lâmpada verde quando a pressão for normal.

3) Canalizações de cobre sem costura hidrolar com conexões de latão yorkshire, soldadas com ligas de prata Argentum 45 CD.

4) Tomadas de parede com regulador de vazão.

5) Registros de latão para seccionamento das canalizações.

Na Fig. 2.34, vemos um esquema vertical de uma instalação hospitalar, com normas de segurança fixadas pela National Fire Protection Association.

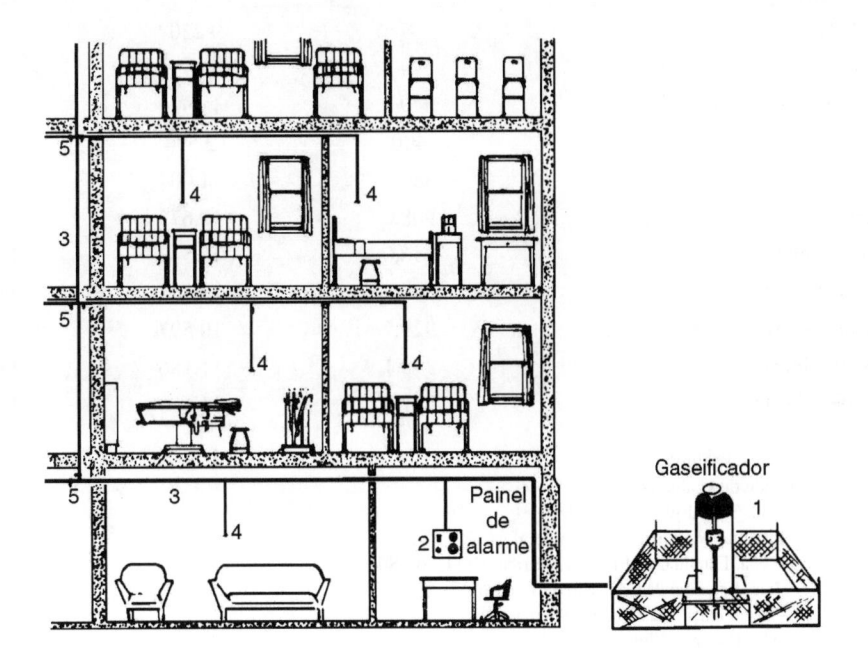

Fig. 2.34 Corte de um hospital, com oxigênio canalizado.

TABELA 2.21

Combustível	Massa Específica Média (kg/m³)	Poder Calorífico Médio (kcal/kg)	Fonte	Custo Percentual para 10.000 kcal
Poderes Caloríficos de Combustíveis				
Carvão vegetal	240	6.610	INT	
			Belgo-Mineira	
Carvão metalúrgico importado	—	7.920	CSN	
Carvão metalúrgico nacional	—	6.824	CSN	
Carvão vapor (charqueados)	—	3.129	Eletrosul	
Carvão vapor (Sotelca)	—	2.950	Eletrosul	
Carvão vapor (Candiota)	—	2.800	CEEE	
Carvão vapor (Klabin)	—	4.500	Klabin	
Coque metalúrgico	—	7.300	CSN	
Coque de gás	—	7.300	CEG	
Eletricidade	—	860 **	—	90
Gasolina automotiva	720,2	11.583	Petrobras	
Gasolina de aviação	709,0	11.650	Petrobras	
Gás de cidade	—	4.300*	CEG	240
Gás de refinaria	1,225	12.500*	ONU	
Gás de alto-forno	—	917*	CSN	
Gás natural	—	9.250*	CSN	
Gás de coqueria	—	4.495*	CSN	
Gás liquefeito do petróleo (GLP)	549,2	11.900	Petrobras	215
Lenha	400	2.594	INT	
Óleo *diesel*	830,2	11.004	Petrobras	100
Óleo combustível APF	908,0	10.675	Petrobras	28,3
Óleo combustível BPF	946,0	10.540	Petrobras	
Óleo combustível n.º 4	866,4	10.848	Petrobras	66,5
Óleo combustível *Navy special*	929,7	10.597	Petrobras	
Querosene iluminante	792,1	11.186	Petrobras	
Querosene de aviação	797,9	11.156	Petrobras	

Observações. * A unidade é kcal/m³.
**A unidade de kcal/kWh.
CSN — Cia. Siderúrgica Nacional
INT — Instituto Nacional de Tecnologia
CEEE — Cia. Estadual de Energia Elétrica (Rio G. do Sul)
CEG — Cia. Estadual de Gás (Rio de Janeiro)
ONU — Organização das Nações Unidas
APF — Alto Poder de Fluidez
BPF — Baixo Poder de Fluidez

TABELA 2.22

Estudo Comparativo dos Custos de Combustíveis Normalmente Empregados em Cozinhas Industriais					
Combustível Estudado	Densidade	Poder Calorífico	Preço por 10.000 Calorias (R$)	Custo Percentual (%)	Fonte Fornecedora dos Dados (29/05/72)
Gás liquefeito de petróleo	2,00 — butano 1,56 — propano	11.500 cal/kg	0,976	215	Ultragás
Gás usinado	0,54	4.300 cal/m³	1,893	240	
Eletricidade	—	860 cal/kWh	4,104	901	Fábrica da Inteco (Conta de abril)
Óleo *diesel*	0,82 a 0,86	10.905 cal/kg	0,455	100	Shell p/tonelada
Óleo tipo 4	0,85 a 0,94	10.905 cal/kg	0,303	66,5	Shell p/tonelada
Full oil	0,95 a 0,99	10.905 cal/kg	0,129	28,3	Shell p/tonelada

— 32 a 33 kg de vapor por hora/m² de superfície de aquecimento.

Resumo do Capítulo 2

— Regulamento de Instalações Prediais — RIP — CEG.

— Gás Liquefeito do Petróleo (GLP): dados físicos, prescrições para instalação, dimensionamento das canalizações (fórmula de Pole), instalações centrais de GLP; armazenamento e instalações dos botijões, prescrições da Associação Brasileira dos Distribuidores de GLP para transporte e manuseio. Seguir as normas NBR-13.932, NBR-13.523, NBR-14.024, NBR-13.933 e NBR-14.570, todas da ABNT.

— Instalações centrais de oxigênio: generalidades, canalizações, equipamento para oxigênio líquido, esquema de uma instalação hospitalar; tabela de dados físicos dos equipamentos; seguir NBR-13.932, NBR-13.523, NBR-14.024, NBR-13.933 e NBR-14.570 da ABNT.

— Poder calorífico dos combustíveis, estudo comparativo dos custos dos combustíveis empregados em cozinhas industriais.

Questão Proposta

Dimensionar as tubulações necessárias ao transporte de gás de rua para uma residência de dois pavimentos com os seguintes aparelhos consumidores:

1º pavimento: fogão de 4 bocas com forno (F-4) + 1 aquecedor simples (A-1).

2º pavimento: 1 aquecedor simples (A-2).

Distância entre o medidor e a 1ª derivação 10 m e entre essa derivação e o aquecedor do 1º pavimento, 8 m, e desta ao fogão, 5 m.

Distância da 1ª derivação ao aquecedor do 2º pavimento: 12 m.

3
Instalações Prediais de
Esgotos Sanitários e de Águas Pluviais

3.1 INTRODUÇÃO

3.1.1 Objetivos

As presentes instruções são baseadas na revisão da NB-19 da ABNT* que rege as instalações prediais de esgotos sanitários. Essa Norma estabelece os requisitos mínimos a serem obedecidos na elaboração do Projeto, na execução e no recebimento das instalações prediais de esgotos sanitários, para que elas satisfaçam as condições necessárias de higiene, segurança, economia e conforto dos usuários.

Atualmente as Normas NBR-5688 de Jan/99 regulam os sistemas prediais de água pluvial, esgoto sanitário, ventilação, tubos e conexões em PVC tipo DN (diâmetro nominal).

3.1.2 Campo de Aplicação

a) Essa Norma se aplica às Instalações Prediais de Esgotos Sanitários de qualquer tipo de edifício, seja ele construído em zona urbana ou rural.

b) Para os edifícios situados em zona urbana, essa Norma se aplica indistintamente nos casos de a zona ser servida ou não por sistemas públicos de esgotos sanitários.

c) Não se enquadram nessa Norma aqueles tipos de esgotos que, devido às suas características de qualidade e temperatura, têm sua ligação vedada ao coletor público, conforme disposto na Norma.

3.2 TERMINOLOGIA, DEFINIÇÕES, SIMBOLOGIA

(Ver Figs. 3.1, 3.2, 3.3 e 3.4.)

Para os fins da presente Norma, serão adotados os seguintes termos e símbolos:

3.2.1 Altura do Fecho Hídrico

Profundidade da camada líquida medida entre o nível de saída do desconector e o ponto mais baixo da parede ou colo inferior que separa os compartimentos ou ramos de entrada e saída do aparelho.

3.2.2 Aparelho de Descarga

Dispositivo que se destina à lavagem provocada ou automática de aparelhos sanitários.

---

*Origem ABNT — NB-19/1983.

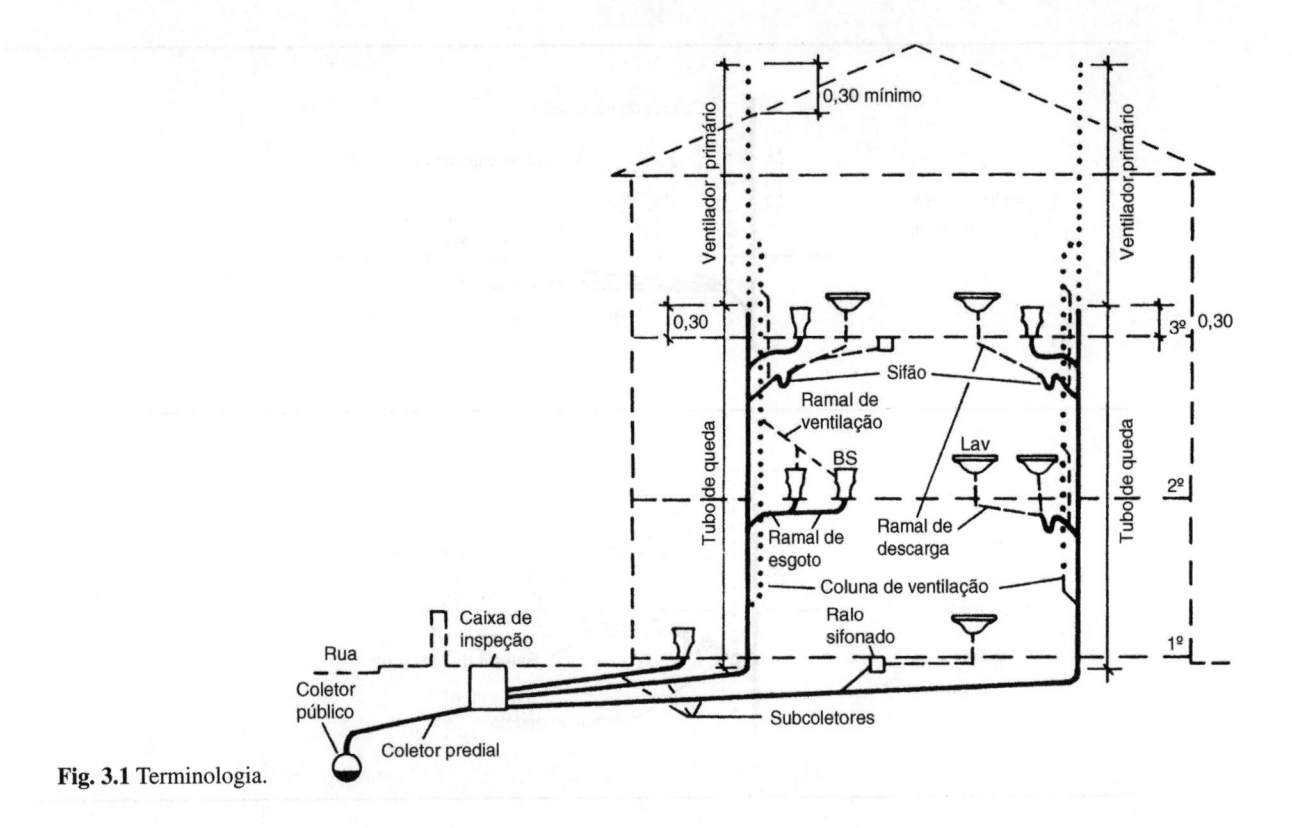

Fig. 3.1 Terminologia.

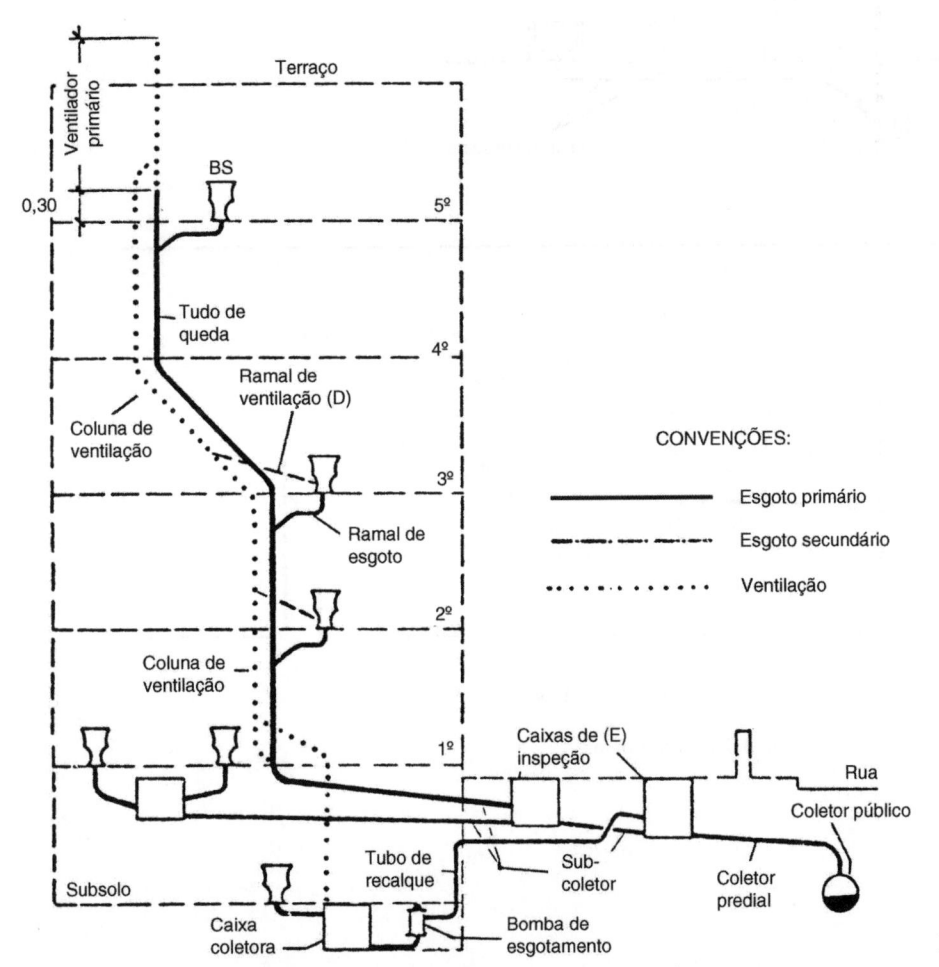

Fig. 3.2 Terminologia.

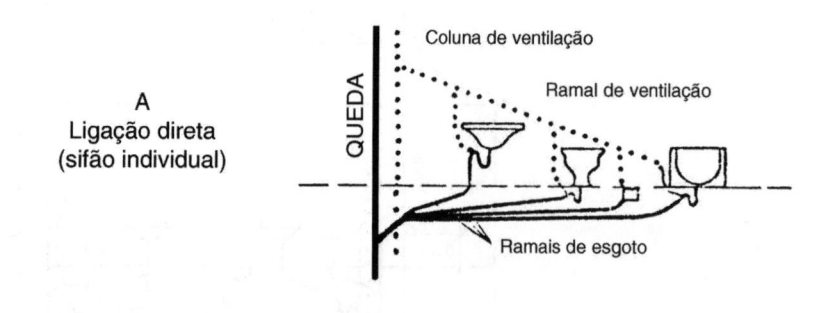

A
Ligação direta
(sifão individual)

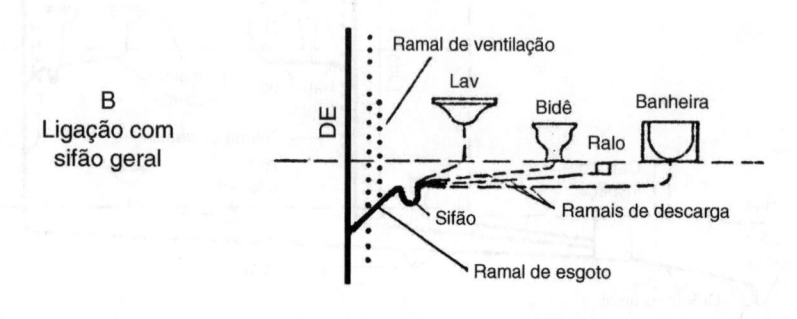

B
Ligação com
sifão geral

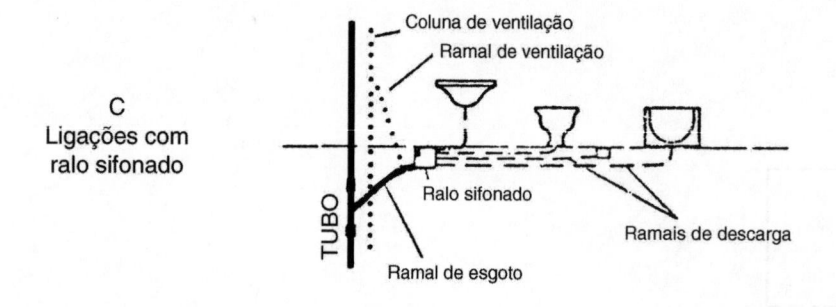

C
Ligações com
ralo sifonado

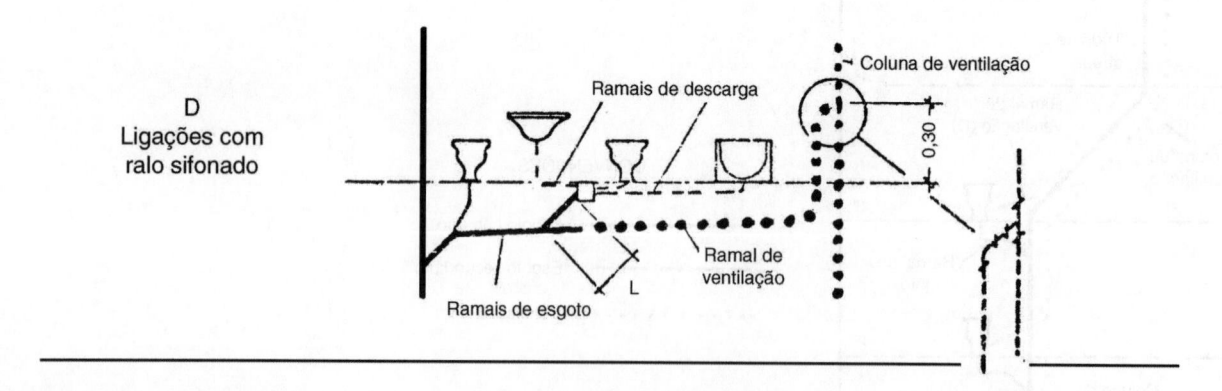

D
Ligações com
ralo sifonado

L – de acordo com a Tabela I

Fig. 3.3 Terminologia.

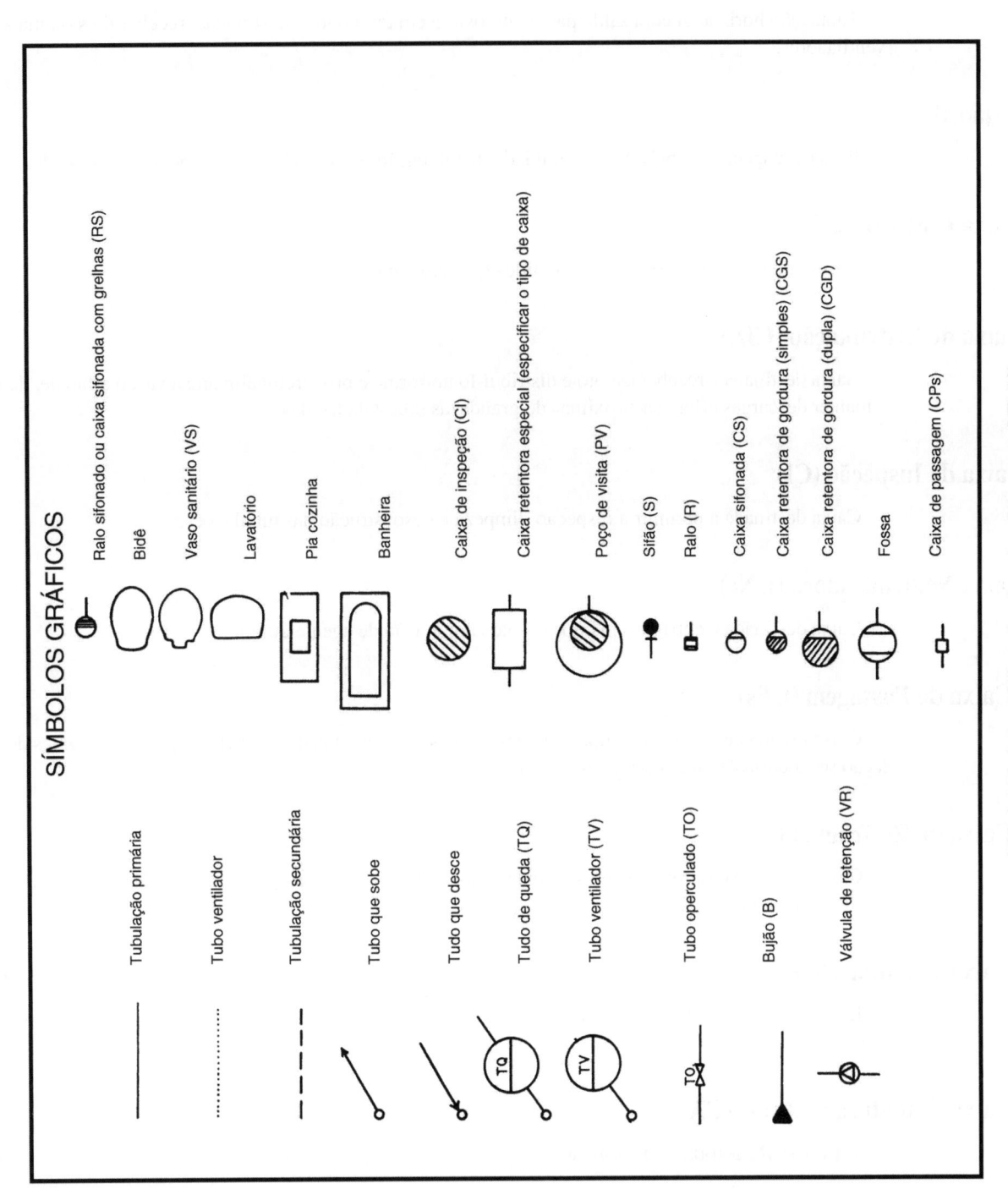

Fig. 3.4 Símbolos gráficos dos desenhos de esgotos (NB-19).

3.2.3 Aparelho Sanitário

Aparelho ligado à instalação predial e destinado ao uso de água para fins higiênicos ou a receber dejetos e águas servidas.

3.2.4 Barriletes de Ventilação (BV)

Tubulação horizontal com saída para a atmosfera em um ponto e destinada a receber dois ou mais tubos ventiladores.

3.2.5 Bujão(B)

Peça de inspeção adaptável à extremidade de tubulação ou conexão, ou a dispositivos sifonados.

3.2.6 Caixa Coletora (CC)

Caixa onde se reúnem os refugos líquidos que exigem elevação mecânica.

3.2.7 Caixa de Distribuição (CDt)

Caixa destinada a receber esgoto e distribuí-lo uniforme e proporcionalmente à vazão afluente, de modo a manter descargas efluentes próximas de grandezas preestabelecidas.

3.2.8 Caixa de Inspeção (CI)

Caixa destinada a permitir a inspeção, limpeza e desobstrução das tubulações.

3.2.9 Caixa Neutralizadora (CNe)

Caixa destinada a corrigir o pH dos esgotos por adição de agente químico.

3.2.10 Caixa de Passagem (CPs)

Caixa dotada de grelha ou tampa cega destinada a receber água de lavagem de pisos e afluentes de tubulação secundária de uma mesma unidade autônoma.

3.2.11 Caixa de Resfriamento

Caixa destinada a provocar o resfriamento dos esgotos a uma temperatura que não cause danos à rede pública e destinos finais.

3.2.12 Caixa Retentora (CR)

Dispositivo projetado e instalado para separar e reter substâncias indesejáveis às redes de esgoto sanitário.

3.2.13 Caixa Retentora de Areia (CA)

Ver Caixa Retentora, anteriormente.

3.2.14 Caixa Retentora de Gordura (CG)

Ver Caixa Retentora, anteriormente.

3.2.15 Caixa Retentora de Óleo (CO)

Ver Caixa Retentora, anteriormente.

3.2.16 Caixa Sifonada (CS)

Caixa dotada de fecho hídrico destinada a receber efluentes da instalação secundária de esgotos.

3.2.17 Câmara Receptora

Parte do interior de um recipiente dotado de septo que fica entre este e o orifício de entrada.

3.2.18 Câmara de Retenção da Caixa de Gordura

Espaço da caixa destinado à retenção da gordura.

3.2.19 Câmara Vertedoura

Parte do interior de um recipiente dotado de septo que fica entre este e o orifício da saída.

3.2.20 Coletor Predial

Trecho de tubulação compreendido entre a última inserção de subcoletor, ramal de esgoto ou de descarga e o coletor público ou sistema particular.

3.2.21 Coletor Público

Tubulação pertencente ao sistema público de esgotos sanitários e destinada a receber e conduzir os efluentes dos coletores prediais.

3.2.22 Coluna de Ventilação (CV)

Tubo ventilador vertical que se desenvolve através de um ou mais andares e cuja extremidade superior é aberta à atmosfera, ou ligada a tubo ventilador primário ou a barrilete de ventilação.

3.2.23 Curva de Raio Longo

Conexão em forma de curva cujo raio médio de curvatura é maior ou igual a duas vezes o diâmetro interno da peça.

3.2.24 Desconector

Dispositivo provido de fecho hídrico destinado a vedar a passagem dos gases.

3.2.25 Despejo Industrial

Refugo líquido decorrente do uso da água para fins industriais e serviços diversos.

3.2.26 Diâmetro Nominal (DN)

Simples número que serve para classificar dimensionalmente os elementos de tubulações (tubos, conexões, condutores, calhas, bocais etc.) e que corresponde aproximadamente ao diâmetro interno da tubulação em milímetros.

Nota: O diâmetro nominal (DN n.º) não deve ser objeto de medições e nem deve ser utilizado para fins de cálculo.

3.2.27 Esgoto

Refugo líquido que deve ser conduzido a um destino final.

3.2.28 Esgoto Sanitário

São os despejos provenientes do uso da água para fins higiênicos.

3.2.29 Fecho Hídrico

Camada líquida que, em um desconector, veda a passagem de gases.

3.2.30 Fossa Séptica (FS)

Unidade de sedimentação e digestão, de fluxo horizontal e funcionamento contínuo, destinada ao tratamento primário do esgoto sanitário.

3.2.31 Instalação Primária de Esgotos

Conjunto de tubulações e dispositivos onde têm acesso gases provenientes do coletor público ou dos dispositivos de tratamento.

3.2.32 Instalação Secundária de Esgotos

Conjunto de tubulações e dispositivos onde não têm acesso gases provenientes do coletor público ou dos dispositivos de tratamento.

3.2.33 Lavador de Comadre (LC)

Aparelho sanitário destinado a receber dejetos humanos recolhidos em comadres e à lavagem desses recipientes.

3.2.34 Ligação ao Coletor Público (LCP)

Ponto de inserção ao coletor público.

3.2.35 Lote

Parcela autônoma de um loteamento ou desmembramento cuja testada é adjacente a logradouro público reconhecido.

3.2.36 Peça de Inspeção

Dispositivo para inspeção, limpeza e desobstrução das tubulações.

3.2.37 Pia de Despejo (PD)

Aparelho sanitário destinado a receber esgoto que contenha resíduos sólidos recolhidos em recipientes portáteis.

3.2.38 Poço de Visita (PV)

Dispositivo destinado a permitir a visita para a inspeção, limpeza e desobstrução das tubulações.

3.2.39 Ralo (R)

Caixa dotada de grelha na parte superior, destinada a receber águas de lavagem de piso ou de chuveiro.

3.2.40 Ralo Sifonado (RS)

Caixa sifonada dotada de grelha.

3.2.41 Ramal de Descarga (RD)

Tubulação que recebe diretamente efluentes de aparelhos sanitários.

3.2.42 Ramal de Esgoto (RE)

Tubulação que recebe efluentes de ramais de descarga.

3.2.43 Ramal de Ventilação (RV)

Tubo ventilador que interliga o desconector ou ramal de descarga de um ou mais aparelhos sanitários a uma coluna de ventilação ou a um ventilador primário.

3.2.44 Rede Pública de Esgotos Sanitários

Conjunto de tubulações pertencentes ao sistema urbano de esgotos sanitários diretamente controlado pela autoridade pública.

3.2.45 Sifão (S)

Desconector destinado a receber efluentes da instalação de esgoto sanitário.

3.2.46 Subcoletor (SC)

Tubulação que recebe efluentes de um ou mais tubos de queda ou ramais de esgoto.

3.2.47 Sumidouro

Cavidade destinada a receber o efluente de dispositivo de tratamento e a permitir sua infiltração no solo.

3.2.48 Tubo Horizontal

Qualquer tubulação instalada em posição horizontal ou que faça ângulo menor que 45° com a horizontal.

3.2.49 Tubo Vertical

Qualquer tubulação instalada em posição vertical ou que faça ângulo não maior que 45° com a vertical.

3.2.50 Tubo Operculado (TO)

Peça de inspeção em forma de tubo provida de abertura com tampa removível.

3.2.51 Tubo de Queda (TQ)

Tubulação vertical que recebe efluentes de subcoletores, ramais de esgoto e ramais de descarga.

3.2.52 Tubo Ventilador (TV)

Tubo destinado a possibilitar o escoamento de ar da atmosfera para a instalação de esgoto e vice-versa ou a circulação de ar no interior da instalação com a finalidade de proteger o fecho hídrico dos desconectores de ruptura por aspiração ou compressão e de encaminhar os gases emanados do coletor público para a atmosfera.

3.2.53 Tubo Ventilador de Alívio

Tubo ventilador secundário que liga o tubo de queda ou ramal de esgoto ou de descarga à coluna de ventilação.

3.2.54 Tubo Ventilador de Circuito (VC)

Tubo ventilador secundário ligado a um ramal de esgoto e que serve a um grupo de aparelhos sem ventilação individual (ver Tubo Ventilador Secundário).

3.2.55 Tubo Ventilador Invertido (VIn)

Tubo ventilador individual em forma de cajado que liga o orifício existente no colo alto do desconector do vaso sanitário ao respectivo ramal de descarga.

3.2.56 Tubo Ventilador Primário (VP)

Prolongamento do tubo de queda acima do ramal mais alto a ele ligado e com extremidade superior aberta à atmosfera situada acima da cobertura do prédio.

3.2.57 Tubo Ventilador Secundário (VSe)

Tubo ventilador que não é primário.

3.2.58 Tubo Ventilador Suplementar (VSu)

Tubulação que liga um ramal de esgoto ao tubo ventilador de circuito correspondente.

3.2.59 Tubulação Primária

Tubulação à qual têm acesso gases provenientes do coletor público ou dos dispositivos de tratamento.

3.2.60 Tubulação de Recalque

Tubulação que recebe esgoto diretamente de dispositivos de elevação mecânica.

3.2.61 Tubulação Secundária

Tubulação protegida por desconector contra o acesso de gases das tubulações primárias.

3.2.62 Unidade Autônoma

Parte da edificação vinculada a uma fração ideal de terreno, sujeita às limitações da lei, constituída de dependências e instalações de uso privativo, destinada a fins residenciais ou não, assinalada por designação especial numérica ou alfabética para efeitos de identificação e discriminação.

3.2.63 Unidade Hunter de Contribuição (UHC)

Fator probabilístico numérico que representa a freqüência habitual de utilização associada à vazão típica de cada uma das diferentes peças de um conjunto de aparelhos heterogêneos em funcionamento simultâneo em hora de contribuição máxima no hidrograma diário.

3.2.64 Vaso Sanitário (VS)

Aparelho sanitário destinado a receber exclusivamente dejetos humanos.

3.2.65 Símbolos que Devem Ser Usados nos Desenhos

3.2.65.1 Caixa Coletora, Caixa de Gordura, Caixa de Inspeção, Caixa Sifonada e Ralo

O desenho da caixa ou ralo, com sua forma e dimensões indicando dentro ou ao lado os seus símbolos: CC, CG, CI, CS, R.

3.2.65.2 Tubulações Primárias

Devem ser desenhadas em traço cheio grosso, indicando em cada trecho o seu diâmetro e comprimento. Deve ser indicada também em cada trecho a declividade, desde que seja adotada declividade diferente daquelas especificadas nessa Norma.

As tubulações primárias, quando enterradas, os subcoletores e o coletor predial deverão ser cotados com base em referência claramente definida. Deverá sempre ser cotado o ponto do coletor predial no alinhamento do terreno.

No caso de o coletor predial se constituir parte em *servidão,* o trecho nessas condições deve ser identificado também com a sigla SV.

3.2.65.3 Tubulações Secundárias

Devem ser desenhadas em traço cheio fino, com as mesmas indicações exigidas para as tubulações primárias.

3.2.65.4 Ramais de Ventilação

Devem ser desenhados em traço fino interrompido, com as mesmas indicações exigidas para as tubulações primárias.

3.2.65.5 Colunas de Ventilação e Ventilador Primário

Devem ser desenhados em traço grosso interrompido, com as mesmas indicações exigidas para as tubulações primárias.

3.2.65.6 Tubos de Queda, Colunas de Ventilação e Ventilador Primário

Em planta, serão indicados com um círculo com dimensões de 10 mm.

Essas tubulações deverão ser identificadas pelo seu símbolo, TQ, CV e VP, respectivamente, seguido de um número de ordem, em algarismo arábico: TQ1, TQ2..., CV1, CV2... Ventiladores primários deverão ter os mesmos números atribuídos ao tubo de queda ao qual estiverem associados. Essa numeração deverá ser iniciada de jusante para montante.

3.2.65.7 Esgotos Especiais

Deverá ser usada uma simbologia adequada ao tipo de sistema; porém, se forem desenhados nas mesmas pranchas das instalações prediais de esgotos sanitários, essa simbologia deverá ser diferenciada daquelas exigidas nessa Norma.

3.2.65.8 Conexões

Acompanham o mesmo tipo de traço da tubulação, devendo todas as suas juntas ser assinaladas com um pequeno traço paralelo à linha da tubulação.

3.2.65.9 Inspeções

Deverão ser assinaladas em todos os desenhos com a letra I, seguida de um número de ordem, em algarismo arábico: I1, I5 etc.... A numeração deverá ser iniciada de jusante para montante, seguindo inicialmente os trechos mais longos.

3.2.65.10 Instalação para Destino Final

Deverão ser indicadas nos desenhos a sua localização, área ocupada e cota de chegada dos esgotos.

3.2.65.11 Ralo Sifonado

O desenho da sua forma e dimensões deve ser seccionado ao meio, tendo a parte ligada à tubulação principal escurecida.

Assim:

3.2.65.12 Sifão

Será indicado por um S; quando inserido numa tubulação, o S deverá ser incluído no traço da tubulação, assim:

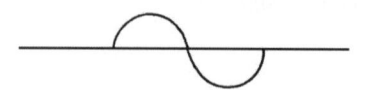

3.3 DADOS PARA O PROJETO

3.3.1 Elementos Necessários

Para a elaboração do projeto das instalações prediais de esgotos sanitários, são necessários:

a) Definição completa dos elementos do projeto de arquitetura do edifício. Plantas na escalada 1:50, cortes e fachadas.

b) Definição completa dos projetos de estruturas e de fundações com pelo menos as plantas de fôrmas.

c) Definição da possibilidade de ligação da instalação em coletor público: normalmente pela frente do lote; através de servidão; não há possibilidade de imediato, sendo possível no futuro; não existe essa alternativa.

d) Definição dos demais projetos de instalação do edifício: água fria, água quente, águas pluviais, combate a incêndios, gás, vapor vácuo, oxigênio, instalações elétricas etc.

e) No caso de impossibilidade temporária ou definitiva de ligação em coletor público, todos os elementos necessários ao projeto da Instalação para Destino Final.

3.3.2 Atividades Necessárias

O projeto das instalações prediais de esgotos sanitários compreenderá as seguintes atividades:

a) Definição de todos os pontos de recepção de esgotos.

b) Definição do ponto ou dos pontos de destino; definição do coletor predial.

c) Definição e localização das tubulações que transportarão todos os esgotos dos pontos de recepção ao ponto ou pontos de destino. Definição das inspeções.

d) Definição e localização das tubulações necessárias à ventilação das tubulações primárias.

e) Definição e localização da instalação elevatória e da instalação para destino final, quando for o caso.

f) Determinação, para cada trecho das tubulações projetadas, do "número de unidades Hunter" que lhe corresponde.

g) Especificação de materiais, dispositivos e equipamentos a serem utilizados.

h) Determinação dos diâmetros das tubulações e dimensionamento da instalação elevatória, quando houver.

i) Fixação de disposições construtivas.

j) Definição dos testes de recebimento.

l) Elaboração do manual de operação e manutenção (opcional).

m) Relação de materiais e equipamentos (opcional).

n) Estimativa de custo; orçamento (opcional).

o) Apresentação do Projeto.

p) Supervisão e responsabilidade.

q) Tabelas e desenhos.

3.3.3 Localização dos Aparelhos

De acordo com a planta de arquitetura, o instalador normalmente já está ciente de onde estão localizados os diversos aparelhos, o que deve obedecer à funcionalidade, estética e economia. É sempre conveniente agruparem-se as instalações sanitárias, tanto quanto possível. As bacias sanitárias deverão ficar próximas às janelas ou basculantes. A melhor posição para o ralo sifonado é em posição central às demais peças, o que nem sempre coincide com a melhor estética. Sempre que possível, instalar o chuveiro em boxe próprio, em vez de sobre a banheira, para evitar acidentes devido a escorregamento; caso não seja possível, instalar um meio de o usuário poder se segurar.

Todos os aparelhos, peças e dispositivos deverão satisfazer às exigências da ABNT.

3.3.4 Ramais de Descarga (Ver Tabelas 3.1 e 3.2)

Conhecida a localização dos aparelhos, podemos ligar os seus ramais de descarga:

a) lavatório, banheiras, chuveiros (ralos), bidês e tanques de lavagem: a desconectores (ralos ou caixas sifonadas), à canalização primária (por meio de sifão) ou à canalização secundária;

b) pias de cozinha ou de copa: a caixas de gordura, tubo de gordura, canalização primária (por meio de separador de gordura) ou a caixa de inspeção;

c) bacias sanitárias, mictórios e pias de despejos: a canalização primária ou caixa de inspeção.

Os diâmetros mínimos dos ramais de descarga estão fixados em tabela, e a declividade mínima nos trechos horizontais é de 2% se o diâmetro nominal (DN) é igual ou menor que 75 mm e 1%, se iguais ou maiores que DN 100.

3.3.5 Ramais de Esgoto (Ver Tabela 3.5)

Os ramais provenientes das bacias sanitárias ou pias de despejo serão sempre canalizações primárias. Os ramais provenientes dos mictórios só poderão ser ligados a ralos ou caixas sifonadas com tampa cega e devem ser de chumbo ou outro material não-atacável pela urina. Poderá ser ligado também a um sifão de chumbo, nos andares superiores, ou a sifão de barro vidrado, no andar térreo.

3.3.6 Tubos de Queda (Ver Tabela 3.4)

Devem ser o mais verticais possível, empregando-se sempre curvas de raio longo nas mudanças de direção. O seu diâmetro será sempre superior ou igual a qualquer canalização a eles ligada. Nas mudanças de direção dos tubos de queda, deverá sempre ser colocado um tubo operculado (visita), junto às curvas, todas as vezes que elas forem inatingíveis por varas de limpeza introduzidas pelas caixas de inspeção.

Os tubos de queda deverão ser prolongados, com o mesmo diâmetro, até acima da cobertura do prédio, para ventilação; porém, se estiverem servindo a até três bacias sanitárias, poderão ser de 75 mm (3″).

3.3.7 Subcoletores (Ver Tabela 3.3)

Devem ter os diâmetros e declividades mínimas constantes da Tabela 3.3. O comprimento máximo dos subcoletores será de 15 m, espaçando-se caixas ou peças de inspeção para permitir desobstruções. Sempre que possível, deverão ser construídos em parte não-edificada do terreno; quando impossível, as caixas de inspeção deverão estar em áreas livres e de serventia comum.

As canalizações podem ser de manilhas de cerâmica vidrada ou de ferro fundido coltarizado, não podendo, em hipótese alguma, ficar solidárias com a estrutura do prédio.

Os tubos e conexões de cerâmica vidrada são vedados nas canalizações acima do solo, nas sujeitas a choques ou perfurações, nos aterros, quando ficarem a menos de 2 m de caixas de água, quando o recobrimento for menor que 0,50 m e nas canalizações sob construções de mais de um pavimento.

Os tubos e conexões de ferro fundido não poderão receber despejos ácidos antes de os mesmos serem neutralizados ou diluídos. Nesse caso, sempre que possível, devem ser substituídos por manilhas de cerâmica vidrada ou outro material não-atacável pelo ácido.

O diâmetro mínimo do subcoletor e do coletor predial será de 100 mm (4″).

Todas as canalizações deverão ser solidamente assentes e, quando acima do solo, serão suportadas por braçadeiras de ferro fundido ou por consolos, vigas, pilares ou saliências nas paredes que garantam a permanência do alinhamento e da declividade das canalizações. Todas as juntas de ponta e bolsa nas manilhas de cerâmica vidrada e canos de cimento-amianto deverão ser tomadas com argamassa de cimento portland e areia fina traço 1:3 ou cimento portland e tabatinga traço 1:1.

TABELA 3.1

Aparelho	Número de Unidades Hunter de Contribuição	Diâmetro Nominal do Ramal de Descarga — DN
Unidade Hunter de Contribuição dos Aparelhos Sanitários e Diâmetro Nominal dos Ramais de Descarga		
Banheira de residência	3	40
Banheira de uso geral	4	40
Banheira hidroterápica — fluxo contínuo	6	75
Banheira de emergência (hospital)	4	40
Banheira infantil (hospital)	2	40
Bacia de assento (hidroterápica)	2	40
Bebedouro	0,5	30
Bidê	2	30
Chuveiro de residência	2	40
Chuveiro coletivo	4	40
Chuveiro hidroterápico	4	75
Chuveiro hidroterápico tipo tubular	4	75
Ducha escocesa	6	75
Ducha perineal	2	30
Lavador de comadre	6	100
Lavatório de residência	1	30
Lavatório geral	2	40
Lavatório quarto de enfermeira	1	30
Lavabo cirúrgico	3	40
Lava-pernas (hidroterápico)	3	50
Lava-braços (hidroterápico)	3	50
Lava-pés (hidroterápico)	2	50
Mictório — válvula de descarga	6	75
Mictório — caixa de descarga	5	50
Mictório — descarga automática	2	40
Mictório de calha por metro	2	50
Mesa de autópsia	2	40
Pia de residência	3	40
Pia de serviço (despejo)	5	75
Pia de laboratório	2	40
Pia de lavagem de instrumentos (hospital)	2	40
Pia de cozinha industrial — preparação	3	40
Pia de cozinha industrial — lavagem de panelas	4	50
Tanque de lavar roupa	3	40
Máquinas de lavar pratos	4	75
Máquina de lavar roupa até 30 kg	10	75
Máquina de lavar roupa de 30 kg até 60 kg	12	100
Máquina de lavar roupa acima de 60 kg	14	150
Vaso sanitário	6	100

Nota: O diâmetro nominal indicado nesta tabela e relacionado com o número de unidades Hunter de contribuição é considerado mínimo.

Ref.: Tabela 1 da NB-19/1983.

TABELA 3.2

Unidade Hunter de Contribuição para Aparelhos Não Relacionados na Tabela 3.1	
Diâmetro Nominal do Ramal de Descarga — DN	*Número de Unidades Hunter de Contribuição*
30 ou menor	1
40	2
50	3
75	5
100	6

Ref.: Tabela 2 da NB-19/1983.

TABELA 3.3

Dimensionamento de Coletores Prediais e Subcoletores				
Diâmetro Nominal do Tubo — DN	*Número Máximo de Unidades Hunter de Contribuição*			
	Declividades Mínimas (%)			
	0,5	1	2	4
100	—	180	216	250
150	—	700	840	1.000
200	1.400	1.600	1.920	2.300
250	2.500	2.900	3.500	4.200
300	3.900	4.600	5.600	6.700
400	7.000	8.300	10.000	12.000

Ref.: Tabela 3 da NB-19/1983.

TABELA 3.4

Dimensionamento de Tubos de Queda			
Diâmetro Nominal do Tubo — DN	*Número Máximo de Unidades Hunter de Contribuição*		
	Prédio de até 3 pavimentos	*Prédio com mais de 3 pavimentos*	
		em 1 pavimento	*em todo o tubo*
30	2	1	2
40	4	2	8
50	10	6	24
75	30	16	70
100	240	90	500
150	960	350	1.900
200	2.200	600	3.600
250	3.800	1.000	5.600
300	6.000	1.500	8.400

Nota: Deve ser usado o diâmetro nominal mínimo DN 100 para as tubulações que recebam despejos de vasos sanitários.
Ref.: Tabela 4 da NB-19/1983.

TABELA 3.5

Dimensionamento de Ramais de Esgoto	
Diâmetro Nominal do Tubo — DN	Número Máximo de Unidades Hunter de Contribuição
30	1
40	3
50	6
75	20
100	160
150	620

Ref.: Tabela 5 da NB-19/1983.

TABELA 3.6

Distância Máxima de um Desconector ao Tubo Ventilador	
Diâmetro Nominal do Ramal de Descarga — DN	Distância Máxima (m)
30	0,70
40	1,00
50	1,20
75	1,80
100	2,40

Ref.: Tabela 7 da NB-19/1983.

TABELA 3.7

Dimensionamento de Ramais de Ventilação			
Grupos de Aparelhos sem Vasos Sanitários		Grupo de Aparelhos com Vasos Sanitários	
Número de Unidades Hunter de Contribuição	Diâmetro Nominal do Ramal de Ventilação — DN	Número de Unidades Hunter de Contribuição	Diâmetro Nominal do Ramal de Ventilação — DN
até 2	30	até 17	50
3 a 12	40	18 a 60	75
13 a 18	50	—	—
19 a 36	75	—	—

Ref.: Tabela 8 da NB-19/1983.

TABELA 3.8

Dimensionamento de Colunas e Barriletes de Ventilação											
Diâmetro Nominal do Tubo de Queda ou Ramal de Esgoto — DN	Número de Unidades Hunter de Contribuição	Diâmetro Nominal Mínimo de Tubo de Ventilação									
		30	40	50	60	75	100	150	200	250	300
		Comprimento Máximo Permitido (m)									
30	2	9									
40	8	15	46								
40	10	9	30								
50	12	9	23	61							
50	20	8	15	46							
75	10	—	13	46	110	317					
75	21	—	10	33	82	247					
75	53	—	8	29	70	207					
75	102	—	8	26	64	189					
100	43	—	—	11	26	76	299				
100	140	—	—	8	20	61	229				
100	320	—	—	7	17	52	195				
100	530	—	—	6	15	46	177				
150	500	—	—	—	—	10	40	305			
150	1.100	—	—	—	—	8	31	238			
150	2.000	—	—	—	—	7	26	201			
150	2.900	—	—	—	—	6	23	183			
200	1.800	—	—	—	—	—	10	73	286		
200	3.400	—	—	—	—	—	7	57	219		
200	5.600	—	—	—	—	—	6	49	186		
200	7.600	—	—	—	—	—	5	43	171		
250	4.000	—	—	—	—	—	—	24	94	293	
250	7.200	—	—	—	—	—	—	18	73	225	
250	11.000	—	—	—	—	—	—	16	60	192	
250	15.000	—	—	—	—	—	—	14	55	174	
300	7.300	—	—	—	—	—	—	9	37	116	287
300	13.000	—	—	—	—	—	—	7	29	90	219
300	20.000	—	—	—	—	—	—	6	24	76	186
300	26.000	—	—	—	—	—	—	5	22	70	152

Ref.: Tabela 6 da NB-19/1983.

Todas as juntas em tubo de ferro fundido coltarizado ou aço galvanizado serão feitas em chumbo bem rebatido, na profundidade mínima de 25 mm, depois de calafetado o fundo com corda alcatroada (ver item 4.2.2 do Capítulo 4).

3.3.8 Coletor Predial (Ver Tabela 3.3)

Sempre que possível, deve ser construído em área não-edificada; quando isso não for possível, as caixas de inspeção situar-se-ão em áreas livres. O traçado deve ser retilíneo, tanto em planta quanto em perfil. As inevitáveis mudanças de direção devem ser feitas mediante caixas de inspeção ou curvas de raio longo, preferivelmente de 45° e nunca superiores a 90°. Entre dois pontos de inspeção só deve haver uma curva. As mudanças de direção da horizontal para a vertical poderão ser feitas com curva de raio curto. A inserção de um ramal de descarga ou de esgoto no coletor predial deve ser feita mediante uma caixa de inspeção ou junção simples em ângulo menor que 45°; nesse caso, deve haver peça de inspeção.

O diâmetro mínimo do coletor predial é de 100 mm (4″), e os diâmetros e declividades mínimas são os da Tabela 3.3.

No dimensionamento dos coletores e subcoletores, deve ser considerado apenas o aparelho de maior descarga de cada banheiro de prédio residencial, para o cômputo das unidades Hunter de contribuição. Nos demais casos, considerar a contribuição de todos os aparelhos.

3.3.9 Instalações em Nível Inferior à Via Pública

Há casos em que o nível dos aparelhos sanitários é inferior ao do coletor público (é o caso normal de garagens ou de terrenos em aclive). Os efluentes devem ser reunidos em uma caixa coletora e daí lançados aos pontos adequados por elevação mecânica.

A caixa deve ter tampa hermética, impermeabilizada e ventilada por um tubo ventilador primário e independente e de diâmetro igual ou maior que o recalque, ter o fundo inclinado de modo a permitir o esvaziamento completo. Sua capacidade deve ser calculada de modo a atender com folga aos aparelhos a ela ligados e a uma emergência.

Nenhum aparelho, ralo sifonado, caixas sifonadas etc. poderá ligar-se diretamente à caixa coletora, e sim a uma ou mais caixas de inspeção e destas para a caixa coletora.

Não será permitida a coleta, nas caixas coletoras, de despejos de águas pluviais e drenos do terreno.

As bombas deverão ser de baixa rotação e especialmente à prova de entupimento para águas servidas, massas e líquidos viscosos, e do tipo centrífugo ou ejetores a ar comprimido. Deve ser prevista obrigatoriamente uma unidade de reserva, pelo menos. O comando será automático por chave-bóia e chave magnética e será conveniente a instalação de um dispositivo de alarma que informe quando as bombas estiverem defeituosas (Fig. 3.5).

3.3.10 Caixas de Gordura

Em todos os prédios em que houver despejos gordurosos (pias de cozinha, de copa, laboratório etc.), é obrigatória a instalação de caixas de gordura das quais saem os efluentes para as caixas de inspeção ou tubos de queda de gordura (TG).

As caixas de gordura podem ser de concreto, alvenaria de tijolos ou ferro fundido e fechadas hermeticamente com tampa de ferro removível.

As caixas de gordura podem ser:

a) pequena (CGP), cilíndrica, com as seguintes dimensões:
   — diâmetro interno — 30 cm
   — parte submersa do septo — 20 cm
   — capacidade de retenção — 18 litros
   — diâmetro nominal da tubulação de saída — DN 75
   Utilização: apenas 1 pia residencial

b) simples (CGS), cilíndrica, com as seguintes dimensões:
   — diâmetro interno — 40 cm
   — parte submersa do septo — 20 cm
   — capacidade de retenção — 31 litros
   — diâmetro nominal da tubulação de saída — DN 75
   Utilização: 1 ou 2 pias de cozinha

c) dupla (CGD), cilíndrica com as seguintes dimensões mínimas:
   — diâmetro interno — 60 cm
   — parte submersa do septo — 35 cm
   — capacidade de retenção — 120 litros
   — diâmetro nominal da tubulação de saída — DN 100
   Utilização: 2 a 12 cozinhas

d) especial (CGE), prismática, de base retangular, com as seguintes características:
   — distância mínima entre o septo e a saída — 20 cm
   — volume da câmara de retenção de gordura obtido pela fórmula:

$$V = 20 \text{ litros} + N \times 2 \text{ litros}$$

N = número de pessoas pela cozinha que despeja na CGE
V = volume em litros

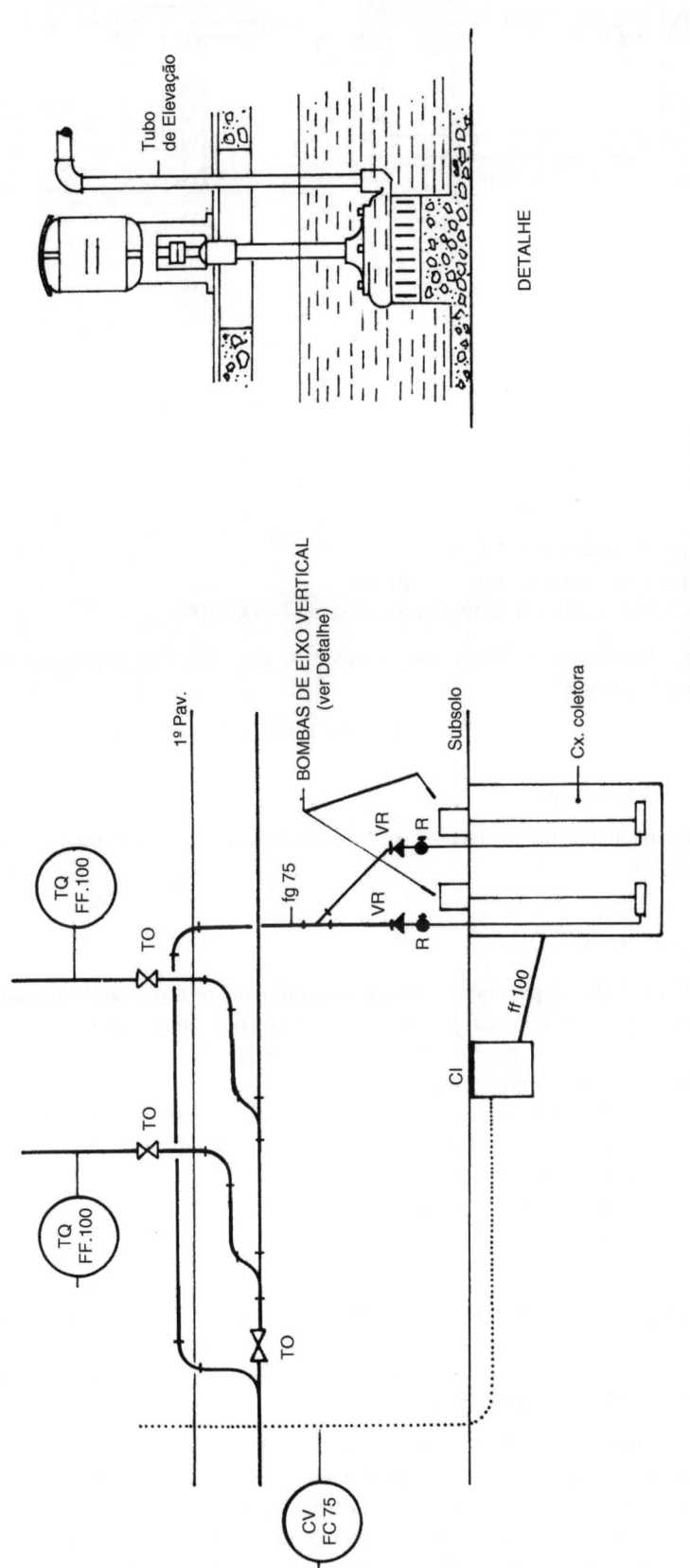

Fig. 3.5 Instalação elevatória para subsolos típicos de edifícios. (Ver item 3.3.17.)

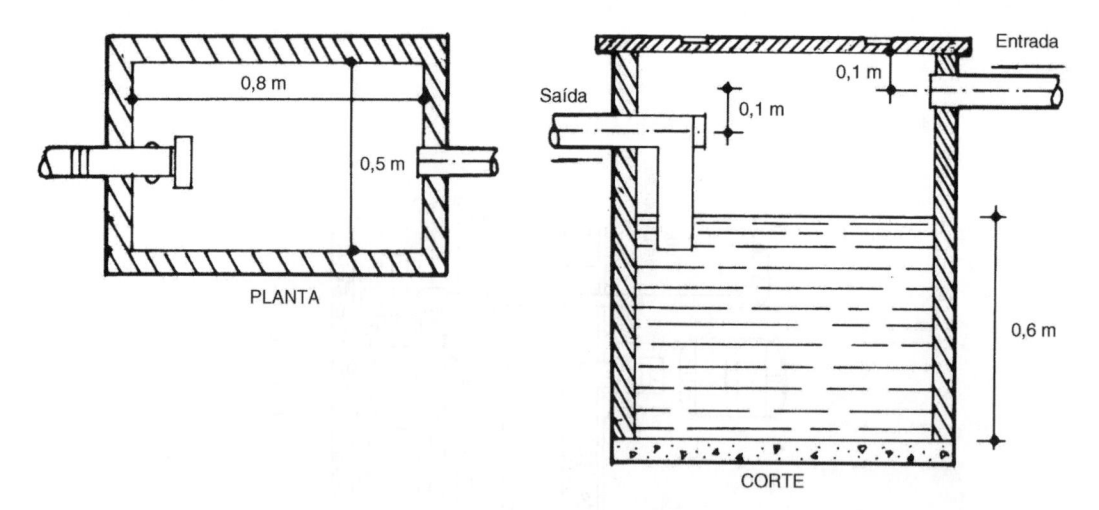

Fig. 3.6 Caixa de gordura para 100 pessoas.

— altura molhada — 60 cm
— parte submersa do septo — 40 cm
— diâmetro nominal da tubulação de saída — DN 100

Na Fig. 3.6 vemos um exemplo de dimensionamento de caixa de gordura para uma cozinha de restaurante para 100 pessoas:

$$V = 20 + 100 \times 2 = 220 \text{ litros}$$

Inovações Tecnológicas

A Tigre lançou recentemente (em 2002) caixas de inspeção e gordura, pré-fabricadas, conforme as Figs. 3.7(*a*), (*b*) e (*c*).

3.3.11 Ventilação (Prescrições da NB-19)

Em prédios de um só pavimento, deve existir pelo menos um tubo ventilador de DN 100, ligado diretamente à caixa de inspeção ou em junção ao coletor predial, subcoletor ou ramal de descarga de um vaso sanitário e prolongado até acima da cobertura desse prédio; se o prédio for residencial e tiver no máximo três vasos, o tubo ventilador pode ter diâmetro nominal DN 75.

Em prédios de dois ou mais pavimentos, os tubos de queda devem ser prolongados até acima da cobertura, sendo todos os desconectores (vaso sanitário, sifão e caixas sifonadas) providos de ventiladores individuais ligados à coluna de ventilação (ver Figs. 3.8 e 3.9).

Nos prédios cuja instalação de esgotos sanitários já possua pelo menos um tubo ventilador primário de DN 100, fica dispensado o prolongamento de todo o tubo de queda, desde que preenchidas as seguintes condições:

a) o comprimento não exceda 1/4 da altura total do prédio, medida na vertical do tubo;
b) não recebe mais de 36 unidades Hunter de contribuição;
c) tenha a coluna de ventilação prolongada até a cobertura do prédio, ou em conexão com outra existente, respeitados os limites da Tabela 3.8.

Toda a tubulação de ventilação deve ser instalada de modo que qualquer líquido que porventura nela venha a ter ingresso possa escoar-se completamente, por gravidade, para dentro do tubo de queda, ramal de descarga ou desconector em que o ventilador tem origem.

Toda a coluna de ventilação deve ter: diâmetro uniforme, a extremidade inferior ligada a um subcoletor ou a um tubo de queda, em ponto situado abaixo da ligação do primeiro ramal de esgoto ou de descarga, ou nesse ramal de esgoto ou de descarga. A extremidade superior deve ser situada acima da cobertura do edifício, ou ligada a um tubo ventilador primário a 150 mm, ou mais, acima do nível de transbordamento da água do mais elevado aparelho sanitário por ele servido.

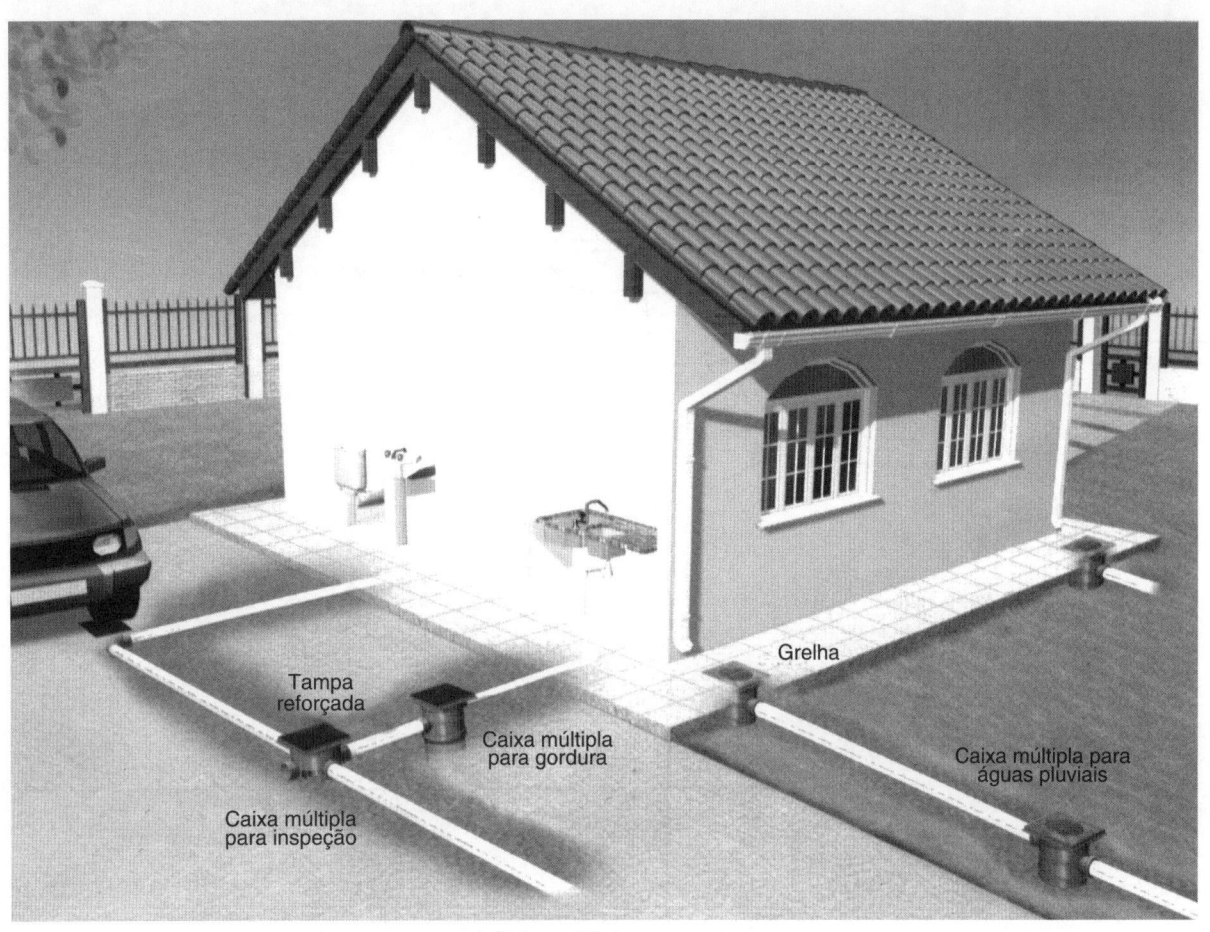

(*a*) Caixa múltipla para gordura

Volume de retenção

23 litros

(*b*)

• **Entrada DN 50 e saída DN 100.**

• **Tampa 100% hermética*** – não passa mau cheiro ao ambiente.

• **Volume de retenção de 23 litros** – superior ao exigido pela norma NBR-8160 para uma cozinha residencial.

• **Fácil de limpar** – superfície totalmente lisa não gera incrustração de gordura.

• **Profundidade pode ser ajustada** – através do uso de prolongadores.

• **Sifão não-removível** – atendendo Norma NBR-8160.

• **Fácil de inspecionar** – orifício central com tampa de inspeção permite visualizar interior da caixa sem retirar a tampa inteira.

* Adquirida separadamente.

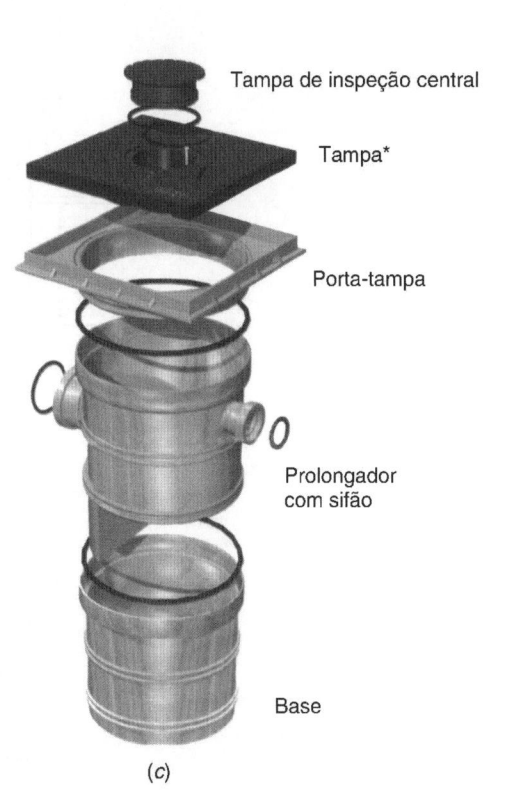

Tampa de inspeção central

Tampa*

Porta-tampa

Prolongador com sifão

Base

(*c*)

Dimensões: DN 300 × 590 mm

Fig. 3.7

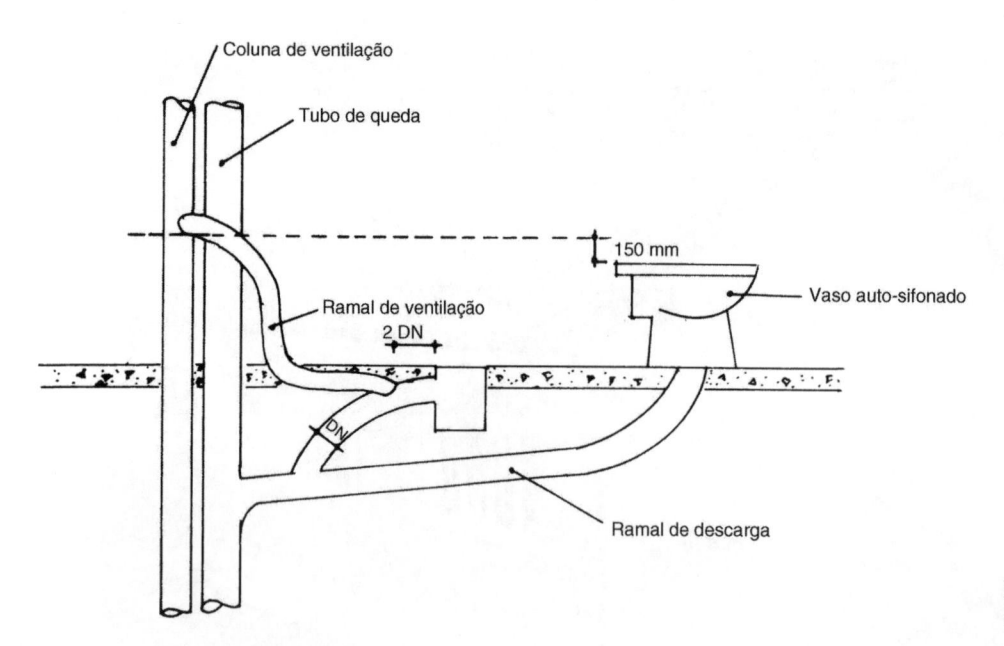

Fig. 3.8 Ligação do ramal de ventilação (Ref.: Fig. 8 da NB-19/1983).

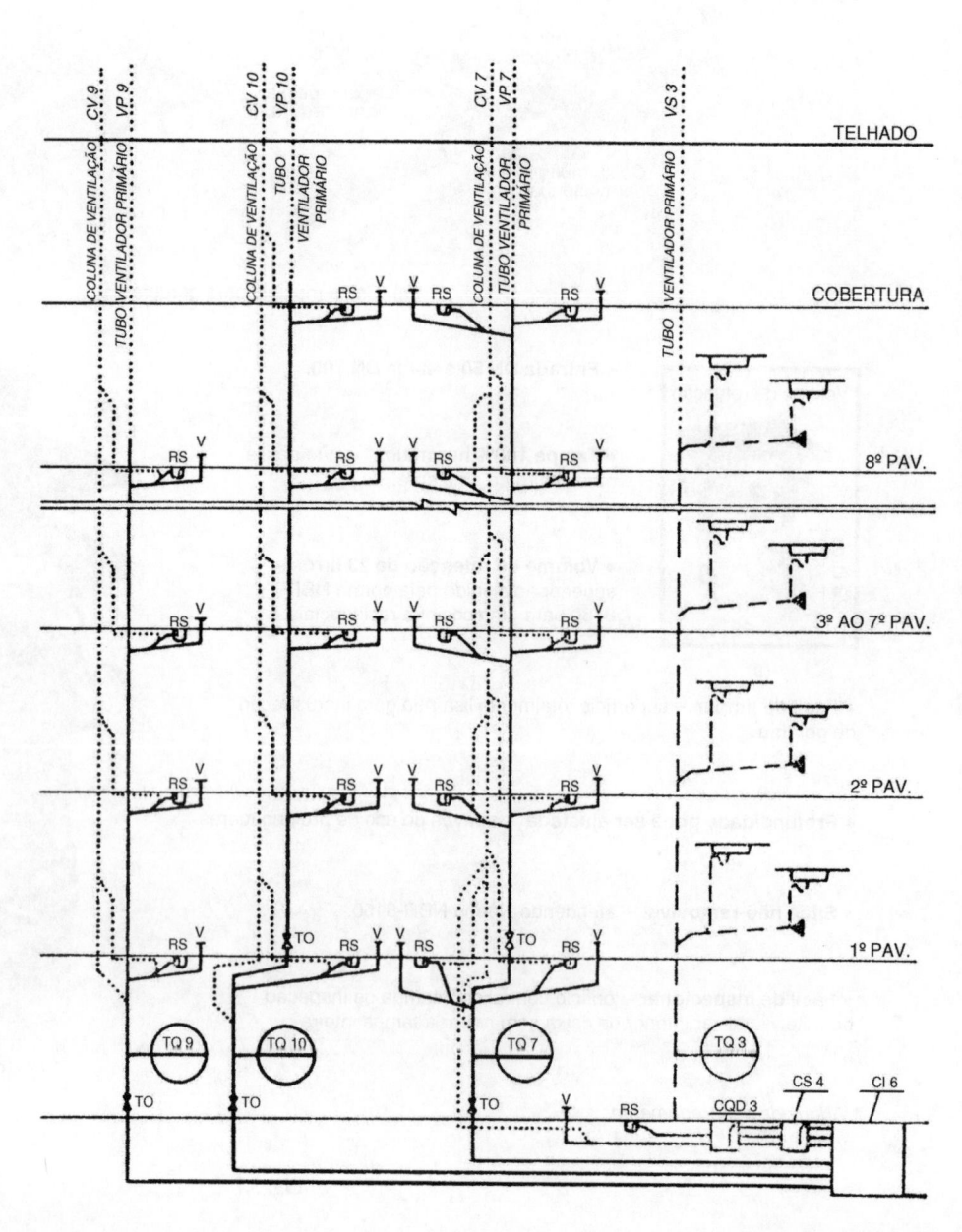

Fig. 3.9 Esquema vertical (Ref.: Fig. 7 da NB-19/1983).

Quando não for conveniente o prolongamento dos tubos ventiladores até acima da cobertura, pode ser usado um barrilete de ventilação. Este barrilete é dimensionado pela soma das unidades Hunter dos tubos de queda servidos no trecho e o comprimento a considerar é o mais extenso, da base da coluna de ventilação mais longe da extremidade aberta do barrilete até essa extremidade.

Todo desconector deve ser ventilado. A distância do desconector à ligação do tubo ventilador que o serve não deve exceder os limites da Tabela 3.6.

A ligação de um tubo ventilador a uma tubulação horizontal deve ser feita acima do eixo da tubulação elevando-se o tubo ventilador até 15 cm, ou mais, acima do nível de transbordamento da água do mais alto dos aparelhos servidos antes de ligar-se a outro tubo ventilador.

O tubo ventilador primário e a coluna de ventilação devem ser verticais e, sempre que possível, instalados em um único alinhamento reto; quando for impossível evitar mudanças de direção, estas devem ser feitas mediante curvas de ângulo central não superior a 90°.

A extremidade do tubo ventilador primário ou coluna de ventilação deve estar situada acima do cobertura do prédio a uma distância de, no mínimo, 30 cm no caso de telhado ou de simples laje de cobertura e 2,0 m no caso de lajes utilizadas para outros fins (*playground*, áreas de recreação etc.), devendo, nesses casos, ser protegidos contra choques acidentais. Também não deve estar situada a menos de 4 m de distância de qualquer janela, porta ou outro vão de ventilação, salvo se elevada, pelo menos, 1 m acima das vergas dos respectivos vãos.

Critérios para o dimensionamento dos tubos ventiladores:

a) ramal de ventilação — de acordo com a Tabela 3.7;

b) tubo ventilador de circuito — de acordo com a Tabela 3.8;

c) tubo ventilador suplementar — diâmetro nominal não inferior à metade do diâmetro do ramal de esgotos a que estiver ligado;

d) coluna de ventilação — de acordo com a Tabela 3.8. Inclui-se no comprimento da coluna de ventilação o trecho do VP entre o ponto de inserção da coluna e a extremidade do ventilador;

e) barrilete de ventilação — pela soma das unidades Hunter de contribuição (UHC) dos tubos de queda servidos;

f) tubo ventilador de alívio — diâmetro nominal igual ao diâmetro nominal da coluna de ventilação a que estiver ligado.

São considerados devidamente ventilados os desconectores, caixas sifonadas ou sifões quando ligados a um tubo de queda que não receba efluentes de vasos sanitários e mictórios, observadas as distâncias indicadas na tabela.

São considerados devidamente ventilados os desconectores instalados no último pavimento do prédio, nas seguintes condições:

a) o número de UHC for menor que 15;

b) a distância entre a ligação do desconector até o tubo ventilador não exceder os limites da Tabela 3.6.

Os desconectores das caixas retentoras e caixas sifonadas instaladas no térreo e ligadas ao subcoletor devidamente ventilado são considerados ventilados.

A extremidade superior dos ramais de ventilação deve ser ligada a um tubo VP, a uma CV ou a outro ramal de ventilação, sempre a 15 cm ou mais acima do nível de transbordamento da água do mais alto dos aparelhos servidos (ver Fig. 3.8).

O vaso sanitário provido de orifício para ventilação, com desconector externo ou interno, deve ser ventilado individualmente. O vaso sanitário auto-sifonado não dispõe de orifício para ventilação; por isso, deve ter o seu ramal de descarga ventilado individualmente, dispensando-se essa exigência quando houver qualquer desconector ligado a esse ramal e a 2,40 m, no mínimo, do vaso sanitário e o ramal de ventilação ser de DN 50 (mínimo). Do mesmo modo, é dispensada a ventilação quando no mesmo pavimento houver outros ramais de descarga ou de esgotos devidamente ventilados. Os vasos sanitários auto-sifonados, instalados em bateria, devem ser ventilados por um tubo ventilador de circuito, ligando a coluna de ventilação ao ramal de esgoto na região entre o último e o penúltimo VS (ver Figs. 3.10 e 3.11). Quando o número de vasos sanitários for maior do que oito, há necessidade de ventilação suplementar. Em casos especiais, pode ser usado o tubo ventilador invertido em vaso sanitário que possua orifício próprio para ventilação instalado no pavimento térreo, desde que esteja a menos de 8 m de sua ligação ao coletor predial ou subcoletor e a menos de 2,50 m de desnível.

Os tubos de queda que recebem descargas de mais de 10 andares devem ser ligados à coluna de ventilação através de tubo ventilador de alívio, a cada dez pavimentos a contar do andar mais alto.

A extremidade inferior do tubo ventilador de alívio deve ser ligada ao tubo de queda através de junção de 45°, colocada a 15 cm, ou mais, acima do nível de transbordamento da água do aparelho mais alto servido pelo ramal de esgoto ou de descarga.

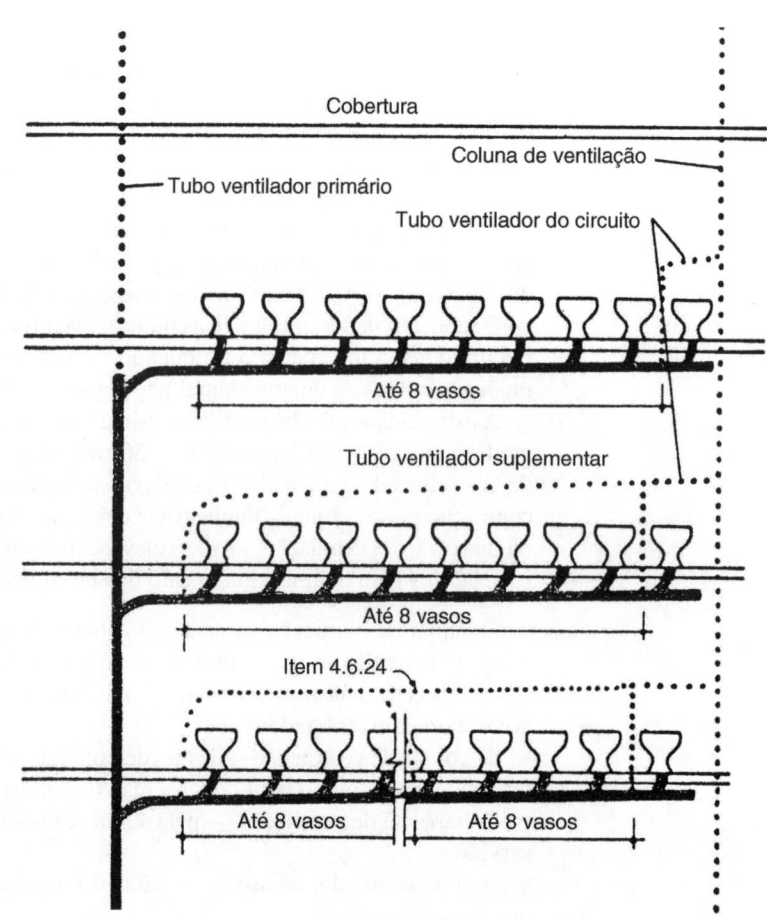

Fig. 3.10 Ventilação em circuito (vasos auto-sifonados) (Ref.: Fig. 12 da NB-19/1983).

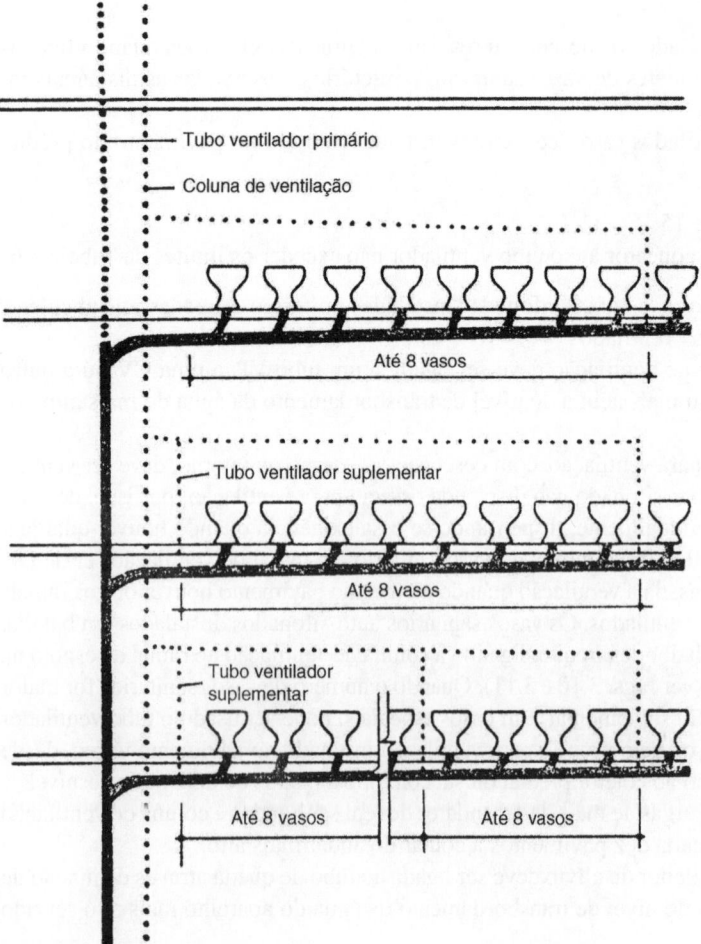

Fig. 3.11 Ventilação em circuito (vasos auto-sifonados) (Ref.: Fig. 11 da NB-19/1983).

Nos desvios de TQ que formem ângulo maior que 45° com a vertical deve ser prevista outra ventilação, considerando-se como se houvesse dois TQs, um acima e outro abaixo do desvio (ver Fig. 3.12).

Nos tubos de queda que recebem despejos de pias, tanques, máquinas de lavar e outros aparelhos em que são usados detergentes que provoquem a formação de espuma, deve ser evitada a ligação de aparelhos ou tubos ventiladores nas "zonas de pressão de espuma" (ver Fig. 3.13).

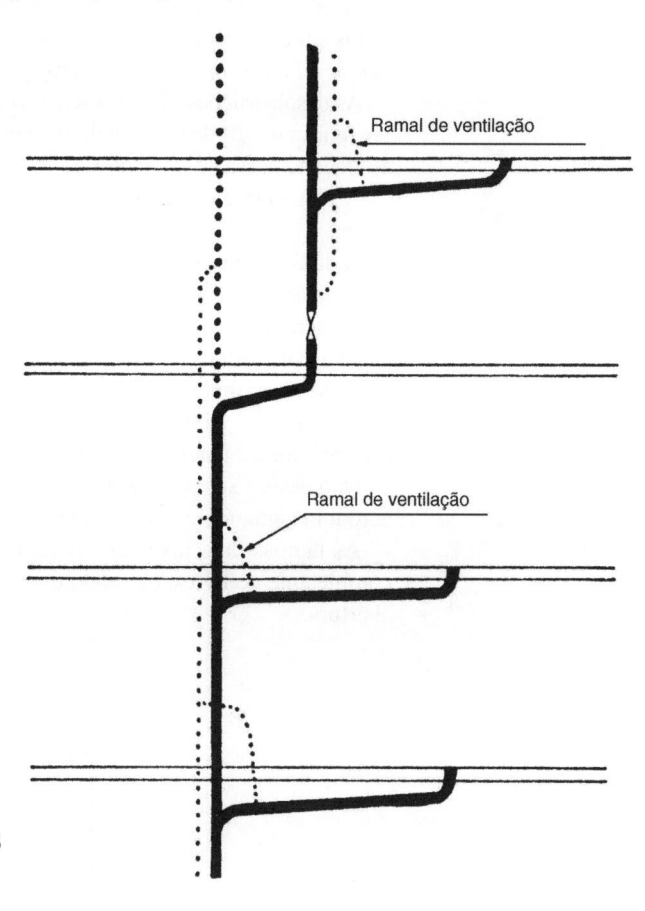

Fig. 3.12 Desvio de tubo de queda (Ref.: Fig. 13 da NB-19/1983).

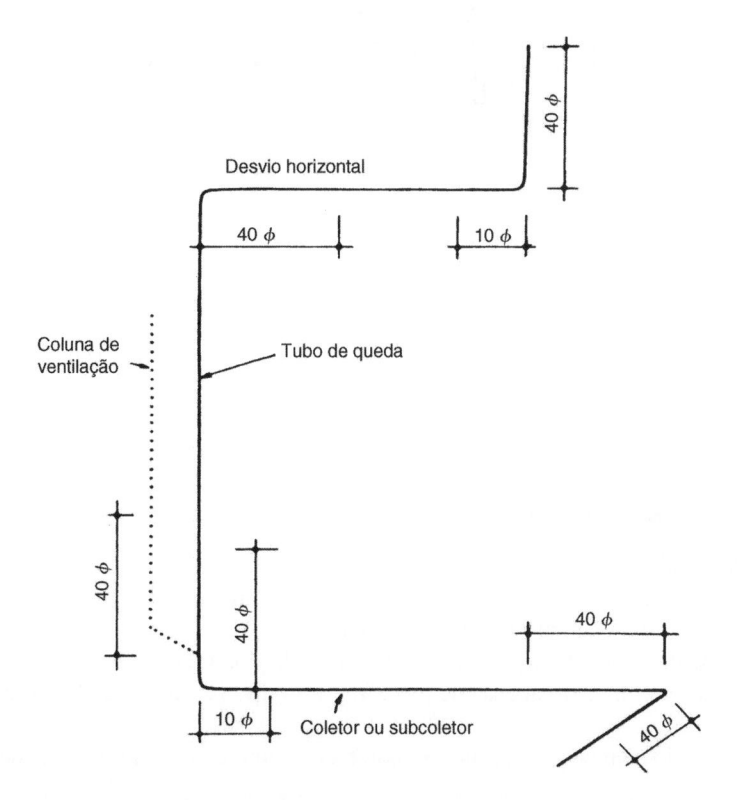

Fig. 3.13 Zonas de pressão de espuma (Ref.: Fig. 14 da NB-19/1983).

3.3.12 Elementos de Inspeção

Generalidades

Na deflexão, entre dois elementos de inspeção deve ser usada curva longa com ângulo central não superior a 90°, desde que não seja possível a instalação de outro elemento de inspeção.

Os sifões devem ser visitáveis ou inspecionáveis, na parte correspondente ao fecho hídrico, por meio de bujões ou outro meio de fácil remoção (ver Fig. 3.14).

As desobstruções e limpezas dos coletores prediais, subcoletores e ramais de esgotos e de descarga devem ser feitas através das caixas de inspeção, dependendo do seu número e localização, das condições locais e do traçado dessas tubulações.

A distância entre caixas de inspeção, poços de visitas ou peças de inspeção não deve ser superior a 25 m.

A distância entre a ligação do coletor predial com o coletor público e a caixa de inspeção, poço de visita ou peça de inspeção mais próxima não deve ser superior a 15 m.

Os comprimentos dos trechos dos ramais de descarga e de esgotos de vasos sanitários, caixas retentoras e caixas sifonadas, medidos entre os mesmos e as caixas de inspeção, poço de visita ou peça de inspeção, não devem ser maiores que 10 m. Quando as caixas de inspeção, poços de visita, caixas retentoras ou caixas sifonadas se localizarem em áreas internas ou poços de ventilação de prédios, essas áreas ou poços devem ser providos de janelas que permitam fácil acesso àqueles dispositivos.

Não devem ser colocados caixas de inspeção ou poços de visita em locais pertencentes a uma unidade autônoma, quando os mesmos recebem a contribuição de despejos de outras unidades autônomas.

As tampas das caixas de inspeção, dos tubos operculados, dos bujões e caixas retentoras devem ficar completamente livres, de modo que não haja necessidade de remover nenhum empecilho para a sua pronta abertura.

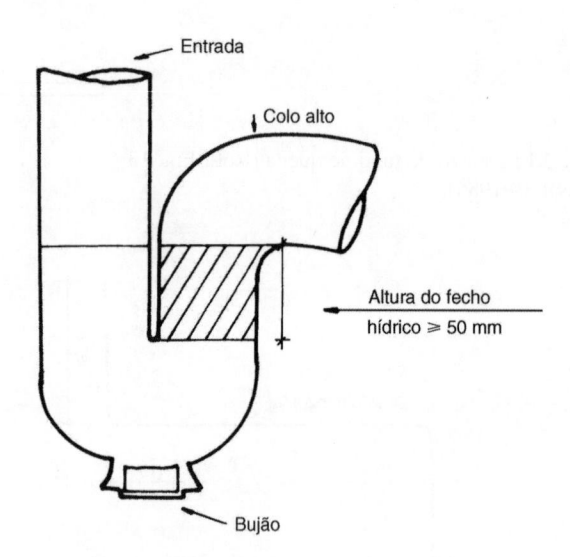

Fig. 3.14 Sifão (Ref.: Fig. 3 da NB-19/1983).

3.3.13 Caixas de Inspeção

As caixas de inspeção devem ter:

a) profundidade máxima de 1 m;

b) forma prismática de base quadrada ou retangular com dimensões internas de 60 cm de lado mínimo, ou cilíndrica, também com diâmetro mínimo de 60 cm;

c) tampa facilmente removível e permitindo perfeita vedação. Recomenda-se tampa de ferro fundido do tipo leve para locais com trânsito apenas de pedestres e do tipo pesado, quando houver trânsito de veículos;

d) fundo constituído de modo a assegurar rápido escoamento e evitar a formação de depósitos.

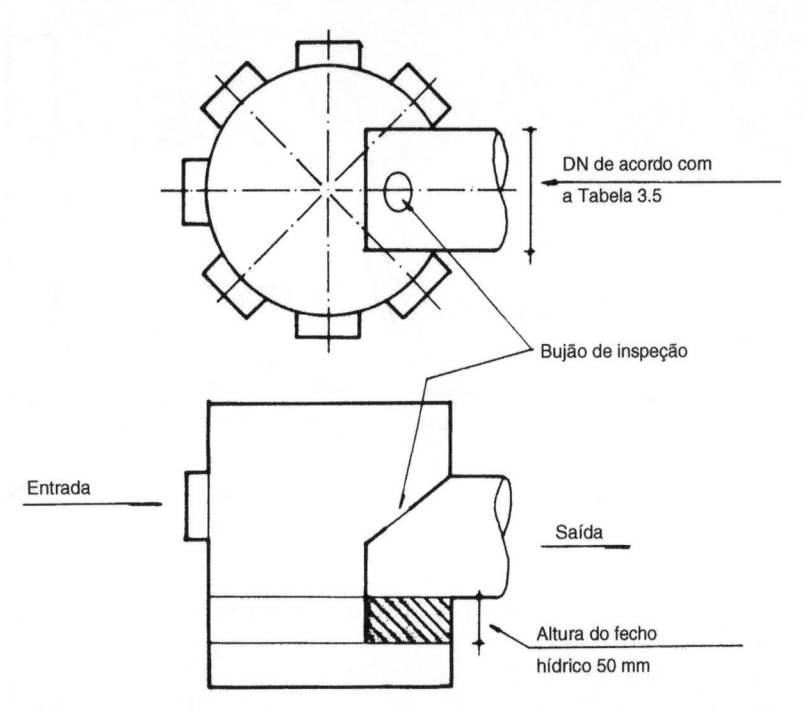

Fig. 3.15 Caixa sifonada com grelha ou ralo sifonado (Ref.: Fig. 4 da NB-19/1983).

Em prédios com mais de cinco pavimentos, as caixas de inspeção não devem ser instaladas a menos de 2 m de distância dos tubos de queda que contribuem para as mesmas.

3.3.14 Caixas de Passagem

As caixas de passagem devem ter as seguintes características:

a) quando cilíndricas, devem ter o diâmetro mínimo de 15 cm e quando prismáticas, devem permitir, na base, a inscrição de um círculo de diâmetro mínimo de 15 cm;
b) ser providas de grelha ou tampa cega;
c) ter abertura mínima de 10 cm;
d) ter tubulação de saída dimensionada pela Tabela 3.5.

As caixas de passagem não podem receber despejos fecais. Se receberem despejos de pias de cozinha ou mictórios, devem ter tampa hermética.

As caixas de passagem que recebem despejos de mictórios devem ser de chumbo, PVC ou outro material não-atacável pela urina.

3.3.15 Poços de Visita

Os poços de visita devem ter:

a) profundidade maior que 1 m;
b) forma prismática de base quadrada ou retangular, com as dimensões internas de 1,10 m de lado mínimo ou cilíndrica com diâmetro mínimo de 1,10 m;
c) degraus que permitam o acesso ao interior dos mesmos;
d) tampa removível que garanta perfeita vedação;
e) fundo constituído de modo a assegurar o rápido escoamento e evitar a formação de depósitos;
f) duas partes constituídas de câmara de trabalho e câmara de acesso ou chaminé de acesso;
g) câmara de acesso com diâmetro interior mínimo de 60 cm.

3.3.16 Tubos Operculados

Os tubos operculados devem ser instalados junto às curvas dos TQs todas as vezes que forem inatingíveis pelas varas de limpeza introduzidas pelas CIs ou outras peças de inspeção.

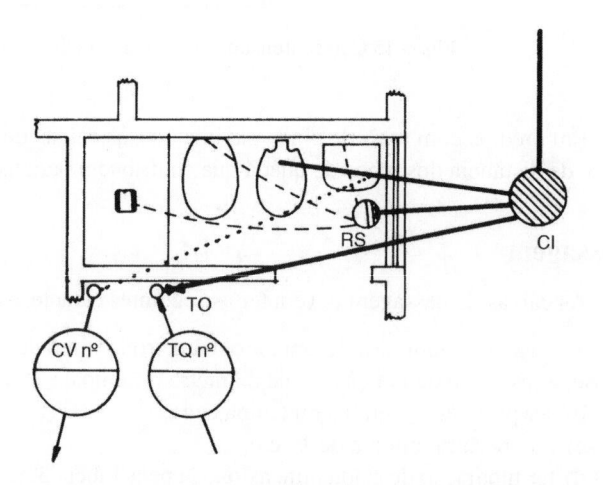

Fig. 3.16 Indicações para dimensionamento (Ref.: Fig. 1 da NB-19/1983).

Fig. 3.17 Ralo sifonado ligado diretamente a uma caixa de inspeção (Ref.: Fig. 5 da NB-19/1983).

Devem ter as seguintes características:

a) abertura suficiente para permitir as desobstruções com a utilização de instrumentos manuais e mecânicos de limpeza;

b) tampa hermética removível.

3.3.17 Instalações de Recalque

Os efluentes de aparelhos sanitários e de dispositivos instalados em nível inferior ao do logradouro devem ser reunidos em uma caixa coletora, colocada de modo a recebê-los por gravidade, de onde devem ser recalcados para o coletor predial ou por meio de bomba ou ejetores a ar comprimido.

Nenhum aparelho sanitário (CS, caixa retentora etc.) deve descarregar diretamente na caixa coletora, e sim em uma caixa ou mais caixas de inspeção, às quais se devem ligar a caixa coletora.

No caso de subsolo, quando existirem apenas esgotos provenientes de lavagem de piso ou de automóveis, dispensa-se o uso de CI, devendo os efluentes dos ralos e valetas ser encaminhados a uma caixa sifonada de diâmetro mínimo de 40 cm e daí à caixa coletora.

A caixa coletora que receber efluentes de vasos sanitários deve ter a profundidade mínima de 90 cm entre o nível da tubulação mais baixa e o fundo, que deve ser inclinado para facilidade de esvaziamento. Quando não há efluentes de VS, a profundidade mínima pode ser de 60 cm.

A caixa coletora deve ser perfeitamente impermeabilizada, provida de dispositivos adequados para inspeção e limpeza e tampa hermética, todas as vezes que receber efluentes de VS e mictórios. Nesse caso, a caixa coletora deve ser ventilada por um tubo ventilador primário independente de qualquer outra ventilação de esgoto sanitário do prédio e cujo diâmetro não deve ser inferior ao da tubulação de recalque.

As bombas devem ser especiais, à prova de obstruções por águas servidas, massas e líquidos viscosos. Normalmente são bombas de eixo vertical (ver Fig. 3.5).

Quando houver efluentes de VS, devem ser instaladas duas motobombas de recalque (uma de reserva). Nesse caso, as bombas devem permitir a passagem de esferas de 60 mm de diâmetro, e o diâmetro nominal de tubulação de recalque deve ser no mínimo DN 75.

Quando não houver efluentes de VS, as bombas devem permitir a passagem de esfera de 18 mm, e o diâmetro nominal pode ser DN 30 (mínimo).

As tubulações de sucção das bombas de recalque devem ser uma para cada bomba e de diâmetro nominal no mínimo igual ao de recalque.

As bombas devem ser automáticas, comandadas por chaves-bóia que acionam chaves magnéticas, ligadas ao circuito de emergência, caso exista, e sempre com dispositivo de alarme indicativo de falha dos motores.

As tubulações de recalque devem atingir um nível superior ao do logradouro, de maneira a impedir o refluxo de efluentes de esgotos, além de dotadas de registro e de válvula de retenção.

Quando houver despejos de hospitais, ambulatórios etc. nos quais pode haver a presença de certos materiais, recomenda-se o emprego de ejetores a ar comprimido.

A instalação de ejetores dispensa as caixas coletoras ou poços de sucção, devendo a tubulação de tomada partir de uma CI, ou poço de visita, onde vão ter as tubulações de esgotos. As tubulações de sucção e de recalque dessas instalações devem ter diâmetro nominal mínimo de DN 75, e a instalação compressora deve ter um reservatório de ar comprimido com capacidade para três ou mais descargas completas do ejetor.

3.3.18 Inspeção e Ensaios

Toda instalação nova ou reformada deve, antes de entrar em funcionamento, ser inspecionada e ensaiada.

A execução da instalação deve ser acompanhada por técnico credenciado, a fim de ficar assegurada a obediência às prescrições da NB-19, inclusive se a mesma se acha convenientemente fixada e que nenhum material estranho tenha sido deixado no seu interior.

Depois de assentada a tubulação e antes da colocação dos aparelhos, deve ser verificada a existência de vazamentos, por meio de testes de água ou de ar. Após a colocação dos aparelhos, a instalação deve ser submetida à prova de fumaça.

a) Execução do ensaio com água

A água deve ser introduzida na abertura da parte mais alta da instalação como um todo até o seu transbordamento, e todas as aberturas das partes mais baixas devem ser tamponadas.

A água deve permanecer no mínimo 15 minutos, devendo-se verificar se há vazamentos. Esse ensaio é feito de modo a que a pressão estática da água na parte mais baixa não exceda a 6 m CA (60 kPa).

No ensaio por seções, cada seção com uma altura mínima de 3 m deve ser enchida com água pela abertura mais alta do conjunto, devendo as demais aberturas ser convenientemente tamponadas. A pressão deve ser mantida por 15 minutos, no mínimo.

Se em qualquer ponto, pela análise do projeto, houver possibilidade de pressão maior que 6 m CA (60 kPa) por qualquer entupimento, deve ser feito ensaio com pressão superior a esse limite.

b) Execução do ensaio com ar

No ensaio com ar, toda entrada ou saída da tubulação deve ser tamponada, com exceção da entrada do ar. O ar deve ser introduzido na tubulação até atingir a pressão de 3,5 m CA (35 kPa) e mantido por 15 minutos, no mínimo. Esse limite deve ser ultrapassado no trecho em que qualquer entupimento causar pressão superior a 3,5 m CA (35 kPa).

c) Execução do ensaio final com fumaça

Para a execução desse teste, todos os fechos hídricos dos aparelhos devem ser completamente enchidos com água, devendo as demais aberturas ser convenientemente tamponadas, com exceção das aberturas dos ventiladores primários e da abertura da introdução da fumaça.

Quando for notada saída de fumaça pelos ventiladores primários, a abertura respectiva de cada ventilador deve ser convenientemente tamponada.

A fumaça deve ser continuamente introduzida até que atinja uma pressão de 0,025 m CA (0,25 kPa) e mantida por 15 minutos sem que seja introduzida fumaça adicional.

3.3.19 Despejos Industriais

Os despejos industriais poderão ser lançados ao coletor público, desde que não causem nenhum dano às obras e serviços de esgotos e satisfaçam aos seguintes requisitos:

a) temperatura inferior a 40°C;

b) pH compreendido entre 6,5 e 10;

c) os sólidos de sedimentação imediata como areia, argila etc. só serão admissíveis até o limite de 500 partes por milhão;

d) os sólidos sedimentáveis em 10 minutos só serão admissíveis até o limite de 5.000 partes por milhão;

e) os sólidos sedimentáveis em 2 horas, se compactos, serão admitidos até 250.000 partes por milhão; se não forem compactados, poderão ser admitidos em qualquer quantidade;

f) substâncias graxas, alcatrões, resinas etc. (substâncias solúveis a frio no éter etílico) não serão admitidas em quantidade superior a 150 partes por milhão;

g) quando a rede pública de esgotos sanitários que recebe o despejo industrial convergir para uma estação de tratamento, será exigido que a "demanda bioquímica de oxigênio" desse despejo não ultrapasse a da média da referida estação.

Não serão admitidos despejos industriais que contenham:

a) gases tóxicos ou substâncias capazes de produzi-los;

b) substâncias inflamáveis ou que produzam gases inflamáveis;

c) resíduos e corpos capazes de produzir obstruções (trapos, lã, pêlo, estopa etc.);

d) substâncias que, por seus produtos de decomposição ou combinação, possam produzir obstruções ou incrustações nas canalizações;

e) resíduos provenientes das depurações de despejos industriais;

f) substâncias que, por sua natureza, interfiram com os processos de depuração da estação de tratamento de esgoto.

Conforme a natureza e o volume dos despejos industriais, deverão ser adotados dispositivos apropriados:

a) os despejos de temperatura superior a 40°C deverão passar por uma "caixa de esfriamento" antes de serem lançados no coletor;

b) os despejos ácidos serão diluídos ou neutralizados em "caixas diluidoras ou neutralizadoras" antes de serem lançados;

c) os despejos que contiverem sólidos pesados ou em suspensão deverão passar em "caixa detentora" especial antes de serem lançados;

d) os despejos provenientes de postos de gasolina ou garagens deverão passar em "caixa de areia" e "caixa separadora de óleos" antes de serem lançados;

e) os despejos provenientes de estábulos, cocheiras ou estrumeiras deverão passar por uma "caixa detentora" de estrume antes de serem lançados.

3.4 ESPECIFICAÇÃO DE MATERIAIS, DISPOSITIVOS E EQUIPAMENTOS A SEREM UTILIZADOS

1) Deverão ser indicados os tipos das tubulações a serem empregadas nas diversas partes constitutivas da instalação, as condições de trabalho a que estarão sujeitas e as exigências mínimas que devem satisfazer; o mesmo com relação às juntas dessas tubulações.

2) De um modo geral, a Norma NB-19 indica, como medida de segurança, que as tubulações tenham condições de resistir a uma pressão interna de trabalho de 3 m de coluna de água. Quanto às pressões externas, elas podem existir apenas para as tubulações enterradas, quando, em cada caso, devem ser especificadas as características a que estarão sujeitas e previstas as proteções adequadas.

3) A Norma NB-19 indica, para essas instalações, as seguintes tubulações, aparelhos e dispositivos.

3.4.1 Tubulações

a) Ferro fundido, tipo esgoto, com juntas tomadas com estopa e chumbo derretido e rebatido após a solidificação.

b) Aço galvanizado com juntas rosqueadas com estopa e zarcão, exceto em efluentes de bacias e mictórios.

c) Cimento-amianto, tipo esgoto, com juntas tomadas com estopa e asfalto a quente.

d) PVC rígido com juntas estanques, de acordo com o tipo de fabricação.

e) Cobre com juntas estanques, de acordo com o tipo de fabricação.

f) Cerâmica vidrada internamente, com juntas tomadas com estopa e asfalto a quente, apenas para as tubulações enterradas.

g) Concreto com revestimento liso e impermeabilizado internamente, com juntas tomadas com argamassa, cimento e areia, apenas para as tubulações enterradas.

h) Tubos de chumbo; somente serão aceitos os do tipo pesado nas ligações verticais dos ramais de descarga de aparelhos sanitários, e mesmo assim deverão ser pintados com duas demãos de tinta de base asfáltica e revestidos com papel grosso antes de serem revestidos.

3.4.2 Aparelhos e Dispositivos

a) Aparelhos sanitários — devem ser feitos de material cerâmico esmaltado ou material equivalente sob todos os aspectos, bem como satisfazer as exigências das especificações próprias da ABNT.

b) Sifões — podem ser feitos de chumbo (pesado), ferro fundido, ferro maleável, cobre, bronze, latão, cimento-amianto, cerâmica vidrada ou concreto e deverão ter:

— fecho hídrico independente de partes móveis ou de divisões internas, com altura compreendida entre 50 e 100mm;

— seção de vazão no mínimo igual à do correspondente ramal de descarga;

— bujão de limpeza amplo, filetado e de material não-ferroso.

c) Ralos — cerâmica vidrada, concreto ou alvenaria revestidos e impermeabilizados internamente, cimento-amianto, ferro fundido, ferro maleável, cobre, bronze ou latão e PVC, e devem ter:

— orifício de saída com diâmetro no mínimo igual ao do ramal de descarga correspondente;

— grelha de ferro fundido, cobre, bronze, latão ou material igualmente resistente, fixa, porém de fácil remoção.

d) Ralos sifonados — como os "ralos", e mais:

— fecho hídrico de altura não inferior a 50 mm:

— bujão de inspeção e limpeza amplo, filetado e de material não-ferroso.

e) Caixas de inspeção — devem ser feitas de concreto ou alvenaria revestidos e impermeabilizados internamente ou cimento-amianto com as seguintes características:

— forma retangular com, no mínimo, 0,45 mm $\times$ 0,60 m, ou circular, com diâmetro mínimo de 0,60 m, até a profundidade de 1,00 m;

— tampa de material resistente e facilmente removível, permitindo perfeita vedação;

— fundo construído de modo a assegurar rápido escoamento e evitar a formação de depósitos.

f) Caixas de gordura — devem ser feitas de concreto ou alvenaria revestidos e impermeabilizados internamente, cimento-amianto, ferro fundido ou cobre, com tampa de material resistente e facilmente removível, permitindo perfeita vedação.

g) Caixas sifonadas — como os ralos sifonados, porém substituindo a grelha por tampa de material resistente e facilmente removível que permita a perfeita vedação; devem ser ventiladas.

ATENÇÃO! Todas as tubulações, aparelhos e dispositivos indicados deverão obedecer às Normas da ABNT. Os desenhos deverão seguir os símbolos gráficos da NB-19 (Fig. 3.4).

3.5 DESPEJOS EM REGIÕES NÃO SERVIDAS POR REDES DE ESGOTOS

3.5.1 Generalidades

Em áreas não favorecidas por redes de esgotos públicos, torna-se obrigatório o uso de instalações necessárias para a depuração biológica e bacteriana das águas residuárias (Regulamento do Departamento Nacional de Saúde Pública — Dec. n.º 16.300, de 31/12/1932). Os despejos lançados sem tratamento propiciam a proliferação de inúmeras doenças como tifo, disenterias etc.

3.5.1.1 Fossas Sépticas

As fossas sépticas são instalações que atenuam a agressividade das águas servidas, tendo emprego já muito difundido.

Há vários tipos de fossas sépticas, alguns dos quais patenteados, como as fossas OMS (Otto Mohr System) e IMHOFF (Karl Imhoff).

A Associação Brasileira de Cimento Portland, em seu boletim n.º 28/1953, publicou um excelente artigo sobre a construção dessas fossas, o que possibilita a qualquer construtor executá-las sem dificuldade. Faremos um extrato desse artigo.

3.5.1.2 O que É "Fossa Séptica"

A "fossa séptica" destina-se a separar e transformar a matéria sólida contida nas águas de esgoto e descarregar no terreno, onde se completa o tratamento.

Para a ação neutralizante das bactérias, a altura mínima do líquido é de 1,20 m nessas fossas.

Funcionamento. Nessas fossas, as águas servidas sofrem a ação de bactérias anaeróbicas — microrganismos que só atuam onde não circula o ar. Sob a ação dessas bactérias, parte da matéria orgânica sólida é convertida em gases ou em substâncias solúveis que, dissolvidas no líquido contido na fossa, são esgotadas e lançadas no terreno. Durante o processo, depositam-se, no fundo da fossa, as partículas minerais sólidas (lodo) e forma-se, na superfície do líquido, uma camada de espuma ou crosta constituída de substâncias insolúveis mais leves que contribui para evitar a circulação do ar, facilitando a ação das bactérias (ver Fig. 3.18).

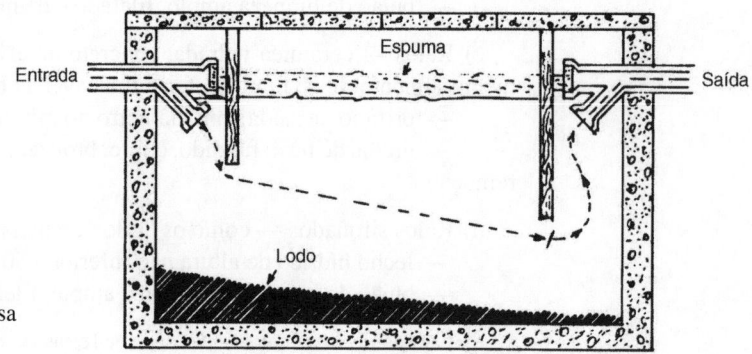

Fig. 3.18 Seção transversal de uma fossa séptica em funcionamento.

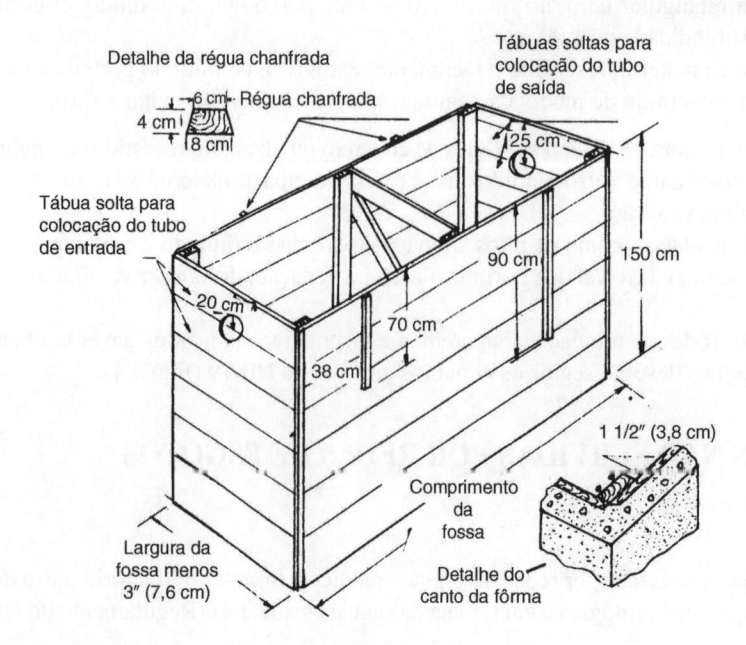

Fig. 3.19 Fôrma interna de uma fossa séptica simples.

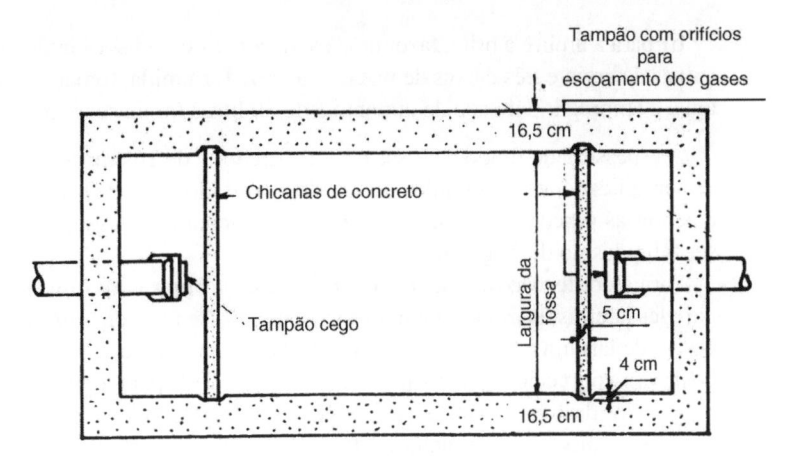

Fig. 3.20 Vista da fossa.

Localização das fossas. Devem ser localizadas perto da casa, o mais próximo do banheiro, com tubulação o mais reta possível e distanciadas no mínimo 15 m e abaixo de qualquer manancial de água (poço, cisterna etc.).

O efluente das fossas será de toda conveniência à sua completa absorção pelo terreno, para completar a ação das bactérias no tanque interior. O comprimento dessas tubulações dependerá da natureza do terreno e da quantidade de líquido a ser tratado. Como indicação, arbitram-se, para terrenos com terra solta e porosa e lençol de água subterrâneo baixo, 6 a 7 m de tubulação por pessoa. Para terrenos compactos, usam-se até 25 m por pessoa. A instalação de um sumidouro ou caixas distribuidoras (Fig. 3.24) facilita muito a infiltração de água.

Dimensões. Torna-se como base a capacidade de 175 a 265 litros por pessoa e uma capacidade mínima de 1.200 litros por fossa.

TABELA 3.9

	Dimensões das Fossas Sépticas			
Número de Pessoas	**Dimensões Internas**			**Capacidade (litros)**
	Comprimento (m)	*Largura (m)*	*Altura (m)*	
até 7	1,60	0,80	1,50	1.535
até 9	1,80	0,90	1,50	1.945
até 12	2,10	1,05	1,50	2.645
até 15	2,35	1,15	1,50	3.240
até 20	3,00	1,20	1,50	4.320

Construção da fossa séptica. Escava-se o terreno de modo que a parte superior da fossa fique um pouco abaixo do nível do terreno. Se o terreno for bastante firme, não há necessidade de fôrmas externas; caso contrário, escavar mais 10 cm para cada lado, para colocação e retirada das fôrmas.

Para o preparo das fôrmas, pode-se seguir a indicação da Fig. 3.19; é aconselhável o uso de tábuas de $1\frac{1}{2}''$ (3,8 cm). Para evitar aderência excessiva do concreto às fôrmas, pintá-las com óleo (tipo de automóvel) antes da concretagem.

O concreto a ser usado pode ser de traço 1:2, 2:3, 3 (cimento, areia e pedra); a areia e a pedra devem ser limpas das impurezas.

Para o traço indicado, podem-se usar as seguintes quantidades:

a) um saco de cimento (50 kg);

b) para a areia e a brita, fazer uma caixa com as dimensões internas de 50 × 34 × 22 cm. Adicionar duas caixas de areia e três caixas de brita; se a areia for úmida, tomar $2\frac{1}{2}$ caixas em vez de duas. A quantidade de água a empregar por saco de cimento é de 30 litros (areia seca) ou 24 litros (areia úmida).

A espessura do fundo da fossa e a das paredes é de 15 cm, conforme as Figs. 3.20 e 3.21. O concreto deve ser aplicado até 30 minutos depois de misturado e deve ser bem apiloado. Moldam-se primeiro o fundo e depois as paredes laterais. Usar o mesmo concreto para as lajes de cobertura (tampa). As fôrmas poderão ser retiradas no dia seguinte à concretagem.

Para a confecção da laje de cobertura, usar fôrmas com dimensões tais que fiquem bem apoiadas nas paredes laterais; para facilitar a remoção, podem-se usar, em vez de uma única laje, várias lajes menores de 60 cm de largura e 8,5 cm de espessura. Para a sua armação, usar 3 ferros de $\frac{1}{4}''$ na parte inferior (ferragem positiva); confeccionar também alças com ferro de $\frac{1}{4}''$ para a remoção das tampas.

As lajes das chicanas terão a espessura de 5 cm e poderão ser feitas em partes, para facilitar a remoção; elas serão colocadas nas ranhuras deixadas durante a concretagem (Figs. 3.20 e 3.21).

Para a ligação da fossa ao vaso sanitário da casa, usar tubos de barro vidrado ou concreto do tipo ponta e bolsa, convenientemente vedados com argamassa de uma parte de cimento para duas de areia (ver Fig. 3.22).

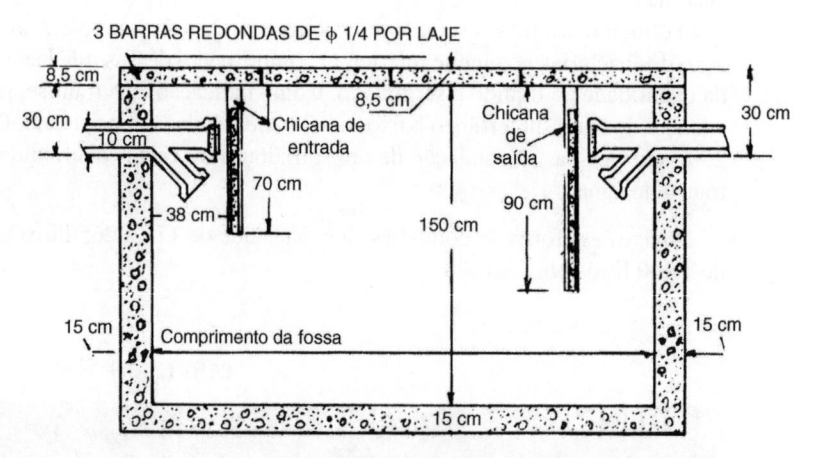

Fig. 3.21 Seção longitudinal da fossa.

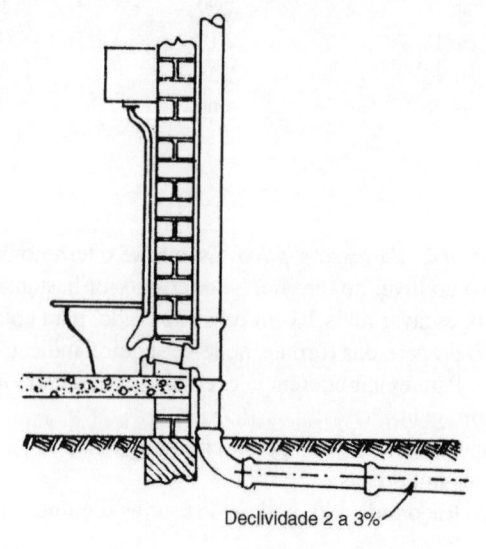

Fig. 3.22 Ligação do aparelho sanitário à fossa séptica.

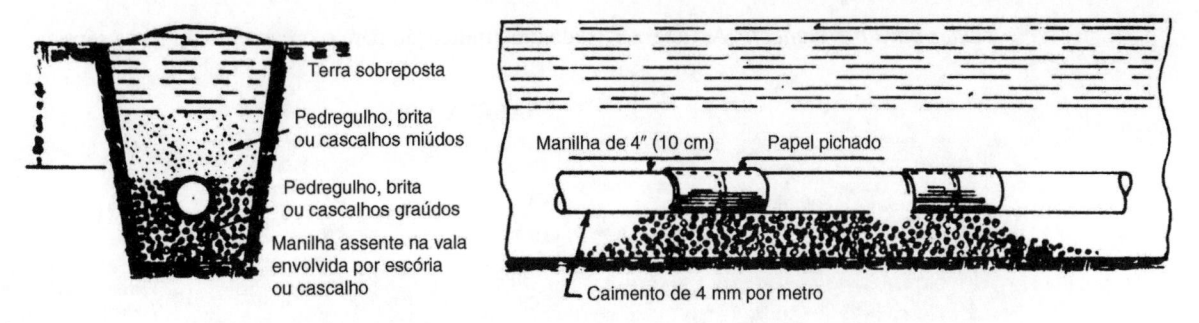

Fig. 3.23 Assentamento da linha de manilhas para escoamento do efluente da fossa.

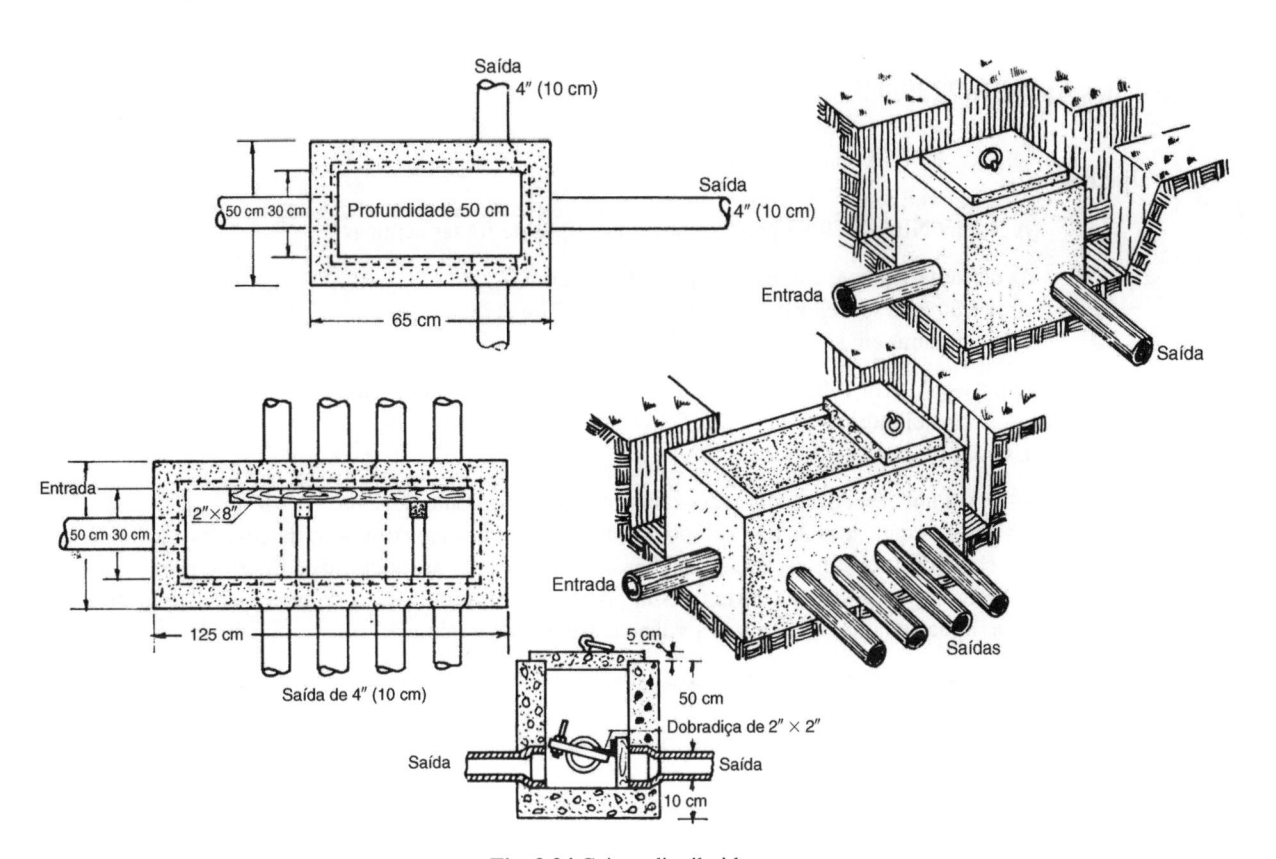

Fig. 3.24 Caixas distribuidoras.

Para o esgotamento da fossa, usar manilhas de $4''$ e disposição de camadas como indica a Fig. 3.23. Os cinco primeiros tubos a partir da fossa são juntados à ponta e bolsa com argamassa e os demais espaçados de cerca de 0,5 cm e devidamente cobertos na parte superior com papel pichado para evitar a introdução de terra ou outros elementos do terreno. Isso permite que o efluente da fossa vá se infiltrando no terreno e, em contato com as bactérias aeróbicas do mesmo, complete o tratamento do esgoto (ver Fig. 3.23).

Caixas distribuidoras ou sumidouros. Quando a linha de tubos acima não é suficiente para a infiltração dos efluentes, podem-se usar caixas distribuidoras, conforme indicação da Fig. 3.24, ou sumidouros, conforme indicação na Fig. 3.27.

Dados para o orçamento. A Tabela 3.10 dá uma indicação para o orçamento da fossa séptica.

TABELA 3.10

Número de Pessoas	Volume de Concreto (m^3)	Materiais					
		Cimento		Areia		Brita (m^3)	Ferro ($\frac{1}{4}$ kg)
		kg	Sacos	seca (m^3)	úmida (m^3)		
até 7	1,90	670	$13\frac{1}{4}$	1,00	1,25	1,50	4
até 9	2,15	760	$15\frac{1}{4}$	1,15	1,45	1,70	5
até 12	2,53	900	18	1,35	1,70	2,05	5
até 15	2,90	1.025	$20\frac{1}{4}$	1,55	1,95	2,30	6
até 20	3,50	1.285	25	1,85	2,30	2,80	8

3.5.2 Prescrições da NBR-7229/93*

3.5.2.1 Generalidades

A Norma NBR-7229/93 prevê os seguintes tipos de fossas sépticas:

a) de câmara única, conforme Figs. 3.25 e 3.26;
b) de câmaras sobrepostas, conforme Figs. 3.27 e 3.28;
c) de câmaras em série, conforme Fig 3.29.

Observação. Em 1906, Karl Imhoff lançou a fossa que tem seu nome, constando de câmara de decantação de forma cilíndrico-cônica (Fig. 3.27) situada na face superior.
Uso das fossas:

— só é admissível para edificações providas de suprimento de água;
— são encaminhados às fossas todos os despejos domésticos oriundos de cozinhas, lavanderias domiciliares, chuveiros, lavatórios, bacias sanitárias, bidês, banheiras, mictórios e ralos de piso;
— os despejos de cozinha devem passar por caixas de gordura antes de serem lançados às fossas sépticas;
— as águas pluviais não devem ser lançadas nas fossas sépticas.

Os despejos que apresentarem elevado índice de contaminação devem ser objeto de estudo de autoridade competente.
As fossas sépticas de câmara em série são usadas nos casos em que seja necessário um efluente de baixo teor de sólidos suspensos.
O efluente de uma fossa séptica pode ser lançado:

a) no solo, através de sumidouro ou vala de infiltração (Figs. 3.30 e 3.31);
b) em águas de superfície (Figs. 3.32 e 3.33), com tratamento complementar, por meio de valas de filtração ou por meio de filtro anaeróbico.

3.5.2.2 Projeto de Fossas Sépticas

No cálculo de contribuição dos despejos, devem ser observados:

a) o número de pessoas a serem atendidas, não inferior a cinco;
b) o consumo local de água e, na falta desses dados, os valores constantes da Tabela 3.11;
c) nos prédios em que houver, ao mesmo tempo, ocupantes permanentes e temporários, o volume total da contribuição é a soma dos volumes correspondentes a cada um desses casos, e o período de detenção usado para ambos os casos é o correspondente à contribuição total.

---

*Para mais detalhes, deve ser consultada a referida Norma.

Para efeito de cálculo, são considerados os seguintes períodos:

a) prédios residenciais, hotéis, hospitais e quartéis: 24 horas;
b) outros tipos de prédios — os regimes próprios de funcionamento.

3.5.2.3 Período de Detenção dos Despejos

a) para as fossas sépticas de câmara única e de câmaras em série, usar os valores da Tabela 3.12;
b) para as fossas sépticas de câmara sobreposta, o período de detenção da câmara de decantação é de 2 horas (vazão máxima).

O volume mínimo da câmara de decantação é de 500 litros.

3.5.2.4 Período de Armazenamento do Lodo Digerido

As fossas sépticas têm capacidade de armazenamento do lodo digerido pelo período mínimo de 10 meses ou 300 dias.

3.5.2.5 Período de Digestão do Lodo

Para efeito de cálculo, deve ser considerado o período de 50 dias.

3.5.2.6 Coeficiente de Redução do Volume do Lodo

Considera-se a seguinte redução do volume do lodo fresco, em conseqüência da digestão:

a) lodo digerido $R_1 = 0,25$
b) lodo em digestão $R_2 = 0,50$

3.5.2.7 Dimensionamento das Fossas Sépticas de Câmara Única

O volume útil é calculado pela fórmula:

$$V = N\,(CT + 100\,Lf)$$

V = volume útil em litros;
N = número de contribuintes;
C = contribuição de despejos (ver Tabela 3.11);
T = período de detenção em dias (ver Tabela 3.12);
Lf = contribuição de lodos frescos (ver Tabela 3.11).

Observação. O volume útil mínimo admissível é de 1.250 litros.

3.5.2.8 Dimensionamento de Fossas Sépticas de Câmaras Sobrepostas

O volume da câmara de decantação é calculado pela fórmula:

$$V_1 = NCT.$$

Para efeito de cálculo, adotar:

a) $T = 0,20$ dia, e considerar a vazão máxima não inferior a 2,4 vezes a vazão média;
b) volume mínimo da câmara de decantação = 500 litros;
c) para fábricas ou escolas com mais de um turno por dia, considerar o turno de maior contribuição de pessoas (N).

3.5.2.9 Volume Decorrente do Período de Armazenamento

$V_2 = R_1\,N\,Lf\,Ta$;
V_2 = volume em litros;
$R_1 = 0,25$ (coeficiente de redução do lodo digerido);
N = número de contribuintes;
Lf = contribuição de lodos frescos (Tabela 3.11);
Ta = período de armazenamento do lodo digerido (300 dias).

3.5.2.10 Volume Correspondente ao Lodo em Digestão

$V_3 = R_2\,N\,Lf\,Td$;
V_3 = volume em litros;
R_2 = 0,50 (coeficiente de redução do lodo em digestão);
N = número de contribuintes;
Lf = contribuição de lodos frescos (Tabela 3.11);
Td = período de digestão do lodo (50 dias).

3.5.2.11 Volume Correspondente à Zona Neutra

V_4 = 0,30 m $\cdot$ S;
V_4 = volume em litros;
0,30 m = altura da zona neutra;
S = seção transversal da fossa séptica.

3.5.2.12 Volume Correspondente à Zona de Escuma

$V_5 = h_d \cdot S - V_1$;
V_5 = volume em litros;
h_d = distância vertical entre a geratriz inferior interna da câmara de decantação e o nível do líquido (ver Fig. 3.27);
S = área da seção transversal da fossa séptica;
V_1 = volume da câmara de decantação.

O volume útil das fossas sépticas de câmaras sobrepostas é calculado pela fórmula:

$$V = V_1 + V_2 + V_3 + V_4 + V_5$$

em que

V = volume em litros (o volume mínimo admissível é de 1.350 litros).

3.5.2.13 Dimensionamento das Fossas Sépticas de Duas Câmaras em Série — Ver Fig. 3.29

$V = 1,3\,N\,(CT + 100\,Lf)$;
V = volume em litros;
N = número de contribuintes;
C = contribuição de despejos (ver Tabela 3.11);
T = período de detenção em dias (ver Tabela 3.12);
Lf = contribuição de lodos frescos (ver Tabela 3.11);

O volume mínimo admissível é de 1.650 litros.

3.5.2.14 Sumidouros

Os sumidouros devem ter as paredes revestidas de alvenaria de tijolos, assentes com juntas livres, ou de anéis (ou placas) pré-moldadas de concreto convenientemente furados, e ter enchimento no fundo de cascalho, pedra britada, coque de pelo menos 0,50 m de espessura.

As lajes de cobertura dos sumidouros devem ficar ao nível do terreno, ser de concreto armado e dotadas de abertura de inspeção com tampão de fechamento hermético, cuja menor dimensão seja de 0,60 m (Fig. 3.30).

As dimensões do sumidouro são determinadas em função da capacidade de absorção do terreno, conforme mostrado no item 3.5.2.18, devendo ser considerada como superfície útil de absorção a do fundo e das paredes laterais até o nível de entrada do efluente da fossa.

3.5.2.15 Filtro Anaeróbico — Ver Fig. 3.33

O filtro anaeróbico deve estar contido em um tanque de forma cilíndrica ou prismática de seção quadrada, com fundo falso perfurado.

O leito filtrante deve ter altura (a) igual a 1,20 m, já incluída a altura do fundo falso.

O material filtrante deve ter a granulometria mais uniforme possível, podendo variar entre 0,04 m e 0,07 m ou ser adotada a pedra britada n.º 4.

A profundidade útil (h) do filtro anaeróbico é de 1,80 m para qualquer volume de dimensionamento. Fórmulas:

$$V = 1,60\, NCT$$

V = volume útil em litros;
N = número de contribuintes;
C = contribuição de despejos (Tabela 3.11) em litros/pessoa/dia;
T = período de detenção em dias (Tabela 3.12);

$$S = \frac{V}{1,80}$$

S = seção horizontal;
V = volume útil calculado.

Observações:

— diâmetro mínimo = 0,95 m;
— largura mínima = 0,85 m;
— o diâmetro máximo (d) e a largura (L) não devem exceder de três vezes a profundidade útil (h);
— o volume útil mínimo do leito filtrante deve ser de 1000 litros;
— a carga hidrostática mínima no filtro é de 1 kPa (0,1 m), portanto o nível de saída do efluente deve estar 0,10 m abaixo do nível da fossa séptica;
— o fundo falso deve ter abertura de 0,03 m, com espaço de 0,15 m entre si;
— o dispositivo de passagem da fossa séptica para o filtro pode constar de tê e curva de DN 100, no mínimo, ou de caixa de distribuição, quando houver mais de um filtro.

3.5.2.16 Material

As fossas sépticas e os filtros anaeróbicos devem ser construídos ou fabricados com materiais que atendam às especificações e padronizações das normas em vigor, bem assim as tubulações.

3.5.2.17 Execução

A localização das fossas sépticas e dos elementos destinados à disposição do efluente deve atender às seguintes condições:

— afastamento mínimo de 20 m de qualquer fonte de abastecimento d'água e poço;
— possibilidade de fácil ligação ao futuro coletor público;
— facilidade de acesso, tendo em vista a necessidade de remoção periódica do lodo digerido;
— não-comprometimento dos mananciais e da estabilidade de prédios e terrenos próximos;
— dos memoriais e plantas de construção ou reformas de edifícios localizados em zonas desprovidas de esgotos sanitários submetidos à aprovação da autoridade competente deve constar o projeto para tratamento e disposição dos efluentes, devidamente justificado;
— as valas de infiltração e os sumidouros devem sofrer inspeção semestral.

3.5.2.18 Determinação da Capacidade de Absorção do Solo

— ensaio de infiltração;
— escolher três pontos do terreno próximo ao local onde será lançado o efluente; em cada ponto, escavar uma cova quadrada de 0,30 m de lado e 0,30 m de profundidade.

No caso de sumidouro, os pontos são em diferentes profundidades; pode-se usar um pré-dimensionamento, conforme dados da Tabela 3.13.

No caso de vala de infiltração a seção do fundo, as covas devem estar a uma profundidade de 0,60 a 1 m do nível do terreno.

Será prudente que o fundo da vala ou do sumidouro esteja 1,5 m acima do nível máximo do lençol freático.

— raspar o fundo e os lados da cova e colocar uma camada de 5 cm de brita n.º 1;

— no primeiro dia de ensaio, manter as covas cheias de água durante 4 horas;
— no dia seguinte, encher as covas com água e aguardar que se infiltrem totalmente;
— encher novamente as covas até uma altura de 0,15 m e cronometrar o tempo de rebaixamento de 0,15 para 0,14 m.

Quando esse rebaixamento se der em menos de 3 minutos, refazer o ensaio cinco vezes, adotando a quinta medição.

Com os tempos acima obtidos, obter os coeficientes de infiltração do solo em $1/m^2$ por dia, na curva da Fig. 3.34.

Adotar o menor dos coeficientes determinados nos ensaios.

3.5.2.19 Área de Infiltração Necessária

A área de infiltração necessária para determinado despejo pode ser calculada pela fórmula:

$$A = \frac{V}{C_i}$$

A = área em m^2, para o sumidouro ou vala de infiltração;
V = volume de contribuição diária em $1/dia$, obtido da Tabela 3.11;
C_i = coeficiente de infiltração, obtido pela curva da Fig. 3.34 ou Tabela 3.13.

EXEMPLO

Edifício de apartamento com 4 pavimentos e 2 apartamentos por pavimento. Os apartamentos são de 3 quartos sociais e um de serviço.

Desejamos saber qual a área de infiltração necessária para o sumidouro e o volume de fossa séptica de câmara única.

Tempo de infiltração obtido por ensaios: 10 minutos.

Solução:

— cálculo do número de contribuintes:
   N.° de pessoas por apartamento: 7
   N.° de apartamento no edifício: 8
   N.° total de contribuintes: 56

— volume da fossa séptica de câmara única:

$$V = N (CT + 100 Lf)$$

Pelas Tabelas 3.11 e 3.12:

C = 200 l/dia/pessoa   ou C = 56 × 200 = 11.200 l/dia
T = 0,625

O volume útil da fossa será:

$$V = 56 (200 \times 0,625 + 100 \times 1) = 12.600 \text{ litros ou } 12,6 \text{ m}^3$$

Caso a fossa seja cilíndrica, podemos usar as dimensões:

d = 2,83 m
h = 2 m

A área de infiltração necessária para o sumidouro será:

$$A = \frac{12.600}{40} = 315 \text{ m}^2$$

Podem-se usar 4 sumidouros prismáticos de altura h = 2 m e com as dimensões de 5 × 7 metros.

TABELA 3.11

Contribuições Unitárias de Esgotos (C) e de Lodo Fresco (Lf) por Tipo de Prédio e de Ocupantes			
Prédio	Unidade	Contribuição (litros/dia)	
		Esgotos (C)	Lodo Fresco (Lf)
1 — Ocupantes Permanentes			
Hospitais	leito	250	1
Apartamentos	pessoa	200	1
Residências	pessoa	150	1
Escolas — internatos	pessoa	150	1
Casas populares — rurais	pessoa	120	1
Hotéis (sem cozinha e lavanderia)	pessoa	120	1
Alojamentos provisórios	pessoa	80	1
2 — Ocupantes Temporários			
Fábrica em geral	operário	70	0,30
Escritórios	pessoa	50	0,20
Edifícios públicos ou comerciais		50	0,20
Escolas — externatos	pessoa	50	0,20
Restaurantes e similares	refeição	25	0,10
Cinema, teatro e templos	lugar	2	0,02

Referência: Norma NBR-7229/82 — Tabela 1.

TABELA 3.12

Período de Detenção (T)				
Contribuição (litros/dia)			Período de Detenção	
			Horas	Dias (T)
Até		6.000	24	1
6.000	a	7.000	21	0,875
7.000	a	8.000	19	0,79
8.000	a	9.000	18	0,75
9.000	a	10.000	17	0,71
10.000	a	11.000	16	0,67
11.000	a	12.000	15	0,625
12.000	a	13.000	14	0,585
13.000	a	14.000	13	0,54
Acima	de	14.000	12	0,50

Referência: Norma NBR-7229/82 — Tabela 2.

TABELA 3.13

Possíveis Faixas de Variação de Coeficiente de Infiltração		
Faixa	Constituição Aprovável dos Solos	Coeficiente de Infiltração/m² × dia
1	Rochas, argilas compactas de cor branca, cinza ou preta, variando a rochas alteradas e argilas medianamente compactas de cor avermelhada	menor que 20
2	Argilas de cor amarela, vermelha ou marrom medianamente compactas, variando a argilas, pouco siltosas e/ou arenosas	20 a 40
3	Argilas arenosas e/ou siltosa, variando a areia argilosa ou silte argiloso de cor amarela, vermelha ou marrom	40 a 60
4	Areia ou silte pouco argiloso, ou solo arenoso com humos e turfas, variando a solos constituídos predominantemente de areias e siltes	60 a 90
5	Areia bem selecionada e limpa, variando a areia grossa com cascalhos	maior que 90

Referência: Norma NBR-7229/93 — Tabela 3.

Nota: Os dados se referem, numa primeira aproximação, aos coeficientes que variam segundo o tipo dos solos não-saturados. Em qualquer dos casos, é indispensável a confirmação por meio dos ensaios de infiltração do solo, descritos em 3.5.2.18.

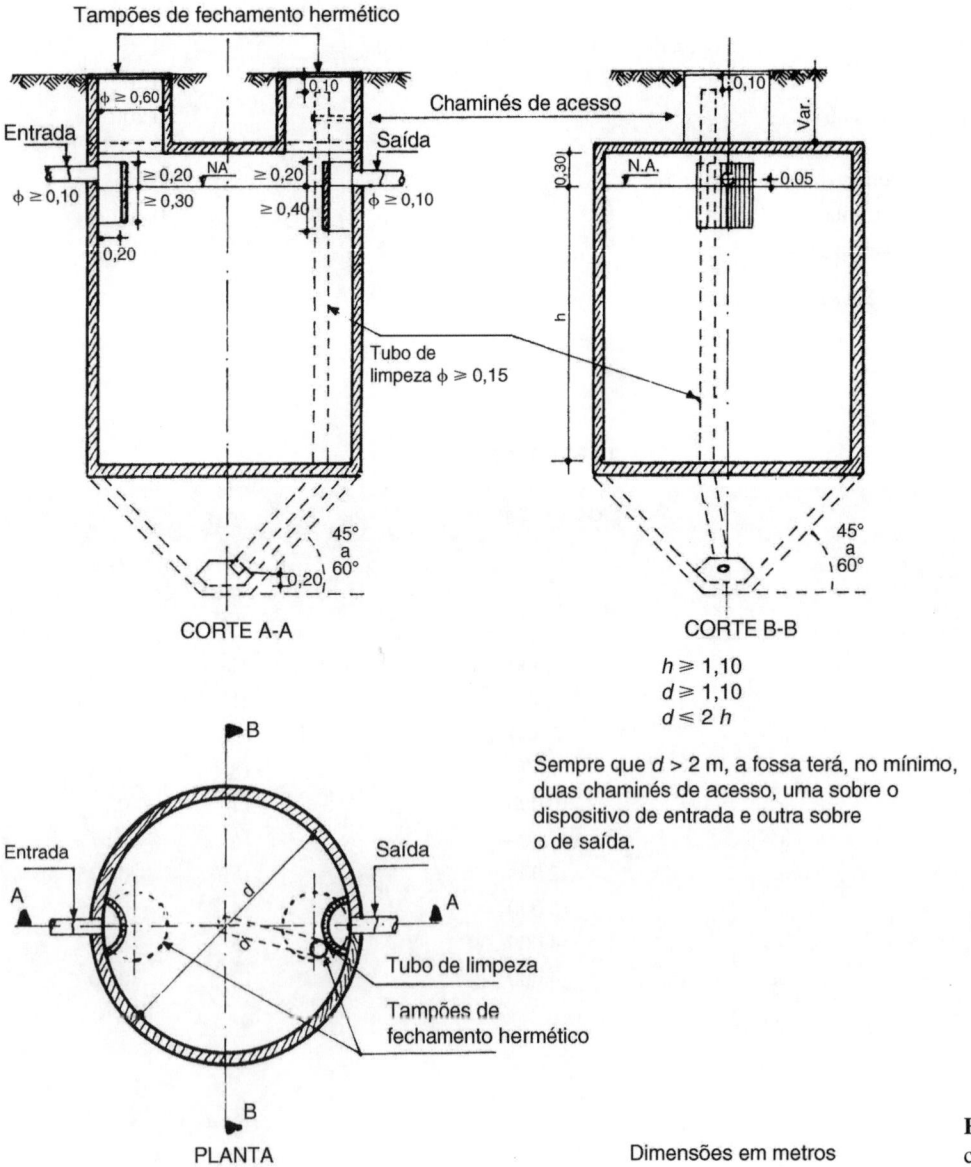

$h \geqslant 1,10$
$d \geqslant 1,10$
$d \leqslant 2\,h$

Sempre que $d > 2$ m, a fossa terá, no mínimo, duas chaminés de acesso, uma sobre o dispositivo de entrada e outra sobre o de saída.

Dimensões em metros

Fig. 3.25 Fossa séptica de forma cilíndrica de câmara única.

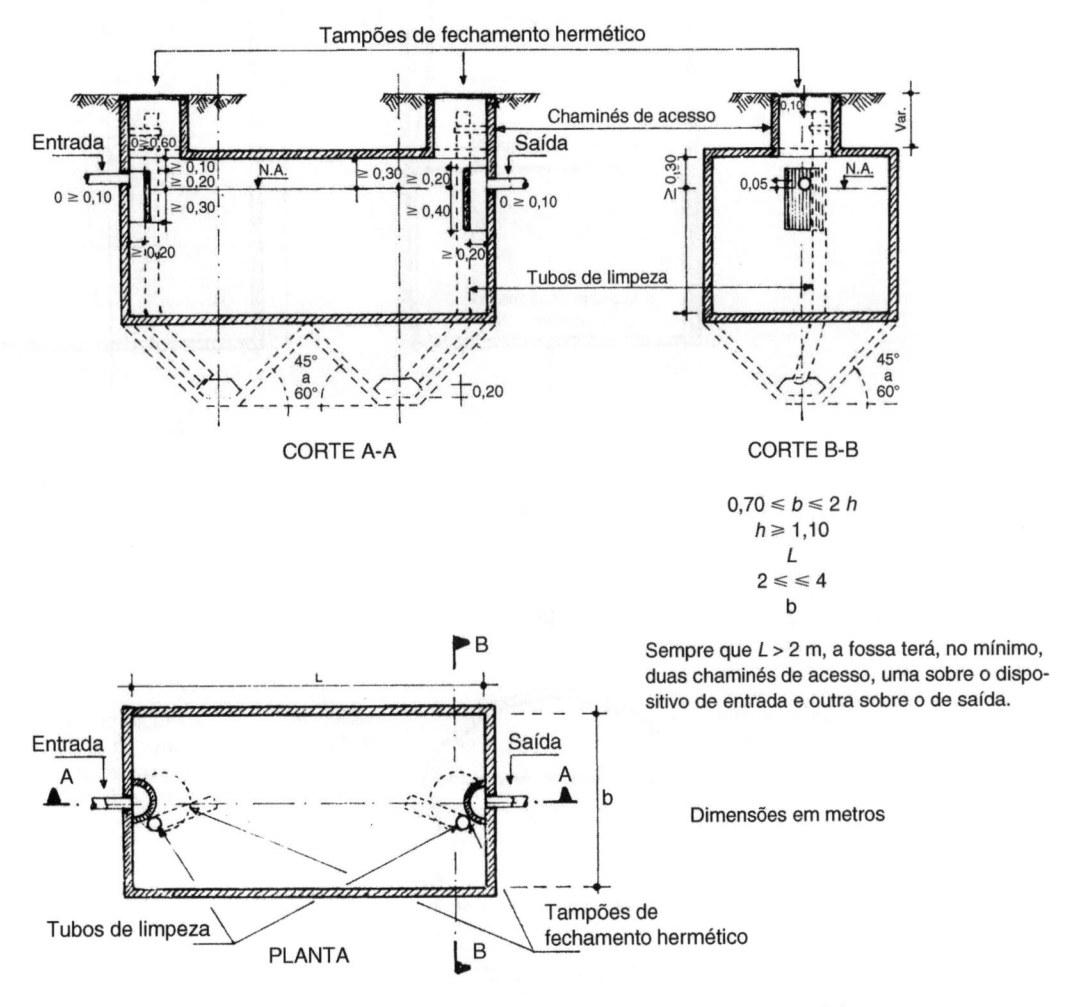

Fig. 3.26 Fossa séptica de forma prismática retangular de câmara única.

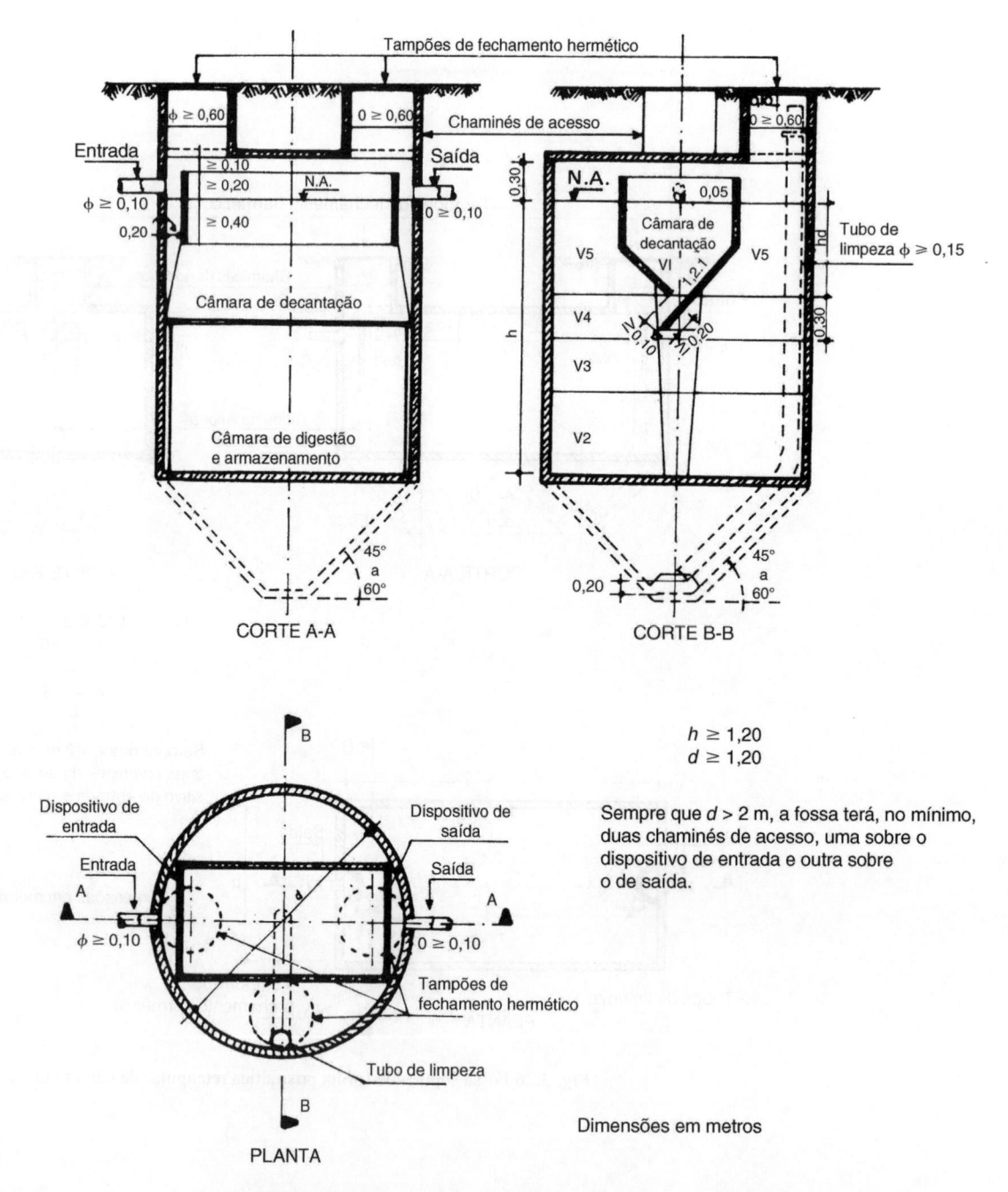

Fig. 3.27 Fossa séptica cilíndrica de câmaras sobrepostas (tipo IMHOFF).

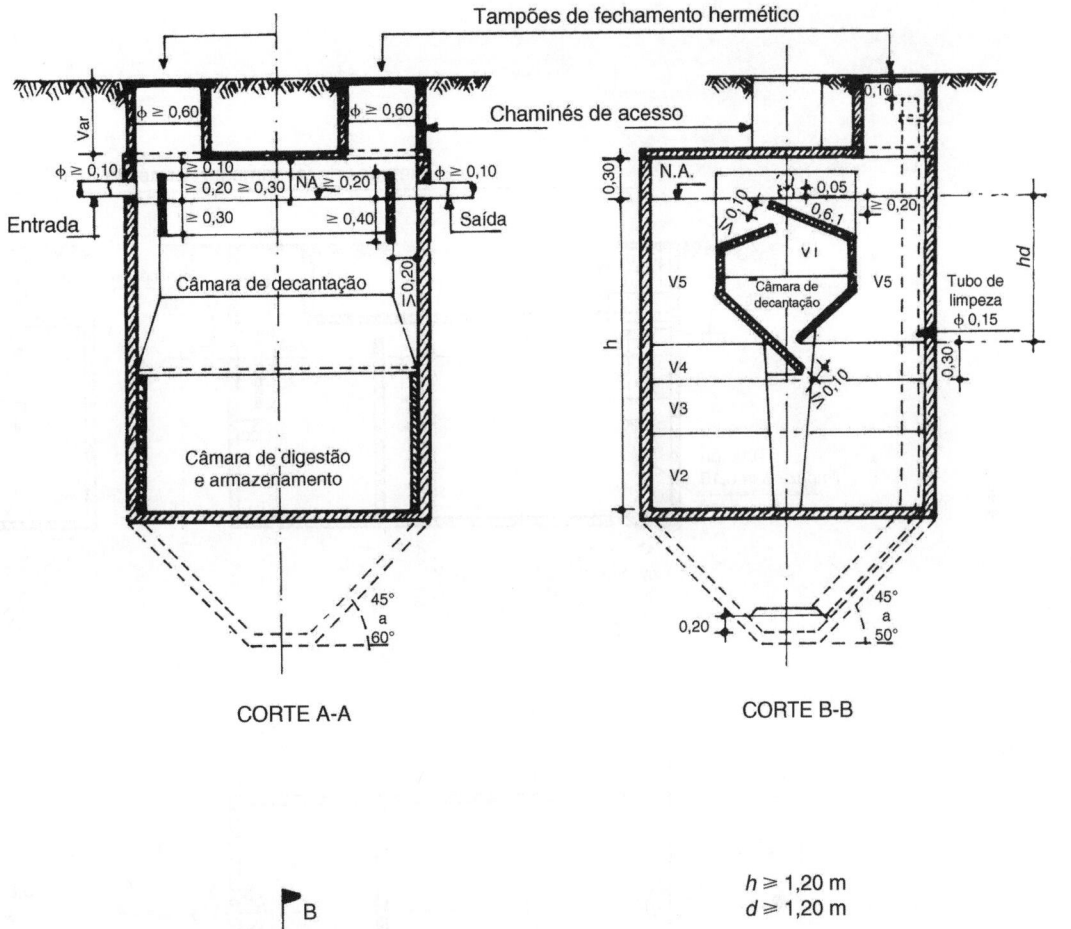

$h \geq 1,20$ m
$d \geq 1,20$ m

Sempre que $d > 2$ m, a fossa terá, no mínimo, duas chaminés de acesso, uma sobre o dispositivo de entrada e outra sobre o de saída.

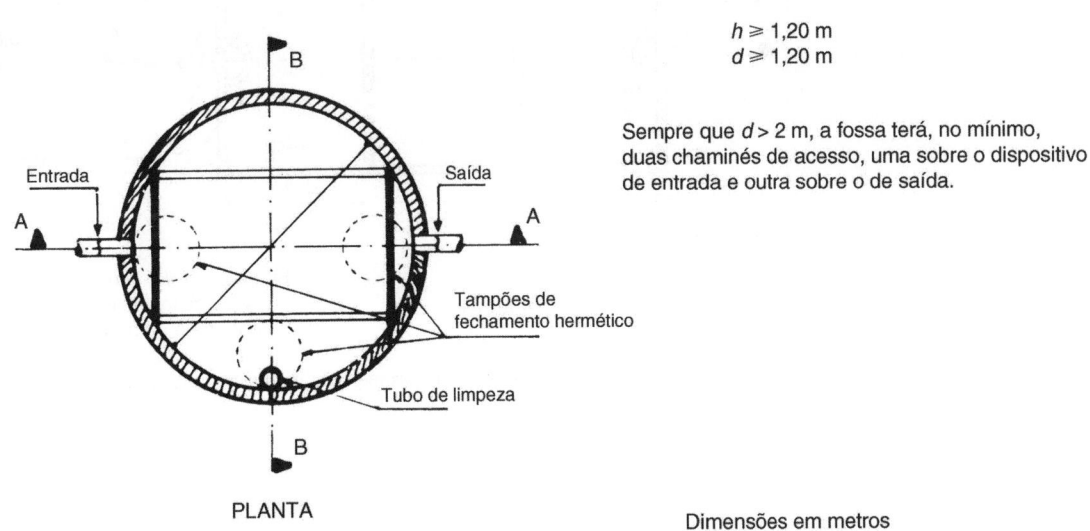

Dimensões em metros

Fig. 3.28 Fossa séptica de forma cilíndrica de câmaras sobrepostas (câmara de decantação submersa).

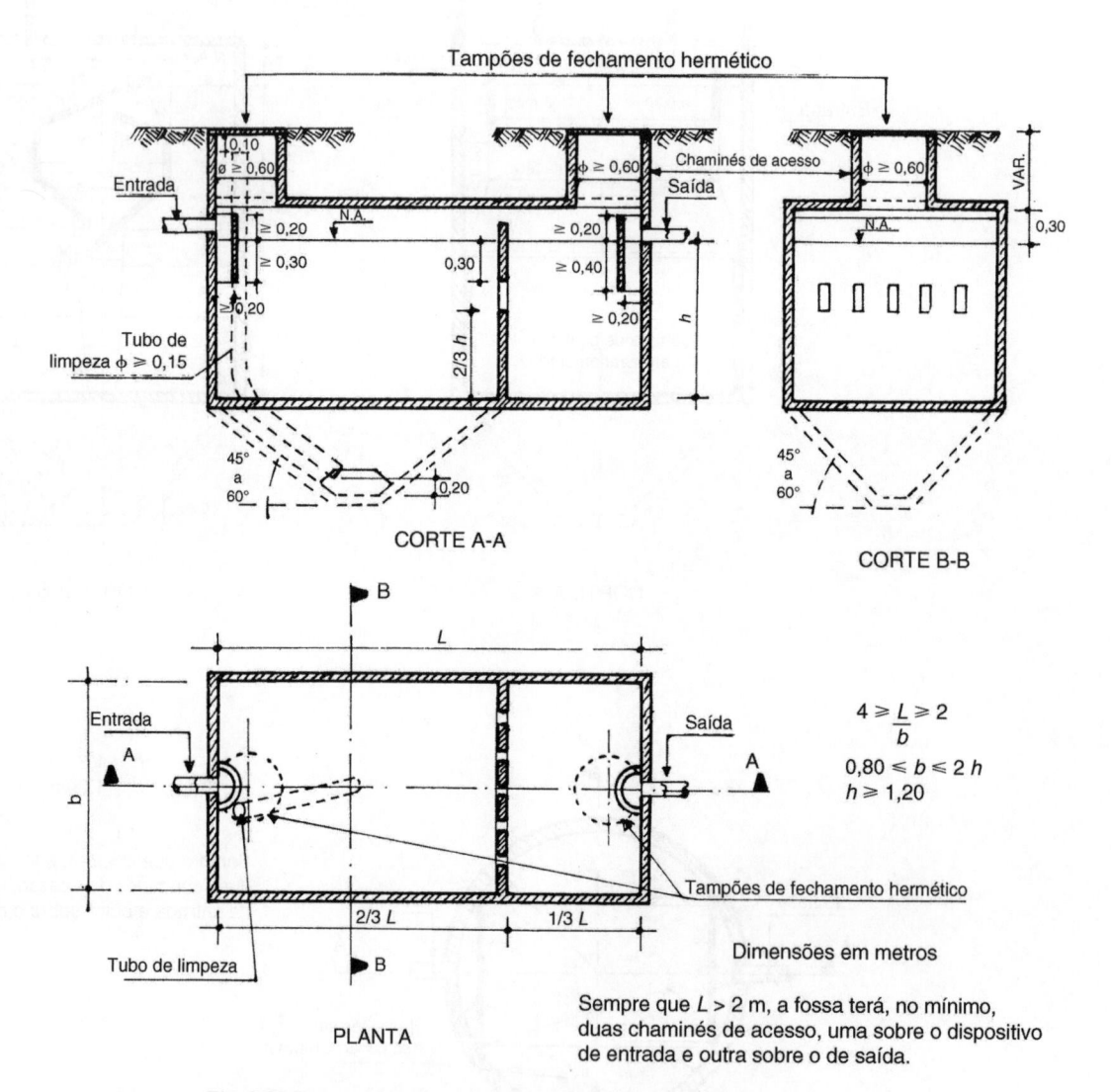

Fig. 3.29 Fossa séptica de forma prismática retangular de câmaras em série.

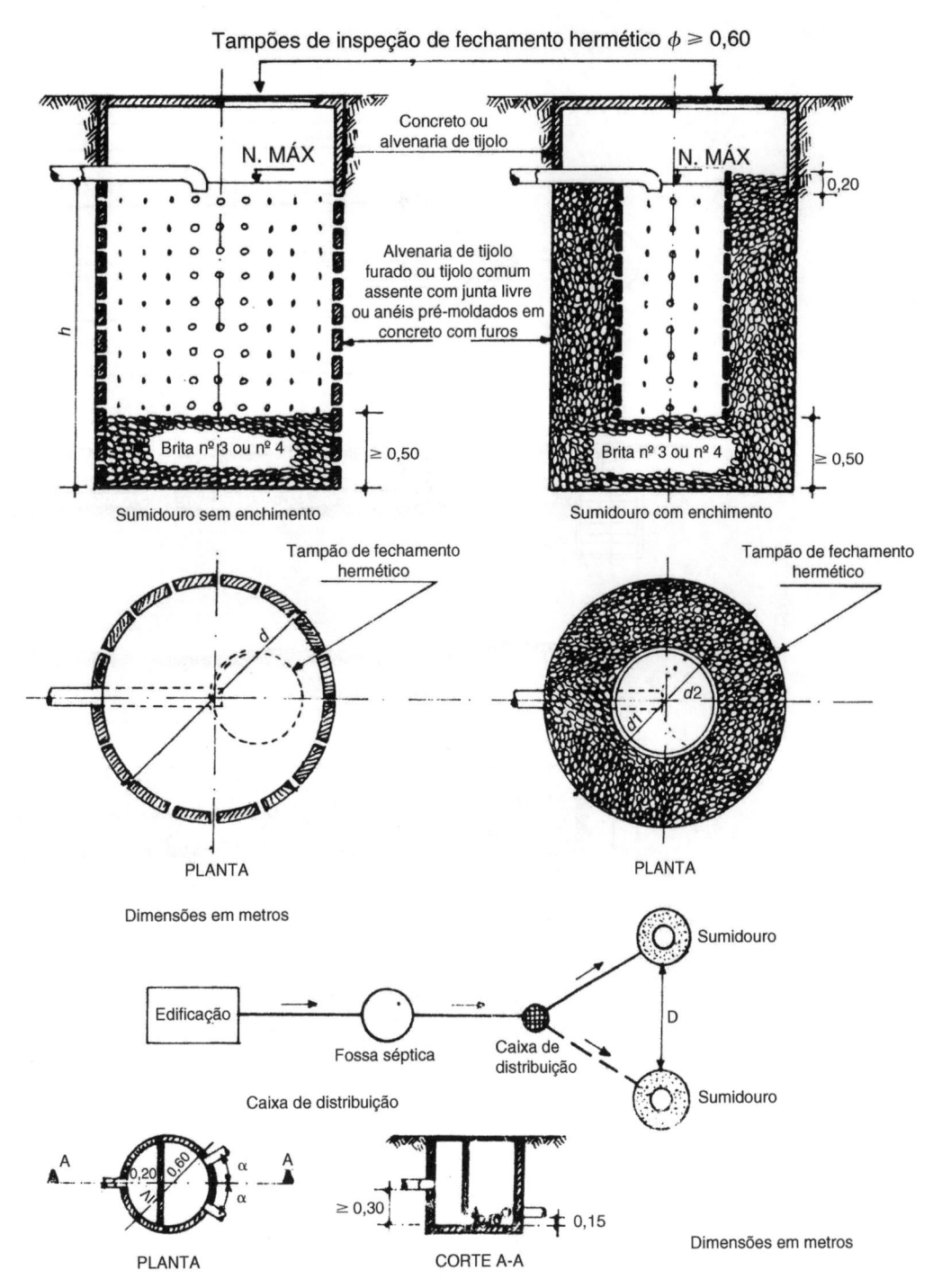

Notas: a) Distância máxima na horizontal e vertical entre furos — 0,20 m.
b) Diâmetro mínimo dos furos — 0,015 m.
c) Considerar como área de infiltração a área lateral até a altura h e a do fundo.
d) A distância D entre os sumidouros deve ser maior que 3 vezes o diâmetro dos mesmos e nunca menor que 6 m.

Fig. 3.30 Sumidouro cilíndrico.

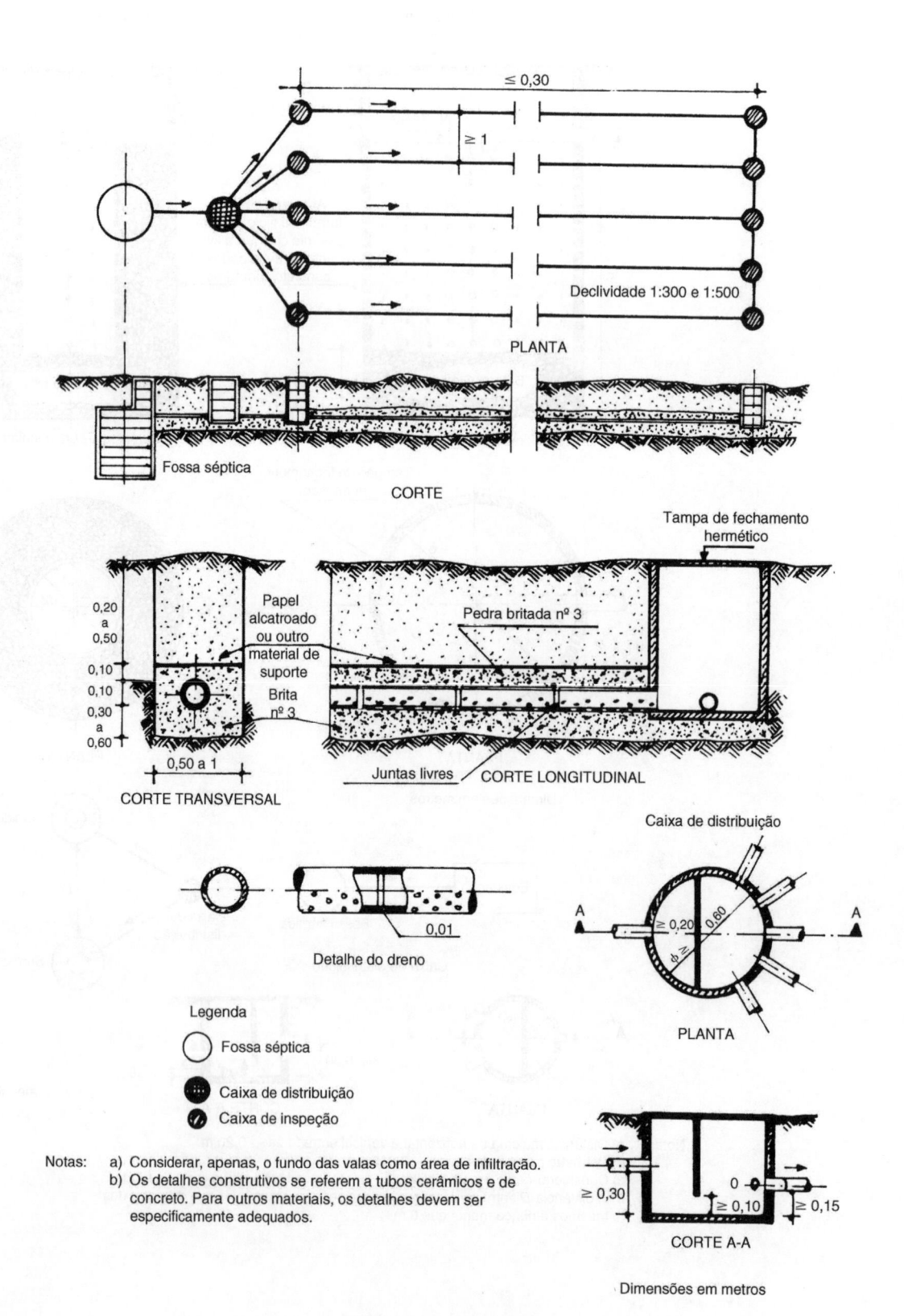

Fig. 3.31 Vala de infiltração.

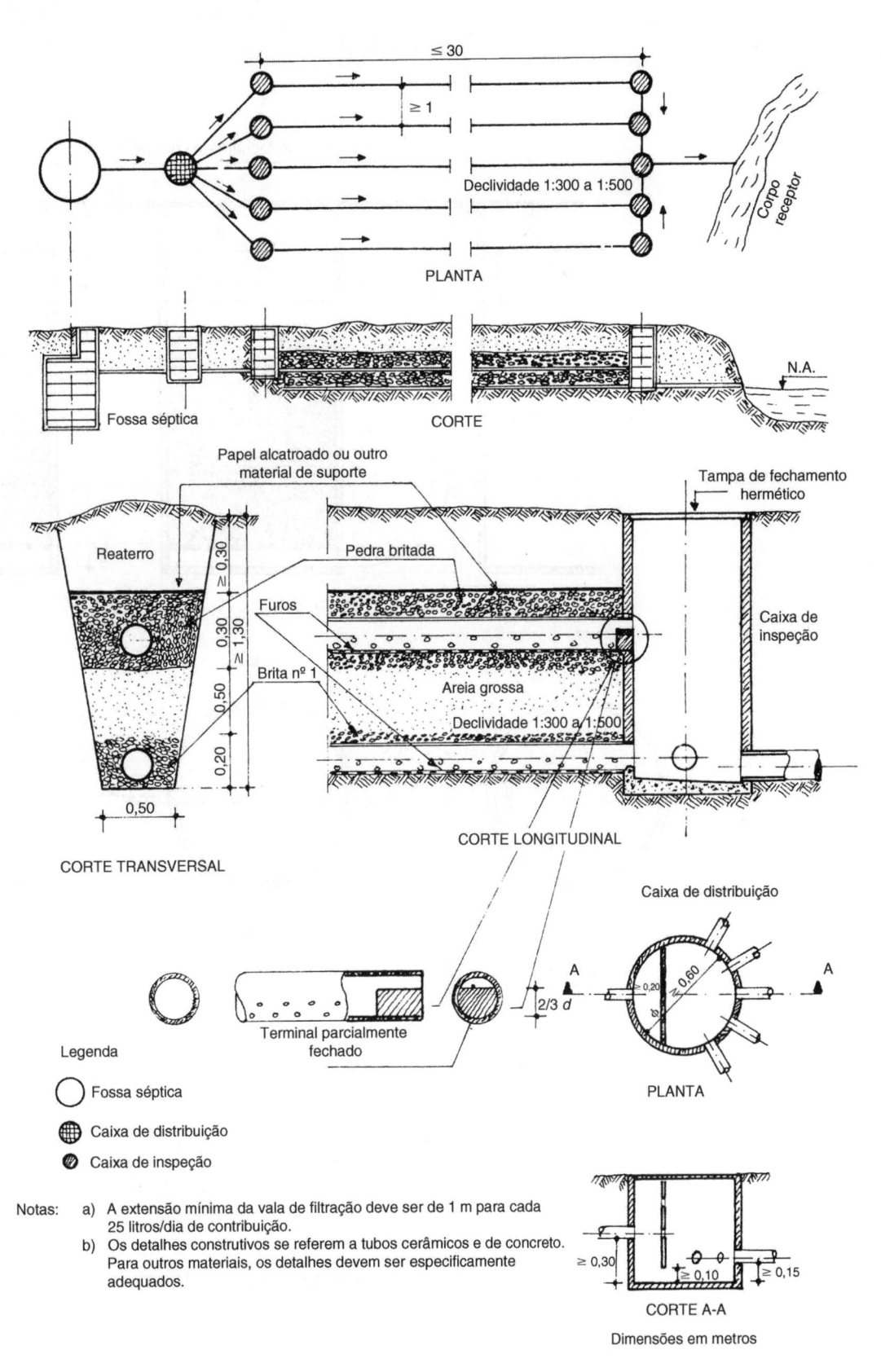

Fig. 3.32 Vala de filtração.

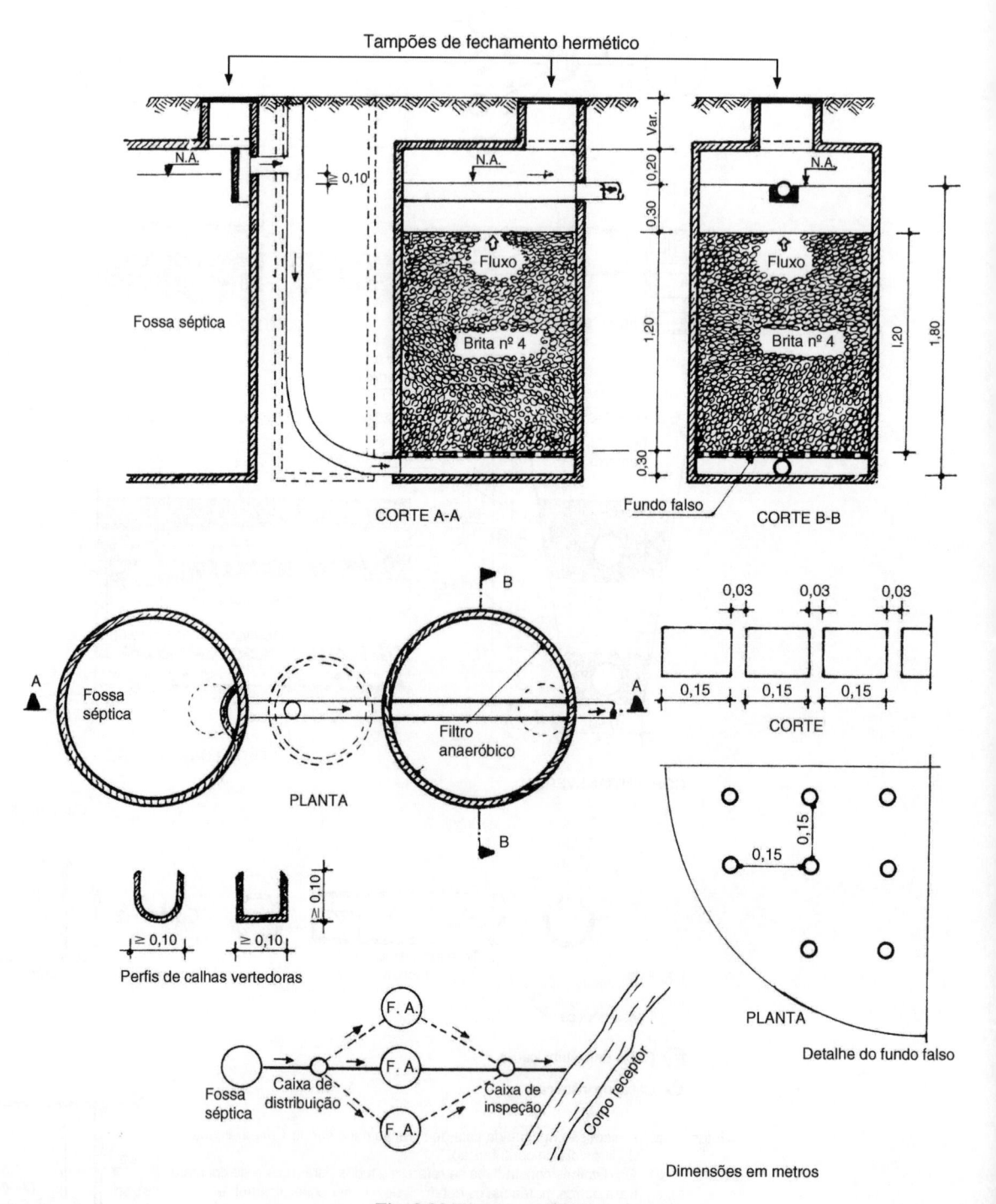

Fig. 3.33 Filtro anaeróbico.

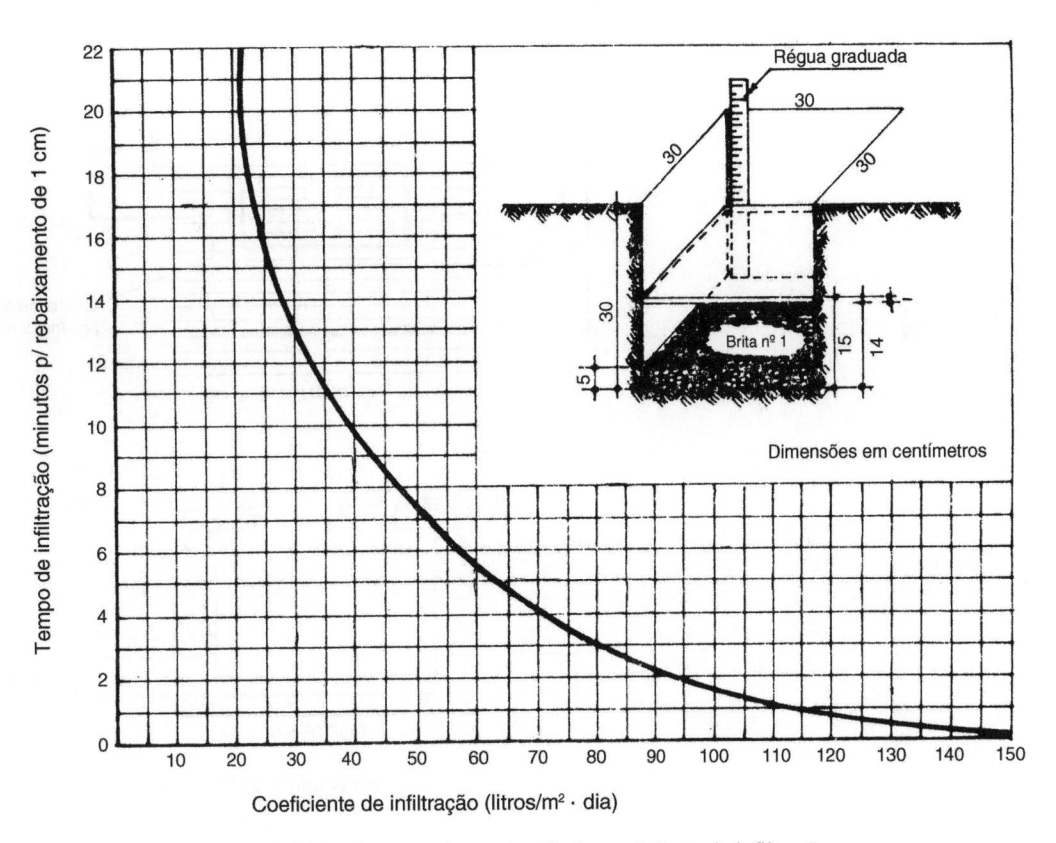

Fig. 3.34 Gráfico para determinação do coeficiente de infiltração.

3.6 ESGOTAMENTO DAS ÁGUAS PLUVIAIS

3.6.1 Generalidades

É fato conhecido que a água da chuva é um dos elementos mais danosos para a durabilidade e boa aparência das construções, cabendo ao instalador projetar o escoamento das mesmas, de modo a se realizar pelo mais curto trajeto e no menor tempo possível.

O sistema de esgotamento das águas pluviais deve ser completamente separado dos esgotos sanitários, evitando-se com isso a penetração dos gases dos esgotos primários no interior da habitação.

Os códigos de obras das municipalidades, em geral, proíbem o caimento livre da água dos telhados de prédios de mais de um pavimento, bem como o caimento em terrenos vizinhos, daí a necessidade de serem conduzidas aos condutores de AP, que as dirigem às caixas de areia, no térreo, e daí aos coletores públicos de águas pluviais ou sarjetas dos logradouros públicos (Fig. 3.35).

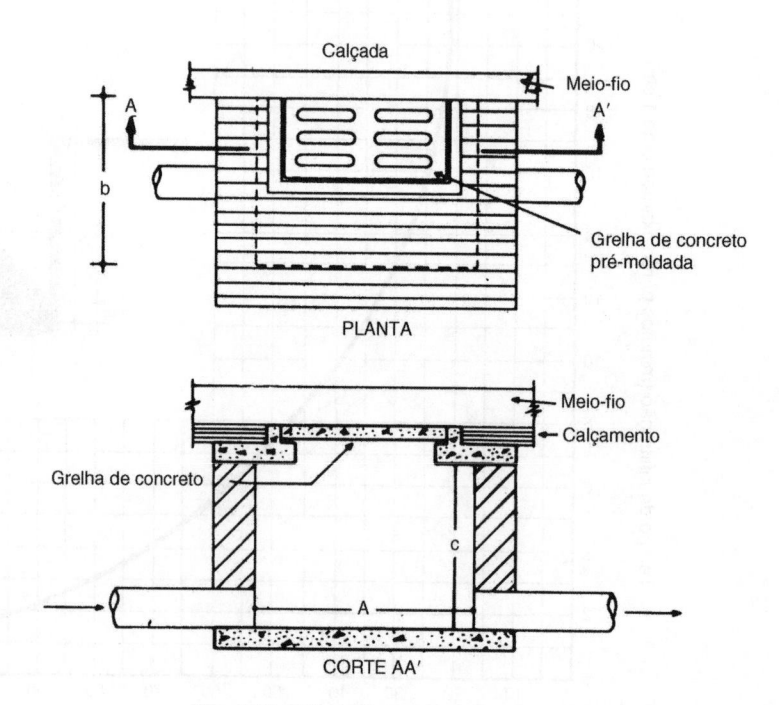

Fig. 3.35 Caixa coletora de águas pluviais.

3.6.2 Projeto de Esgotamento das Águas Pluviais

O projeto de esgotamento das águas pluviais deve obedecer às prescrições da NB-611 (Projeto) que rege as *Instalações prediais de águas pluviais*. Essa Norma fixa exigência e critério necessários aos projetos de instalações de drenagem de águas pluviais, visando garantir níveis aceitáveis de funcionalidade, segurança, higiene, conforto, durabilidade e economia. Aplica-se a drenagem de águas pluviais em cobertura e demais áreas associadas ao edifício, tais como terraços, pátios, quintais e similares. Não se aplica aos casos em que as vazões de projeto e as características de área exijam a utilização de "boca-de-lobo" e galerias.

O projeto de esgotamento de águas pluviais em edifícios deve fixar desde a tomada das águas, normalmente através dos ralos na cobertura e nas áreas, a passagem da tubulação em todos os pavimentos, a ligação das colunas de AP às caixas de areia, no térreo, além da ligação do ramal predial à rede pública de AP. A posição das colunas e seus diâmetros podem ser marcados na mesma planta de esgotos sanitários, porém, para ficar mais destacado o aspecto do conjunto, será importante o desenho em esquema vertical.

3.6.2.1 Condições Gerais

As águas pluviais não devem ser lançadas em redes de esgoto usadas apenas para águas residuárias (despejos de líquidos domésticos ou industriais).

No caso de a rede pública adotar o sistema unitário de esgotamento de AP e esgotos, a ligação predial de AP a essa rede deve ser feita independentemente da ligação da instalação predial de esgotos. Nesse caso, obrigatoriamente, haverá um sifão para impedir o acesso dos gases de coletor público de esgotos ao interior das instalações prediais de AP. Os condutores de AP não podem ser usados para receber efluentes de esgotos sanitários, ou como tubos de ventilação da instalação predial de esgotos sanitários. Do mesmo modo, os condutores da instalação predial de esgotos sanitários não podem ser aproveitados para a condução de AP.

3.6.2.2 Fatores Meteorológicos

Para se determinar a intensidade pluviométrica (i) para fins de projeto, deve ser fixada a duração da precipitação e do período de retorno adequado, com base em dados pluviométricos locais.

A Norma NB-611 fixa os *períodos de retornos** seguintes, de acordo com as características da área a ser drenada.

$T = 1$ ano, para áreas pavimentadas, onde empoçamentos possam ser tolerados;

$T = 5$ anos, para coberturas e/ou terraços;

$T = 25$ anos, para coberturas e áreas onde empoçamentos ou extravasamento não possam ser tolerados.

A duração de precipitação deve ser fixada em $T = 5$ minutos. Para construções até 100 m² de área de projeção horizontal, pode-se adotar $i = 150$ mm/h.

A ação dos ventos deve ser levada em consideração, adotando-se um ângulo de inclinação da chuva em

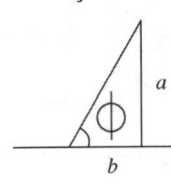

relação à horizontal igual a arc tg $\dfrac{a}{b}$, para o cálculo da quantidade de chuva a ser interceptada por superfícies inclinadas ou horizontais. O vento deve ser considerado na direção que ocasionar maior quantidade de chuva interceptada pelas superfícies consideradas.

A Fig. 3.36, segundo a NB-611, dá uma indicação para o cálculo das áreas de contribuição. A Tabela 3.13, extraída da citada Norma, dá a intensidade pluviométrica das principais cidades brasileiras.

3.6.2.3 Vazão de Projeto

A vazão de projeto deve ser calculada pela fórmula:

$$Q = \frac{i \times A}{60}$$

Q = vazão de projeto, em litros/min.
i = intensidade pluviométrica, em mm/h
A = área de contribuição, em m².

3.6.2.4 Coberturas Horizontais de Laje

Devem evitar empoçamento e ter uma declividade mínima de 0,5% para garantir o escoamento até os pontos de drenagem previstos. A drenagem deve ser feita por mais de uma saída, exceto nos casos em que não houver risco de obstrução.

Os ralos hemisféricos devem ser usados onde o ralo plano puder causar obstrução.

3.6.2.5 Calhas

As calhas de beiral ou platibanda devem ter inclinação uniforme e no mínimo de 0,5%. Quando a saída dessas calhas estiver a menos de 4 m de uma mudança de direção, a vazão do projeto deve ser multiplicada pelos fatores da Tabela 3.15.

O dimensionamento das calhas pode ser feito pela fórmula de Manning-Strickler:

$$Q = K \, \frac{S}{n} \cdot R_H^{2/3} \cdot d^{1/2}$$

---

*Período de retorno: número médio de anos em que, para a mesma duração de precipitação, uma determinada intensidade pluviométrica será igualada ou ultrapassada apenas uma vez.

Q = vazão de projeto, em litros/min
S = área da seção molhada, em m²
N = coeficiente de rugosidade (Tabela 3.15)
$R_H = \dfrac{S}{P}$ = raio hidráulico, em m

P = perímetro molhado, em m
d = declividade da calha, em m/m
K = 60.000.

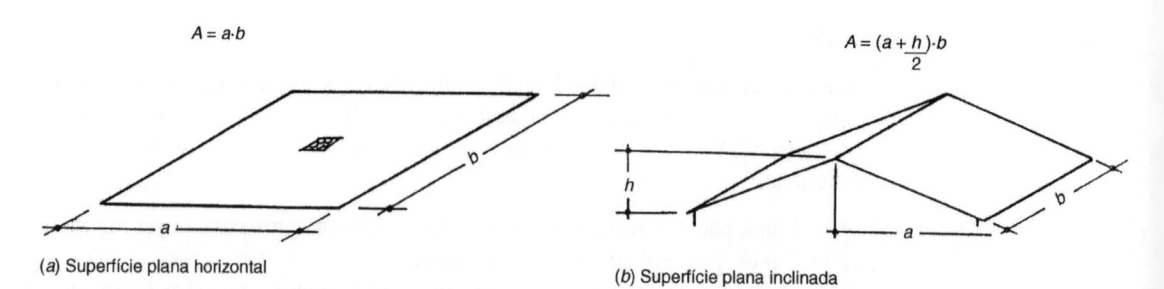

(*a*) Superfície plana horizontal

$A = \left(a + \dfrac{h}{2}\right) \cdot b$

(*b*) Superfície plana inclinada

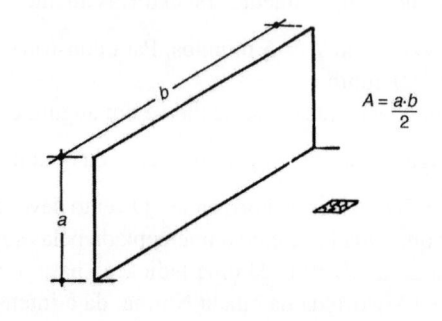

$A = \dfrac{a \cdot b}{2}$

(*c*) Superfície plana vertical única

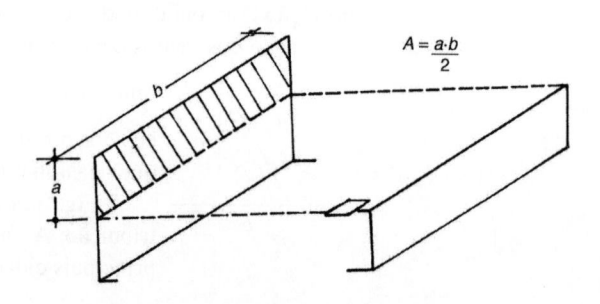

$A = \dfrac{a \cdot b}{2}$

(*d*) Duas superfícies planas verticais opostas

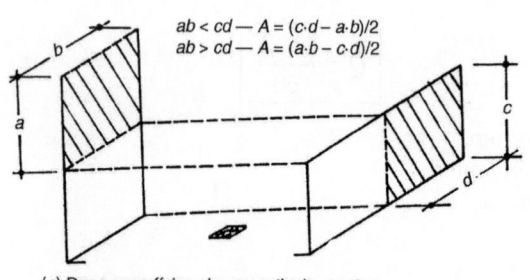

$ab < cd$ — $A = (c \cdot d - a \cdot b)/2$
$ab > cd$ — $A = (a \cdot b - c \cdot d)/2$

(*e*) Duas superfícies planas verticais opostas

$A = \dfrac{\sqrt{A1^2 + A2^2}}{2}$

(*f*) Duas superfícies planas verticais adjacentes e perpendiculares

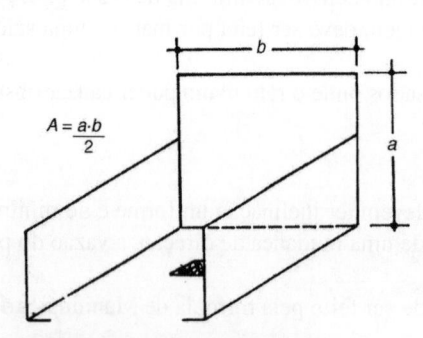

$A = \dfrac{a \cdot b}{2}$

(*g*) Três superfícies planas verticais adjacentes e perpendiculares

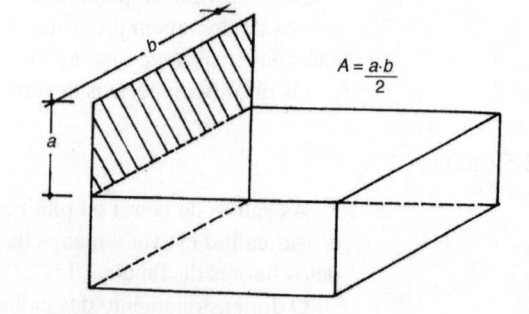

$A = \dfrac{a \cdot b}{2}$

(*h*) Quatro superfícies planas verticais, uma das quais com maior altura

Fig. 3.36 Áreas de contribuição de águas pluviais (Ref.: NB-611).

TABELA 3.14

Chuvas Intensas no Brasil (Duração — 5 minutos)			
Local	Intensidade Pluviométrica (mm/h)		
	Período de Retorno (anos)		
	1	5	25
Bagé	126	204	234
Belém	138	157	185
Belo Horizonte	132	227	230
Fernando de Noronha	110	120	140
Florianópolis	114	120	144
Fortaleza	120	156	180
Goiânia	120	178	192
João Pessoa	115	140	163
Maceió	102	122	174
Manaus	138	180	198
Niterói (RJ)	130	183	250
Porto Alegre	118	146	167
Rio de Janeiro (Jardim Botânico)	122	167	227
São Paulo (Santana)	122	172	191

TABELA 3.15

Fatores Multiplicativos da Vazão de Projeto		
Tipo da Curva	Curva a Menos de 2 m da Saída	Curva entre 2 e 4 m da Saída
Canto reto	1,2	1,1
Canto arredondado	1,1	1,05

TABELA 3.16

Coeficientes de Rugosidade (n)	
1. Plástico, fibrocimento, alumínio, aço inoxidável, aço galvanizado, cobre, latão	0,011
2. Ferro fundido, concreto alisado, alvenaria revestida	0,012
3. Cerâmica e concreto não-alisado	0,013
4. Alvenaria de tijolos não-revestida	0,015

TABELA 3.17

Capacidade de Calhas Semicirculares (Lâmina d'água igual a 1/2 diâmetro interno) $n = 0,011$ (Vazões em litros/min)			
Diâmetro Interno	Vazões (1/min) Declividades		
(mm)	0,5%	1%	2%
100	130	183	256
125	236	333	466
150	384	541	757
200	829	1.167	1.634

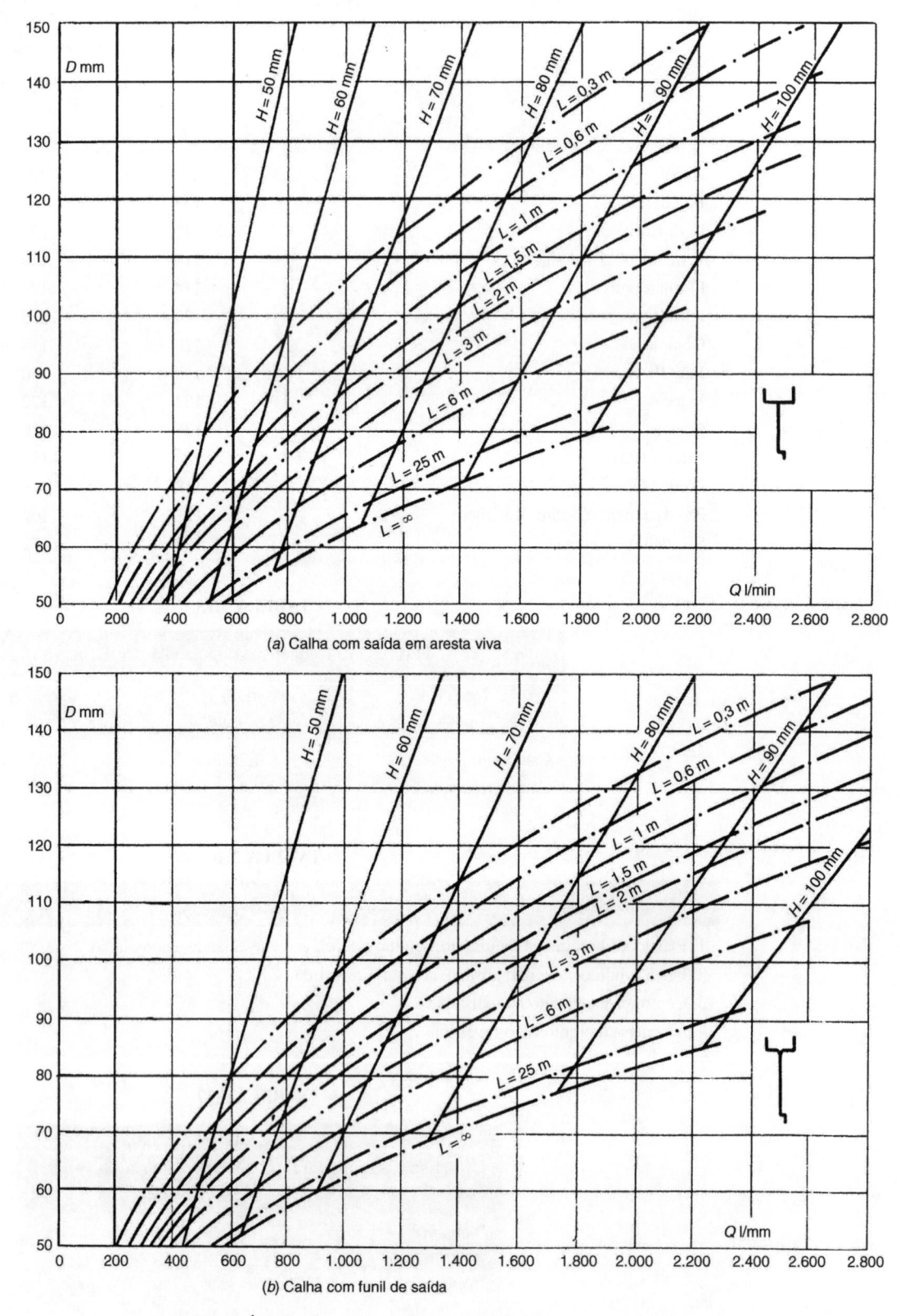

(a) Calha com saída em aresta viva

(b) Calha com funil de saída

Fig. 3.37 Ábacos para a determinação de diâmetros de condutores verticais.

3.6.2.6 Condutores Verticais de AP

Sempre que possível, devem ser projetados em uma só prumada. Nos desvios, devem-se usar curvas de 90° de raio longo ou curvas de 45°; devem ser previstas peças de inspeção (tubos operculados).

O diâmetro interno mínimo dos tubos verticais é de 70 mm.

O dimensionamento dos condutores verticais deve ser feito a partir dos seguintes dados:

Q = vazão do projeto, em litros/mm
H = altura da lâmina d'água da calha, em mm
L = comprimento do condutor vertical, em m

Na Fig. 3.37, extraída da Norma NB-611, temos dois ábacos para a determinação do diâmetro D, em mm, para dois tipos de saída: em aresta viva e em funil.

Escolha do diâmetro D

Entrar no eixo horizontal, com o valor da vazão Q em litros/mm. Levantar uma vertical até encontrar as curvas de H e L correspondentes; no caso de não haver curvas dos valores de H e L, interpolar entre as curvas existentes. Transportar a interseção mais alta até o eixo D; escolher o diâmetro nominal cujo diâmetro interno seja igual ou superior ao valor encontrado. Os ábacos foram construídos para condutores verticais rugosos (coeficiente de atrito f = 0,04), com dois desvios na base.

3.6.2.7 Condutores Horizontais de AP

Devem ser projetados, sempre que possível, com declividade uniforme e de no mínimo 0,5%.

O dimensionamento dos condutores horizontais de seção circular deve ser feito para escoamento com lâmina de altura igual a 2/3 do diâmetro interno do tubo. Na Tabela 3.18, extraída da Norma NB-611, temos uma indicação do diâmetro interno em função da vazão.

Nas tubulações aparentes, devem ser previstas inspeções sempre que houver conexões com outra tubulação, mudança de declividade, mudança de direção ou, ainda, a cada trecho de 20 m nos percursos retilíneos.

A ligação entre os condutores verticais e horizontais será sempre feita por curva de raio longo, com inspeção (tubo operculado), ou caixa de areia, conforme o tubo esteja aparente ou enterrado.

EXEMPLO de cálculo de uma calha de seção retangular

Área de contribuição: A = 1.000 m²
Local: Porto Alegre
Período de retorno: 5 anos
Material da calha: concreto alisado
Declividade da calha: 0,5%
Calha trabalhando a 1/2 seção.

Solução

Vazão de projeto:

$$Q = \frac{i \times A}{60} = \frac{146 \times 1.000}{60} = 2.430 \text{ litros/min.}$$

Pela Tabela 3.19, vemos que uma calha retangular de concreto liso, com as dimensões de 0,4 m × 0,3 m, seria suficiente para escoar essa vazão. Se desejássemos escoar por meio de um condutor horizontal de seção circular, com a altura da lâmina d'água a $\frac{2}{3}$ D, o condutor escolhido teria um diâmetro interno D = 300 mm (Tabela 3.18).

3.6.2.8 Materiais Usados como Condutores de AP

Os materiais mais usados para os condutores de AP são:

a) Calhas:
— chapas de aço galvanizado (EB-167, PB-34)
— folhas-de-flandres (EB-225)
— chapas de cobre (EB-345)
— aço inoxidável, alumínio, fibrocimento, PVC rígido, fibra de vidro, concreto ou alvenaria.

TABELA 3.18

Capacidade de Condutores Horizontais de Seção Circular
(Vazões em l/min)

Diâmetro Interno (D) (mm)	n = 0,011				n = 0,012				n = 0,013			
	0,5%	1%	2%	4%	0,5%	1%	2%	4%	0,5%	1%	2%	4%
1	2	3	4	5	6	7	8	9	10	11	12	13
50	32	45	64	90	29	41	59	83	27	38	54	76
63	59	84	118	168	55	77	108	154	50	71	100	142
75	95	133	188	267	87	122	172	245	80	113	159	226
100	204	287	405	575	187	264	272	527	173	243	343	486
125	370	521	735	1.040	339	478	674	956	313	441	622	882
150	602	847	1.190	1.690	552	777	1.100	1.550	509	717	1.010	1.430
200	1.300	1.820	2.570	3.650	1.190	1.670	2.360	3.350	1.100	1.540	2.180	3.040
250	2.350	3.370	4.660	6.620	2.150	3.030	4.280	6.070	1.990	2.800	3.950	5.600
300	3.820	5.380	7.590	10.800	3.500	4.930	6.960	9.870	3.230	4.550	6.420	9.110

Nota: As vazões foram calculadas utilizando-se a fórmula de Manning-Strickler, com a altura de lâmina d'água igual a $\frac{2}{3}$ D.

TABELA 3.19

Vazões em l/min em calhas retangulares de concreto liso, lâmina d'água e meia altura				
Dimensão (m)		*Declividade*		
a	*b*	0,5%	1%	2%
0,20	0,10	366	518	732
0,30	0,20	1.626	2.299	3.251
0,40	0,30	4.124	5.832	8.248
0,50	0,40	8.171	11.656	16.343
0,60	0,50	14.050	19.870	28.100
0,70	0,60	22.022	31.144	44.044
0,80	0,70	32.334	45.727	64.668
0,90	0,80	45.220	63.950	90.439
1,00	0,90	60.903	86.130	121.806

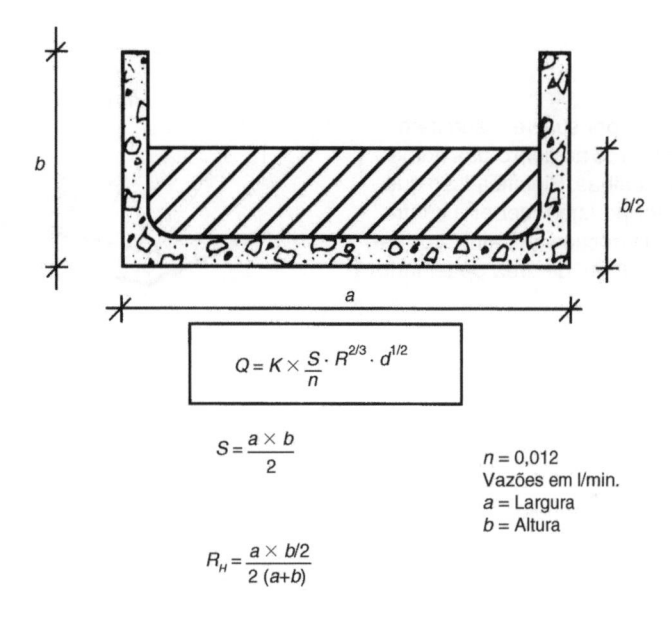

$$Q = K \times \frac{S}{n} \cdot R^{2/3} \cdot d^{1/2}$$

$$S = \frac{a \times b}{2}$$

$$R_H = \frac{a \times b/2}{2(a+b)}$$

$n = 0{,}012$
Vazões em l/min.
a = Largura
b = Altura

b) Condutores verticais:

— tubos e conexões de ferro fundido (PB-77)
— fibrocimento
— PVC rígido (EB-753, PB-277)
— aço galvanizado (EB-182, EB-331)
— cobre, chapa de aço galvanizado (EB-167, PB-34)
— folhas-de-flandres (EB-225)
— chapas de cobre (B-345), aço inoxidável, alumínio ou fibra de vidro.

c) Condutores horizontais:

— tubos e conexões de ferro fundido (PB-77)
— fibrocimento (EB-69)
— PVC rígido (EB-753, PB-277)
— aço galvanizado (EB-182, EB-331)
— cerâmica vidrada (EB-5)
— concreto (EB-6, EB-103)
— cobre, canais de concreto ou alvenaria.

Recomendações para a instalação

As calhas Aquapluv-Beiral são dimensionadas para escoarem uma vazão de água correspondente a 95 m² de área de telhado quando instaladas com a declividade recomendada (0,5%). Para os casos de superfícies maiores, se deverá prever pelo menos um bocal de descida (condutor) para cada 95 m² de área de contribuição, a fim de evitar o transbordamento da calha.

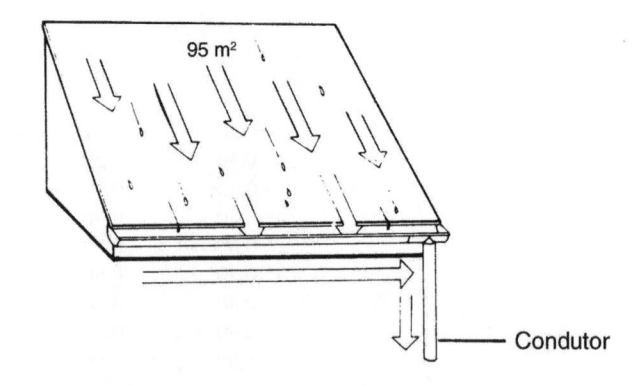

Os condutores, por sua vez, admitem vazões superiores ao dobro das admitidas para as calhas. Significa isso que cada condutor poderá receber a contribuição de dois trechos de calha, correspondentes a 190 m² de área de telhado.

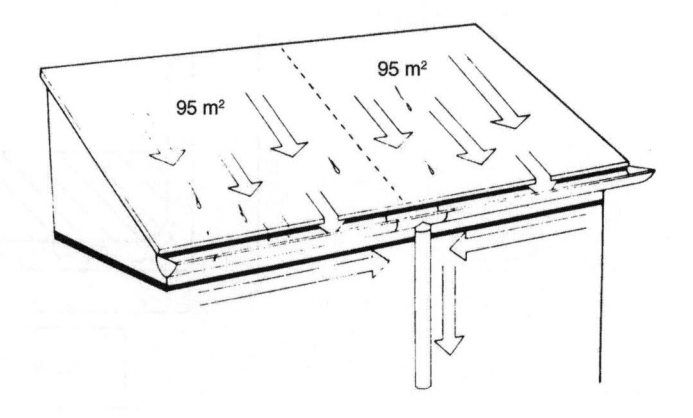

Ferramentas necessárias

As calhas e condutores Aquapluv-Beiral são leves, resistentes, de fáceis manejo e transporte.
O simples encaixe dispensa soldagem ou adesivos. Por isso, qualquer pessoa com um pouquinho de habilidade e disposição poderá instalar Aquapluv-Beiral.

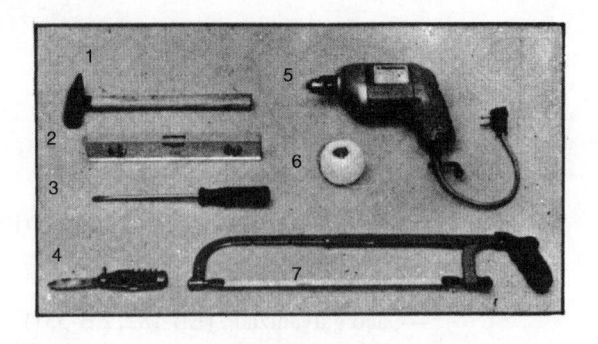

| 1 — Martelo |
| 2 — Nível |
| 3 — Chave de fenda |
| 4 — Canivete |
| 5 — Furadeira |
| 6 — Linha |
| 7 — Serra (dentes finos) |

Fig. 3.38(*a*) Detalhes para a montagem da linha Aquapluv da Tigre.

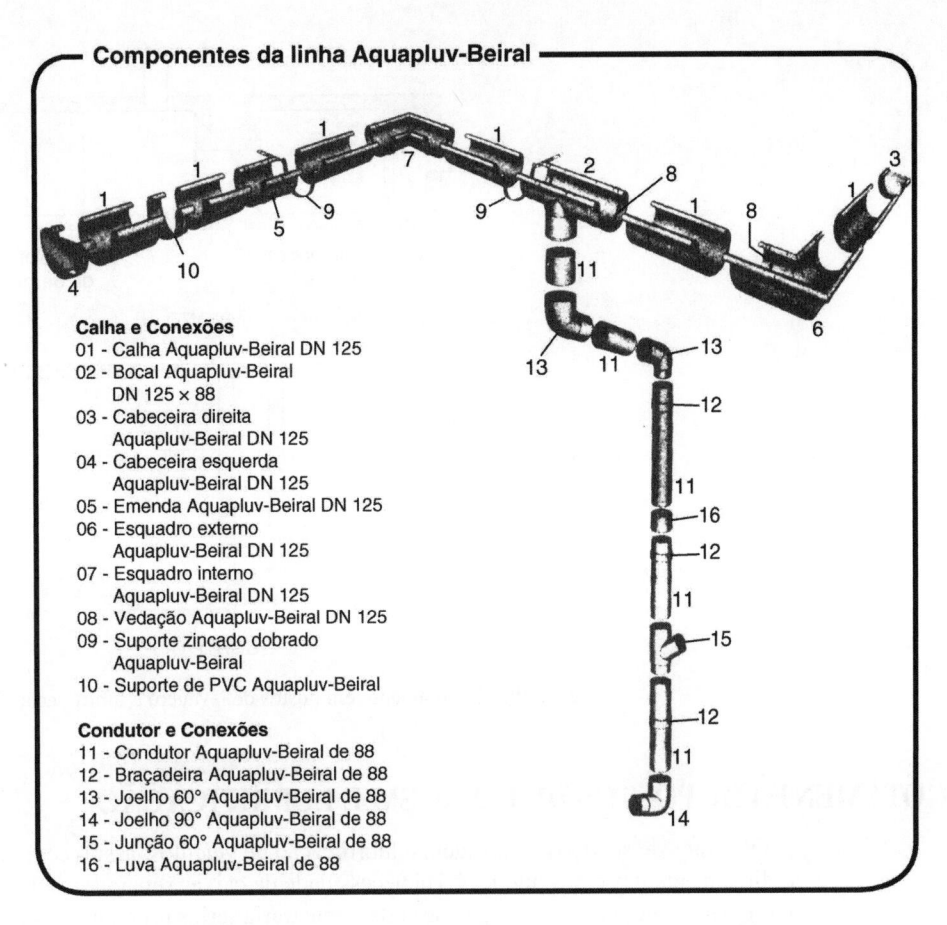

Componentes da linha Aquapluv-Beiral

Calha e Conexões
01 - Calha Aquapluv-Beiral DN 125
02 - Bocal Aquapluv-Beiral
    DN 125 × 88
03 - Cabeceira direita
    Aquapluv-Beiral DN 125
04 - Cabeceira esquerda
    Aquapluv-Beiral DN 125
05 - Emenda Aquapluv-Beiral DN 125
06 - Esquadro externo
    Aquapluv-Beiral DN 125
07 - Esquadro interno
    Aquapluv-Beiral DN 125
08 - Vedação Aquapluv-Beiral DN 125
09 - Suporte zincado dobrado
    Aquapluv-Beiral
10 - Suporte de PVC Aquapluv-Beiral

Condutor e Conexões
11 - Condutor Aquapluv-Beiral de 88
12 - Braçadeira Aquapluv-Beiral de 88
13 - Joelho 60° Aquapluv-Beiral de 88
14 - Joelho 90° Aquapluv-Beiral de 88
15 - Junção 60° Aquapluv-Beiral de 88
16 - Luva Aquapluv-Beiral de 88

Fig. 3.38(*b*) Detalhes para a montagem da linha Aquapluv da Tigre.

Observação. A Tigre possui uma linha padronizada para calhas de beiral (Aquapluv-Beiral) em PVC, DN 125, para escoamento de telhados de até 95 m². Todavia, o condutor vertical, pode escoar até o dobro dessa área, conforme se vê nas Figs. 3.38(*a*) e (*b*). A declividade das calhas deve ser de 0,5%.

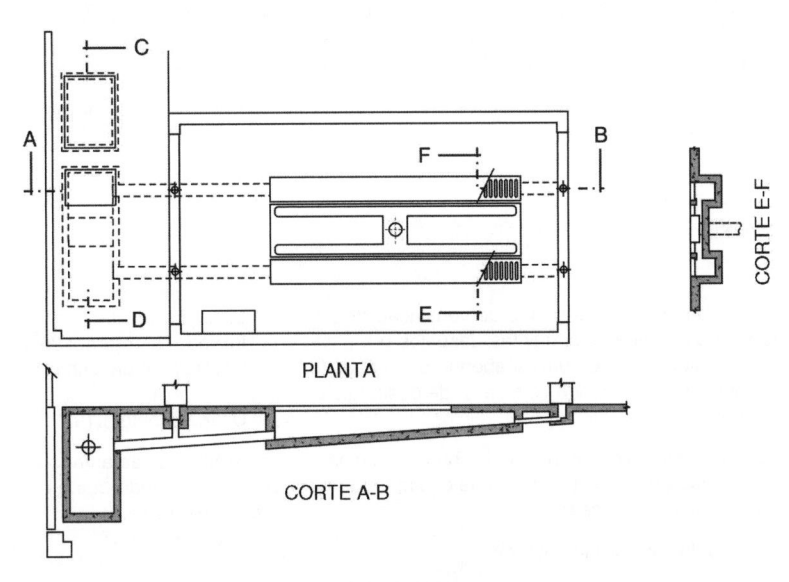

PLANTA

CORTE A-B

Fig. 3.39(*a*)

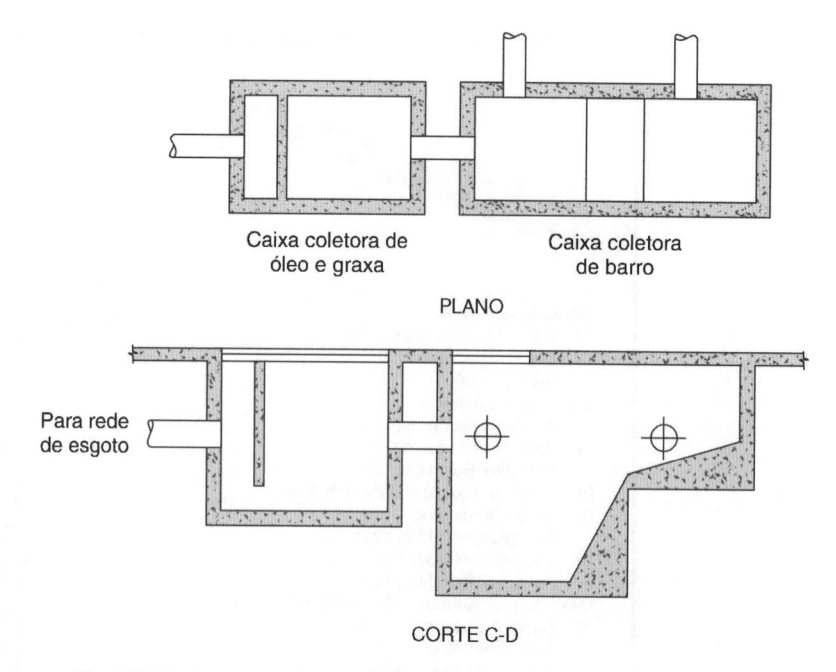

Caixa coletora de
óleo e graxa

Caixa coletora
de barro

PLANO

Para rede
de esgoto

CORTE C-D

Fig. 3.39(*b*) Esgotamento em postos de lavagem e lubrificação de veículos.

3.7 ESGOTAMENTO DE POSTOS DE LAVAGEM E LUBRIFICAÇÃO

Os postos de serviços de lavagem e lubrificação de veículos, assim como as garagens, não podem escoar diretamente nas redes públicas. Há necessidade de caixas separadoras do óleo e da lama, evitando o seu despejo nos coletores públicos, o que certamente traria sérios problemas. Nas Figs. 3.39(*a*) e (*b*), temos uma sugestão em planta e cortes de um sistema de esgotamento em postos de serviço.

Resumo do Capítulo 3

— Introdução: aplicação da Norma NB-19 às instalações prediais de esgotos sanitários: campo de aplicação, terminologia;

— Dados para o projeto: elementos necessários, atividades necessárias, localização dos aparelhos, ramais de descarga, ramais de esgoto, tubos de queda, subcoletores, coletor predial, instalações em nível inferior à via pública, caixas de gordura, ventilação, elementos de inspeção (caixas de inspeção, caixas de passagem, poços de visita, tubos operculados), instalações de recalque, despejos industriais, inspeção e ensaios;

— Especificações de materiais, dispositivos e equipamentos a serem utilizados: tubulações, aparelhos e dispositivos;

— Despejos em regiões não servidas por redes de esgotos: generalidades, fossas sépticas (prescrições da NBR-7229/82).

— Esgotamento das águas pluviais: generalidades, projeto de esgotamento das águas pluviais: condições gerais, fatores meteorológicos, vazão de projeto, coberturas horizontais de laje (calhas), condutores verticais, condutores horizontais (tabelas de dimensionamento de calhas), materiais utilizados, esgotamento de postos de lavagem e lubrificação.

Questões Propostas

1) Dimensionar o tubo de queda e o tubo de ventilação de um edifício de escritórios que recebe os seguintes despejos por pavimento: 4 VS + 1. Ralo sifonado, cada um recebendo os ramais de descarga de 3 lavatórios, bidê e mictório com caixa de descarga. O edifício tem 10 pavimentos.

Local: Fortaleza
Período de retorno: 25 anos
Declividade da calha: 1%

Usar a Tabela 3.19.

2) Calcular a seção de uma calha retangular de concreto liso para escoamento de um telhado em duas águas, ambas deságuando na calha, com as seguintes características:

Área de contribuição de cada "água": 300 m²

3) Na questão anterior, dimensionar o condutor vertical de águas pluviais, sabendo que a altura do telhado é de 30 m e que a saída é em aresta viva.
Usar a Fig. 3.37.

Tecnologia dos Materiais de Instalações Hidráulicas e Sanitárias

4.1 MATERIAL PLÁSTICO

4.1.1 Generalidades

O uso do plástico como condutor de fluidos já está generalizado mundialmente pelas inúmeras vantagens oferecidas.

A publicação americana *A Chemical Engineering Report* já anunciava em março de 1959 as seguintes vantagens do uso do plástico:

— baixo peso;
— baixo custo relativo;
— boa resistência química;
— baixo coeficiente de atrito (pequenas perdas de carga);
— baixa tendência ao entupimento;
— baixa condutividade elétrica;
— baixa condutividade térmica;
— baixo custo de fretes;
— facilidade para instalação e manutenção;
— segurança, quando protegido externamente.

Por outro lado, a referida publicação apontava como desvantagens:

— baixa resistência à temperatura;
— baixa resistência à pressão;
— baixa resistência mecânica;
— baixa estabilidade dimensional;
— alto coeficiente de dilatação;
— baixa resistência física aos choques e ao fogo.

Os tubos de plástico podem ser divididos em dois tipos:

— tubos flexíveis;
— tubos rígidos.

Os tubos flexíveis são fabricados à base de polietileno e encontram sua melhor aplicação no abastecimento de água de emergência e irrigação.

Os tubos rígidos são fabricados em nosso País a partir do polipropileno ou do cloreto de polivinila (PVC), derivado do inglês *polyvinyl chloride*. Essa matéria plástica é obtida por polimerização do cloreto de vinil monômero, que é fabricado a partir do etileno ou acetileno (derivados do petróleo) e do cloro ou ácido clorídrico (derivados do sal marinho). O processo é realizado em autoclaves com temperatura e pressão controladas para dar a consistência exigida nas especificações.

A Norma Brasileira EB-183 da ABNT estabelece as especificações para as características exigíveis no recebimento dos tubos de PVC Rígidos, de seção circular, e das juntas do tipo PBA (ponta e bolsa com anel de borracha) e PBS (ponta e bolsa para soldar).

TABELA 4.1

	Tubos de PVC Rígidos para Instalações Prediais de Água Fria – ABNT–EB-892						
						Água potável a 20°C Pressão de serviço 7,5 kgf/cm²	
	Tubos Soldáveis			Tubos Rosqueáveis			Tolerância sobre a Espessura da Parede +δ − 0
Diâmetro de Referência dr	Diâmetro Externo Nominal dn	Espessura da Parede e	Peso Aprox. por Metro P	Diâmetro Externo Nominal dn	Espessura da Parede e	Peso Aprox. por Metro P	
(mm)	(mm)	(mm)	(kg/m)	(mm)	(mm)	(kg/m)	(mm)
10 (3/8)	16	1,5	0,105	17	2,0	0,140	+ 0,3
15 (1/2)	20	1,5	0,133	21	2,5	0,220	+ 0,3
20 (3/4)	25	1,7	0,188	26	2,6	0,280	+ 0,3
25 (1)	32	2,1	0,295	33	3,2	0,450	+ 0,4
32 (1.1/4)	40	2,4	0,430	42	3,6	0,650	+ 0,4
40 (1.1/2)	50	3,0	0,660	48	4,0	0,820	+ 0,4
50 (2)	60	3,3	0,870	60	4,6	1,170	+ 0,5
60 (2.1/2)	75	4,2	1,370	75	5,5	1,750	+ 0,5
75 (3)	85	4,7	1,760	88	6,2	2,300	+ 0,6
100 (4)	110	6,1	2,950	113	7,6	3,700	+ 0,6

A Tabela 4.1, extraída da Norma EB-892 (NBR-5648), fornece as dimensões, pesos e tolerâncias para os tubos de PVC rígidos soldáveis de ponta e bolsa e rosqueáveis.

A espessura das paredes é obtida pela fórmula:

$$e = \frac{dp}{2\sigma}$$

em que:

e = espessura da parede;
d = diâmetro interno;
p = pressão máxima de serviço;
σ = tensão máxima de serviço (60 kgf/cm²).

TABELA 4.2

Comparação do PVC Rígido com Outros Materiais Relação entre o Coeficiente de Dilatação Linear e a Temperatura			
Material	Peso Específico (g/cm³)	Resistência à Tração (kgf/cm²)	Resistência à Compressão (kgf/cm²)
Ferro fundido	7,21	4.000	5.300
Aço	7,85	6.000	—
Cobre	8,90	2.500	3.000
Alumínio	2,70	1.500	—
Chumbo	11,34	1.800	—
Tubos de PVC rígidos	1,46	520	700
Tubos de polietileno duro	0,95	200 a 250	—
Tubos de polietileno mole	0,93	100	360
Tubos ABS	1,05	300 a 350	450
Tubos cimento-amianto	2,08	250 a 300	—

TABELA 4.3

Intervalo de Temperatura (°C)	α Coeficiente de Dilatação Linear $\times 10^{-5}/°C$
0 – 10	6,66
10 – 20	6,83
20 – 30	6,87
30 – 40	7,04
40 – 50	7,83
50 – 60	8,43
60 – 70	8,50

Adotamos o valor médio de $\alpha = 7 \times 10^{-5}/°C$ (0°C a 40°C).

Características técnicas dos tubos e conexões de PVC rígidos:

peso específico	1,4;
calor específico	0,24 cal/°C/g;
módulo de elasticidade	30.000 kgf/cm²;
coeficiente de dilatação linear	7×10^{-5} por °C;
resistência à tração instantânea	520 kgf/cm²;
resistência à flexão instantânea	1.200 kgf/cm²;
condutividade térmica a 20°C	35×10^{-5} cal/cm S°C
resistividade dielétrica	10^{15} Ω/cm;
rigidez dielétrica	40 kV/mm;
absorção de água	menor que 1,2%.

Comparação entre os tubos de PVC rígidos com os demais tubos: tomando-se como comparação o peso por metro linear de tubo classe 15 de 100 mm (4″) de diâmetro, que é de:

3,0 kg para o PVC rígido;
7,8 kg para o cimento-amianto;
11,5 kg para o aço;
21,0 kg para o ferro fundido.

Cuidados especiais devem ser tomados com a temperatura: 80°C, o PVC inicia o seu amolecimento; acima de 110°C, pode-se modificar com facilidade a forma do tubo, o que é um meio indevidamente utilizado pelos instaladores na obra para fazer curvas.

A 20°C a pressão de serviço é de 10 kg/cm², a 30°C é de 8 kg/cm², a 40°C é de 6 kg/cm², e a 60°C cai para 2 kg/cm², por isso não deve ser empregado para temperaturas superiores a 60°C.

A temperatura refere-se à do fluido em escoamento ou à do meio ambiente.

Resistência química. Os tubos de PVC rígidos resistem bem aos ácidos, bases, sais, álcoois, detergentes e sal marinho. Não se oxidam, como acontece com os materiais ferrosos.

Não devem ser usados para os produtos cíclicos como toluol, acetona etc.

4.1.2 Execução de Instalações de Água com Tubos de PVC Rígidos

O projeto de Norma P-NB-115 fixa as condições que devem ser obedecidas no projeto e na execução de obras que utilizem os tubos de PVC rígidos, com juntas soldadas, rosqueadas ou com anéis de borracha, destinados ao transporte de água potável.

Os projetos de instalações de PVC deverão ser assinados por engenheiro legalmente habilitado e registrado e constam de memórias (justificativa, descritiva e de cálculos), desenhos (plantas, vistas, cortes, detalhes), especificações e orçamento.

4.1.2.1 Dados para o Projeto

O traçado do percurso das canalizações deve ser o mais curto e retilíneo possível, reduzindo-se as curvas em planta ou perfil e as emendas ou conexões.

Não devem ser embutidas em elementos estruturais do edifício (vigas, pilares, lajes, sapatas). Levar em consideração a possibilidade de recalques ou dilatações e contrações das estruturas, como, por exemplo, a travessia de juntas de dilatações. Como foi visto, o coeficiente de dilatação linear é de 7×10^{-5} por °C, ou seja, para 100 m de tubulação e elevação de 40°C de temperatura haverá uma dilatação de cerca de 28 cm.

Em instalações enterradas, a tubulação deve ficar, no mínimo, a 0,80 m de profundidade se houver tráfego e no mínimo a 0,60 m nos demais casos.

Em instalações submersas, deverá ser observada a natureza do fundo para as medidas de proteção adequadas. Havendo correntezas ou efeito de marés, será necessária a fixação da tubulação por meio de concreto especial. Sempre que possível, enterrar a tubulação para evitar a ação de elementos danosos à mesma.

4.1.2.2 Junção das Tubulações de PVC

A junção das tubulações de PVC rígidas pode ser feita das seguintes maneiras:

a) *Junta soldada*. É o tipo mais usado, bastando encaixar a ponta e bolsa das partes a serem unidas, soldando-as com o adesivo indicado pelo fabricante (Figs. 4.1 e 4.2). Obedecer às seguintes instruções:
— limpar perfeitamente as partes a serem soldadas, usando solução apropriada do fabricante;
— lixar a ponta e bolsa, retirando o brilho;
— aplicar na ponta e bolsa o adesivo indicado pelo fabricante;
— encaixar imediatamente, com movimento rápido, até o fundo;
— retirar o excesso de adesivo;
— deixar secar, durante o tempo indicado pelo fabricante, antes de usar.

Observação

Qualquer trecho da tubulação poderá ser serrado e emendado novamente, com o auxílio da luva de PVC.

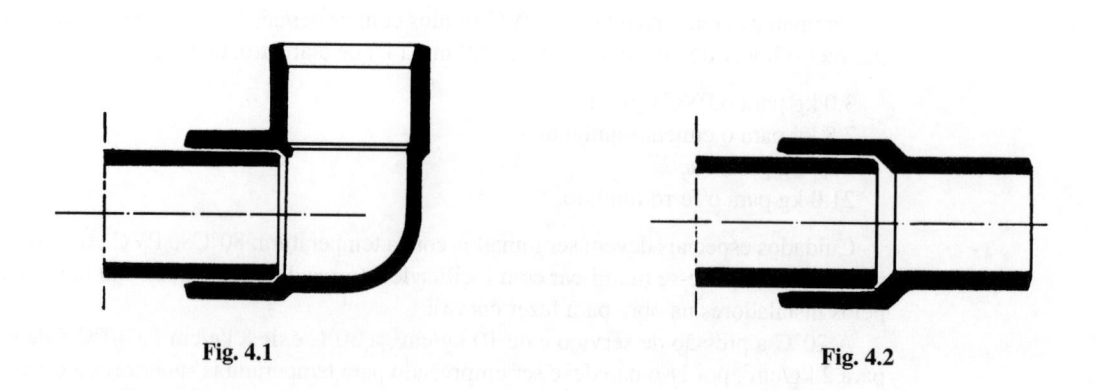

Fig. 4.1   Fig. 4.2

b) *Junta elástica (para tubos de pressão)*. É usado um anel de borracha para vedar um tubo com o outro, o que é conseguido por simples compressão. Há um sulco no tubo onde se aloja o anel de borracha (Fig. 4.3). Em testes de laboratório, conseguiram-se resistências até de 50 kg/cm^2.

Não é necessário preparar as partes a encaixar; limpeza e lubrificação com sabão neutro ou vaselina bastam (não usar óleos ou graxas que ataquem a borracha).

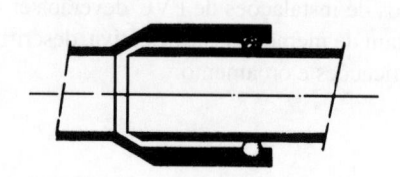

Fig. 4.3

c) *Junta rosqueada*. A abertura de roscas nos tubos de PVC não constitui problema: uma tarraxa comum pode ser usada, embora os fabricantes dos tubos de PVC rígidos indiquem tarraxas com cossinetes especiais de fabricação própria, com melhores rendimentos, para abertura de roscas de ½″ até 6″.

Às roscas abertas nos tubos podem-se adaptar luvas ou conexões de PVC ou metálicas (Fig. 4.4). Deve-se evitar o uso de chaves de grifo, pois em pequenas bitolas o aperto manual é suficiente e o aperto excessivo pode danificar as roscas.

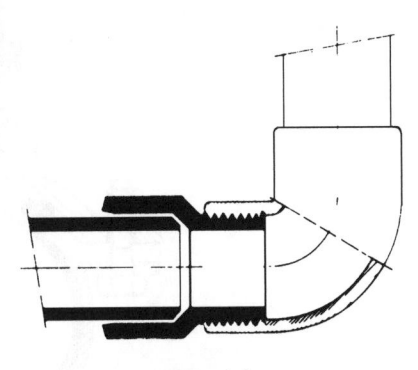

Fig. 4.4

d) *Junta sanitária*. Essa junta é uma combinação da junta soldada e da junta elástica, reunindo as vantagens de ambas (Fig. 4.5) e exigindo os cuidados já descritos, porém não devem ser usadas simultaneamente.

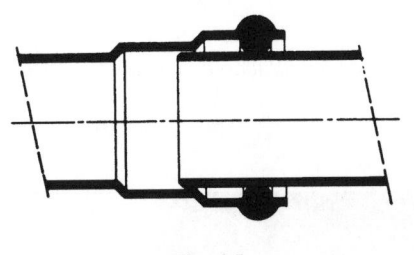

Fig. 4.5

e) *Junta flangeada*. É uma junta que permite a ligação de tubulação de PVC rígida a um tubo metálico, através de uma luva com ressalto cônico e flange livre. A luva é soldada sobre o tubo e o flange, que pode girar livremente e é ajustado para assentar sobre o ressalto.

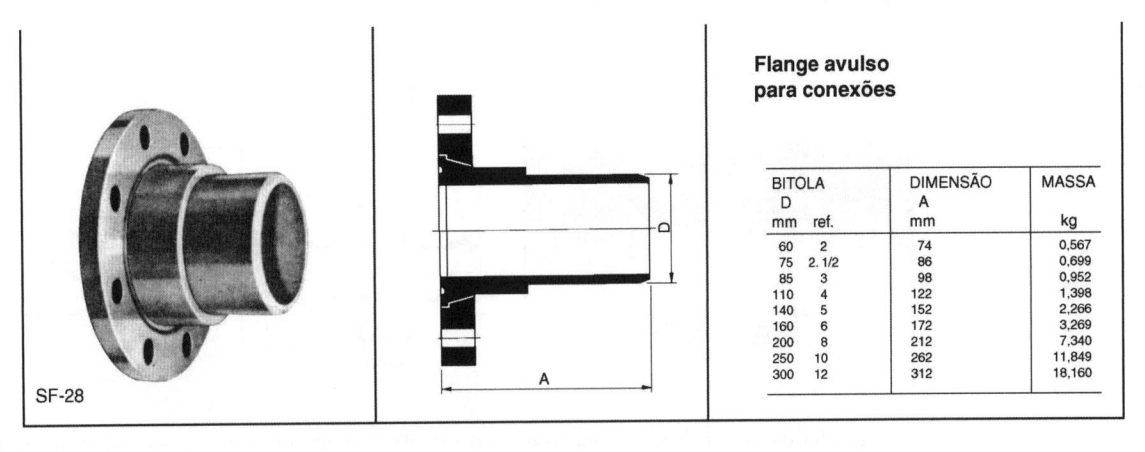

Flange avulso para conexões

BITOLA D		DIMENSÃO A	MASSA
mm	ref.	mm	kg
60	2	74	0,567
75	2. 1/2	86	0,699
85	3	98	0,952
110	4	122	1,398
140	5	152	2,266
160	6	172	3,269
200	8	212	7,340
250	10	262	11,849
300	12	312	18,160

SF-28

Fig. 4.6

f) *Colar de tomada*. Peça aplicada (Fig. 4.7) aos tubos comuns de ferro fundido, ferro galvanizado, cimento-amianto ou PVC, para as ligações prediais em carga (já referido no Cap. 1, item 1.1.5).

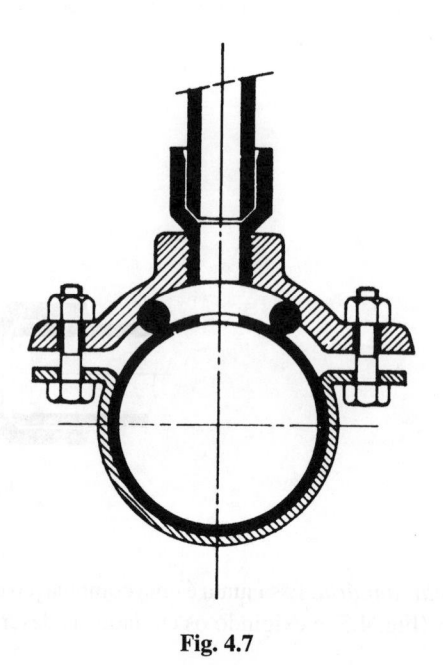

Fig. 4.7

g) *Conexões para adução e distribuição de água potável.*

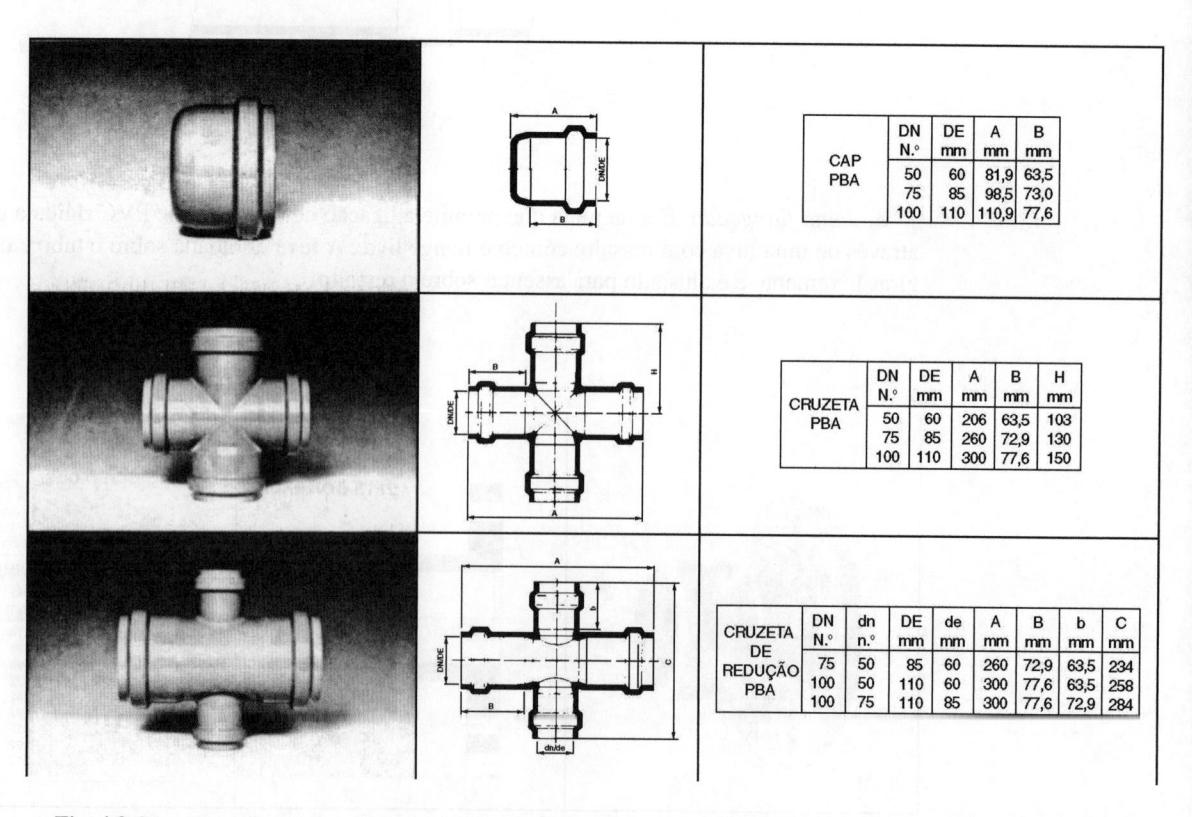

CAP PBA	DN N.°	DE mm	A mm	B mm
	50	60	81,9	63,5
	75	85	98,5	73,0
	100	110	110,9	77,6

CRUZETA PBA	DN N.°	DE mm	A mm	B mm	H mm
	50	60	206	63,5	103
	75	85	260	72,9	130
	100	110	300	77,6	150

CRUZETA DE REDUÇÃO PBA	DN N.°	dn n.°	DE mm	de mm	A mm	B mm	b mm	C mm
	75	50	85	60	260	72,9	63,5	234
	100	50	110	60	300	77,6	63,5	258
	100	75	110	85	300	77,6	72,9	284

Fig. 4.8 Conexões plásticas injetadas tipo PBA de PVC rígido com juntas elásticas para redes de água (Tubos e Conexões Tigre).

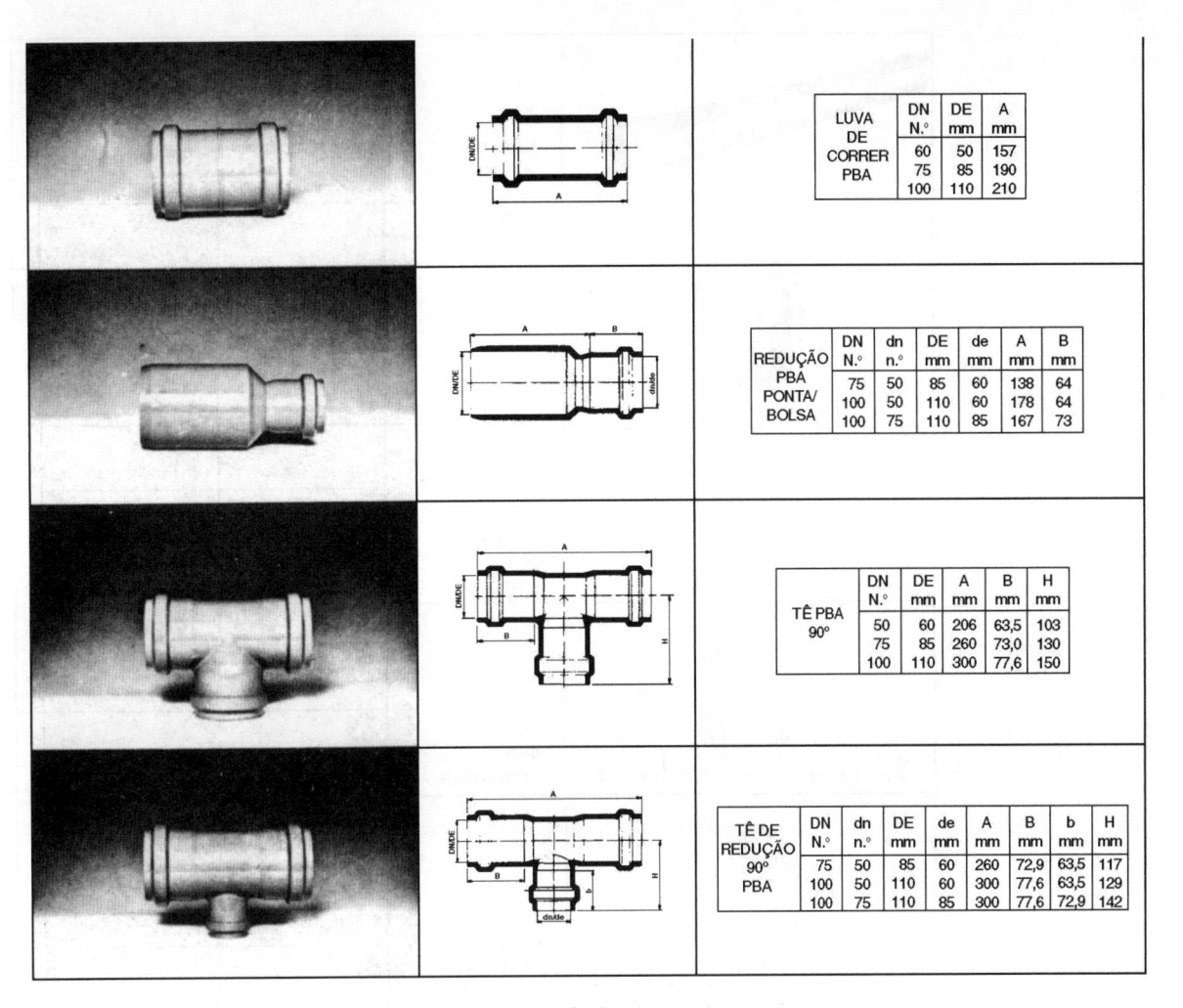

LUVA DE CORRER PBA	DN N.°	DE mm	A mm
	60	50	157
	75	85	190
	100	110	210

REDUÇÃO PBA PONTA/ BOLSA	DN N.°	dn n.°	DE mm	de mm	A mm	B mm
	75	50	85	60	138	64
	100	50	110	60	178	64
	100	75	110	85	167	73

TÊ PBA 90°	DN N.°	DE mm	A mm	B mm	H mm
	50	60	206	63,5	103
	75	85	260	73,0	130
	100	110	300	77,6	150

TÊ DE REDUÇÃO 90° PBA	DN N.°	dn n.°	DE mm	de mm	A mm	B mm	b mm	H mm
	75	50	85	60	260	72,9	63,5	117
	100	50	110	60	300	77,6	63,5	129
	100	75	110	85	300	77,6	72,9	142

Fig. 4.8 (Continuação)

Fig. 4.9 Conexões de tubos de PVC rosqueáveis da Tigre. (Cortesia do Eng. Cid Pires de Gusmão.)

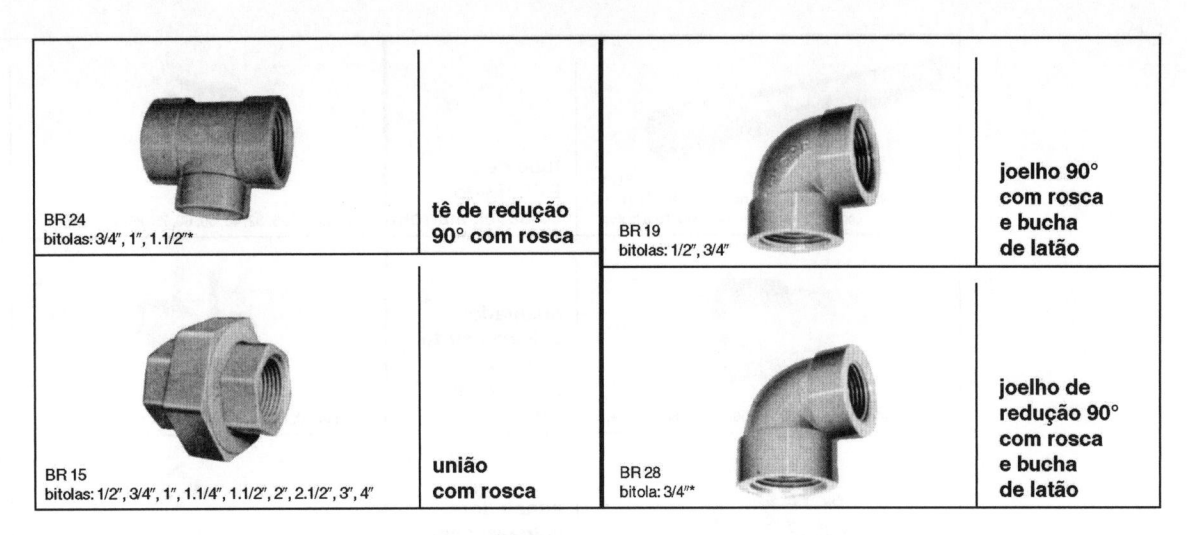

BR 24 bitolas: 3/4″, 1″, 1.1/2″*	**tê de redução 90° com rosca**	BR 19 bitolas: 1/2″, 3/4″	**joelho 90° com rosca e bucha de latão**
BR 15 bitolas: 1/2″, 3/4″, 1″, 1.1/4″, 1.1/2″, 2″, 2.1/2″, 3″, 4″	**união com rosca**	BR 28 bitola: 3/4″*	**joelho de redução 90° com rosca e bucha de latão**

Fig. 4.9 (Continuação)

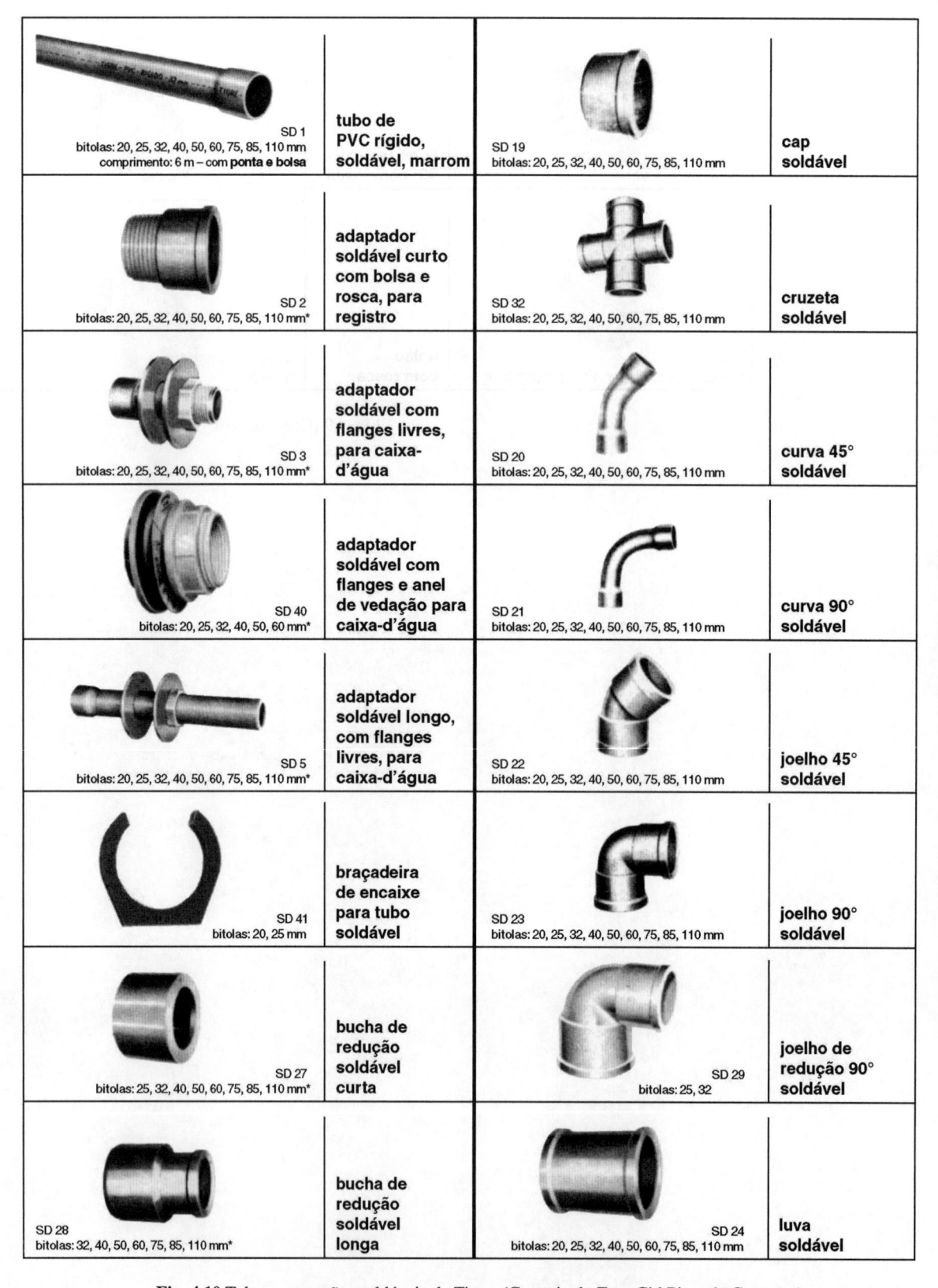

SD 1 bitolas: 20, 25, 32, 40, 50, 60, 75, 85, 110 mm comprimento: 6 m – com **ponta e bolsa**	**tubo de PVC rígido, soldável, marrom**	SD 19 bitolas: 20, 25, 32, 40, 50, 60, 75, 85, 110 mm	**cap soldável**
SD 2 bitolas: 20, 25, 32, 40, 50, 60, 75, 85, 110 mm*	**adaptador soldável curto com bolsa e rosca, para registro**	SD 32 bitolas: 20, 25, 32, 40, 50, 60, 75, 85, 110 mm	**cruzeta soldável**
SD 3 bitolas: 20, 25, 32, 40, 50, 60, 75, 85, 110 mm*	**adaptador soldável com flanges livres, para caixa-d'água**	SD 20 bitolas: 20, 25, 32, 40, 50, 60, 75, 85, 110 mm	**curva 45° soldável**
SD 40 bitolas: 20, 25, 32, 40, 50, 60 mm*	**adaptador soldável com flanges e anel de vedação para caixa-d'água**	SD 21 bitolas: 20, 25, 32, 40, 50, 60, 75, 85, 110 mm	**curva 90° soldável**
SD 5 bitolas: 20, 25, 32, 40, 50, 60, 75, 85, 110 mm*	**adaptador soldável longo, com flanges livres, para caixa-d'água**	SD 22 bitolas: 20, 25, 32, 40, 50, 60, 75, 85, 110 mm	**joelho 45° soldável**
SD 41 bitolas: 20, 25 mm	**braçadeira de encaixe para tubo soldável**	SD 23 bitolas: 20, 25, 32, 40, 50, 60, 75, 85, 110 mm	**joelho 90° soldável**
SD 27 bitolas: 32, 40, 50, 60, 75, 85, 110 mm*	**bucha de redução soldável curta**	SD 29 bitolas: 25, 32	**joelho de redução 90° soldável**
SD 28 bitolas: 32, 40, 50, 60, 75, 85, 110 mm*	**bucha de redução soldável longa**	SD 24 bitolas: 20, 25, 32, 40, 50, 60, 75, 85, 110 mm	**luva soldável**

Fig. 4.10 Tubos e conexões soldáveis da Tigre. (Cortesia do Eng. Cid Pires de Gusmão.)

SD 30 bitolas: 25, 32, 40, 60	**luva de redução soldável**	SD 9 bitola: 25 mm*	**luva de redução soldável e com rosca**
SD 25 bitolas: 20, 25, 32, 40, 50, 60, 75, 85, 110 mm	**tê 90° soldável**	SD 10 bitolas: 20, 25, 32 mm*	**tê 90° soldável e com rosca na bolsa central**
SD 31 bitolas: 25, 32, 40, 50, 75, 85, 110 mm*	**tê de redução 90° soldável**	SD 11 bitolas: 25, 32 mm*	**tê de redução 90° soldável com rosca na bolsa central**
SD 26 bitolas: 20, 25, 32, 40, 50, 60, 75, 85, 110 mm	**união soldável**	BR 11 bitolas d. ref. 1/2, 3/4, 1.1/4, 1.1/2, 2	**niple com rosca**
SD 6 bitolas: 20, 25, 32 mm*	**joelho 90° soldável e com rosca**	BR 28 bitola d. ref. 3/4, 1/2	**joelho de redução 90° com rosca e bucha de latão**
SD 7 bitolas: 25, 32 mm*	**joelho de redução 90° soldável e com rosca**	SD 16 bitolas: 20, 25 mm*	**luva soldável e com bucha de latão**
SD 8 bitolas: 20, 25, 32, 40, 50 mm*	**luva soldável e com rosca**	SD 17 bitola: 25 mm*	**luva de redução soldável e com bucha de latão**

Fig. 4.10 (Continuação)

Fig. 4.10 (Continuação)

4.1.2.3 Conexões de PVC Rígidas para Instalações Prediais de Água Fria

As conexões destinam-se a ligações, mudanças de direção, derivações, tamponamentos etc. A Fig. 4.10, com base no catálogo da Tubos e Conexões Tigre S/A, dá-nos as conexões normalmente fabricadas e utilizadas nas instalações.

4.1.2.4 Dimensionamento das Tubulações

Os tubos de PVC rígidos normalmente são apresentados em varas de 6 m e em diâmetros de ½ polegada até 6 polegadas. Os dados de que dispomos para o dimensionamento são vazão, perda de carga, velocidades admissíveis ou altura estática disponível.

A NB-92/1980 apresenta o ábaco baseado na fórmula de Fair-Whipple-Hsiao:

$$Q = 55,934 \cdot J^{0,571} D^{2,714}$$

para o cálculo de tubulações de PVC e de cobre.

Esse ábaco está reproduzido na Fig. 4.11, onde figura um exemplo para os seguintes dados:

velocidade média		=	2,2 m/s
perda de carga	J	=	5/100;
vazão		=	12 l/s;
resultado	D	=	85 mm

Como comparação de resultados, podemos verificar, pelo ábaco da Fig. 4.12 relativo às tubulações plásticas da marca Tigre e baseado na fórmula de Flamant, que chegamos praticamente ao mesmo diâmetro (entre 3 e 4 polegadas).

4.1.3 Uso de Plástico em Esgotos e Acessórios Sanitários

Já está consagrado o uso do plástico de PVC rígido em tubulações de esgotos sanitários em todo o País. Dentre as vantagens já apontadas destacam-se: simplicidade na instalação, menor peso, facilidade de corte e acoplamento (encaixe com anel de borracha ou com adesivo), resistência aos álcoois, ácidos, gorduras, gases etc., além da maior facilidade de escoamento dos dejetos, por ser de paredes mais lisas. Como principais desvantagens temos a maior fragilidade e o fato de não poder ser embutido em peças estruturais do edifício.

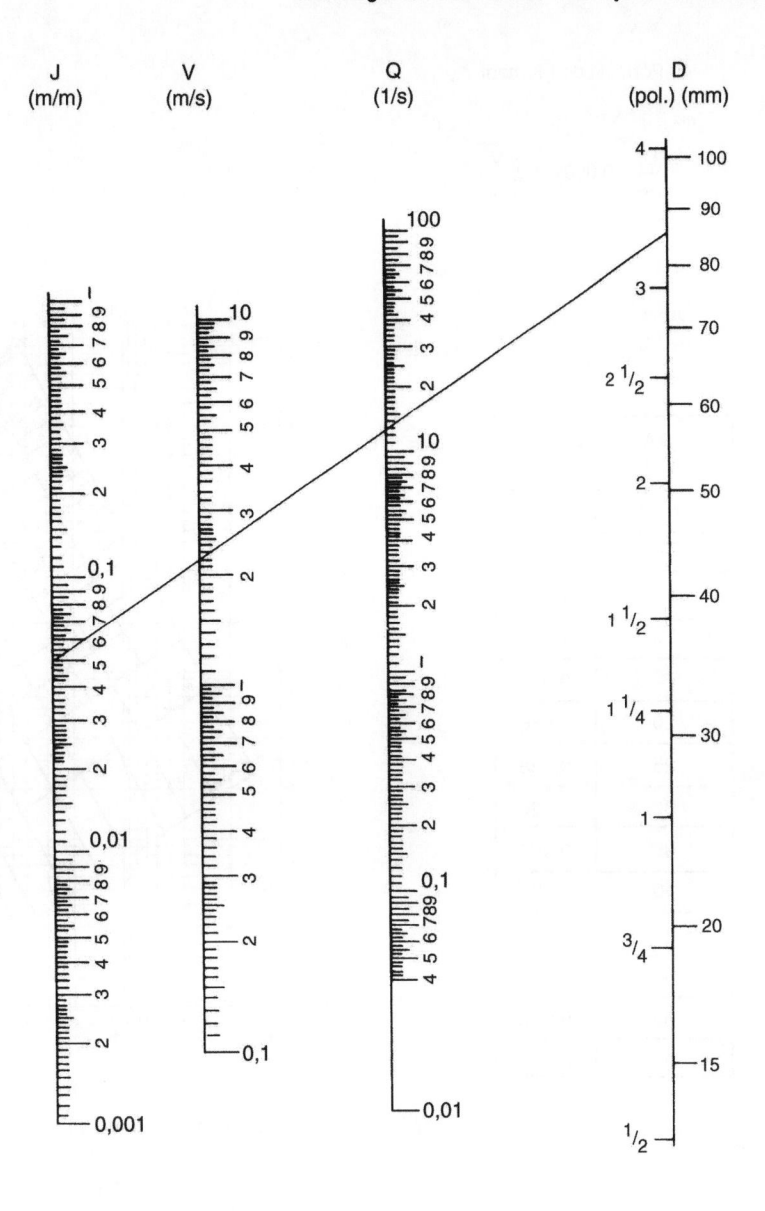

Fórmula de Fair-Whipple–Hsiao ($Q = 55,934\ J^{0,571}\ D^{2,714}$)

Fig. 4.11 Nomograma para o cálculo de perda de carga em tubulações de cobre e plástico.

Fórmula de Flamant

$$\frac{Dj}{4} = 0,000135 \sqrt[4]{\frac{V^7}{D}}$$

FATOR DE CORREÇÃO	
Temp. °C	0
0	1,066
5	1,028
10	1,000
15	0,978
20	0,956
25	0,938
30	0,920
35	0,905
40	0,892
45	0,880
50	0,868
55	0,858
60	0,848

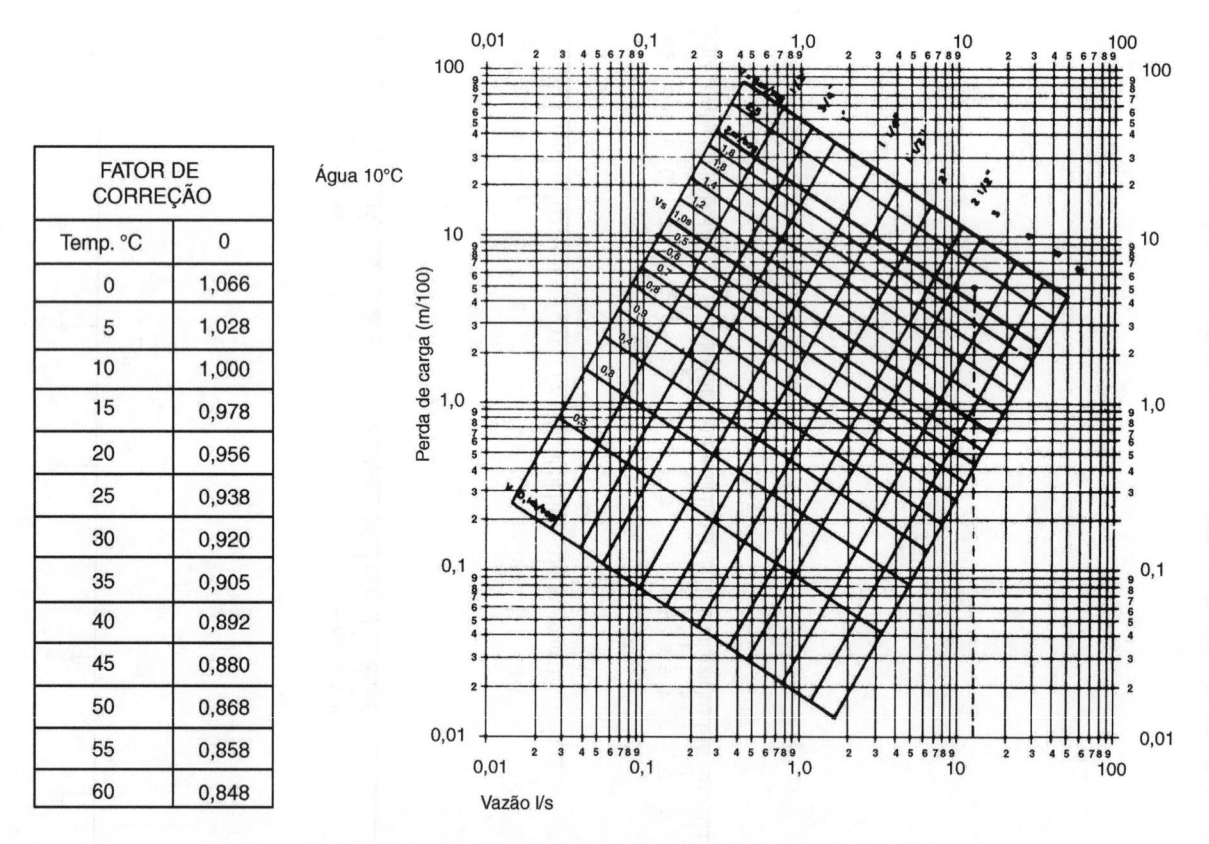

Fig. 4.12 Nomograma para cálculo de tubulações plásticas.

São apresentados normalmente em tubos de 40 mm (esgoto secundário), 50 (2″), 75 (3″) e 100 (4″) em comprimentos de 1, 2 e 3 m (tipo bolsa e virola) e de 6 m (com pontas lisas) para o esgoto primário.

Na Fig. 4.13 temos os tipos de peças plásticas sanitárias produzidas pela Tubos e Conexões Tigre.

Também está se difundindo o uso de plástico em acessórios sanitários, tais como chuveiros, válvulas, sifões, ralos etc. São fabricados em polietileno e suportam bem os ácidos e álcalis, além de sua boa resistência à temperatura.

Para o esgoto secundário, está sendo difundido o uso de PVC rígido com ponta e bolsa soldáveis.

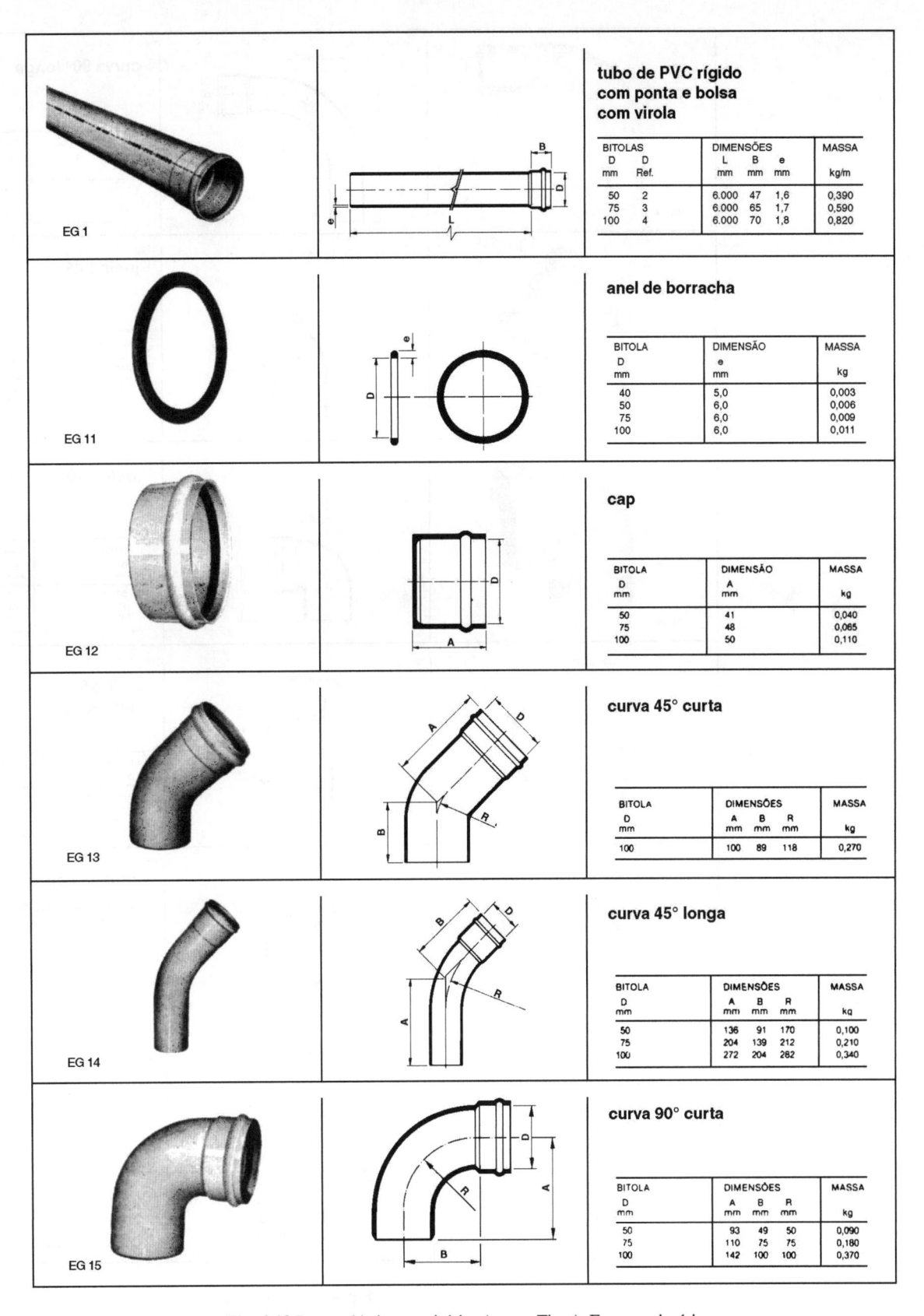

Fig. 4.13 Peças plásticas sanitárias (marca Tigre). Esgoto primário.

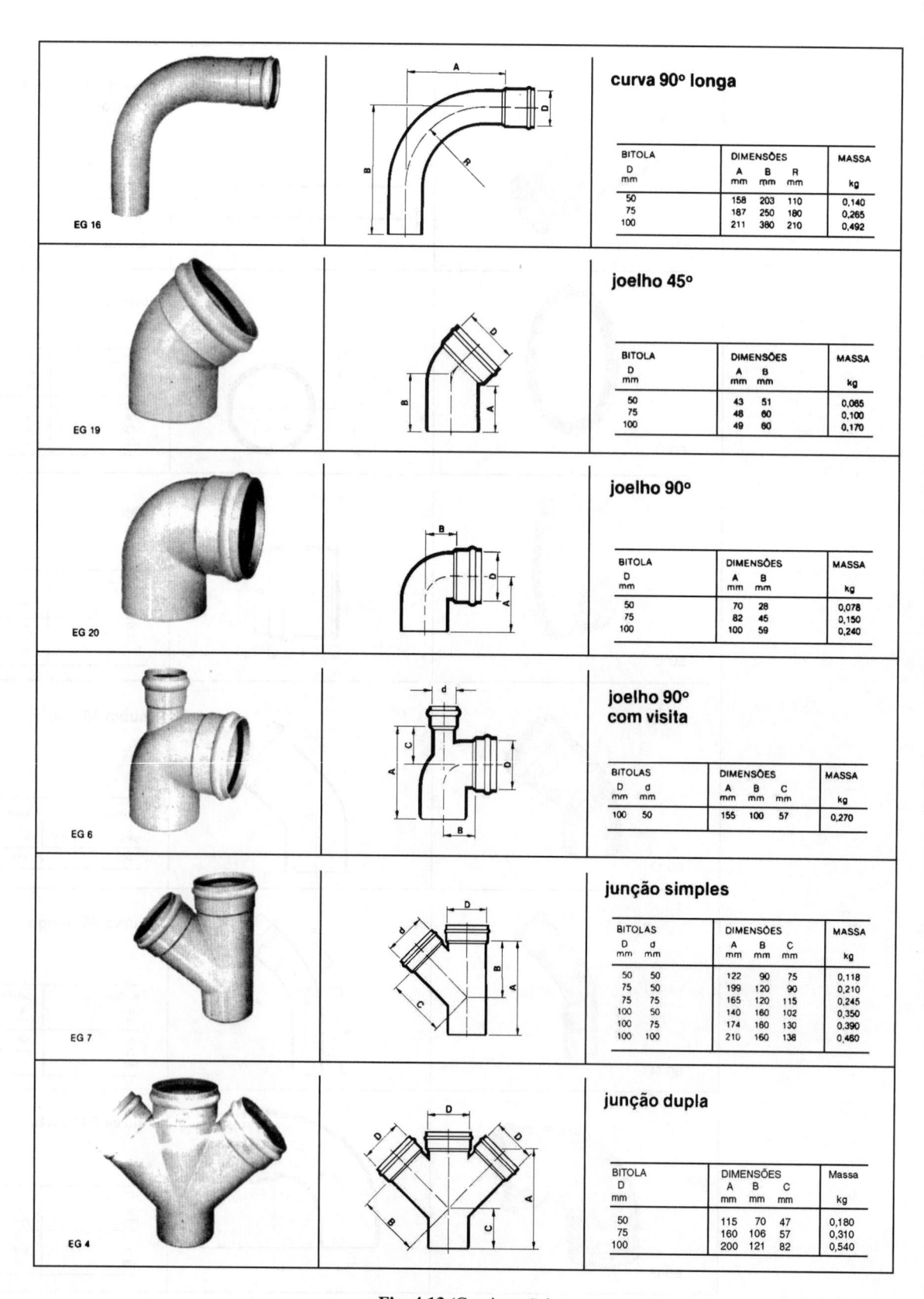

curva 90° longa

EG 16

BITOLA	DIMENSÕES			MASSA
D mm	A mm	B mm	R mm	kg
50	158	203	110	0,140
75	187	250	180	0,265
100	211	380	210	0,492

joelho 45°

EG 19

BITOLA	DIMENSÕES		MASSA
D mm	A mm	B mm	kg
50	43	51	0,065
75	48	60	0,100
100	49	60	0,170

joelho 90°

EG 20

BITOLA	DIMENSÕES		MASSA
D mm	A mm	B mm	kg
50	70	28	0,078
75	82	45	0,150
100	100	59	0,240

joelho 90° com visita

EG 6

BITOLAS		DIMENSÕES			MASSA
D mm	d mm	A mm	B mm	C mm	kg
100	50	155	100	57	0,270

junção simples

EG 7

BITOLAS		DIMENSÕES			MASSA
D mm	d mm	A mm	B mm	C mm	kg
50	50	122	90	75	0,118
75	50	199	120	90	0,210
75	75	165	120	115	0,245
100	50	140	160	102	0,350
100	75	174	160	130	0,390
100	100	210	160	138	0,460

junção dupla

EG 4

BITOLA	DIMENSÕES			Massa
D mm	A mm	B mm	C mm	kg
50	115	70	47	0,180
75	160	106	57	0,310
100	200	121	82	0,540

Fig. 4.13 (Continuação)

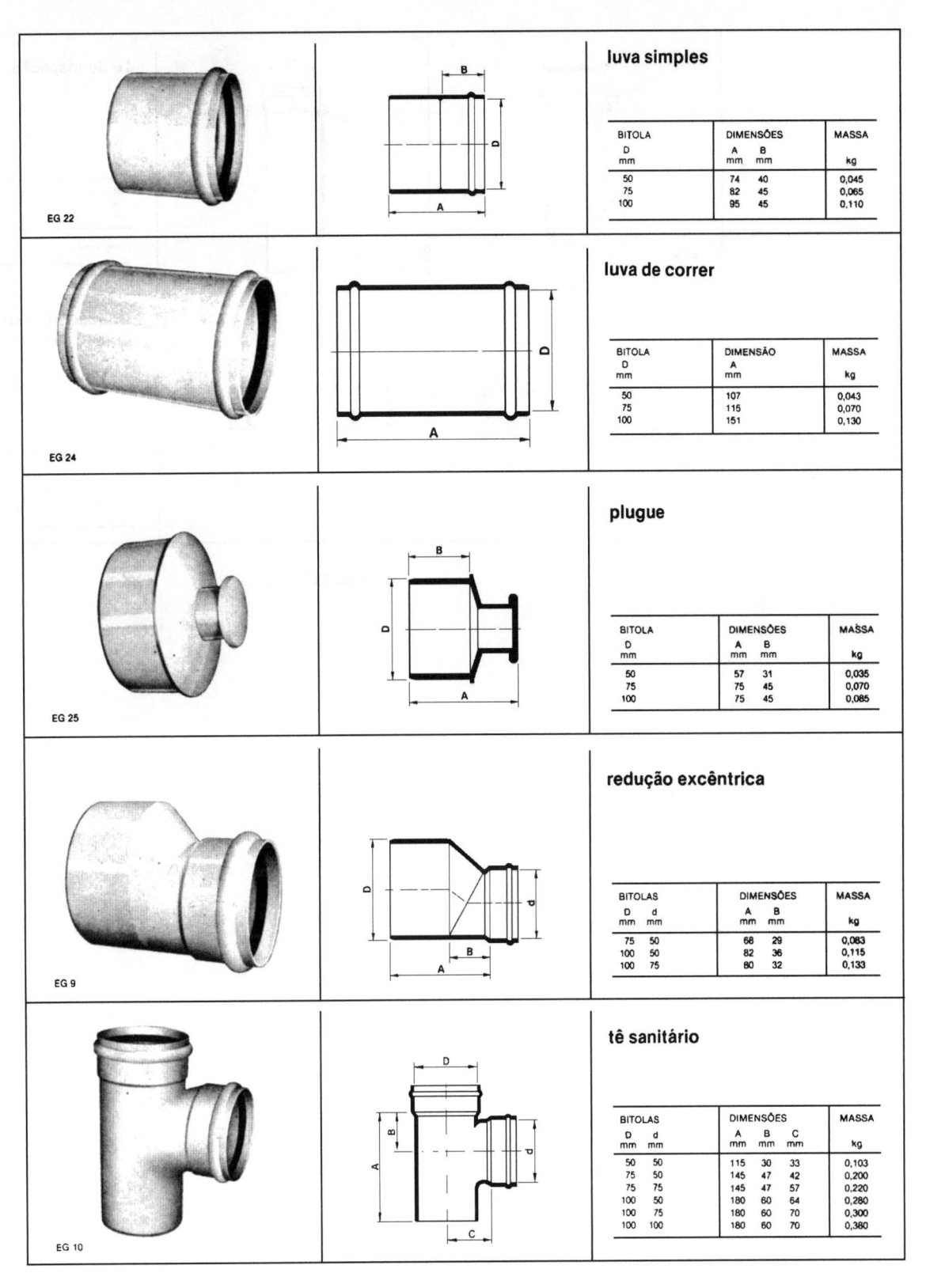

luva simples

BITOLA	DIMENSÕES		MASSA
D	A	B	
mm	mm	mm	kg
50	74	40	0,045
75	82	45	0,065
100	95	45	0,110

EG 22

luva de correr

BITOLA	DIMENSÃO	MASSA
D	A	
mm	mm	kg
50	107	0,043
75	115	0,070
100	151	0,130

EG 24

plugue

BITOLA	DIMENSÕES		MASSA
D	A	B	
mm	mm	mm	kg
50	57	31	0,035
75	75	45	0,070
100	75	45	0,085

EG 25

redução excêntrica

BITOLAS		DIMENSÕES		MASSA
D	d	A	B	
mm	mm	mm	mm	kg
75	50	68	29	0,083
100	50	82	36	0,115
100	75	80	32	0,133

EG 9

tê sanitário

BITOLAS		DIMENSÕES			MASSA
D	d	A	B	C	
mm	mm	mm	mm	mm	kg
50	50	115	30	33	0,103
75	50	145	47	42	0,200
75	75	145	47	57	0,220
100	50	180	60	64	0,280
100	75	180	60	70	0,300
100	100	180	60	70	0,380

EG 10

Fig. 4.13 (Continuação)

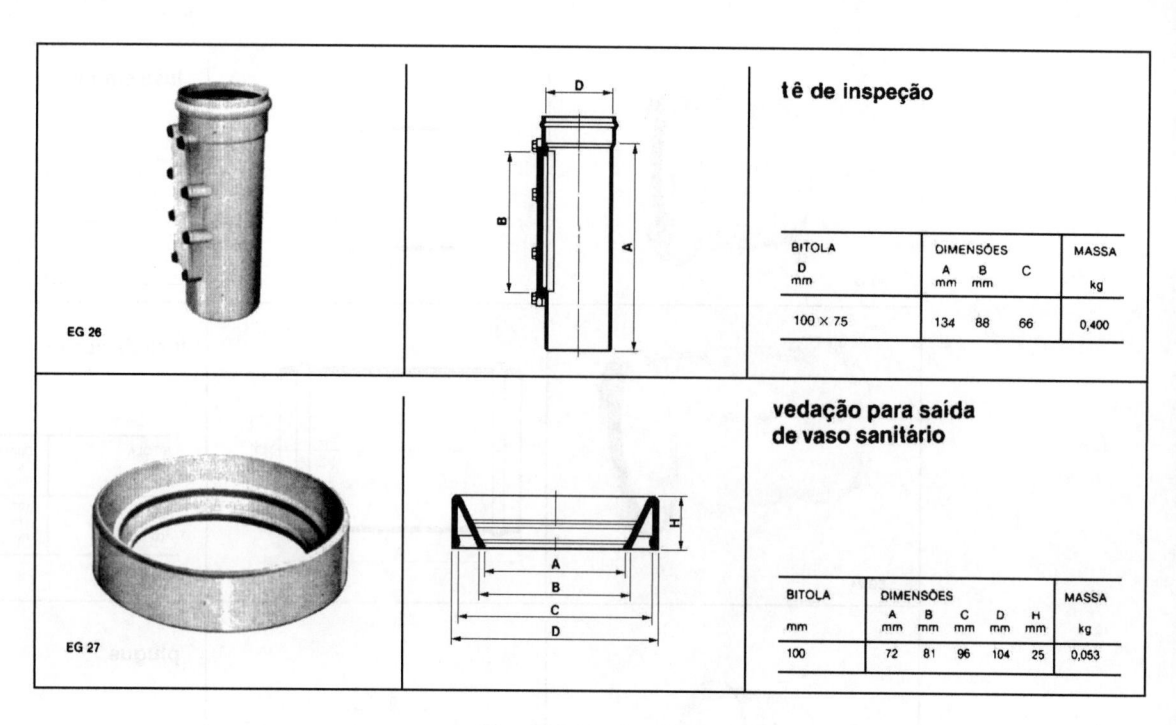

tê de inspeção

BITOLA D mm	DIMENSÕES			MASSA kg
	A mm	B mm	C	
100 × 75	134	88	66	0,400

vedação para saída de vaso sanitário

BITOLA mm	DIMENSÕES					MASSA kg
	A mm	B mm	C mm	D mm	H mm	
100	72	81	96	104	25	0,053

Fig. 4.13 (Continuação)

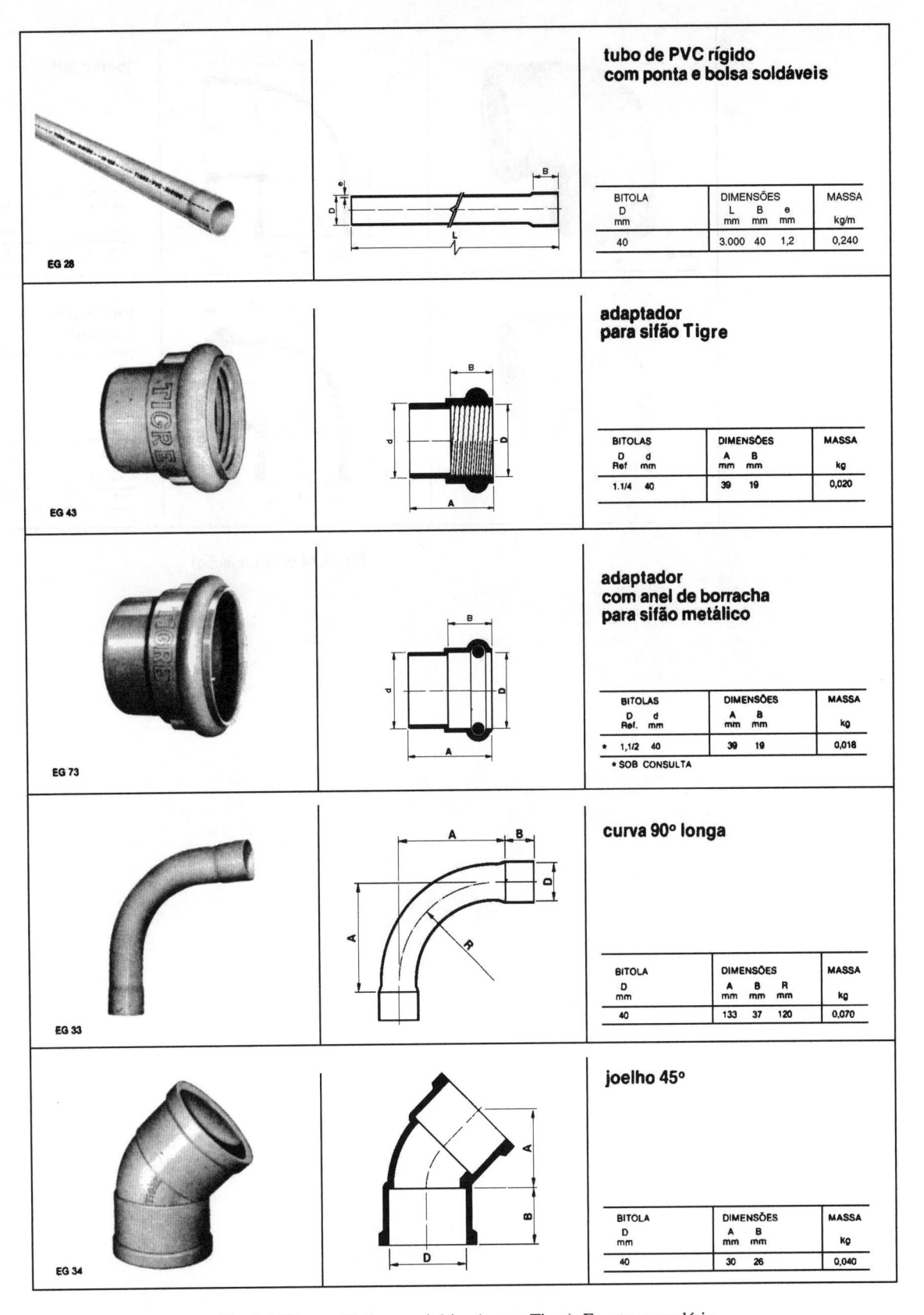

Fig. 4.14 Peças plásticas sanitárias (marca Tigre). Esgoto secundário.

joelho 90°

BITOLA	DIMENSÕES		MASSA
D mm	A mm	B mm	kg
40	22	26	0,045

joelho 90° com anel para esgoto secundário

BITOLAS		DIMENSÕES		MASSA
D mm	d Ref.	A mm	B mm	kg
40	1.1/2	48	26	0,060

EG 35

EG 36

Fig. 4.14 (Continuação)

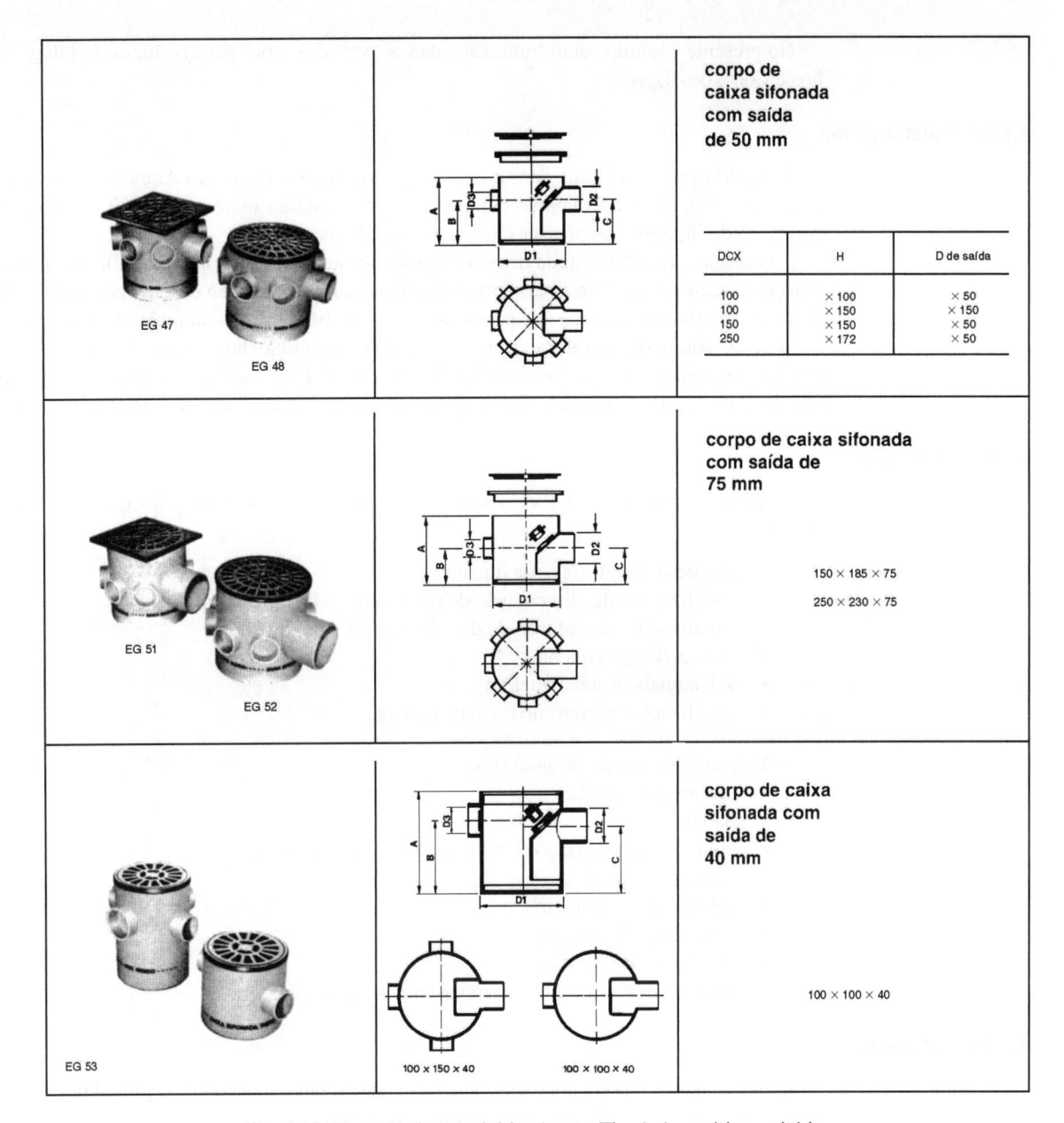

Fig. 4.15 Peças plásticas sanitárias (marca Tigre). Acessórios sanitários.

Observação:

A fábrica Tigre, visando facilitar a construção de banheiros, lançou a linha Girafácil de caixas sifonadas, com as seguintes diferenças:

— Anel de borracha para vedação entre as partes superiores e inferiores.
— Sifão removível para limpeza mais fácil, com a cesta de limpeza removível.
— Antiinfiltração para os andares de baixo etc.[1]

4.1.4 Uso de Plástico em Tubulações de Água Quente

Embora a norma atual de água quente NBR-7198 ainda não especifique o uso de tubos de material plástico para o transporte de água quente, na revisão da referida norma será cogitado o seu emprego no Brasil, já que em outros países o seu uso remonta a 1960.

---

[1]Para mais detalhes, consultar, no catálogo da Tigre, Girafácil.

No presente capítulo serão transcritos dados extraídos, com permissão, do Catálogo Aquatherm da Tubos e Conexões Tigre.

4.1.4.1 Matéria-prima

A matéria-prima utilizada para a fabricação dos tubos e conexões Aquaterm é o CPVC (policloreto de vinila clorado), que é um material com todas as propriedades inerentes ao PVC, somando-se a resistência à condução de líquidos sob pressões a altas temperaturas.

A obtenção do CPVC é feita de maneira idêntica ao PVC. Sua principal diferença é o aumento da participação percentual de cloro no composto das matérias-primas, e seu desenvolvimento se deve à necessidade de se obter um termoplástico que possa ser usado também para a condução de água quente.

O CPVC obteve sucesso absoluto em vários países da Europa e também nos Estados Unidos da América, onde tem grande aceitação e já vem sendo utilizado desde 1960. Hoje, estimam-se aproximadamente 80.000 quilômetros de tubos de CPVC instalados nos Estados Unidos para a condução de água quente em instalações prediais.

4.1.4.2 Aplicações

Os tubos e conexões de CPVC foram projetados para serem instalados nos diversos trechos de tubulações em:

— Instalações prediais de água quente:
* canalizações de alimentação de reservatórios de água quente;
* canalizações ou colunas de distribuição de água quente;
* ramais de água quente;
* sub-ramais de água quente;
* canalizações de retorno de água quente.

— Instalações prediais de água fria:
* alimentador predial;
* barriletes;
* colunas ou canalizações de distribuição de água fria;
* ramais de água fria;
* sub-ramais de água fria;
* tubulações de sucção;
* tubulações de recalque;
* tubulações de limpeza e extravasamento de reservatórios.

4.1.4.3 Vantagens

A aplicação dos tubos e conexões de CPVC resulta em uma economia global nos custos das instalações, principalmente se considerarmos os seguintes aspectos:

— Junta soldável a frio

O sistema de juntas, utilizando-se de soldagem química a frio, é totalmente confiável e já está consagrado pelos profissionais brasileiros, visto ser o mesmo tipo de junta utilizado nos tubos e conexões de PVC soldáveis.

— Facilidade de instalação

A aplicação de mão-de-obra é reduzida, devido à rapidez e facilidade de execução das juntas, eliminando-se a necessidade de equipamento de solda, maçarico a gás, juntas roscadas etc.

— Isolamento

Os tubos e conexões de CPVC, devido à sua baixa condutividade térmica, não exigem a aplicação de isolantes térmicos.

— Superfície interna lisa

Diminui a possibilidade de incrustações e elimina os problemas de oxidação e corrosão.

— Desempenho

Os tubos e conexões de CPVC proporcionam alto desempenho às instalações, comprovado pelo uso contínuo em países da Europa e nos Estados Unidos, há pelo menos 25 anos.

— Economia

São mais econômicos que os materiais existentes no mercado e destinados ao mesmo uso.

4.1.4.4 Produtos de CPVC

Os tubos de CPVC

Os tubos de CPVC são fabricados nos diâmetros nominais (DN) 15 mm, 22 mm, 28 mm, 34 mm, 43 mm e 52 mm (diâmetros de referência 1/2″, 3/4″ e 1″, 1.1/4″, 1.1/2″ e 2″, respectivamente), em barras de 3 m, com pontas lisas.

— Dimensionamento

O dimensionamento dos tubos de CPVC obedeceu a um critério racional, que atende às exigências da norma internacional ASTM — American Society for Testing and Materials — D-2846/82.

Esse conceito de dimensionamento assegura excelente desempenho dos tubos de CPVC, proporcionando um alto grau de segurança às instalações, mesmo quando sujeitas a condições extremas de pressão e temperatura.

Pressões e Temperaturas de Serviço

— Como pressão de serviço, entendemos a máxima pressão, incluindo as variações dinâmicas, que os tubos podem suportar em serviço contínuo, transportando água a uma determinada temperatura, sem a ocorrência de falhas.

— Os tubos de CPVC são dimensionados para trabalhar com as seguintes pressões de serviço:
- 6 kgf/cm² ou 60 mca, conduzindo água a 80°C;
- 24 kgf/cm² ou 240 mca, conduzindo água a 20°C.

Vapor: Os tubos e conexões de CPVC não são indicados para a condução de vapor. Verifique se o aparelho de aquecimento que será utilizado possui dispositivos de controle e proteção que assegurem o funcionamento da instalação dentro das faixas de temperatura indicadas anteriormente.

Apresentamos, ao lado, um gráfico com variação de pressão de serviço dos tubos de CPVC em função da temperatura, que poderá ser consultado para outras faixas de trabalho.

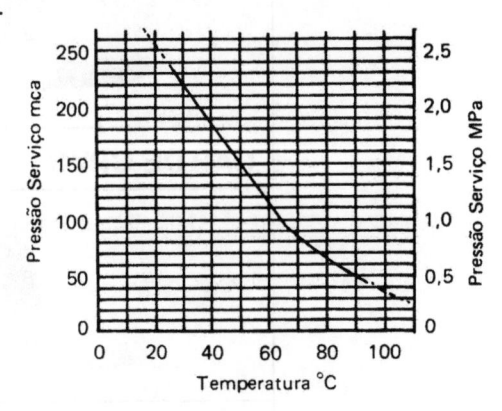

4.1.4.5 As Conexões de CPVC

O conjunto de conexões de CPVC é composto por peças especialmente projetadas para atender às diversas situações de montagem normalmente encontradas nas instalações prediais de água quente e fria.

Foram dimensionadas com espessuras compatíveis com os tubos de CPVC e com dimensões adaptadas à finalidade das instalações, visto o pouco espaço físico que ocupam.

Algumas dessas conexões foram projetadas para desempenhar funções especiais, entre as quais podemos citar aquelas destinadas à aplicação nos pontos de transições das tubulações de CPVC com tubos e conexões metálicas.

Como resultado, obtivemos conexões robustas, perfeitamente dimensionadas para os esforços a que estarão sujeitas e totalmente estanques.

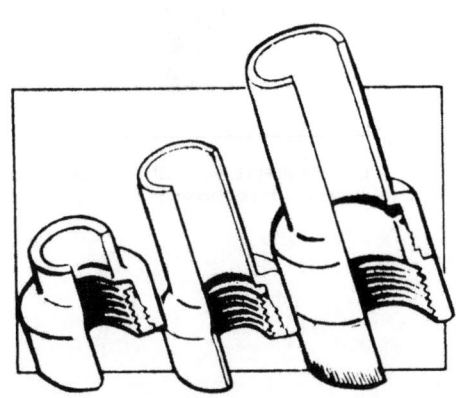

Fig. 4.16 Vista das conexões mistas em corte.

TUBO DE CPVC   AQ - 01

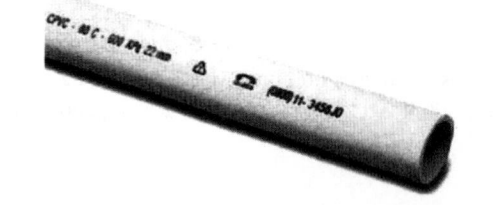
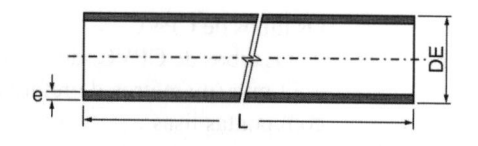

BITOLA	DIMENSÕES		
D mm	L mm	e mm	DE mm
15	3.000	1,6	15
22	3.000	2,0	22
28	3.000	2,5	28
35	3.000	3,2	34,9
42	3.000	3,8	41,3
54	3.000	4,9	54

BUCHA DE REDUÇÃO DE CPVC   AQ - 02

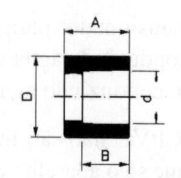

BITOLA		DIMENSÕES			MASSA
D mm	d mm	A mm	B mm		kg
22	15	18	13		0,006
28	22	23	18		0,010

CAP DE CPVC   AQ - 03

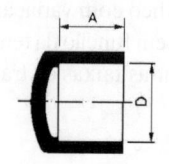

BITOLA	DIMENSÕES	MASSA
D mm	A mm	kg
15	13	0,006
22	18	0,011
28	23	0,022

JOELHO 45° DE CPVC   AQ - 04

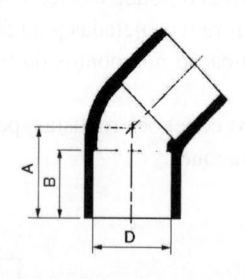

BITOLAS	DIMENSÃO		MASSA
D mm	A mm	B mm	kg
15	18	13	0,008
22	24	18	0,015
28	30	23	0,029

DE = Diâmetro Externo; DN = Diâmetro Nominal = é um simples número (adimensional) que serve para classificar em dimensões os elementos de tubulações.

JOELHO 90° DE TRANSIÇÃO AQUATHERM   AQ · 05

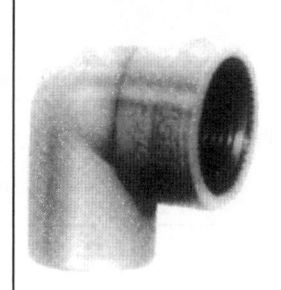
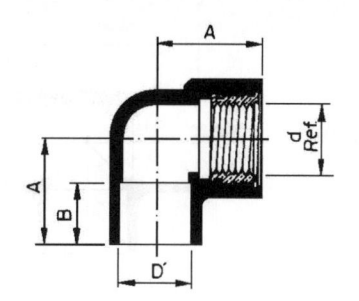

BITOLAS		DIMENSÕES		MASSA
D mm	d Ref.	A mm	B mm	kg
22	1/2	30,5	18	0,052

LUVA DE CPVC   AQ · 06

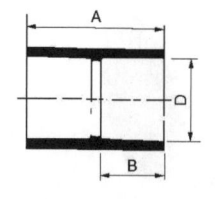

BITOLA	DIMENSÕES		MASSA
D mm	A mm	B mm	kg
15	29	13	0,008
22	39	18	0,015
28	49	23	0,029

LUVA DE TRANSIÇÃO DE CPVC   AQ · 07

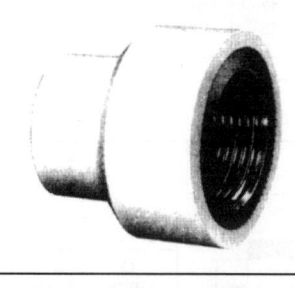
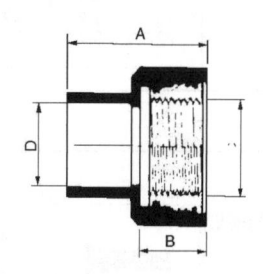

BITOLAS		DIMENSÕES		MASSA
D mm	d Ref.	A mm	B mm	kg
15	1/2"	33	17	0,036
22	3/4"	40	19	0,065

NIPLE DE LATÃO DE CPVC   AQ · 08

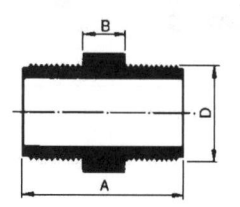

BITOLA	DIMENSÕES		MASSA
D mm	A mm	B mm	kg
1/2	41	22	0,050
3/4	44	27	0,095
1	50	35	0,130

TÊ MISTURADOR DE CPVC   AQ-09

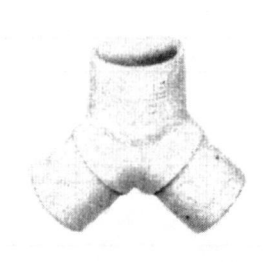
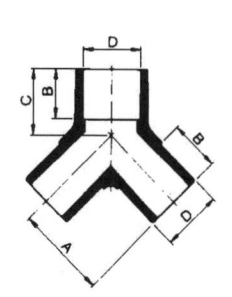

BITOLA	DIMENSÕES			MASSA
D mm	A mm	B mm	C mm	kg
22	33,4	18,5	23,6	0,020

TÊ 90° DE CPVC — AQ·10

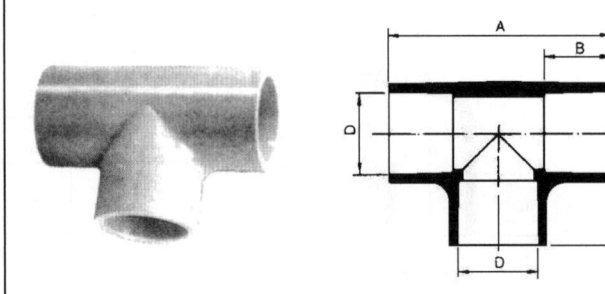

BITOLA	DIMENSÕES			MASSA
D mm	A mm	B mm	C mm	kg
15	46	13	23	0,017
22	62	18	31	0,031
28	79	23	39	0,061

TERMINAL DE CPVC — AQ·11

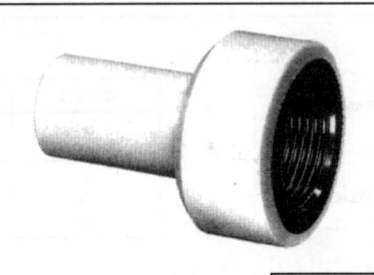 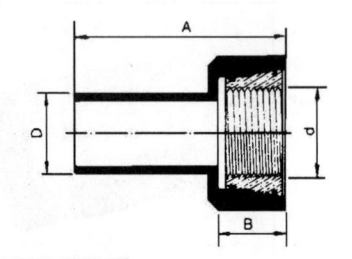

BITOLAS		DIMENSÕES		MASSA
D mm	d Ref.	A mm	B mm	kg
15	1/2''	47	17	0,037
22	3/4''	59	19	0,067

UNIÃO DE CPVC — AQ·12

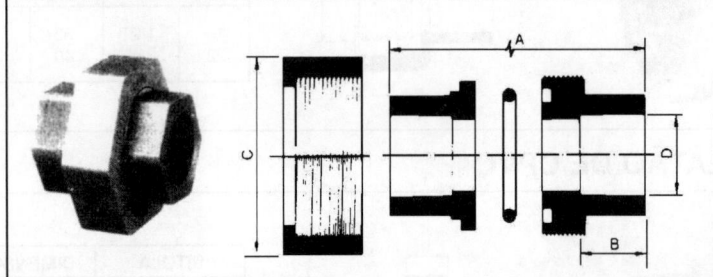

BITOLA	DIMENSÕES			MASSA
D mm	A mm	B mm	C mm	kg
15	47	13	48	0,060
22	53	18	54	0,075
28	62	23	65	0,130

ADESIVO AQUATHERM — AQ·13

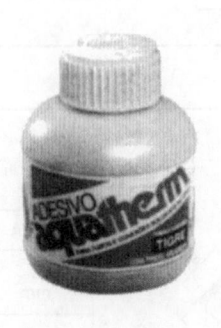

BITOLAS	CAPACIDADE
Frasco plástico	200 cm³

4.1.4.6 Boletim de Produtos

— Execução das juntas

As pontas dos tubos e bolsas das conexões de CPVC foram dimensionadas de forma a admitir o uso de juntas soldadas com ADESIVO, que propicia uniões seguras e totalmente estanques.

Para execução das juntas soldadas, deve-se observar o seguinte procedimento:

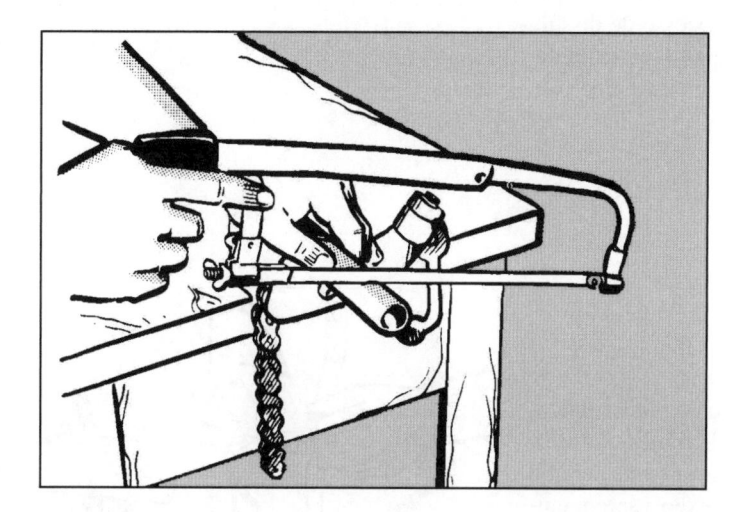

Corte o tubo no esquadro.

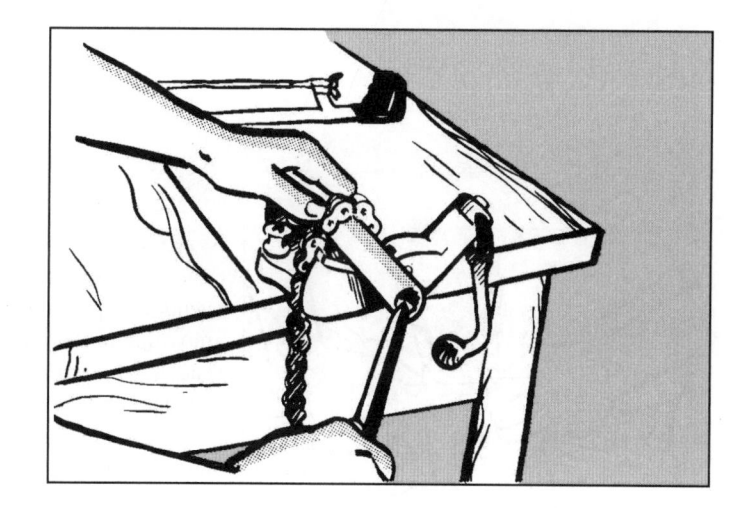

Remova as rebarbas internas e externas resultantes da operação de corte.

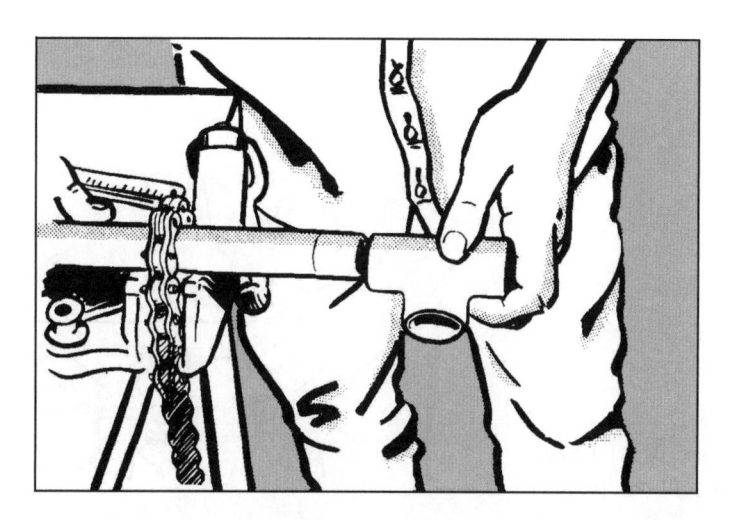

Faça uma rápida conferência, antes de iniciar a operação da solda, no ajuste entre a ponta do tubo e a bolsa da conexão. É recomendável que exista uma interferência entre as peças, pois sem pressão não se estabelece a soldagem. Uma boa interferência ocorre quando a ponta do tubo ocupa entre 1/3 e 2/3 do comprimento total de soldagem da bolsa.

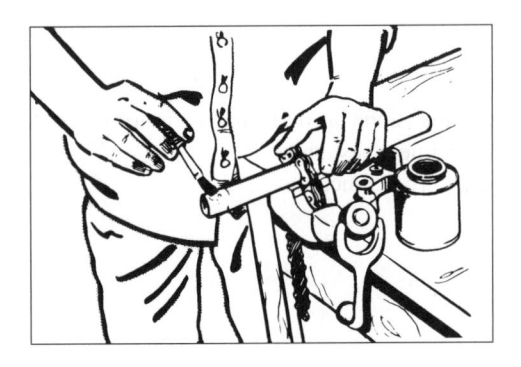

Ressaltamos que, no caso dos tubos e conexões de CPVC, o uso do ADESIVO é de fundamental importância para uma perfeita operação de soldagem a frio, e sua aplicação se torna indispensável, pois ele inicia um processo de dissolução nas superfícies a serem unidas, facilitando a ação do ADESIVO.

Com o auxílio do pincel aplicador, proceda à distribuição uniforme de ADESIVO na ponta do tubo e na bolsa da conexão a serem unidas. Não utilize o ADESIVO caso ele esteja endurecido ou com aspecto gelatinoso.

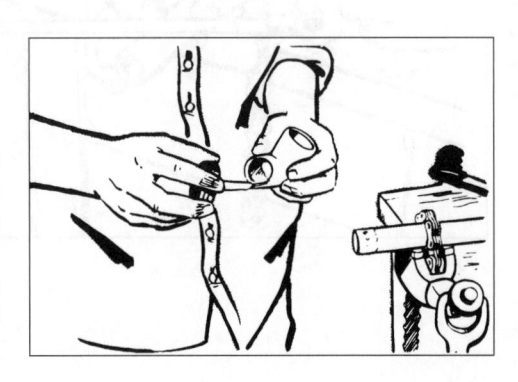

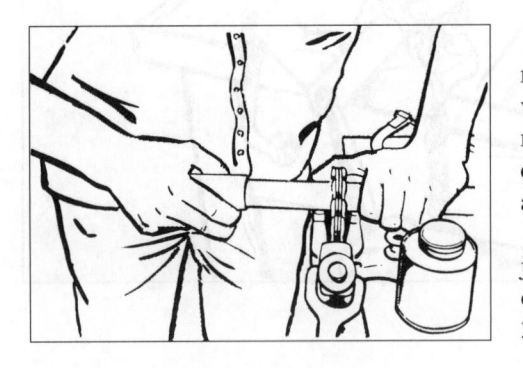

Encaixe de uma vez as extremidades a serem soldadas, promovendo, enquanto encaixa, um leve movimento de rotação entre as peças (1/4 de volta), até que atinjam a posição definitiva.

Após a soldagem, mantenha a junta sobre pressão manual até que o ADESIVO adquira resistência (± 30 segundos).

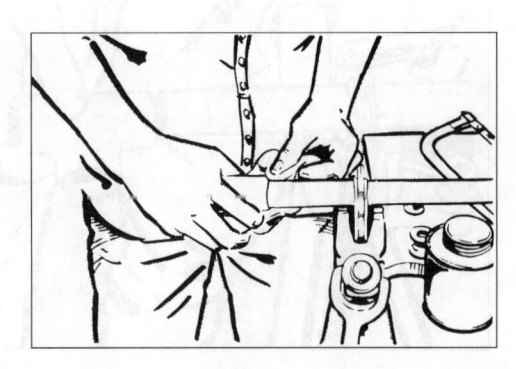

Limpe o excesso de ADESIVO com o auxílio de uma estopa.

Para estimar o consumo, por junta, do ADESIVO, utilize os valores constantes da tabela abaixo:

TABELA DE CONSUMO

ADESIVO	
Bitolas de (mm)	*Gramas para uma junta*
15	2,0
22	3,0
28	4,0

4.1.4.7 Tubulações Embutidas

Os tubos de CPVC não requerem cuidados excessivos quando instalados embutidos em alvenaria. As aberturas nas paredes devem ser feitas de forma a permitir a colocação de tubos e conexões livres de tensões. Não devemos curvar ou forçar os tubos para uma nova posição após a montagem. Esse procedimento poderá provocar a concentração de esforços em um determinado ponto da tubulação, tendendo a rompê-la.

No caso de embutimentos em estruturas de concreto, deverão ser previstos espaços livres para sua instalação. Assim, nas passagens de vigas e lajes, já devem ser deixadas, antecipadamente, aberturas de maiores dimensões que o diâmetro das canalizações. Poderá ser utilizado para isso um toco de tubo de maior diâmetro ou uma fôrma com as dimensões apropriadas. Desse modo, estaremos permitindo a livre movimentação da tubulação, independentemente das estruturas do prédio.

4.1.4.8 Tubulações Aparentes

Nas ocasiões em que as tubulações se apresentam aparentes, o comportamento dos tubos e conexões de CPVC não difere muito dos demais materiais. Sua fixação deverá ser feita através de suportes e/ou braçadeiras.

Os apoios utilizados para fixação dos tubos de CPVC deverão ter formato circular, com largura mínima igual a 0,75 D (D = diâmetro).

Apenas um deles poderá ser fixo e servirá como ancoragem; os demais deverão estar livres, permitindo o deslocamento longitudinal da tubulação causado pelo efeito da expansão térmica. Quando houver pesos concentrados devido à presença de registros, eles deverão ser apoiados independentemente do sistema de tubos.

Na prática, o espaçamento dos suportes para sustentação de tubulações depende de vários fatores, entre eles: o diâmetro do tubo, sua espessura de parede, a temperatura do líquido conduzido. Com a finalidade de facilitar a tarefa de determinação desses espaçamentos, fornecemos na tabela a seguir os valores recomendados para utilização dos tubos de CPVC conduzindo água quente ou fria.

TABELA DE ESPAÇAMENTO DE SUPORTES

TUBOS DE CPVC	
De (mm)	*Espaçamento (m)*
15	0,9
22	1,0
28	1,1

Em tubulações verticais, devemos adotar um espaçamento máximo de 2,0 m entre suportes. No caso de edifícios, o ideal será adotarmos um suporte a cada pavimento e incluirmos um guia a cada meio pavimento.

4.1.4.9 Conexões de Transição

Todas as conexões de transição de CPVC com roscas macho e fêmea foram desenvolvidas com insertos metálicos e vedação elastomérica.

A principal razão que nos levou a essa iniciativa foi a dificuldade de garantir perfeita vedação entre os fios das roscas em CPVC com as roscas metálicas, devido principalmente à dilatação diferencial dos materiais quando sob o efeito da temperatura (água quente).

Exemplificaremos os diversos casos de ligações mistas entre tubulações de CPVC com torneiras, registros e aquecedores, como se segue:

4.1.4.10 Ligação de CPVC × Aquecedores

Para as ligações de tubos de CPVC com aquecedores de acumulação, poderão ser utilizadas as conexões denominadas Conector de $28 \times \phi 1''$, no caso de aquecedores maiores ou Luva de Transição. O esquema de ligação das peças pode ser executado como mostrado na figura a seguir.

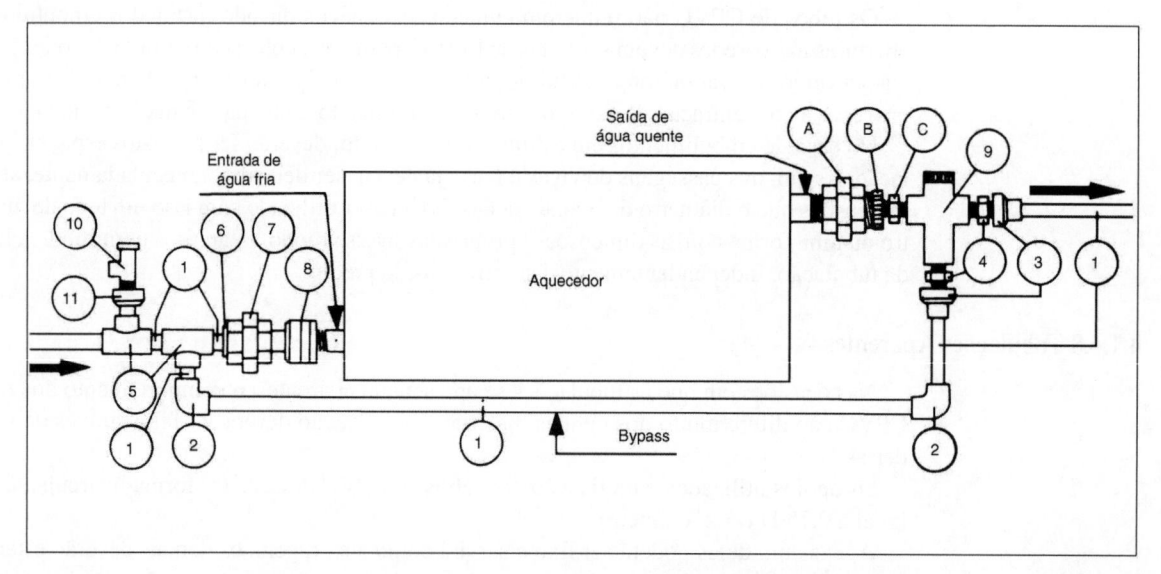

PEÇA N.°	BITOLAS	DISCRIMINAÇÃO	QUANT.
A	1″	União FG ou Latão	01
B	1″ × 3/4″	Bucha de Redução FG ou Latão	01
C	3/4″	Niple FG ou Latão	01
1	22	Tubo de CPVC Aquatherm	01
2	22	Joelho 90° Aquatherm	02
3	22 × 3/4″	Luva de Transição	02
4	3/4″	Niple de Latão Aquatherm	02
5	22	Tê 90° Aquatherm	02
6	22 × 28	Bucha de Redução Aquatherm	01
7	28	União Aquatherm	01
8	28 × 1″	Conector Aquatherm	01
9	3/4″	Termoválvula Aquatherm	01
10	3/4″	Válvula de Segurança	01
11	22 × 3/4″	Terminal Aquatherm	01

4.1.4.11 Ligação de CPVC × Registros

Para interligações dos tubos de CPVC com registros de pressão ou gaveta, poderão ser utilizadas as conexões como mostradas nos desenhos a seguir.

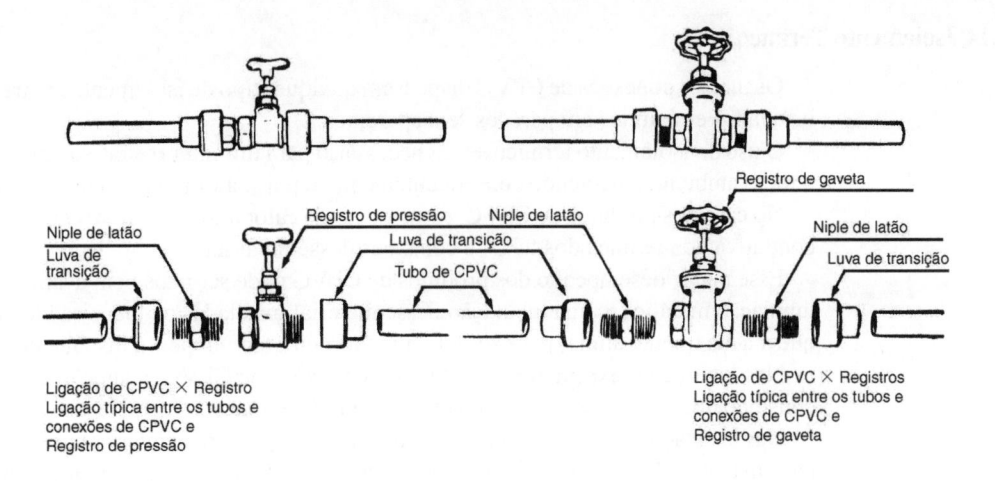

Ligação de CPVC × Registro
Ligação típica entre os tubos e
conexões de CPVC e
Registro de pressão

Ligação de CPVC × Registros
Ligação típica entre os tubos e
conexões de CPVC e
Registro de gaveta

4.1.4.12 Ligação de CPVC × Peças de Utilização

Para a interligação das tubulações de CPVC com as peças de utilização (torneiras, ligações flexíveis, chuveiros etc.), desenvolvemos um novo conceito de conexão denominada Terminal de CPVC. Essa peça possui uma ponta soldável em CPVC e um inserto metálico com rosca fêmea.

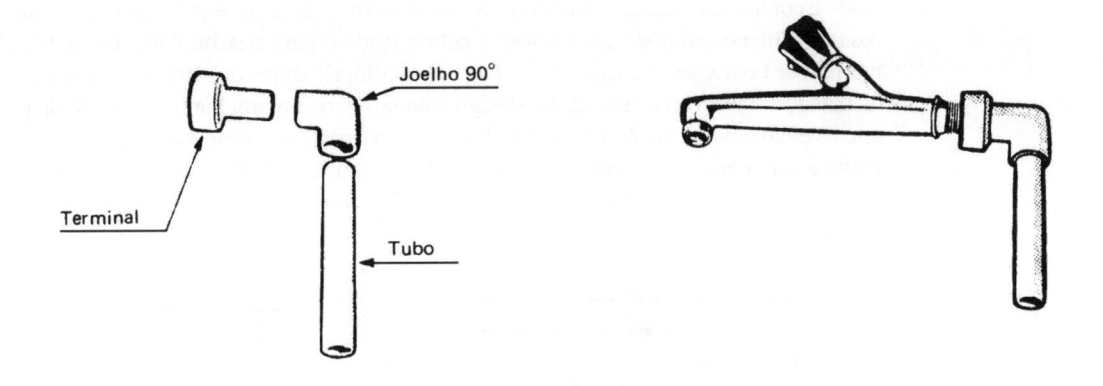

Ligação de CPVC × Peças de Utilização
Ligação típica entre os
tubos e conexões de CPVC e torneiras

4.1.4.13 Transição Outros Materiais × CPVC

Quando for necessário fazer a transição de tubulações de outros materiais para a linha CPVC, poderemos fazer uso das conexões como mostrado no esquema a seguir:

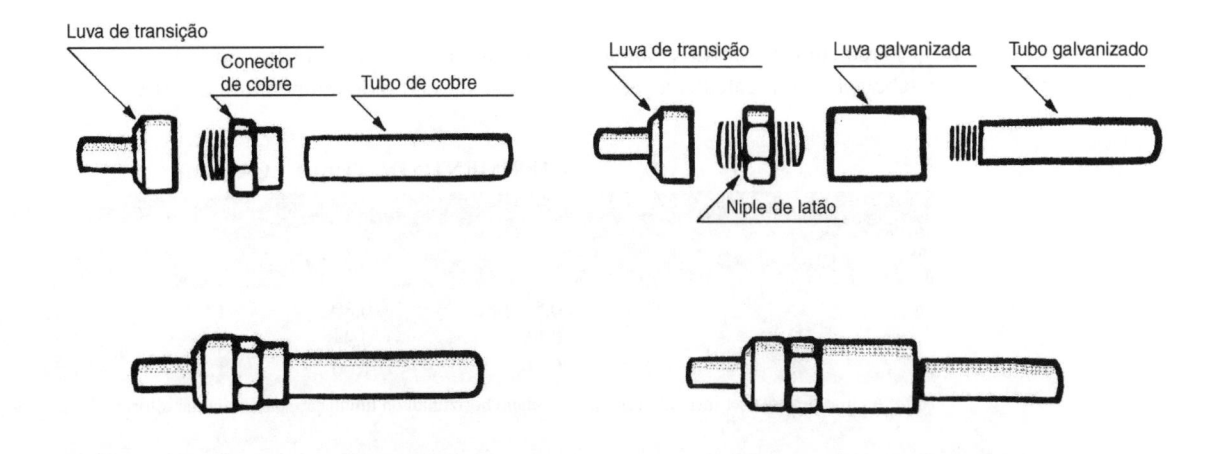

4.1.4.14 Isolamento Térmico

Os tubos e conexões de CPVC dispensam qualquer tipo de isolamento em trecho de até 20 m, seja quando instalados embutidos em paredes seja aparentes.

O uso do isolamento térmico se faz necessário para diminuir o efeito da troca de calor das tubulações com o meio ambiente, mantendo conseqüentemente, e por maior tempo, a temperatura da água aquecida.

No caso dos produtos de CPVC, essas trocas de calor atingem valores mínimos, tendo como causa a baixa condutividade térmica dos tubos e conexões desse material.

Esse maior desempenho dos produtos de CPVC pode ser mais bem avaliado se compararmos, entre uma tubulação metálica e uma tubulação desse material instaladas de maneira idêntica, o tempo necessário para que a água quente atinja, por exemplo, uma torneira em um ponto distante do aquecedor.

Nas tubulações executadas com tubos e conexões de CPVC, a água quente chega mais rápido ao ponto considerado, em função da pequena perda de temperatura.

Nas instalações usuais de aquecimento, em que se procura manter os aquecedores em áreas de fácil acesso para manutenção e controle, como, por exemplo, áreas de serviço em apartamentos, esse desempenho dos tubos e conexões de CPVC significa melhores resultados com relação à eficiência do sistema, bem como maior economia de energia (gás, eletricidade), e diminui sensivelmente a perda de água.

4.1.4.15 Dilatação Térmica

Como a grande maioria dos materiais utilizados em instalações prediais de água quente e fria, os tubos e conexões em CPVC também estão sujeitos aos efeitos da dilatação térmica, expandindo-se quando aquecidos e contraindo-se quando resfriados. Na maioria dos casos, e principalmente em tubulações embutidas, essa movimentação pode ser absorvida pelo traçado e pela flexibilidade das instalações, devido ao grande número de conexões utilizadas e aos pequenos comprimentos dos trechos. Como exemplo, podemos citar a distribuição interna das tubulações de água quente e fria em um banheiro. Existem ocasiões, no entanto, em que os efeitos da dilatação térmica podem tornar-se críticos, como é o caso das tubulações aparentes conduzindo água quente, cujas condições de instalações podem implicar trechos longos e retos. Para esses casos, podemos utilizar as chamadas "Liras" ou "Mudanças de Direção", como mostram as figuras a seguir.

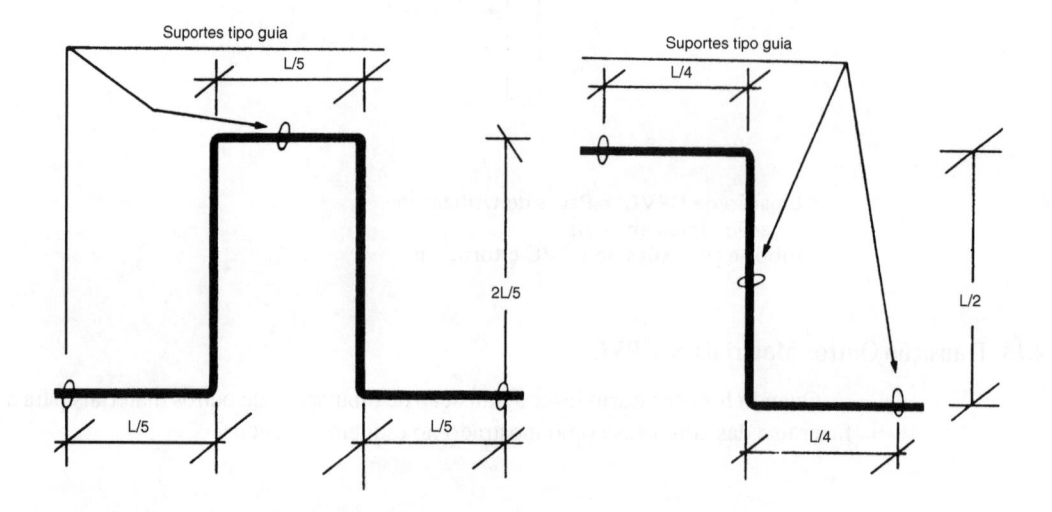

Para maior facilidade e rapidez de cálculo nas consultas sobre comprimento "L" total das liras, consulte a tabela a seguir, calculada para um diferencial médio de temperatura de 40°C.

COMPRIMENTO DA TUBULAÇÃO (m)

φ Tubo (mm)	6	12	18	24	30
	Distância Total L				
15	0,55	0,80	1,00	1,12	1,30
22	0,66	0,94	1,18	1,32	1,48
28	0,76	1,06	1,32	1,52	1,70

Nota: As liras deverão ser instaladas sempre no plano horizontal da tubulação, para se evitar a formação de sifões.

4.2 TUBOS E CONEXÕES DE FERRO FUNDIDO

Os tubos e conexões de ferro fundido são largamente empregados nas redes de água, gás e esgotos acima de 2 polegadas de diâmetro. Sua fabricação inicia-se em altos-fornos, onde é fundida a matéria-prima, passando em seguida por misturadores e centrifugadores, que lhes dão a consistência mecânica necessária; depois são submetidos ao tratamento térmico, que lhes garante a dureza desejada, aumentando a resistência ao choque e facilitando o corte. O produto é submetido a ensaios hidráulicos, controle da qualidade e pintura de piche.

Os tipos de tubos de ferro fundido centrifugado mais comumente usados são:

— de alta pressão, de 50 a 600 mm de diâmetro, para água, ar comprimido, petróleo etc.; podem ser de ponta e bolsa (juntas de borracha ou de chumbo) e de flanges.

— de baixa pressão, de 50 a 150 mm de diâmetro, em ponta e bolsa, para água, esgotos e águas pluviais, em instalações prediais.

4.2.1 Tubos e Conexões de Ferro Fundido — Junta Rígida (Extraído do Catálogo da Barbará)

Tubos — São fabricados em dois tipos:

- ponta e bolsa
- cilíndrico

Conexões — São do tipo bolsa e bolsa, com dimensões compatíveis com o tipo de serviço a que se destinam.

Revestimento — Os tubos são revestidos internamente com argamassa de cimento aplicada por centrifugação e pichada externamente. As conexões são pichadas interna e externamente.

Junta rígida — Esse tipo de junta é executado com corda alcatroada, comprimida no espaço existente entre a parede externa da ponta do tubo e a parede interna da bolsa. Na parte superior, deixa-se um espaço correspondente a 25 mm de profundidade, que é preenchido com massa epóxi ou chumbo.

Massa epóxi Barbará — Destina-se à execução de juntas rígidas ou reparos em juntas danificadas. É fornecida em embalagens de 2 e 3 kg.

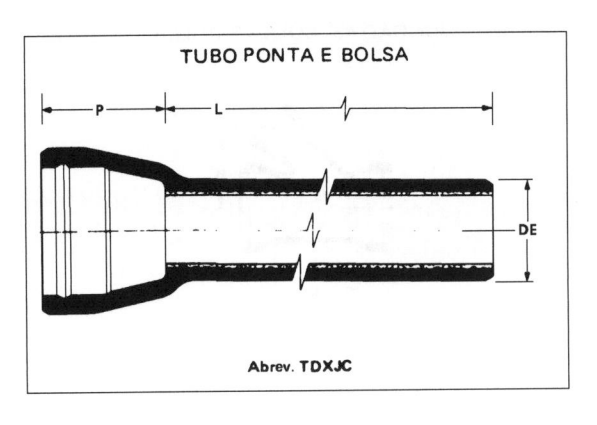

TUBO PONTA E BOLSA

Abrev. TDXJC

DN	L	DE	P	Peso p/Metro	
				s/cimento	c/cimento
Nº	m	mm	mm	kgf	kgf
200	6	222	100	22	27
250	6	274	103	29	35

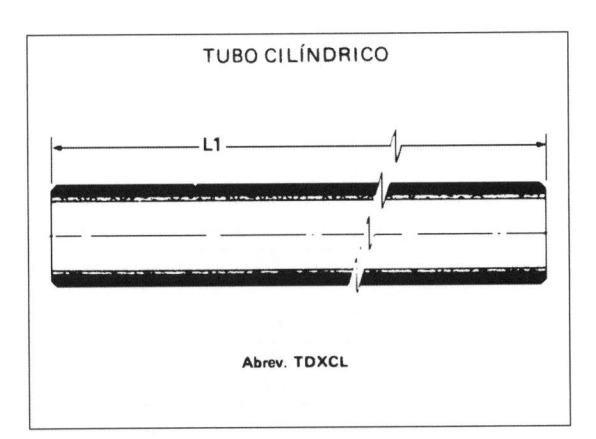

TUBO CILÍNDRICO

Abrev. TDXCL

DN	L1	Peso p/Metro	
		s/cimento	c/cimento
Nº	m	kgf	kgf
200	5,80	20,3	25,3
250	5,80	26,9	32,9

CURVA 90° BOLSA E BOLSA

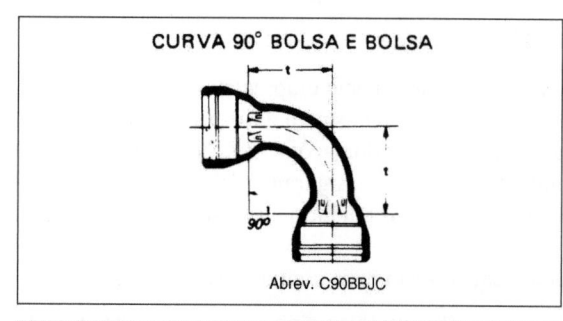

Abrev. C90BBJC

DN	t	Peso
Nº	mm	kgf
200	220	36
250	270	53

REDUÇÃO PONTA E BOLSA

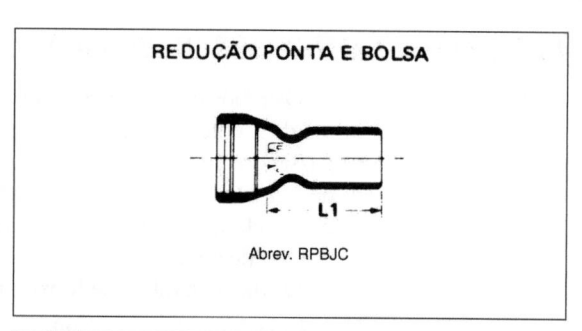

Abrev. RPBJC

DN	dn	L1	Peso
Nº	nº	mm	kgf
200	150	252	19
250	200	253	23

CURVA 45° BOLSA E BOLSA

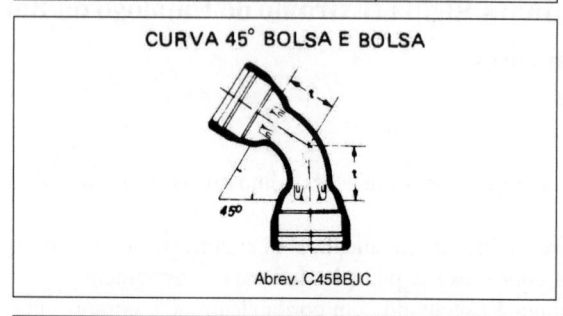

Abrev. C45BBJC

DN	t	Peso
Nº	mm	kgf
200	110	29
250	130	41

CAP

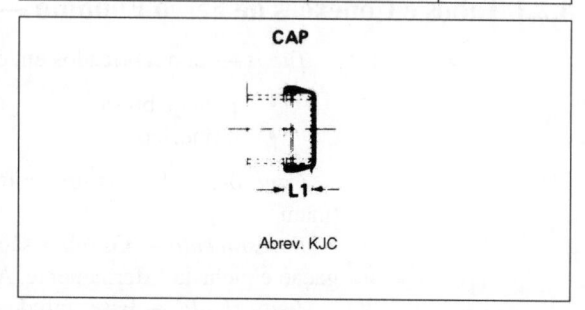

Abrev. KJC

DN	L1	Peso
Nº	mm	kgf
200	120	16,5
250	122	21

LUVA DE CORRER

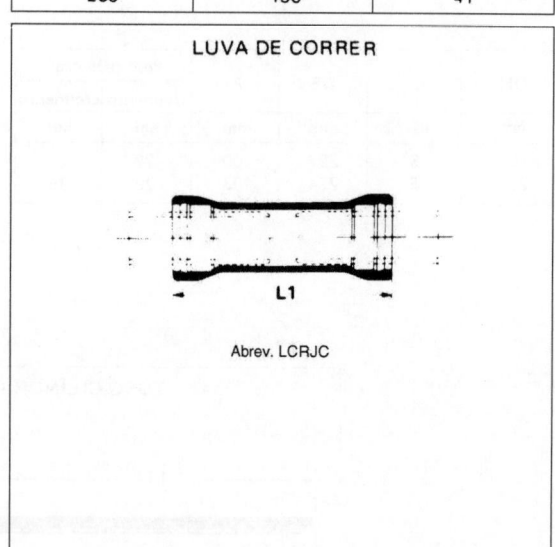

Abrev. LCRJC

DN	L1	Peso
Nº	mm	kgf
200	374	25
250	381	35

JUNÇÃO 45° BOLSA E BOLSA

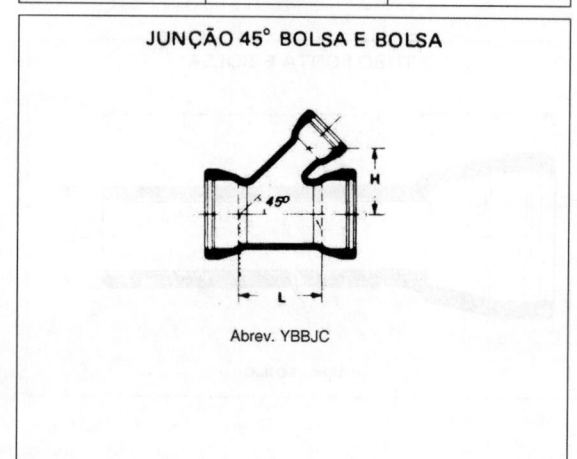

Abrev. YBBJC

DN	dn	L	H	Peso
Nº	nº	mm	mm	kgf
200	100	250	206	36
	150	320	224	43
	200	395	240	52
250	150	334	254	58
	250	495	300	81

4.2.2 Tubos e Conexões de Ferro Fundido — Junta Elástica (Extraído do Catálogo da Barbará)

Tubos — São fabricados em dois tipos:

- *Cilíndrico:* interligados por meio de conexões, luvas bipartidas ou luvas bolsa/bolsa providas dos anéis de borracha.
- *Ponta e Bolsa:* destinados a trechos longos em teto de subsolo, colunas de águas pluviais etc. interligados entre si por meio de um anel de borracha HL.

Conexões — São do tipo bolsa e bolsa, com alturas reduzidas, compatíveis com o tipo de serviço a que se destinam, possuindo reforço em todas as extremidades.

Revestimento — Os tubos e conexões são pintados interna e externamente. Dependendo da agressividade do esgoto, os tubos poderão ser fornecidos com revestimento especial.

Junta elástica tipo baixa pressão — A junta é constituída por uma ponta de tubo, uma bolsa de tubo ou conexão e um anel labial de borracha sintética. O anel se aloja dentro da bolsa e por simples compressão de encaixe da ponta do tubo dentro da bolsa, facilitada pelo uso de lubrificante, torna a junta elástica, estanque e auto-sustentável. O anel labial permite também o emprego das conexões Barbará HL com tubos para esgoto de PVC.

Junta elástica tipo alta pressão — A junta é constituída por duas pontas de tubo, um anel de borracha tipo luva e uma luva bipartida de ferro fundido. O anel é encaixado nas duas pontas, e o aperto de vedação e fixação é dado através da luva bipartida. Esse tipo de junta resiste à alta pressão e se destina sobretudo a condutores de águas pluviais.

Junta rígida — Esse tipo de junta é executado com corda alcatroada, comprimida no espaço existente entre a parede externa da ponta do tubo e a parede interna da bolsa. Na parte superior, deixa-se um espaço correspondente a 10 mm de profundidade que é preenchido com massa epóxi.

DIMENSÕES DAS BOLSAS

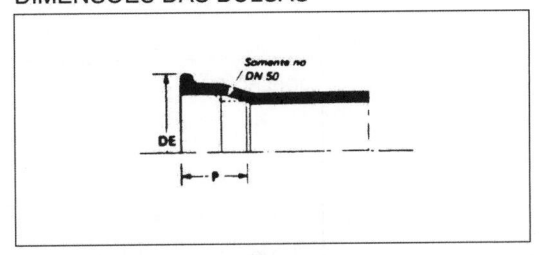

DN	DE	P
Nº	mm	mm
50	87	40
75	112	40
100	138	40
150	186	45

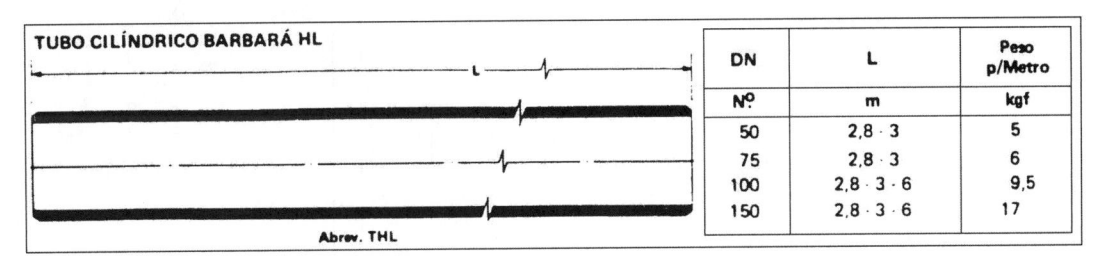

TUBO CILÍNDRICO BARBARÁ HL

Abrev. THL

DN	L	Peso p/Metro
Nº	m	kgf
50	2,8 · 3	5
75	2,8 · 3	6
100	2,8 · 3 · 6	9,5
150	2,8 · 3 · 6	17

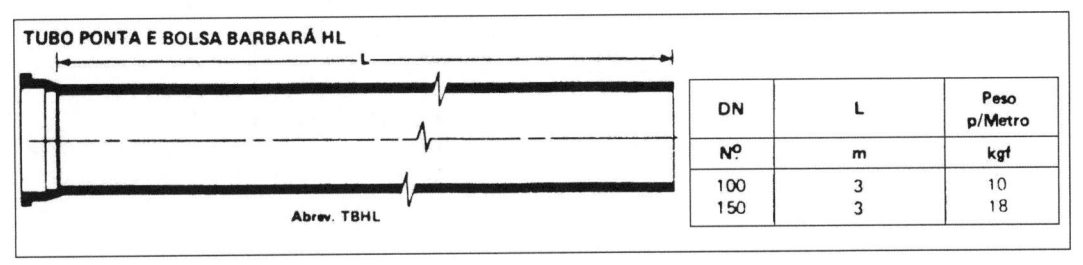

TUBO PONTA E BOLSA BARBARÁ HL

Abrev. TBHL

DN	L	Peso p/Metro
Nº	m	kgf
100	3	10
150	3	18

Fig. 4.17 Tubos Barbará HL.

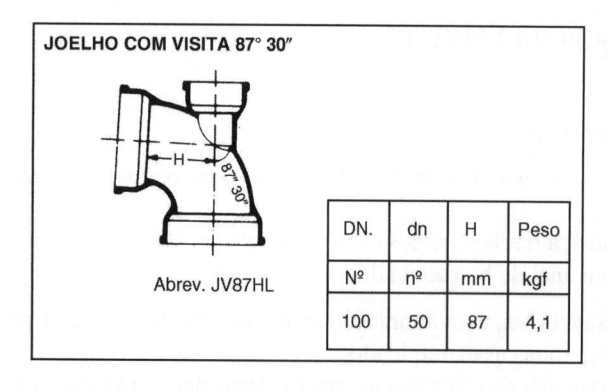

JOELHO COM VISITA 87° 30″

Abrev. JV87HL

DN.	dn	H	Peso
Nº	nº	mm	kgf
100	50	87	4,1

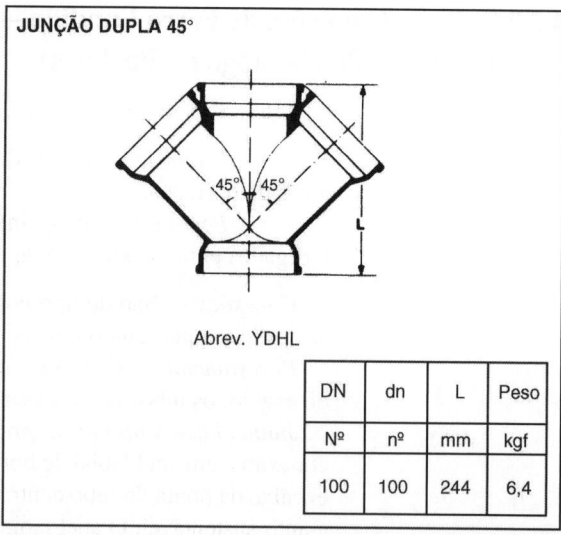

JUNÇÃO DUPLA 45°

Abrev. YDHL

DN	dn	L	Peso
Nº	nº	mm	kgf
100	100	244	6,4

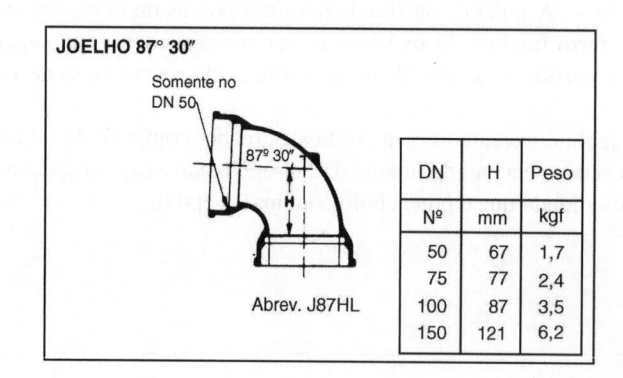

JOELHO 87° 30″

Somente no DN 50

Abrev. J87HL

DN	H	Peso
Nº	mm	kgf
50	67	1,7
75	77	2,4
100	87	3,5
150	121	6,2

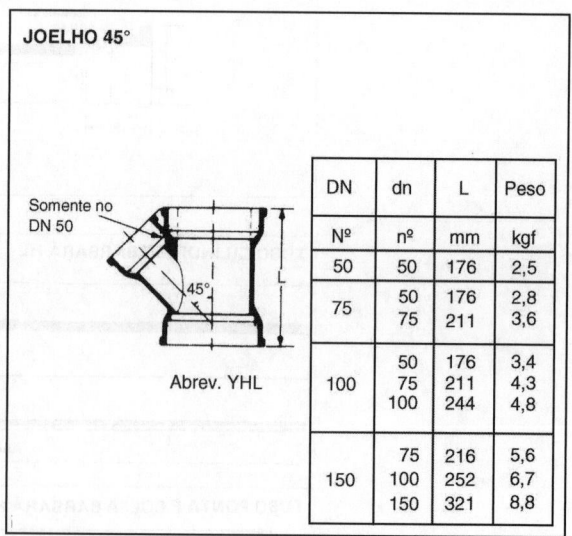

JOELHO 45°

Somente no DN 50

Abrev. YHL

DN	dn	L	Peso
Nº	nº	mm	kgf
50	50	176	2,5
75	50	176	2,8
	75	211	3,6
100	50	176	3,4
	75	211	4,3
	100	244	4,8
150	75	216	5,6
	100	252	6,7
	150	321	8,8

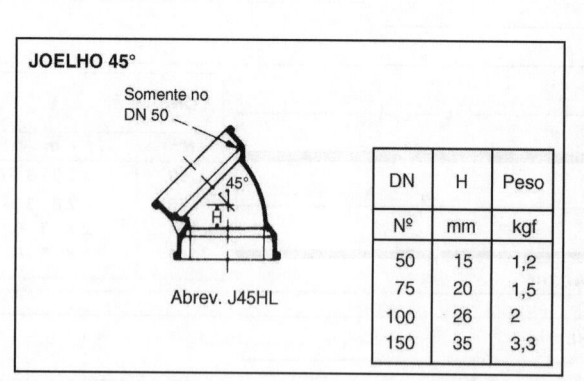

JOELHO 45°

Somente no DN 50

Abrev. J45HL

DN	H	Peso
Nº	mm	kgf
50	15	1,2
75	20	1,5
100	26	2
150	35	3,3

Fig. 4.18 Conexões Barbará HL.

TÊ SANITÁRIO 87°30″

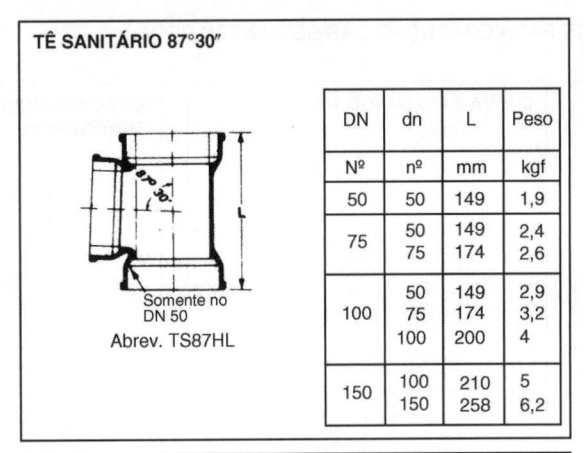

Somente no DN 50

Abrev. TS87HL

DN	dn	L	Peso
Nº	nº	mm	kgf
50	50	149	1,9
75	50	149	2,4
	75	174	2,6
100	50	149	2,9
	75	174	3,2
	100	200	4
150	100	210	5
	150	258	6,2

BUCHA DE REDUÇÃO

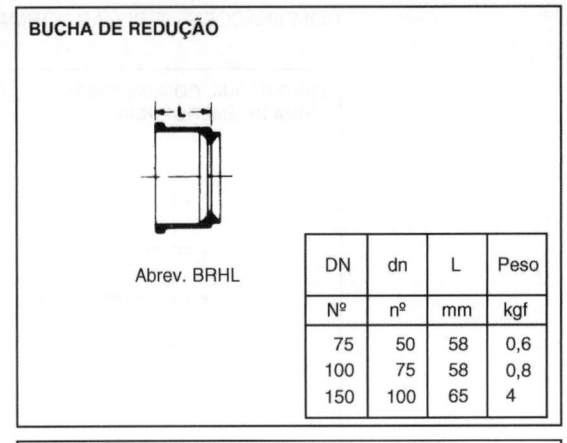

Abrev. BRHL

DN	dn	L	Peso
Nº	nº	mm	kgf
75	50	58	0,6
100	75	58	0,8
150	100	65	4

TÊ SANITÁRIO COM DUAS ENTRADAS LATERAIS

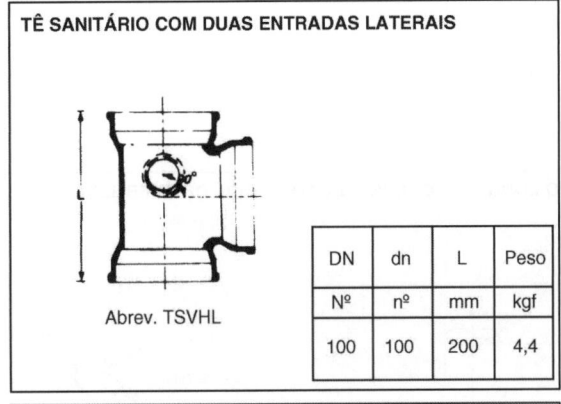

Abrev. TSVHL

DN	dn	L	Peso
Nº	nº	mm	kgf
100	100	200	4,4

LUVA BIPARTIDA

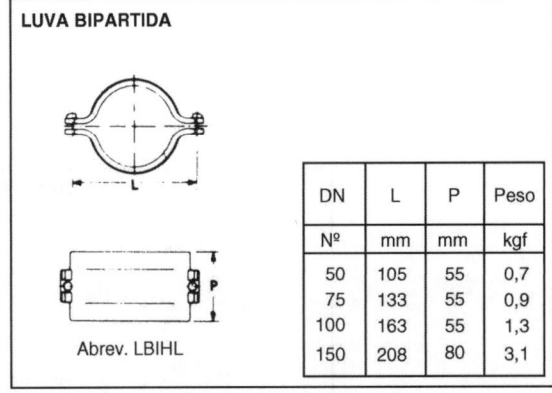

Abrev. LBIHL

DN	L	P	Peso
Nº	mm	mm	kgf
50	105	55	0,7
75	133	55	0,9
100	163	55	1,3
150	208	80	3,1

TÊ DE INSPEÇÃO CURTO 87°30″

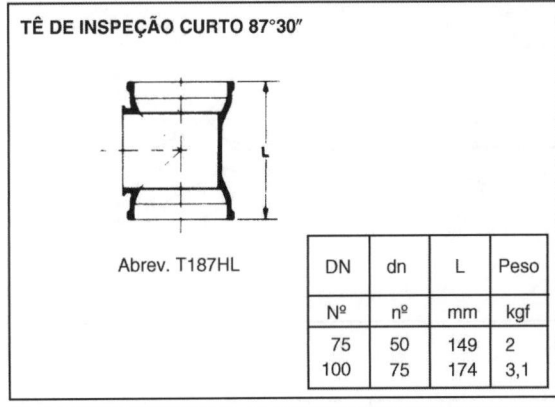

Abrev. T187HL

DN	dn	L	Peso
Nº	nº	mm	kgf
75	50	149	2
100	75	174	3,1

LUVA BOLSA E BOLSA

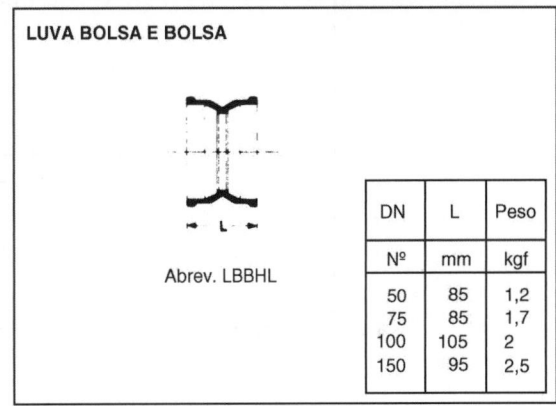

Abrev. LBBHL

DN	L	Peso
Nº	mm	kgf
50	85	1,2
75	85	1,7
100	105	2
150	95	2,5

CRUZETA DUPLA

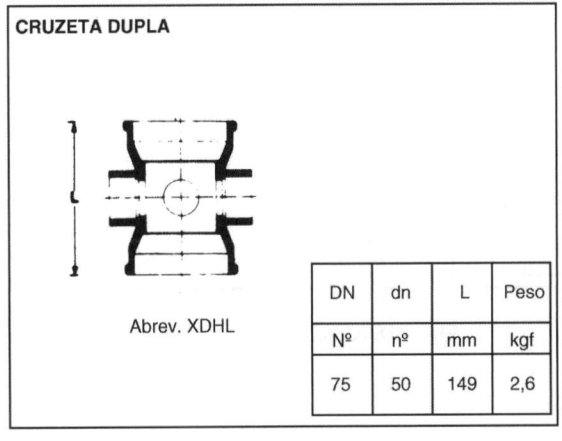

Abrev. XDHL

DN	dn	L	Peso
Nº	nº	mm	kgf
75	50	149	2,6

PLACA CEGA DN 50 a 150   CONTRAFLANGE DN 75 a 150

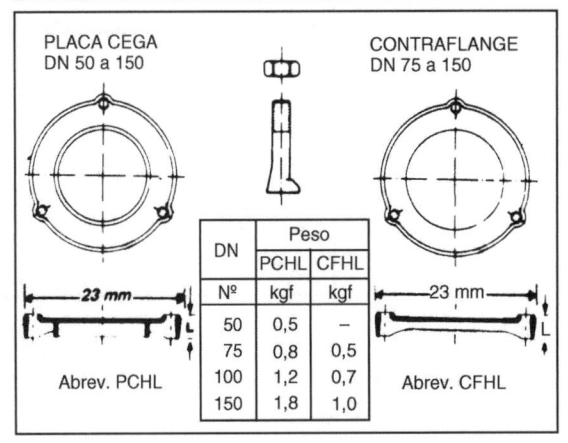

Abrev. PCHL   Abrev. CFHL

DN	Peso	
	PCHL	CFHL
Nº	kgf	kgf
50	0,5	–
75	0,8	0,5
100	1,2	0,7
150	1,8	1,0

Fig. 4.18 (Continuação)

COMBINAÇÕES DE PEÇAS NORMAIS PARA OBTENÇÃO DAS SEGUINTES PEÇAS:

TUBO RADIAL COM INSPEÇÃO E SAÍDA DE EMERGÊNCIA

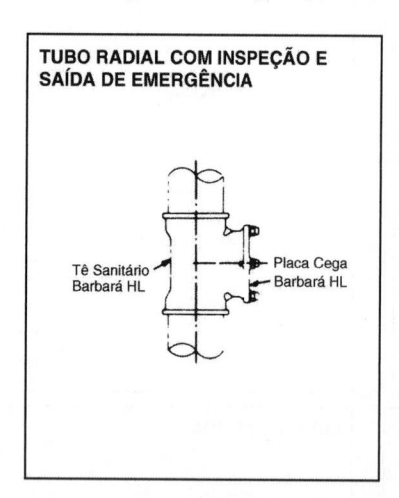

CURVA RAIO LONGO 90º

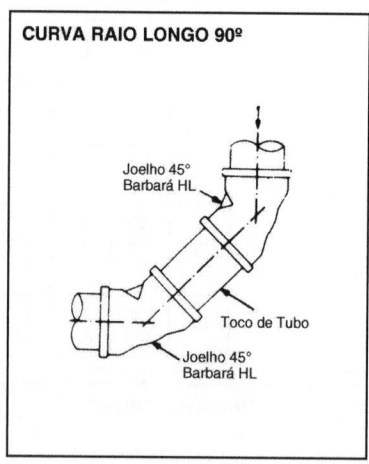

SIFÃO COM INSPEÇÃO E SAÍDA DE EMERGÊNCIA

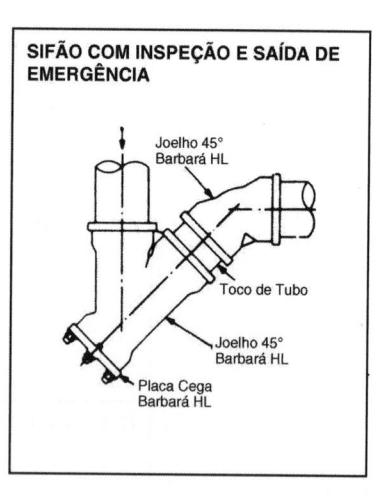

CURVA RAIO LONGO 90° COM INSPEÇÃO E SAÍDA DE EMERGÊNCIA

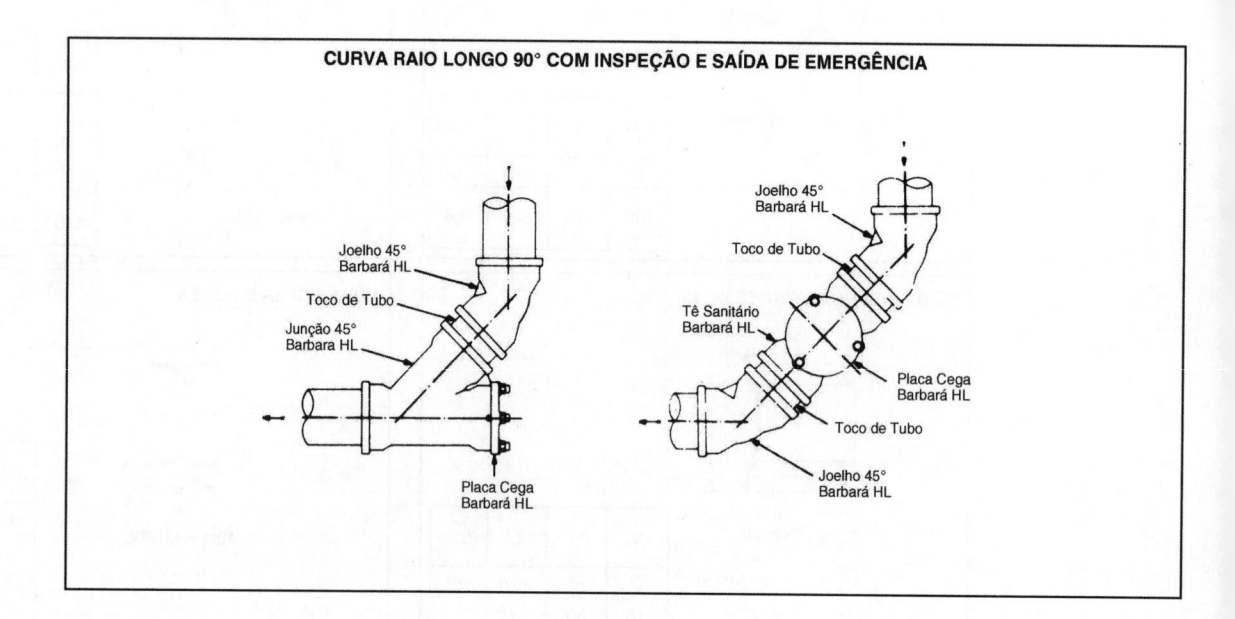

ANEL DE BORRACHA BARBARÁ HL

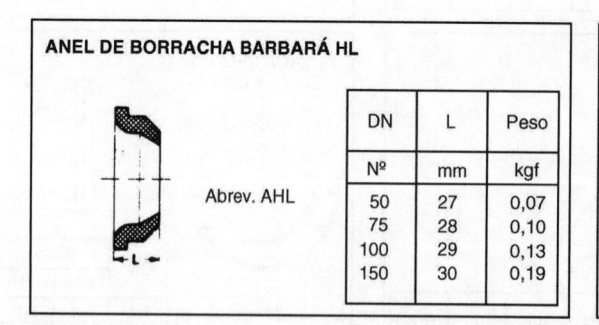

DN	L	Peso
Nº	mm	kgf
50	27	0,07
75	28	0,10
100	29	0,13
150	30	0,19

Abrev. AHL

LUBRIFICANTE BARBARÁ

Destina-se a lubrificar o anel de borracha e a ponta do tubo, facilitando a operação de encaixe dos tubos.

Embalagens de 0,9 kg e 3 kg.

Abrev. LUB

Fig. 4.18 (Continuação)

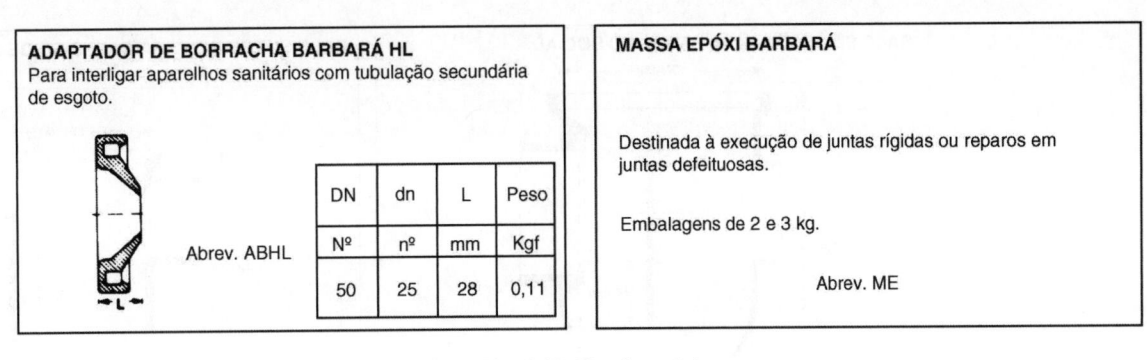

ADAPTADOR DE BORRACHA BARBARÁ HL
Para interligar aparelhos sanitários com tubulação secundária de esgoto.

Abrev. ABHL

DN	dn	L	Peso
Nº	nº	mm	Kgf
50	25	28	0,11

MASSA EPÓXI BARBARÁ

Destinada à execução de juntas rígidas ou reparos em juntas defeituosas.

Embalagens de 2 e 3 kg.

Abrev. ME

Fig. 4.18 (Continuação)

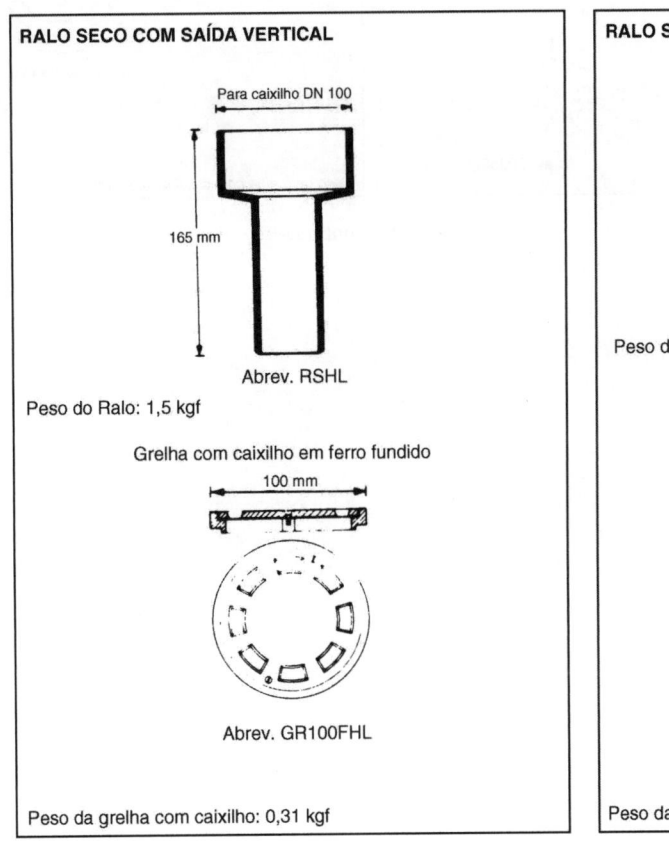

RALO SECO COM SAÍDA VERTICAL

Para caixilho DN 100

165 mm

Abrev. RSHL

Peso do Ralo: 1,5 kgf

Grelha com caixilho em ferro fundido

100 mm

Abrev. GR100FHL

Peso da grelha com caixilho: 0,31 kgf

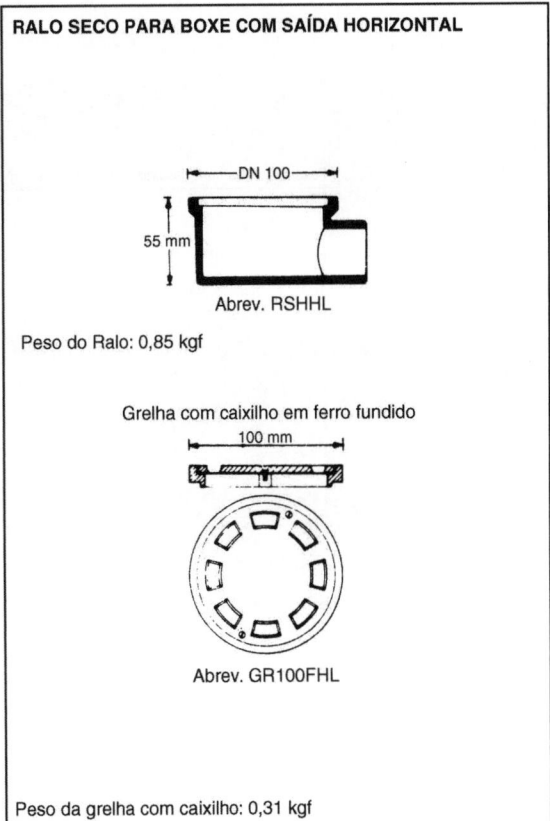

RALO SECO PARA BOXE COM SAÍDA HORIZONTAL

DN 100

55 mm

Abrev. RSHHL

Peso do Ralo: 0,85 kgf

Grelha com caixilho em ferro fundido

100 mm

Abrev. GR100FHL

Peso da grelha com caixilho: 0,31 kgf

Fig. 4.19 Ralos para instalações prediais.

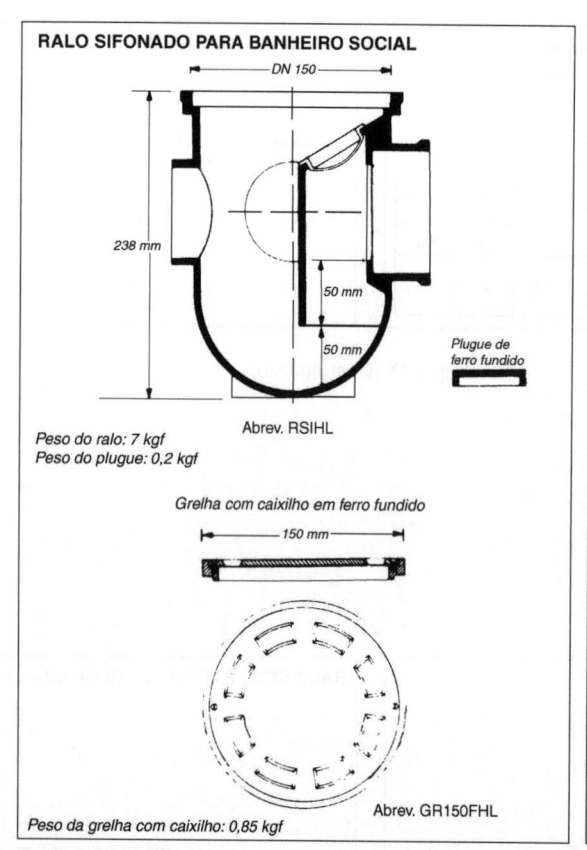

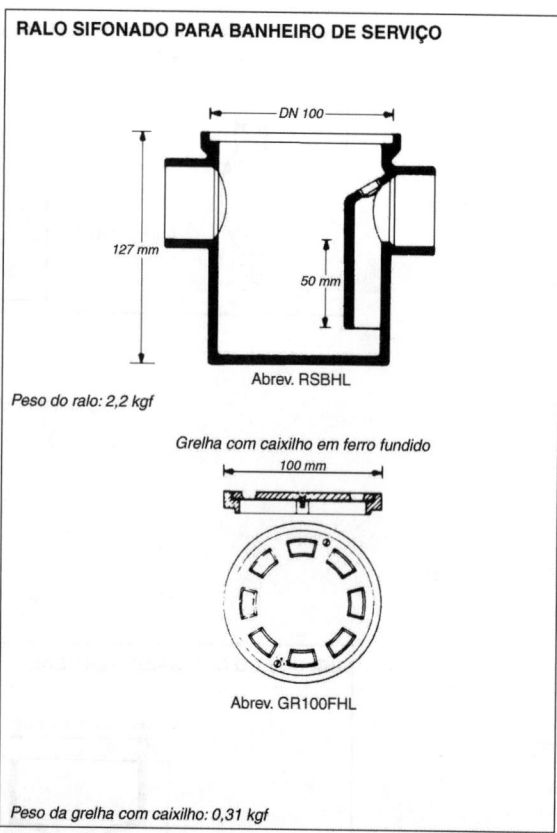

Fig. 4.19 (Continuação)

TUBOS BARBARÁ – PA

TUBO CILÍNDRICO DN 40, 50 E 63

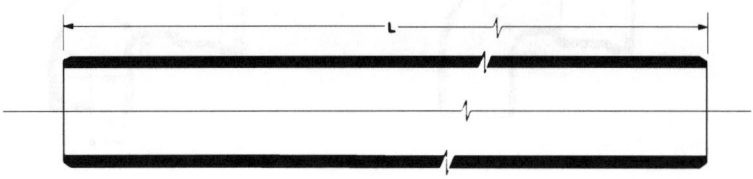

Abrev. TPPA

DN	L	Peso	
		por metro	total
Nº	m	kgf	kgf
40	3	5,0	15
50	3	6,0	18
63	3	7,5	22,5

TUBO PONTA E BOLSA DN 50 E 63

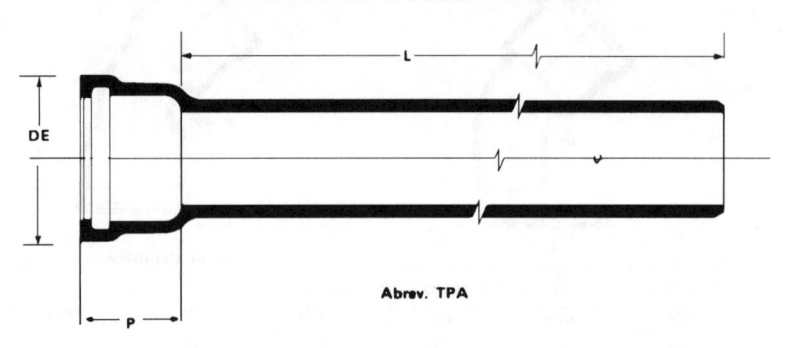

Abrev. TPA

DN	DE	P	L	Peso	
				por metro	total
Nº	mm	mm	m	kgf	kgf
50	96	66	3	8,5	25,5
63	108	66	3	10,0	30,0

CONEXÕES BARBARÁ – PA

CURVA 90º PONTA E BOLSA

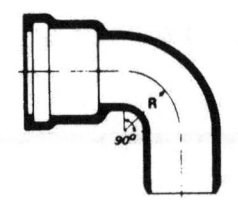

Abrev. C90PBPA

DN	R	Peso
Nº	mm	kgf
50	50	2,3
63	61	3,1

CURVA 90º BOLSA E ROSCA

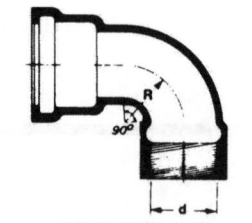

Abrev. C90BRPA

DN	d	R	Peso
Nº	pol.	mm	kgf
40	1 1/2	40	1,7
50	2	50	2,5
63	2 1/2	61	3,2

CURVA 90º BOLSA E BOLSA

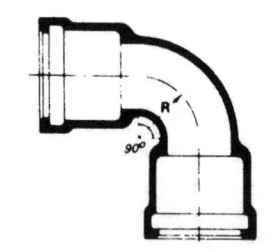

Abrev. C90BBPA

DN	R	Peso
Nº	mm	kgf
40	40	2,7

CURVA 45º PONTA E BOLSA

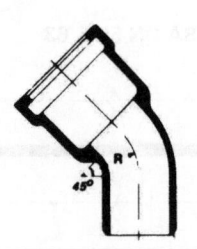

Abrev. C45PBPA

DN	R	Peso
Nº	mm	kgf
50	50	2,0
63	61	2,4

CURVA 45º BOLSA E BOLSA

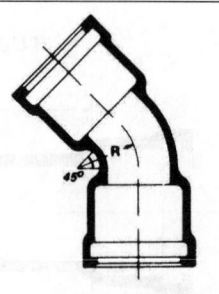

Abrev. C45BBPA

DN	R	Peso
Nº	mm	kgf
40	40	2,3

REDUÇÃO BOLSA E BOLSA

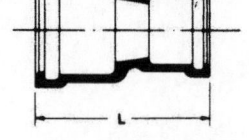

Abrev. RBBPA

DN	dn	L	Peso
Nº	nº	mm	kgf
50	40	121	2,5

REDUÇÃO BOLSA E PONTA

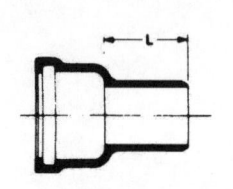

Abrev. RBPPA

DN	dn	L	Peso
Nº	nº	mm	kgf
63	50	84	2,0
75	63	109	5,0

LUVA BOLSA E BOLSA

LUVA DE CORRER
Abrev. LCRPA

LUVA FIXA
Abrev. LBBPA

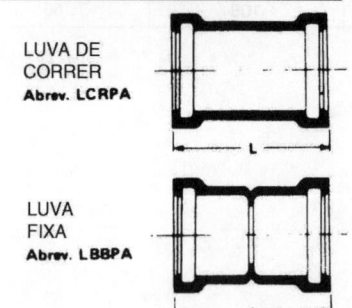

DN	L	Peso
Nº	mm	kgf
40	105	1,4
50	137	2,0
63	137	2,6

LUVA BOLSA E ROSCA

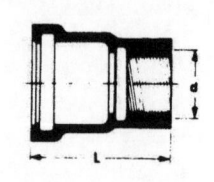

Abrev. LBRPA

DN	d	L	Peso
Nº	pol.	mm	kgf
40	1 1/2	75	1,4
50	2	110	1,5
63	2 1/2	110	2,1

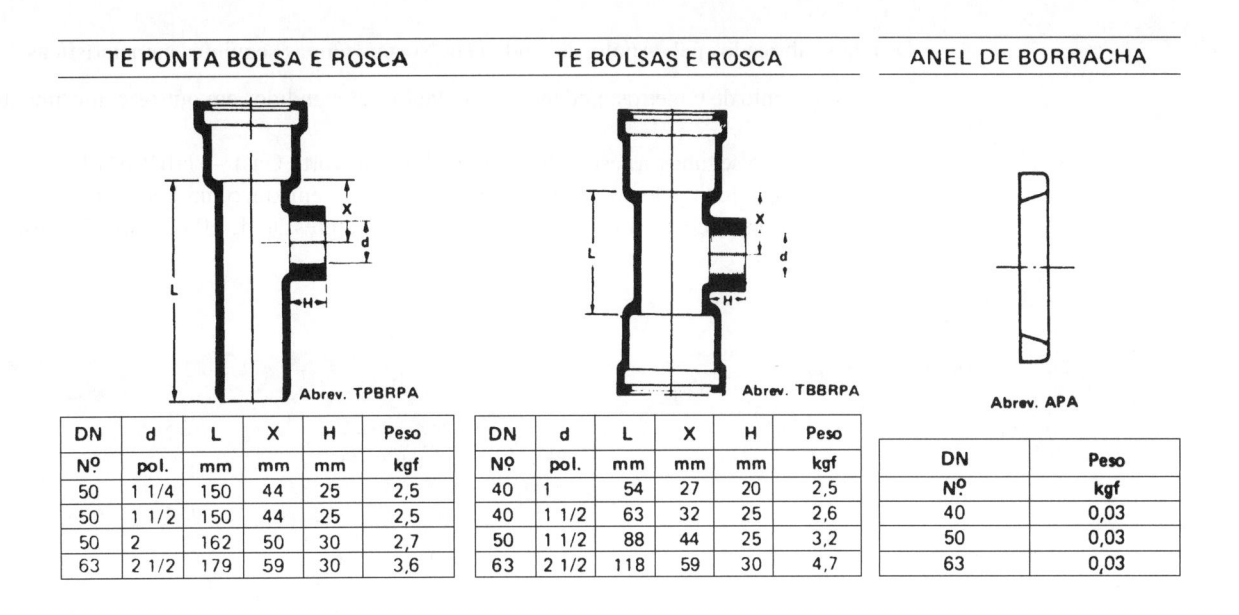

TÊ PONTA BOLSA E ROSCA

Abrev. TPBRPA

DN	d	L	X	H	Peso
Nº	pol.	mm	mm	mm	kgf
50	1 1/4	150	44	25	2,5
50	1 1/2	150	44	25	2,5
50	2	162	50	30	2,7
63	2 1/2	179	59	30	3,6

TÊ BOLSAS E ROSCA

Abrev. TBBRPA

DN	d	L	X	H	Peso
Nº	pol.	mm	mm	mm	kgf
40	1	54	27	20	2,5
40	1 1/2	63	32	25	2,6
50	1 1/2	88	44	25	3,2
63	2 1/2	118	59	30	4,7

ANEL DE BORRACHA

Abrev. APA

DN	Peso
Nº	kgf
40	0,03
50	0,03
63	0,03

4.3 TUBOS E CONEXÕES DE FERRO GALVANIZADO

4.3.1 Tubos de Ferro Galvanizado

As tubulações de ferro galvanizado têm largo emprego nas instalações de água, gás, ar comprimido etc. Normalmente são apresentadas em varas de 6 m em diâmetros internos de ½″ (13 mm) até 6 polegadas (150 mm), tendo em uma extremidade rosca e, na outra, luva, que são as ligações mais usuais. Na Tabela 4.4 temos os dados para os tubos de ferro galvanizado para água, baseados na ABNT.

TABELA 4.4

Norma ABNT (NBR-5580) EB-182								
Tamanho Nominal	Espessura da Parede			Diâmetro Externo		Peso do Tubo Preto		
	Classe Leve	Classe Média	Classe Pesada	Máx.	Mín.	Classe Leve	Classe Média	Classe Pesada
	mm	mm	mm	mm	mm	kg/m	kg/m	kg/m
1/8 6	1,80	2,00	2,65	10,6	9,8	0,373	0,404	0,493
1/4 8	2,00	2,25	3,00	14,0	13,2	0,567	0,624	0,777
3/8 10	2,00	2,25	3,00	17,5	16,7	0,750	0,830	1,051
1/2 15	2,25	2,65	3,00	21,8	21,0	1,057	1,219	1,354
3/4 20	2,25	2,65	3,00	27,3	26,5	1,368	1,595	1,768
1 25	2,65	3,35	3,75	34,2	33,3	2,030	2,270	2,770
1 ¼ 32	2,65	3,35	3,75	42,9	42,0	2,630	2,920	3,570
1 ½ 40	3,00	3,35	3,75	48,8	47,9	3,350	3,710	4,120
2 50	3,00	3,75	4,50	60,8	59,7	4,240	4,710	6,190
2 ½ 65	3,35	3,75	4,50	76,6	75,3	6,010	6,690	7,950
3 80	3,35	4,05	4,50	89,5	88,0	7,070	7,870	9,370
3 ½ 90	3,75	4,25	5,00	102,1	100,4	9,050	10,200	11,910
4 100	3,75	4,50	5,60	115,0	113,1	10,220	12,180	15,010
5 125	—	5,00	5,60	140,8	138,5	—	16,610	18,520
6 150	—	5,30	5,60	166,5	163,9	—	20,890	22,030

Os tubos fabricados pela Apolo, segundo esta Norma, têm as seguintes características:

— Comprimento de 6 metros, podendo, no entanto, ser atendidos em outros comprimentos, sob consulta prévia.

— Rosca cônica segundo as especificações BSP (Whitworth Gas) — NBR-6414.

— Galvanização feita pelo processo de imersão a quente em zinco fundido com gramatura de 450 g/m.

— O teste hidrostático é realizado unitariamente a uma pressão de 50 kgf/cm^2 (700 psi).

TABELA 4.5

Rosca BSP									
Tamanho Nominal do Tubo		Número de Fios por Polegada	Altura do Filete mm	Diâmetro de Calibração mm	Comprimento de Calibração		Comprimento de Aperto		Rosca Útil mm
mm	*				Básico mm	Tol (±) mm	Manual	Chave	
6	(1/8)	28	0,581	9,73	4,0	0,9	2,5	1,4	7,9
8	(1/4)	19	0,856	13,16	6,0	1,3	3,0	2,0	11,7
10	(3/8)	19	0,856	16,66	6,4	1,3	3,7	2,0	12,1
15	(1/2)	14	1,162	20,95	8,2	1,8	5,0	2,7	15,9
20	(3/4)	14	1,162	26,44	9,8	1,8	5,0	2,7	17,2
25	(1)	11	1,479	33,25	10,4	2,3	6,4	3,5	20,3
32	(1 1/4)	11	1,479	41,91	12,7	2,3	6,4	3,5	22,6
40	(1 1/2)	11	1,479	47,80	12,7	2,3	6,4	3,5	22,6
50	(2)	11	1,479	59,61	15,9	2,3	7,5	4,6	28,0
65	(2 1/2)	11	1,479	75,18	17,5	3,5	9,2	5,8	32,5
80	(3)	11	1,479	87,88	20,6	3,5	9,2	5,8	35,6
90	(3 1/2)	11	1,479	100,33	22,2	3,5	9,2	5,8	37,2
100	(4)	11	1,479	113,03	25,4	3,5	10,4	6,9	42,7
125	(5)	11	1,479	138,43	28,6	3,5	11,5	8,1	48,2
150	(6)	11	1,479	163,83	28,6	3,5	11,5	8,1	48,2

*Os valores desta coluna correspondem à denominação do tubo no sistema inglês.

TABELA 4.6

Rosca NPT							
Tamanho Nominal do Tubo		Número de Fios por Polegada	Altura do Filete mm	Diâmetro de** Calibração mm	Comprimento de Calibração mm	Rosca Útil mm	Rosca *** Total mm
mm	*						
6	(1/8)	27	0,75	10,24	4,1	6,7	10,0
8	(1/4)	18	1,13	13,62	5,8	10,2	15,1
10	(3/8)	18	1,13	17,06	6,1	10,4	15,3
15	(1/2)	14	1,45	21,22	8,1	13,6	19,9
20	(3/4)	14	1,45	26,57	8,6	13,9	20,2
25	(1)	11 1/2	1,77	33,23	10,2	17,3	25,0
32	(1 1/4)	11 1/2	1,77	41,99	10,7	17,9	25,6
40	(1 1/2)	11 1/2	1,77	48,06	10,7	18,4	26,0
50	(2)	11 1/2	1,77	60,10	11,1	19,2	26,9
65	(2 1/2)	8	2,54	72,70	17,3	28,9	39,3
80	(3)	8	2,54	88,61	19,4	30,5	41,5
90	(3 1/2)	8	2,54	101,32	20,8	31,7	42,8
100	(4)	8	2,54	113,97	21,4	33,0	44,0
125	(5)	8	2,54	140,95	23,8	35,7	46,7
150	(6)	8	2,54	167,79	24,3	38,4	49,4

*Os valores desta coluna correspondem à denominação do tubo no sistema inglês.

**Diâmetro de calibração = *diametral pitch* no ponto do plano de calibração + uma altura de filete.

***Incluída a zona amortecida.

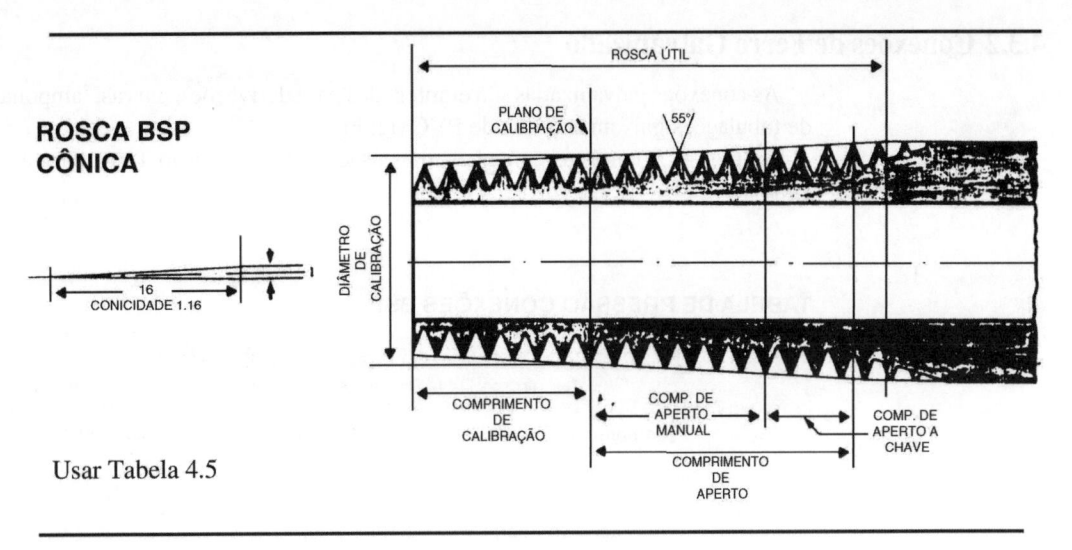

ROSCA BSP CÔNICA

Usar Tabela 4.5

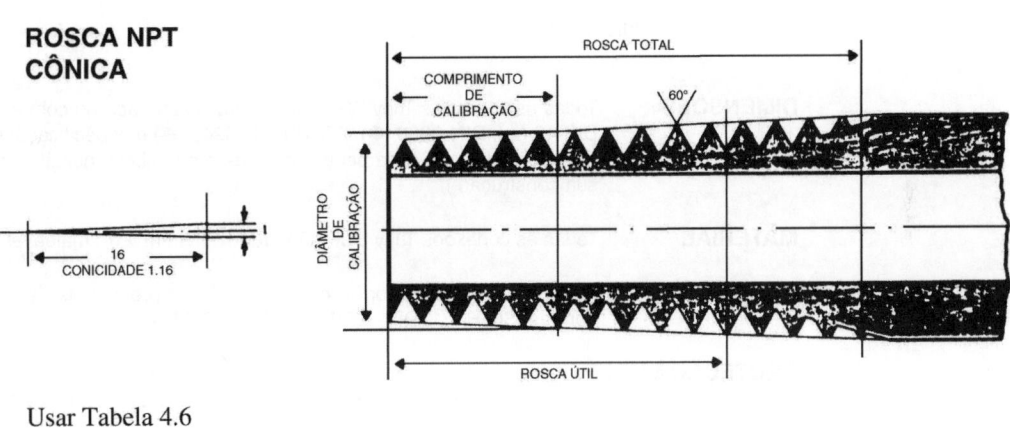

ROSCA NPT CÔNICA

Usar Tabela 4.6

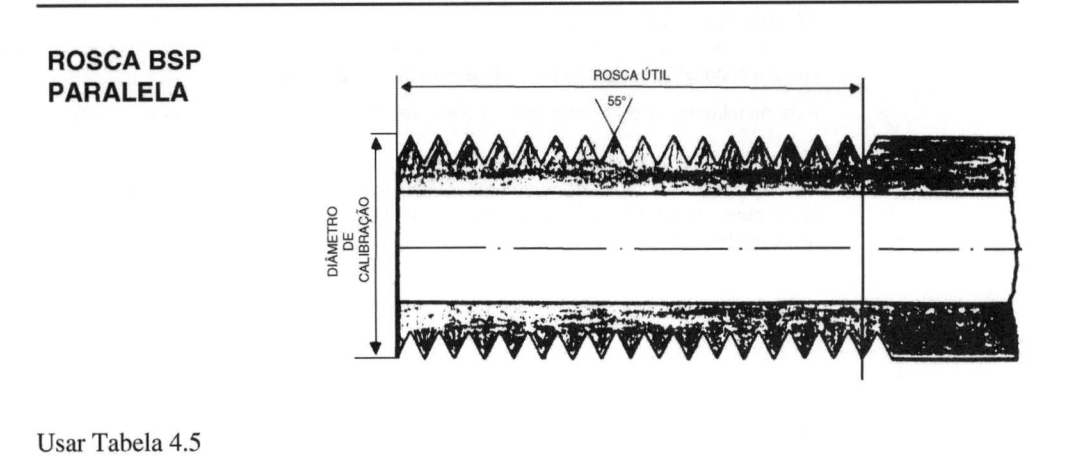

ROSCA BSP PARALELA

Usar Tabela 4.5

A galvanização é uma proteção que se faz nos tubos de ferro fundido para evitar a oxidação. Consiste na deposição eletrolítica, na superfície do tubo, de uma camada de zinco que é elemento não-oxidável. Também se usa, para o mesmo fim, a imersão em banho de zinco.

4.3.2 Conexões de Ferro Galvanizado

As conexões galvanizadas são empregadas para derivações, curvas, tamponamentos, uniões, registros etc. de tubulações galvanizadas ou de PVC rígido.

Na Fig. 4.20 temos as conexões mais usadas, de fabricação Tupy, para a classe de 150 libras por polegada quadrada.

TABELA DE PRESSÃO CONEXÕES BSP

PRESSÕES DE SERVIÇO NA CONDUÇÃO DE FLUIDOS (Conforme DIN-2950 E ISO-DIS-49)				PRESSÃO DE TESTE
Temperatura		Até 120°C	Até 300°C	Ambiente
Pressão	psig	360	290	1.500
	kgf / cm² (bar)	25	20	100
Diâmetro nominal		1/4 a 6		

DIMENSÕES — Todas as conexões Tupy BSP são produzidas de acordo com as especificações das normas ISO-DIS-49 (▲), DIN-2950 (●), ABNT-NBR-6943 (■) e especificações Tupy (▽).
(Abaixo da foto de cada peça encontra-se o símbolo indicativo das normas ou especificações de sua construção.)

MATERIAL — Todas as conexões Tupy BSP são produzidas em ferro maleável.

ROSCA — Todas as roscas das conexões Tupy BSP são produzidas de acordo com as especificações das normas ISO-R 7/1, DIN-2999 e ABNT-NBR-6414.

PROTEÇÃO SUPERFICIAL — Todas as conexões Tupy BSP são produzidas em acabamento preto (oleado) ou zincado (galvanizado), conforme ISO-DIS-49, DIN-2444 e ABNT-NBR-6323.

MARCAS — Todas as conexões Tupy BSP levam a marca "TUPY" e o diâmetro nominal.

APLICAÇÃO — Água, óleo, gás e ar comprimido.

ACABAMENTO PRETO (oleado)
Indicado para redes de óleo, graxa, óleo *diesel*, água com temperatura acima de 60°C e outras utilizações em que o que se está conduzindo não compromete a vida útil da tubulação.

Para as tubulações com acabamento preto, recomenda-se proteger externamente a tubulação contra a ação do meio.

ACABAMENTO ZINCADO (galvanizado)
Para aplicação em redes de água potável, inclusive acopladas a tubos de PVC roscável, água quente; redes de prevenção e combate a incêndio com *sprinklers*, com hidrantes de coluna, com mangueiras; redes de ar comprimido, gasolina, álcool e óleo *diesel*; redes de refrigeração e água industrial.

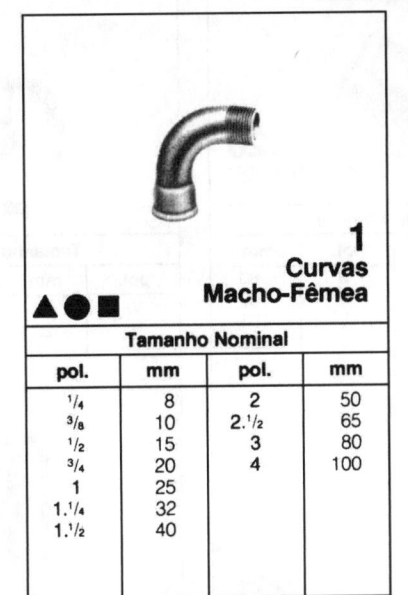

1
Curvas Macho-Fêmea
▲ ● ■

Tamanho Nominal			
pol.	mm	pol.	mm
¹/₄	8	2	50
³/₈	10	2.¹/₂	65
¹/₂	15	3	80
³/₄	20	4	100
1	25		
1.¹/₄	32		
1.¹/₂	40		

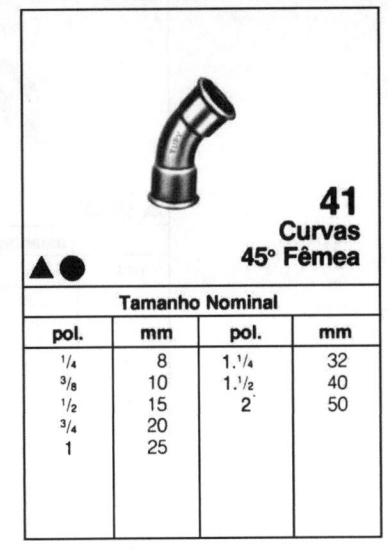

2a
Curvas Fêmea de Raio Curto
▲ ●

Tamanho Nominal			
pol.	mm	pol.	mm
¹/₄	8	1.¹/₄	32
³/₈	10	1.¹/₂	40
¹/₂	15	2	50
³/₄	20		
1	25		

41
Curvas 45° Fêmea
▲ ●

Tamanho Nominal			
pol.	mm	pol.	mm
¹/₄	8	1.¹/₄	32
³/₈	10	1.¹/₂	40
¹/₂	15	2	50
³/₄	20		
1	25		

1a
Curvas Macho-Fêmea de Raio Curto
▲ ●

Tamanho Nominal			
pol.	mm	pol.	mm
¹/₄	8	1	25
³/₈	10	1.¹/₄	32
¹/₂	15		
³/₄	20		

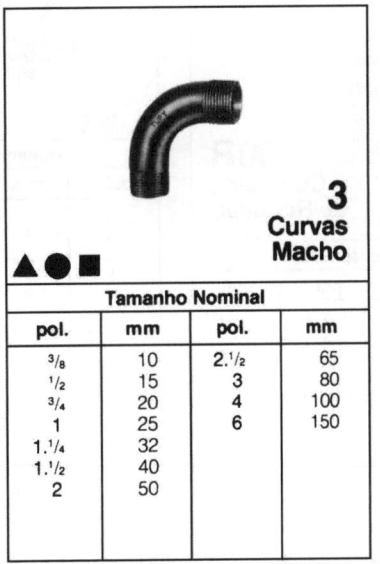

3
Curvas Macho
▲ ● ■

Tamanho Nominal			
pol.	mm	pol.	mm
³/₈	10	2.¹/₂	65
¹/₂	15	3	80
³/₄	20	4	100
1	25	6	150
1.¹/₄	32		
1.¹/₂	40		
2	50		

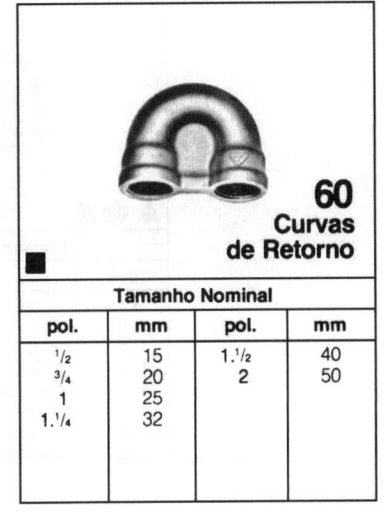

60
Curvas de Retorno
■

Tamanho Nominal			
pol.	mm	pol.	mm
¹/₂	15	1.¹/₂	40
³/₄	20	2	50
1	25		
1.¹/₄	32		

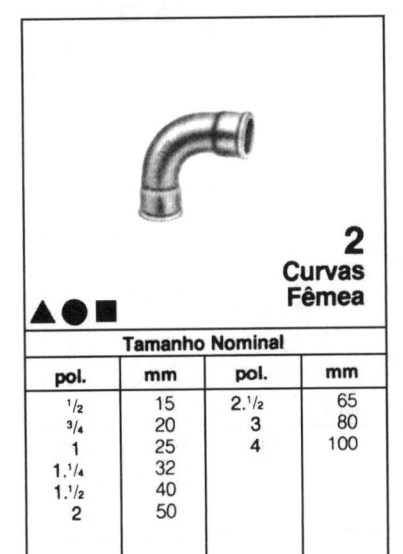

2
Curvas Fêmea
▲ ● ■

Tamanho Nominal			
pol.	mm	pol.	mm
¹/₂	15	2.¹/₂	65
³/₄	20	3	80
1	25	4	100
1.¹/₄	32		
1.¹/₂	40		
2	50		

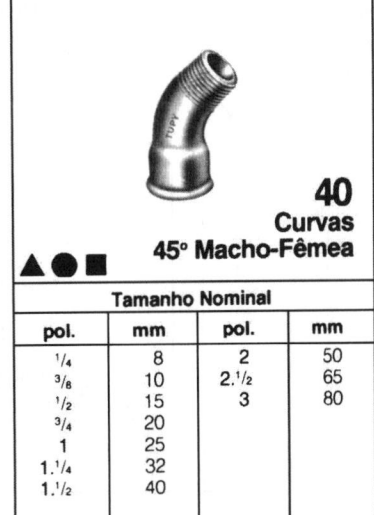

40
Curvas 45° Macho-Fêmea
▲ ● ■

Tamanho Nominal			
pol.	mm	pol.	mm
¹/₄	8	2	50
³/₈	10	2.¹/₂	65
¹/₂	15	3	80
³/₄	20		
1	25		
1.¹/₄	32		
1.¹/₂	40		

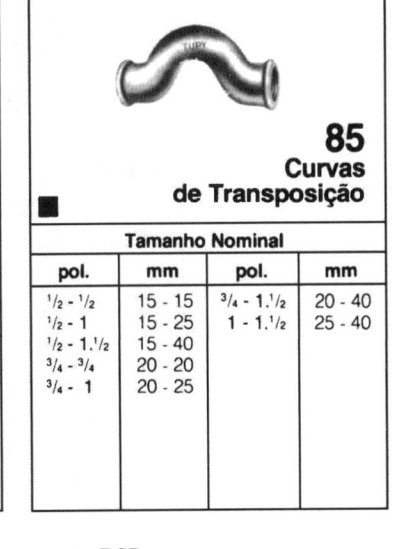

85
Curvas de Transposição
■

Tamanho Nominal			
pol.	mm	pol.	mm
¹/₂ - ¹/₂	15 - 15	³/₄ - 1.¹/₂	20 - 40
¹/₂ - 1	15 - 25	1 - 1.¹/₂	25 - 40
¹/₂ - 1.¹/₂	15 - 40		
³/₄ - ³/₄	20 - 20		
³/₄ - 1	20 - 25		

Fig. 4.20(*a*) Conexões de ferro galvanizado Tupy – conexões BSP.

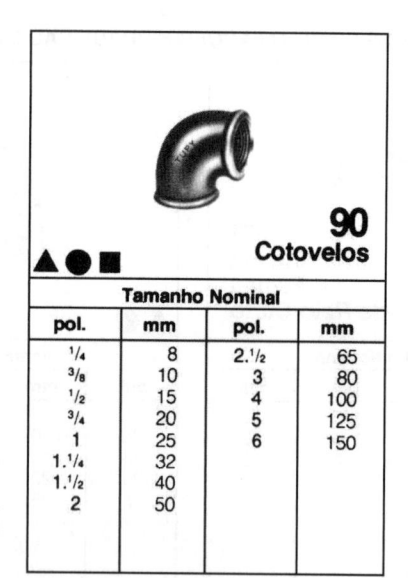

90
Cotovelos

▲ ● ■

Tamanho Nominal			
pol.	mm	pol.	mm
¹/₄	8	2.¹/₂	65
³/₈	10	3	80
¹/₂	15	4	100
³/₄	20	5	125
1	25	6	150
1.¹/₄	32		
1.¹/₂	40		
2	50		

90R
Cotovelos
de Redução

▲ ● ■

Tamanho Nominal			
pol.	mm	pol.	mm
³/₈ x ¹/₄	10 x 8	1.¹/₂ x ³/₄	40 x 20
¹/₂ x ³/₈	15 x 10	1.¹/₂ x 1	40 x 25
³/₄ x ³/₈	20 x 10	1.¹/₂ x 1.¹/₄	40 x 32
³/₄ x ¹/₂	20 x 15	2 x 1.¹/₂	50 x 40
1 x ¹/₂	25 x 15	2.¹/₂ x 2	65 x 50
1 x ³/₄	25 x 20		
1.¹/₄ x ³/₄	32 x 20		
1.¹/₄ x 1	32 x 25		

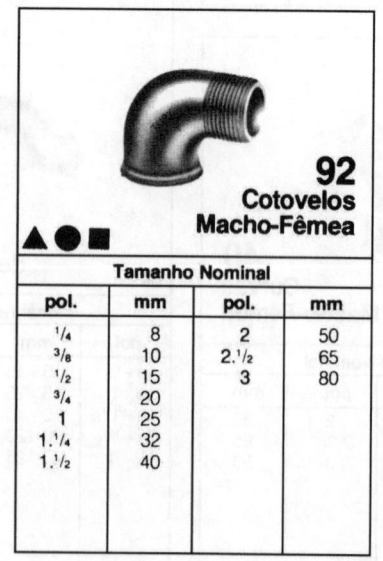

92
Cotovelos
Macho-Fêmea

▲ ● ■

Tamanho Nominal			
pol.	mm	pol.	mm
¹/₄	8	2	50
³/₈	10	2.¹/₂	65
¹/₂	15	3	80
³/₄	20		
1	25		
1.¹/₄	32		
1.¹/₂	40		

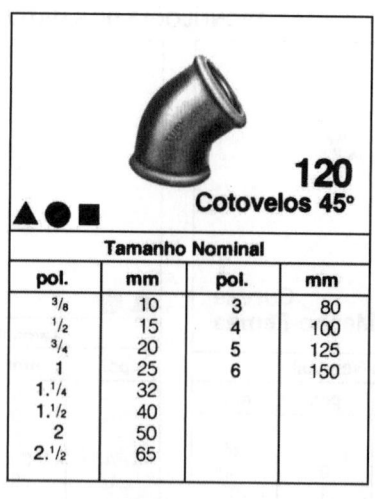

120
Cotovelos 45°

▲ ● ■

Tamanho Nominal			
pol.	mm	pol.	mm
³/₈	10	3	80
¹/₂	15	4	100
³/₄	20	5	125
1	25	6	150
1.¹/₄	32		
1.¹/₂	40		
2	50		
2.¹/₂	65		

221
Cotovelos
com Saída
Lateral

▲ ● ■

Tamanho Nominal			
pol.	mm	pol.	mm
³/₈	10	1.¹/₂	40
¹/₂	15	2	50
³/₄	20		
1	25		
1.¹/₄	32		

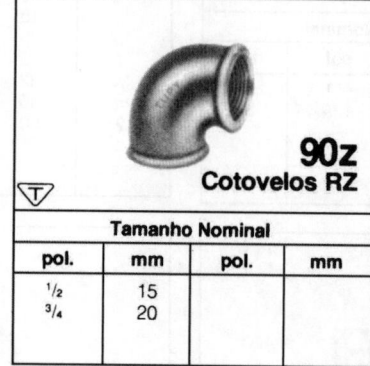

90z
Cotovelos RZ

Tamanho Nominal			
pol.	mm	pol.	mm
¹/₂	15		
³/₄	20		

90Rz
Cotovelo
RZ de Redução

Tamanho Nominal			
pol.	mm	pol.	mm
³/₄ x ¹/₂	20 x 15		

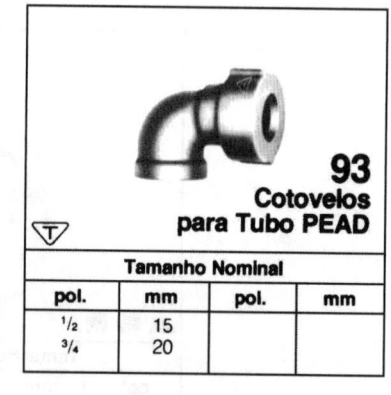

93
Cotovelos
para Tubo PEAD

Tamanho Nominal			
pol.	mm	pol.	mm
¹/₂	15		
³/₄	20		

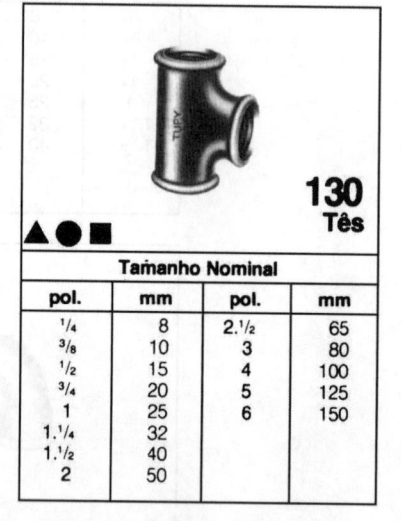

130
Tês

▲ ● ■

Tamanho Nominal			
pol.	mm	pol.	mm
¹/₄	8	2.¹/₂	65
³/₈	10	3	80
¹/₂	15	4	100
³/₄	20	5	125
1	25	6	150
1.¹/₄	32		
1.¹/₂	40		
2	50		

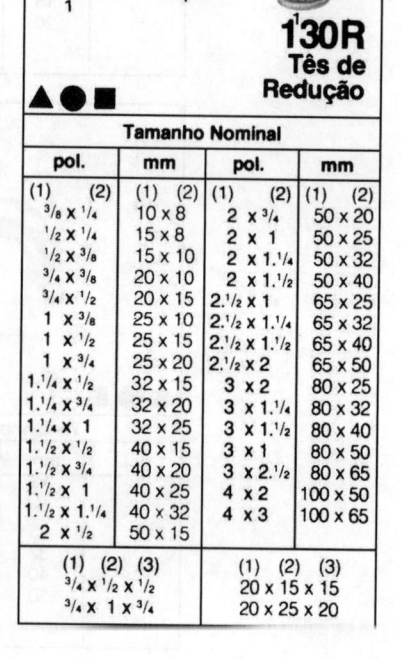

130R
Tês de
Redução

▲ ● ■

Tamanho Nominal							
pol.		mm		pol.		mm	
(1)	(2)	(1)	(2)	(1)	(2)	(1)	(2)
³/₈ x ¹/₄		10 x 8		2 x ³/₄		50 x 20	
¹/₂ x ¹/₄		15 x 8		2 x 1		50 x 25	
¹/₂ x ³/₈		15 x 10		2 x 1.¹/₄		50 x 32	
³/₄ x ³/₈		20 x 10		2 x 1.¹/₂		50 x 40	
³/₄ x ¹/₂		20 x 15		2.¹/₂ x 1		65 x 25	
1 x ³/₈		25 x 10		2.¹/₂ x 1.¹/₄		65 x 32	
1 x ¹/₂		25 x 15		2.¹/₂ x 1.¹/₂		65 x 40	
1 x ³/₄		25 x 20		2.¹/₂ x 2		65 x 50	
1.¹/₄ x ¹/₂		32 x 15		3 x 2		80 x 25	
1.¹/₄ x ³/₄		32 x 20		3 x 1.¹/₄		80 x 32	
1.¹/₄ x 1		32 x 25		3 x 1.¹/₂		80 x 40	
1.¹/₂ x ¹/₂		40 x 15		3 x 1		80 x 50	
1.¹/₂ x ³/₄		40 x 20		3 x 2.¹/₂		80 x 65	
1.¹/₂ x 1		40 x 25		4 x 2		100 x 50	
1.¹/₂ x 1.¹/₄		40 x 32		4 x 3		100 x 65	
2 x ¹/₂		50 x 15					

(1)	(2)	(3)		(1)	(2)	(3)
³/₄ x ¹/₂ x ¹/₂				20 x 15 x 15		
³/₄ x 1 x ³/₄				20 x 25 x 20		

Fig. 4.20(*a*) (Continuação)

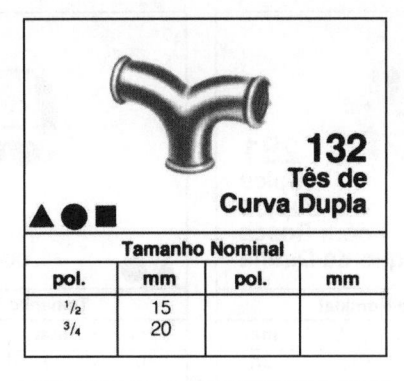

132
Tês de
Curva Dupla

▲●■

Tamanho Nominal			
pol.	mm	pol.	mm
¹/₂	15		
³/₄	20		

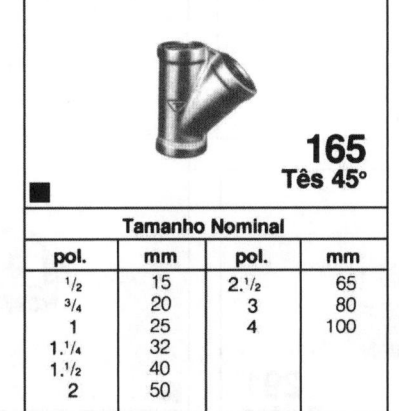

165
Tês 45°

■

Tamanho Nominal			
pol.	mm	pol.	mm
¹/₂	15	2.¹/₂	65
³/₄	20	3	80
1	25	4	100
1.¹/₄	32		
1.¹/₂	40		
2	50		

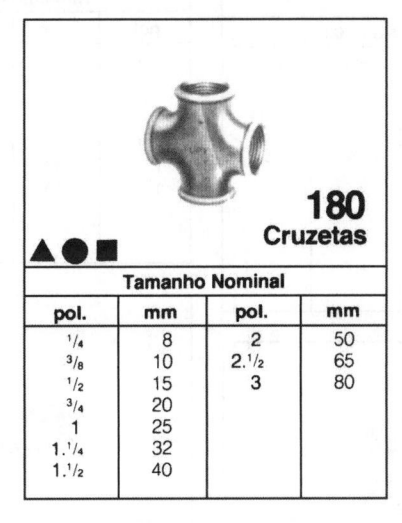

180
Cruzetas

▲●■

Tamanho Nominal			
pol.	mm	pol.	mm
¹/₄	8	2	50
³/₈	10	2.¹/₂	65
¹/₂	15	3	80
³/₄	20		
1	25		
1.¹/₄	32		
1.¹/₂	40		

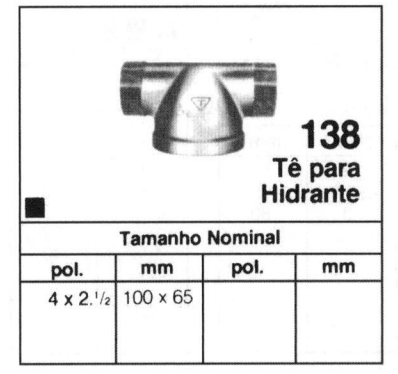

138
Tê para
Hidrante

■

Tamanho Nominal			
pol.	mm	pol.	mm
4 x 2.¹/₂	100 x 65		

241
Buchas
de Redução

▲●■

Tamanho Nominal			
pol.	mm	pol.	mm
³/₈ x ¹/₄	10 x 8	2 x 1.¹/₄	50 x 32
¹/₂ x ¹/₄	15 x 8	2 x 1.¹/₂	50 x 40
¹/₂ x ³/₈	15 x 10	2.¹/₂ x 1	65 x 25
³/₄ x ¹/₄	20 x 8	2.¹/₂ x 1.¹/₄	65 x 32
³/₄ x ³/₈	20 x 10	2.¹/₂ x 1.¹/₂	65 x 40
³/₄ x ¹/₂	20 x 15	2.¹/₂ x 2	65 x 50
1 x ³/₈	25 x 10	3 x 1.¹/₂	80 x 40
1 x ¹/₂	25 x 15	3 x 2	80 x 50
1 x ³/₄	25 x 20	3 x 2.¹/₂	80 x 65
1.¹/₄ x ¹/₂	32 x 15	4 x 2	100 x 50
1.¹/₄ x ³/₄	32 x 20	4 x 2.¹/₂	100 x 65
1.¹/₄ x 1	32 x 25	4 x 3	100 x 80
1.¹/₂ x ¹/₂	40 x 15	5 x 4	125 x 100
1.¹/₂ x ³/₄	40 x 20	6 x 4	150 x 100
1.¹/₂ x 1	40 x 25	6 x 5	150 x 125
1.¹/₂ x 1.¹/₄	40 x 32		
2 x ¹/₂	50 x 15		
2 x 1	50 x 25		

246
Luvas
Macho-Fêmea
de Redução

▲●

Tamanho Nominal			
pol.	mm	pol.	mm
³/₈ x ¹/₄	10 x 8	1.¹/₄ x ³/₄	32 x 20
¹/₂ x ¹/₄	15 x 8	1.¹/₄ x 1	32 x 25
¹/₂ x ³/₈	15 x 10	1.¹/₂ x 1	40 x 25
³/₄ x ³/₈	20 x 10	1.¹/₂ x 1.¹/₄	40 x 32
³/₄ x ¹/₂	20 x 15		
1 x ¹/₂	25 x 15		
1 x ³/₄	25 x 20		

271
Luvas com
Rosca Esquerda
Direita

▽

Tamanho Nominal			
pol.	mm	pol.	mm
³/₈	10	1.¹/₂	40
¹/₂	15	2	50
³/₄	20		
1	25		
1.¹/₄	32		

240
Luvas
de Redução

▲●■

Tamanho Nominal			
pol.	mm	pol.	mm
³/₈ x ¹/₄	10 x 8	2 x 1.¹/₄	50 x 32
¹/₂ x ¹/₄	15 x 8	2	x 1.¹/₂	50 x 40
¹/₂ x ³/₈	15 x 10	2.¹/₂ x 1.¹/₄	65 x 32
³/₄ x ³/₈	20 x 10	2.¹/₂ x 1.¹/₂	65 x 40
³/₄ x ¹/₂	20 x 15	2.¹/₂ x 2	65 x 50
1 x ¹/₂	25 x 15	3	x 1.¹/₂	80 x 40
1 x ³/₄	25 x 20	3 x 2	80 x 50
1.¹/₄ x ¹/₂	32 x 15	3	x 2.¹/₂	80 x 65
1.¹/₄ x ³/₄	32 x 20	4 x 2	100 x 50
1.¹/₄ x 1	32 x 25	4 x 2.¹/₂	100 x 65
1.¹/₂ x ³/₄	40 x 20	4 x 3	100 x 80
1.¹/₂ x 1	40 x 25		
1.¹/₂ x 1.¹/₄	40 x 32		
2 x 1	50 x 25		

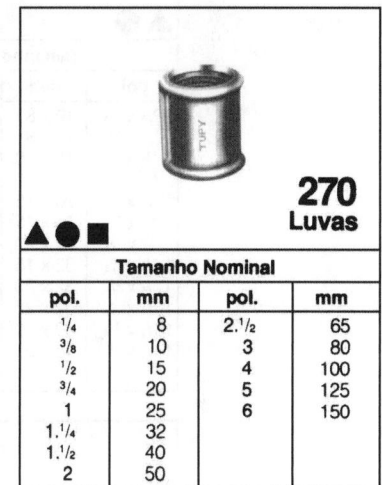

270
Luvas

▲●■

Tamanho Nominal			
pol.	mm	pol.	mm
¹/₄	8	2.¹/₂	65
³/₈	10	3	80
¹/₂	15	4	100
³/₄	20	5	125
1	25	6	150
1.¹/₄	32		
1.¹/₂	40		
2	50		

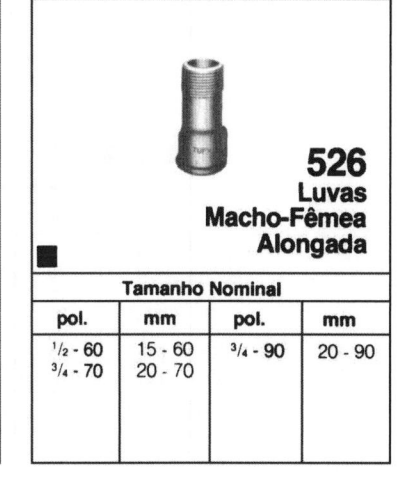

526
Luvas
Macho-Fêmea
Alongada

■

Tamanho Nominal			
pol.	mm	pol.	mm
¹/₂ - 60	15 - 60	³/₄ - 90	20 - 90
³/₄ - 70	20 - 70		

Fig. 4.20(a) (Continuação)

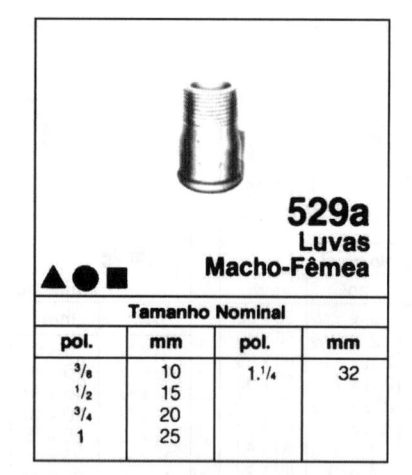

529a
Luvas Macho-Fêmea

▲●■

Tamanho Nominal			
pol.	mm	pol.	mm
3/8	10	1.1/4	32
1/2	15		
3/4	20		
1	25		

281
Niples Duplos com Rosca Esquerda-Direita

Tamanho Nominal			
pol.	mm	pol.	mm
3/8	10	1.1/2	40
1/2	15	2	50
3/4	20		
1	25		
1.1/4	32		

300
Tampões com Sextavado

▲●

Tamanho Nominal			
pol.	mm	pol.	mm
1/4	8	1	25
3/8	10		
1/2	15		
3/4	20		

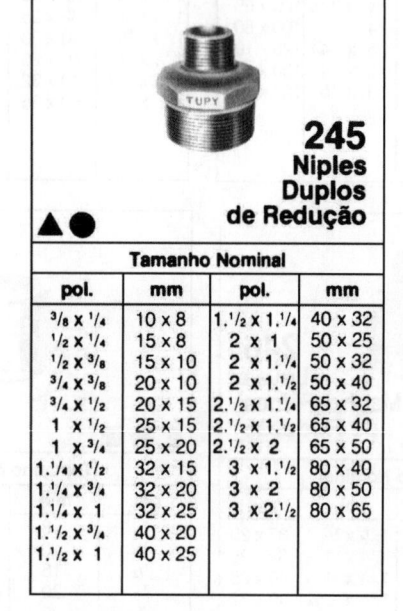

245
Niples Duplos de Redução

▲●

Tamanho Nominal			
pol.	mm	pol.	mm
3/8 x 1/4	10 x 8	1.1/2 x 1.1/4	40 x 32
1/2 x 1/4	15 x 8	2 x 1	50 x 25
1/2 x 3/8	15 x 10	2 x 1.1/4	50 x 32
3/4 x 3/8	20 x 10	2 x 1.1/2	50 x 40
3/4 x 1/2	20 x 15	2.1/2 x 1.1/4	65 x 32
1 x 1/2	25 x 15	2.1/2 x 1.1/4	65 x 40
1 x 3/4	25 x 20	2.1/2 x 2	65 x 50
1.1/4 x 1/2	32 x 15	3 x 1.1/2	80 x 40
1.1/4 x 3/4	32 x 20	3 x 2	80 x 50
1.1/4 x 1	32 x 25	3 x 2.1/2	80 x 65
1.1/2 x 3/4	40 x 20		
1.1/2 x 1	40 x 25		

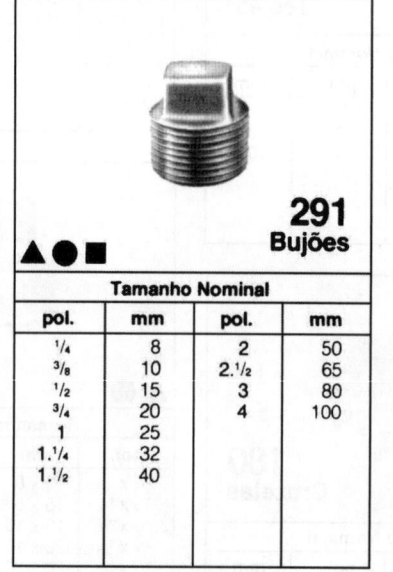

291
Bujões

▲●■

Tamanho Nominal			
pol.	mm	pol.	mm
1/4	8	2	50
3/8	10	2.1/2	65
1/2	15	3	80
3/4	20	4	100
1	25		
1.1/4	32		
1.1/2	40		

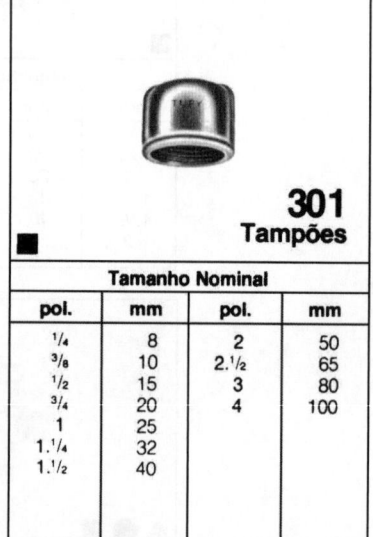

301
Tampões

■

Tamanho Nominal			
pol.	mm	pol.	mm
1/4	8	2	50
3/8	10	2.1/2	65
1/2	15	3	80
3/4	20	4	100
1	25		
1.1/4	32		
1.1/2	40		

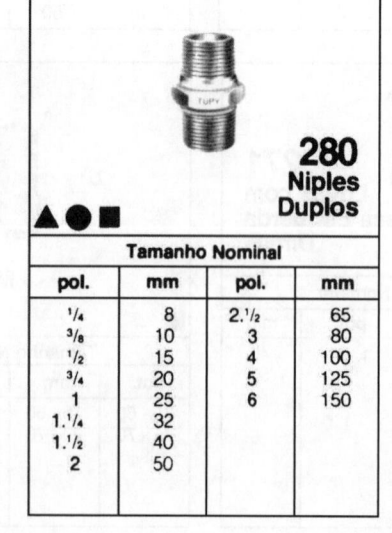

280
Niples Duplos

▲●■

Tamanho Nominal			
pol.	mm	pol.	mm
1/4	8	2.1/2	65
3/8	10	3	80
1/2	15	4	100
3/4	20	5	125
1	25	6	150
1.1/4	32		
1.1/2	40		
2	50		

290
Bujões com Rebordo

▲●■

Tamanho Nominal			
pol.	mm	pol.	mm
1/4	8	2	50
3/8	10	2.1/2	65
1/2	15	3	80
3/4	20		
1	25		
1.1/4	32		
1.1/2	40		

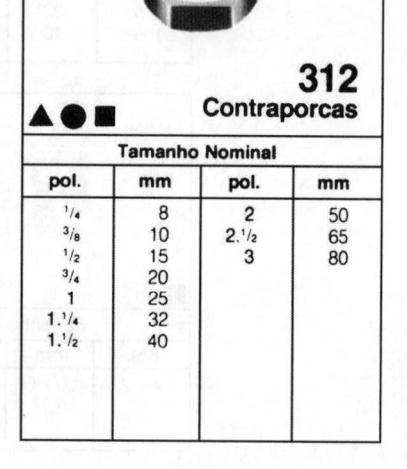

312
Contraporcas

▲●■

Tamanho Nominal			
pol.	mm	pol.	mm
1/4	8	2	50
3/8	10	2.1/2	65
1/2	15	3	80
3/4	20		
1	25		
1.1/4	32		
1.1/2	40		

Fig. 4.20(a) (Continuação)

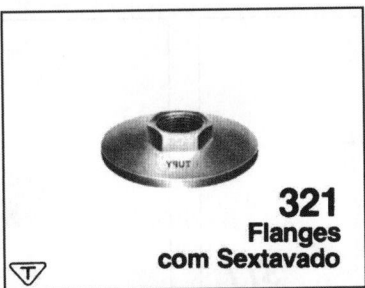

321
Flanges
com Sextavado

▽

Tamanho Nominal			
pol.	mm	pol.	mm
¹/₄	8	2.¹/₂	65
³/₈	10	3	80
¹/₂	15	4	100
³/₄	20	5	125
1	25	6	150
1.¹/₄	32		
1.¹/₂	40		
2	5C		

341
Uniões
com Assento
Cônico de Ferro
Macho-Fêmea

▲●■

Tamanho Nominal			
pol.	mm	pol.	mm
¹/₄	8	2	50
³/₈	10	2.¹/₂	65
¹/₂	15	3	80
³/₄	20	4	100
1	25		
1.¹/₄	32		
1.¹/₂	40		

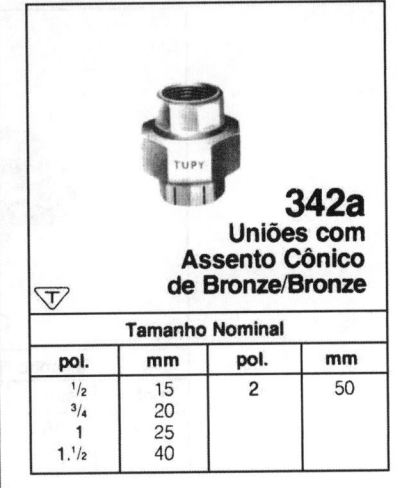

342a
Uniões com
Assento Cônico
de Bronze/Bronze

▽

Tamanho Nominal			
pol.	mm	pol.	mm
¹/₂	15	2	50
³/₄	20		
1	25		
1.¹/₂	40		

330
Uniões
com Assento
Plano e Junta de
Nitripack

▲●■

Tamanho Nominal			
pol.	mm	pol.	mm
¹/₄	8	2	50
³/₈	10	2.¹/₂	65
¹/₂	15	3	80
³/₄	20	4	100
1	25		
1.¹/₄	32		
1.¹/₂	40		

342
Uniões com
Assento Cônico
de Bronze/Ferro

■

Tamanho Nominal			
pol.	mm	pol.	mm
¹/₄	8	2	50
³/₈	10	2.¹/₂	65
¹/₂	15	3	80
³/₄	20	4	100
1	25		
1.¹/₄	32		
1.¹/₂	40		

96
Uniões com
Cotovelo
Assento
Cônico de Ferro

▲●■

Tamanho Nominal			
pol.	mm	pol.	mm
¹/₄	8	2	50
³/₈	10	2.¹/₂	65
¹/₂	15	3	80
³/₄	20		
1	25		
1.¹/₄	32		
1.¹/₂	40		

340
Uniões
com Assento
Cônico
de Ferro

▲●■

Tamanho Nominal			
pol.	mm	pol.	mm
¹/₄	8	2	50
³/₈	10	2.¹/₂	65
¹/₂	15	3	80
³/₄	20	4	100
1	25		
1.¹/₄	32		
1.¹/₂	40		

331
Uniões com
Assento Plano
Macho-Fêmea e
Junta de
Nitripack

▲●

Tamanho Nominal			
pol.	mm	pol.	mm
³/₈	10	1.¹/₂	40
¹/₂	15	2	50
³/₄	20		
1	25		
1.¹/₄	32		

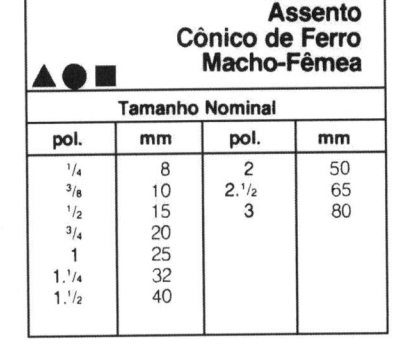

98
Uniões com
Cotovelo
Assento
Cônico de Ferro
Macho-Fêmea

▲●■

Tamanho Nominal			
pol.	mm	pol.	mm
¹/₄	8	2	50
³/₈	10	2.¹/₂	65
¹/₂	15	3	80
³/₄	20		
1	25		
1.¹/₄	32		
1.¹/₂	40		

Fig. 4.20(*a*) (Continuação)

350
Flanges para
Caixa-d'Água

Tamanho Nominal			
pol.	mm	pol.	mm
$^1/_2$	15	1.$^1/_2$	40
$^3/_4$	20		
1	25		
1.$^1/_4$	32		

377
Tubetes para
Hidrômetro

Tamanho Nominal			
pol.	mm	pol.	mm
$^1/_2$	15		
$^3/_4$	20		

327
Flange para
Hidrante

Tamanho Nominal			
pol.	mm	pol.	mm
4	100		

250
Adaptador para
Caixa-d'Água de
Concreto 150 mm

Tamanho Nominal			
pol.	mm	pol.	mm
2	50	4	100
2.$^1/_2$	65		
3	80		

250a
Adaptador para
Caixa-d'Água de
Concreto 200 mm

Tamanho Nominal			
pol.	mm	pol.	mm
2	50	4	100
2.$^1/_2$	65		
3	80		

Fig. 4.20(*a*) (Continuação)

CONEXÕES NPT MÉDIA PRESSÃO CLASSE 150

Temperatura	PRESSÃO DE SERVIÇOS Conf. ANSI/ASME-B-16.3		PRESSÃO DE SERVIÇO para Uniões Conf. ANSI-B-16.39
	Diâmetro Nominal		Diâmetro Nominal
	1/4 a 6		1/4 a 4
°C	psig	bar	bar
−29 a 66	300	20,7	20,7
100	265	17,5	17,5
125	225	15,2	15,2
150	185	12,8	12,9
175	150	10,5	10,6
200	—	—	8,2
225	—	—	5,9
232	—	—	5,2

Nota:
1 bar = 14,5 psig
1 bar = 1 kg/cm²
1 bar = 0,1 MPa

Não há limitação de pressão para esta classe, sendo a única limitante a temperatura de 175°C.
A tabela de pressão de serviço acima cobre as conexões de "Média Pressão", dividindo-se em duas partes:

1 – Pressões de serviço conforme especificações da norma ANSI-ASME-B-16.3 85.
2 – Pressões de serviço conforme especificações da norma ANSI-B-16.39 77, específica para Uniões.

DIMENSÕES   Todas as conexões Tupy NPT Média Pressão são produzidas de acordo com as especificações ANSI-ASME-B-16.3 (★) exceto as Buchas de Redução e os Bujões que obedecem as especificações ANSI-B-16.14 (★) bem como as Uniões que estão de acordo com as especificações da ANSI-B-16.39 (★) e especificações Tupy (▽).
(Abaixo da foto de cada peça encontra-se o símbolo indicativo das normas ou especificações de sua construção.)

MATERIAL   Todas as conexões Tupy NPT Média Pressão são produzidas de acordo com as especificações da ASTM-A-197.

ROSCA   Todas as roscas das conexões Tupy NPT Média Pressão são produzidas de acordo com as especificações da norma ANSI-ASME-B-1.20.1 (rosca interna e externa cônica).

PROTEÇÃO SUPERFICIAL   Todas as conexões Tupy NPT Média Pressão são produzidas em acabamento Preto ou Zincado a fogo, conforme ASTM-A-153.

MARCAS   Todas as conexões Tupy NPT Média Pressão levam as seguintes identificações:
- Marca "Tupy" (exceto nas bitolas de 3/8 x 1/4 a 3/4 x 1/2 nas Buchas de Redução e 1/4 e 3/8 nos Bujões)
- O Diâmetro Nominal
- O Monograma "MI" (*Malleable Iron* = Ferro Maleável), exceto nas Buchas de Redução e Bujões
- O Número "150" (indicativo da classe de pressão), exceto nas Buchas de Redução e Bujões
- O nome "BRAZIL" (indicativo do país produtor)
- O monograma "NPT" (National Pipe Thread), somente nas Buchas de Redução e Bujões

APLICAÇÃO   Água, Óleo, Gás, Vapor e Ar Comprimido

ACABAMENTO PRETO (oleado)
Indicada para redes de óleo, graxa, GLP, nitrogênio, oxigênio, vapor, óleo *diesel*, água com temperatura acima de 60°C e outras utilizações em que o que se está conduzindo não compromete a vida útil da tubulação.

Para as tubulações com acabamento preto, recomenda-se proteger externamente a tubulação contra a ação do meio.

ACABAMENTO ZINCADO (galvanizado)
Para aplicação em redes de água fria (refrigeração, água industrial, *sprinklers*), ar comprimido, gasolina, álcool, óleo *diesel* e demais fluidos em que houver necessidade de proteção interna contra oxidação.

1002R — Buchas de Redução

Tamanho Nominal

pol.	mm	pol.	mm
3/4 x 1/4	10 x 8	2 x 1	50 x 25
1/2 x 1/4	15 x 8	2 x 1.1/4	50 x 32
1/2 x 3/8	15 x 10	2 x 1.1/2	50 x 40
3/4 x 3/8	20 x 10	2.1/2 x 1.1/2	65 x 40
3/4 x 1/2	20 x 15	2.1/2 x 2	65 x 50
1 x 1/2	25 x 15	3 x 2	80 x 50
1 x 3/4	25 x 20	3 x 2.1/2	80 x 65
1.1/4 x 3/4	32 x 20	4 x 2.1/2	100 x 65
1.1/4 x 1	32 x 25	4 x 3	100 x 80
1.1/2 x 3/4	40 x 20	6 x 4	150 x 100
1.1/2 x 1	40 x 25		
1.1/2 x 1.1/4	40 x 32		

1020R — Cotovelos de Redução

Tamanho Nominal

pol.	mm	pol.	mm
1/2 x 1/4	15 x 8	1.1/2 x 1.1/4	40 x 32
1/2 x 3/8	15 x 10	2 x 1	50 x 25
3/4 x 3/8	20 x 10	2 x 1.1/4	50 x 32
3/4 x 1/2	20 x 15	2 x 1.1/2	50 x 40
1 x 1/2	25 x 15	2.1/2 x 1.1/2	65 x 40
1 x 3/4	25 x 20	2.1/2 x 2	65 x 50
1.1/4 x 3/4	32 x 20	3 x 2	80 x 50
1.1/4 x 1	32 x 25	3 x 2.1/2	80 x 65
1.1/2 x 1	40 x 25		

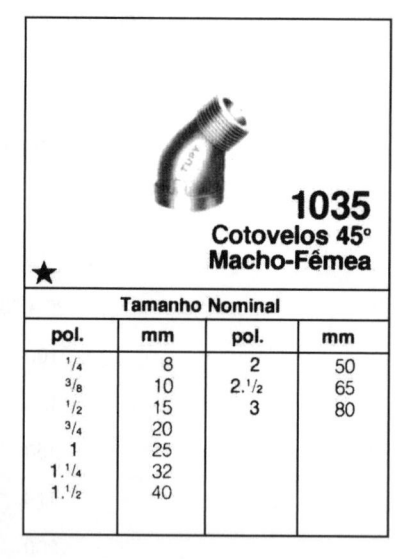

1035 — Cotovelos 45° Macho-Fêmea

Tamanho Nominal

pol.	mm	pol.	mm
1/4	8	2	50
3/8	10	2.1/2	65
1/2	15	3	80
3/4	20		
1	25		
1.1/4	32		
1.1/2	40		

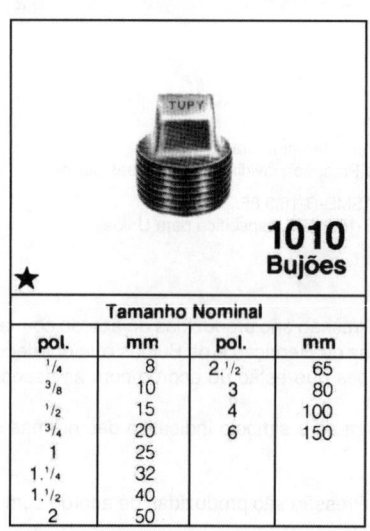

1010 — Bujões

Tamanho Nominal

pol.	mm	pol.	mm
1/4	8	2.1/2	65
3/8	10	3	80
1/2	15	4	100
3/4	20	6	150
1	25		
1.1/4	32		
1.1/2	40		
2	50		

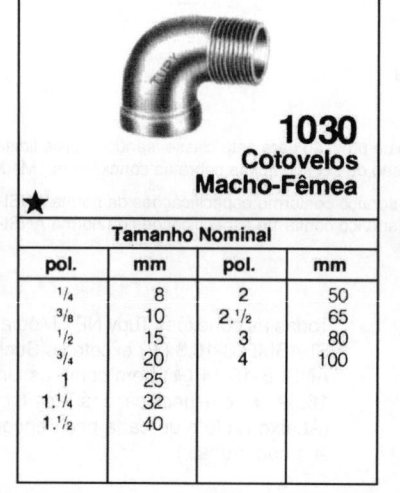

1030 — Cotovelos Macho-Fêmea

Tamanho Nominal

pol.	mm	pol.	mm
1/4	8	2	50
3/8	10	2.1/2	65
1/2	15	3	80
3/4	20	4	100
1	25		
1.1/4	32		
1.1/2	40		

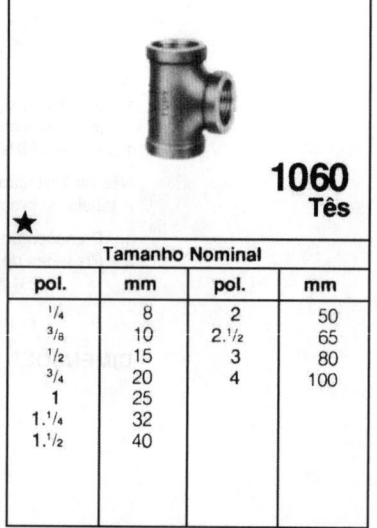

1060 — Tês

Tamanho Nominal

pol.	mm	pol.	mm
1/4	8	2	50
3/8	10	2.1/2	65
1/2	15	3	80
3/4	20	4	100
1	25		
1.1/4	32		
1.1/2	40		

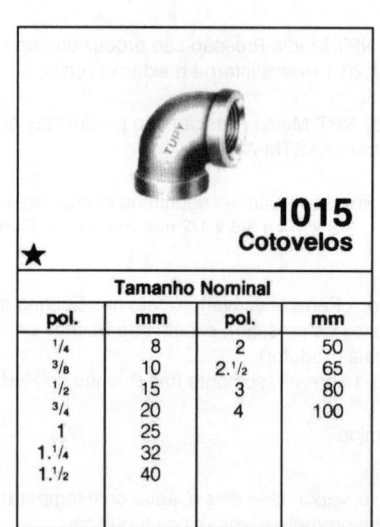

1015 — Cotovelos

Tamanho Nominal

pol.	mm	pol.	mm
1/4	8	2	50
3/8	10	2.1/2	65
1/2	15	3	80
3/4	20	4	100
1	25		
1.1/4	32		
1.1/2	40		

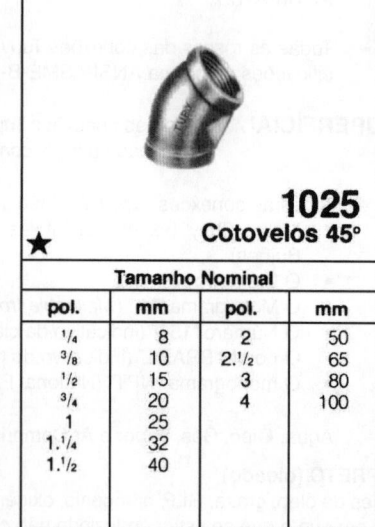

1025 — Cotovelos 45°

Tamanho Nominal

pol.	mm	pol.	mm
1/4	8	2	50
3/8	10	2.1/2	65
1/2	15	3	80
3/4	20	4	100
1	25		
1.1/4	32		
1.1/2	40		

1065R — Tês de Redução

Tamanho Nominal

pol.	mm	pol.	mm
3/8 x 1/4	10 x 8	1.1/2 x 1.1/4	40 x 32
1/2 x 3/8	15 x 10	2 x 1.1/4	50 x 32
3/4 x 3/8	20 x 10	2 x 1.1/2	50 x 40
3/4 x 1/2	20 x 15	2.1/2 x 1.1/2	65 x 40
1 x 1/2	25 x 15	2.1/2 x 2	65 x 50
1 x 3/4	25 x 20	3 x 2	80 x 50
1.1/4 x 3/4	32 x 20	3 x 2.1/2	80 x 65
1.1/4 x 1	32 x 25		
1.1/2 x 1	40 x 25		

Fig. 4.20(*b*) Conexões de ferro galvanizado Tupy – conexões NPT Média Pressão.

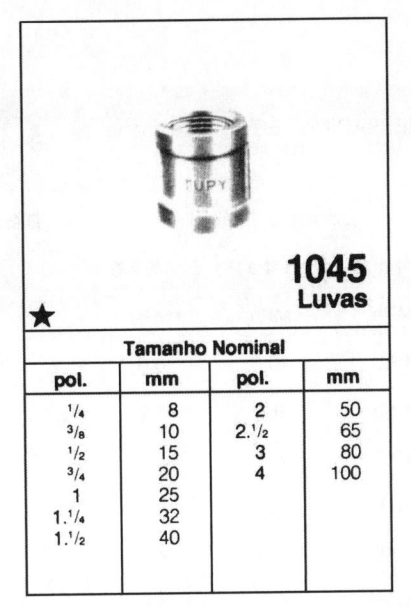

1045
Luvas

★

Tamanho Nominal			
pol.	mm	pol.	mm
1/4	8	2	50
3/8	10	2.1/2	65
1/2	15	3	80
3/4	20	4	100
1	25		
1.1/4	32		
1.1/2	40		

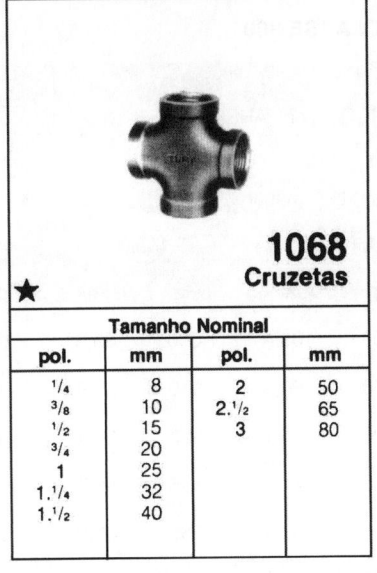

1068
Cruzetas

★

Tamanho Nominal			
pol.	mm	pol.	mm
1/4	8	2	50
3/8	10	2.1/2	65
1/2	15	3	80
3/4	20		
1	25		
1.1/4	32		
1.1/2	40		

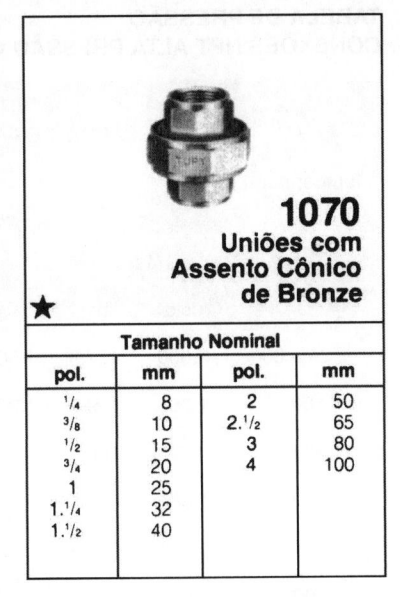

1070
Uniões com
Assento Cônico
de Bronze

★

Tamanho Nominal			
pol.	mm	pol.	mm
1/4	8	2	50
3/8	10	2.1/2	65
1/2	15	3	80
3/4	20	4	100
1	25		
1.1/4	32		
1.1/2	40		

1050R
Luvas
de Redução

★

Tamanho Nominal			
pol.	mm	pol.	mm
3/8 x 1/4	10 x 8	1.1/2 x 1.1/4	40 x 32
1/2 x 1/4	15 x 8	2 x 1	50 x 25
1/2 x 3/8	15 x 10	2 x 1.1/4	50 x 32
3/4 x 3/8	20 x 10	2 x 1.1/2	50 x 40
3/4 x 1/2	20 x 15	2.1/2 x 1.1/2	65 x 40
1 x 1/2	25 x 15	2.1/2 x 2	65 x 50
1 x 3/4	25 x 20	3 x 2	80 x 50
1.1/4 x 3/4	32 x 20	3 x 2.1/2	80 x 65
1.1/4 x 1	32 x 25		
1.1/2 x 1	40 x 25		

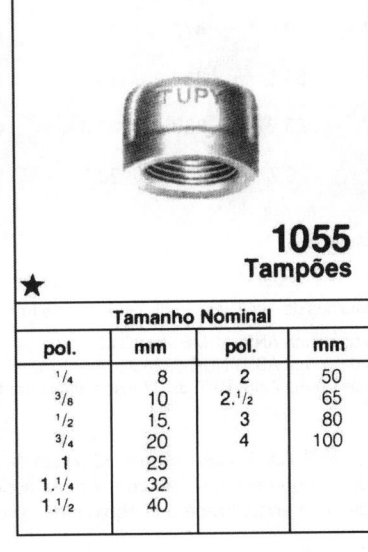

1055
Tampões

★

Tamanho Nominal			
pol.	mm	pol.	mm
1/4	8	2	50
3/8	10	2.1/2	65
1/2	15	3	80
3/4	20	4	100
1	25		
1.1/4	32		
1.1/2	40		

1075
Uniões com
Cotovelo
Assento Cônico
de Bronze

Tamanho Nominal			
pol.	mm	pol.	mm
1/2	15	1.1/2	40
3/4	20	2	50
1	25		
1.1/4	32		

Fig. 4.20(*b*) (Continuação)

TABELA DE PRESSÃO
CONEXÕES NPT ALTA PRESSÃO CLASSE 300

Temperatura	PRESSÃO DE SERVIÇOS Conf. ANSI/ASME-B-16.3						PRESSÃO DE SERVIÇO Conforme NBR-6925			PRESSÃO DE SERVIÇO para Uniões Conf. ANSI-B-16.39
	Diâmetro Nominal						Diâmetro Nominal			Diâmetro Nominal
	1/4 a 1		1.1/4 a 2		2.1/2 a 3		1/4 a 1	1.1/4 a 2	2.1/2 a 6	1/4 a 4
°C	psig	bar	psig	bar	psig	bar	MPa	MPa	MPa	bar
− 29 a 66	2.000	137,9	1.500	103,4	1.000	69,0	13,8	10,3	6,9	41,4
100	1.785	119,6	1.350	90,5	910	61,5	12,0	9,1	6,2	37,5
125	1.575	106,4	1.200	81,1	825	56,1	10,6	8,1	5,6	34,6
150	1.360	93,1	1.050	71,8	735	50,7	9,3	7,2	5,1	31,7
175	1.150	79,9	900	62,5	650	45,2	8,0	6,3	4,5	28,9
200	935	66,6	750	53,1	560	39,8	6,7	5,3	4,0	26,0
225	725	53,4	600	43,8	475	34,3	5,3	4,4	3,4	23,1
250	510	40,1	450	34,5	385	28,9	4,0	3,5	2,9	20,3
275	390	26,9	365	25,2	339	23,4	2,7	2,5	2,3	17,4
288	300	20,7	300	20,7	300	20,7	2,1	2,1	2,1	15,9

Nota:
1 bar = 14,5 psig (para efeito das conversões desta tabela)
1 bar = 1 kgf/cm²
1 bar = 0,1 MPa
A tabela de pressão de serviço acima cobre as conexões de Alta Pressão dividindo-se em três partes:

1 – Pressões de Serviço conforme especificações da norma ANSI-ASME-B-16.3 85
2 – Pressões de Serviço conforme especificações da norma ABNT-NBR-6925 85.
3 – Pressões de Serviço conforme especificações da norma ANSI-B-16.39 77, específica para Uniões.

DIMENSÕES Todas as conexões Tupy NPT Alta Pressão são produzidas de acordo com as especificações ANSI-ASME-B-16.3 (★) e NBR-6925(■), exceto as Uniões que estão de acordo com as especificações da ANSI-B-16.39 (★) e especificações Tupy (▽). (Abaixo da foto de cada peça encontra-se o símbolo indicativo das normas ou especificações de sua construção.)

MATERIAL Todas as conexões Tupy NPT Alta Pressão são produzidas de acordo com as especificações da ASTM-A-197.

ROSCA As roscas das conexões Tupy NPT Alta Pressão são produzidas de acordo com as especificações da norma ANSI-ASME-B-1.20.1 (rosca interna e externa cônica).

PROTEÇÃO SUPERFICIAL Todas as conexões Tupy NPT Alta Pressão são produzidas em acabamento Preto ou Zincado a fogo, conforme ASTM-A-153.

MARCAS Todas as conexões Tupy NPT Alta Pressão levam as seguintes identificações:
- Marca "Tupy"
- O Diâmetro Nominal
- O Monograma "MI" (*Malleable Iron* = Ferro Maleável)
- O Monograma "WOG" (*Water, Oil and Gas* – Água, Óleo e Gás)
- O Número "300" (indicativo da classe de pressão)
- O Número "2000" ou "1500" ou "1000" ou "500" (indicativo da pressão de serviço em psig na faixa de −29 a 66°C)
- O nome "BRAZIL" (indicativo do país produtor)

APLICAÇÃO Água, Óleo, Gás, Vapor e Ar Comprimido

ACABAMENTO PRETO (oleado) Indicada para redes de óleo, graxa, GLP, nitrogênio, oxigênio, vapor, óleo *diesel*, água com temperatura acima de 60°C e outras utilizações em que o que se está conduzindo não compromete a vida útil da tubulação.

Para as tubulações com acabamento preto, recomenda-se proteger externamente a tubulação contra a ação do meio.

ACABAMENTO ZINCADO (galvanizado) Para aplicação em redes de água fria (refrigeração, água industrial, *sprinklers*), ar comprimido, gasolina, álcool, óleo *diesel* e demais fluidos em que houver necessidade de proteção interna contra oxidação.

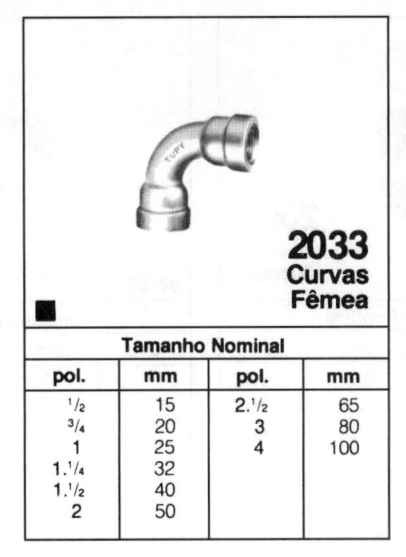

2033
Curvas Fêmea

Tamanho Nominal			
pol.	mm	pol.	mm
$^1/_2$	15	2.$^1/_2$	65
$^3/_4$	20	3	80
1	25	4	100
1.$^1/_4$	32		
1.$^1/_2$	40		
2	50		

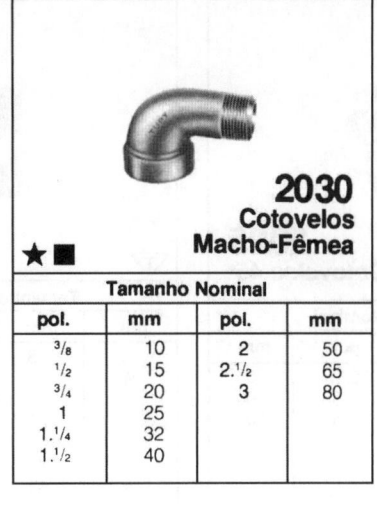

2030
Cotovelos Macho-Fêmea

★ ■

Tamanho Nominal			
pol.	mm	pol.	mm
$^3/_8$	10	2	50
$^1/_2$	15	2.$^1/_2$	65
$^3/_4$	20	3	80
1	25		
1.$^1/_4$	32		
1.$^1/_2$	40		

2045
Luvas

★ ■

Tamanho Nominal			
pol.	mm	pol.	mm
$^1/_4$	8	2.$^1/_2$	65
$^3/_8$	10	3	80
$^1/_2$	15	4	100
$^3/_4$	20	6	150
1	25		
1.$^1/_4$	32		
1.$^1/_2$	40		
2	50		

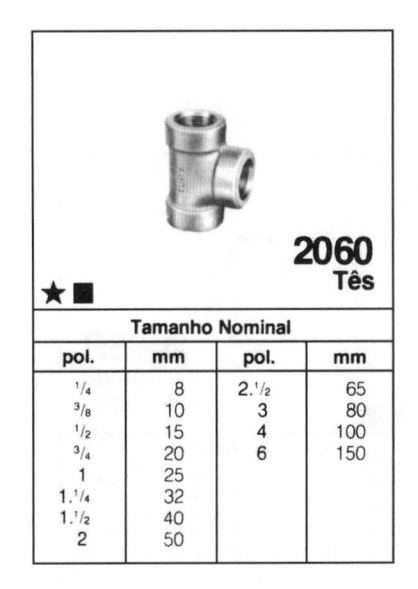

2060
Tês

★ ■

Tamanho Nominal			
pol.	mm	pol.	mm
$^1/_4$	8	2.$^1/_2$	65
$^3/_8$	10	3	80
$^1/_2$	15	4	100
$^3/_4$	20	6	150
1	25		
1.$^1/_4$	32		
1.$^1/_2$	40		
2	50		

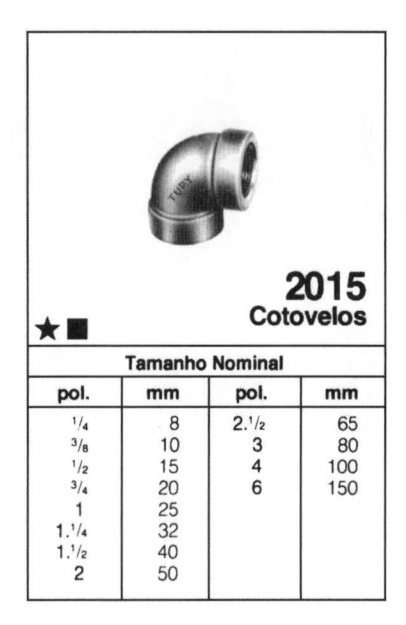

2015
Cotovelos

★ ■

Tamanho Nominal			
pol.	mm	pol.	mm
$^1/_4$	8	2.$^1/_2$	65
$^3/_8$	10	3	80
$^1/_2$	15	4	100
$^3/_4$	20	6	150
1	25		
1.$^1/_4$	32		
1.$^1/_2$	40		
2	50		

Fig. 4.20(*c*) Conexões de ferro galvanizado Tupy – conexões NPT Alta Pressão.

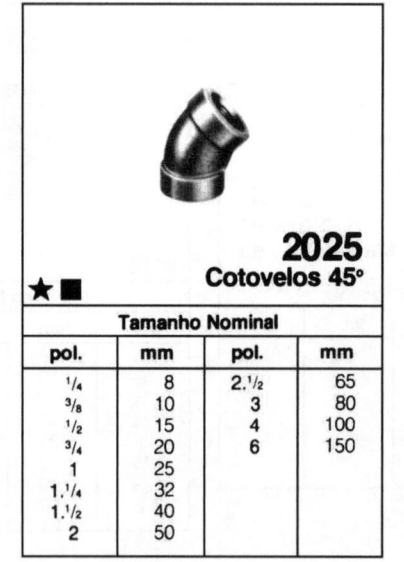

2025
Cotovelos 45°

★ ■

Tamanho Nominal			
pol.	mm	pol.	mm
¹/₄	8	2.¹/₂	65
³/₈	10	3	80
¹/₂	15	4	100
³/₄	20	6	150
1	25		
1.¹/₄	32		
1.¹/₂	40		
2	50		

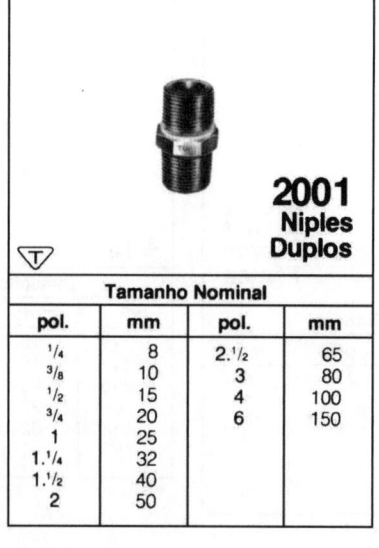

2001
Niples
Duplos

Tamanho Nominal			
pol.	mm	pol.	mm
¹/₄	8	2.¹/₂	65
³/₈	10	3	80
¹/₂	15	4	100
³/₄	20	6	150
1	25		
1.¹/₄	32		
1.¹/₂	40		
2	50		

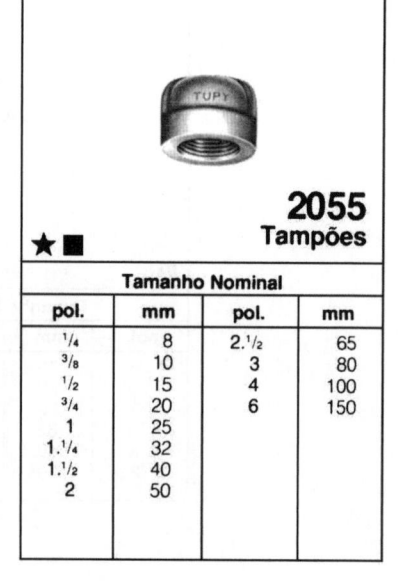

2055
Tampões

★ ■

Tamanho Nominal			
pol.	mm	pol.	mm
¹/₄	8	2.¹/₂	65
³/₈	10	3	80
¹/₂	15	4	100
³/₄	20	6	150
1	25		
1.¹/₄	32		
1.¹/₂	40		
2	50		

2065R
Tês de
Redução

★ ■

Tamanho Nominal			
pol.	mm	pol.	mm
¹/₂ x ¹/₄	15 x 8	2 x 1.¹/₂	50 x 40
¹/₂ x ³/₈	15 x 10	2.¹/₂ x 1.¹/₂	65 x 40
³/₄ x ³/₈	20 x 10	2.¹/₂ x 2	65 x 50
³/₄ x ¹/₂	20 x 15	3 x 2	80 x 50
1 x ¹/₂	25 x 15	3 x 2.¹/₂	80 x 65
1 x ³/₄	25 x 20	4 x 2.¹/₂	100 x 65
1.¹/₄ x ³/₄	32 x 20	4 x 3	100 x 80
1.¹/₄ x 1	32 x 25	6 x 4	150 x 100
1.¹/₂ x 1	40 x 25		
1.¹/₂ x 1.¹/₄	40 x 32		
2 x 1.¹/₄	50 x 32		

Fig. 4.20(*c*) (Continuação)

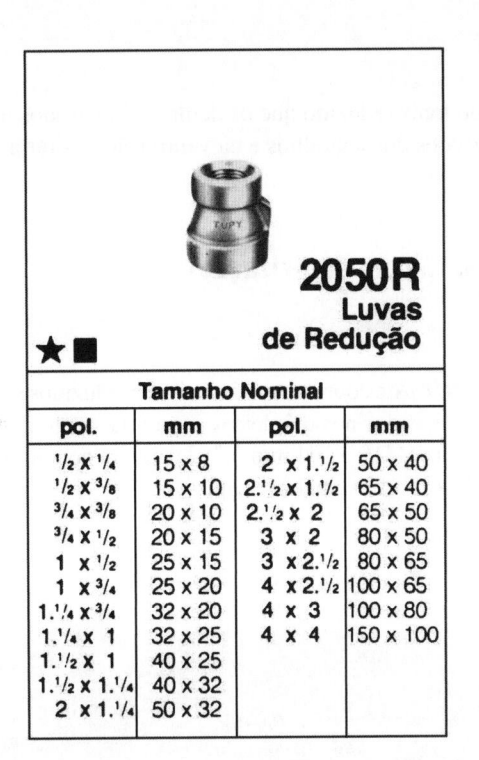

2050R
Luvas de Redução

★■

Tamanho Nominal			
pol.	mm	pol.	mm
¹/₂ x ¹/₄	15 x 8	2 x 1.¹/₂	50 x 40
¹/₂ x ³/₈	15 x 10	2.¹/₂ x 1.¹/₂	65 x 40
³/₄ x ³/₈	20 x 10	2.¹/₂ x 2	65 x 50
³/₄ x ¹/₂	20 x 15	3 x 2	80 x 50
1 x ¹/₂	25 x 15	3 x 2.¹/₂	80 x 65
1 x ³/₄	25 x 20	4 x 2.¹/₂	100 x 65
1.¹/₄ x ³/₄	32 x 20	4 x 3	100 x 80
1.¹/₄ x 1	32 x 25	4 x 4	150 x 100
1.¹/₂ x 1	40 x 25		
1.¹/₂ x 1.¹/₄	40 x 32		
2 x 1.¹/₄	50 x 32		

2070
Uniões com Assento Cônico de Bronze

★

Tamanho Nominal			
pol.	mm	pol.	mm
¹/₄	8	2	50
³/₈	10	2.¹/₂	65
¹/₂	15	3	80
³/₄	20	4	100
1	25		
1.¹/₄	32		
1.¹/₂	40		

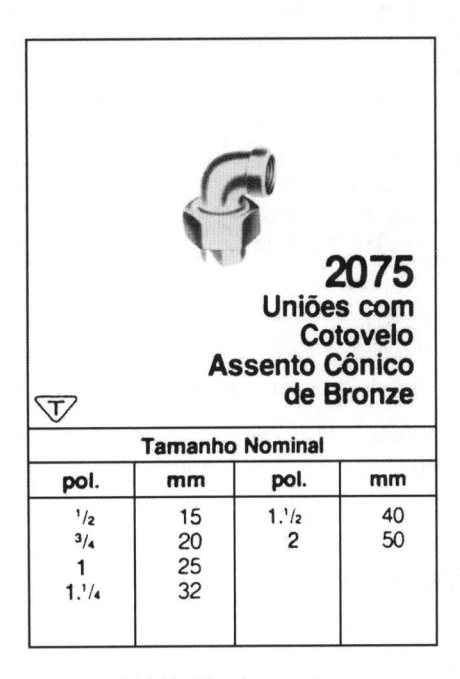

2075
Uniões com Cotovelo Assento Cônico de Bronze

Tamanho Nominal			
pol.	mm	pol.	mm
¹/₂	15	1.¹/₂	40
³/₄	20	2	50
1	25		
1.¹/₄	32		

Fig. 4.20(c) (Continuação)

4.4 TUBOS DE CHUMBO

Os tubos de chumbo são de emprego mais reduzido que os demais. São usados mais comumente nos ramais prediais, nos rabichos para as ligações dos aparelhos e na ventilação sanitária.

4.5 TUBOS E CONEXÕES DE COBRE
(Resumo de Publicação da Eluma Conexões S.A., com autorização)

4.5.1 Características dos Tubos

Os tubos de cobre são compostos de 99,9% de cobre no mínimo. São produzidos sem costura pelo processo de extrusão. Após a extrusão, eles são calibrados nos diâmetros comerciais pelo processo de trelição.

São produzidos nos diâmetros de 15 mm (1/2″) a 104 mm (4″) de acordo com as normas da ABNT: NBR-7417 e NBR-6318, nas classes E, A e I, conforme tabela a seguir.

Diâmetro Nominal (mm)	Classe E			Classe A			Classe I		
	Diâmetro Externo × Esp. Parede	kg/m	Pressão Serviço (kg/cm²)	Diâmetro Externo × Esp. Parede	kg/m	Pressão Serviço (kg/cm²)	Diâmetro Externo × Esp. Parede	kg/m	Pressão Serviço (kg/cm²)
15	15 × 0,50	0,203	41,0	15 × 0,70	0,281	60,0	15 × 1,0	0,393	88,0
22	22 × 0,60	0,360	34,0	22 × 0,90	0,533	50,0	22 × 1,0	0,590	60,0
28	28 × 0,60	0,462	26,0	28 × 0,90	0,685	40,0	28 × 1,2	0,903	55,0
35	35 × 0,70	0,675	25,0	35 × 1,10	1,047	40,0	35 × 1,2	1,139	45,0
42	42 × 0,80	0,927	24,0	42 × 1,10	1,264	35,0	42 × 1,4	1,597	42,0
54	54 × 0,90	1,343	21,0	54 × 1,20	1,780	28,0	54 × 1,4	2,069	34,0
66	66,7 × 1,20	2,209	23,0	66,7 × 1,30	2,389	25,0	66,7 × 1,4	2,568	28,0
79	79,4 × 1,20	2,637	19,0	79,4 × 1,50	3,283	24,0	79,4 × 1,6	3,498	27,0
104	104,8 × 1,20	3,493	14,0	104,8 × 1,50	4,354	18,0	104,8 × 2,0	5,777	20,0

Os tubos de cobre apresentam:

- Boa plasticidade, alta tenacidade, excelente condutividade térmica, boa resistência química, pequenas perdas de carga devido à superfície lisa das paredes, excelente comportamento diante dos materiais de construção civil, resistência e pressões internas, o que permite emprego de tubos com paredes finas.

4.5.2 Características das Conexões

As conexões utilizadas para uniões de tubos de cobre podem ser estampadas em cobre ou fundidas em bronze.

As conexões possuem ou não rosca, os diâmetros das peças variam de 15 mm (1/2″) a 104 mm (4″), e são produzidas segundo normas da ABNT-EB-366.

4.5.3 Junção de Tubos e Conexões

As junções dos tubos e conexões podem ser soldáveis ou roscáveis.

— Junção soldável: A junção soldável é utilizada para tubulações embutidas ou permanentes e deve ser feita pelo processo de soldagem.

Ex.: Junção dos tubos, junção de cotovelos embutidos na parede etc.

— Junção roscável: A junção roscável é utilizada em caso de necessidade de se retirar ou instalar metais sanitários ou para possíveis consertos ou trocas.

4.5.4 Dilatação das Tubulações de Cobre

O coeficiente de dilatação térmica do cobre é $1,65 \times 10^{-2}$ mm/m°C, o que corresponde a uma variação no comprimento do tubo de 0,99 mm por metro para uma diferença de temperatura de 60°C.

A fim de evitar trincas ou outras avarias no material de revestimento de tubulação, através das quais circulam água ou outros fluidos em temperaturas elevadas, devem-se tomar as seguintes precauções para absorver as possíveis dilatações e/ou contrações provenientes das variações de temperatura:

1) Traçados convenientes para a melhoria da flexibilidade das tubulações.
2) Prever um elemento para absorver as dilatações (junta de expansão ou lira de dilatação).

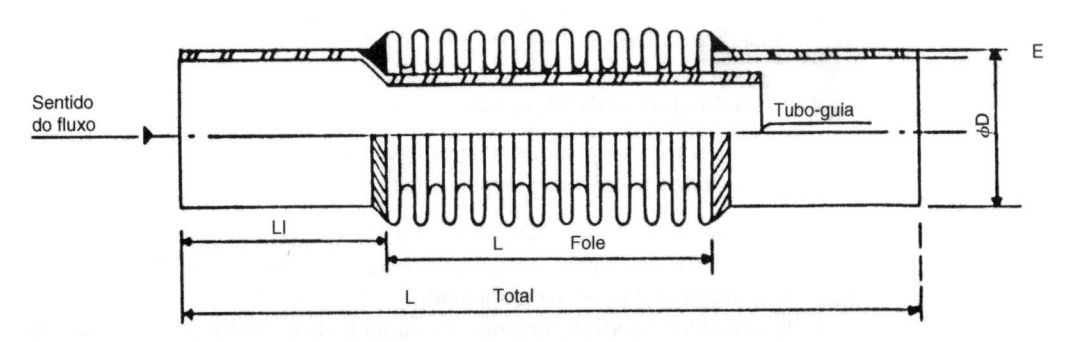

Fig. 4.21 Características da junta de expansão.

ϕD diâm. (mm)	E esp. (mm)	LI (mm)	L FOLE (mm)	L TOTAL (mm)	FORÇA DE REAÇÃO (kgf) PARA PRESSÃO DE	
					2,5 kgf/cm²	5,0 kgf/cm²
15	0,60	45	60	150	7,0	14
22	0,60	45	60	150	12,0	24
28	0,60	45	60	150	17,0	34
35	0,70	45	60	150	27,0	54
42	0,80	45	60	150	47,0	94
54	0,90	60	80	200	63,0	126
66,7	1,40	65	70	200	100,0	202
79,4	1,60	65	70	200	155,0	310
104,8	2,00	65	70	200	220,0	440

PRESSÃO MÁXIMA DE TRABALHO   = 5,0 kgf/cm²
MOVIMENTO AXIAL MÁXIMO   = 25 mm
TEMPERATURA MÁXIMA DE TRABALHO = 150°C

Observação: Os dados da tabela poderão sofrer alterações sem prévio aviso.

4.5.5 Dimensionamento do Número de Juntas de Expansão

A determinação do número de juntas de expansão numa instalação de água quente é função da dilatação total da tubulação de cobre. A expansão longitudinal dos tubos de cobre é função do diferencial térmico (Δt) entre a temperatura máxima de trabalho (tb) e a temperatura ambiente (ta), do coeficiente de dilatação térmica linear para tubos de cobre (K).

ou seja: $\Delta l = l \times K \times \Delta t$
em que: Δl = dilatação linear em mm
      l = comp. da tubulação em m
      K = coeficiente de dilatação térmica em mm/m°C
      t = dif. de temperatura mínima e máxima em °C.

$$\text{N.}^\circ \text{ de junta de expansão} = \frac{\text{dilatação térmica total } (\Delta l)}{\text{Absorção axial máxima de junta de expansão} = 25 \text{ mm}}$$

Exemplo: Para um trecho reto de 30 m, com uma diferença de temperatura de 60°C:

$$\Delta l = 1 \times K \times \Delta t$$
$$\Delta l = 30 \times 1,65 \times 10^{-2} \times 60$$
$$\Delta l = 29,7 \text{ mm}$$

$$\text{N.}^\circ \text{ de junta de expansão} = \frac{\Delta l}{\text{Absorção axial máxima de junta de expansão} = 25 \text{ mm}}$$

$$\text{N.}^\circ \text{ de junta de expansão} = \frac{29,7}{25} = 1,18 \therefore \text{ Duas juntas de expansão}$$

Localização das Juntas de Expansão

Uma vez determinado o número de juntas de expansão, dividem-se os trechos da tubulação onde elas deverão ser instaladas, conforme os seguintes critérios:

— Para cada junta de expansão, o trecho da tubulação deverá ter pontos fixos em seus extremos.

Os pontos fixos deverão ser projetados de tal forma que resistam à força resultante do produto entre a seção da tubulação e a pressão de trabalho.

— Para se obter a correta *performance* da junta de expansão, o trecho de tubulação deverá ter suportes deslizantes (guias), ou seja, a tubulação deverá ser guiada para que os esforços transmitidos à junta de expansão se façam de maneira longitudinal, diminuindo-se com isso os esforços transversais, para os quais a junta de expansão não foi projetada.

A distância da primeira guia à junta de expansão não deverá ser maior que quatro vezes o diâmetro da tubulação, da primeira até a segunda guia quatorze vezes, as seguintes cinqüenta vezes.

Exemplo:

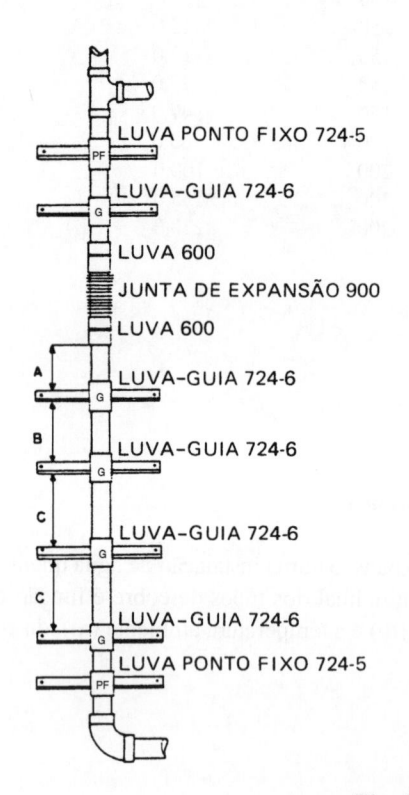

DIÂMETRO (mm)	DISTÂNCIA A (m)	DISTÂNCIA B (m)	DISTÂNCIA C (m)
22	0,08	0,30	1,10
28	0,11	0,30	1,40
35	0,14	0,49	1,75
42	0,16	0,58	2,10
54	0,21	0,75	2,70
66	0,26	0,92	3,00 *
79	0,31	1,10	3,00 *

* Devido ao espaçamento máximo dos suportes

Fig. 4.22 Detalhes para juntas de expansão.

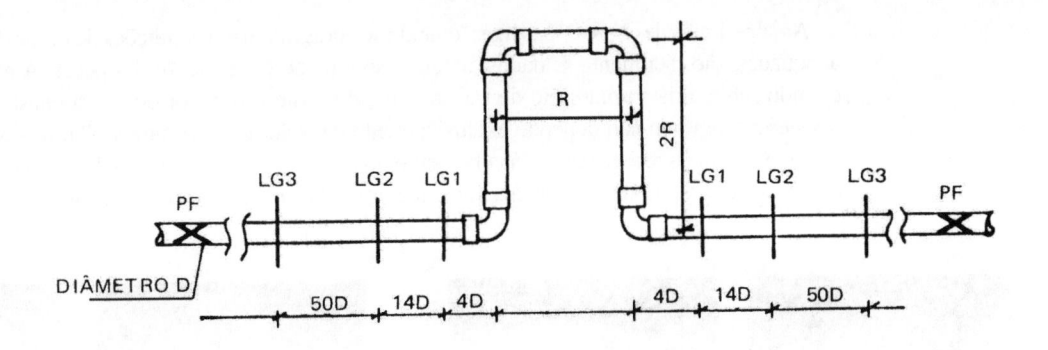

TABELA DE VALORES PARA "R" (metros)

DILAT. \ DIÂM. mm	15	22	28	35	42	54	66	79	104
0,013	0,23	0,25	0,30	0,33	0,36	0,41	0,46	0,51	0,56
0,025	0,30	0,38	0,43	0,48	0,51	0,58	0,66	0,71	0,81
0,038	0,38	0,46	0,53	0,58	0,63	0,71	0,79	0,86	0,99
0,051	0,46	0,53	0,61	0,66	0,71	0,81	0,91	0,99	1,14
0,076	0,56	0,66	0,74	0,81	0,89	1,02	1,12	1,22	1,40
0,102	0,63	0,76	0,86	0,94	1,02	1,17	1,30	1,42	1,63
0,127	0,71	0,84	0,94	1,04	1,14	1,30	1,45	1,58	1,80
0,152	0,76	0,91	1,04	1,14	1,24	1,42	1,58	1,73	1,98

Observação: Substitui a junta de expansão quando há espaço suficiente.

Fig. 4.23 Liras de dilatação.

4.5.6 Isolamento Térmico

A aplicação de materiais isolantes permite reduzir as despesas de combustível ou qualquer outro tipo de energia, pelo fato de impedir a transmissão de calor entre dois ambientes distintos.

O isolamento térmico consiste em proteger as superfícies aquecidas ou resfriadas, com a aplicação de camadas de materiais de baixa condutibilidade térmica.

Em tubulações embutidas, o isolamento térmico, além de diminuir consideravelmente perdas de calor, tem como função permitir a movimentação da tubulação devido à dilatação térmica, impedindo com isso danos ao revestimento da parede.

Materiais utilizados:

— Silicato de cálcio
— Amianto e cal
— Vermiculita e cal
— Calha de lã de vidro.

4.5.7 Soldagem

A soldagem pode ser feita com solda branda ou com solda à base de prata ou fósforo-cobre.

O tubo deve ser cortado em esquadro utilizando serra fina ou corta tubo especial para tubos de cobre. Devemos remover as rebarbas, a seguir limpam-se a ponta do tubo e a bolsa da conexão para aplicação do decapante (pasta para soldar), cuja finalidade é impedir oxidação do metal durante o aquecimento e permitir maior fluidez da solda.

As superfícies de cobre e suas ligas, quando se apresentam em condições de limpeza, ajustagem e temperaturas adequadas, são facilmente soldadas, obtendo-se uma perfeita adesão das peças. A resistência da junta soldada, quando submetida a um ensaio de tração, é igual ou mesmo maior do que a resistência do próprio tubo. Essa resistência da junta não depende exclusivamente da ação de "agarramento" (aderência física ou mecânica) da solda, mas sim da resistência ao cisalhamento do metal. A tensão superficial (fenômeno da capilaridade) faz com que a solda se distribua de maneira uniforme em toda a extensão da junta, garantindo uma perfeita vedação.

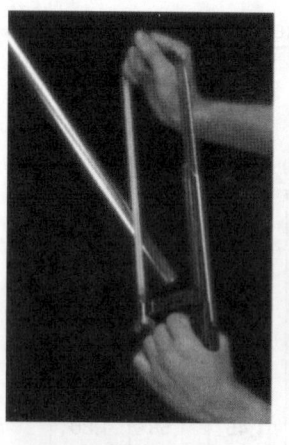 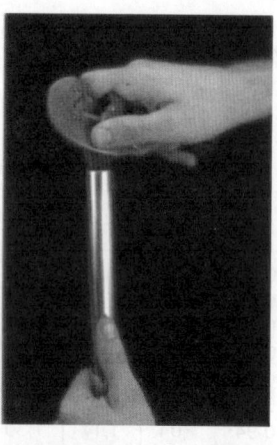 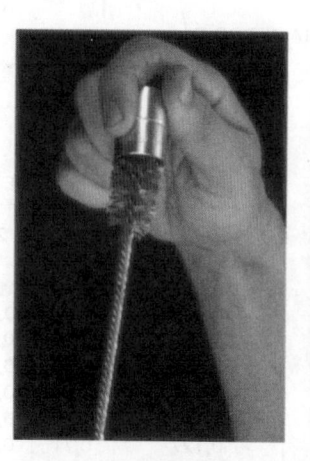 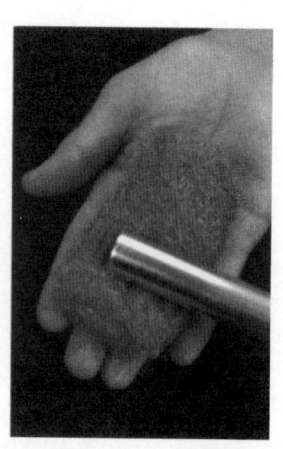

(a) Corte o tubo no esquadro. Escarie o furo e tire as rebarbas.

(b) Use a palhinha de aço ou mesmo uma escova de fio para limpar a bolsa da conexão e a ponta do tubo.

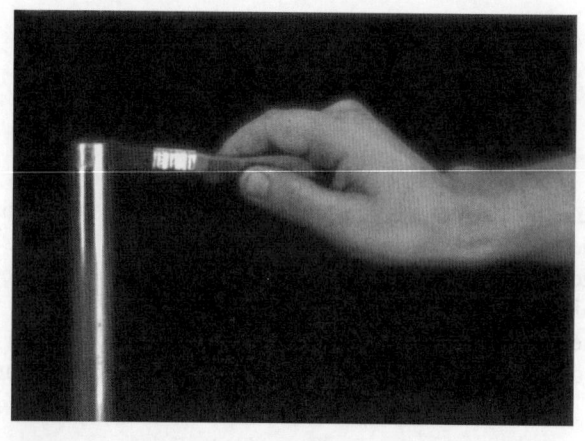 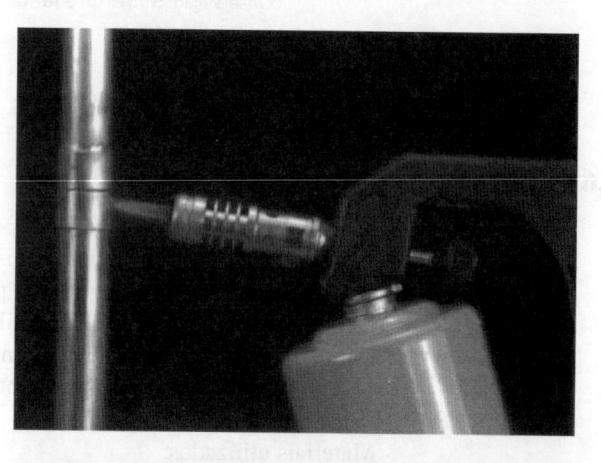

(c) Aplique a pasta de solda (fluxo) na ponta do tubo e na bolsa da conexão, de modo que a parte a ser soldada fique completamente coberta pela pasta.

(d) Aplique a chama sobre a conexão para aquecer o tubo e a bolsa da conexão, até que a bolsa derreta quando colocada na união do tubo com a conexão.

 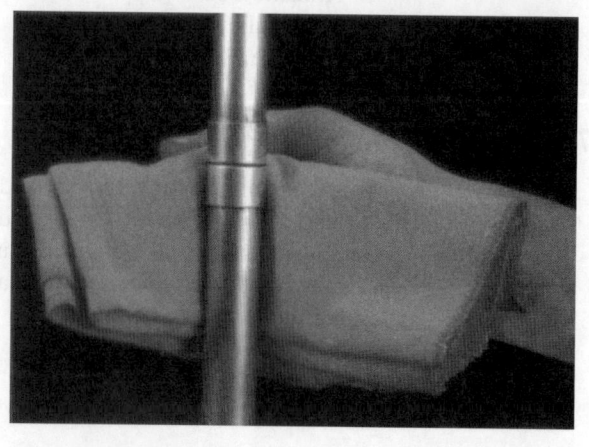

(e) Retire a chama e alimente com solda um ou dois pontos, até ver a solda correr em volta da união. A quantidade correta de solda é aproximadamente igual ao diâmetro da conexão: 28 mm de solda para uma conexão de 28 mm.

(f) Remova o excesso de solda com uma pequena escova ou com uma flanela enquanto a solda ainda permite, deixando um filete em volta da união.

Fig. 4.24 Processo de soldagem dos tubos de cobre. (Cortesia da Eluma S.A. Indústria e Comércio.)

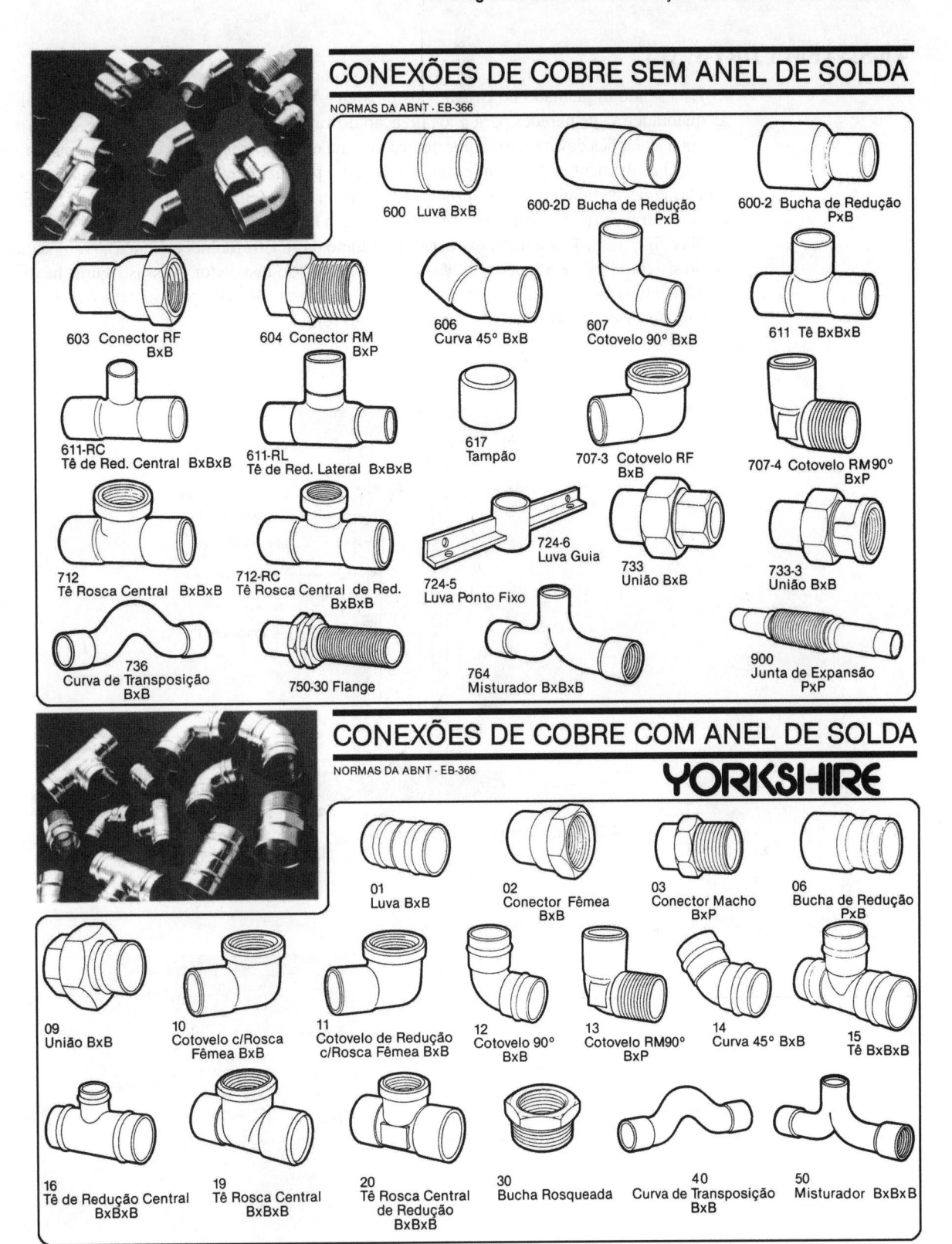

Fig. 4.25 Conexões em cobre.

4.6 SISTEMA DRY-WALL

Está sendo implantado no Brasil o sistema Dry-Wall, que é um grande avanço tecnológico, já que evita a "quebradeira" de paredes para a localização do vazamento.

As instalações devem passar por dentro de uma estrutura metálica já padronizada por diversas firmas do ramo. O acabamento é feito em gesso acartonado, produzido e aplicado por firmas especializadas. Já existem sistemas de tubulações apropriadas para o referido sistema. É o caso da linha Dry-Fix, cujo fabricante, a Tigre, fornece tubos e conexões indicados para o sistema Dry-Wall.

Nas Figs. 4.26, 4.27 e 4.28, extraídas do folheto da IPT (referência técnica),[1] vemos um corte esquemático do sistema Placo e alguns detalhes para orientação do instalador. Nessas figuras há diversas opções para acabamento (pintura, azulejo e mármores etc.), diversas soluções para instalações dos sistemas elétricos e hidráulicos, isolamento acústico e resistência ao fogo.

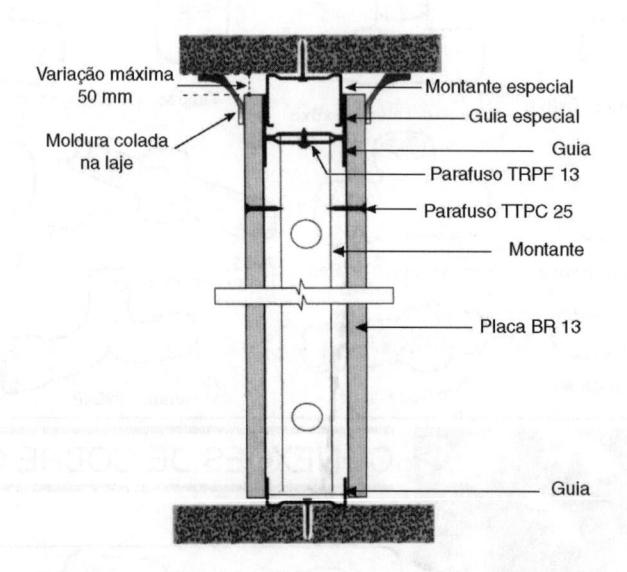

Fig. 4.26 Juntas flexíveis ou telescópicas. (Cortesia da Placo do Brasil.)

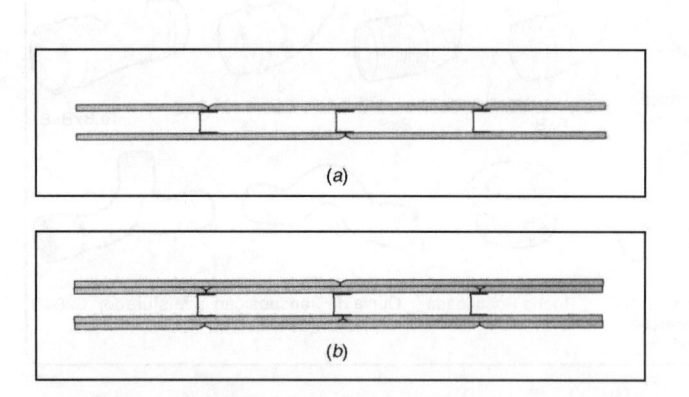

Fig. 4.27 Procedimento de montagem: (*a*) juntas desencontradas; (*b*) chapas duplas com juntas defasadas. (Cortesia da Placo do Brasil.)

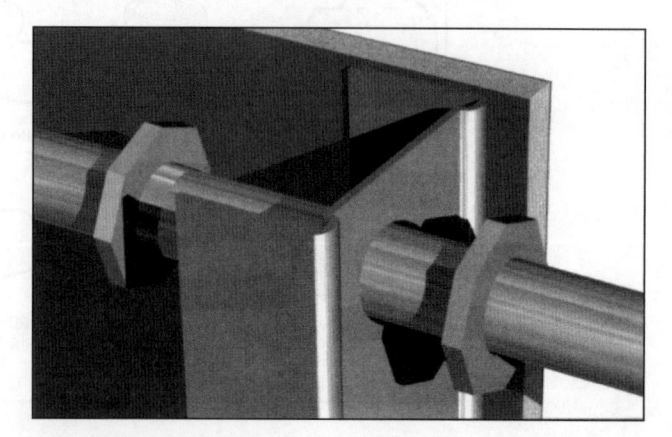

Fig. 4.28 Montagem com isolamento anticorrosão. (Cortesia da Placo do Brasil.)

---

[1]IPT: Instituto de Pesquisas Tecnológicas do Estado de São Paulo. Av. Professor Prado, 532 – Cidade Universitária – Butantã, São Paulo, SP.

4.7 APARELHOS CONTROLADORES DE FLUXO

4.7.1 Válvula de Fluxo ou de Descarga

Na Fig. 4.29 vemos o corte de uma válvula de fluxo (*flush-valve*) típica, cujo funcionamento é o seguinte: em (*a*) existe a água sob pressão hidrostática de reservatório; através do conduto (*b*) cujo orifício é controlado pelo parafuso *R*, a água penetra na câmara (*c*), fechando-se a válvula (*d*) que obtura a passagem de água de (*a*) para (*e*). Comprimindo-se a mola, ao acionar-se o botão (*f*), abre-se a passagem de água através de (*g*), caindo a pressão existente (*c*), e assim abre-se a válvula (*d*), dando passagem do fluxo de água de (*a*) para (*e*). Retirando-se o dedo do botão (*f*), torna-se a fechar a válvula (*d*), por meio da pressão que volta a aumentar.

Há válvulas modernas que possuem um registro a ela incorporado para o fechamento de água em caso de reparos.

As válvulas mais comuns são de:

1 ½″ para pressão de 2 a 8 m de coluna d'água;
1 ¼″ para pressão de 8 a 20 m de coluna d'água;
1″ para pressão de 20 a 40 m de coluna d'água.

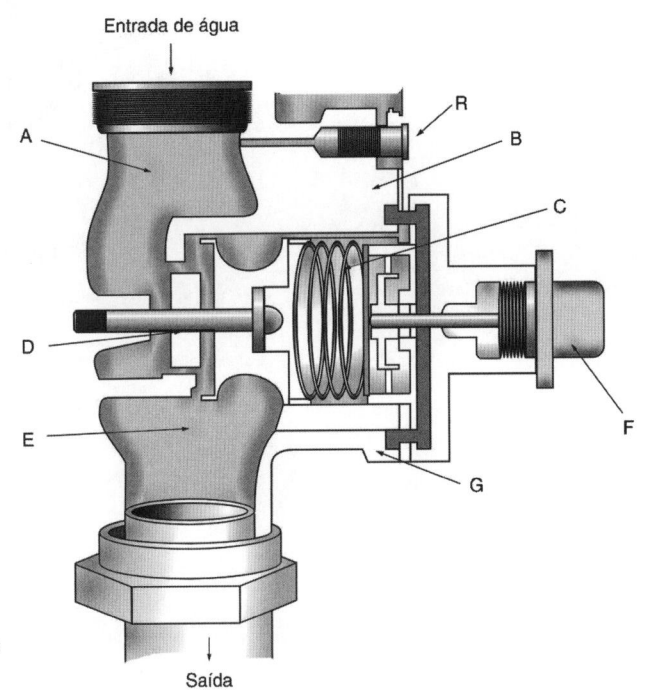

Fig. 4.29 Instalação de válvula de descarga de 1 ½″ com derivações.

4.7.1.1 Válvulas de Antigolpe de Aríete (Resumo extraído do manual da Docol)

Válvula de descarga contra o golpe de aríete. Possui um registro integrado para fechar e regular a vazão para limpeza da bacia sanitária de 12, 9 e 6 litros ou menos. Possui também um sistema hidromecânico, com duas forças de acionamento que garantem sempre a abertura imediata e total da válvula e seu funcionamento automático. Bitolas de 1 ¼″ (alta pressão: 1,0 a 40 mca) e 1 ½″ (baixa pressão: 1,5 a 15 mca).

Fig. 4.30 Componentes da válvula de descarga Docol.

Para uma melhor concepção desses princípios, podemos observar a seguir as três etapas fundamentais que ocorrem numa operação de descarga da válvula:

1 – VÁLVULA DE DESCARGA FECHADA

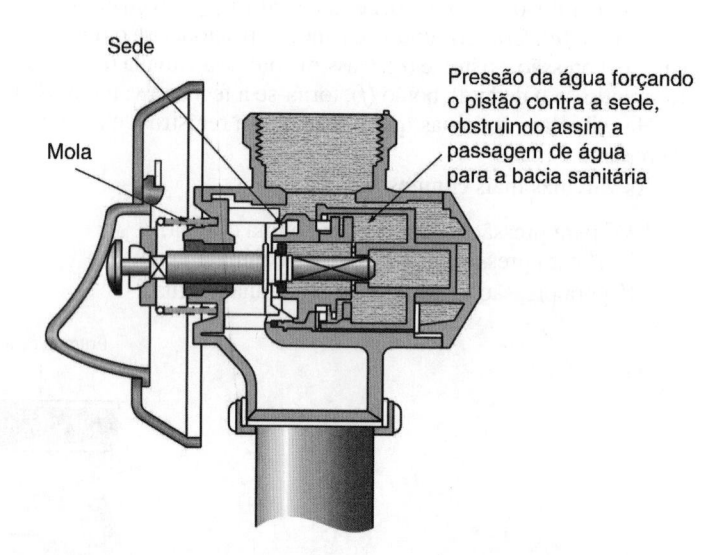

Fig. 4.31 Válvula de descarga Docol fechada.

2 – VÁLVULA DE DESCARGA EM INÍCIO DE FUNCIONAMENTO

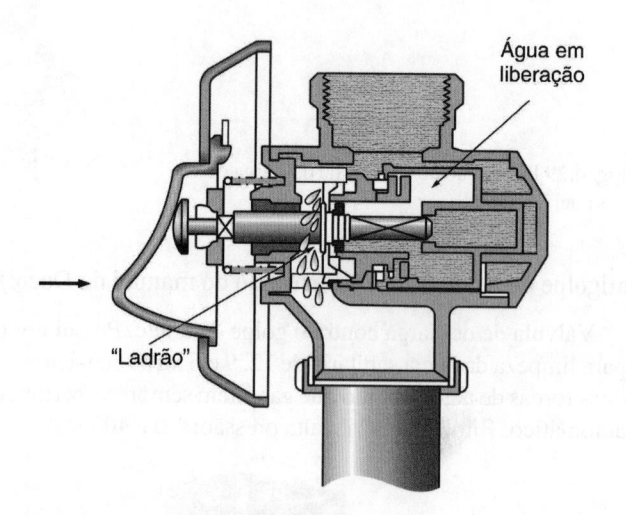

Fig. 4.32 Válvula de descarga Docol – início do funcionamento.

No primeiro instante de acionamento da válvula de descarga ocorre o "alívio da câmara de compensação de pressão", isto é, a água que está contida sob pressão na câmara de compensação, forçando o pistão contra a sede, começa a sair pelo "ladrão", possibilitando dessa forma a abertura do pistão.

Essa abertura nas válvulas de descarga dá-se hidraulicamente, quando existe apenas a "força" hidráulica, e hidromecanicamente, quando existem a "força" hidráulica + a "força" mecânica, como no caso único da válvula de descarga Docol.

3 – VÁLVULA DE DESCARGA ABERTA (EM REGIME DE DESCARGA)
E INICIANDO O FECHAMENTO

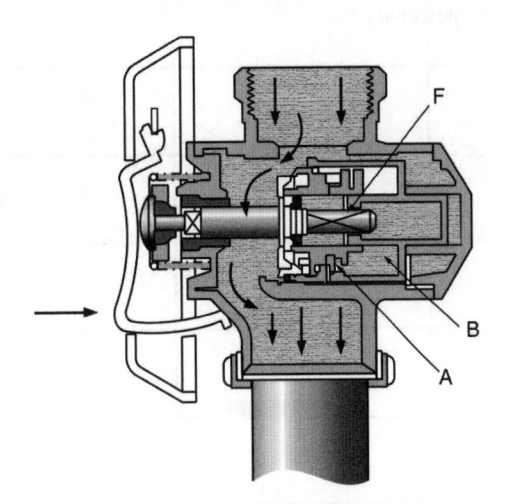

Fig. 4.33 Válvula de descarga Docol – em regime de fechamento.

A válvula em regime de descarga comanda a água para a bacia sanitária e simultaneamente, por intermédio do canal injetor (F), alimenta a câmara de compensação de pressão (B), o que provoca o retorno do pistão (A) até o fechamento completo da válvula de descarga.

O retorno do pistão consiste na aplicação de uma força hidráulica que se cria atrás dele, através da água que entra pelo canal injetor.

Para obter-se uma força de atuação maior na parte de trás do pistão, as válvulas de descarga com pistão são projetadas de forma que a área da seção do pistão (ϕA) junto à câmara de compensação de pressão seja maior que a área da seção (ϕB) junto ao orifício da sede, para possibilitar o retorno do pistão e manter a válvula de descarga fechada.

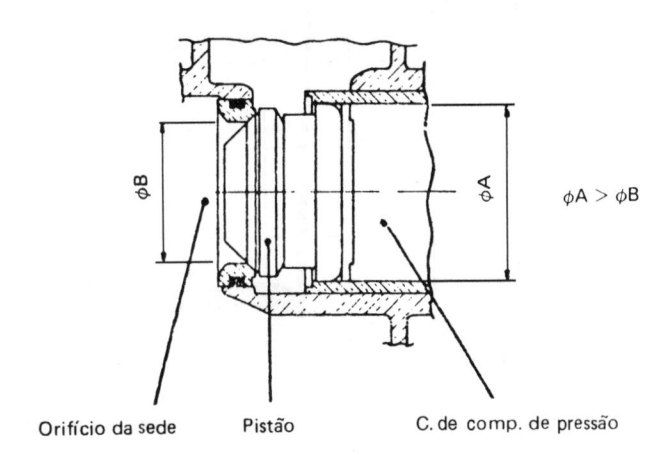

Orifício da sede   Pistão   C. de comp. de pressão

Fig. 4.34

Gráficos obtidos no laboratório de pesquisa da Georg Rost – Alemanha, através da utilização de:
– Sensor de diferenciação de pressão
– Transdutor
– Osciloscópio

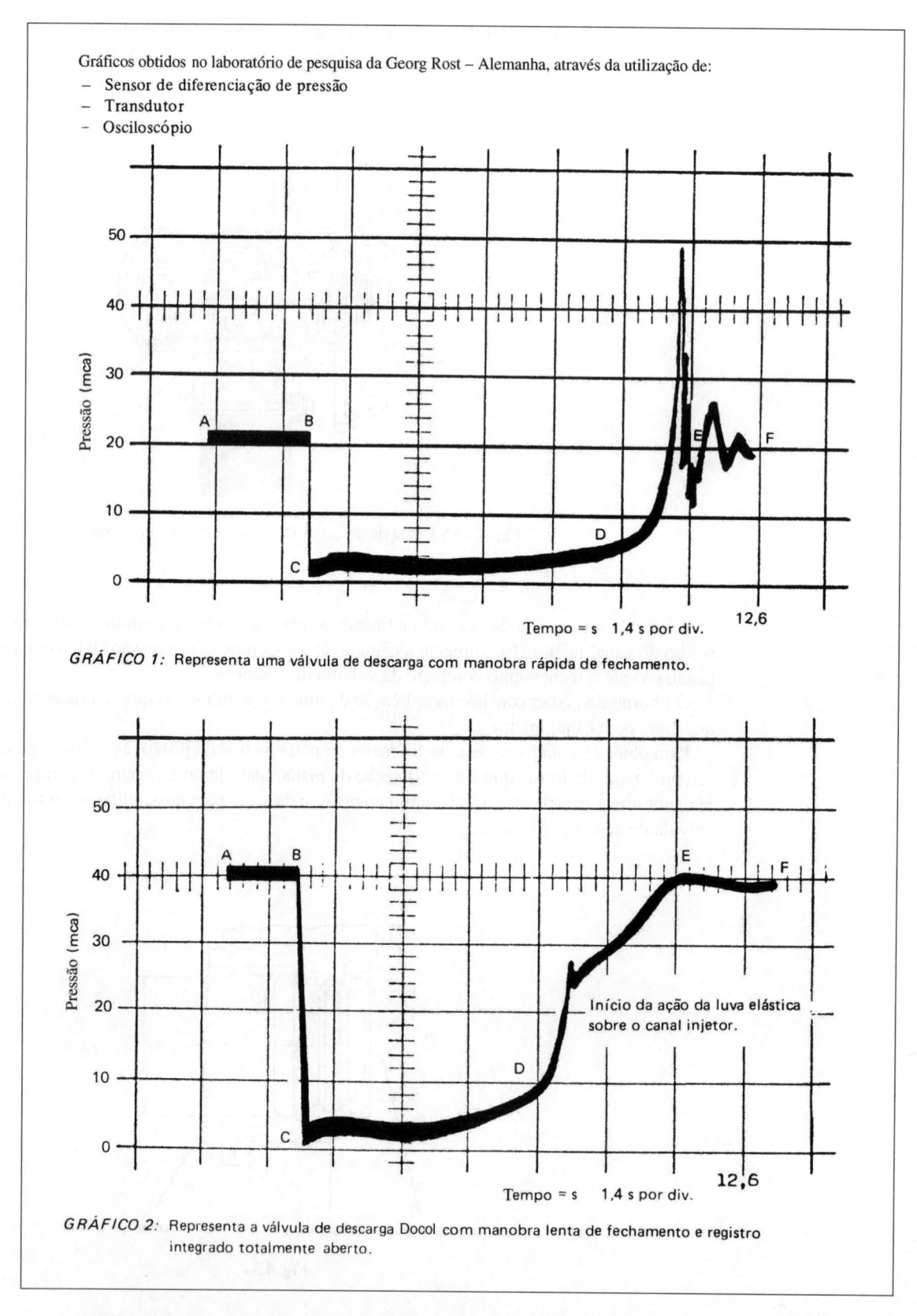

GRÁFICO 1: Representa uma válvula de descarga com manobra rápida de fechamento.

GRÁFICO 2: Representa a válvula de descarga Docol com manobra lenta de fechamento e registro integrado totalmente aberto.

Fig. 4.35 Gráfico de desempenhos comparativos entre uma válvula de fechamento rápido e a Docol.

4.7.2 Registros de Gaveta e Registros de Pressão

Esses registros são indicados para instalações hidráulicas prediais e públicas. Podem ser utilizados para água fria ou quente até 100°C. Possuem dois anéis de vedação que aumentam a segurança contra o vazamento, além de garantirem a economia de água.

O registro de pressão tem um volume que é destacável e somente as pessoas que possuem a chave podem acioná-lo. Tem sistema de vedação flutuante, que permite o fluxo de água em apenas um sentido.

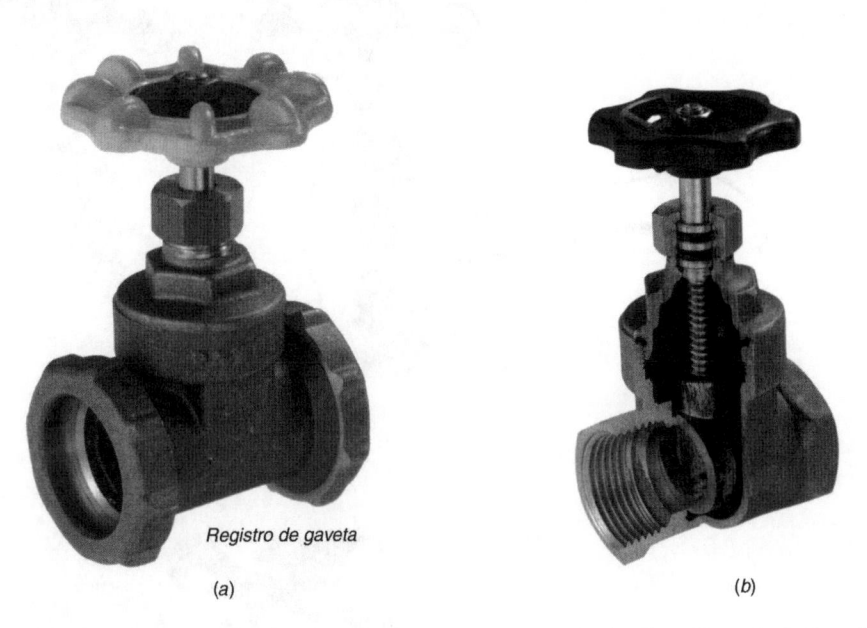

Fig. 4.36 Registros de gaveta: (*a*) vista geral; (*b*) corte mostrando detalhes. (Cortesia da Docol.)

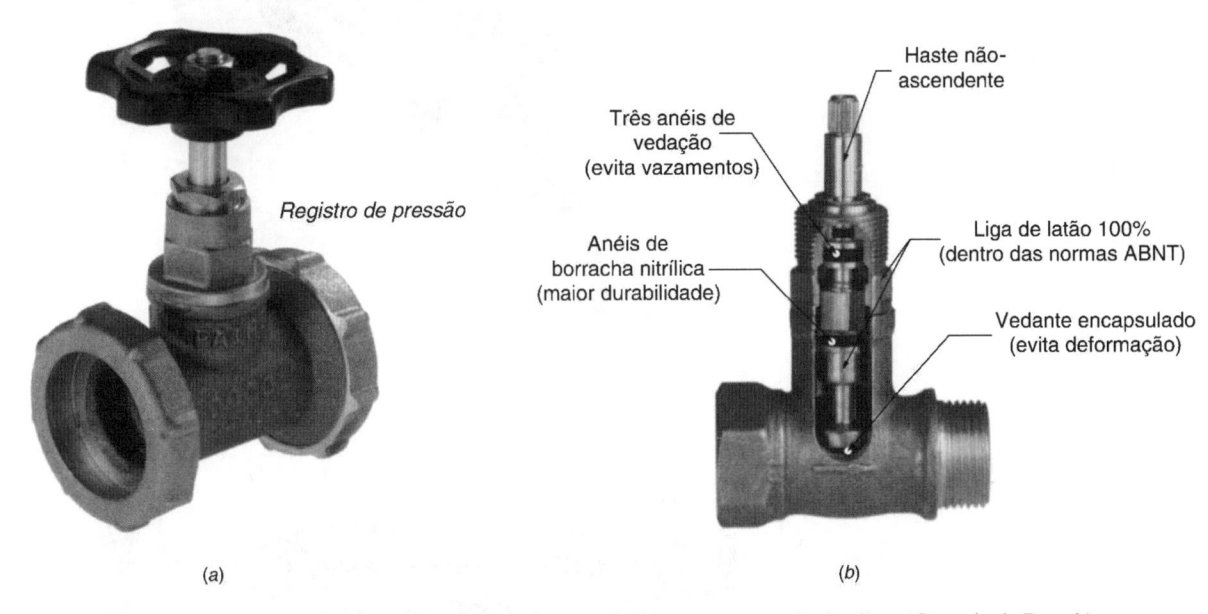

Fig. 4.37 Registros de pressão: (*a*) vista geral; (*b*) corte mostrando detalhes. (Cortesia da Docol.)

4.7.3 Torneiras Comuns

Normalmente são feitas nas medidas de ½″ e ¾″ e podem ser do tipo normal ou longa (para pias de cozinha, banheiros etc.) e nas cores amarela ou cromada (Fig. 4.38).

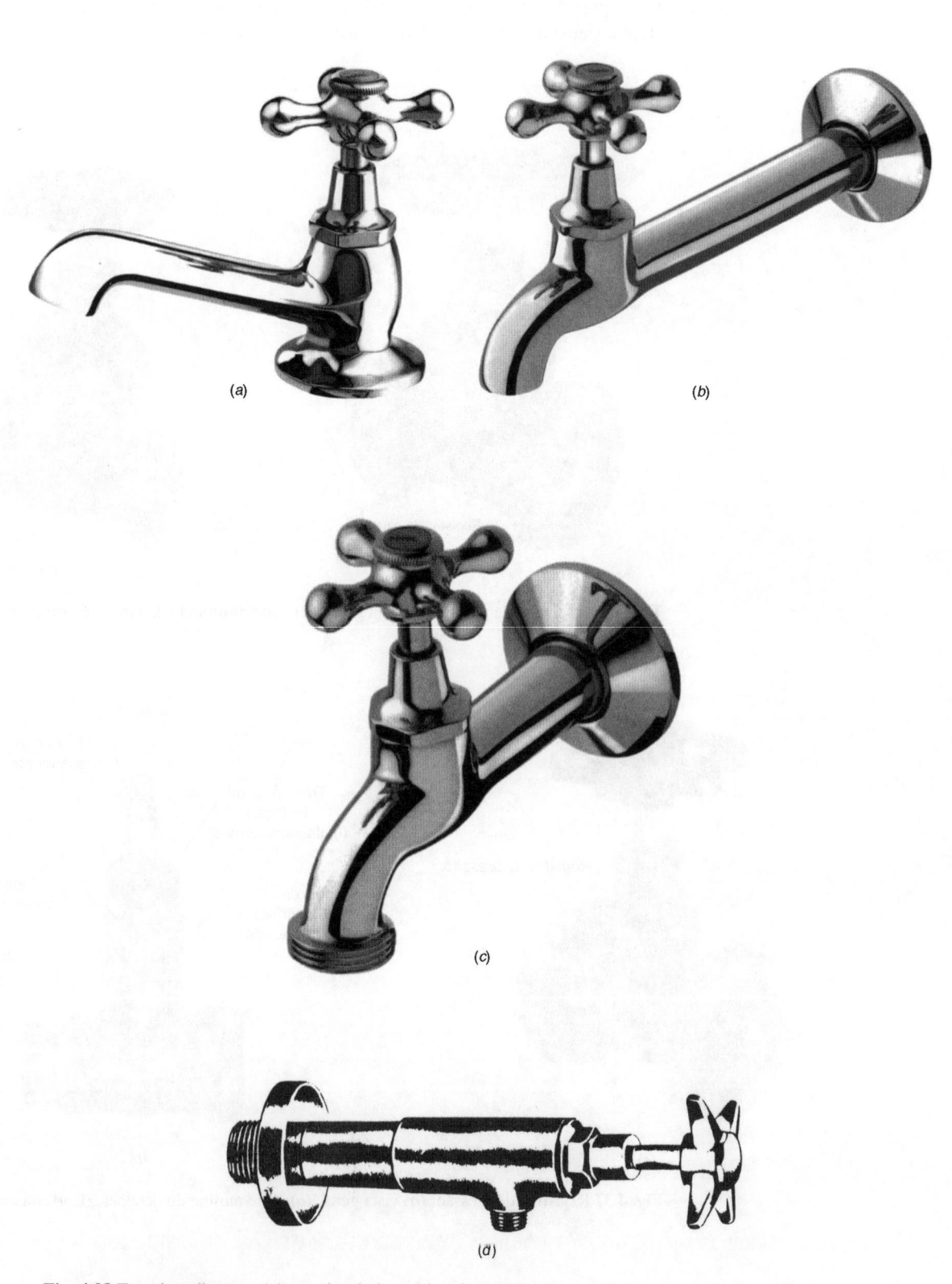

Fig. 4.38 Torneiras diversas: (*a*) torneira de lavatório; (*b*) torneira longa; (*c*) torneira de jardim; (*d*) torneira de filtro. (Cortesia da Docol.)

4.7.4 Torneiras de Bóia

São usadas para obturação do fluxo de água em reservatórios, caixas de descarga etc. Podem ser feitas de latão ou de plástico (Fig. 4.39).

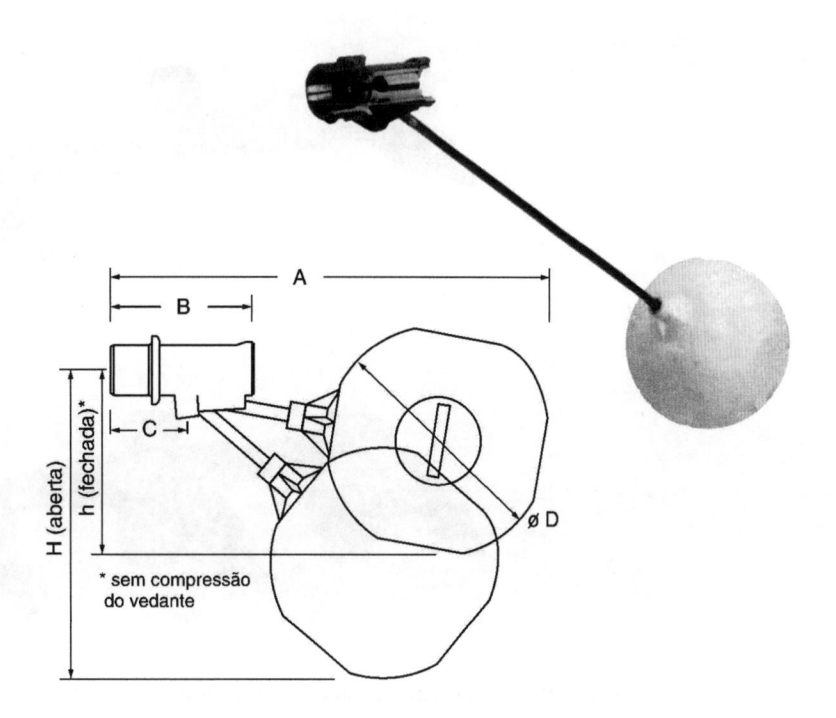

BITOLA	A	B	C	ϕD	H	h
DN 15 (½)	481	72	35	122	370	300
DN 20 (¾)	481	72	35	122	370	300
DN 25 (1)	496	79	41	122	370	300
DN 32 (1¼)	765	98	55	212	300	120
DN 40 (1 ½)	770	105	60	212	300	120
DN 50 (2)	970	124	66	224	320	150

Cotas em mm.

Fig. 4.39 Torneira de bóia com sede anticorrosiva. (Cortesia da Deca.)

4.7.5 Misturadores

São aparelhos que misturam as águas fria e quente com a finalidade de controlar a temperatura. Podem ser empregados em lavatórios ou em pias. Na Fig. 4.40, conjuntos misturadores já prontos para aplicação na obra, com entrada lateral (ligação rosqueada) ou por baixo, para o uso de ligações de tubulação de cobre ou PVC.

(a)

(b)

Fig. 4.40 Conjuntos misturadores: (*a*) chuveiro; (*b*) chuveiro e banheira. (Cortesia da Docol.)

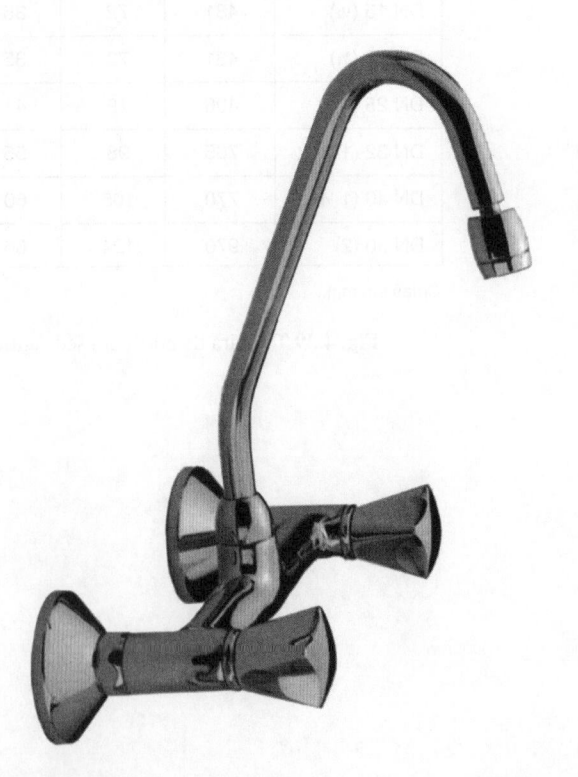

Fig. 4.41 Misturador para pia de cozinha. (Cortesia da Fabrimar.)

4.7.6 Controles Automáticos

Já existem no mercado brasileiro aparelhos que funcionam eletricamente (p. ex., DocolEletric). Utilizam mecanismos acionados por sensores infravermelhos ou por células fotoelétricas. O funcionamento se baseia na interrupção do feixe luminoso.

Há também os dispositivos controlados mecanicamente, em geral mais duráveis. Tanto os controles automáticos elétricos quanto os mecânicos (mais robustos) não dispensam cuidados de manutenção constante.

Fig. 4.42 Torneira para lavatório de mesa DocolEletric. (Cortesia da Docol.)

4.8 ASSENTAMENTO DOS APARELHOS SANITÁRIOS

As Normas Brasileiras fixam as exigências para a fabricação dos aparelhos sanitários, que devem satisfazer às condições de conforto, higiene, facilidade de limpeza e desobstrução, durabilidade etc. Existe grande variedade de marcas e dimensões, cada qual procurando satisfazer essas condições, além de mais estética, melhor preço etc. A Fig. 4.43 dará ao leitor informações sobre as dimensões dos aparelhos mais usuais, sendo imprescindível a consulta aos dados dos catálogos dos fabricantes antes de se projetar qualquer instalação dessa natureza. Na Fig. 4.44, vemos uma bacia sanitária do tipo "turca" muito usada em quartéis, internatos e outros estabelecimentos coletivos. Na Fig. 4.45, vemos a sugestão para um lavatório coletivo, feito na obra, de concreto ou alvenaria.

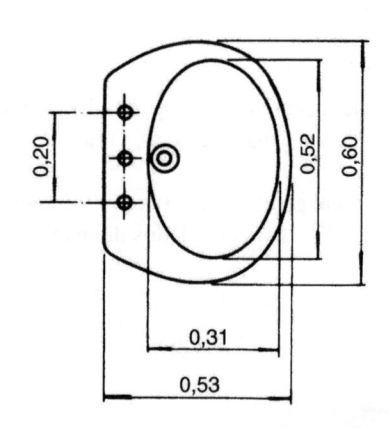
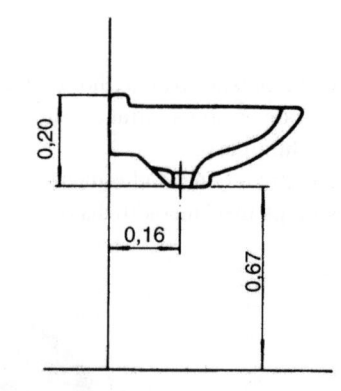
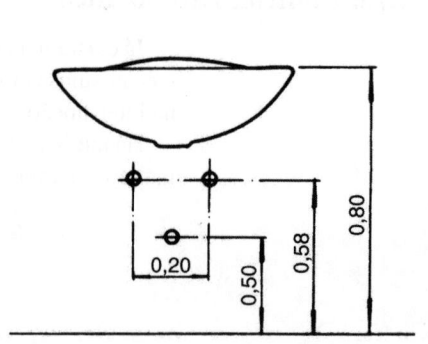

Lavatório tipo suspenso

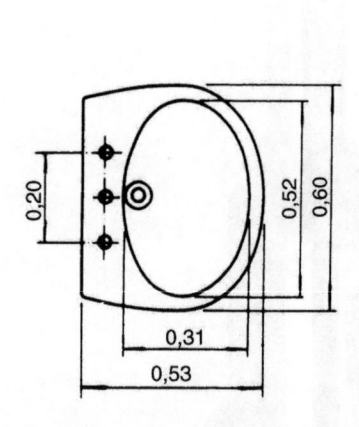
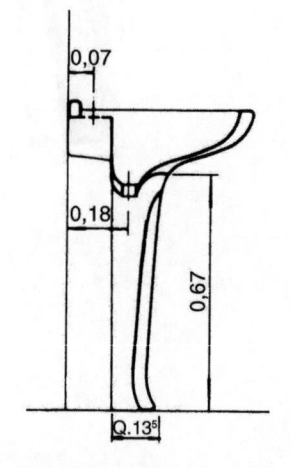
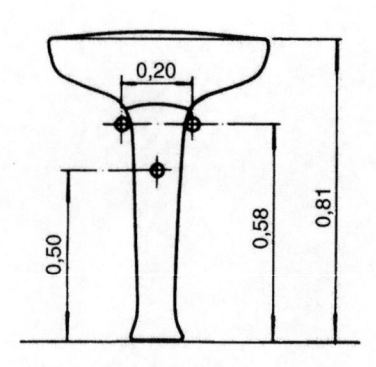

Lavatório tipo coluna

Fig. 4.43 Dimensões, pontos de água e de esgoto de aparelhos mais usuais (dimensões em metros).

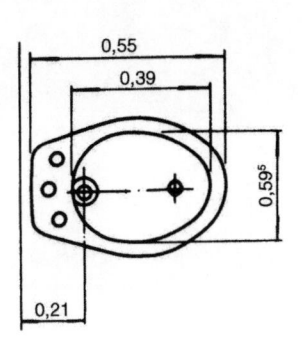
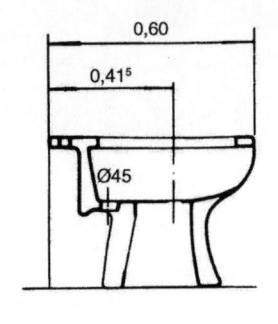
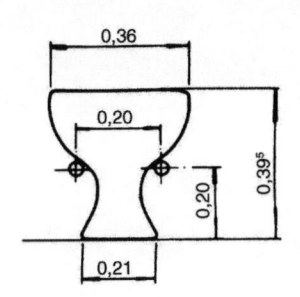

Bidês comuns com ducha

Aquecedores tipo comum
(ligação em triângulo)

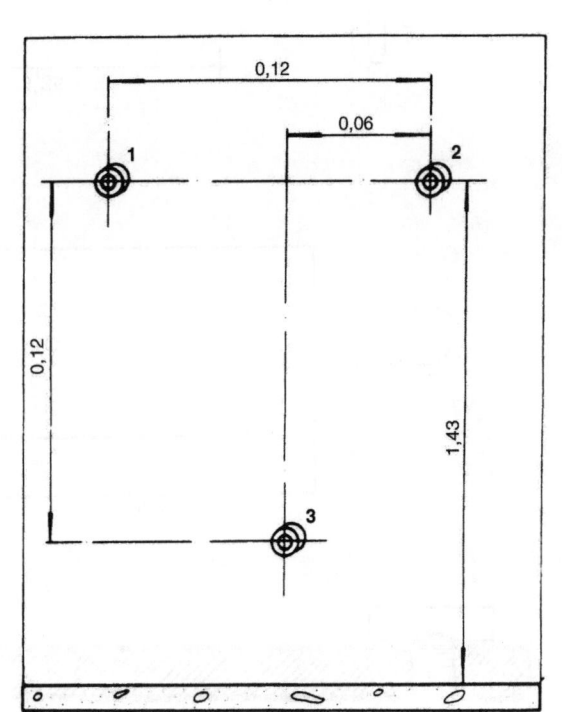

Legenda:
1 - Água quente
2 - Água fria
3 - Entrada de gás

Fig. 4.43 (Continuação)

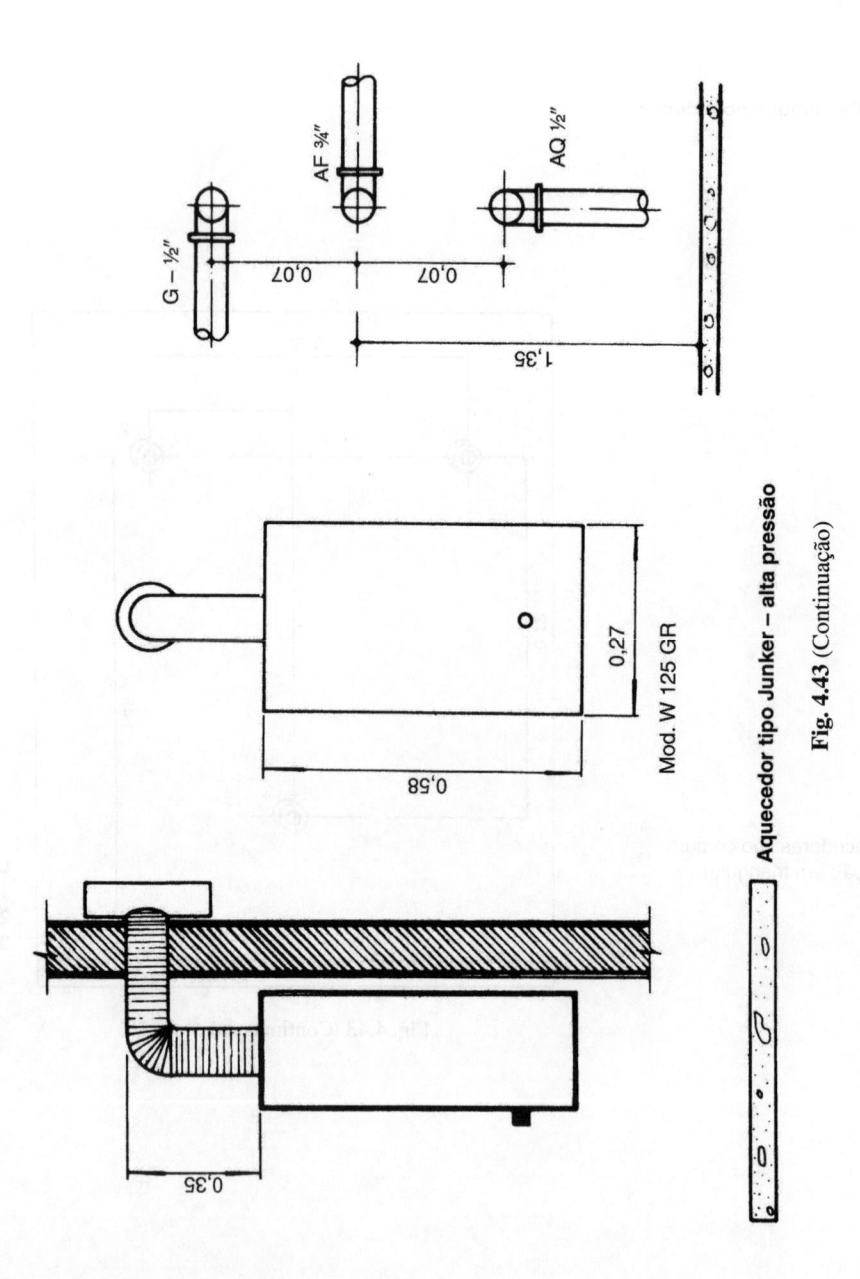

Aquecedor tipo Junker – alta pressão

Fig. 4.43 (Continuação)

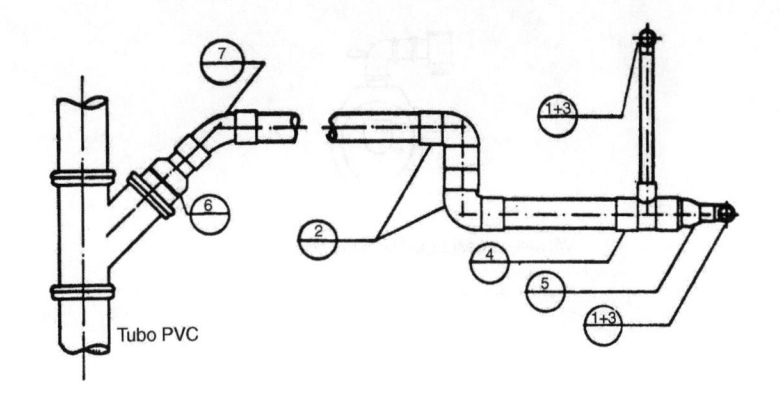

Tubo PVC

**DET. DE CAPTAÇÃO DE ESGOTO PARA
MÁQUINA DE LAVAR LOUÇA EM COBRE**

LEGENDA			
ESPECIFICAÇÃO		**CÓDIGO**	
1	COTOVELO	607	22 mm
2	COTOVELO	607	42 mm
3	CONECTOR	603	22 × 3/4''
4	TÊ	611 RC	42 × 22 × 42
5	B REDUÇÃO	600-2	42 × 22
6	B REDUÇÃO	600-2 D	50 × 42
7	CURVA 45°	606	42 mm

DES. ICSS	ESC. S/ ESCALA	DATA JUN/86	VISTO	Nº 08

Máquina de lavar louça (esgoto em cobre)

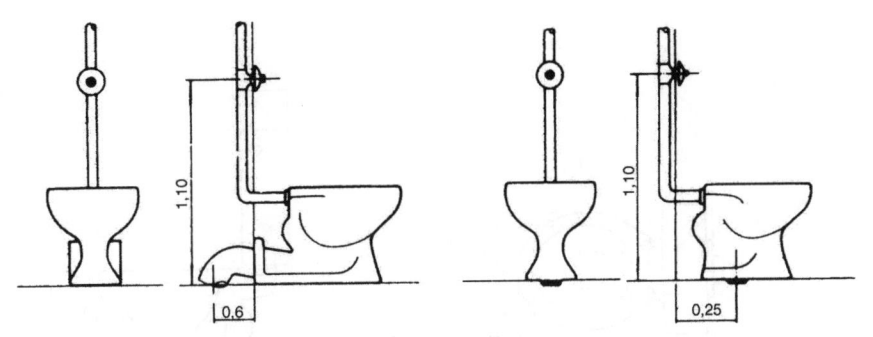

Válvula de descarga tipo botão – vaso saída horizontal e vertical

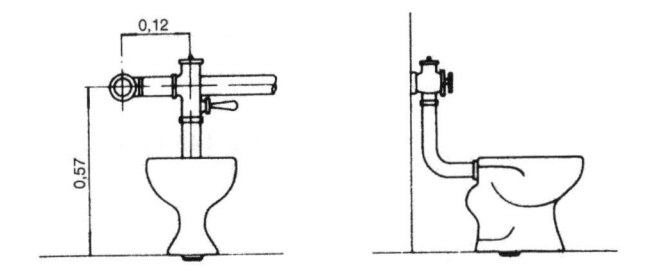

Fig. 4.43 (Continuação)

Válvula de descarga tipo alavanca

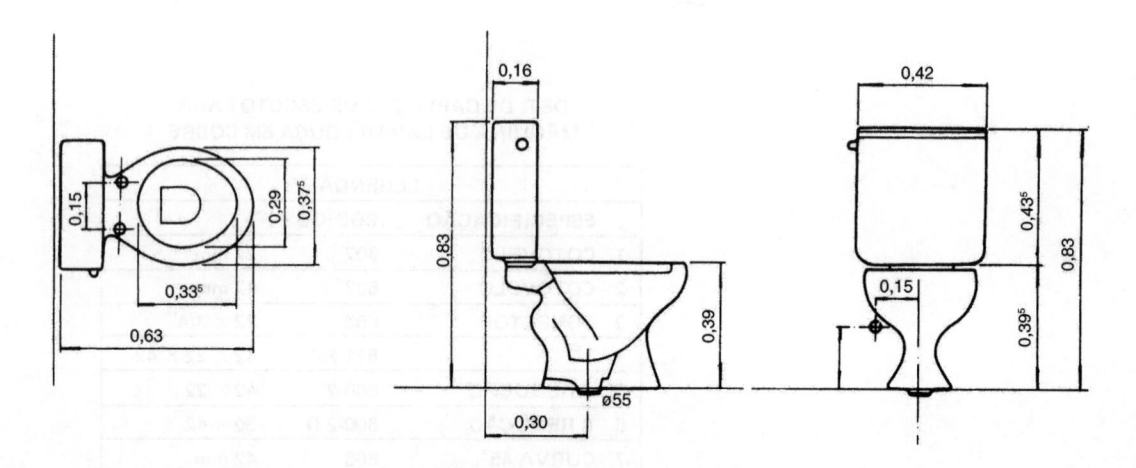

Caixa de descarga e vaso acoplados – saída comum (vertical)

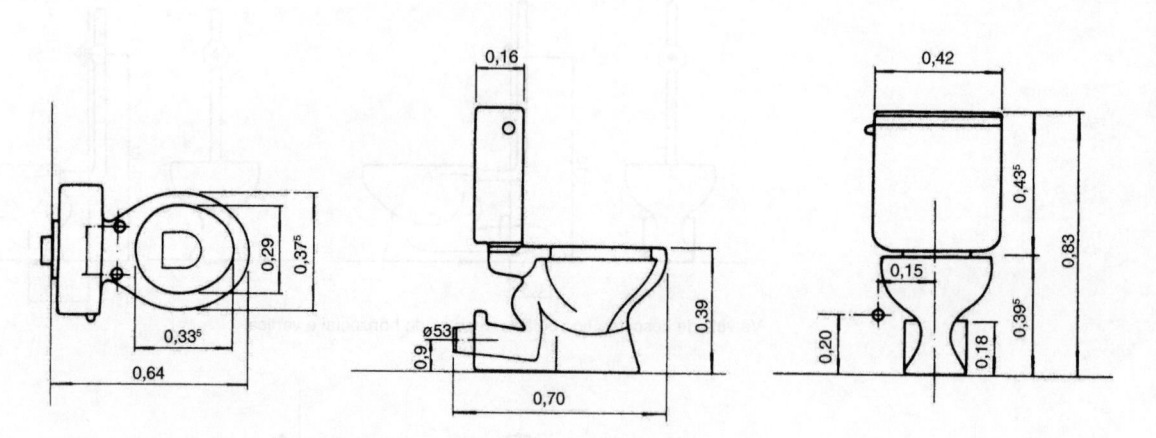

Caixa de descarga e vaso acoplados – saída horizontal

Fig. 4.43 (Continuação)

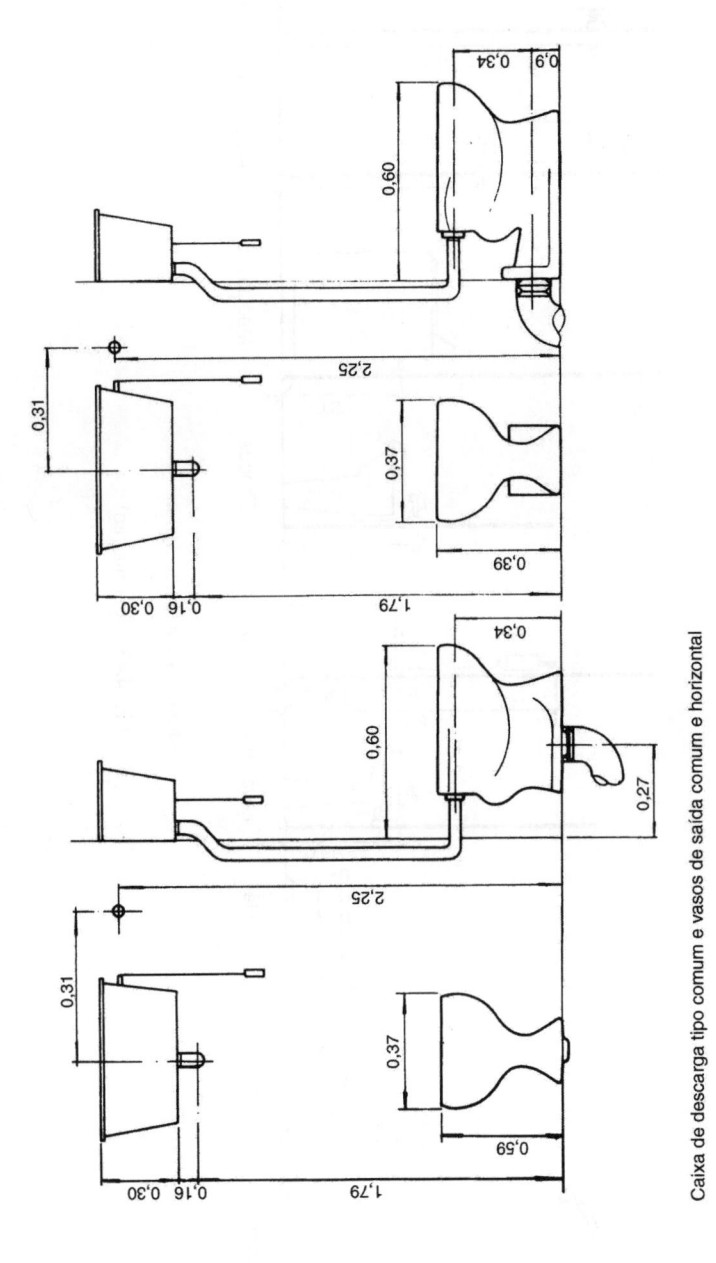

Caixa de descarga tipo comum e vasos de saída comum e horizontal

Fig. 4.43 (Continuação)

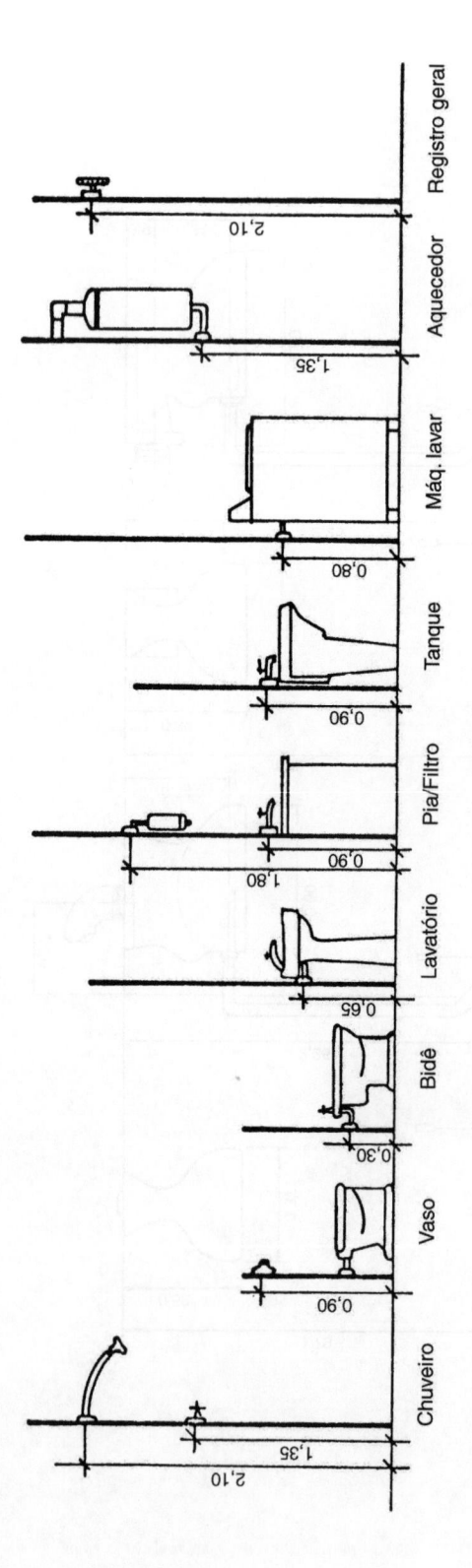

Altura dos pontos de água.

Fig. 4.43 (Continuação)

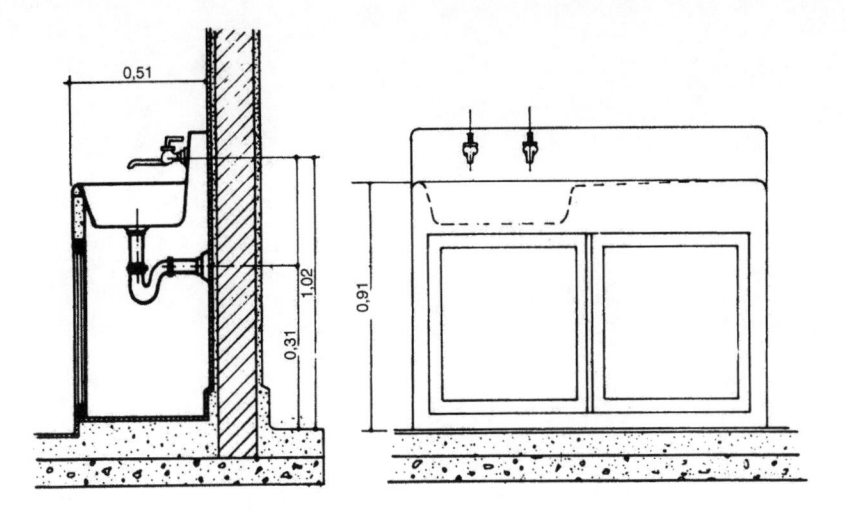

Fig. 4.43 (Continuação)

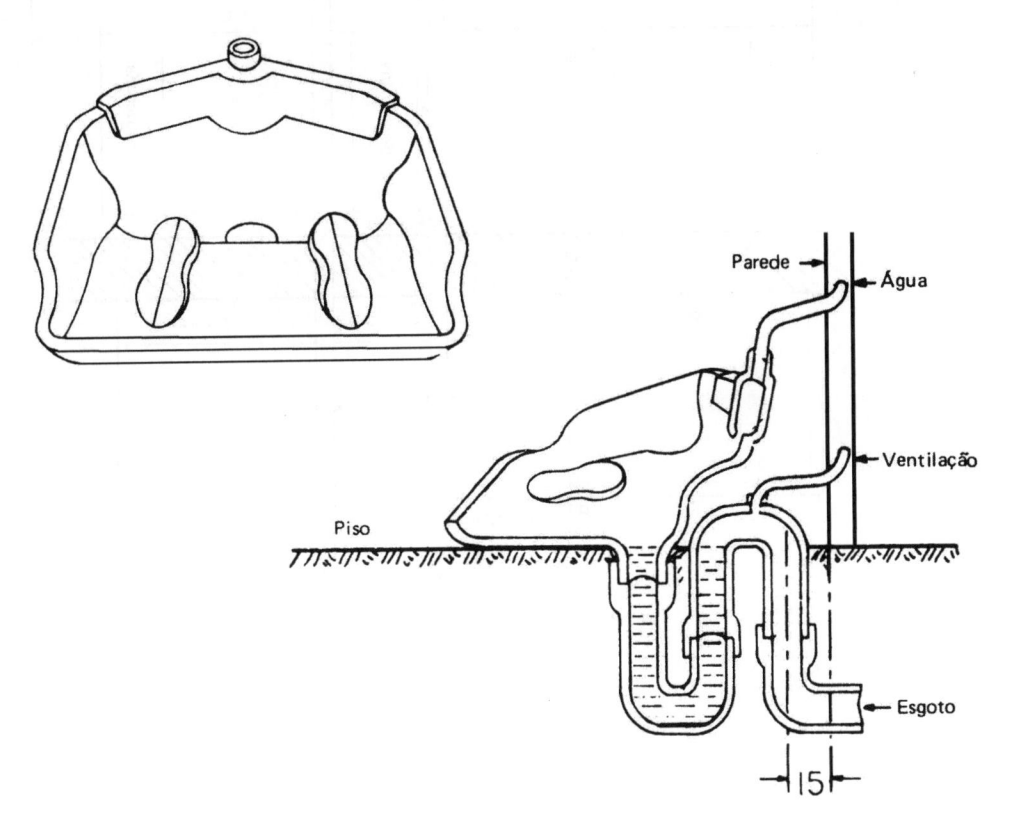

Fig. 4.44 Bacia sanitária tipo "turca".

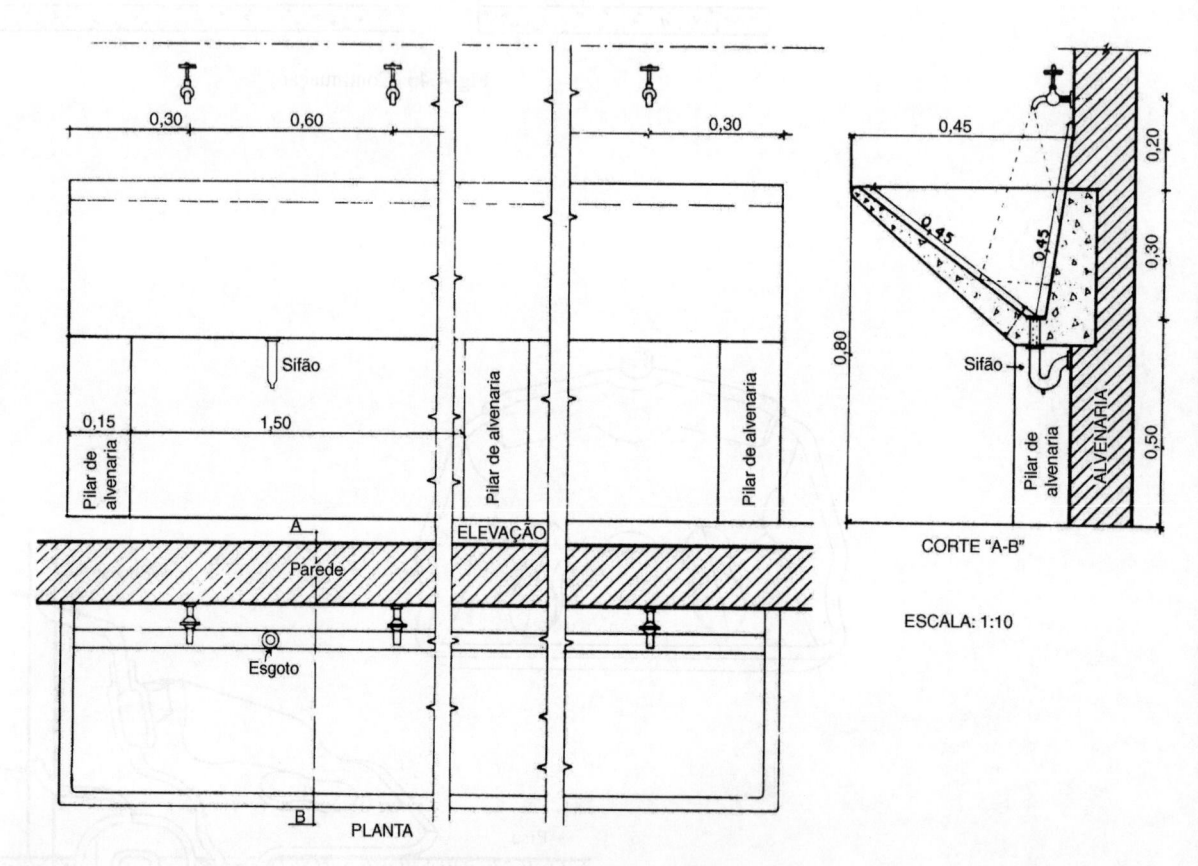

Fig. 4.45 Lavatório coletivo — Tipo sugerido.

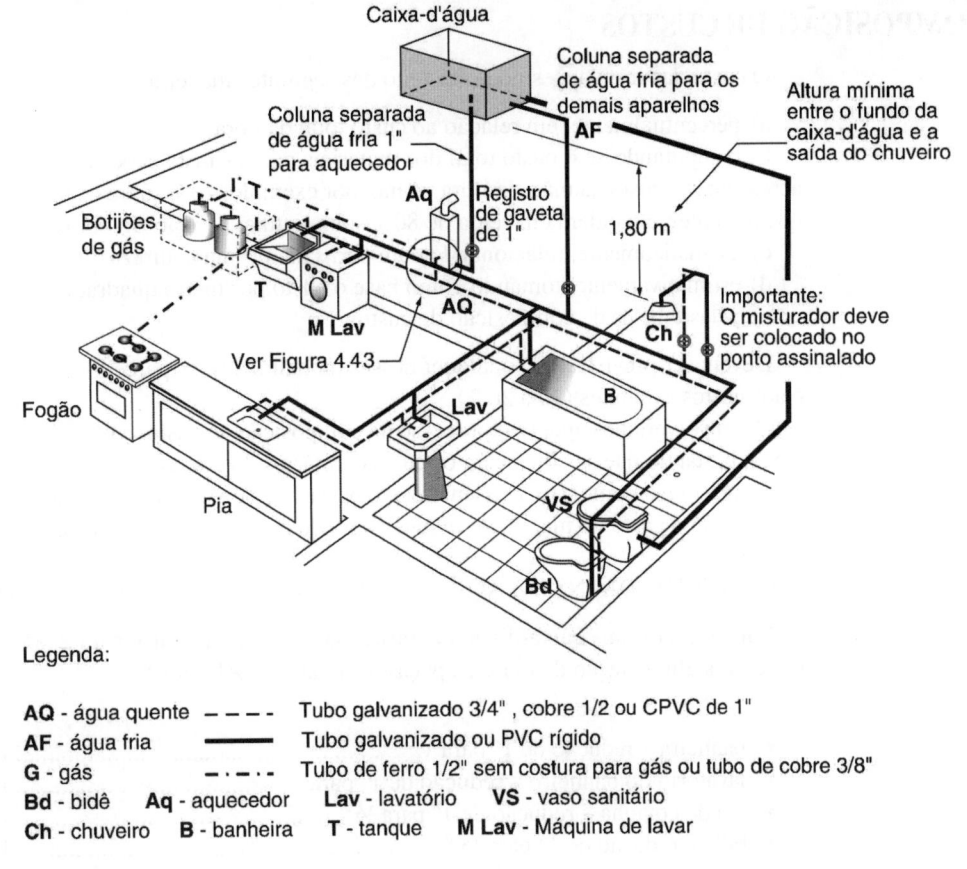

Legenda:

AQ - água quente   — — — —   Tubo galvanizado 3/4" , cobre 1/2 ou CPVC de 1"
AF - água fria   ————   Tubo galvanizado ou PVC rígido
G - gás   —·—··   Tubo de ferro 1/2" sem costura para gás ou tubo de cobre 3/8"
Bd - bidê   **Aq** - aquecedor   **Lav** - lavatório   **VS** - vaso sanitário
Ch - chuveiro   **B** - banheira   **T** - tanque   **M Lav** - Máquina de lavar

Observação:

- Recomenda-se revestir com isolamento térmico a tubulação de água quente quando seu comprimento for superior a 5 m.

- Para instalações de baixa pressão de água, mas com abastecimento regular, convém ligar o aquecedor diretamente à rede de água.

Fig. 4.46 Vista isométrica de uma instalação de água fria e quente usando aquecedor Junker (baixa pressão).

TABELA 4.7

\multicolumn{12}{Assentamento de Canos de Ferro Galvanizado com Luva}											
\multicolumn{12}{(Unidade: 1 m)}											

	Especificação	*Unidade*	\multicolumn{10}{*Diâmetro (pol.)*}									
			½	¾	1	1 ¼	1 ½	2	2 ½	3	3 ½	4
Material	Tubo	kg	1,35	1,75	2,61	3,38	4,18	5,62	7,17	8,98	10,90	12,40
	Estopa	kg	0,003	0,05	0,010	0,015	0,020	0,025	0,030	0,040	0,045	0,050
	Zarcão	kg	0,002	0,004	0,006	0,009	0,015	0,020	0,024	0,027	0,030	0,036
Mão-de-obra	Bombeiro	horas	⅙	⅙	⅙	⅕	⅕	⅕	¼	¼	¼	⅓
	Servente	horas	¼	¼	⅓	⅓	½	½	½	¾	¾	¾
Encargos sociais		80% sobre a mão-de-obra										
Administração		15 a 30% sobre o material + mão-de-obra										
Eventuais		10 a 20% sobre o total										

4.9 COMPOSIÇÃO DE CUSTOS

O custo das instalações pode ser feito das seguintes maneiras:

a) percentualmente, em relação ao custo total da obra;

b) computando-se o custo total dos materiais para as instalações hidráulico-sanitárias e sobre esse total acrescentar o custo da mão-de-obra, como, por exemplo, 40% sobre os materiais e mais os encargos sociais, que atualmente incidem em cerca de 80% sobre o total da mão-de-obra;

c) estatisticamente, relacionando com obras da mesma natureza;

d) estimativamente, tomando como base o custo por metro quadrado ou por pontos de utilização;

e) pelas tabelas de composição de custos.

Devem ser previstas, em qualquer dessas modalidades, as parcelas relativas à administração (15 a 30%) e aos custos eventuais (10 a 20%).

Desenvolveremos apenas o processo da composição de custos, por ser aplicável a qualquer tipo de instalação, bastando que se conheçam os custos unitários do material e da mão-de-obra.

Vamos tomar como base o assentamento de canalizações em ferro galvanizado de 1 m de comprimento, estimando-se o gasto do material e mão-de-obra de encanador e servente e todo o material necessário à obra.

ORÇAMENTO DA INSTALAÇÃO DA FIG. 4.46, COM BASE NO SALÁRIO MÍNIMO

Vamos supor uma caixa-d'água já instalada, de fibra de vidro, para 2.000 l, ao preço de R$2.500,00, de onde sai a alimentação de todas as peças de água fria (AF) em 1″.

	R$
• banheira – redução de 1″ para ½″	10,90
• lavatório do banheiro – redução de 1″ para ½″	10,90
• pia de cozinha – redução de 1″ para ½″	10,90
• bidê – redução de 1″ para ½″	10,90
• chuveiro – redução de 1″ para ½″ e 3 curvas de 90° e registro de 1 ½″	10,90
• máquina de lavar roupa – tê c/ registro de 90°	30,90
• tanque – redução de 1″ para ½″	10,90

■ PREÇO DO TANQUE – R$ 200,00

	R$
• tubulação de 1″ – redução de 1″ para ½″ (C/ 2 tubos p/AQ e AF)	130,90
• aquecedor de ½ – Junker ½″	480,00
• VS com alimentação de 2 ½″ direto da caixa	20,90
• 2 botijões de gás GLP e tubulações de 1 ½″ p/ AQ com 6 reduções para os aparelhos	250,00
• preço da MO por uma semana	1.000,00

RESUMO DAS PEÇAS HIDRÁULICAS

	R$
banheira	10,90
lavatório	10,90
pia de cozinha	20,90
vaso sanitário	20,50
chuveiro	10,90
máquina de lavar	10,90
tanque + registro	60,90
botijões	250,00

Total dos materiais hidráulicos...R$395,90

Mão-de-obra...R$1.000,00

Subtotal .... R$1.395,90

Aparelhos

	R$
banheira	600,00
chuveiro	135,00
bidê...	60,00
lavatório..	120,00
vaso sanitário..	80,00
aquecedor	480,00

Total...R$ 2.870,90

Cálculos feitos com base no salário mínimo de 2004 (R$ 260,00 – duzentos e sessenta reais).

Resumo do Capítulo 4

— Material plástico: generalidades, execução de instalações de água fria em tubos de PVC rígido, tabelas de tubos e conexões de PVC de fabricantes, dimensionamento de tubulações em PVC, uso de plástico em esgotos e acessórios sanitários;

— Tubos e conexões de ferro fundido: de alta-pressão e de baixa-pressão, tubos e conexões de ferro fundido de junta rígida e de junta elástica, tubos de ferro fundido para prumados prediais de água;

— Tubos e conexões de ferro galvanizado: tabelas de tubos e conexões;

— Tubos de chumbo: tabelas de espessuras e pesos de canos de chumbo para água e gás;

— Tubos e conexões de cobre: características de tubos de cobre (resumo de publicação do Centro Brasileiro de Informações sobre o cobre), junção dos tubos de cobre, execução da solda capilar, indicações para o uso das tubulações de cobre;

— Tubos e conexões de cimento-amianto: tabelas de dimensões;

— Aparelhos controladores de fluxo: válvulas de fluxo ou de descarga, registros globo, registros de gaveta, torneiras comuns, torneiras de bóia, misturadores, aparelhos para bidê, dimensões, pontos d'água e de esgotos dos aparelhos usuais;

— Assentamento dos aparelhos sanitários: composição de custos (tabelas).

5 *Instalações Especiais*

Há diversos tipos de instalações hidráulicas a que chamamos especiais por terem aplicações diferentes, ou seja, uso em outras finalidades. Por exemplo, sistema de pressurização de água, sistema hidráulico para uso de piscinas e saunas.

Vejamos, separadamente, cada um desses exemplos.

5.1 SISTEMA DE PRESSURIZAÇÃO DE ÁGUA

Há inúmeras instalações que, por terem pressões de abastecimento insuficientes, têm necessidade de um sistema que aumente a sua pressão dinâmica. Tal é o sistema Auto-Jet, indicado para as seguintes instalações:

1) Casas e coberturas: chuveiros com aquecedores elétricos ou a gás (solar ou *boiler*), duchas, saunas, cozinhas etc.
2) Hotéis ou motéis.
3) Clubes, academias ou salões de beleza.

O sistema Auto-Jet funciona pelo princípio da variação de fluxo de água e entra em funcionamento automático quando existe um fluxo mínimo de 0,2 litro por minuto. Para isso existe uma pequena bomba de potência de 1/8 até ½ cv, conforme o número de peças a serem pressurizadas.

Nas Figs. 5.1 e 5.2, há indicações para a vista e instalações elétricas, e na Fig. 5.3, uma maneira de ligação hidráulica do sistema Auto-Jet de pressurização às redes, que poderão ser de tubos galvanizados ou de PVC, inclusive de CPVC.

5.2 SISTEMA HIDRÁULICO PARA INSTALAÇÕES DE PISCINA

Na Fig. 5.4, podemos ter algumas noções básicas para a construção das instalações hidráulicas de uma piscina.

É fato que quando a piscina está em funcionamento a água está sempre circulando, isto é, a bomba não pára por duas razões: 1) a água deve ser filtrada e clorada para hão haver nenhum germe produtor de doenças, como deveria ser feito no tratamento de água para consumo (ver Fig. 1.1 do Capítulo 1).

A casa de máquinas da piscina pode ser construída no mesmo nível ou abaixo da piscina (ver Fig. 5.4). Para a instalação da eletrobomba, deverá ser construída uma base de concreto. A água da piscina deve ser completamente azul e transparente, e para isso necessária se faz a sua filtração. O filtro terá como objetivo principal a retenção de toda a matéria orgânica em suspensão e algas, cuidadas pelo uso do cloro.

Para testar a pureza da água e seu pH, usaremos um aparelho chamado colorímetro, que também é chamado de comparador de cloro residual. Se o pH da piscina for 7, significa que a água está neutra, isto é, a água não é ácida, nem alcalina. O pH ótimo varia entre 7,2 e 7,6. Todavia, o aspecto de água limpa não significa que ela esteja desinfetada. É preciso sempre adicionar um pouco de cloro. O sulfato de cobre deverá ser verificado a cada 15 dias, e a quantidade a ser utilizada é mais ou menos de 2 gramas por 1.000 L de água. Outro cuidado importante para a conservação de uma piscina é aspirar, sempre, os objetos flutuantes por

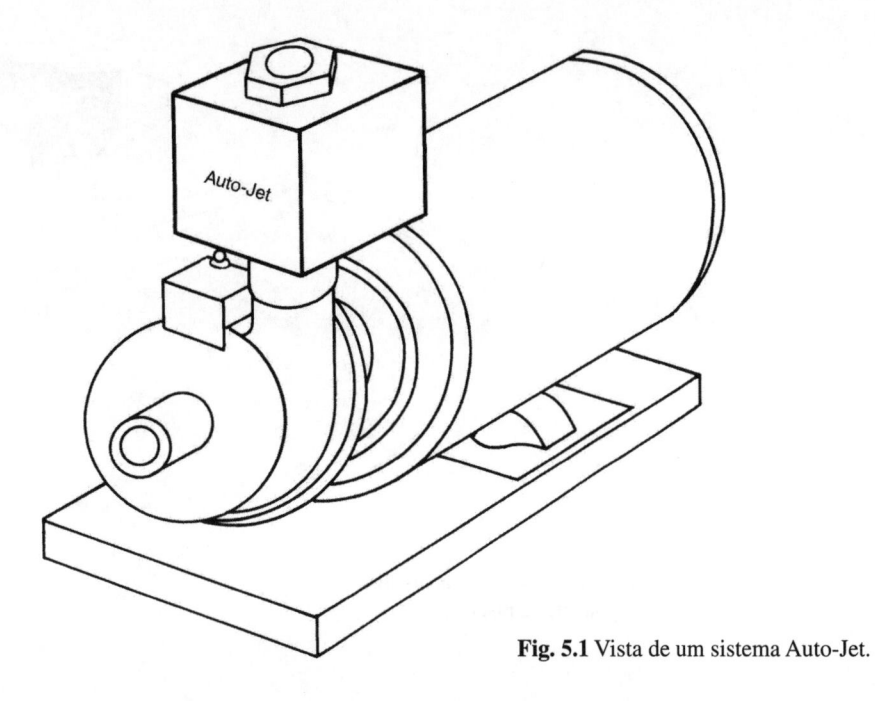

Fig. 5.1 Vista de um sistema Auto-Jet.

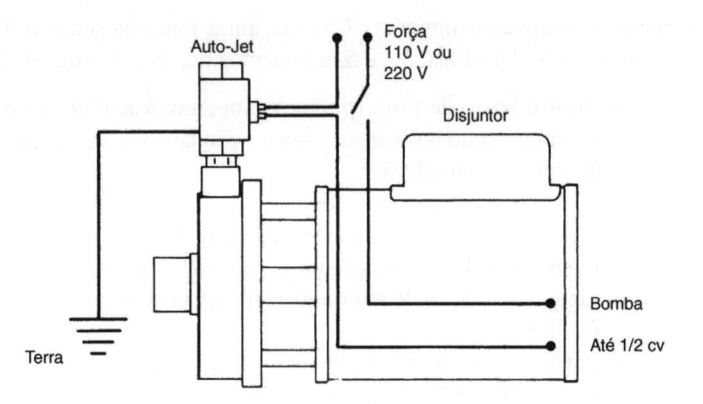

Fig. 5.2 Indicação para ligação elétrica do sistema Auto-Jet.

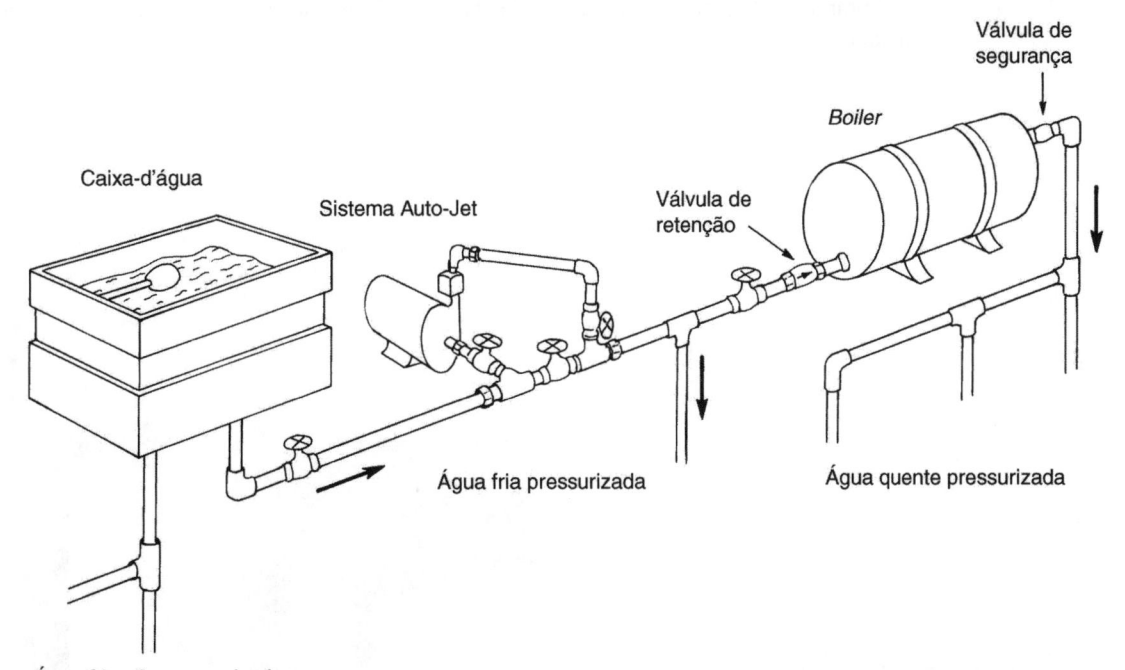

Fig. 5.3 Instalações hidráulicas de um sistema Auto-Jet.

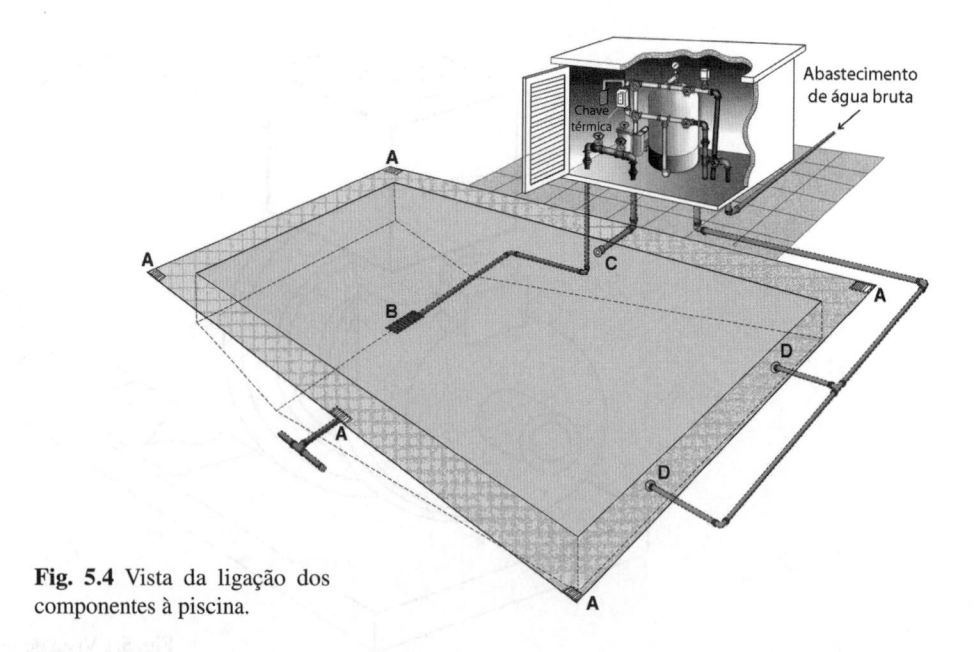

Fig. 5.4 Vista da ligação dos componentes à piscina.

meio de mangueira com bóias. Caso a aspiração esteja sendo dificultada, recomendamos verificar a entrada de ar do filtro. Nas Figs. 5.4 e 5.5, podemos nos orientar quanto à operação do sistema:

— Abrir o bujão de filtro (plugue) para a colocação do leito de areia (colocar primeiro a areia grossa, movimentando o filtro para sua acomodação, e em seguida colocar a areia fina, movimentando o filtro para a acomodação).
— Fechar hermeticamente o bujão.
— Ligar o ralo de fundo da piscina ao registro n.º 1. — Ver detalhe B na Fig. 5.7.
— Ligar o bocal de aspiração do registro n.º 2 através de uma união.
— Ligar a tubulação de retorno da água filtrada ao registro n.º 4, através de uma união. Ver detalhe D na Fig. 5.9.
— Ligar a tubulação de abastecimento de água através do registro n.º 7.
— Ligar a tubulação de lavagem de filtro (registro n.º 6) a um ponto de esgoto na casa de máquina.
— Ligar a chave térmica à chave de faca.
— Calibrar a regulagem térmica à chave da chave, ligeiramente acima da amperagem do motor (aproximadamente 20%).

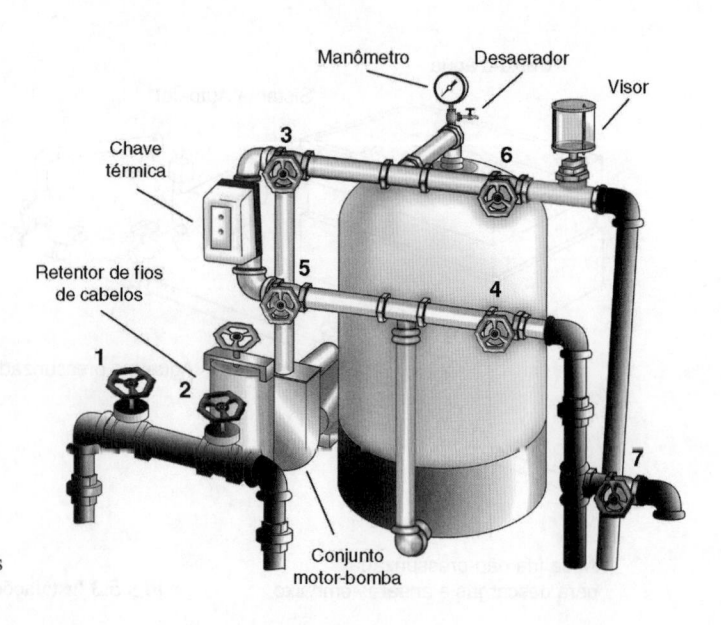

Fig. 5.5 Vista geral dos componentes para a instalação de piscinas.

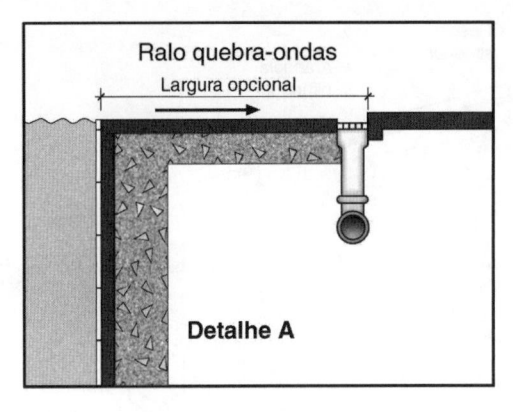

Fig. 5.6 Detalhes.

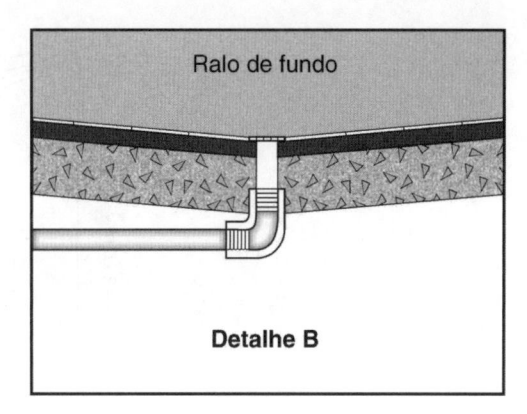

Fig. 5.7 Detalhes.

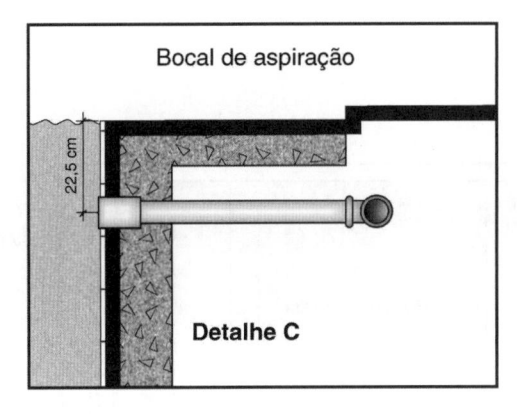

Fig. 5.8 Detalhes.

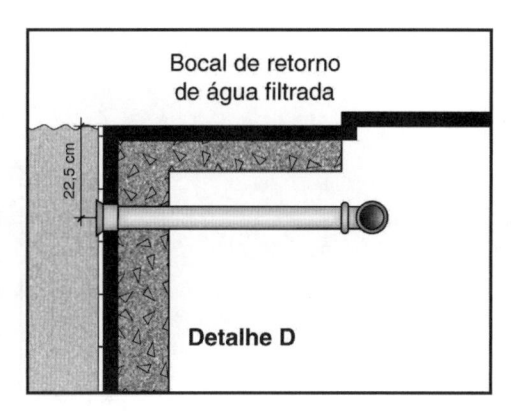

Fig. 5.9 Detalhes.

5.3 SISTEMA HIDRÁULICO PARA USO DE SAUNA

5.3.1 Sauna — Uma Breve História

A palavra sauna, derivada do finlandês, é conhecida em todo o mundo. Nos países nórdicos, é prática comum, no campo, ter a sauna como centro de atividades sociais. Além da cozinha e da lavanderia, o local em que se usava água quente era nas saunas e muitas vezes utilizando a lenha do próprio campo. A sauna é um local muito apreciado nos lugarejos mais frios por trazer um grande bem-estar a todas as pessoas que a freqüentam. Sua temperatura oscila entre 85°C a até mais de 100°C.

É costume finlandês que os anfitriões ofereçam aos convivas um banho de sauna antes do jantar. Ao contrário do conceito ocidental, a sauna não possui aspecto erótico, e famílias inteiras dos países nórdicos fazem uso dela, inclusive crianças. A sauna nesses países não é uma sala aquecida, tipo banho turco ou sueco. Na Fig. 5.10, vemos o corte de uma sauna a vapor com fonte de aquecimento elétrica e que dispõe de uma parte alta, com respiro e reboco com vermiculita.

A **sauna úmida** é indicada para as doenças respiratórias, e produz a dilatação dos poros e suor intenso e contínuo. O banho frio após a sauna causa a contração dos poros, que logo em seguida são dilatados pelo calor, o que garante o equilíbrio do sistema nervoso autônomo, possibilitando dessa forma a cura de diversas doenças, desde que a água fria e quente seja insuflada a intervalos de 20 minutos.

Na Finlândia existem saunas em todos os lugares, mesmo em apartamentos de um só quarto. Nas cidades prevalecem as saunas elétricas, em especial ao lado de um lago ou ilhota no mar Báltico.

A sauna úmida é associada ao uso de eucalipto de pinho, capim-cidreira e plantas voláteis que ajudam a fluidificar o muco das secreções respiratórias, provocando a expectoração e proteção da mucosa, acelerando a queima de calorias, melhorando o funcionamento da circulação periférica, relaxando a musculatura e melhorando o retorno linfático.

A **sauna seca** é mais indicada para os casos de obesidade, reumatismo e doenças respiratórias. Qualquer sauna deve ser usada com moderação.

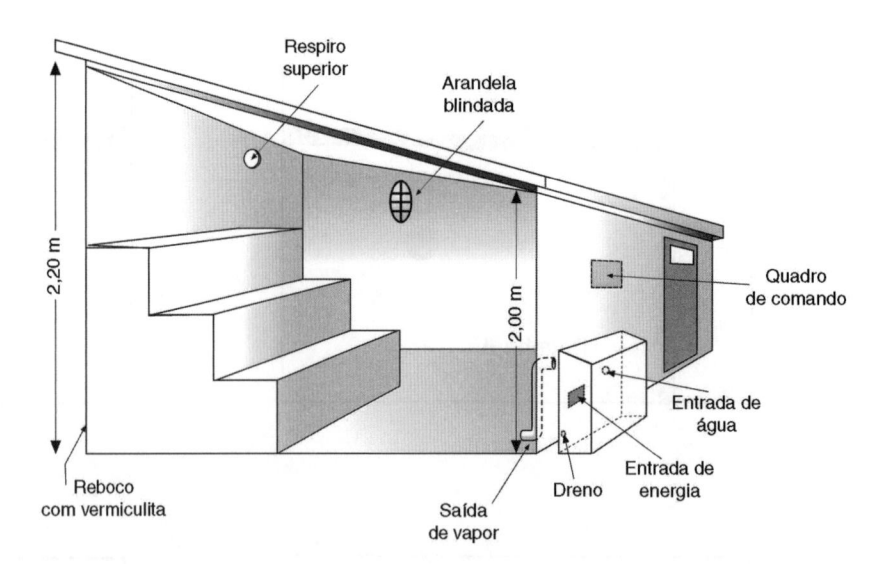

Fig. 5.10 Sauna a vapor elétrica (vista).

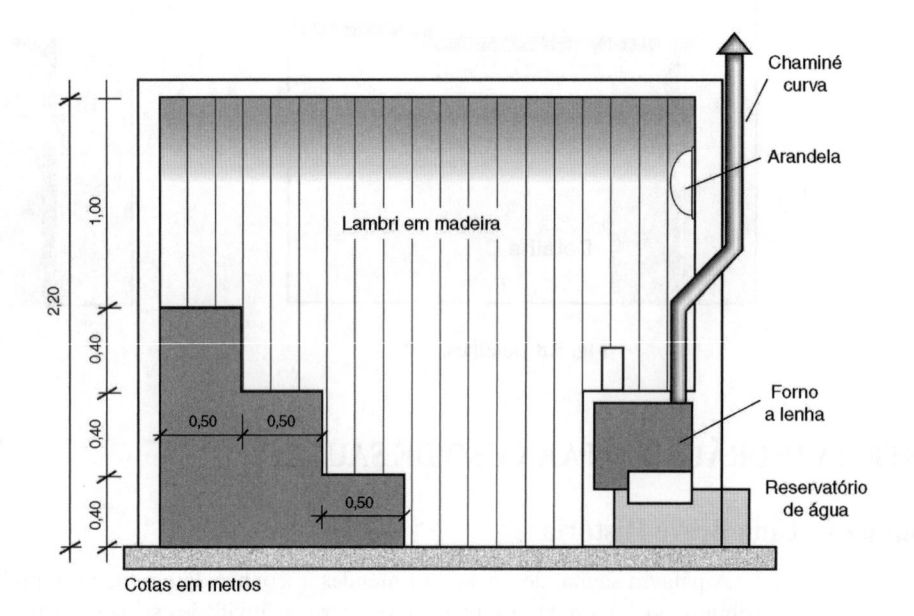

Fig. 5.11 Projeto para sauna semi-úmida (corte).

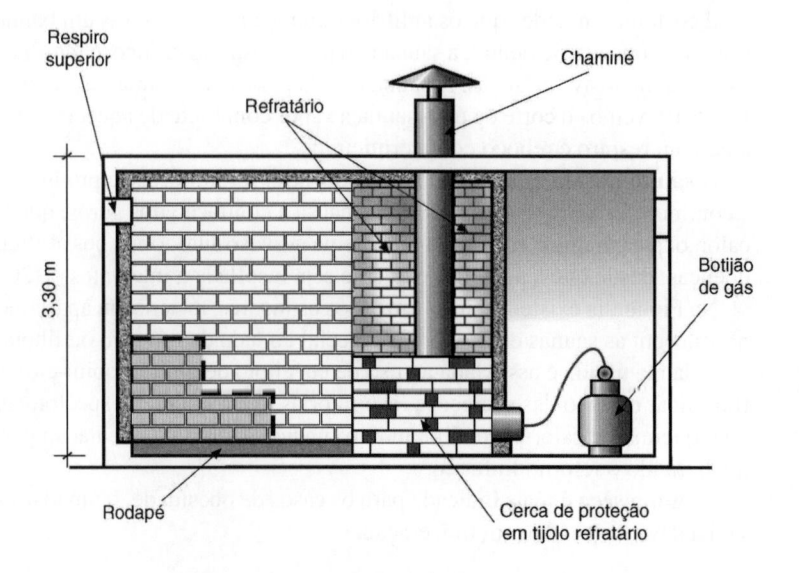

Fig. 5.12 Corte com detalhes para sauna seca a gás.

A **sauna a vapor**, além dos benefícios assinalados, proporciona limpeza das vias respiratórias, eliminação das toxinas e do excesso de sais, suavizando o organismo e tornando-o mais resistente às doenças.

Na Tabela 5.1 vemos um resumo dos tipos de aquecimento e de revestimentos.

Nas Figs. 5.11 a 5.14 são apresentados detalhes típicos das saunas.

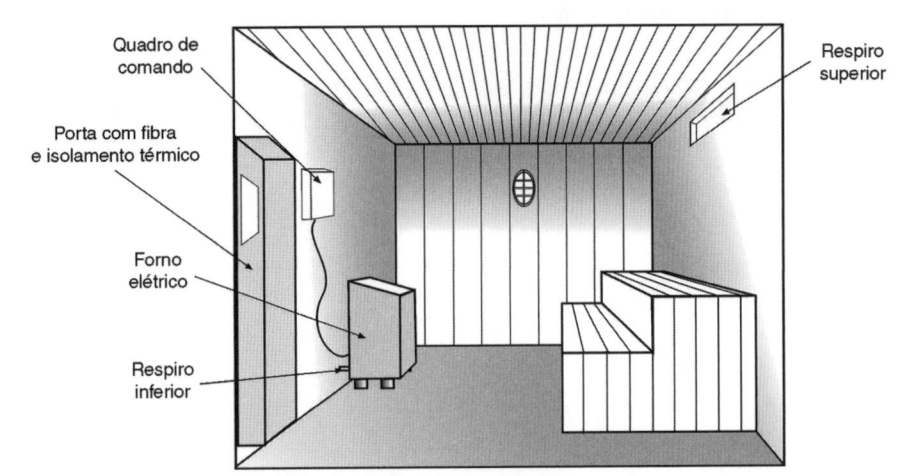

Fig. 5.13 Vista de uma sauna elétrica (seca).

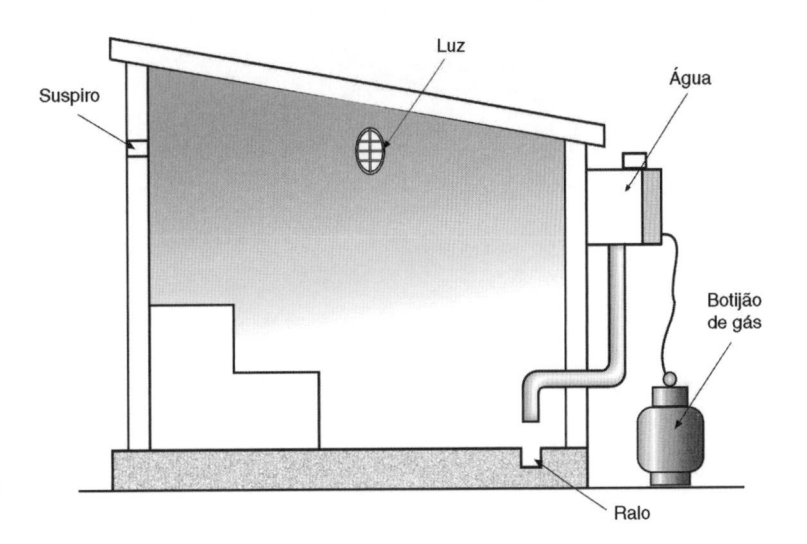

Fig. 5.14 Sauna a vapor a gás (corte).

TABELA 5.1

Fontes de Aquecimento	Tipo de Aquecimento	Equipamentos Indicados e Disponíveis	Revestimentos	Tipo de Instalação
Gás natural ou GLP	Vapor	Gerador de vapor a gás	Azulejo	Externa (parede ou piso)
Gás natural ou GLP	Semi-úmida	Sauna semi-úmida a lenha ou a gás	Madeira	Externa (parede ou piso)
Gás natural ou GLP	Seca	Forno a lenha ou a gás	Madeira	Interna (piso)
Lenha	Vapor	Sauna finlandesa	Madeira	Interna (piso)
Lenha	Semi-úmida	Sauna semi-úmida	Madeira	Interna (piso)
Lenha		Lenha ou gás	Madeira	Interna (piso)
Elétrica	Seca	Forno a lenha ou a gás	Madeira	Interna (piso)
Elétrica	Vapor	Gerador de vapor elétrico	Azulejo	Interna ou externa (parede ou piso)
Elétrica	Seca	Forno elétrico	Madeira	Interna (piso)

Resumo do Capítulo 5

— Sistema de pressurização de água;

— Instalações de piscina;

— Sistema hidráulico para uso em sauna.

Instalações para Deficientes Físicos

Em nosso País, os deficientes físicos sempre foram relegados a condições de abandono, até mesmo por parte de autoridades responsáveis. Basta vermos que não existem Códigos especializados que apresentem as exigências necessárias ao conforto do deficiente, quer sejam Códigos de Obras, quer de Trânsito, salvo raras exceções.

Após o Ano Internacional do Deficiente Físico (1981), porém, já se nota algum progresso nesse setor, em especial quanto ao estacionamento de veículos e instalações sanitárias em alguns edifícios públicos. Todavia, ainda nos resta muito a fazer para tornarmos mais humana a vida das pessoas deficientes, principalmente nos centros urbanos, onde ainda não há fiscalização adequada ao cumprimento da própria legislação existente.

Um dos grandes problemas a serem vencidos é o do estacionamento de carros em calçadas, prática muito comum em grandes metrópoles, tornando praticamente impossível o deslocamento de cadeiras de rodas ou mesmo de carrinhos de criança, sem o grave inconveniente do risco de transitar por ruas e avenidas destinadas ao tráfego de veículos.

Com a finalidade de cooperar com os projetistas de arquiteturas e de instalações, este capítulo contém indicações de uma norma específica de municipalidades da Suíça, traduzida e adaptada à realidade brasileira.

O assunto foi dividido em três partes: medidas e necessidades de espaço; o deficiente no trânsito; e a moradia.

6.1 MEDIDAS E NECESSIDADES DE ESPAÇO

Nas figuras que se seguem, todas as medidas e informações são dadas em centímetros e são sempre relacionadas com a obra terminada.

6.1.1 A Cadeira de Rodas

Existem também cadeiras com rodas traseiras giratórias, largura de 70 cm e comprimento de 100 cm.

A Fig. 6.2 mostra as necessidades de espaço para as manobras de uma cadeira de rodas quando em círculo a 90°, a 180° e a 360°.

A Fig. 6.3 se refere à capacidade de alcance do deficiente, quando sentado.

6.1.2 Deslocamento com Bengalas ou Muletas

A Fig. 6.4 mostra o espaço necessário ao deslocamento de pessoas usando bengalas e também à condução de crianças.

6.2 O DEFICIENTE NO TRÂNSITO

6.2.1 Travessia

Em princípio, calçadas devem ser construídas em todas as ruas. E, obviamente, essas calçadas não podem ser ocupadas por veículos, devendo destinar-se ao deslocamento de pessoas.

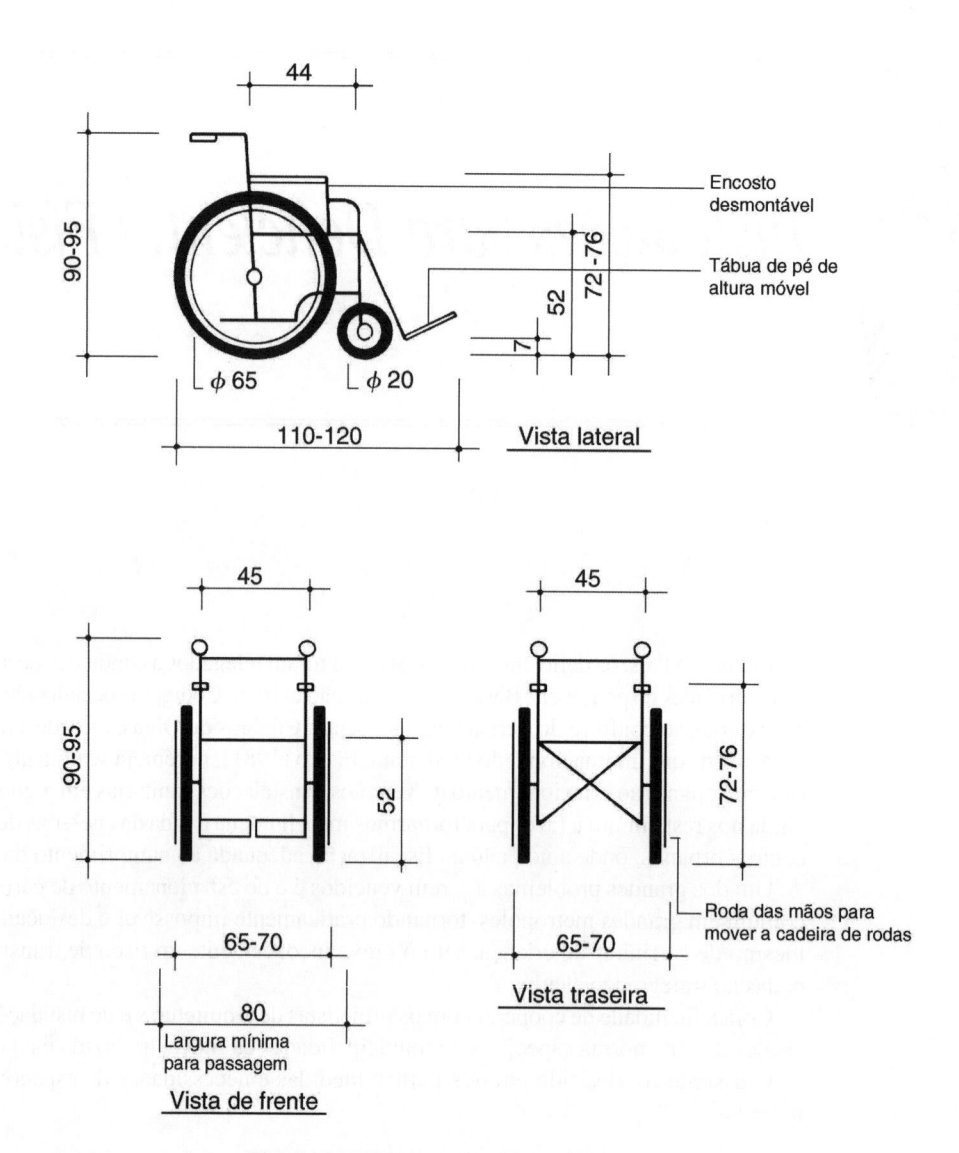

Fig. 6.1 Medidas de uma cadeira de rodas comum.

Na Fig. 6.6 vemos as indicações de uma calçada para uso de cegos. O patamar de 6 cm visa à orientação para um cego poder caminhar; nos lugares perigosos, deve haver uma proteção por meio de corrimão.

Essa figura mostra um cego sendo conduzido por um cão e as necessidades de espaço, sob uma marquise, além de indicações para portas e altura de porta-cartas.

O livre trânsito do cego pela calçada exige que não haja placas de trânsito no caminho. Deve ser proibida ainda a circulação de bicicletas, motos etc.

Ainda na Fig. 6.6, vemos indicações para uma travessia com "ilhas" de, no mínimo, 120 cm para que o deficiente possa aguardar, a fim de realizar a travessia do trânsito de veículos em sentido oposto.

Sempre que possível, as municipalidades deverão dotar as ruas de passarelas, túneis ou rampas, destinadas à travessia de pessoas deficientes.

6.2.2 Estacionamento e Garagens

A Fig. 6.7 trata da área de estacionamento destinada aos deficientes físicos, a qual deve ocupar o mínimo de 2% da área total. Deve haver sinal de trânsito indicativo. Na figura vemos, também, a área mínima para estacionamento normal e com cadeiras de rodas.

Na Fig. 6.8 são mostradas áreas de garagens. Cerca de 10% da área das garagens deve ser destinada a deficientes físicos, devendo situar-se no térreo ou no subsolo, próximo à entrada principal ou elevador.

Os edifícios dos aeroportos sofrem as mesmas exigências dos demais edifícios públicos. A entrada e a saída dos aviões devem ser feitas sem escadas e com cobertura.

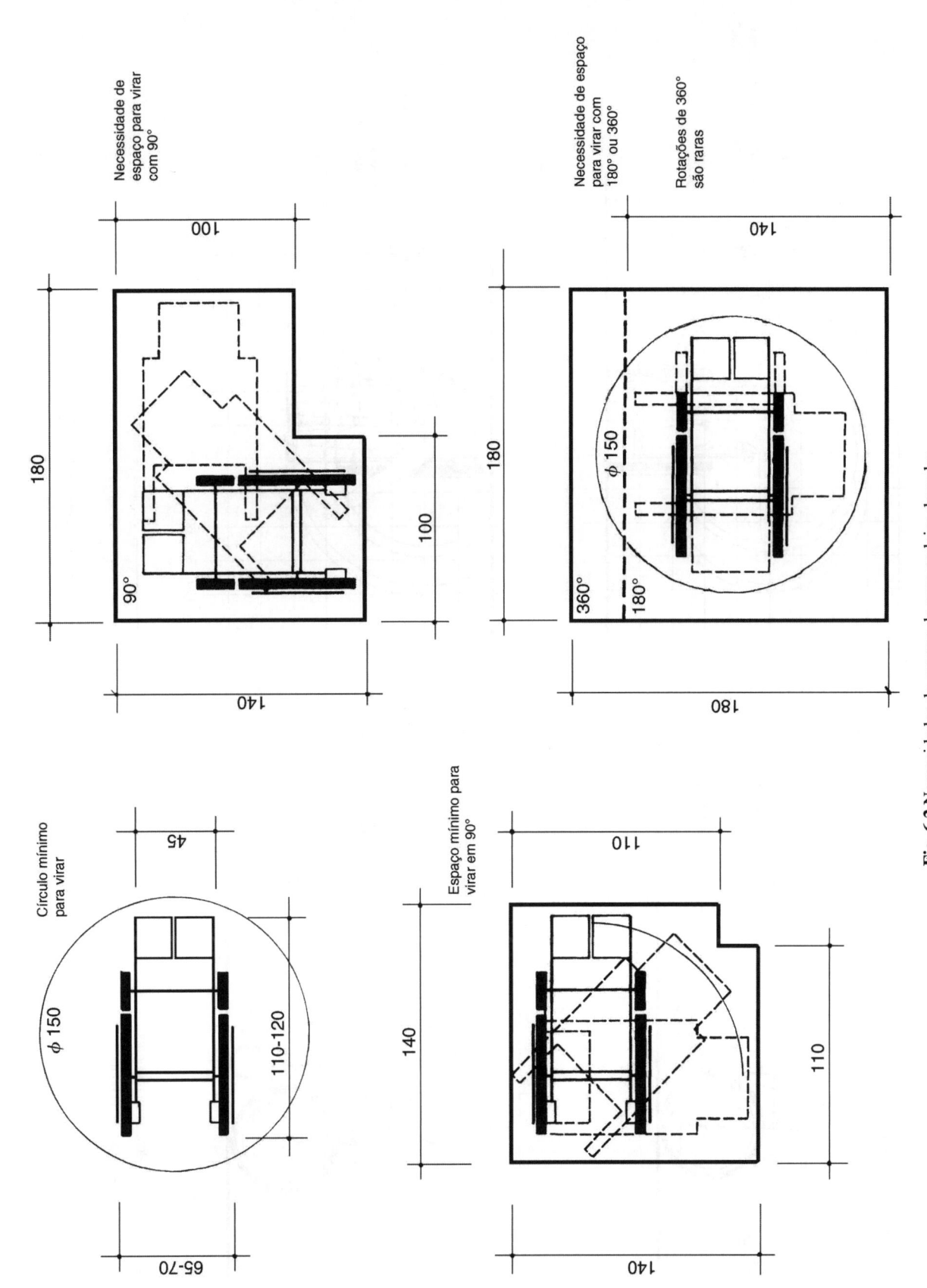

Necessidade de espaço para virar com 90°

100

180

100

140

90°

Necessidade de espaço para virar com 180° ou 360°

Rotações de 360° são raras

140

180

180

360°

180°

φ 150

Círculo mínimo para virar

45

φ 150

110-120

65-70

Espaço mínimo para virar em 90°

110

140

110

140

Fig. 6.2 Necessidades de espaço de uma cadeira de rodas.

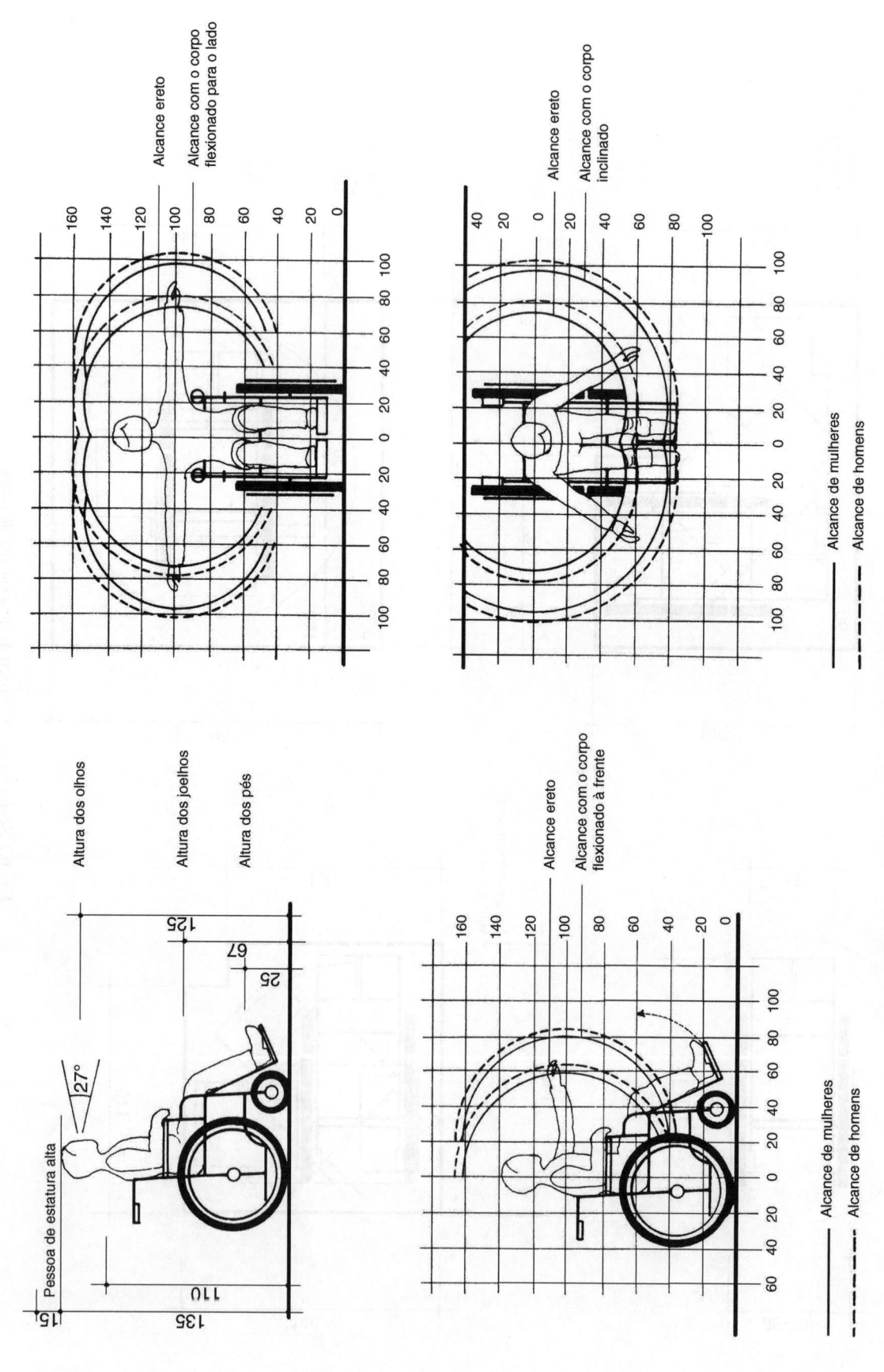

Fig. 6.3 Alcances de uma cadeira de rodas comum. (Observe as larguras mínimas dos corredores.)

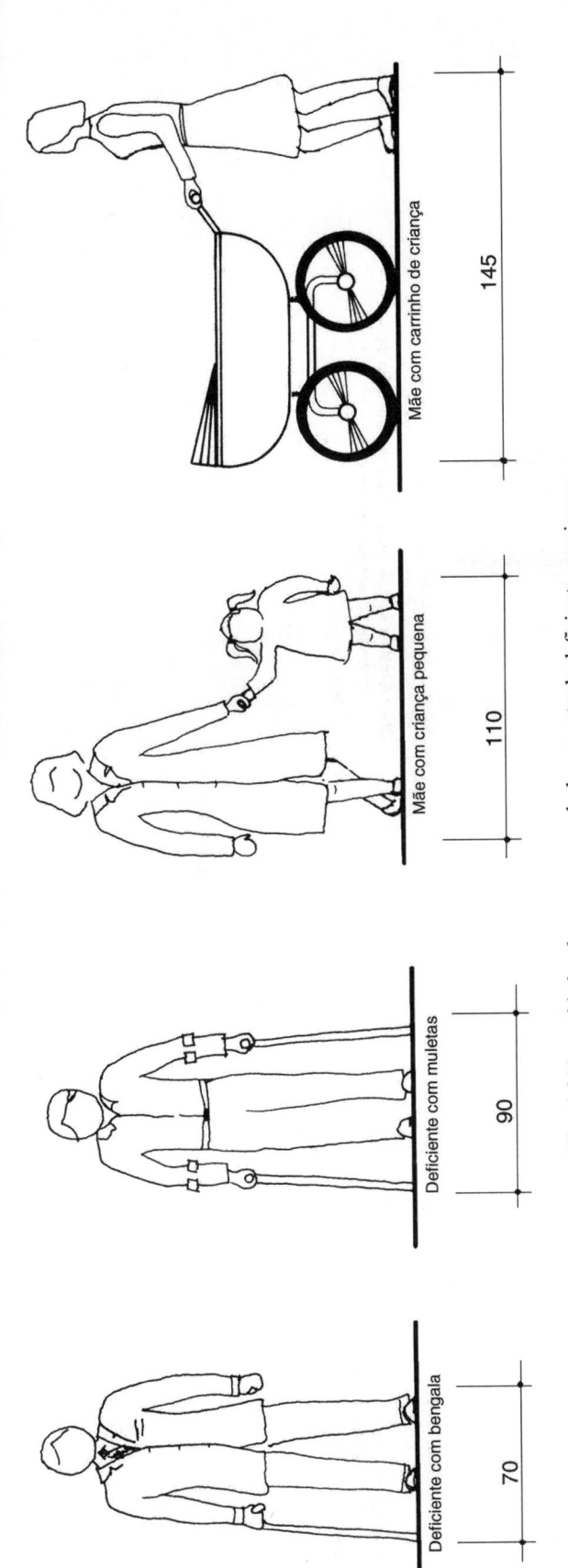

Fig. 6.4 Necessidades de espaço para deslocamento de deficientes e crianças.

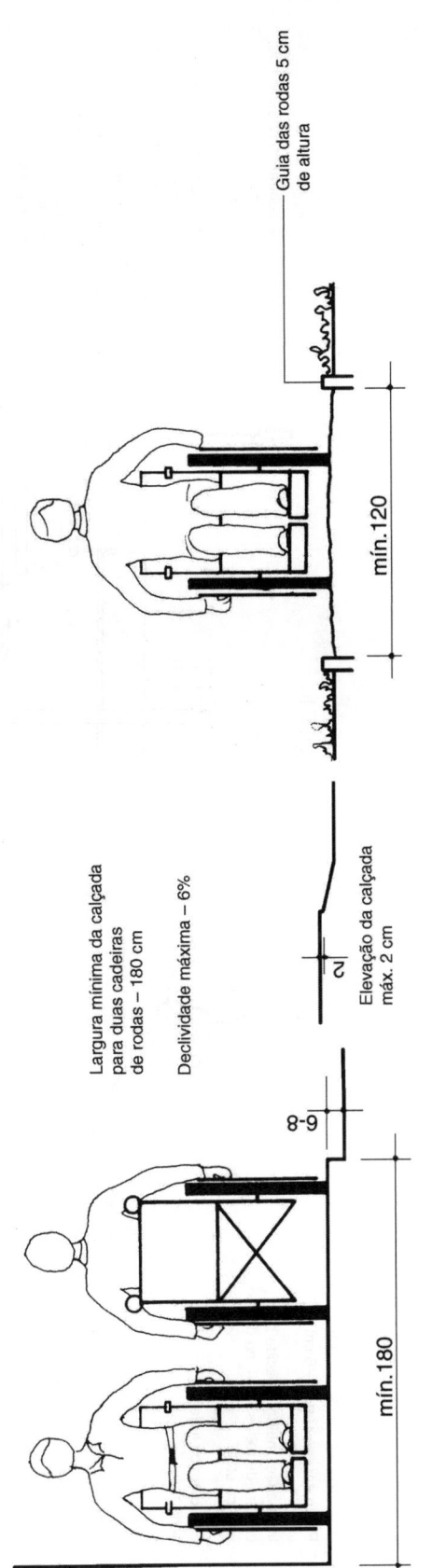

Fig. 6.5 Necessidades de espaço em locais de trânsito.

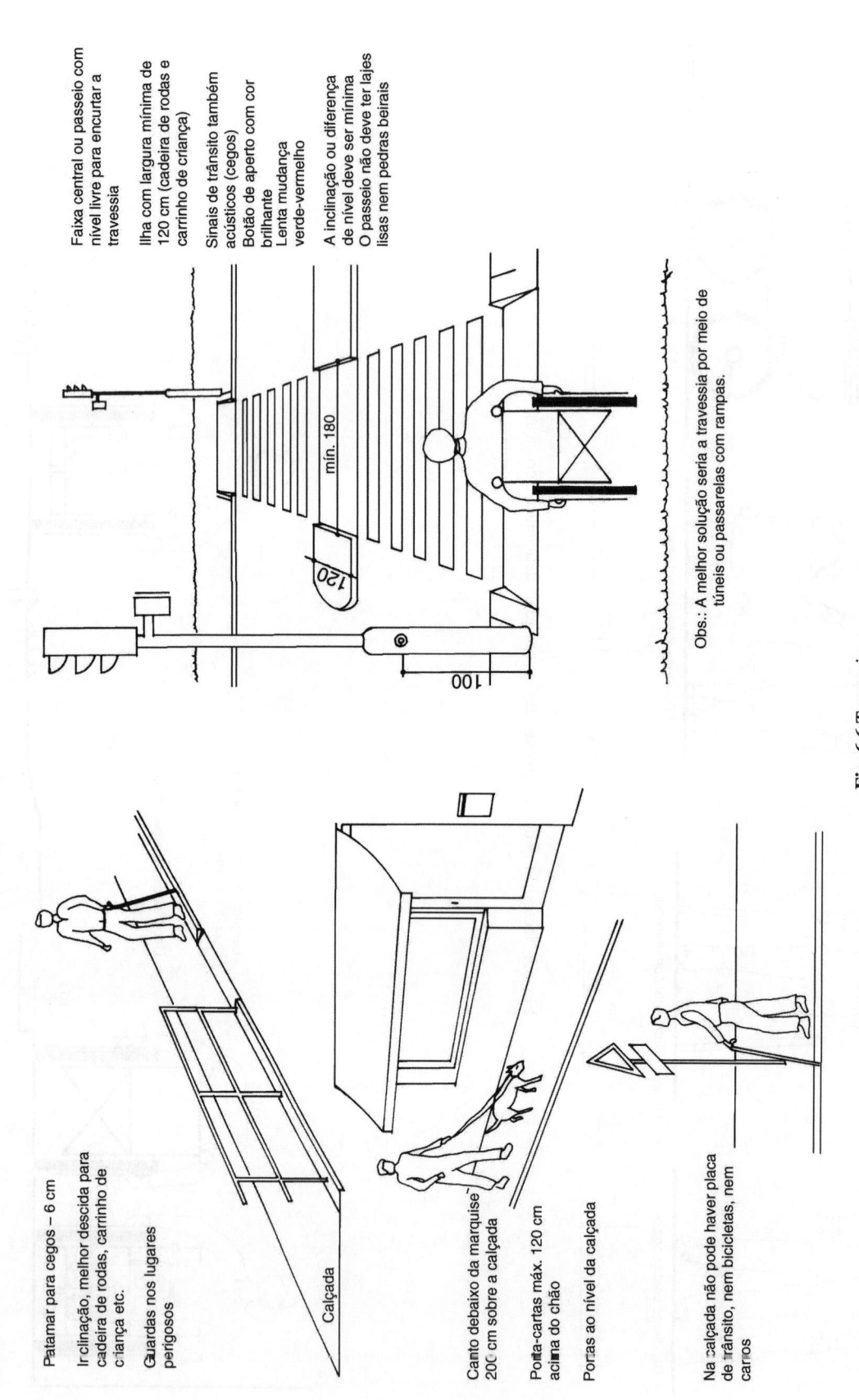

Patamar para cegos – 6 cm

Inclinação, melhor descida para cadeira de rodas, carrinho de criança etc.

Guardas nos lugares perigosos

Calçada

Canto debaixo da marquise 200 cm sobre a calçada

Porta-cartas máx. 120 cm acima do chão

Portas ao nível da calçada

Na calçada não pode haver placa de trânsito, nem bicicletas, nem carros

Faixa central ou passeio com nível livre para encurtar a travessia

Ilha com largura mínima de 120 cm (cadeira de rodas e carrinho de criança)

Sinais de trânsito também acústicos (cegos)
Botão de aperto com cor brilhante
Lenta mudança verde-vermelho

A inclinação ou diferença de nível deve ser mínima
O passeio não deve ter lajes lisas nem pedras beirais

mín. 180

120

100

Obs.: A melhor solução seria a travessia por meio de túneis ou passarelas com rampas.

Fig. 6.6 Travessia.

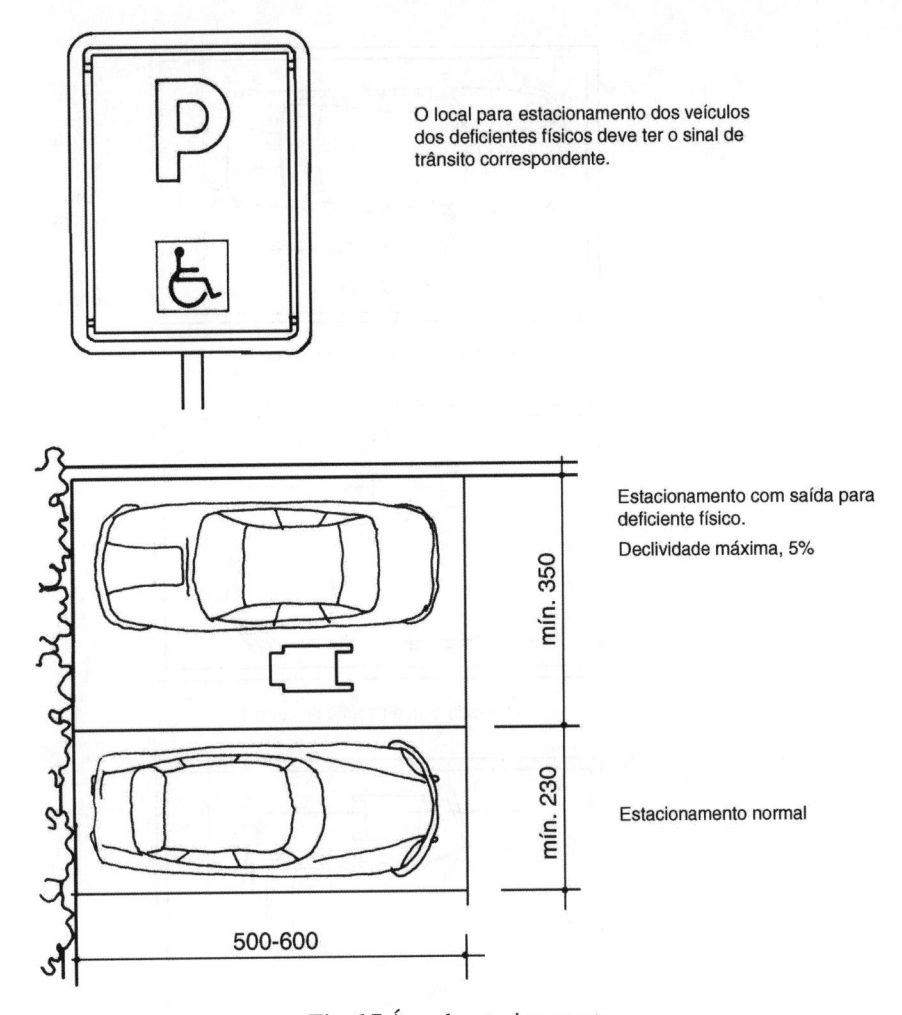

O local para estacionamento dos veículos dos deficientes físicos deve ter o sinal de trânsito correspondente.

Estacionamento com saída para deficiente físico.

Declividade máxima, 5%

Estacionamento normal

Fig. 6.7 Área de estacionamento.

6.2.3 Sinais de Trânsito

A Fig. 6.9 apresenta sugestões para sinais de trânsito, alguns dos quais já estão sendo utilizados em cidades brasileiras.

6.3 A MORADIA

6.3.1 O Acesso à Moradia

A moradia do deficiente físico deve ser projetada de maneira funcional, com rampas de acesso (com largura mínima e plataforma em frente à porta com 120 × 120 cm), piso duro e não-escorregadio, boa iluminação (especialmente nas rampas e mudanças de direção). As portas de entrada devem ser facilmente abertas e ter a largura mínima de 90 cm livres (Fig. 6.10). Não são permitidas portas giratórias.

6.3.2 Portas e Corredores

Na Fig. 6.11, vemos as prescrições para as portas e corredores e as dimensões mínimas em função das profundidades disponíveis.

As portas devem ter a largura mínima de 80 cm e a máxima de 100 cm. Antes e depois das portas deve haver ampla área livre. No fim de corredores, as portas não devem concordar com o seu eixo; assim, será mais fácil abri-las. Caso não haja problemas com barulho, podem ser usadas portas de correr. As maçanetas das portas devem ser facilmente pegáveis e ficar, no máximo, a 100 cm do chão. Seria vantajoso colocar do lado em que a porta fecha um "segurador" adicional, conforme mostra a Fig. 6.12.

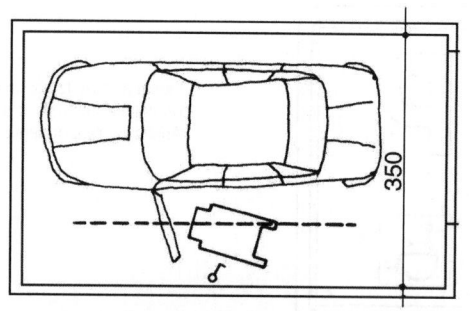

Prever portões com abertura automática na soleira de contato

A chave de luz deve ficar junto ao local de desembarque

(a) Entrada com a frente do carro

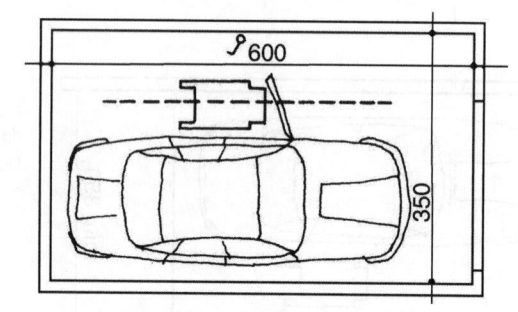

(b) Entrada com a traseira do carro

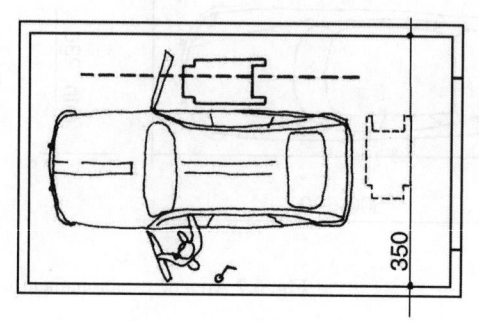

(c) Deficiente físico ao lado do motorista

Fig. 6.8 Garagens.

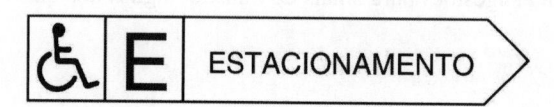

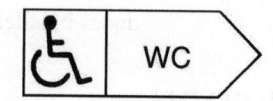

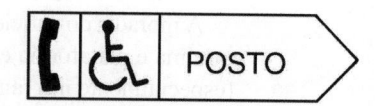

Fig. 6.9 Sugestões para sinais de trânsito.

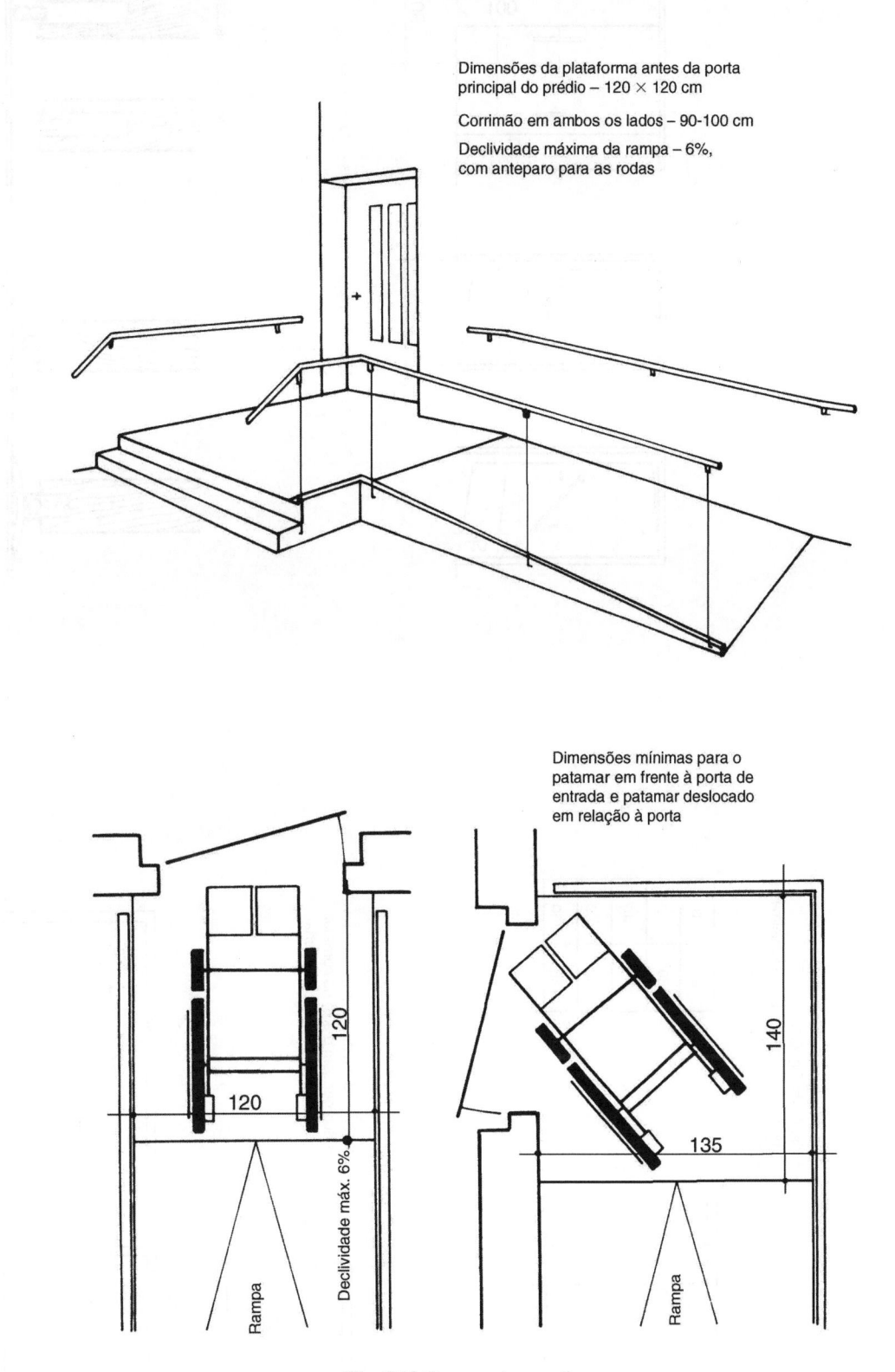

Dimensões da plataforma antes da porta
principal do prédio – 120 × 120 cm

Corrimão em ambos os lados – 90-100 cm

Declividade máxima da rampa – 6%,
com anteparo para as rodas

Dimensões mínimas para o
patamar em frente à porta de
entrada e patamar deslocado
em relação à porta

Fig. 6.10 O acesso à moradia.

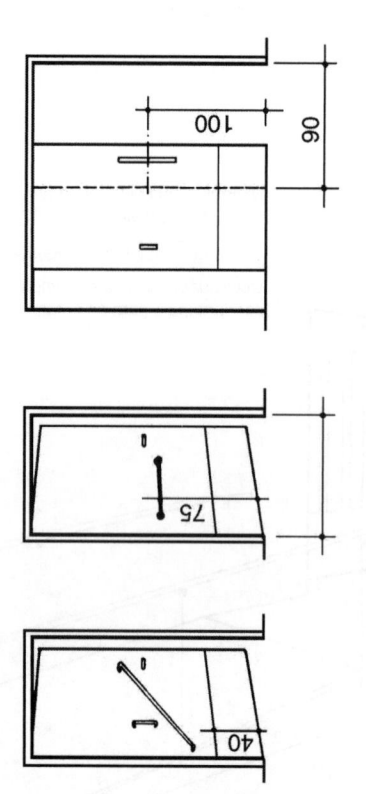

As portas não podem ter partes salientes junto ao chão.

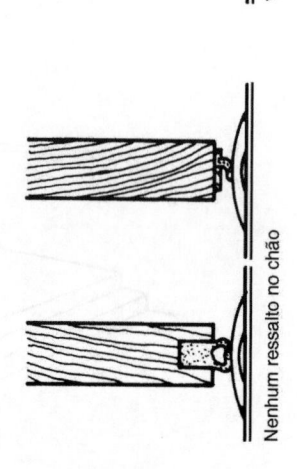

Nenhum ressalto no chão

Aberto Fechado

Vedação automática adequada

Fig. 6.12 Portas, maçanetas e vedação indicadas.

Para as larguras, valem as dimensões das cadeiras da Fig. 6.1.
As portas devem ter a largura mínima de 80 cm e máxima de 100 cm.

a	b
180	30
170	40
160	50
150	60

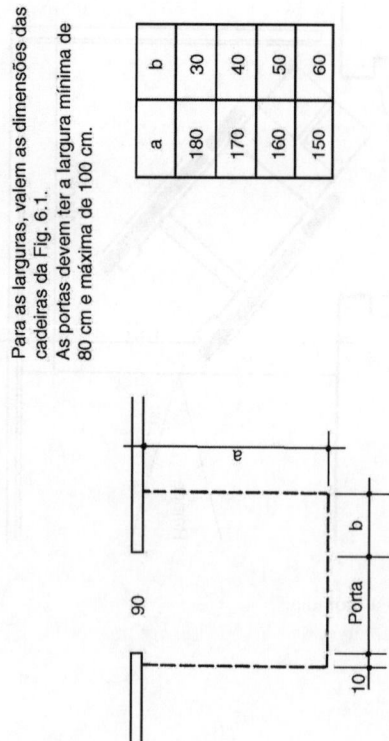

Antes e depois das portas, deve haver o espaço mínimo mostrado na figura.

A porta no fim do corredor não deve concordar com o eixo do corredor; assim fica mais fácil abrir a porta.

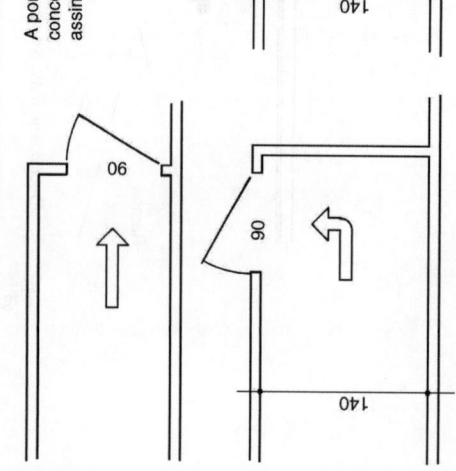

Fig. 6.11 Corredores e portas.

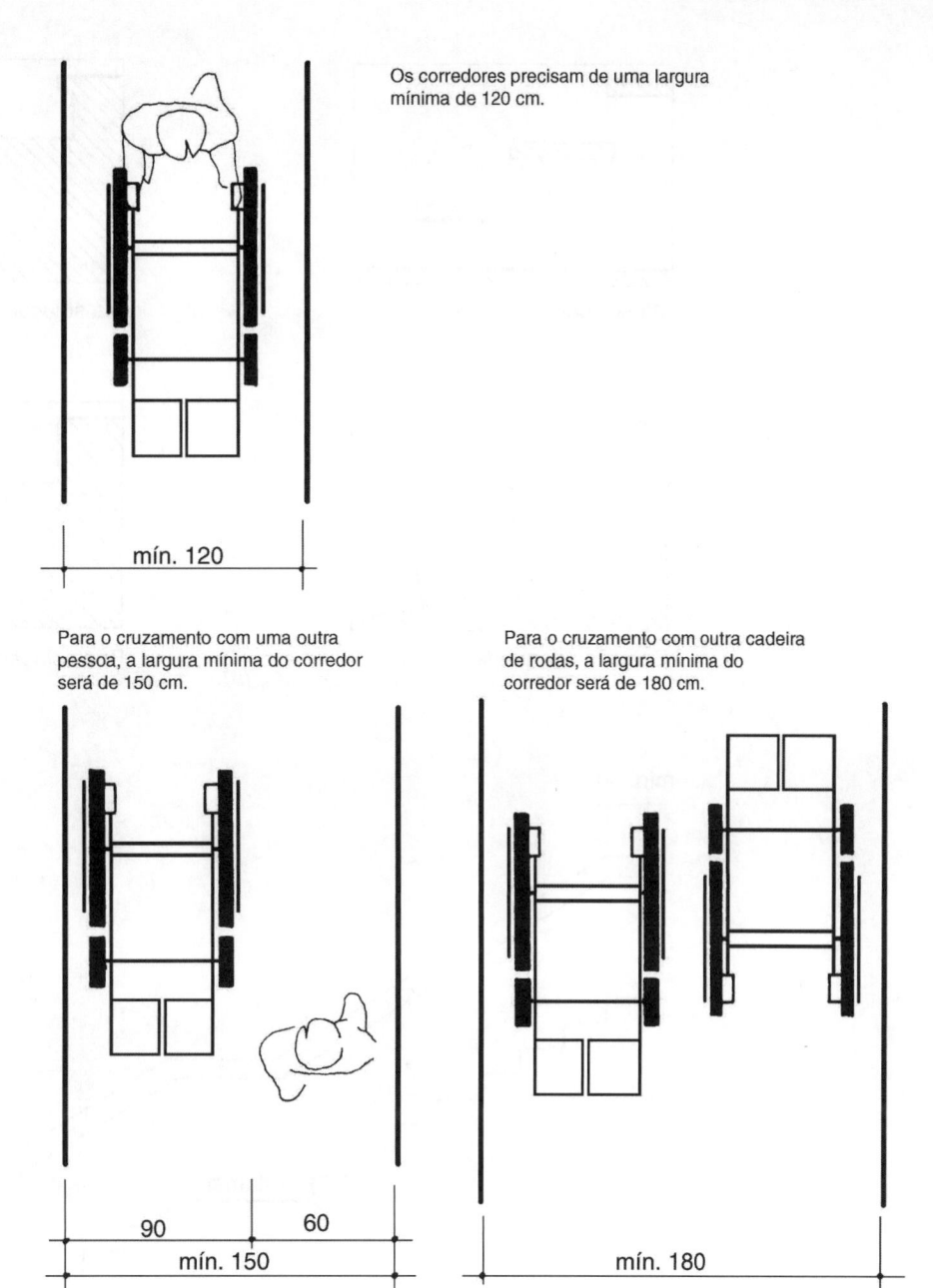

Os corredores precisam de uma largura mínima de 120 cm.

mín. 120

Para o cruzamento com uma outra pessoa, a largura mínima do corredor será de 150 cm.

Para o cruzamento com outra cadeira de rodas, a largura mínima do corredor será de 180 cm.

90   60
mín. 150

mín. 180

Fig. 6.13

As portas não devem ter partes salientes junto ao chão, como dispositivos de vedação contra insetos. Na Fig. 6.13, observe, também, as larguras mínimas dos corredores.

6.3.3 Escadas e Elevadores

Na Fig. 6.14, vemos indicações quanto às escadas, que não podem ser vencidas com cadeiras de rodas.

Pessoas de muletas ou bengalas podem subir as escadas que estiverem dentro das especificações dessa figura.

A proporção dos degraus deve obedecer às normas de arquitetura.

As escadas diretas e sem ângulos devem ter um patamar por andar, conforme mostra a Fig. 6.13. Prédios altos devem ter elevadores com dimensões de 110×140 cm.

As rampas devem ter dimensões mínimas de 90-100 cm, para as cadeiras de rodas, proteção lateral.

Na Fig. 6.15 vemos as dimensões das cercas de proteção para os deficientes e para as crianças.

A Fig. 6.16 apresenta as prescrições para os corrimãos, que devem ser fáceis de pegar e ter largura ou diâmetro de 4-5 cm, no máximo. Vantagens oferecem os corrimãos ao longo das paredes no corredor, a 70-100 cm de altura.

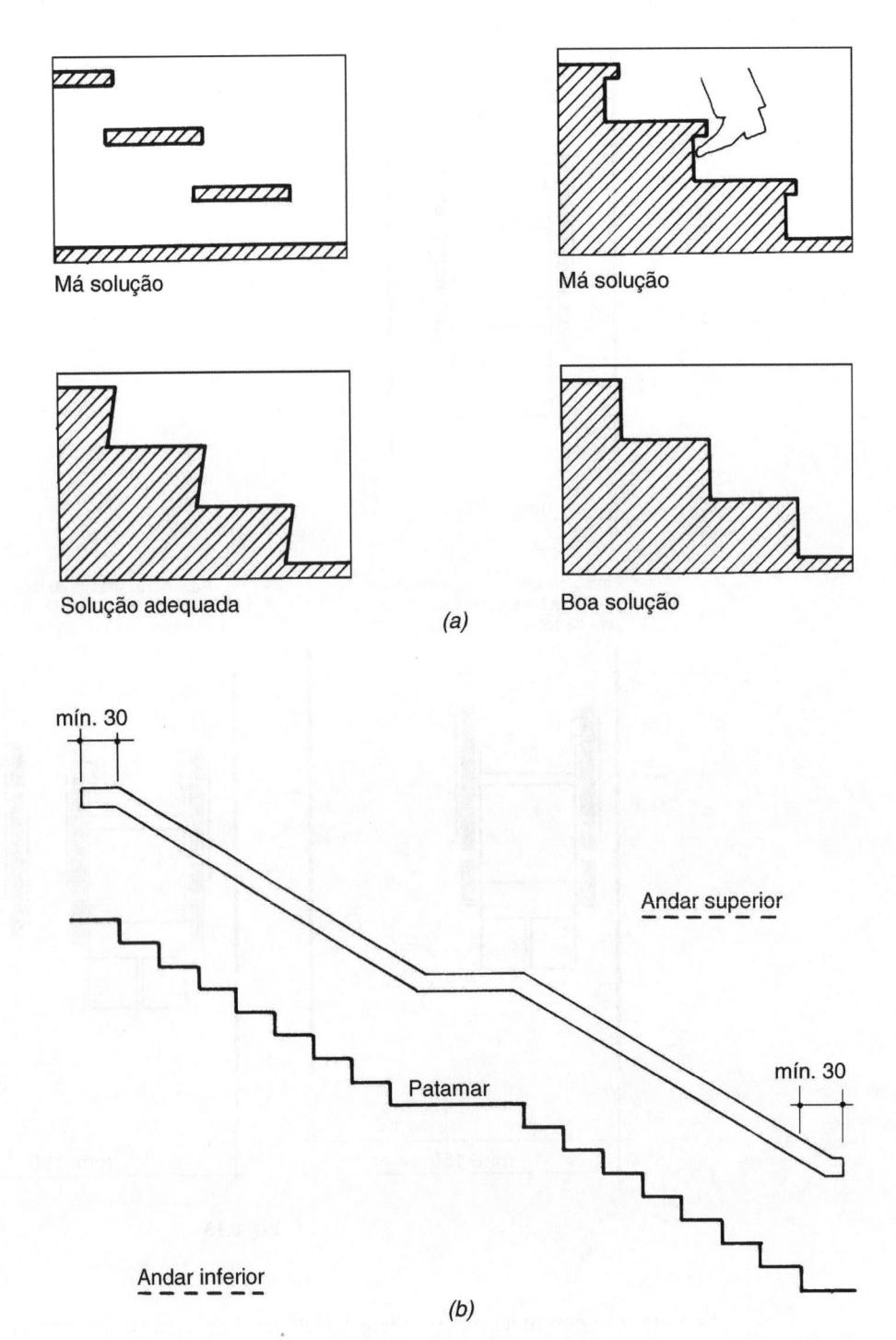

Má solução

Má solução

Solução adequada

Boa solução

(a)

mín. 30

Andar superior

mín. 30

Patamar

Andar inferior

(b)

Fig. 6.14 Escadas. *(a)* Degraus, *(b)* diretas.

As dimensões dos elevadores estão indicadas na Fig. 6.17. Pelas normas ISO, as dimensões normais das cabines são: 110×140 cm ou 110×220 cm.

Os botões de comando devem ficar no máximo entre 90-130 cm do chão e não no canto dos elevadores. Seria vantajoso ter os comandos dispostos na horizontal. As portas devem ser automáticas e de dimensões entre 80-90 cm. Dentro da cabine, seria útil um corrimão em toda a volta e a 85-90 cm do chão. Nunca devem ser usados tapetes de fibras duras.

Em casas de repouso ou prédios com deficientes físicos, deve haver telefones para pedidos de ajuda ou recados.

Caso seja possível, em elevadores, devem-se usar cadeiras dobráveis, para uso durante a viagem.

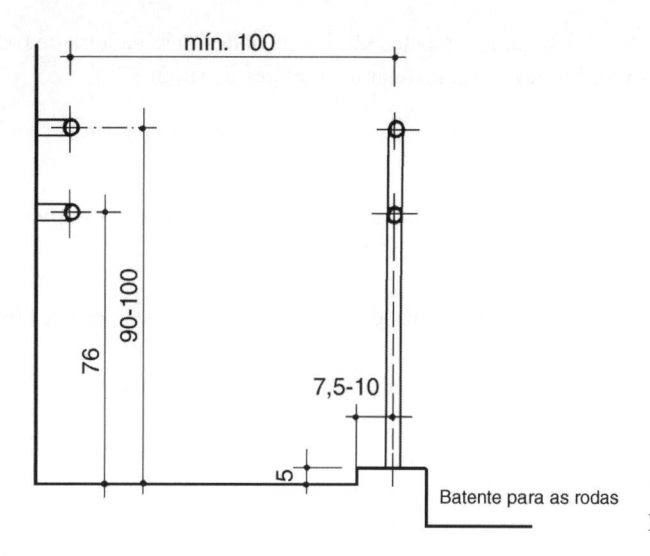

mín. 100

90-100

76

7,5-10

5

Batente para as rodas

Fig. 6.15 Cercas para cadeira de rodas e crianças.

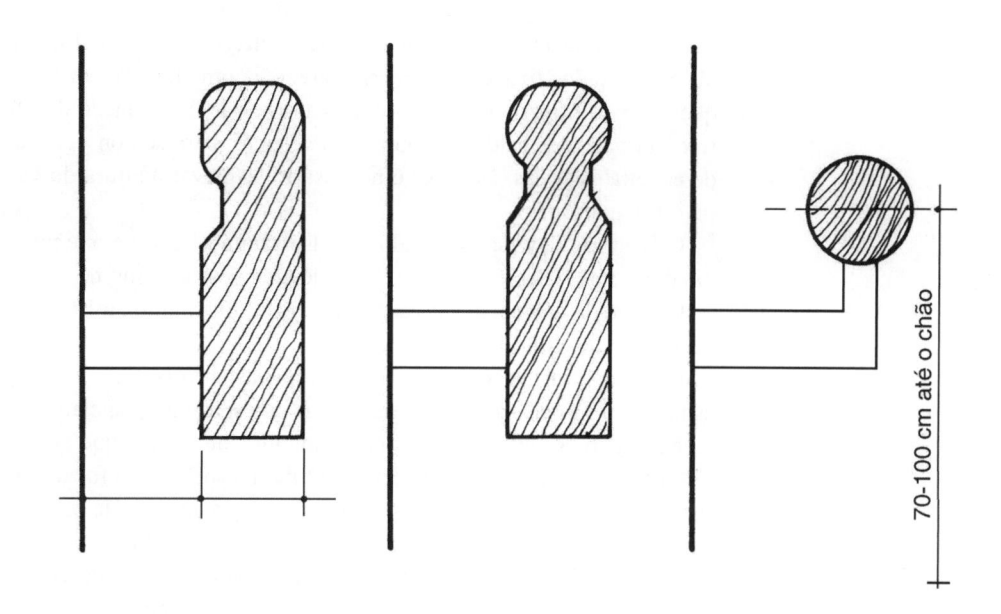

70-100 cm até o chão

Fig. 6.16 Corrimãos – seções adequadas.

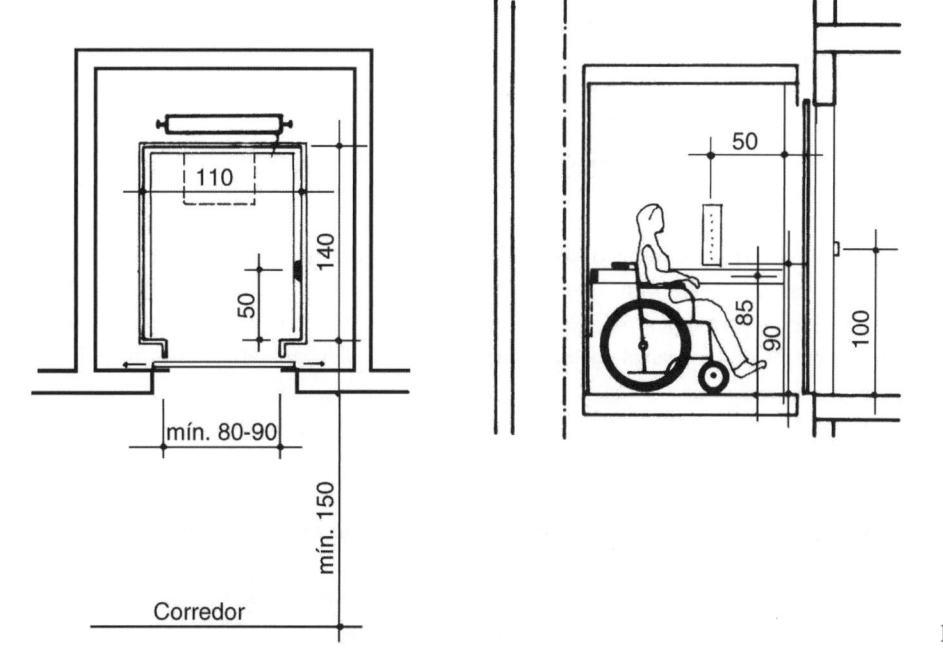

110

140

50

mín. 80-90

mín. 150

Corredor

50

85

90

100

Fig. 6.17 Elevadores – dimensões mínimas.

Os pisos não devem ser escorregadios; tapetes são inadequados para cadeira de rodas, bem como os capachos para limpeza dos pés. Melhor seria instalar aspiradores de sujeira.

6.3.4 Instalações de Lavatórios

Na Fig. 6.18, vemos as dimensões adequadas aos lavatórios nas paredes. O *espelho* deve ser bem visível ao ocupante da cadeira de rodas; se altos demais, deve ser dobrável.

Deve ser prevista gaveta para utensílios.

O sifão deve ser tapado ou isolado por causa do perigo de queima das pernas, nos lavatórios com água fria e quente.

Deve ser previsto um espaço de 70-75 cm embaixo do lavatório, para a colocação das pernas.

6.3.5 Instalações de WC, Duchas e Banheiras

Na Fig. 6.19, vemos algumas indicações para a instalação de vasos sanitários. À esquerda, as dimensões mínimas de uma instalação de WC com lavatório. À direita, uma instalação com dimensões normais.

As portas devem abrir para fora, a fim de sobrar espaço interno.

Nos dois desenhos mostrados na parte inferior da Fig. 6.19, vemos tipos de instalação de vasos sanitários, um deles fixado somente na parede e com altura adequada. Esse tipo de vaso exige que o tubo de queda de esgotos seja ligado ao vaso através de uma junção de 45° na parede. O outro tipo de vaso é o tipo normal, com saída de esgotos na vertical; para se conseguir a altura de 50 cm adequada ao usuário de cadeira de rodas, às vezes é necessário se elevar a altura do vaso por meio de uma base de alvenaria ou outro material.

O lavatório deve ser separado do vaso sanitário porque o tempo de utilização de um vaso sanitário por um deficiente físico é maior do que o de uma pessoa comum.

O botão da válvula de descarga deve ficar, no máximo, a 100 cm do chão, e os "seguradores" para apoio devem ser ajustados individualmente.

Quando as instalações do WC são grupadas, deve-se deixar espaço para as cadeiras, ora à direita e ora à esquerda, a fim de ser possível economia de espaço no planejamento.

Na Fig. 6.20, vemos alguns equipamentos auxiliares que ajudam a utilização do vaso por pessoa em cadeira de rodas. Na parte superior da figura, estribos são fixados em trilhos montados a 195 cm do chão. Esses estribos podem deslocar-se em ambos os sentidos. Na parte inferior, vemos alguns apoios auxiliares colocados na parede atrás do vaso, o que facilita a sua utilização.

Na Fig. 6.21, temos as medidas mínimas para uma instalação de ducha com e sem WC. As duchas são instalações muito utilizadas por deficientes físicos e por pessoas idosas. Embaixo das duchas não deve haver nada que dificulte o acesso da cadeira de rodas. Uma cadeira dobrável, capaz de ser usada sob a água da ducha, é absolutamente necessária, porque a pessoa deficiente toma banho sentada. Qualquer registro ou botão de acionamento deve ficar a 100 cm do chão.

A Fig. 6.22 temos as dimensões mínimas de uma instalação usando banheira com e sem vaso sanitário. As dimensões usuais de uma banheira para essas instalações são de 160×170 cm.

Todos os registros para o controle da água fria e quente devem ser montados no sentido do maior comprimento, para facilidade de utilização. Será muito importante deixar na cabeceira da banheira um lugar para sentar, como indicado na Fig. 6.22.

Em uma instalação com WC, a largura mínima deve ser de 220 cm, e sem WC a largura mínima será de 170 cm. As portas também devem abrir para fora.

Para maior facilidade de descida para a pessoa que utiliza a cadeira de rodas, deve ser instalado estribo de segurança fixado no teto e barras de segurança instaladas na parede lateral à banheira, conforme indicado na parte inferior da Fig. 6.22.

6.3.6 Instalações de Cozinhas

Na Fig. 6.23(*a*), temos duas sugestões para instalações de cozinha com as alturas máximas para a colocação de prateleiras ou gavetas.

O forno e o refrigerador devem ser instalados na altura dos olhos. Qualquer prateleira deve ser instalada na altura de 30 a 140 cm. A largura máxima será de 30 cm de profundidade.

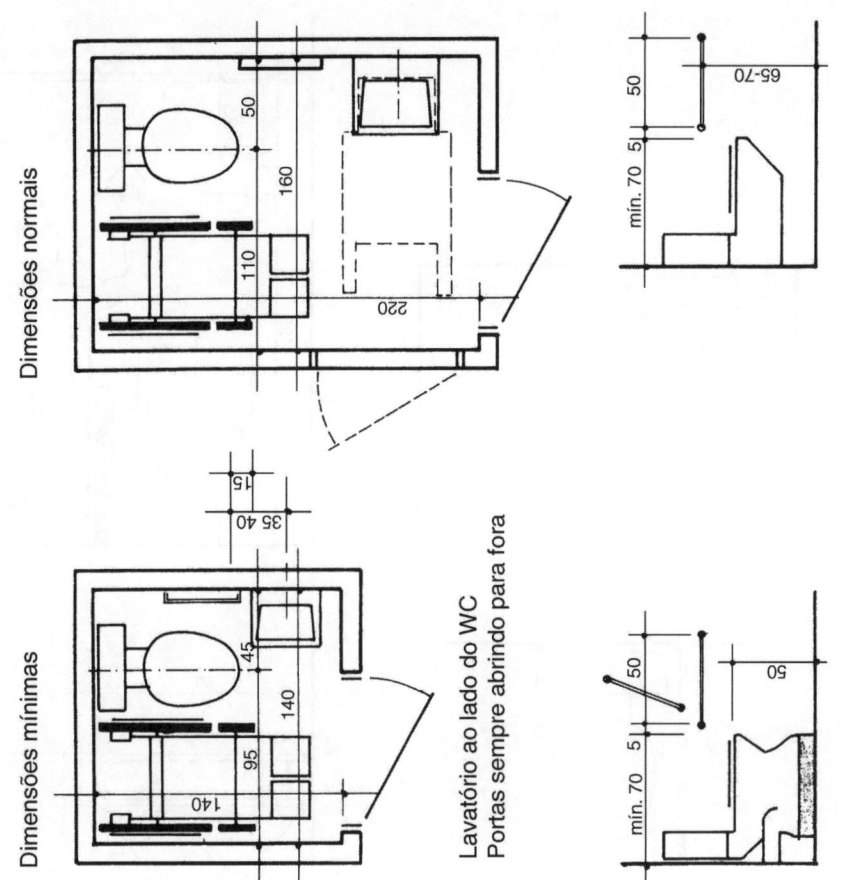

Dimensões normais

Dimensões mínimas

Lavatório ao lado do WC
Portas sempre abrindo para fora

Fig. 6.19 Instalações de WC.

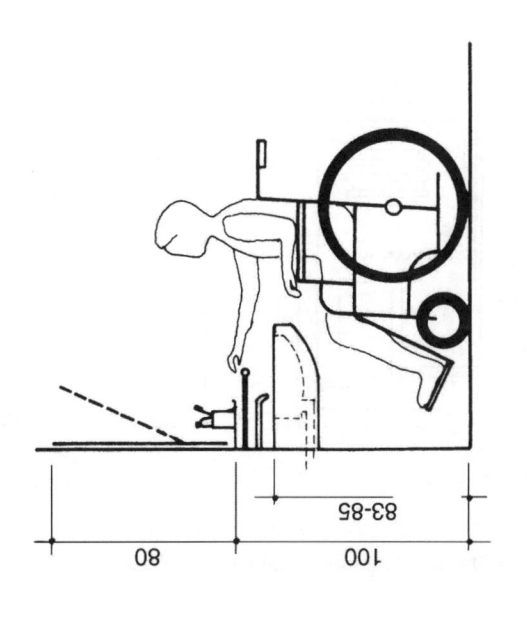

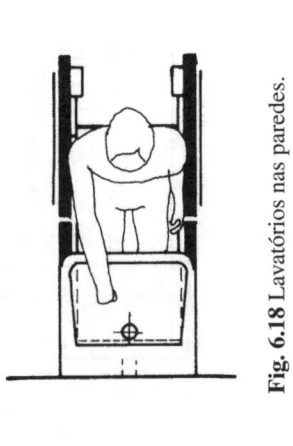

Fig. 6.18 Lavatórios nas paredes.

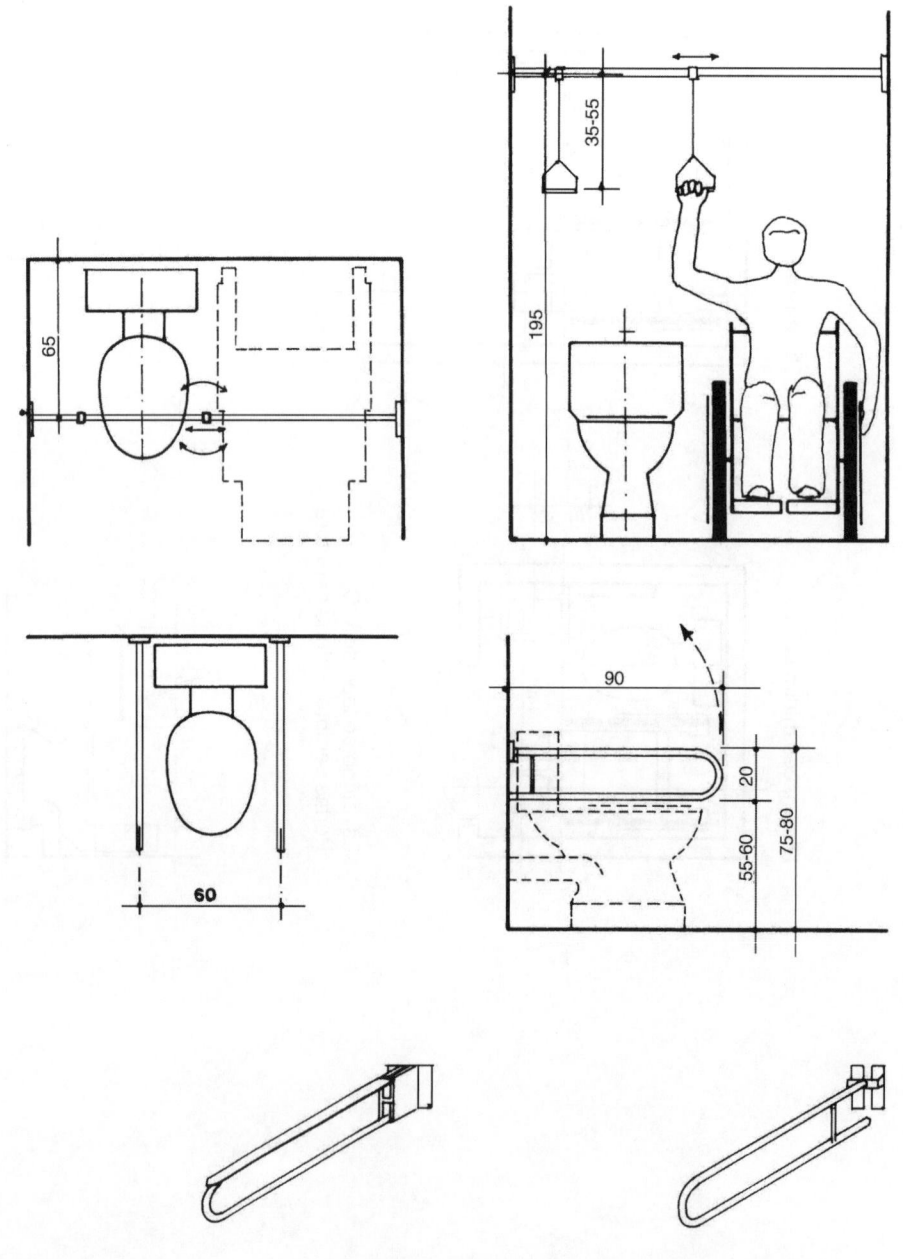

Fig. 6.20 Equipamentos auxiliares.

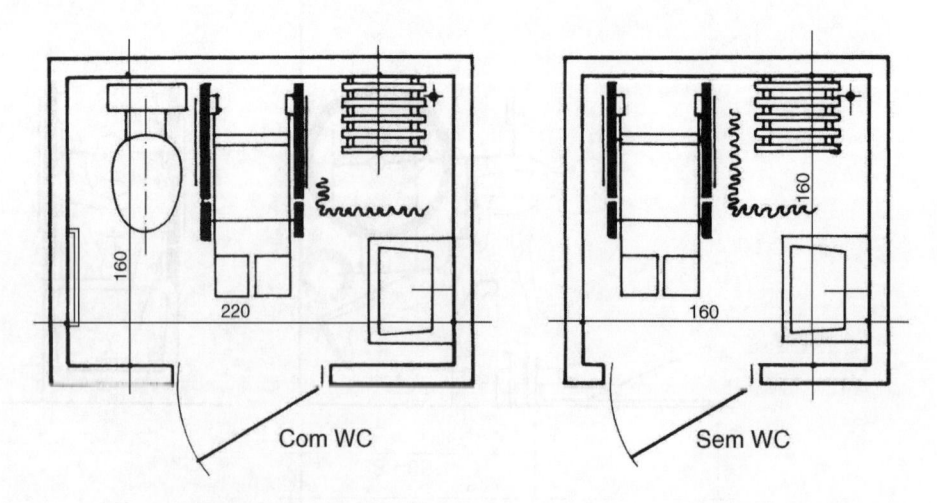

Com WC

Sem WC

Fig. 6.21 Duchas, dimensões mínimas com WC e sem WC.

Banheira com WC   Banheira sem WC

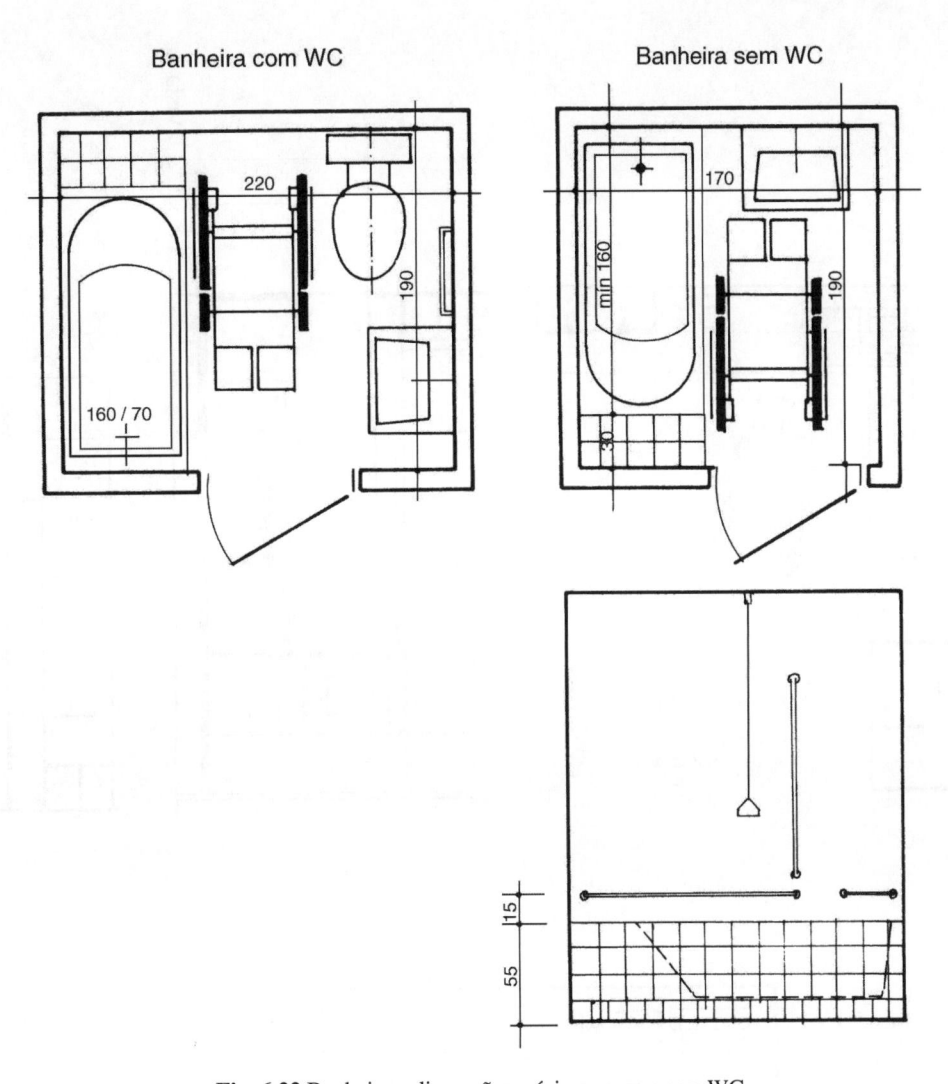

Fig. 6.22 Banheiros, dimensões mínimas com e sem WC.

Seria vantajoso ter a possibilidade de variar as alturas das prateleiras, para poder adaptá-las individual-mente.

Na Fig. 6.23(*b*), vemos ainda o esquema da cozinha ideal. Na vista *A*, temos as alturas alcançáveis. As dimensões recomendáveis são as seguintes:

— mesa de lavar louça: $h = 90$ cm
— no lugar de cozinhar: $h = 80\text{-}85$ cm
— altura debaixo da mesa de lavar: $h = 75$ cm
— altura debaixo do lugar de cozinhar: $h = 70$ cm
— altura máxima até a gaveta: $h = 140$ cm
— espaço para os pés: $h = 30$ cm.

6.3.7 Quartos de Dormir

Na Fig. 6.24, vemos uma indicação para o ângulo visual de uma pessoa em cadeira de rodas. As cortinas ou venezianas devem ser de enrolar. A altura máxima dos muros devem ser de 70 cm.

Na Fig. 6.25, temos as distâncias recomendáveis para o ocupante das cadeiras de rodas. Essas distâncias devem reger a feitura de armários, gaveteiras, cabideiros etc.

Na Fig. 6.26, temos indicações para as dimensões dos quartos de dormir. Na parte superior dessa figura, temos as distâncias para o arranjo de quartos com uma cama de solteiro, uma cama de casal e duas camas de solteiro.

Na parte inferior da figura, temos arranjos de quartos com camas de solteiro unidas, isoladas e separa-das.

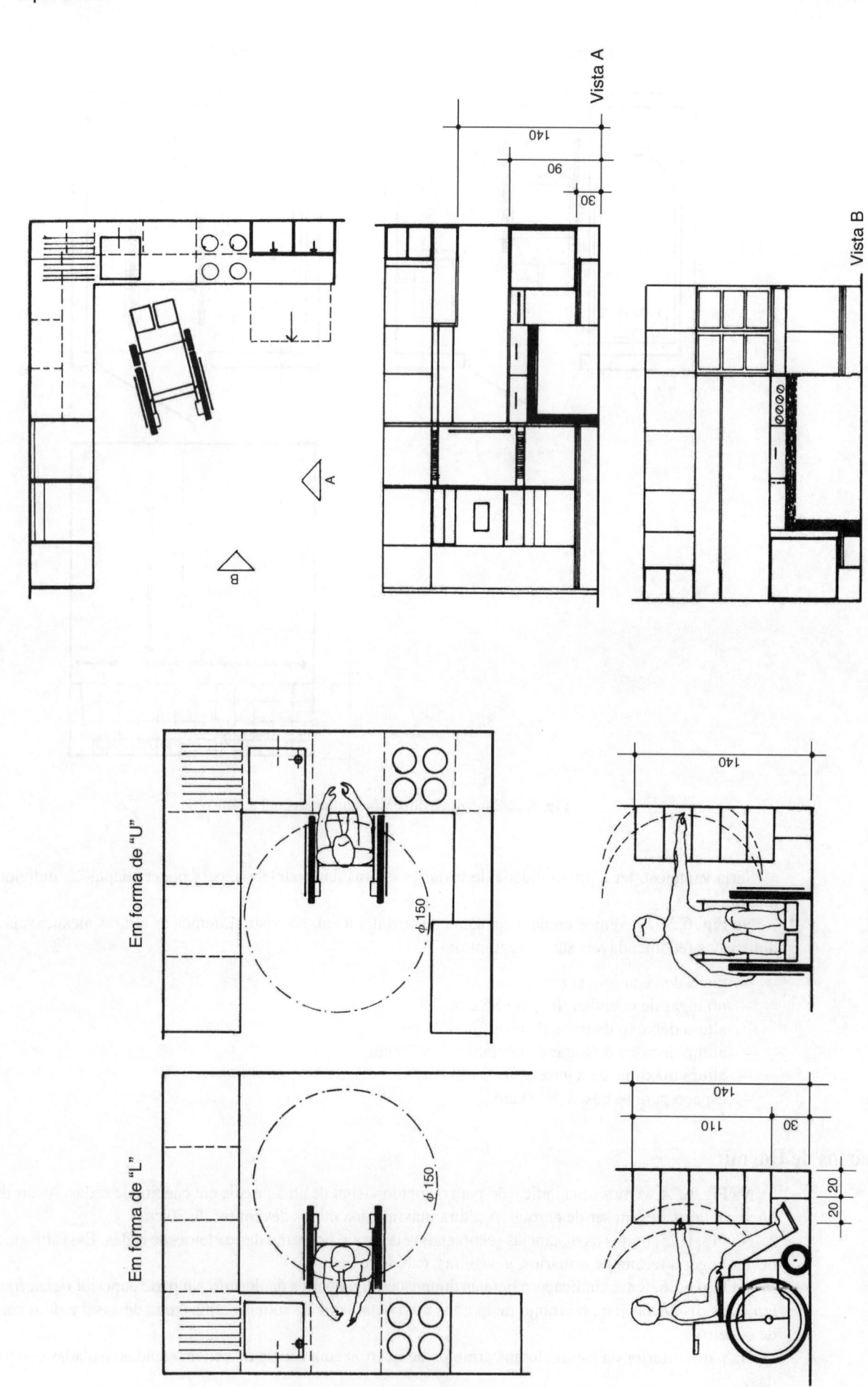

Vista A

Vista B

Fig. 6.23(*b*) Esquema para a cozinha ideal.

Em forma de "U"

Em forma de "L"

φ 150

φ 150

140

140

110

30

20 20

Fig. 6.23 (*a*) Dimensões mínimas de cozinhas em forma de "L" e em forma de "U".

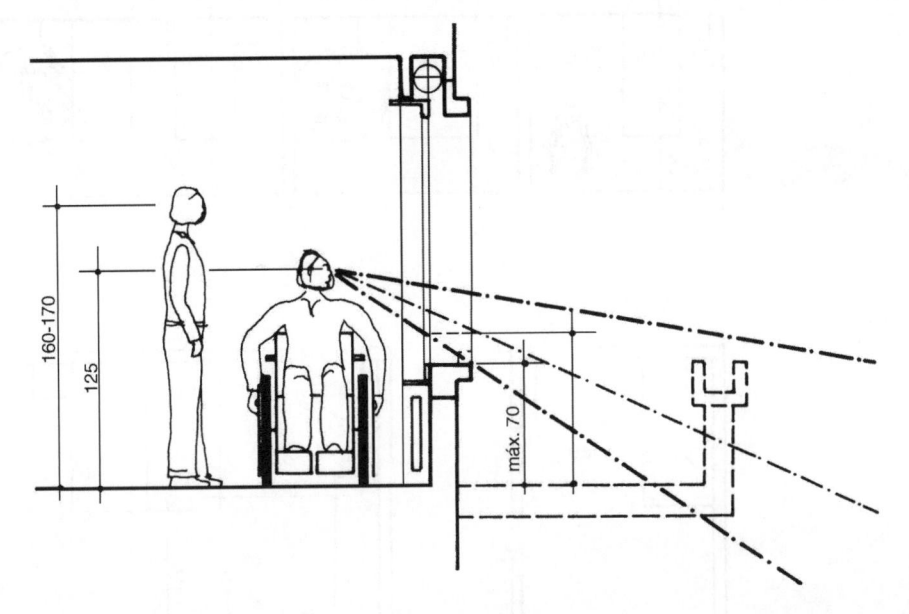

Fig. 6.24 Ângulo visual.

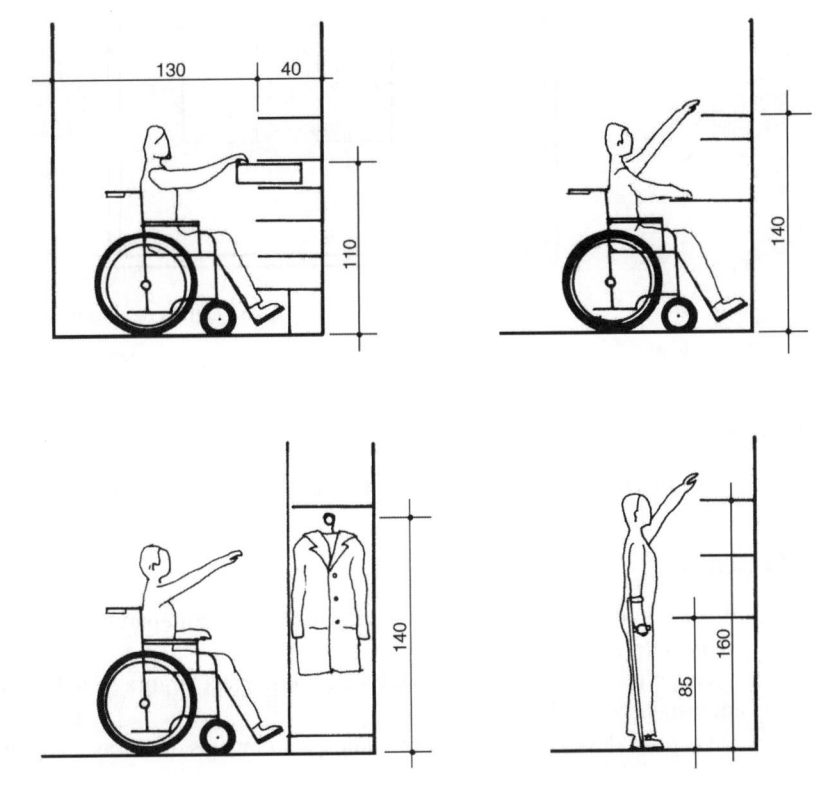

Fig. 6.25 Distâncias de alcance das cadeiras de rodas.

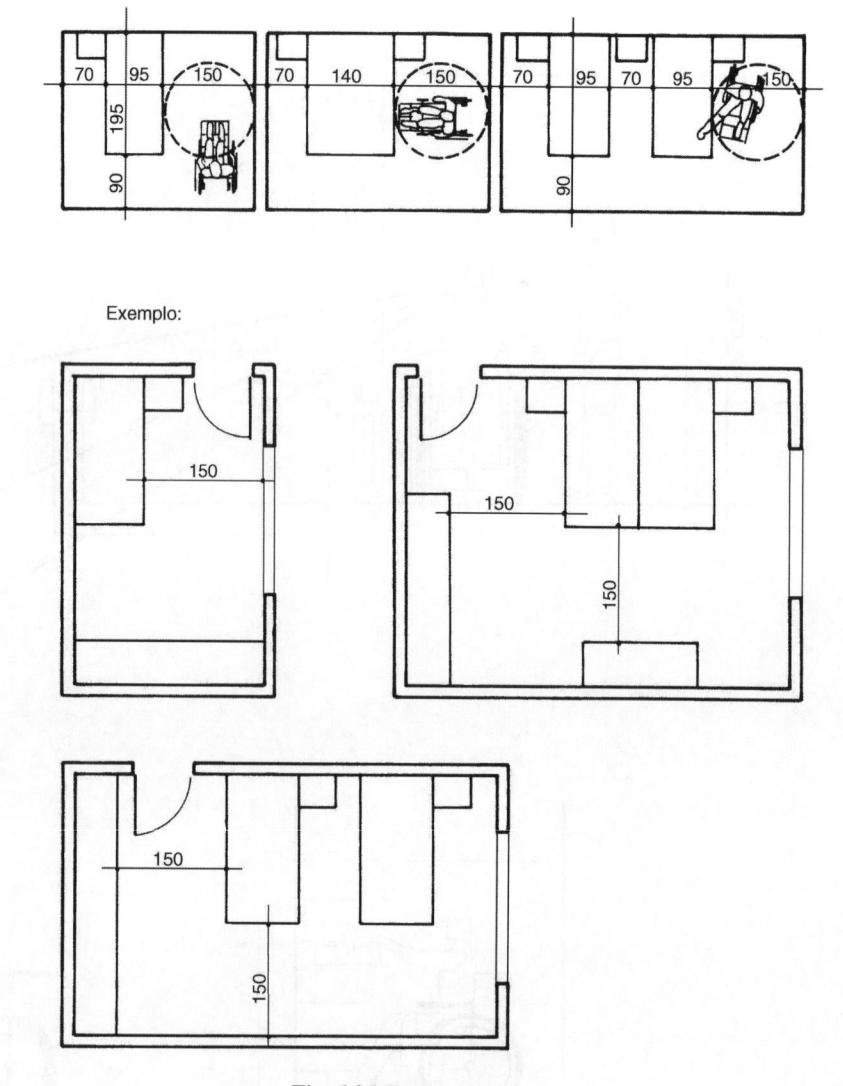

Exemplo:

Fig. 6.26 Quartos de dormir.

6.3.8 Sala de Refeições

Na Fig. 6.27, temos indicações para as medidas recomendáveis para as salas de refeições.

6.3.9 Um Apartamento

Na Fig. 6.28, temos as dimensões mínimas de um apartamento residencial de um quarto, banheiro e *kitchenette*.

As portas internas não devem ter saliências, e sua largura será de 90 cm e, excepcionalmente, de 80 cm, em instalações de WC.

Os pisos devem ser não-escorregadios, sem tapetes de fibras ou de material fofo.

6.3.10 Elevadores

As cabines dos elevadores devem ter dimensões mínimas de 110 × 140 cm.

Instalações maiores ou casas de repouso devem ter telefones escalonados à razão de 1 por 10 pessoas. Os sanitários coletivos devem ter WC à direita e à esquerda, para economia de espaço.

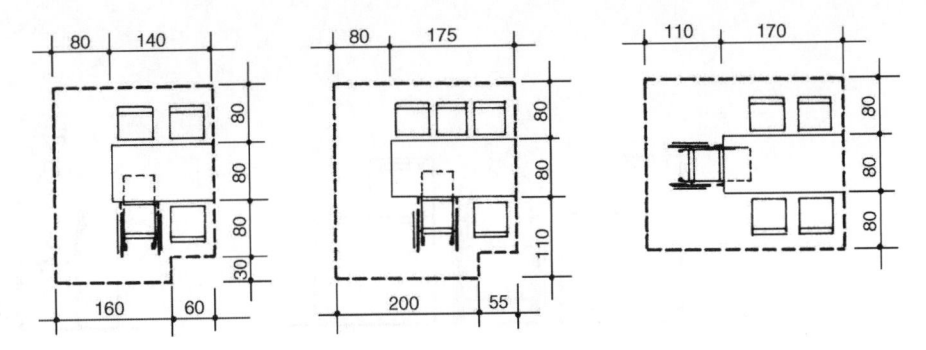

Fig. 6.27 Sala de refeições.

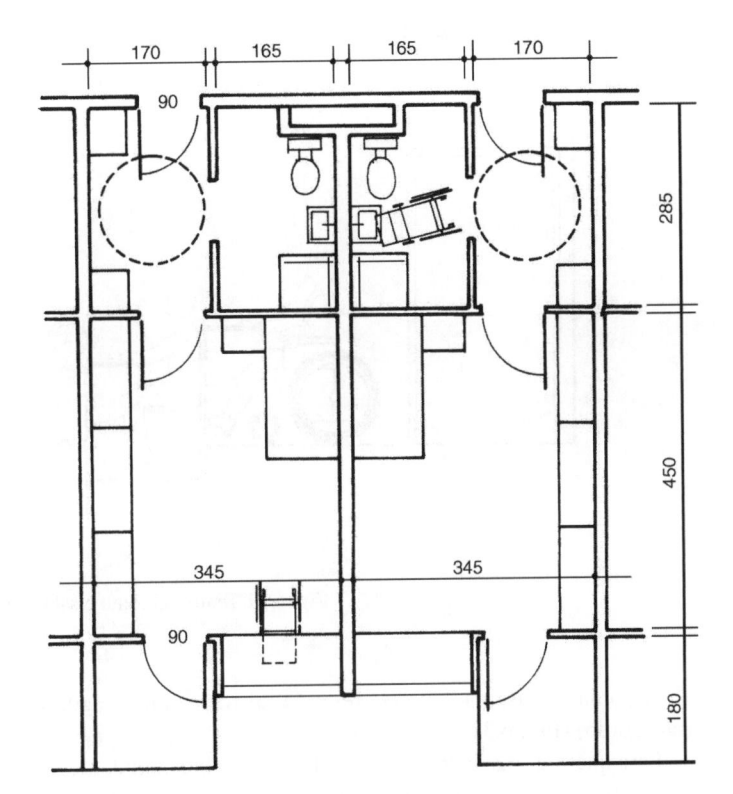

Fig. 6.28 Apartamento residencial.

6.3.11 Outras Instalações

Na Fig. 6.29, vemos as dimensões para as caixas de estabelecimentos comerciais e na Fig. 6.30, as dimensões para bilheterias de casas de espetáculo.

Restaurantes também devem prever área para deficientes.

Estádios, auditórios e salas de aula devem ter lugares reservados para deficientes físicos, e em nível superior aos dos demais espectadores. Nos auditórios, devem ser previstos um lugar para as cadeiras de rodas, por 300 lugares, e quatro lugares com área de 100×120 cm com entrada por trás, e uma cabine telefônica para 10 deficientes.

Na Fig. 6.31, vemos as indicações dos degraus dos auditórios, sala de aula etc., necessários ao uso de cadeiras de rodas. Ainda nessa figura, temos as dimensões de uma cabine telefônica.

6.3.12 Piscinas

Cuidados especiais devem ser tomados para a construção de piscinas. A entrada das piscinas deve ser lateral, e seria vantajoso construir degraus em toda a volta. Escadas verticais não são permitidas.

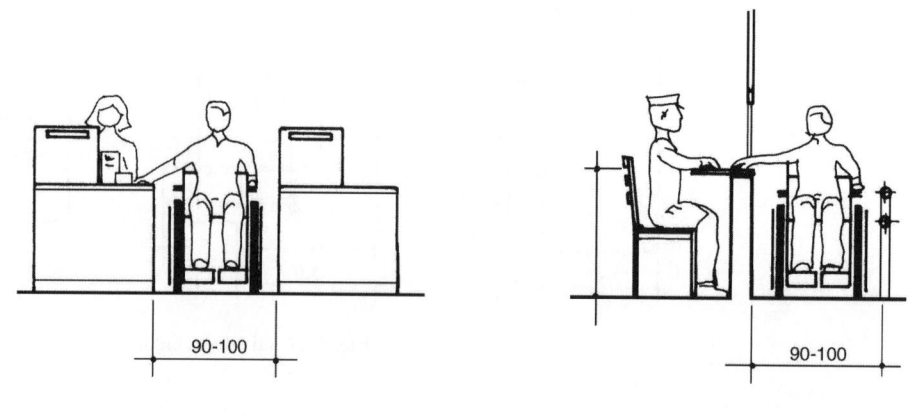

Fig. 6.29 Caixas.

Fig. 6.30 Bilheterias.

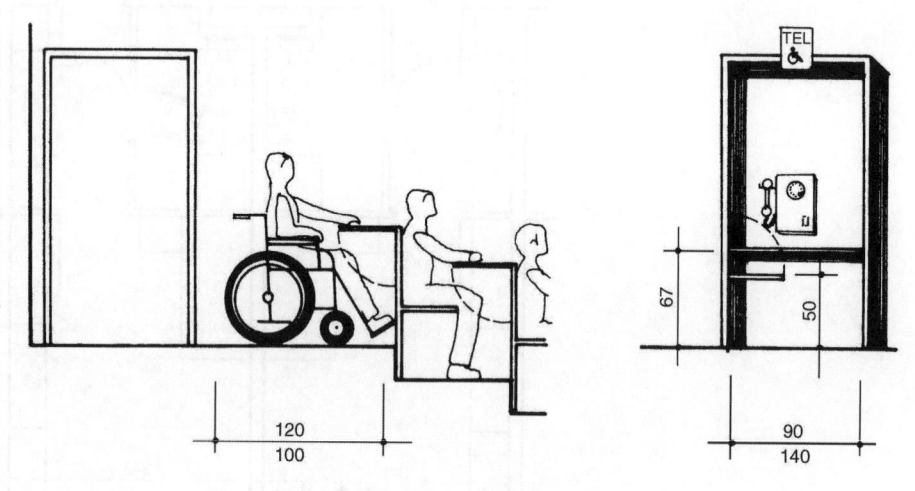

Fig. 6.31 Teatro, cinema e salas de aula.

A borda da piscina deve ser feita de tal forma que a água fique no mesmo nível do chão (piscinas de transbordo) (Fig. 6.32).

Para quem utiliza a cadeira de rodas, o espelho-d'água deve ficar a 50 cm do chão.

A temperatura da água deve ser entre 27 e 29°C, e a temperatura do ar no recinto, a 2°C acima da temperatura da água.

Em banheiros públicos ou piscinas, deve ser prevista pelo menos uma ducha ou WC para deficientes. O WC deve ser facilmente alcançável.

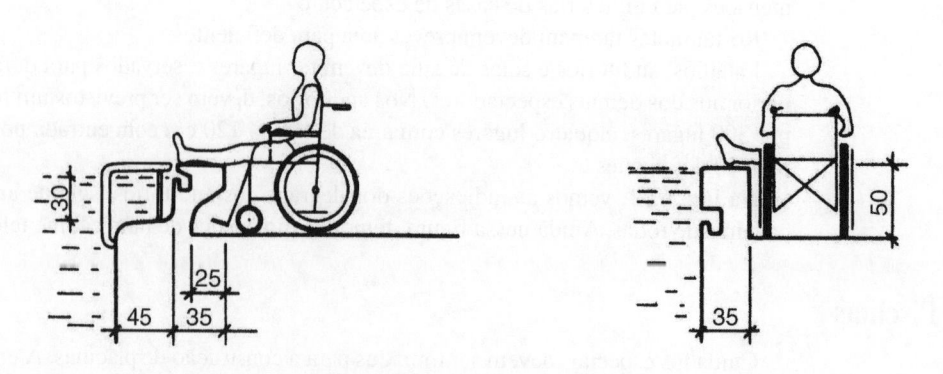

Fig. 6.32 Indicações para piscinas.

6.3.13 Guias para Hotéis

Os hotéis devem reservar 5% dos seus quartos, no mínimo duas unidades, com instalações para deficientes físicos.

Os guias de hotéis das cidades devem conter as indicações seguintes:

a) Hotéis para os deficientes em cadeira de rodas.
b) Hotéis para deficientes em situações difíceis (dificuldade de andar).
c) Hotéis para deficientes em casos leves (pouca dificuldade de andar).

Tal guia, na Suíça, foi editado pela União dos Inválidos e União dos Hotéis da Suíça. Foi baseado no direito dos inválidos ao recreio, pois, muitas vezes, são frustradas as possibilidades de férias por obstáculos arquitetônicos dos hotéis.

Resumo do Capítulo 6

— Instalações para deficientes físicos: medidas e necessidades de espaço, cadeira de rodas, deslocamento com bengalas ou muletas;

— O deficiente no trânsito: travessia, estacionamento e garagens;

— A moradia: acesso à moradia, portas e corredores, escadas e elevadores, instalações de lavatórios, instalações de WC, duchas e banheiras, instalações de cozinhas, quartos de dormir, sala de refeições, um apartamento, elevadores, outras instalações, piscinas, guias para hotéis.

Anexos

A. PROJETO DE INSTALAÇÕES

A fim de tornar mais objetivo o que se expôs ao longo do livro, apresentaremos um projeto completo de instalações hidráulicas e sanitárias, tal como é exigido para aprovação nas repartições competentes no estado do Rio de Janeiro.

Trata-se de um prédio de quatro pavimentos, dos quais um térreo, dois pavimentos-tipo e um pavimento de cobertura.

Cada pavimento-tipo tem quatro apartamentos, e o pavimento de cobertura tem dois apartamentos, com o total de 10 apartamentos.

A-1 INSTALAÇÕES SANITÁRIAS

A-1.1 Planta de Situação (Fig. A-1: ver encarte)

Nesta planta o edifício é localizado na rua, com numeração, edifícios vizinhos, dimensões do prédio da calçada, etc.

Por não ser região com rede de esgotos, o tratamento será realizado em fossa séptica.

A-1.2 Esquema Vertical (Fig. A-2: ver encarte)

Neste desenho as instalações de esgotos são vistas em conjunto, sem escala. Foi usada a tubulação de PVC para esgotos, ventilação e águas pluviais. O número de peças que descarregam nos tubos de queda consta do esquema.

Todas as peças desconectoras do esgoto secundário com o primário são ligadas ao canal de ventilação (CV), que, no último desconector, é ligado à ventilação primária (VP) que aflora acima do telhado.

Os despejos das pias se dirigem no térreo a uma caixa de gordura dupla (CGD), por meio dos tubos de gordura (TG).

Os despejos dos esgotos primários e secundários dos banheiros descem pelos tubos de queda (TQs) e dirigem-se às caixas de inspeção (CIs).

Os despejos dos tanques e máquinas de lavar descem por tubos secundários (TS) e se destinam, no térreo, a uma caixa sifonada (CS), antes de despejar nas caixas de inspeção.

Qualquer mudança de direção da vertical para horizontal e mudanças bruscas de direção devem ter uma "visita" (tubo operculado — TO).

A-1.3 Planta do Térreo (Fig. A-3: ver encarte)

Nesta planta vemos a localização das diversas caixas coletoras dos despejos de todos os pavimentos, a saber:

CGD-1 — recebe os despejos de gordura das colunas TG-1 e TG-2;
CGD-2 — recebe os despejos de gordura das colunas TG-3 e TG-4;
CI-1 — recebe os despejos dos TQs 1-2-3-4;
CI-2 — recebe os despejos dos TQs 5-6-7-8;
CS — recebe os despejos dos TS 1-2-3-4, etc.

A CI-2 se liga à fossa séptica e a saída desta se liga ao coletor do DES.

Nesta planta constam as caixas de areia (CA) que recebem as águas pluviais coletadas pelo telhado ou áreas externas. As águas pluviais são separadas dos esgotos e se juntam a uma caixa única, onde se ligam ao coletor público de águas pluviais.

O depósito de lixo deve ter ralo sifonado e deve se ligar à tubulação de esgotos secundários. Quando houver casa de máquinas de ar condicionado, também deve ser previsto um ralo sifonado ligado a TS.

A-1.4 Planta do Pavimento-Tipo (Fig. A-4: ver encarte)

Nesta planta são localizados todos os aparelhos, ralos e tubulações, obedecendo às convenções:

— esgotos primários — linha cheia;
— esgotos secundários — linha interrompida;
— ventilação — linha tracejada;
— águas pluviais — linhas com traço e ponto.

Aparecem também os desvios dos tubos quando chegam ao pavimento térreo as descidas que não têm parede na mesma vertical.

Os ramais de descarga, ou seja, as tubulações entre os aparelhos secundários e o ralo sifonado, são padronizados em PVC 40.

Os ramais de esgotos na saída do RS são de PVC 75 e dos vasos sanitários, de PVC 100.

A-1.5 Planta da Cobertura (Fig. A-5: ver encarte)

Nesta planta, se aplicam as mesmas observações do pavimento-tipo.

Verifica-se a marcação da ventilação primária (VP) relativa aos TQs dos pavimentos inferiores e das colunas de AP que descem do telhado e das áreas externas onde há um ralo coletor.

A-1.6 Planta do Telhado (Fig. A-6: ver encarte)

Nesta planta estão marcadas as saídas das ventilações primárias (VP) e secundárias (VS) e as descidas das águas pluviais (AP) coletadas pelas calhas por meio dos ralos hemosféricos (RH).

Sobre a casa de máquinas do elevador, a laje inclinada deságua as águas pluviais sobre as calhas mostradas na figura.

A-2 INSTALAÇÕES HIDRÁULICAS

A-2.1 Planta do Térreo (Fig. A-7: ver encarte)

Nesta planta é mostrada a entrada d'água, onde se localiza o hidrômetro, instalado dentro dos padrões da Concessionária local. No caso da Cedae, o ramal de entrada para 10 economias será de 25 mm (1″) para esse local. Será imprescindível que o projetista entre em contato com a Concessionária, que dispõe de normas particulares.

O ramal de entrada se dirige à caixa piezométrica de 200 litros instalada a 3 m de altura, próxima ao reservatório inferior.

O consumo diário do prédio é calculado com base em 200 litros por pessoa (mínimo). A capacidade dos reservatórios é de 3/5 para o reservatório inferior (cisterna) e de 2/5 para o reservatório superior. Incluir nesse volume a reserva técnica de incêndio (RTI) com base de 20% (mínimo) da capacidade do reservatório, dependendo das exigências do Corpo de Bombeiros local.

Para o cálculo da bomba de recalque de água, proceder de acordo com o que foi ensinado no exemplo do item 1.1.6.3.

A-2.2 Planta do Pavimento-Tipo (Fig. A-8: ver encarte)

Nesta planta estão marcados todas as colunas de água fria (AF), de incêndio e o recalque. Estão também desenhados os desvios necessários às colunas que descem até o térreo. Os detalhes dos banheiros são desenhados em separado em vista isométrica (ver Fig. A-12), onde se podem visualizar todas as tubulações, conexões e registros.

A-2.3 Planta do Pavimento de Cobertura (Fig. A-9: ver encarte)

Aqui vemos desenhadas as colunas de AF que atendem aos demais pavimentos e às colunas AFC, exclusivas para os apartamentos de cobertura, de vez que o reservatório superior não tem desnível suficiente. Há alguns desvios de colunas devido à falta de coincidência de paredes na vertical.

A-2.4 Planta do Telhado (Fig. A-10: ver encarte)

Nesta planta vemos a localização dos reservatórios superiores, os quais, por razões de arquitetura, tiveram que ser separados, porém interligados por tubulação de 3″ (75 mm). Vemos também a localização dos barriletes de onde partem as colunas de AF, cada uma com o seu registro, da mesma bitola que as tubulações. Há outro barrilete separado para atender somente aos apartamentos da cobertura, que são abastecidos por duas caixas de 2.000 litros cada uma, localizadas acima dos reservatórios superiores.

Nesta planta estão localizadas as bombas de pressurização de incêndio, cuja potência é calculada de acordo com as exigências do Corpo de Bombeiros local.

A-2.5 Esquema Vertical (Fig. A-11: ver encarte)

Neste desenho, pode-se visualizar toda a instalação, desde a entrada até os registros dos ramais, dentro de cada banheiro ou cozinha.

Nota-se que o recalque de água dirige-se às caixas de 2.000 litros dos apartamentos de cobertura, onde existem a bóia e a saída d'água em cima, mantendo-as sempre cheias.

O automático da chave-bóia localiza-se no reservatório superior, de modo que quando o nível d'água baixa a bomba é ligada e o extravasamento das caixas superiores recompleta o nível dos reservatórios inferiores. Nesse sistema há o inconveniente de, no caso de a caixa superior se esvaziar e o reservatório superior estiver cheio, a bomba d'água não ligar, porém é hipótese pouco provável.

Os barriletes devem ter um respiro para absorver os golpes de aríetes resultantes do fechamento brusco de qualquer registro ou válvula, evitando sobrepressão nas tubulações.

Todas as tubulações de AF podem ser de PVC, com exceção do recalque e dos barriletes, devido às vibrações. As tubulações de água quente (AQ) serão de ferro galvanizado ou de cobre (preferível).

Observação. Deve-se tomar especial cuidado na travessia de "juntas de dilatação", normalmente existentes em prédios muito grandes. Qualquer tubulação, ao atravessar uma junta, sofre tracionamento da estrutura do prédio, quando a temperatura se eleva. Será de boa norma, toda vez que houver "junta de dilatação", considerar como se fossem prédios independentes, com caixas-d'água independentes, para cada fração do edifício. Lembrar sempre que no térreo ou subsolo quase não é perceptível a dilatação estrutural, porém na cobertura ela é mais acentuada, sendo convenientes também os recalques independentes para cada caixa, por meio de um barrilete de recalque no térreo (ou subsolo), caso se deseje uma única unidade de recalque. Na Fig. A-17 temos uma sugestão para a travessia de uma junta de dilatação.

Em hipótese alguma podem-se atravessar juntas de dilatação com tubulações de gás, sendo imprescindível concentrarem-se os medidores em cada fração do edifício.

A-2.6 Planta de Detalhes (Fig. A-12: ver encarte)

Esta planta é uma vista isométrica da instalação do banheiro típico; a inclinação de 60° do desenho em relação à planta baixa permite uma visão em 3.ª dimensão da instalação, o que facilita a compreensão do projeto e o levantamento dos materiais. Nesse desenho estão representadas as instalações de água fria e de água quente; em todos os aparelhos que utilizam água fria e água quente, os registros de água quente sempre ficam do lado esquerdo do aparelho, para quem os vê de frente.

A-3 INSTALAÇÕES DE GÁS

O presente projeto refere-se às instalações de gás para localidades com rede pública de distribuição, no caso na área da CEG, do Rio de Janeiro.

Na Fig. A-13 (ver encarte) temos a planta do pavimento térreo, onde está desenhada a entrada de gás, cujo dimensionamento e execução são feitos pela concessionária.

As tubulações são abrigadas em canaletas de 0,40 × 0,40 m, nas quais os vazios são completados com areia, para evitar que, na hipótese de vazamentos, haja acúmulo de gás e, em conseqüência, perigo de explosão.

Nessa figura vemos o local dos medidores, cujos detalhes são desenhados de acordo com as figuras padrões da Concessionária. Em seguida, são marcadas as "prumadas" de gás, ou seja, as subidas verticais até os apartamentos, sempre embutidas em lajes ou em alvenarias, sem espaços vazios.

A Fig. A-14 (ver encarte) é a do pavimento-tipo, no qual vemos a distribuição do gás para o fogão de quatro bocas (F-4), para o ponto na área de serviço (PAS) e para os aquecedores de gás A-1 e A-2. Nesse desenho estão registrados os consumos dos aparelhos em kcal/minuto, conforme a Tabela 1 da Concessionária, os quais servem para os dimensionamentos das tubulações.

Na Fig. A-15 (ver encarte) temos a distribuição para os apartamentos de cobertura.

Na Fig. A-16 (ver encarte) temos o esquema vertical, onde vemos um corte esquemático da instalação (sem escala).

Cada apartamento possui o seu medidor e tubulações independentes, abrigadas em canaleta, conforme mostra o desenho.

O local dos medidores de gás deve obedecer às prescrições da Concessionária, sendo, de preferência, no térreo, com ventilação através de boas aberturas para o exterior.

Todas as tubulações de gás serão de aço-carbono zincado, com ou sem costura, obedecendo aos padrões de Concessionária ou da norma da ABNT (EB-331 ou 332).

Há possibilidade de se colocarem os medidores de gás nos andares, ou no interior das economias, porém devem ser previstos medidores gerais no térreo. Nesse caso, a Concessionária poderá emitir conta única de consumo de todo o prédio, ficando o rateio por conta do condomínio.

As conexões até a bitola de 2″ (50,8 mm) utilizadas nas interligações serão de ferro maleável classe 10 (Norma PB-110 da ABNT); acima de 2″ (50,8 mm), as conexões deverão ser de ferro maleável classe 20 (Norma PB-156 da ABNT).

Nas interligações permanentes feitas com rosca, deverá ser aplicado vedante constituído de pasta de litargírio (Pb 6) e glicerina ou fita Teflon. Não é permitido o uso de massa de zarcão e fios de cânhamo.

O diâmetro mínimo permitido para a tubulação de gás é de 1/2″ (12,7 mm). Quando há cruzamento com outras tubulações, a de gás deve ficar por cima das demais.

Não é permitida a passagem de tubulações de gás:

— em compartimentos sem ventilação;
— através de chaminés, tubos de lixo, tubos de ar condicionado;
— em poços de elevadores, em depósitos d'água e em incineradores.

Testes da Instalação

As ramificações só serão aprovadas depois de submetidas pelos instaladores à prova preliminar de estanqueidade, mediante emprego de ar comprimido ou gás inerte com pressão de 1 kg/cm². Essa pressão deverá ser mantida por 20 minutos.

É proibido a procura de escapamento por meio de chama.

Fogões com capacidade acima de 250 kcal/minuto deverão possuir coifa ou exaustor para a condução dos produtos da combustão para o ar livre ou prisma de ventilação.

Todo aquecedor d'água deverá ter chaminé para conduzir os produtos da combustão para o ar livre ou prisma de ventilação. Os aquecedores não poderão ser instalados no interior de boxes ou acima de banheira com chuveiro.

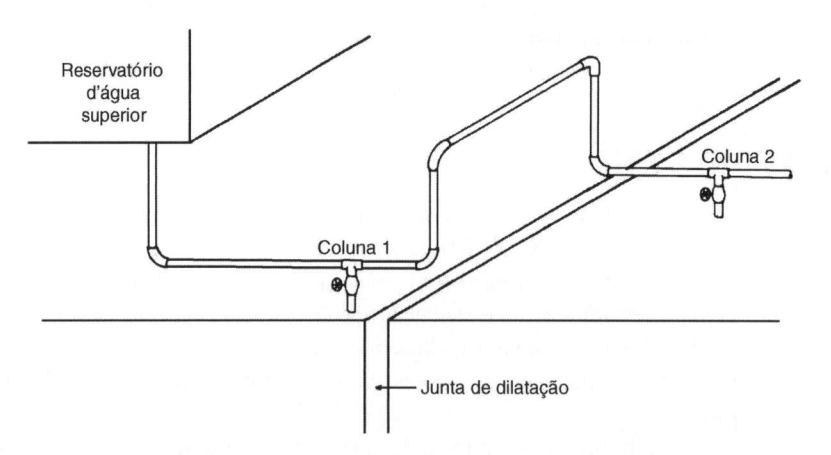

Fig. A-17 Transposição de uma junta de dilatação.

B. MEMORIAL DESCRITIVO

Memorial descritivo das instalações hidráulico-sanitárias e de gás para o edifício residencial à Av. Canal de Marapendi n.º 2605.

B.1 INSTALAÇÕES SANITÁRIAS

Toda a instalação de esgotos sanitários e de águas pluviais será executada em PVC rígido. Os esgotos primários serão da marca Tigre, com ponta e bolsa e anel de borracha, podendo ser usadas juntas soldáveis (com adesivo), de acordo com a Norma EB-608/77 (NBR-5688). Os esgotos secundários serão com diâmetro nominal de 40 mm, soldáveis, de acordo com a Norma EB-608. Para as águas pluviais, serão usados PVC rígido, série R, tipo ponta, e bolsa com 3 m de comprimento. Também os ralos sifonados (ou caixas sifonadas) serão de PVC rígido, inclusive as grelhas, de 100 mm de diâmetro, com saídas de 75 mm.

Todos os TQs de vasos sanitários serão de 100 mm, e os das pias das cozinhas, tanques e máquinas de lavar em 75 mm, bem assim os tubos secundários (TS).

Todos os tubos de queda (TQs) e de gordura (TGs) são prolongados até a cobertura, constituindo os tubos de ventilação. No nível do térreo, os tubos de queda (TQs) se dirigem às caixas de inspeção (CIs), os tubos de gordura (TGs) às caixas de gordura (CGD), e os tubos secundários às caixas sifonadas (CSs). Da última caixa sifonada, os despejos se dirigem à fossa séptica para 100 pessoas, onde se processa o tratamento, e o despejo final será na rede de AP dos serviços públicos.

Após a instalação de todas as tubulações, deverá haver teste de estanqueidade, efetuando-se sucessivas descargas dos aparelhos de consumo d'água e verificando-se os vazamentos antes do fechamentos dos poços de descida das tubulações.

Nos trechos de banheiros e cozinhas, deverá haver rebaixamento de teto a fim de abrigar as tubulações de esgotos do apartamento de cima.

B.2 INSTALAÇÕES HIDRÁULICAS

Toda a instalação de água fria será executada em tubos de PVC rígidos da linha roscável da Tigre, opção preferida pelo cliente. Também poderia ser da linha soldável, opção recomendada pelo fabricante, por ser de execução mais rápida e não haver o perigo, como no caso da linha roscável, de o encanador dar aperto nas conexões superior à resistência do material, o que poderia provocar fissuras. Em qualquer dos dois casos é exigida mão-de-obra especializada nesse tipo de material. Nas juntas é obrigatório o uso de fita Teflon. A Norma da ABNT-892/77 ou NBR-5648 estabelece as prescrições para a fabricação desses tubos que resistem a uma pressão máxima de serviço de 7,5 kg/cm² ou 75 MCA a 20°C, o que já é adequado ao golpe de aríete máximo, desde que se usem as válvulas de descarga adequadas (ver as especificações).

A fiscalização da obra deverá exigir a execução da instalação de acordo com as recomendações do fabricante.

As tubulações de água quente deverão ser executadas em ferro galvanizado ou cobre, já que o PVC comum não é adequado para uso em temperaturas elevadas. A resistência do PVC diminui quando a temperatura da água aumenta. A tubulação, depois de instalada e limpa, deverá ser enchida de água e testada a uma pressão de 1,5 vez a pressão estática máxima por meio de bomba ou reservatório hidropneumático. Esse teste de estanqueamento deve ter no máximo a pressão de 8 kg/cm².

Na tubulação de recalque, a partir da bomba d'água, recomenda-se a instalação de uma luva elástica, a fim de absorver as vibrações mecânicas que poderão provocar fissuras.

As tubulações de incêndio serão executadas em ferro galvanizado de 2 ½″ (63 mm), conforme exigências do Corpo de Bombeiros; nas caixas de incêndio serão instalados o registro de gaveta de 2 ½″, junta de 2 ½″, redução de 2 ½″ × 1 ½″, mangote de 1 ½″ com esguicho e requinte de 1/2″, além da mangueira com 30 m de comprimento.

O consumo de água foi calculado de acordo com as tabelas de consumo de 200 l/pessoa/dia (ver item A-2.1); o recalque de água, de acordo com o exemplo do item 1.1.6.3.

O ramal de entrada de água será executado pela Concessionária até o hidrômetro.

B.3 INSTALAÇÕES DE GÁS

Todas as tubulações de gás serão de aço-carbono zincado (galvanizado), sem costura, obedecendo aos padrões da Concessionária, com caimento em direção à entrada, dotadas de coletores, para a água condensada, em pontos críticos.

A prumada de gás deve ser separada das demais tubulações e embutida em alvenaria ou na laje do teto, sem espaços vazios, para evitar bolsões de gás em caso de vazamentos. As prumadas serão na bitola de 30 mm (1 ¼″) e nos trechos horizontais em 19 mm (3/4″); as ligações finais dos aparelhos serão de 12,7 mm (1/2″).

Os dimensionamentos são feitos pelas Tabelas 1, 2, 3, 4, 5 e 6 do Cap. 2, adotando-se o número de Wobbe, $W = 5.700$ kcal/m³, extensivo às tubulações primárias e secundárias.

Nos aquecedores dos banheiros, deverá haver chaminé de 3″. Todas as emendas de tubulações serão feitas com rosca para luvas de ferro galvanizado, aplicando-se a fita Teflon ou pasta vedante de litargírio e glicerina.

O teste das tubulações é obrigatório e feito de acordo com o item A-3. Depois desse 1.º teste, quando todos os aparelhos estão instalados, a Concessionária faz o teste final de estanqueidade, com todos os aparelhos sem utilização, deixando a instalação em carga por 24 horas. O medidor de gás não deve indicar nenhum consumo, se houver perfeita estanqueidade.

Lista de Materiais de Instalações — Projeto: Esgotos e AP					
Item	*Especificação*		*Unidade*	*Quantidade*	*Fabricante*
01	Tubo de PVC rígido	— Ref. EG-01 — 50 mm	Tubo (3 m)	10	Tigre
02	Tubo de PVC rígido	— Ref. EG-01 — 75 mm	Tubo (3 m)	120	Tigre
03	Tubo de PVC rígido	— Ref. EG-01 — 100 mm	Tubo (3 m)	50	Tigre
04	Anel de borracha	— Ref. EG-11 — 50 mm	Peça	100	Tigre
05	Anel de borracha	— Ref. EG-11 — 75 mm	Peça	500	Tigre
06	Anel de borracha	— Ref. EG-11 — 100 mm	Peça	250	Tigre
07	Curva 45° curta	— Ref. EG-13 — 100 mm	Peça	20	Tigre
08	Luva 90° curta	— Ref. EG-13 — 75 mm	Peça	20	Tigre
09	Luva 90° curta	— Ref. EG-13 — 100 mm	Peça	44	Tigre
10	Joelho 45°	— Ref. EG-19 — 50 mm	Peça	22	Tigre
11	Joelho 45°	— Ref. EG-19 — 75 mm	Peça	50	Tigre
12	Joelho 45°	— Ref. EG-19 — 100 mm	Peça	20	Tigre
13	Joelho 90°	— Ref. EG-20 — 50 mm	Peça	30	Tigre
14	Joelho 90°	— Ref. EG-20 — 75 mm	Peça	26	Tigre
15	Junção simples	— Ref. EG-07 — 75 × 50 mm	Peça	35	Tigre
16	Junção simples	— Ref. EG-07 — 75 × 75 mm	Peça	60	Tigre
17	Junção simples	— Ref. EG-07 — 100 × 75 mm	Peça	50	Tigre
18	Junção simples	— Ref. EG-07 — 100 × 100 mm	Peça	45	Tigre
19	Junção invertida	— Ref. EG-08 — 75 × 75 mm	Peça	30	Tigre
20	Ligação para saída de vaso sanitário	— Ref. EG-21 — 100 mm	Peça	30	Tigre
21	Plugue	— Ref. EG-25 — 75 mm	Peça	09	Tigre
22	Plugue	— Ref. EG-25 — 100 mm	Peça	03	Tigre
23	Redução excêntrica	— Ref. EG-09 — 75 × 50 mm	Peça	09	Tigre

Lista de Materiais de Instalações — Projeto: Esgotos e AP (Cont.)

Item	Especificação		Unidade	Quantidade	Fabricante
24	Redução excêntrica	— Ref. EG-09 — 100 × 75 mm	Peça	04	Tigre
25	Tubo radial com inspeção	— Ref. EG-26 — 75 mm	Peça	35	Tigre
26	Tubo radial com inspeção	— Ref. EG-26 — 100 mm	Peça	14	Tigre
27	Vedação para saída do vaso sanitário	— Ref. EG-27 — 100 mm	Peça	30	Tigre
28	Tubo de PVC rígido	— Ref. EG-28 — 40 mm	Tubo (3 m)	25	Tigre
29	Adaptador para válvula de lavatório	— Ref. EG-30 — 40 mm	Peça	02	Tigre
30	Pasta lubrificante	— Ref. BA-28	Peça	-	Tigre
31	Bucha de redução longa	— Ref. EG-46 — 50 × 40 mm	Peça	56	Tigre
32	Anel de borracha	— Ref. EG-11 — 40 mm	Peça	100	Tigre
33	Curva 90° curta	— Ref. EG-32 — 40 mm	Peça	45	Tigre
34	Joelho 45°	— Ref. EG-34 — 40 mm	Peça	82	Tigre
35	Joelho 90° soldável com rosca	— Ref. EG-44 – 40 × 1″	Peça	30	Tigre
36	Joelho 90° soldável com rosca	— Ref. EG-44 — 40 × 1 ¼″	Peça	20	Tigre
37	Luva de correr	— Ref. EG-92 — 40 mm	Peça	02	Tigre
38	Luva	— Ref. EG-37 — 40 mm	Peça	24	Tigre
39	Caixa sifonada com porta-grelha quadrado e grelha redonda em aço inox	— Ref. EG-51C	Peça	31	Tigre
40	Ralo sifonado cilíndrico com porta-grelha quadrado e grelha redonda em aço inox	— Ref. EG-87B	Peça	58	Tigre
41	Válvula para lavatório sem unho n.º 11		Peça	32	Cipla
42	Sifão PL 1 roscável		Peça	30	Cipla
43	Sifão sanfonado n.º 35		Peça	10	Cipla
44	Sifão PA 1 ¼″ roscável		Peça	10	Cipla
45	Válvula para pia americana n.º 9		Peça	10	Cipla
46	Ralo hemisférico – saída lateral		Peça	02	Barbará
47	Caixa de areia		Peça	03	Sano
48	Caixa de inspeção		Peça	02	Sano
49	Caixa sifonada		Peça	02	Sano
50	Caixa de gordura dupla		Peça	02	Sano
51	Fossa séptica cilíndrica com câmara Imhoff – Capacidade 100 pessoas		Peça	01	Sano

Lista de Materiais de Instalações — Projeto: Hidráulico

Item	Especificação	Unidade	Quantidade	Fabricante
01	Conjunto bomba d'água de 1 ½″ HP; vazão: 3.000 1/h; Hm = 20 MCA; 3.440 RPM/60 HZ — 220 V	Conjunto	2	Ksb ou Dancor
02	Caixa d'água de fibrocimento para 200 1	Peça	1	Brasilit
03	Tubo de PVC rígido, roscável branco de 1/2″	Vara de 6 m	10	Tigre
04	Idem de 3/4″	Vara de 6 m	8	Tigre
05	Idem de 1″	Vara de 6 m	4	Tigre
06	Idem de 1 ¼″	Vara de 6 m	4	Tigre
07	Idem de 1 ½″	Vara de 6 m	4	Tigre
08	Idem de 2″	Vara de 6 m	8	Tigre
09	Idem de 2 ½″	Vara de 6 m	4	Tigre
10	Idem de 3″	Vara de 6 m	2	Tigre
11	Adaptador com rosca e flanges de PVC para caixa d'água, bitola 1″	Peça	6	Tigre
12	Torneira de bóia completa para 1″	Peça	4	Tigre
13	Válvula de pé com crivo para 1 ½″	Peça	1	Tigre
14	Luva elástica de 1 ¼″	Peça	1	Tigre
15	Registro gaveta de bronze de 1″	Peça	8	Fabrimar ou Deca
16	Idem de 1 ¼″	Peça	8	Fabrimar ou Deca
17	Registros gaveta de bronze de 1 ½″	Peça	2	Fabrimar ou Deca
18	Idem de 2″	Peça	22	Fabrimar ou Deca

Lista de Materiais de Instalações — Projeto: Hidráulico (Cont.)

Item	Especificação	Unidade	Quantidade	Fabricante
19	Idem de 2 ½″	Peça	2	Fabrimar ou Deca
20	Idem de 3″	Peça	4	Fabrimar ou Deca
21	Caixa d'água de fibrocimento para 2.000 1	Peça	2	Brasilit
22	Aquecedor automático a gás de rua de 10 1	Peça	14	Geral
23	Tubo de ferro galvanizado de 2 ½″, sem costura	Vara de 6m	8	Manesmann
24	Idem de galvanizado de 3/4″, sem costura	Vara de 6m	4	Manesmann
25	Luvas de ferro galvanizado de 3/4″, sem costura	Peça	20	Tupy
26	Idem de 3/4″ galvanizado 3/4″, sem costura	Peça	20	Tupy
27	Caixas de incêndio compostas de: registro de gaveta de 2 ½″, junta de 2 ½″, redução de 2 ½″ × 1 ½″, mangote de 1 ½″ com juntas e esguichos de 1/2″	Caixa	5	Diversos
28	Joelho galvanizado de 2 ½″	Peça	30	Tupy
29	União de 2 ½″ de ferro galvanizado	Peça	26	Tupy
30	Válvula de retenção de fg de 2 ½″	Peça	1	Tupy
31	Válvula de descarga de botão de 1 ¼″	Peça	28	Docol
32	Torneiras de jardim de 1/2″	Peça	10	Deca
33	Conjunto de bomba de incêndio conforme especificações do Corpo de Bombeiros	Conjunto	1	Ksb
34	Vaso sanitário branco (conforme especificações de arquitetura)	Peça	30	Celite
35	Lavatório de porcelana com duas torneiras (idem)	Peça	20	Celite
36	Lavatório de porcelana com uma torneira (idem)	Peça	10	Celite
37	Crivo para chuveiro de 1/2″	Peça	30	Celite
38	Registro de pressão, com canopla de 1/2″	Peça	40	Deca
39	Pia de aço inoxidável com duas cubas	Peça	10	Deca
40	Conjunto torneira de bóia para bomba d'água	Peça	2	Deca
41	Joelho de PVC de 1/2″	Peça	36	Tigre
42	Joelho de PVC de 3/4″	Peça	24	Tigre
43	Joelho de PVC de 1″	Peça	12	Tigre
44	Joelho de PVC de 1 ¼″	Peça	18	Tigre
45	Idem de 1 ½″	Peça	12	Tigre
46	Idem de 2″	Peça	20	Tigre
47	Idem de 2 ½″	Peça	22	Tigre
48	Joelho de 3″	Peça	10	Tigre
49	Tês de PVC de 1/2″ × 1/2″	Peça	20	Tigre
50	Idem 1″ × 1″	Peça	25	Tigre
51	Idem de 1 ½″ × 1 ½″	Peça	20	Tigre
52	Idem de 2″ × 2″	Peça	12	Tigre
53	Idem de 2″ × 1 ½″	Peça	14	Tigre
54	Idem de 1″ × 3/4″	Peça	20	Tigre
55	Hidrante de passeio completo de 2 ½″	Conjunto	1	Tigre

Lista de Materiais de Instalações — Projeto: Gás

Item	Especificação	Unidade	Quantidade	Fabricante
01	Medidor de gás de 20 luzes	Peça	10	—
02	Tubo de ferro galvanizado sem costura de 19 mm (3 ¼″)	Vara	15	Manesmann
03	Idem de 30 mm (1 ¼″)	Vara	20	Manesmann
04	Joelhos de fg de 1 ¼″	Peça	50	Tupy
05	Idem de 3/4″	Peça	40	Tupy
06	Tês de fg de 1 ¼″ × 3/4″	Peça	20	Tupy
07	Joelhos de fg de 1/2″	Peça	20	Tupy
08	Luvas de fg de 1 ¼″	Peça	30	Tupy
09	Luvas de fg de 3/4″	Peça	20	Tupy
10	Registros de gás tipo macho de fg de 1/2″	Peça	15	Tupy
11	Fogão a gás de rua de 5 queimadores	Peça	10	Cosmopolita
12	Aquecedor a gás de rua com chaminé	Peça	10	Cosmopolita

Tabelas

Equivalência entre Unidades Métricas e do Sistema Inglês e Unidades Diversas	
PESO	
kg	= 2,205 libras
g	= 0,0353 onça = 15,43 grãos
libra	= 0,4536 kg
onça	= 28,35 g
tonelada grande	= 1.016 kg
tonelada curta	= 907 kg = 2.000 libras
grão	= 0,0648 g
PRESSÃO	
atmosfera	= 14,698 libras por polegada quadrada (psi) = 1,0132 bar = 101,325 kPa $\approx 10^5$ Pa
1 kg/cm²	= 14,2233 psi = 9,805 N/cm²
1 psi	= 0,070307 kg/cm²
1 kg/m²	= 0,20482 psi
1 psi	= 4,8824 kg/m²
1 atm	= 1,03323 kg/cm² = 10 m de coluna d'água = 10,1325 N/cm² = 101,3 kPa $\approx$ 0,1 MPa
1 kg/cm²	= 0,96784 atm
1 atm	= 14,6959 psi
760 mm col. mercúrio	= 29,9213 pol. col. mercúrio
% vácuo	= 0,29921 pol. col. mercúrio
pol. mercúrio	= 345 mm col. água = 25,4 mm col. mercúrio
ton./pol. quadrada	= 157,5 kg/cm²
quilopascal	= 0,1 m de coluna d'água = 0,01 kg/cm²
1 m de coluna d'água	= 10 000 N/m² = 1 decibar (dbar) = 10 kPa
1 Pa	= 1 N/m²
1 MPa	= 100 mCA $\approx$ 10 kg/cm²
1 bar	$\approx$ 14,5 psig $\approx$ 1 kg/cm² = 0,1 MPa
POTÊNCIA	
1 kW	= 1,359 CV = 1,314 HP = 14,33 kcal/min = 44,266 ft · lb/min = 56,879 BTU/min
1 CV	= 735,5 W = 0,986 HP
1 kgm/s	= 9,81 W
1 W	= 0,102 kgm/s
1 HP	= 745,7 W = 1,014 CV = 33 · 000 ft · lb/min = 42.402 BTU/min = 550 ft · lb/s

TABELA A.1 (Cont.)

Equivalência entre Unidades Métricas e do Sistema Inglês e Unidades Diversas

TRABALHO-ENERGIA

mkg	$= 3{,}65 \times 10^{-6}$ HP/h $= 9{,}30 \times 10^{-3}$ BTU
kWh	$= 1{,}34$ HP/h $= 3.415$ BTU $= 864$ kcal
kcal	$= 1{,}56 \times 10^{-3}$ HP/h $= 3{,}97$ BTU
HP/h	$= 0{,}746$ kWh $= 641{,}2$ kcal
BTU	$= 107{,}65$ mkg $= 0{,}252$ kcal
ft-ton	$= 310$ mkg
BTU/lb	$= 0{,}555$ kcal/kg
BTU/kWh	$= 0{,}252$ kcal/kWh
lb/kWh	$= 0{,}4536$ kg/kWh

COMPRIMENTO

cm	$= 0{,}3937$ polegada	polegada	$= 2{,}54$ cm
m	$= 3{,}2808$ pés	pé	$= 0{,}3048$ m
m	$= 1{,}0936$ jarda	jarda	$= 0{,}9144$ m
km	$= 0{,}6214$ milha	milha	$= 1{,}6093$ km

ÁREA

cm^2	$= 1{,}973 \times 10^5$ circular mils.
cm^2	$= 0{,}1550$ polegada quadrada
m^2	$= 10{,}7639$ pés quadrados
m^2	$= 1{,}1960$ jarda quadrada
ha	$= 2{,}4710$ acres
ha	$= 107{,}60$ milhas quadradas
km^2	$= 0{,}3861$ milha quadrada
km^2	$= 2{,}471$ acres
100 000 circ. mils.	$= 50{,}7$ mm^2
circ. mils.	$= 5{,}067 \times 10^{-6}$ cm^2
polegada quadrada	$= 6{,}4516$ cm^2
pé quadrado	$= 0{,}0929$ m^2
jarda quadrada	$= 0{,}8361$ m^2
acre	$= 0{,}4047$ ha
acre	$= 4{,}047$ m^2
milha quadrada	$= 2{,}5900$ km^2
acre	$= 0{,}004047$ km^2

VOLUME-CAPACIDADE

m^3	$= 35{,}31$ pés cúbicos
dm^3	$= 61{,}02$ polegadas cúbicas
cm^3	$= 0{,}061$ polegada cúbica
polegada cúbica	$= 16{,}4$ cm^3
pé cúbico	$= 28{,}32$ dm^3
litro	$= 0{,}0353$ pé cúbico $= 0{,}2642$ galão
litro	$= 1$ kg água destilada a 4°C $= 2{,}202$ lb/água dest. a 39,2°F
jarda cúbica	$= 764{,}5$ dm^3
tonelada marítima	$= 1{,}13$ m^3
lb/pé cúbico	$= 16{,}015$ kg/m^3
galão (inglês)	$= 4{,}54$ l
galão (americano)	$= 3{,}70$ l
galão (americano)	$= 61{,}023$ polegadas cúbicas

DIVERSOS

1 BTU/h ft^2 °F	$= 4{,}88$ kcal/h m^2 °C
1 BTU in/ft h°F	$= 0{,}125$ kcal/m^2 h°C
kgm^2	$= 23{,}7$ ft^2 lb
PD^2 em kgm^2	$= 5{,}91$ WR^2 em ft^2 lb

TABELA A.2

Conversão de Polegadas em Milímetros					
Polegadas		*mm*	*Polegadas*		*mm*
	1/64	0,396 874		33/64	13,096 85
1/32		0,793 749	17/32		13,493 73
	3/64	1,190 623		35/64	13,890 60
1/16		1,587 497	9/16		14,287 48
	5/64	1,984 372		37/64	14,684 35
3/32		2,381 246	19/32		15,081 22
	7/64	2,778 120		39/64	15,478 10
1/8		3,174 994	5/8		15,874 97
	9/64	3,571 869		41/64	16,271 85
5/32		3,968 743	21/32		16,668 72
	11/64	4,365 617		43/64	17,065 60
3/16		4,762 492	11/16		17,462 47
	13/64	5,159 366		45/64	17,859 34
7/32		5,556 240	23/32		18,256 22
	15/64	5,953 115		47/64	18,653 09
1/4		6,349 989	3/4		19,049 97
	17/64	6,746 863		49/64	19,446 84
9/32		7,143 738	25/32		19,843 72
	19/64	7,540 612		51/64	20,240 59
5/16		7,937 486	13/16		20,637 46
	21/64	8,334 361		53/64	21,034 34
11/32		8,731 235	27/32		21,431 21
	23/64	9,128 109		55/64	21,828 09
3/8		9,524 983	7/8		22,224 96
	25/64	9,921 858		57/64	22,621 84
13/32		10,318 73	29/32		23,018 71
	27/64	10,715 61		59/64	23,415 58
7/16		11,112 48	15/16		23,812 46
	29/64	11,509 35		61/64	24,209 33
15/32		11,906 23	31/32		24,606 21
	31/64	12,303 10		63/64	25,003 08
1/2		12,699 98	1		25,399 96

TABELA A.3

Conversão de Polegadas, Pés Quadrados e Cúbicos em Medidas Métricas

Polegadas/Pés

pol.	mm	pol.	mm	pés	cm	pés	cm
1	25,4	6	152,4	1	30,5	6	182,9
2	50,8	7	177,8	2	61,0	7	213,4
3	76,2	8	203,2	3	91,4	8	243,8
4	101,6	9	228,6	4	121,9	9	274,3
5	127,0	10	254,0	5	152,4	10	304,8

Polegadas Quadradas em Centímetros Quadrados

pol.	cm^2	pol.	cm^2	pol.	cm^2	pol.	cm^2
0	—	1/2	3,23	1	6,45	9	58,07
1/16	0,40	9,16	3,63	2	12,90	10	64,52
1/8	0,81	5/8	4,03	3	19,36	11	70,97
3/16	1,21	11/16	4,44	4	25,81	12	77,42
1/4	1,61	3/4	4,84	5	32,26	13	83,87
5/16	2,02	13/16	5,24	6	38,71	14	90,32
3/8	2,42	7/8	5,65	7	45,16	15	96,77
7/16	2,82	15/16	6,05	8	51,61	16	103,23

Pés Cúbicos em Metros Cúbicos

Pé Cúbico	m^3	Pé Cúbico	m^3
1	0,028	20	0,566
2	0,057	30	0,850
3	0,085	40	1,133
4	0,113	50	1,416
5	0,142	60	1,699
6	0,170	70	1,982
7	0,198	80	2,265
8	0,227	90	2,549
9	0,255	100	2,832
10	0,283		

TABELA A.4

Comparação das Escalas Termométricas °C = 0,556 (°F – 32), °F = 1,8 (°C – 32)									
°C	°F	°C	°F	°C	°F	°C	°F	°C	°F
−40	−40	20	68	65	149	200	392	650	1202
−30	−22	25	77	70	158	250	482	700	1292
−20	− 4	30	86	75	167	300	572	750	1382
−10	+14	35	95	80	176	350	662	800	1472
0	+32	40	104	85	185	400	752	850	1562
+2	+35,6	45	113	90	194	450	842	900	1652
4	39,2	50	122	95	203	500	932	950	1742
6	42,8	55	131	100	212	550	1022	1000	1832
8	46,4	60	140	150	302	600	1112		
10	50								

°C	°F	°C	°F	°C	°F
0	−17,8	70	21,1	500	260
10	−12,2	80	26,7	600	316
20	− 6,7	90	32,2	700	371
30	− 1,2	100	37,8	800	427
40	+ 4,4	200	93	900	482
50	10	300	149	1000	538
60	15,8	400	204		

TABELA A-5

Peso de Chapas			
		Peso (kg/m²)	
Bitola (n.º)	Espessura (mm)	Chapa de Cobre (LNM)	Chapa Galvanizada* (CSN)
30	0,30	2,700	3,200
28	0,35	3,100	3,810
26	0,45	4,000	4,420
24	0,55	4,900	5,650
22	0,71	6,350	6,810
20	0,90	8,550	8,080
18	1,24	11,100	10,530
16	1,65	14,750	12,970
14	2,10	18,800	16,020
12	2,76	24,750	22,120

*Refere-se somente ao peso da base de ferro.

TABELA A.6

Tubos sem Costura para Caldeiras						
Diâmetro Externo		**Grossura Padrão**		**Peso Aprox. em kg por Metro Corrente**		
		Na fieira			*Uma fieira*	*Duas fieiras*
Polegadas em mm		*BWG*	*Em mm*	*Grossura padrão*	*extra*	*extras*
1 1/2″	38,10	13	2,41	2,20	2,04	2,60
1 3/4″	44,45	13	2,41	2,50	2,84	3,11
2″	50,80	13	2,41	2,87	3,27	3,54
2 1/4″	57,15	12	2,77	3,26	3,71	4,06
2 1/2″	63,50	12	2,77	4,14	4,54	5,05
2 3/4″	69,85	12	2,77	4,57	5,02	5,57
3″	76,20	12	2,77	5,02	5,49	6,10
3 1/2″	88,90	11	3,05	6,44	7,17	7,89
4″	101,60	10	3,40	8,23	9,06	10,06

TABELA A.7

Tubos Vermelhos para Vapor com Rosca e Luva Comprimento de cada tubo: cerca de 6 m			
Diâmetro Nominal pol.	*Grossura da Parede em mm*	*Peso por Metro em kg*	*Observação*
1/4″	2,75	0,721	com costura
3/8″	2,75	0,961	com costura
1/2″	3,25	1,46	com costura
3/4″	3,5	2,04	com costura
1″	4	2,96	com costura
1 1/4″	4	3,84	com costura
1 1/2″	4,25	4,70	com costura
2″	4,5	6,32	com costura
2 1/2″	4,5	8,09	sem costura
3″	4,75	10,1	sem costura
3 1/2″	5	12,2	sem costura
4″	5	13,9	sem costura
5″	5,5	18,8	sem costura
6″	5,5	22,5	sem costura

TABELA A.8

Tubos Mannesmann de Aço Comum, sem Costura, para Caldeira, Pretos, Pontas Lisas, CF. DIN 2.448							
Diâmetro Externo		Espessura da Parede	Peso Teórico	Pressão			
				Nominal	Admissível de Serviços nos Estágios		De Ensaio
					I	II	
pol.	mm	mm	kg/m	kg/cm²	kg/cm²	kg/cm²	kg/cm²
1	25,0	2,50	1,39	32	32	25	50
		3,00	1,63	40	40	32	60
1 1/4	32,0	2,75	1,99	32	32	25	50
		3,25	2,31	40	40	32	60
1 1/2	38,0	2,75	2,39	32	32	25	50
		3,25	2,79	40	40	32	60
1 3/4	44,5	2,75	2,83	32	32	25	50
		3,25	3,31	40	40	32	60
2	51,0	2,75	3,28	32	32	25	50
		3,25	3,83	40	40	32	60
2 1/4	57,0	3,00	4,00	32	32	25	50
		3,50	4,63	40	40	32	60
2 1/2	63,5	3,00	4,48	32	32	25	50
		3,50	5,19	40	40	32	60
2 3/4	70,0	3,00	4,96	32	32	25	50
		3,50	5,74	40	40	32	60
3	76,0	3,00	5,40	32	32	25	50
		3,50	6,27	40	40	32	60
3 1/4	83,0	3,50	6,86	32	32	25	50
		4,00	7,79	40	40	32	60
3 1/2	89,0	3,50	7,38	32	32	25	50
		4,00	8,38	40	40	32	60
3 3/4	95,0	4,00	8,98	40	40	32	60
4	102,0	4,00	9,67	40	40	32	60
4 1/4	108,0	4,00	10,30	32	32	25	50
4 3/4	121,0	4,00	11,50	25	25	20	40
5 1/4	133,0	4,00	12,70	25	25	20	40
5 3/4	146,0	4,25	14,90	25	25	20	40
6 1/4	159,0	4,50	17,20	25	25	20	40
6 3/4	171,0	4,50	18,50	25	25	20	40
7 1/2	191,0	5,25	24,00	25	25	20	40
8 1/2	216,0	6,00	31,10	25	25	20	40
8 5/8	219,0	6,00	31,60	25	25	20	40

TABELA A.9

Tubos Mannesmann de Aço Comum, sem Costura, Pretos, com Rosca e Luvas, para Vapor, CF. DIN 2.441						
Diâmetro Interno Nominal		Diâmetro Externo	Espessura da Parede	Peso do Tubo sem Luva	Peso do Tubo com Luva	Comprim. da Luva
pol.	mm	mm	mm	kg/m	kg/m	mm
1/2″	15	21,25	3,25	1,44	1,46	40
3/4″	20	26,75	3,50	2,01	2,04	45
1″	25	33,50	4,00	2,91	2,96	50
1 1/4″	32	42,25	4,00	3,77	3,84	55
1 1/2″	40	48,25	4,25	4,61	4,70	60
2″	50	60,00	4,50	6,16	6,32	70
2 1/2″	70	75,50	4,50	7,88	8,09	75
3″	80	88,25	4,75	9,78	10,10	85
4″	100	113,50	5,00	13,40	13,90	100
5″	125	139,00	5,50	18,10	18,80	100
6″	150	164,50	5,50	21,60	22,50	110
8″*	200	216,00	7,50	38,60	42,20	120

Comprimento de fabricação: 4 – 7 m.
Rosca With Worth cf. DIN 2.999, cone 1:16.
Pressão de ensaio a água fria: 40 kg/cm².**

* Os tubos de 8″ correspondem nas dimensões à DIN 2.442, mas serão fabricados em aço comum e fornecidos com rosca cônica.
** A pressão de ensaio se refere só ao tubo, e não à junção.

TABELA A.10

Tubos Mannesmann de Aço Comum, sem Costura, Pretos ou Galvanizados, com Roscas e Luvas, para Água ou Gás, CF. DIN 2.440						
Diâmetro Interno Nominal		Diâmetro Externo	Espessura da Parede	Peso do Tubo sem Luva	Peso do Tubo com Luva	Comprim. da Luva
pol.	mm	mm	mm	kg/m	kg/m	mm
3/8″	10	16,75	2,25	0,805	0,813	30
1/2″	15	21,25	2,75	1,25	1,26	35
3/4″	20	26,75	2,75	1,63	1,65	40
1″	25	33,50	3,25	2,42	2,45	45
1 1/4″	32	42,25	3,25	3,13	3,18	50
1 1/2″	40	48,25	3,50	3,86	3,93	55
2″	50	60,00	3,75	5,20	5,31	60
2 1/2″	70	75,50	3,75	6,64	6,80	65
3″	80	88,25	4,00	8,31	8,54	75
4″	100	113,50	4,25	11,50	11,90	90
5″	125	139,00	4,50	14,90	15,60	100
6″	150	164,50	4,50	17,80	18,70	110
8″*	200	216,00	6,50	33,60	35,60	120

Comprimento de fabricação: 4 – 7 m.
Rosca With Worth cf. DIN 2.999, cone 1:16.
Pressão de ensaio a água fria: 32 kg/cm².**
Para se obter o peso teórico dos tubos galvanizados, deve-se aumentar de 7% o peso teórico dos tubos pretos.

* Os tubos de 8″ correspondem nas dimensões à DIN 2.442, mas serão fabricados em aço comum e fornecidos com rosca cônica.
** A pressão de ensaio se refere só ao tubo, e não à junção.

TABELA A.11

Ferros Redondos para Concretos
Área de Seção Transversal em cm²

| Bitola | | Peso | | | | | | Número de Ferros | | | | | | |
pol.	mm	(kg/m)	1	2	3	4	5	6	7	8	9	10	11	12
3/16	4,76	0,140	0,178	0,36	0,53	0,71	0,89	1,17	1,25	1,42	1,60	1,78	1,96	2,14
1/4	6,35	0,250	0,317	0,63	0,95	1,26	1,58	1,90	2,21	2,53	2,85	3,17	3,48	3,80
5/16	7,94	0,390	0,495	0,99	1,48	1,98	2,48	2,97	3,46	3,96	4,45	4,95	5,94	6,94
3/8	9,54	0,556	0,713	1,42	2,14	2,34	3,56	4,27	4,98	5,69	6,41	7,13	7,84	8,55
1/2	12,70	0,994	1,267	2,54	3,81	5,07	6,34	7,61	8,88	10,13	11,40	12,67	13,94	15,20
5/8	15,88	1,550	1,979	3,96	5,94	7,92	9,91	11,87	13,85	15,86	17,81	19,79	21,77	23,75
3/4	19,05	2,230	2,850	5,70	8,55	11,3	14,25	17,09	19,94	22,79	25,63	28,50	31,36	34,20
7/8	22,23	3,000	3,879	7,76	11,64	15,52	19,39	23,28	27,16	31,04	34,92	38,79	42,67	46,55
1	25,40	4,000	5,067	10,13	15,20	20,27	25,34	30,40	35,47	40,54	45,60	50,67	55,74	60,84
1 1/8	23,57	5,000	6,413	12,83	19,24	25,65	32,06	38,47	44,89	51,30	57,72	64,13	70,54	76,92
1 1/4	31,75	6,170	7,917	15,83	23,75	31,67	39,59	47,50	55,42	63,34	71,26	79,17	87,09	95,04
1 3/8	34,82	7,470	9,580	19,16	28,74	38,32	47,90	57,48	67,06	76,64	86,72	95,80	105,38	114,96
1 1/2	38,10	8,910	11,401	22,80	30,20	45,60	57,00	68,41	79,81	91,21	102,61	114,00	125,40	136,80
1 5/8	41,27	10,410	13,380	26,76	40,14	53,52	66,90	80,28	93,66	107,04	120,42	133,80	147,18	160,56
1 3/4	44,45	12,110	15,520	31,04	46,55	62,07	77,59	93,11	108,63	124,14	139,66	155,18	170,72	186,24
1 7/8	47,62	13,890	17,810	35,63	53,44	71,26	89,07	106,88	124,70	142,51	160,33	178,14	195,91	213,72
2	50,80	15,820	20,270	40,54	60,80	81,07	101,34	121,61	141,38	162,14	182,41	202,68	222,97	243,24

Respostas das Questões Propostas

CAPÍTULO 1

1.1 INSTALAÇÕES DE ÁGUA FRIA

1) As pressões estáticas em ambos os casos são iguais a 15 mca ou 1,5 kgf/m² ou 150 kPa, independentemente do diâmetro das tubulações.

2) Aumenta-se o diâmetro apenas para se diminuir as perdas de carga e a velocidade, para uma mesma vazão.

A pressão estática é a mesma qualquer que seja o diâmetro.

3) Pressão disponível = 15 mca

Perda de carga unitária:	$J = 0,024$ m/m
Perda de carga total:	HP $= J \times L_t = 0,024 \times 110 = 2,64$ m
Pressão a jusante:	$15 - 2,64 = 12,36$ m (resposta)
Velocidade:	1 m/s (resposta)

4)

Perda de carga unitária:	$J = 0,07$ m/m
Perda de carga total:	HP $= J \times L_t = 0,07 \times 110 = 7,7$ m
Pressão a jusante:	$15 - 7,7 = 7,3$ m (resposta)
Velocidade:	1,5 m/s (resposta)

5) $P = \dfrac{1.000 \times 25 \times 12}{75 \times 0,6 \times 3.600} = 2$ CV

1.2 INSTALAÇÕES DE ÁGUA QUENTE

1) $m = 10 \times 60 = 600$ litros (consumo diário)

$Q = mc\,(t_2 - t_1) = 600\,(40 - 20) = 12.000$ kcal por dia

$$W = \frac{12.000}{860 \times 0,95} = 14,6 \text{ kWh}$$

$$P = \frac{W}{t} = \frac{14,6}{8} = 1,82 \text{ kW}$$

Volume do aquecedor (Tabela 1.27) − 200 litros (resposta)

Consumo diário: 14,6 kWh (resposta).

2) Pelo Exercício 1,

$Q = 12.000$ kcal

$$I = 1,5 \times 10 \times 7 \times 60 = 6.300 \text{ kcal/m}^2 \text{ por dia}$$

$$S = \frac{12.000}{6.300 \times 0,5} = 3,8 \text{ m}^2 \text{ (resposta)}$$

3) $Q = 12.000$ kcal

$$V = \frac{12.000}{4.000 \times 0,7} = 4,28 \text{ m}^3 \text{ de gás (resposta)}$$

4) Consumo diário:

$$m = 20 \times 10 \times 60 = 12.000 \text{ litros.}$$

Usando a Fig. 1.86, escolhemos um *boiler* do tipo ETD-3.000 com depósito para 3.000 litros.

1.3 INSTALAÇÕES DE ÁGUA GELADA

1) Consumo máximo provável − 55% ou seja, 110 l/min. (1,83 l/s). Para $V = 0,9$ m/s temos o diâmetro de 50 mm e $J = 0,003$ m/m.

2) $150 \times 2 = 300$ l/dia.

Capacidade do reservatório = 300 l ou 0,3 m³

Dimensões: $1,2 \times 0,5 \times 0,5$ m

Perdas por condução no reservatório:

Cálculo da área exposta (paredes e teto):

$A = 2 \times 1,2 \times 0,5 + 2 \times 0,5 \times 0,5 + 1,2 \times 0,5 = 3,5$ m²

$D = 32 - 7 = 25°C$

$K = 0,58$ kcal/h/m²/°C

$Q_1 = 3,5 \times 0,58 \times 25 = 50,75$ kcal/h

Perdas por condução nas tubulações:

Consumo = 300 l/dia

Para 8 horas, temos 37,5 l/h ou $Q = 0,01$ l/s para ø = 1/2″

$$q = 37,6 \times 40 = 1.504 \text{ kcal/h.}$$

3) Calor retirado da água:

$$Q_2 = mc \ (t_a - t_b) = 37,5 \ (25 - 7) = 675 \text{ kcal/h.}$$

Calor total:

$$Q_t = 50,75 + 1.504 + 675 = 2.229 \text{ kcal/h.}$$

Adicionar 10%, ou seja,

$$Q_t = 2.450 \text{ kcal/h.}$$

Capacidade:

$$\frac{2.450 \times 24}{16} = 3.675 \text{ kcal/h.}$$

Em toneladas de refrigeração:

$$\frac{3.675}{3.024} \approx 1,2 \text{ TR.}$$

1.4 INSTALAÇÃO DE APARELHAMENTO CONTRA INCÊNDIOS

Vazão em cada hidrante: 250 l/min = 4,16 l/s = 15 m³/h

Perda de carga na mangueira: $0,4 \times 30 = 12$ mca

Comprimento real no recalque: 69,6 m

Comprimento virtual no recalque:

2 tês de saída lateral de 63 mm	= 2 × 3,43	= 6,86
6 tês de 45° de 63 mm	= 6 × 0,44	= 2,64
6 cotovelos de 63 mm	= 6 × 2,35	= 14,10
1 válvula de retenção de 63 mm	= 1 × 5,2	= 5,2
Soma:		28,8 m
Comprimento real no recalque:		= 69,6 m
Total:		98,4 m

Comprimento real na sucção: 5,5 m

Comprimento virtual na sucção:

1 válvula de retenção de 63 mm		= 5,2
2 cotovelos de 63 mm	= 2 × 2,35	= 4,7
1 tê de saída lateral de 63 mm		= 4,16
Soma:		14,06
Comprimento real na sucção:		= 5,5
Total:		19,56

Vazão = 4,16 1/s
$J = 0,05$ m/m
$V = 1,3$ m/s
Altura de perdas no recalque: $H_{pr} = 98,4 \times 0,05 = 4,92$
Altura de perdas na sucção: $H_{ps} = 19,56 \times 0,05 = 0,97$

Altura manométrica no recalque:

desnível	= 30,0 m
altura devido às perdas	= 4,92 m
pressão residual em H_6	= 57,0 m
perda de carga na mangueira	= 12,0
	103,9 m

Altura manométrica na sucção:

desnível	= 3,0 m
altura devido às perdas	= 0,97
	3,97 m

Altura manométrica total:

$$Hmr + Hms = 103,9 + 3,97 = 107,87$$

Potência da bomba, admitindo rendimento de 50%:

$$P = \frac{1.000 \times 15 \times 107,87}{75 \times 3.600 \times 0,5} = 11,9 \text{ CV}$$

Especificação da bomba:

potência	= 12 CV
vazão	= 15 m³/h
altura manométrica	= 107,87 m

CAPÍTULO 2

Consumo dos aparelhos:	F-4 = 4 × 35 = 140 + 45 =	185 kcal/min
(Tabela 2.1)	A-1 =	200 kcal/min
	A-2 =	200 kcal/min
	Total:	585 kcal/min

Tubulação até a 1.ª derivação (10 m)   1″ (25,4 mm)
Tutulação entre a 1.ª derivação e A-1 (8 m)   1″ (25,4 mm)

Tubulação entre A-1 e F-4 (5 m)   3/4″ (19,0 mm)
Tubulação entre a 1.ª derivação e A-2 (12 m)   3/4″ (19,0 mm)

CAPÍTULO 3

1) Por pavimento:
   $VS = 4 \times 6$ $= 24$ UHC
   $RS = 3 \times 2 + 2 + 5$ $= \underline{13 \text{ UHC}}$
   Soma: 37 UHC
   Para todo o prédio:

$$37 \times 10 = 370 \text{ UHC}$$

Então o diâmetro do TQ será de 100 mm e o da ventilação será de 75 mm (até 46 metros).

2) $Q = \dfrac{i \times A}{60} = \dfrac{180 \times 600}{60} = 1.800$ l/min.

Pela Tabela 3.16, as dimensões são: $0,3 \times 0,2$ m.

3) Pela Fig. 3.5, o diâmetro será de 80 mm.

Bibliografia

Normas e Regulamentos

ABNT-NB-92 – Instalações Prediais de Água Fria
ABNT-NB-128 – Instalações Prediais de Água Quente
ABNT-NB-19R – Sistemas Prediais de Esgoto Sanitário. Projeto e Execução
ABNT-P-NB-115 – Execução de Tubulações de Pressão – PVC Rígido com Junta Soldada, Rosqueada, ou com Anéis de Borracha
ABNT-P-EB-183 – Tubos de PVC Rígido para Adutoras e Redes de Água
ABNT-EB-69R – Tubo Coletor de Fibrocimento para Esgoto Sanitário
ABNT-NBR-13.932 – Instalações Internas de Gás Liquefeito de Petróleo (GLP)
ABNT-NBR-13.523 – Central Predial de Gás Liquefeito de Petróleo
ABNT-NBR-13.933 – Instalações Internas de Gás Natural (GN). Projeto e Execução
ABNT-NBR-14.570 – Instalações Internas para Uso Alternativo dos Gases GN e GLP
ABNT-NBR-7.198 – Projeto e Execução de Instalação Predial de Água Quente
ABNT-NBR-5.626 – Instalação de Água Fria
CEG – Regulamento para as Instalações Prediais de Gás do Estado do Rio de Janeiro
RIP – Regulamento das Instalações Prediais

Decretos

N.º 1.707 de 18 de maio de 1963
N.º 22 de 11 de julho de 1963
N.º 90 de 04 de novembro de 1963
N.º 897 de 21 de setembro de 1976 – COSCIP – Código de Segurança contra Incêndio e Pânico. Legislação Complementar

Catálogos Técnicos

Apolo
Barbará
Boletim 28/1953 – Associação Brasileira de Cimento Portland
Bombas Hero
Brasilit
Celite
Cia. Ferro Brasileiro
Deca
Docol
Eluma

Fabrimar
J.M.S.
Mather & Platt
Morgani
Tubos e Conexões Tigre
Tupy
Wayne
White Martins
Worthington

Publicação Técnica

Diretoria de Obras e Fortificações do Exército

Livros Consultados

Applied Heat Transmission – Herman J. Stoever
Instalações Hidráulico-Sanitárias – Louis J. Day
Instalações Hidráulico-Sanitárias – Paulo Santos
Instalações Técnicas – 1.º volume – A.J. Macintyre
Mechanical and Electrical Equipment for Building – Gay & Fawcet
Plumbling – Harold E. Babbitt – McGraw-Hill

Índice

Impressão e acabamento:

Geográfica editora

20 11
19 12
18 2018 13
17 14
16 15